プログラミングのための
線形代数
Linear Algebra for Computer Science

平岡 和幸・堀 玄 共著

Ohmsha

はじめに

本書のタイトル『プログラミングのための線形代数』を見て、さまざまな人が、さまざまな印象を抱いたことと思います。そこで、本書の第一印象によるショートカットを設けました。

- 『また「○○のための数学」本か 』と思った人 → (a) へ
- 『数式多いし、理屈ばかりで読むのがしんどそう』と思った人 → (b) へ
- 『丁寧に噛みくだいて説明してるけど、内容は薄いかも』と思った人 → (c) へ
- 『誰だこいつら』と思った人 → (d) へ
- 『プログラミングしてないじゃん』と思った人 → (e) へ

(a)『また「○○のための数学」本か』と思った人への序文

本書は、専門・非専門を問わずコンピュータにかかわる方を主な読者と想定し、そういう方が特にピンときそうな表現やたとえによる説明を心がけた線形代数の参考書です。数学のプロでない読者に線形代数の本音を語ることが狙いです。したがって、単に「線形代数プログラムの書き方」を解説する本ではありません。「はじめに」の (c) を読んでいただければ、本書のノリが垣間見えるでしょう。本書をお勧めしたいのは、こんな方々です。

- 研究・仕事で信号処理なりデータ解析なりをやろうとして、その方面の本を読んだら、線形代数が出てきた。どうにもよくわからないから勉強したい（し直したい）けど、証明ばかりの数学の教科書や、わかった気にしかならない入門書しかなくて困る。
- 授業で線形代数を習っている。せっかく勉強するんだから、「試験さえパスすれば」ではなく、将来役立てられるようにきちんと身に付けたい。

数学のプロでない方が対象ですから、数学のための数学ではなく、「何の役に立つのか」にも気を配りました。理工学にはさまざまな分野があり、扱う対象はそれぞれ違いますが、数学の問題としては共通な内容があちこちで現れます。そのような問題をまず提示して、それにアタックする過程で線形代数の概念を導入していく、というのが本書のスタイルです。これは、単に理論を学ぶための動機付けをするという意図だけでなく、線形代数の「使い方」までも学べるようにという狙いです。

(b)『数式多いし、理屈ばかりで読むのがしんどそう』と思った人への序文

本書の説明では、直感的なイメージや図を用いて、線形代数の意味を納得してもらえるように心がけています。「行列式の計算はできるけど、行列式の意味は知らない」なんて勉強が、何の役に立ちますか？手計算にせよコンピュータによる計算にせよ、「謎の値」のまま行列式が求められたところで、何の役にも立ちません。そんな虚しいことにならないために、本書では理屈をしっかりこねています。

ただし、完璧で厳密な理屈をこねても、面倒な割りに得るものが少ない箇所もあります(数学のアマチュアにとっては)。「やさしい入門書」より上のレベルを学ぼうとして、そういう「本題でない難所」で沈没する方も多いでしょう。本書では、本当に大切な箇所にピントを合わせ、単なる計算手順以上のレベルまで到達できるようにナビゲートしていきます。数式はもちろん必要なだけ使いますが、無用の恐怖心を与えるいかめしい記述はなるべく避けています[*1]。

なお、目標レベルに応じて、次のように読み飛ばせる構成にしています（細かい章立てについては目次を参照してください)。

レベル 1
: 信号処理やデータ解析など、線形代数を道具として使っている本の数式が追えるようになりたい
: → 第 1 章を読む（▽ や ▽▽ の付いた節は飛ばす[*2]）

レベル 2
: 線形代数を道具として使っている本の意味がわかりたい
: → 全体を読む（▽ や ▽▽ の付いた節は読み飛ばす）

レベル 3
: 自分で計算ができるようになりたい
: → 全体を読む（▽▽ の付いた節は読み飛ばす）

レベル 4
: 大規模行列計算の世界に踏み込みたい
: → ▽▽ も含め、全部を読む

数理の「プロ」を目指さない読者は、レベル 2 を当面の目標としてはいかがでしょうか。「逆行列を筆算で求める方法」なんて学ぶ暇があったら、「写像がぺちゃんこだと逆行列は存在しない」といった本質的な特性を頭に入れるほうがずっと有意義です。計算にしても、筆算法のテクニックやアルゴリズムの暗記なんかより、 文字式で「$\boldsymbol{x}\boldsymbol{x}^T$ は行列、$\boldsymbol{x}^T\boldsymbol{x}$ は数、と見分けられる」「$A\boldsymbol{x}+\boldsymbol{b}$ をブロック行列で表現できる」といったスキル[*3] のほうが、後々までずっと役立つ……というのが筆者の持論です。

[*1] $\sum_{i=1}^{10} a_i$ でなく $a_1+\cdots+a_{10}$ と書く、添字だらけ変数だらけの一般的な表記よりも典型的な具体例で書く、など。

[*2] ▽ は筆算（や、その知識を要する）項目、▽▽ はコンピュータでの計算に関する項目です。線形代数をこれまで何げなく学んだだけの人なら、第 1 章の段階でも、いろいろな発見・再認識があるでしょう。

[*3] それぞれ、1.2.13 節と 1.2.9 節で説明します。

(c)『丁寧に噛みくだいて説明してるけど、内容は薄いかも』と思った人への序文

堅い数学書は、コメントの少ないソースコードにたとえられます。驚くほど効率の良いエレガントなプログラムではありますが、「理解」するには、コードから意味を読みとる努力・素養・センス（誇張すればリバースエンジニアリング）が要求されます。一方、やさしい入門書は、油断すると、「コメントだけでコードがない」「コードの断片はあっても、全体として動作するプログラムをなさない」のようになるおそれがあります。本書のスタイルは、「完動するコード[*4]にコメントをたっぷり付ける」。そのコメントも、

```
# p を 1 増やす
p = p + 1
```

ではしょうがなくて、

```
# 前置きはもういいから次のページへ
p = p + 1
```

のような「意図」の説明にこそ価値があります。「コードに表れない心の動きを陽にコメントしながら、まとまった意味のあるコードを書いてみせた」ということが本書の売りです。

「まとまった意味のある」は、単に「試験問題が解ける」ではなく、新しい「ものの見方」ができることを目標にしました。「結果から原因を特定できるかどうかは、ランクという概念で見ればすっきり明解」「暴走の危険があるかどうかは、固有値・固有値ベクトルという概念で見ればすっきり明解」のような、見晴らしが開ける爽快感を味わってもらえれば成功です。このためには、「ランクとは何かをわかりやすく示す」「ランクの計算法をわかりやすく示す」だけでは足りません。「ランクとは……だったんだから……のように考えていけば、ランクが足りないと逆行列が存在しないのは当たり前」のように、

- 「やるならここまではやらないとやる意義がない」というところまでやる
- その結果が当然のことと納得できるような筋道をわかりやすく説明する

が必要と考えました。

到達レベルは決して低くはありません。それどころか、「数学」として習う線形代数では見落とされがちな数値解析にも踏み込んでいます。目次や索引を眺めてみてください。

なお本書は、基礎編のつもりで、計量に依存しない範囲を中心としています。機会があれば、計量を含んだ応用編も、何らかの形で公開したいと思っています。

(d)『誰だこいつら』と思った人への序文

本書の筆者らは、数理工学の研究者です。パターン認識・ニューラルネットワーク・非線形力学系・統計的データ解析などの分野で、本書に書いたような内容を「常識」として

[*4] どうしても煩雑すぎる処理では、「既存ライブラリ」に頼ってブラックボックス扱いした箇所も少しありますが……

日々活用しています。非線形理論をつつく際にも、基礎的道具として線形代数は欠かせません。理屈も応用も両にらみし、数学が役に立つことを実感できる立場を活かして、「線形代数を『使う』にはこういう所こそおさえておかないと」という題材の選び方や力点の置き方に心を配りました。

(e)『プログラミングしてないじゃん』と思った人への序文

(a) を読んでいただければわかりますが、本書の狙いは「線形代数のプログラミング」自体ではありません。コンピュータに携わる方々に、各分野での応用を見据えて、さまざまな分野で応用の効く線形代数の「意味」を理解してもらうことにあります。「コンピュータへの携わり」の中心として「プログラミング」、「そんな方々向けに応用を見据えて」という思いを込めた端的なフレーズとして「のための線形代数」、というタイトルをつけました。

第3章「コンピュータでの計算」では、実際に行列計算を実現するサンプルコードも掲載しています。

また、読者の手元のコンピュータを使って、行列が写像を表すことをアニメーションで実感できるよう、簡単なプログラムも用意しました。本書中にソースコードを掲載することはしませんが、オーム社の Web ページ（http://www.ohmsha.co.jp/）からダウンロードできるので、ぜひ体験してみてください。

なお、サンプルコードの記述には、プログラミング言語 Ruby を用いています。「アルゴリズム自体と関係ない煩雑な記述」を避けられる高級言語であること、文法が比較的自然で、戸惑いが少ないと思われること、疑似コードでなく実際に動作するコードを掲載したかったこと、 などが主な理由です。そういうわけで……

Ruby で線形代数のプログラミングをする本だと想像した方：
ごめんなさい。違います。コードも、Ruby らしい書き方ではなく、誰もが疑似コードとして理解できるような書き方をしています。

Ruby と聞いて本を閉じようと思った方：
上記の通りなので、メジャーなプログラミング言語を触ったことがあれば、特に Ruby の知識がなくても問題なくサンプルコードを読むことができるでしょう。ただし、本物の Ruby がこんな融通の効かない言語だと誤解しないようにだけお願いします。

謝辞

本書の執筆にあたり、埼玉大学の重原孝臣先生には、アイデア、議論、助言、ミスの指摘、そして励ましまで、たくさんのものをいただきました。また、株式会社オーム社開発部の皆様は、我々を上手にリードしてモチベーションを保ち、原稿を読みやすく整え、出版までこぎつけてくださりました。本書ができあがったのは、これらの方々のおかげです。ありがとうございます。

本書の図や検算には、プログラミング言語処理系として Ruby、グラフ描画ツールとして Gnuplot、数式処理システムとして Maxima、統計処理環境として xlispstat、などのソフトウェアを活用しました。これらのすばらしい作品を公開してくださった皆様に感謝いたします。

総まとめ
—— アニメーションで見る線形代数

—— 計算手順などよりも、まず意味をおさえましょう。

本書の総まとめとして、主な内容を短くまとめます。「本文を一区切り読んでは、ここへ戻って頭を整理」という読み方をお勧めします。

行列は、単なる「数字の表」ではありません。$m \times n$ 行列 A には、n 次元空間から m 次元空間への「写像」という意味があります。具体的には、n 次元空間の点 $\boldsymbol{x}$（n 次元縦ベクトル）を m 次元空間の点（m 次元縦ベクトル）$A\boldsymbol{x}$ に移す写像です。この写像を観察して、ランク・行列式・固有値・対角化などの意味を明らかにするのが、ここにまとめたアニメーションプログラムの実行結果です。アニメーションプログラムの使い方や表示の見方は、付録 F（347 ページ）を参照してください。

こてしらべ：対角行列の観察

■まずは典型的な対角行列

次の行列 A により、空間がどのように変形されるか、アニメーションプログラムで見てみましょう。

$$A = \begin{pmatrix} 1.5 & 0 \\ 0 & 0.5 \end{pmatrix}$$

次のコマンドを実行すると、行列 A によって空間が変化していく一連のアニメーションを観察することができます。

```
ruby mat_anim.rb -s=0 | gnuplot
```

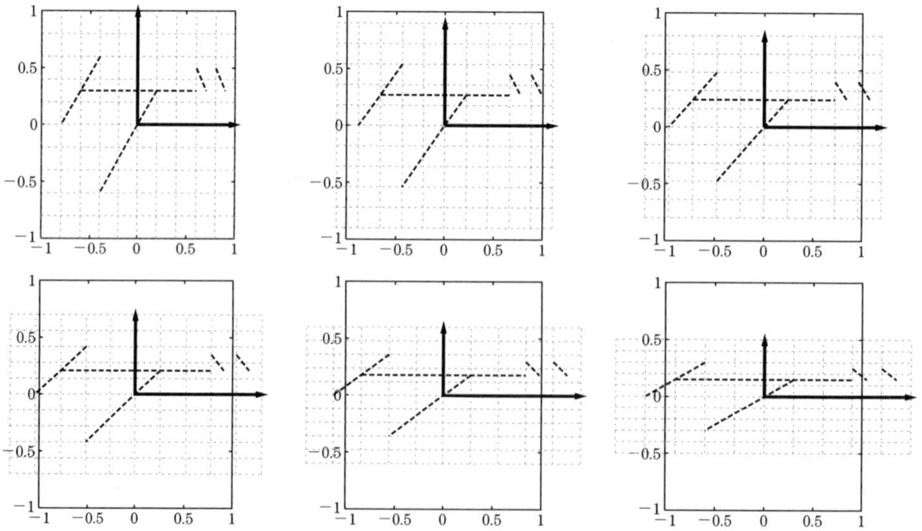

観察ポイント：

- 縦横に伸縮
- 横方向は拡大（1.5 倍）、縦方向は縮小（0.5 倍）
- 各升目の面積は、$1.5 \times 0.5 = 0.75$ 倍になる。この面積拡大率 0.75 が $\det A$。だから、「対角行列の行列式＝対角成分の積」

■対角成分に 0 があると……

次の行列 A のように、対角成分に 0 があると、どのような変形になるでしょうか。

$$A = \begin{pmatrix} 0 & 0 \\ 0 & 0.5 \end{pmatrix}$$

次のコマンドを実行すると、行列 A によって空間が変化していく一連のアニメーションを観察することができます。

```
ruby mat_anim.rb -s=1 | gnuplot
```

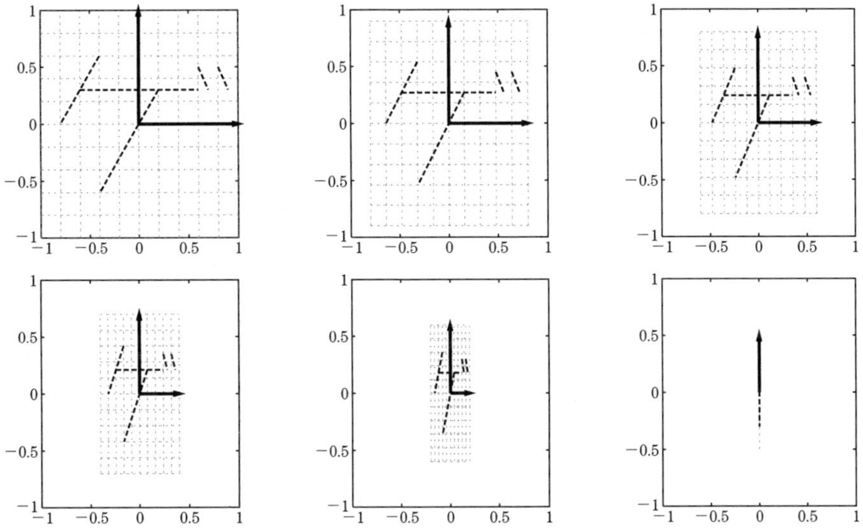

観察ポイント：

- 横が 0 倍→ぺちゃんこ
- 面積拡大率 $\det A = 0$

■ さらにマイナスまでいくと……

次の行列 A では、対角成分にマイナスの値があります。

$$A = \begin{pmatrix} 1.5 & 0 \\ 0 & -0.5 \end{pmatrix}$$

次のコマンドを実行して、この行列 A による変換をアニメーションで見ると、図のようになります。

```
ruby mat_anim.rb -s=2 | gnuplot
```

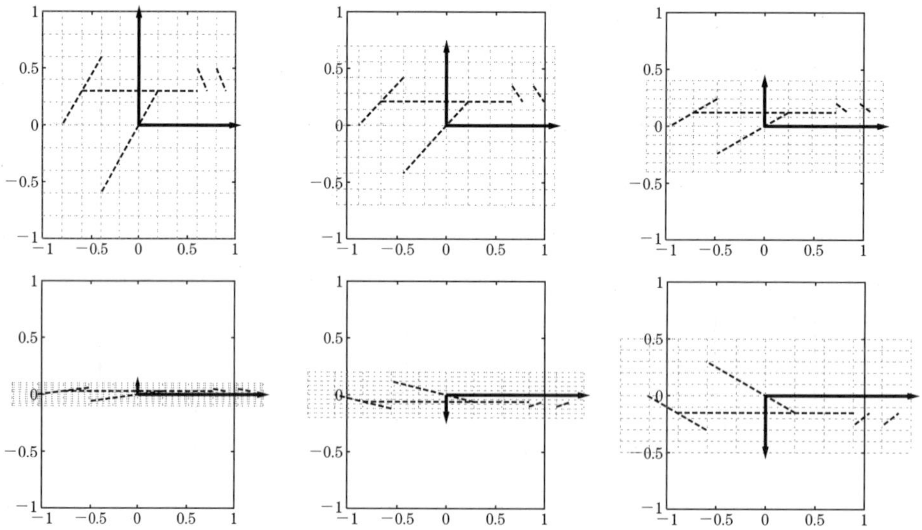

観察ポイント：

- 縦が -0.5 倍→裏返し
- こういうときが $\det A < 0$

固有値・固有ベクトルと対角化の観察

■対角行列でない一般の行列だと、こんなふうに歪む

対角行列でない、次の行列 A のような場合も見てみましょう。

$$A = \begin{pmatrix} 1 & -0.3 \\ -0.7 & 0.6 \end{pmatrix}$$

行列 A では、こんなふうに空間が歪みます。

```
ruby mat_anim.rb -s=3 | gnuplot
```

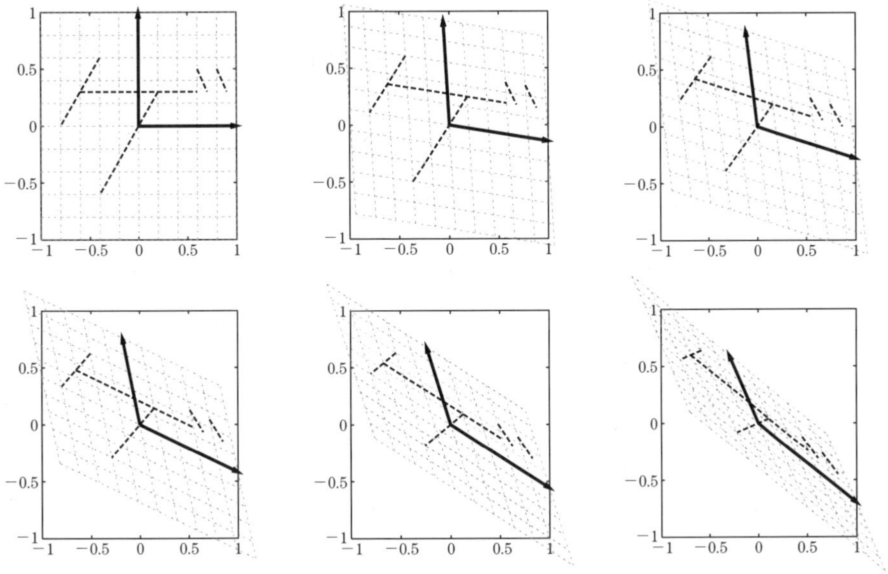

観察ポイント：

- 歪む
- それでも「曲がる」わけではなく、直線は直線、平行は平行のまま
- A の 1 列目 $\begin{pmatrix} 1 \\ -0.7 \end{pmatrix}$ が $\begin{pmatrix} 1 \\ 0 \end{pmatrix}$ の行き先、A の 2 列目 $\begin{pmatrix} -0.3 \\ 0.6 \end{pmatrix}$ が $\begin{pmatrix} 0 \\ 1 \end{pmatrix}$ の行き先
- この 2 点の行き先を知れば、全体の移り具合も見当が付く

■固有ベクトルを描くと……

固有ベクトルが、空間の変化とともにどのように変形されるか見てみましょう。行列は変えていませんから、空間の変化自体は先ほどと同じです。

$$A = \begin{pmatrix} 1 & -0.3 \\ -0.7 & 0.6 \end{pmatrix}$$

```
ruby mat_anim.rb -s=4 | gnuplot
```

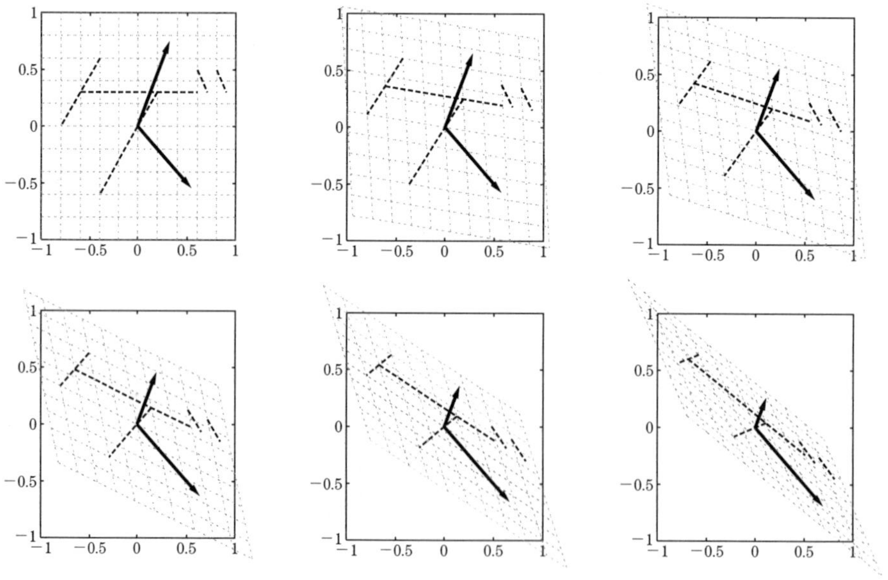

観察ポイント:

- 矢印は伸び縮みするけれど、方向は変わらない。これが固有ベクトル
- 伸縮率が固有値。伸びているほうは固有値 1.3、縮んでいるほうは固有値 0.3

■固有ベクトルの方向に斜交座標を取ると……

固有ベクトルと同じ方向に座標軸を取り、あらためて同じ行列による空間の変化を見てみましょう。

$$A = \begin{pmatrix} 1 & -0.3 \\ -0.7 & 0.6 \end{pmatrix}$$

```
ruby mat_anim.rb -s=5 | gnuplot
```

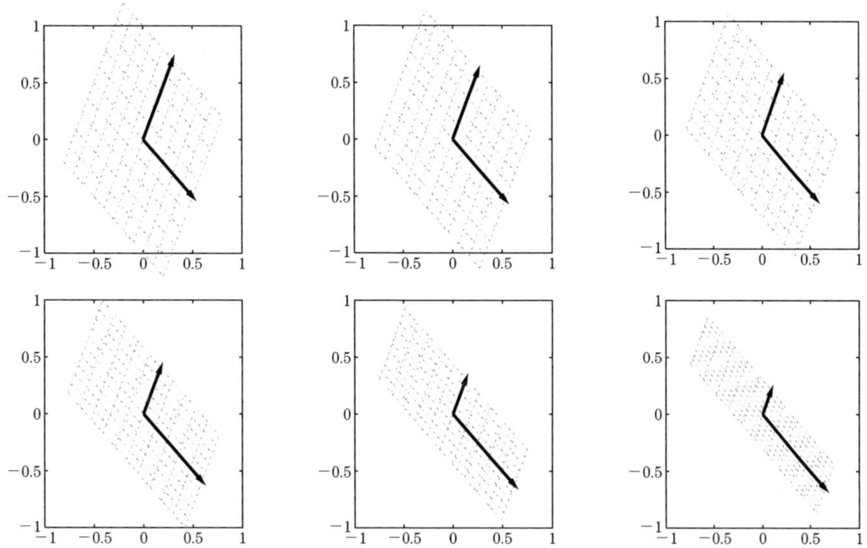

観察ポイント：

- 格子模様に沿った伸縮だけになる
- つまり、こういう上手い座標を取れば、対角行列のときと同じような状況にできる。これが**対角化**
- 各升目の面積は、$1.3 \times 0.3 = 0.39$ 倍。だから面積拡大率 $\det A = 0.39 =$ すべての固有値の積

ランクと正則性の観察

■行列によっては、空間がぺちゃんこにつぶされることもある

次の行列 A について、空間が変化する様子を見てみましょう。

$$A = \begin{pmatrix} 0.8 & -0.6 \\ 0.4 & -0.3 \end{pmatrix}$$

次のコマンドを実行すると、行列 A により空間がぺちゃんこにつぶされるのがわかります。

```
ruby mat_anim.rb -s=6 | gnuplot
```

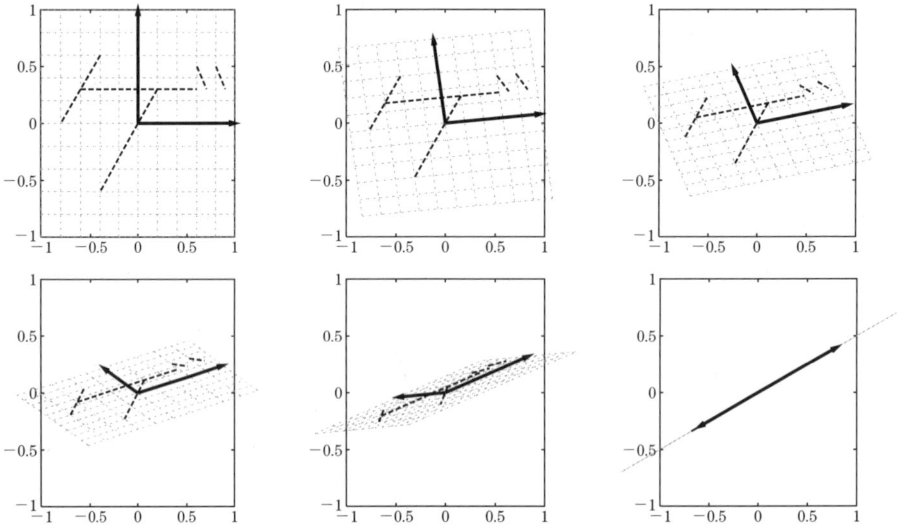

観察ポイント：

- 移った先はぺちゃんこ（一直線）。この直線が A の像（$\mathrm{Im}\,A$）
- 移った先($\mathrm{Im}\,A$)の次元数をランクという。この例では直線だから1次元($\mathrm{rank}\,A = 1$)
- つぶれるということは、移った先の次元が元より減るということ（$\mathrm{rank}\,A < 2$）。これが特異行列。もしつぶれなければ $\mathrm{rank}\,A = 2$ のはずで、それが正則行列
- つぶれているんだから、面積拡大率 $\det A = 0$
- $\binom{1}{0}$ の移り先（A の1列目）と $\binom{0}{1}$ の移り先（A の2列目）が独立な方向でなくなっている

■固有ベクトルをまた描くと……

同じ行列による変換で、固有ベクトルが、空間の変化とともにどのように変形されるか見てみましょう。

$$A = \begin{pmatrix} 0.8 & -0.6 \\ 0.4 & -0.3 \end{pmatrix}$$

```
ruby mat_anim.rb -s=7 | gnuplot
```

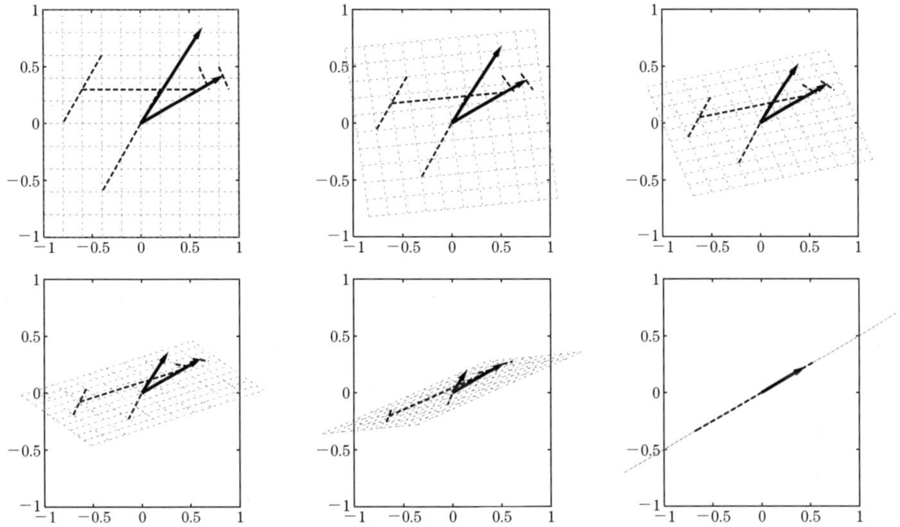

観察ポイント：

- 矢印が固有ベクトル。つぶれる＝固有値 0

■固有ベクトルの方向にまた斜行座標を取ると……

前項と同じ行列 A について、固有ベクトルと同じ方向に座標を取り、空間が変化する様子をもう一度見てみましょう。

$$A = \begin{pmatrix} 0.8 & -0.6 \\ 0.4 & -0.3 \end{pmatrix}$$

```
ruby mat_anim.rb -s=8 | gnuplot
```

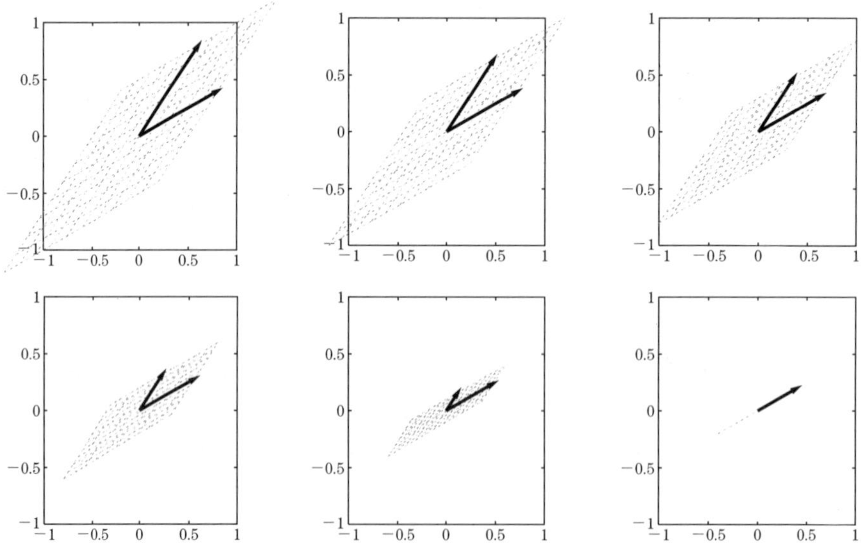

観察ポイント：

- 固有値 0 の固有ベクトル $\boldsymbol{p}$ に沿った直線上の点は、みんな原点に移ってしまう。この直線が A の核（Ker A）
- ほかについても、$\boldsymbol{p}$ と平行な直線上の点はみんな 1 点に移ってしまう
- ということは、移り先を聞いても、元がどこだったかは特定できない。逆行列が存在しないというのはこういうこと
- 「元の次元数（平面だから 2 次元）」－「つぶれた次元数（Ker A は直線だから 1 次元）」＝「残った次元数（Im A も直線だから 1 次元）」。これが次元定理

行列式の交代性の観察

■裏返しの例

xi ページの行列から 1 列目と 2 列目を入れ替えたらどうなるでしょうか。

$$A = \begin{pmatrix} -0.3 & 1 \\ 0.6 & -0.7 \end{pmatrix}$$

この行列 A では、次のように空間が歪みます。

```
ruby mat_anim.rb -s=9 | gnuplot
```

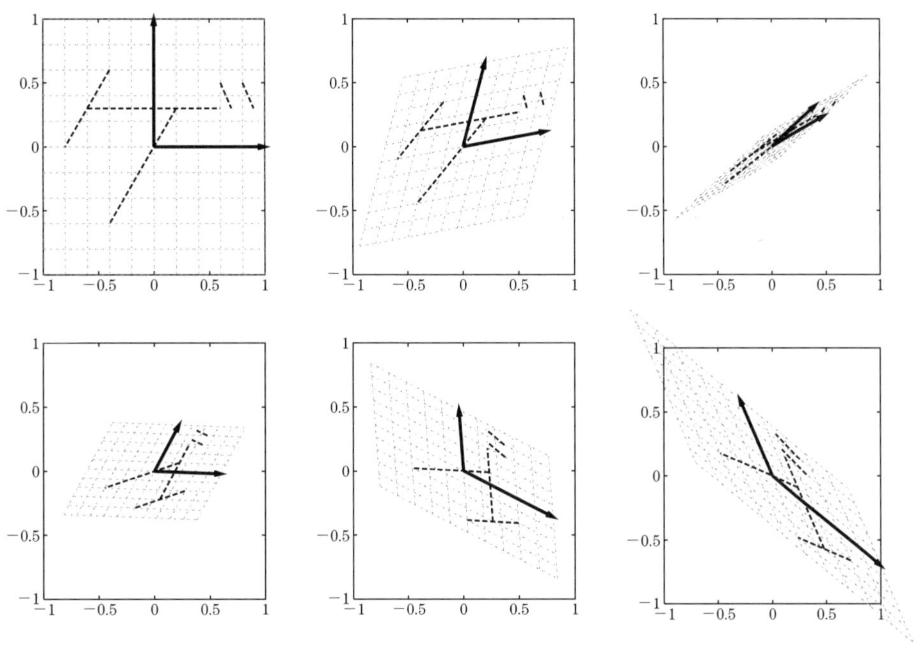

観察ポイント：

- 裏返しになる。こんなときが面積拡大率 $\det A < 0$
- xi ページと比べると、枠の平行四辺形は同じだが中身が裏返し。だから、

$$\det \begin{pmatrix} -0.3 & 1 \\ 0.6 & -0.7 \end{pmatrix} = -\det \begin{pmatrix} 1 & -0.3 \\ -0.7 & 0.6 \end{pmatrix}$$

行列式の交代性とはこういうこと

目次

第 0 章 動機

0.1 空間と思えば直観がきく

我々は 3 次元の空間に住んでいます。そのため、この世界の事柄を扱うためには、「空間」を上手く記述できる言葉がほしくなります。コンピュータグラフィックス、カーナビゲーション、ゲームなどがこの方向の代表例でしょう。線形代数の舞台となるベクトル空間は、現実空間の性質を、ある水準で抽象化したものです。このため、線形代数は、空間を論じるのに便利な言葉や概念を提供してくれます。例えば、「3 次元の物体をディスプレイの 2 次元平面にどう描画するか」ということを考える際には、「3 次元空間のここにこういう物体があったとして、視点をこんなふうに移動・回転させたら、目にはどんな 2 次元画像が映るか」といった問題が出てきます。この問題にも、線形代数の言葉は基礎的な役割を果します。

しかし、線形代数を学ぶ動機は、現実空間の問題にはとどまりません。

単一の数値ではなく、多数の数値を組にしたデータを扱いたい場面が、ほとんど何をやるにしても出てくるでしょう。この話は、直接は「空間」と関係ありませんから、わざわざ空間なんて意識せずに扱うこともできます。でも、このデータを「高次元空間内の点」と解釈すれば、「空間」について我々が持っている直観を生かすことができるのです。

x	y	z
731	1662	331
208	616	−192
540	1280	140
834	1868	434
217	634	−183
332	864	−68
31	262	−369
54	308	−346
717	1634	317
403	1006	3
⋮	⋮	⋮

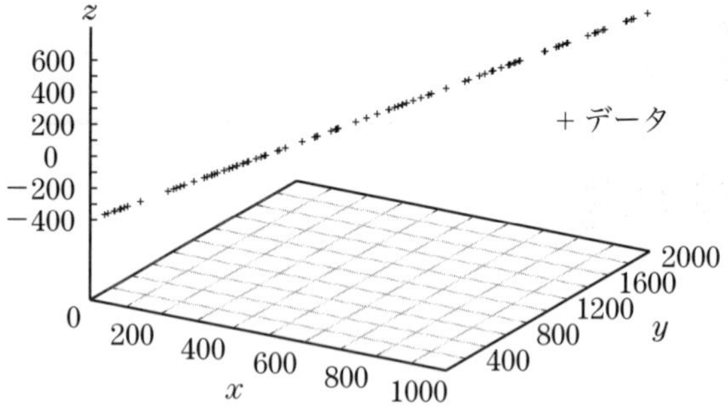

▲ 図1　数値データの山——漫然と眺めてもわけがわからないが、3次元空間内の点と見なしてプロットすれば、実は直線上にのっている

我々は3次元空間までしか認識できませんが、そこからの類推で直観的に理解できる「一般の n 次元で成り立つ現象」も多数あります。実際、このような解釈は、データ解析の有力な手段となります（図1）。そして、「空間」となれば線形代数の出番。主成分分析や最小自乗法などが古典的な代表例です。本書の筋書きでは、こうした方向への応用も念頭に置いて説明していきます。

0.2　近似手段としての使い勝手

線形代数が扱う対象は、図形的に言うと、直線や平面のように「まっすぐなもの」です。素直な対象ですから、扱いやすく、見通しもよく、すっきりした結果が得られます。

「やさしい問題しかやりません」と宣言しているだけではないか。それで「こんなに上手く解けます」なんて言っても、ちっとも偉くないぞ。——ごもっともな感想です。「まっすぐなもの」しか扱わないのでは、ずいぶん窮屈。曲面を描画したいことだってあるでしょう。グラフを描いたら曲線になるような現象だってあるでしょう。

それでも線形代数は有用なのです。それは、たいていのものが、「ズームアップすればほとんどまっすぐ」だからです。たちの悪いぎざぎざした例を除けば、曲線だって曲面だって、おもいきり接写すればまっすぐに見えます（図2）。

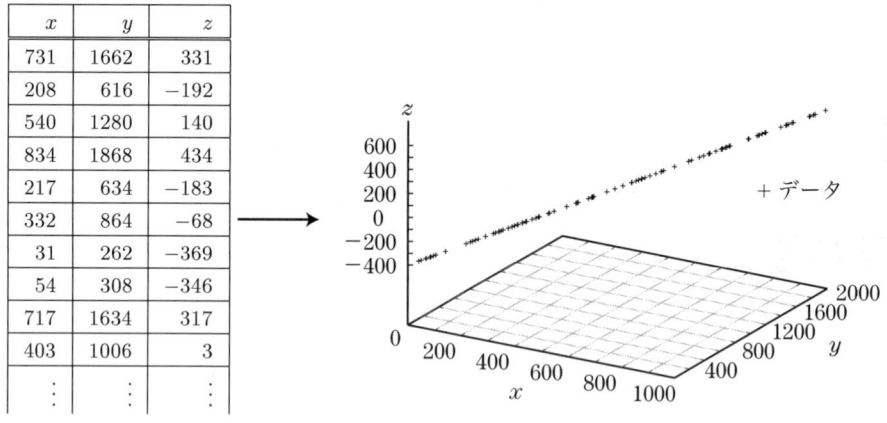

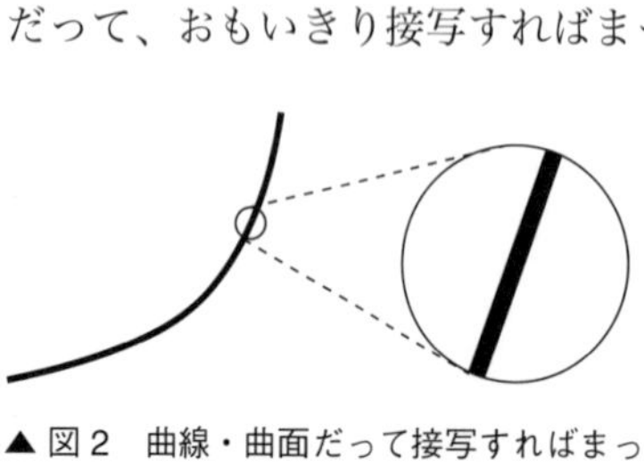

▲ 図2　曲線・曲面だって接写すればまっすぐ

となれば、小さな範囲を考える限りは、「まっすぐ」で近似してもそれなりに役立つ結

果が得られるでしょう。曲面の描画でも、「小さな平面のつなぎ合わせ」で近似表現してしまえ。グラフが曲線でも、短期予測なら直線で近似して延長してしまえ（図3)。

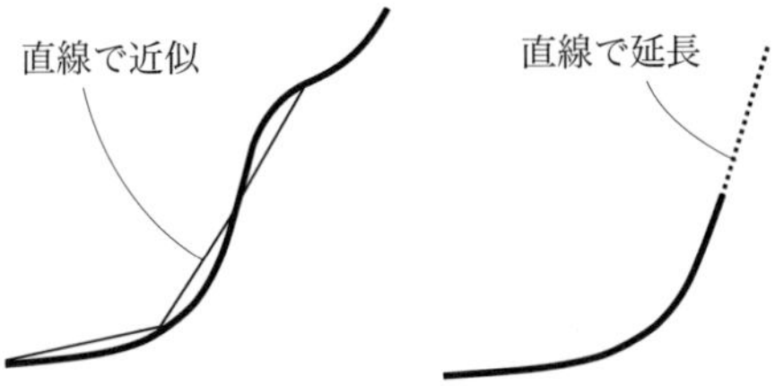

▲図3　（左）曲線を折線で近似　（右）グラフを直線で延長

こういう方法がどの程度有効かは、やりたいことしだいです*1。「なんて粗雑な」という感じかもしれませんが、これに類するアプローチは、意外と多く使われています。「まじめに式をたてると難しくて大変」というときに、「ひとまずまっすぐで近似してみよう」は、理工学の常套手段。「この程度で満足」なのか「ほかに上手い手がない」なのかは一概にいえませんが*2。

本書を読んでいて、「あまりに問題設定が限定的だ。こんな手が使える場面なんてほとんどないだろう」と感じたときは、上の話を思い出してください。

*1　丁寧に言うと、「小さな範囲を考える限り」というのがどれくらいの範囲までなら妥当かは、曲線・曲面の曲り具合と許容誤差しだい。

*2　近似したせいで見られなくなってしまう事柄も、もちろんあります。「そういう事柄にこそ関心がある」という学問も、盛んに研究・応用されています。「非線形○○」という題名を目にしたら、そういう立場だと思ってください。

第 1 章

ベクトル・行列・行列式 ——「空間」で発想しよう

0.1 節（1 ページ）で述べたように、多数の数値を組にしたデータを扱いたい場面が、ほとんど何をやるにしても出てくるでしょう。そのようなデータを、単に「数値の組」として扱うのではなく、「空間内の点」と見なすことで直観を活用しよう、というのが本書全体のテーマです。

その主役となる概念である「ベクトル」「行列」と、使える脇役「行列式」を、本章で導入します。線形代数を何げなく勉強していると、ついつい字面にばかり目がいってしまいがちですが、それではせっかくの直観が活用できません。「空間」での発想を忘れないようにしてください。

	字面	意味
ベクトル	数字を 1 列に並べたもの	矢印、または、空間内の点
行列	数字を長方形に並べたもの	空間から空間への素直な写像
行列式	なんだかめんどうな計算	上の写像による体積拡大率

テクニック面での本章の目標は、四則演算のマスターです。具体的に数値が与えられたベクトル・行列だけではなく、文字式についても「実際の姿」を意識して計算できることが大切です（1.2.13 項（63 ページ）「サイズにこだわれ」）。試験対策はともかく、信号処理やデータ解析など「線形代数を道具として使う応用分野」では、文字式を正しく扱えないと話についていけませんから。

1.1 ベクトルと空間

では早速、ベクトルの導入からはじめます。「何個かの数値をまとめてひと塊で扱いたい」という動機は、どんな分野の読者にも同意いただけるでしょう。例えば、10 個のセンサを搭載したロボットなら、そこから得られる 10 個の観測値をひと塊で扱いたいでしょう。

1.1.1 とりあえずの定義：数値の組をまとめて表す記法

数を並べたものをベクトルと呼びます[*1]。例えば、

$$\begin{pmatrix} 2 \\ 5 \end{pmatrix} \text{ や } \begin{pmatrix} 6 \\ 3 \\ 3 \end{pmatrix} \text{ や } \begin{pmatrix} 2.9 \\ -0.3 \\ 1/7 \\ \sqrt{\pi} \\ 42 \end{pmatrix}$$

などです。成分数を明記したいときは、それぞれ、2次元ベクトル・3次元ベクトル・5次元ベクトル、のように呼びます。

特に断わらない限り、ベクトルといったら、こんなふうに縦に並べた「縦ベクトル」という約束にします。$(2,3,5,8)$ のように横に並べた「横ベクトル」というものも世の中にはありますが、本書では縦を基本とします。ただ、縦ベクトルを本当に縦で表記するとスペースばかりくってしょうがないので、

$$(2,3,5,8)^T = \begin{pmatrix} 2 \\ 3 \\ 5 \\ 8 \end{pmatrix} \qquad \text{や} \qquad \begin{pmatrix} 2 \\ 3 \\ 5 \\ 8 \end{pmatrix}^T = (2,3,5,8)$$

という記法を導入します。T は Transpose（転置）の T です。

? 1.1 なんでそんなに縦ベクトルが好きなの？[*2]

「変数 x に写像 f を施す」という操作を、普通の人は $f(x)$ と書きます。これと同じ語順で、「ベクトル $\boldsymbol{x}$ に行列 A（で表される写像）を施す」という操作を、行列の積として $A\boldsymbol{x}$ と書きたいからです（→1.2.1項（20ページ））。もし $\boldsymbol{x}$ が横ベクトルだと、$\boldsymbol{x}A$ のように「対象→操作」という語順になって目がびっくりしてしまいます。ただ、オブジェクト指向に慣れた人には、もしかすると `f(x)` よりも `x.f` のほうが自然かもしれませんね。

[*1] 怒らないで>数学派の皆さん。高尚な立場も後で紹介しますから。

[*2] 本書では、本筋からそれる素朴な疑問や別の見方、わき道などのトピックを、このような形で本文とは切り離して説明していきます。この部分では、まだ説明していない先走りのコメントもちょくちょく出てきます。はじめて読むときはさらっと読み流し、1つの章を読み終えたら立ち返って読み直す、という読み方をお勧めします。

? 1.2 「数」って？

本書では、「実数または複素数」と読んでください。実数か複素数かで話が変わってくる箇所では、ちゃんと明記するようにします。なお、成分が実数なことを明記したければ「**実ベクトル**」や「**実行列**」のように呼び、成分が複素数なことを明記したければ「**複素ベクトル**」や「**複素行列**」のように呼びます。

念のため、用語確認をしておきましょう[*3]。

自然数	$0, 1, 2, 3, \ldots$
整数	$\ldots, -2, -1, 0, 1, 2, \ldots$
有理数	(整数)/(整数) と書ける数
実数	$3.14159265\cdots$ のように（無限）小数で書ける数
複素数	虚数単位 i（$i^2 = -1$）を使って、(実数) + (実数)i と書ける数

i という記号は、虚数単位以外に、単なる変数名としてもよく使います。まあ文脈から明らかですから、混乱する心配はないでしょう。

「データ構造」を定義したら、それに対する演算も定義しましょう。ベクトルの足し算と定数倍[*4]を、次のように定義します。

足し算　同じ次元のベクトルに対して

$$\begin{pmatrix} x_1 \\ \vdots \\ x_n \end{pmatrix} + \begin{pmatrix} y_1 \\ \vdots \\ y_n \end{pmatrix} = \begin{pmatrix} x_1 + y_1 \\ \vdots \\ x_n + y_n \end{pmatrix} \qquad 例：\begin{pmatrix} 2 \\ 9 \\ 4 \end{pmatrix} + \begin{pmatrix} 7 \\ 5 \\ 3 \end{pmatrix} = \begin{pmatrix} 9 \\ 14 \\ 7 \end{pmatrix} \tag{1.1}$$

定数倍　任意の数 c に対して

$$c\begin{pmatrix} x_1 \\ \vdots \\ x_n \end{pmatrix} = \begin{pmatrix} cx_1 \\ \vdots \\ cx_n \end{pmatrix} \qquad 例：3\begin{pmatrix} 2 \\ 9 \\ 4 \end{pmatrix} = \begin{pmatrix} 6 \\ 27 \\ 12 \end{pmatrix} \tag{1.2}$$

ちなみに、横ベクトルの足し算と定数倍も同様に定義されます。

---

*3 自然数については、0 を含める派と含めない派があります。本書は、含める派です。それから、例えば実数について、「整数 7 も $7.000\cdots$ と書けるから、7 は実数でもある」に注意してください。こういう、「××も○○の特別な場合」という発想があれば、思考を節約できます。特に情報系には必須のセンスでしょう。もちろん、コンピュータ上の計算では、整数と実数は大違いです。第 3 章のような数値計算では、その違いを意識しておかないと落とし穴にはまります。

*4 「j によらない定数 c をもってきて $x_j \mapsto cx_j$」という意味で、ここでは「定数倍」と呼んでいます。「スカラー倍」や、せめて「数値倍」のほうが、本当は適切ですが、耳慣れない言葉で本を閉じてもらいたくないので……

? 1.3　こんなのも当然ありでしょ？ なのにうちの先生は怒るんです。頭固いんじゃない？

$$\times \quad \begin{pmatrix} x_1 \\ \vdots \\ x_n \end{pmatrix} \begin{pmatrix} y_1 \\ \vdots \\ y_n \end{pmatrix} = \begin{pmatrix} x_1 y_1 \\ \vdots \\ x_n y_n \end{pmatrix}, \quad \begin{pmatrix} x_1 \\ \vdots \\ x_n \end{pmatrix} \Big/ \begin{pmatrix} y_1 \\ \vdots \\ y_n \end{pmatrix} = \begin{pmatrix} x_1/y_1 \\ \vdots \\ x_n/y_n \end{pmatrix}$$

ベクトルを「ただの」数字の列としてだけ扱うのなら、それも便利でしょう。実際、行列操作に特化したプログラミング言語では、そのような演算が用意されていることも多いようです。でも、線形代数の立場からすると、これらは邪道なのです。理由は、座標変換（1.2.11 項（54 ページ））との相性が悪いから。次の図式を見てください。

ある座標系	$\boldsymbol{x}$	$+$	$\boldsymbol{y}$	$=$	$\boldsymbol{z}$		ある座標系	$\boldsymbol{x}$	$\boldsymbol{y}$	$=$	$\boldsymbol{z}$
	$\Updownarrow$		$\Updownarrow$		$\Updownarrow$			$\Updownarrow$	$\Updownarrow$		$\Updownarrow$
別の座標系	$\boldsymbol{x}'$	$+$	$\boldsymbol{y}'$	$=$	$\boldsymbol{z}'$		別の座標系	$\boldsymbol{x}'$	$\boldsymbol{y}'$	$\neq$	$\boldsymbol{z}'$

今、ある座標系で、$\boldsymbol{x}+\boldsymbol{y}=\boldsymbol{z}$ だったとします。$\boldsymbol{x},\boldsymbol{y},\boldsymbol{z}$ を別の座標系で表現したら、$\boldsymbol{x}',\boldsymbol{y}',\boldsymbol{z}'$ に化けたとしましょう。個々のベクトルの見た目が変わっても、いつでも $\boldsymbol{x}'+\boldsymbol{y}'=\boldsymbol{z}'$ は成り立ちます。定数倍についても同様。足し算や定数倍が正統な演算である所以です。一方、あなたが提案した「成分ごとの掛け算」だとどうでしょう。ある座標系で $\boldsymbol{x}\boldsymbol{y}=\boldsymbol{z}$ だったとしても、別の座標系に移ると $\boldsymbol{x}'\boldsymbol{y}'\neq\boldsymbol{z}'$ となってしまいます。線形代数の立場からすると、あなたの掛け算 $\boldsymbol{x}\boldsymbol{y}$ は、「対象そのものの性質」ではなく「特定の座標系での見た目についての性質」にすぎなかったわけです。

ベクトルは、$\boldsymbol{x},\boldsymbol{v},\boldsymbol{e}$ のように太字で書く約束にします。ただの数とベクトルとの区別をはっきり意識するよう習慣付けるためです。読者が自分でノートをとるときも、手抜きせず、$\mathbb{x},\mathbb{v},\mathbb{e}$ のように必ず太字にすることを勧めます。特に、ゼロベクトル（すべての成分が 0 のベクトル）を、$\boldsymbol{o}=(0,\ldots,0)^T$ という記号で書きます。また、$(-1)\boldsymbol{x}$ のことを $-\boldsymbol{x}$ と略記し、$\boldsymbol{x}+(-\boldsymbol{y})$ のことを $\boldsymbol{x}-\boldsymbol{y}$ と略記します。$2\boldsymbol{x}+3\boldsymbol{y}$ と書いたら、$(2\boldsymbol{x})+(3\boldsymbol{y})$ のように定数倍を先に計算する決まりです。

数 c,c' とベクトル $\boldsymbol{x},\boldsymbol{y}$ に対し、以下のような性質は、全くもって「ひと目」でわかるでしょう。

- $(cc')\boldsymbol{x} = c(c'\boldsymbol{x})$ 例： $(2 \cdot 3)\begin{pmatrix}1\\5\end{pmatrix} = \begin{pmatrix}6\\30\end{pmatrix} = 2\left(3\begin{pmatrix}1\\5\end{pmatrix}\right)$

- $1\boldsymbol{x} = \boldsymbol{x}$ 例： $1\begin{pmatrix}2\\3\end{pmatrix} = \begin{pmatrix}2\\3\end{pmatrix}$

- $\boldsymbol{x} + \boldsymbol{y} = \boldsymbol{y} + \boldsymbol{x}$ 例： $\begin{pmatrix}2\\3\end{pmatrix} + \begin{pmatrix}1\\5\end{pmatrix} = \begin{pmatrix}3\\8\end{pmatrix} = \begin{pmatrix}1\\5\end{pmatrix} + \begin{pmatrix}2\\3\end{pmatrix}$

- $(\boldsymbol{x} + \boldsymbol{y}) + \boldsymbol{z} = \boldsymbol{x} + (\boldsymbol{y} + \boldsymbol{z})$ 例： $\left(\begin{pmatrix}2\\3\end{pmatrix} + \begin{pmatrix}1\\5\end{pmatrix}\right) + \begin{pmatrix}10\\20\end{pmatrix} = \begin{pmatrix}13\\28\end{pmatrix} = \begin{pmatrix}2\\3\end{pmatrix} + \left(\begin{pmatrix}1\\5\end{pmatrix} + \begin{pmatrix}10\\20\end{pmatrix}\right)$

- $\boldsymbol{x} + \boldsymbol{o} = \boldsymbol{x}$ 例： $\begin{pmatrix}2\\3\end{pmatrix} + \begin{pmatrix}0\\0\end{pmatrix} = \begin{pmatrix}2\\3\end{pmatrix}$

- $\boldsymbol{x} + (-\boldsymbol{x}) = \boldsymbol{o}$ 例： $\begin{pmatrix}2\\3\end{pmatrix} + \begin{pmatrix}-2\\-3\end{pmatrix} = \begin{pmatrix}0\\0\end{pmatrix}$

- $c(\boldsymbol{x} + \boldsymbol{y}) = c\boldsymbol{x} + c\boldsymbol{y}$ 例： $10\left(\begin{pmatrix}2\\3\end{pmatrix} + \begin{pmatrix}6\\4\end{pmatrix}\right) = \begin{pmatrix}80\\70\end{pmatrix} = 10\begin{pmatrix}2\\3\end{pmatrix} + 10\begin{pmatrix}6\\4\end{pmatrix}$

- $(c + c')\boldsymbol{x} = c\boldsymbol{x} + c'\boldsymbol{x}$ 例： $(4 + 5)\begin{pmatrix}2\\3\end{pmatrix} = \begin{pmatrix}18\\27\end{pmatrix} = 4\begin{pmatrix}2\\3\end{pmatrix} + 5\begin{pmatrix}2\\3\end{pmatrix}$

? 1.4 こんな当たり前のことを、なんでわざわざ羅列してみせるの？

本書の範疇を越えてしまいますが……ここに挙げた性質こそが、実は「ベクトル」というものの本質を表していて、ベクトルの話はすべてこの性質から導き出されます。これはすごいことで、「ベクトルとは何か」（現段階では「数を並べたもの」）なんて忘れ去っても、「ベクトルには上に挙げた性質がある」ということだけ認めれば、すべての話ができる。数学では、そういうスタイルが好まれます（少なくとも建前上は）。御利益は、まず、「○○とは何か」という哲学論争に巻き込まれずに済むことです。「直線とは何か」「0 とは何か」「確率とは何か」なんて、たとえ話じゃなく厳密に言えますか？ そんなことを議論しだすと埒があかないので、「とは何か」は棚上げし、「どういう性質を持つか」だけ合意した上で話を前へ進めよう、というわけです。また、適用範囲が広がるという嬉しさもあります。一見「ベクトル」には見えない対象でも、上の性質さえ確認すれば、ベクトルに関する既存の定理がすべて適用できるのです。「微分方程式の解」や「量子力学における状態」なども、ベクトルと見ればすっきりした見通しが立ちます。実装の詳細に立ち入らず、インタフェースの仕様だけを拠り所にしてプログラムを書けば移植性が高まるのと同じですね。

1.1.2 「空間」のイメージ

2次元ベクトルは、方眼紙の上にプロットすることができます（図1.1）。$(3,5)^T$ なら「横軸3, 縦軸5」の位置に、$(-2.2,1.5)^T$ なら「横軸 -2.2, 縦軸1.5」の位置に、ゼロベクトル $\boldsymbol{o}=(0,0)^T$ は原点 O に、という調子です。同様に、3次元ベクトルも、3次元空間内のどこか1点として表すことができます。

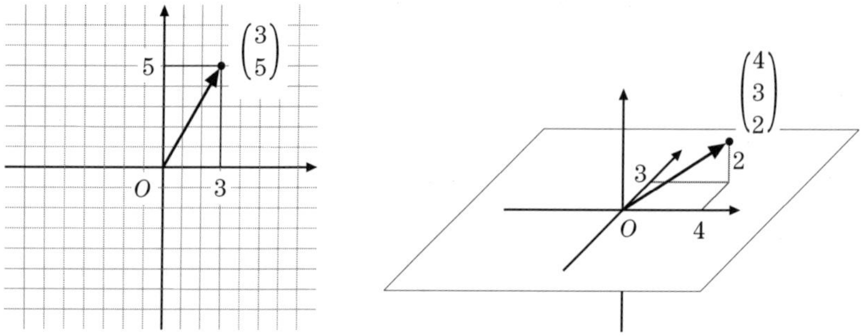

▲図1.1　ベクトルを空間に描く

こんなふうに位置に対応付けることを強調するときは、「**位置ベクトル**」と呼ぶこともあります。

位置という解釈のほかに、原点 O からその位置に向かう「矢印」という解釈もあります。足し算と定数倍を図形的に解釈するには、矢印のほうがしっくりきます。足し算は矢印の継ぎ足し、定数倍は長さの伸縮になります（図1.2）。「-3 倍」なら、もちろん「反対向きに元の長さの3倍」となります。

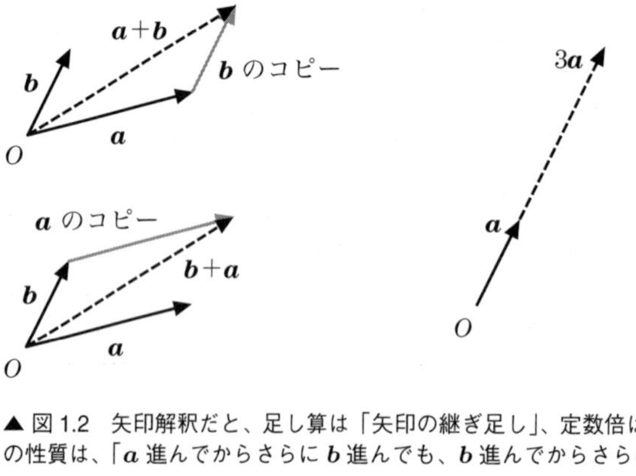

▲図1.2　矢印解釈だと、足し算は「矢印の継ぎ足し」、定数倍は「長さの伸縮」。$\boldsymbol{a}+\boldsymbol{b}=\boldsymbol{b}+\boldsymbol{a}$ という足し算の性質は、「$\boldsymbol{a}$ 進んでからさらに $\boldsymbol{b}$ 進んでも、$\boldsymbol{b}$ 進んでからさらに $\boldsymbol{a}$ 進んでも、行き先は同じ」ということ

?1.5 一次元ベクトルってただの数のこと？

一次元ベクトル (a) と数 a とを同一視するのは、自然なことに思えますね。どちらも直線上の1点として表せますし。ただ、単位の取り方によって値が変わってしまうことには注意してください。次項で述べる「基底」にからんだ問題です（?1.11（16ページ））。?1.20（34ページ）も参照。また、たいていのプログラミング言語では、「サイズ1の配列」と「数値」とは別物なので、明示的な変換操作が必要になるでしょう。

?1.6 四次元は時間、五次元は霊魂、とか聞いたけど？

本気じゃないとは思いますが……それは数学の守備範囲ではありません。?1.4（9ページ）でも述べたとおり、「○○とは何か？」は棚上げして性質を議論するのが数学の立場です。数学的には、単に数を4つ並べれば何でも4次元ベクトルと見なすことができます（ちょっと乱暴な言い方ですが）。それを「左右・奥行・上下・時刻」と対応付けるかどうかは、解釈しだい。「プログラム中の変数 x が現実に何を表しているかなんて、人間側の問題。コンピュータは、そんなことには関係なく計算をするだけ」という話と同じようなものです。

1.1.3 基底

■宇宙には上も右もない

前項で、2次元ベクトルを平面上の点として解釈しました。そこでは平面に方眼目盛が引かれていましたが、本来、宇宙には、上だの右だのといった特別な方向なんてないはずです。そこで、思い切って目盛を取っ払ってみましょう（図1.3）。

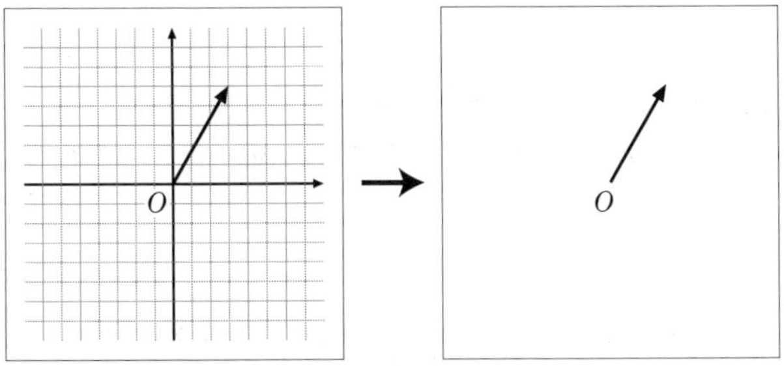

▲図1.3 目盛を取っ払った平面

目盛も特別な方向もない、ひたすらまっ平らな平面。目印になるものは、原点 O ただ1点のみ。最初はちょっと心細いですが、こんな世界でもちゃんとやっていけます。つまり、「足し算」も「定数倍」も、「矢印解釈」をすれば遂行できます。なくてもやっていけるものは、なしで考えるほうがスマートですね[*5]。このように「足し算」と「定数倍」が定義された世界のことを、**線形空間**と呼びます[*6]。**ベクトル空間**と呼ぶ人もいます。

このスマートな世界でのベクトルは、矢印解釈を強調して、$\vec{x}, \vec{v}, \vec{e}$ のように表記することにします。数字の並びとしてのベクトルは $\boldsymbol{x}$、矢印としてのベクトルは $\vec{x}$、という書き分けは、本書の中でだけ通じる約束です。

線形空間は、我々が住む現実の空間のある側面を、ある水準で抽象化したものです。完全なコピーではなく、「機能縮小版」なので、誤解しないでください。この世界では、ゼロベクトル $\vec{o}$ だけが特別で、それ以外はどの矢印も対等です。行われるのは、足し算と定数倍だけ。何もかもまっすぐ。

ここで、この世界には「長さ」や「角度」が定義されていないことに注意してください。異なる方向のベクトルどうしで大小を比較する術はありません。「回転」（＝長さを保って方向を変える）という操作も定義できません。こうした機能は、「素の」線形空間では削られています[*7]。

? 1.7　目盛があれば、「$\boldsymbol{x} = (x_1, x_2)^T$ の長さは $\sqrt{x_1^2 + x_2^2}$」って公式で長さも計算できたのに。目盛を取っ払っても不便になるだけでは？

……というように、つい「実装」に踏み込んでしまうのが目盛の弊害。線形空間の「仕様」は、「足し算と定数倍が定義されていて、9ページで羅列した性質を満たす」というだけです。仕様を定めてそれに従うことの意義については、?1.4（9ページ）や?1.9（13ページ）を参照。

実際、その素朴な公式では、座標の取り方（この後説明します）しだいで値が変わってしまうのが問題です。ではどうするのかは、付録E（339ページ）を参照ください。

? 1.8　内積や外積は説明しないの？ 内積を説明すれば「長さ」や「角度」も計算できるはずでしょ？

内積は基本的な概念で、有用でもあるのですが、実はちょっと癖があります。高校で習う「$\boldsymbol{x} = (x_1, x_2)^T$ と $\boldsymbol{y} = (y_1, y_2)^T$ との内積は $\boldsymbol{x} \cdot \boldsymbol{y} = x_1 y_1 + x_2 y_2$」という

[*5] スマートなのが優れているかどうかは別問題。いろんなスタイルを自在に使い分けるのが一番かっこいい。……また怒らないで＞数学派の皆さん。「人間の直観に頼るこんな定義もどきはちっともスマートじゃない」って文句は重々承知です。わかる人は、「○○の公理を満たすこと」により定義される抽象的な線形空間の話に、各自で脳内変換してください。

[*6] 正式には、「9ページで羅列した性質を満たすこと」という条件が付きます。こんな文学的な定義ではなく、きっちりとした定義が知りたければ、もっと本格的な教科書（参考文献[1][3]など）を参照してください。

[*7] 「長さ」や「角度」が定義されているのは、内積空間という「拡張版の」線形空間です（→付録E.1.3項(340ページ)）。

定義だと、座標が変われば内積も変わってしまって、よろしくありません。以降でやるように、「座標なんて仮に付けた番地にすぎない。そういう人為的なものには関係しない、空間自体の性質に興味がある」というのが線形代数の立場です。座標に依存しないように内積を定めようとすると、本章の仕様（和と定数倍）だけじゃできなくて、新しい仕様を追加する必要があります。なので、後まわし（→付録E（339 ページ））。当分は、素の線形空間だけでできる話をしていきます。

一方、**外積**（**ベクトル積**）$\boldsymbol{x} \times \boldsymbol{y}$ も、3 次元空間を扱う分には、確かに便利な概念です[*8]。でも、あまりにも 3 次元に特異な概念なのです。本書では、3 次元にとらわれたくはない。外積自体は一般の n 次元にも拡張できるのですが、その結果は、「大半の読者がまだ知らないオモシロイモノ」になります。 2 次元ベクトルの外積は数、3 次元ベクトルの外積はベクトル、じゃあ、4 次元ベクトルの外積は何者か？……その説明は、本書の範疇を越えてしまいます（参考文献 [6] の p-vector）。

さらに、実は外積も拡張仕様とからんでしまっている、という事情があります。そもそも最初に外積を習ったとき、「3 次元ベクトル $\boldsymbol{x}, \boldsymbol{y}$ に対して、外積ベクトル $\boldsymbol{x} \times \boldsymbol{y}$ の長さは、『$\boldsymbol{x}, \boldsymbol{y}$ を辺とする平行四辺形の面積』に等しい」なんて説明されたことでしょう。これって変だと思いませんでしたか？ 「長さ」と「面積」が等しいとは何事か？ 1m と $1\mathrm{m}^2$ は等しいのか？ cm で測り直したら 100cm と $10000\mathrm{cm}^2$ になるけどいいのか？――意欲のある人は、参考文献 [6] を読めば目から鱗が落ちるでしょう。

? 1.9 宇宙には特別な場所もないんだから、原点も取っ払っちゃえば？

それをやると矢印解釈が封じられ、足し算と定数倍も定義できなくなってしまいます。そうなると、もはや線形空間としては扱えません。ただし、「線形空間以外のやつは全然だめだ。意味ない。帰れ！」なんて言うつもりもありません。本書の扱う範囲ではないというだけのことです。実際、線形空間から原点を取っ払ったような世界には、**アフィン空間**という名前が付いていて、これはこれで有用な体系です。

一般に、「仕様」（原点だとか足し算だとか長さだとか）をたくさん追加するほど、扱う対象を限定していくことになります。その仕様に互換な実装が少なくなるからです。対象を限定するほど、強い主張（必ず○○が成り立つ）ができるのは当たり前。でも、豊かさとなると、また別の話です。仕様がゆるすぎたら、大したことは何もできない。かといって、仕様がきつすぎると、何をしても「まあ、そうできるように用意されてるんだからねえ」と感じてしまう。「こんなシンプルな仕様から、こんなに豊かな成果を産み出せるのか」という感激を味わうには、やっぱりバランスが大切なのかもしれません。

■基準を定めて番地を振ろう

さて、スマートになったのはいいのですが、これでは特定のベクトル $\vec{v}$ を指定するのに「ここ」と指差すしかなくなってしまいました。やっぱりちょっと不便です。そこで、口頭でも位置を伝えられるように、この世界に「番地」を振ってやりましょう。

[*8] 3 次元ベクトル $\boldsymbol{x} = (x_1, x_2, x_3)^T$ と $\boldsymbol{y} = (y_1, y_2, y_3)^T$ の外積は、$\boldsymbol{x} \times \boldsymbol{y} = ((x_2y_3 - x_3y_2), (x_3y_1 - x_1y_3), (x_1y_2 - x_2y_1))^T$ と定義されます。

まず、基準となるベクトル $\vec{e}_1, \vec{e}_2$ を何か定めます。例えば、図 1.4 のように。基準を決めてしまえば、「$\vec{e}_1$ を 3 歩と $\vec{e}_2$ を 2 歩」のような言い方で、ベクトル $\vec{v}$ の位置を指定できます。

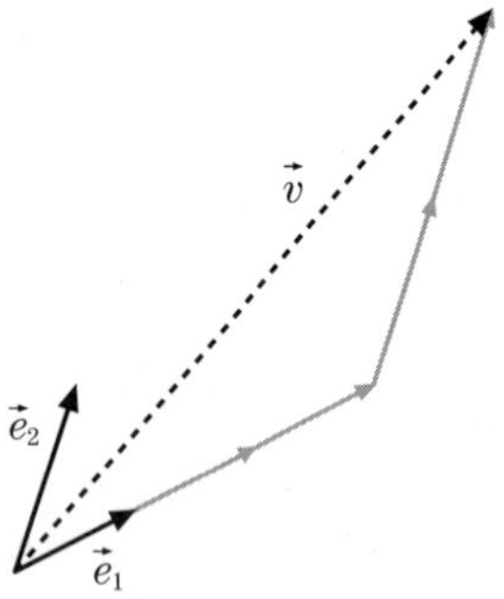

▲ 図 1.4　基準となるベクトル $\vec{e}_1, \vec{e}_2$ を定めて、「$\vec{e}_1$ を 3 歩、$\vec{e}_2$ を 2 歩」のように位置を指定

つまり、

$$\vec{v} = 3\vec{e}_1 + 2\vec{e}_2$$

と言っているわけです。こういう「基準となる 1 組のベクトル」のことを**基底**、「各基準で何歩進むか」を**座標**と呼びます。上の例なら、「基底 $(\vec{e}_1, \vec{e}_2)$ に関して、ベクトル $\vec{v}$ の座標は $\boldsymbol{v} = (3,2)^T$」です[*9]。なお、「基底」と言ったらチーム $(\vec{e}_1, \vec{e}_2)$ のことであり、チームのメンバーである $\vec{e}_1$ や $\vec{e}_2$ のことは**基底ベクトル**と呼びます。

基準の取り方は、何通りも考えられます。特に、図 1.5 のように取れば、一番最初に考えた方眼目盛と一致しますね。

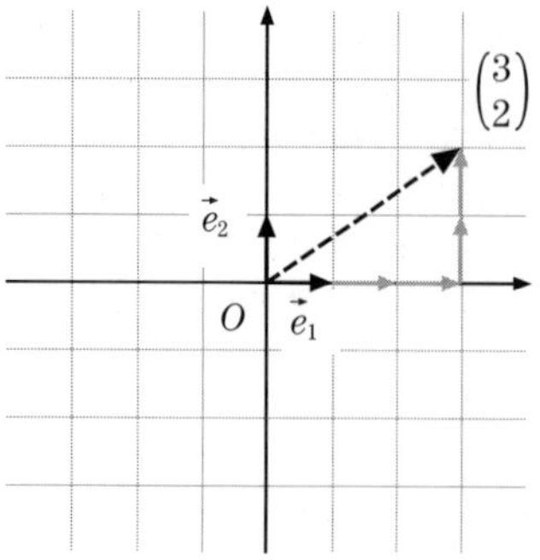

▲ 図 1.5　方眼目盛に対応する基底

ただし、ベクトルを何本か持ってきて束ねれば何でも基底になるというわけではありません。次の項では、基底と名乗るための資格についてお話しします。

[*9] 座標も、数を縦に並べて書き表します。

? 1.10 1.1.1 項（6 ページ）から読んでくると、「数字の並び $\boldsymbol{v}$ →矢印 $\vec{v}$ →数字の並び $\boldsymbol{v}$」って、結局元に戻ってきただけでは？ 何がしたかったの？

「見た目にとらわれるな」というのが、本書を貫く大きなモットーです。最初に「数字の並び」としてベクトル $\boldsymbol{v}$ を定義したときには、その数字に何か絶対的な意味があるように見えていました。でも今や、基底なんて何通りでも取れることを我々は知っています。そのどれもが「基底」という意味では対等の資格を持っています。絶対的に見えていた $\boldsymbol{v}$ も、あまたある基底の 1 つを使って表現した座標にすぎないことがわかってしまいました。いわば、地球は宇宙の中心ではなかった、ってとこです。基底を変えれば、座標 $\boldsymbol{v} = (v_1, v_2)^T$ の成分値 v_1, v_2 なんてがんがん変わります。そんなふうに表現を変えるだけで変わってしまうものは、しょせん見た目に関する性質にすぎません。そういうはかない性質よりも、表現に依存しない性質のほうが、より本質的なものと考えられるでしょう。

こうして結局、「どの基底を取るかに依存しない概念こそ、対象の本来の性質をとらえたものだ」という立場に至ります。このような、「基底の取り方に依存しない実体」を表したものが矢印 $\vec{v}$ です[*10]。

本章では、話の順序として、とりあえず「数が並んだものがベクトルだ」という導入をしました。でも、もちろんこれは本音ではありません。「矢印」こそがベクトルの実体であり、「数の並び」はそれをある方法で表現したものだと理解してください。本書の流儀をまとめると、次のようになります。

- 抽象的すぎてとっつきにくい矢印よりも、具体的な計算ができて親しみやすい座標のほうで話をする
- でも、「特定の基底についての性質じゃなく、どの基底でも成り立つ性質にこそ興味がある」という立場は、いつも心に留めておく

実際、この後で出てくる「正則」「ランク」「固有値」などは、基底には依存しません[*11]。

また、何か問題を解くときには、その問題に都合のいい基底を好き勝手に取って考えるのが定石となります。1.2.11 項（54 ページ）の冒頭を参照してください。

---

*10 ちなみに、だったらはじめから「座標」$\boldsymbol{v}$ なんて使わずに抽象的なベクトル $\vec{v}$ だけで議論をしよう、というのがスマートな数学の流儀。本書の流儀は違います。

*11 「固有ベクトル」はベクトルなので、その座標 $\boldsymbol{p}$ は基底によって変わってきます。でも、矢印としての固有ベクトル $\vec{p}$ は、基底の取り方に依存しません。

? 1.11 混乱してきた。結局、ベクトルとは数字を並べたものと思っていいのか、だめなのか？

そう思うと楽なら、そう思って構いません。ただし、その数字は「かりそめの姿」であることを、頭の隅に置いておいてください。つまり、一対一の対応が付くという意味で、抽象的な矢印としての「ベクトル」$\vec{v}$ と座標としての「数字の並び」$\boldsymbol{v}$ とを同一視することができます。ただし、一対一対応の付け方はいろいろある（基底の取り方しだい）ので、どういう対応で同一視しているのかに気を付けないといけません。また、「無限次元では、抽象的なベクトル $\vec{v}$ なら定義できても、数字の並び $\boldsymbol{v}$ では表現しきれない場合がある」という事実も指摘しておきましょう。

? 1.12 極座標なんかは扱わないの？

下図左のような曲がった座標は、本書では扱いません。本書で「座標」と言ったら、「基底」に基づくもの、つまり下図右のようなまっすぐなもの、という約束にします。斜めになるのは構いませんが、「曲がる」のは禁止です（→ xiii ページ）。「座標変換」も「基底（基準）の取り替えに伴う座標（番地）の付け替え」という意味に限定します。

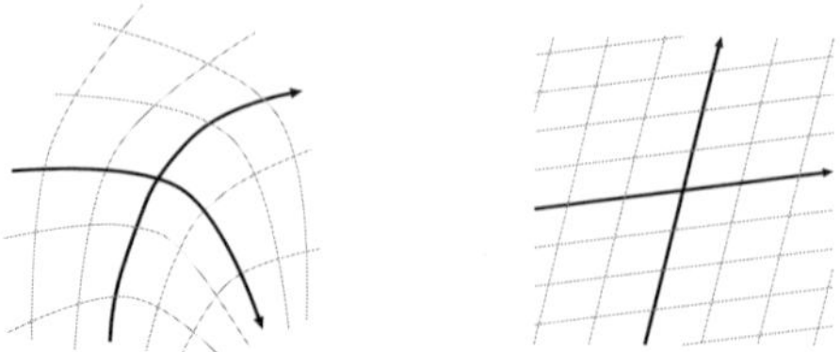

▲図1.6　曲がった座標（左）とまっすぐな座標（右）

――以下、本書の範囲を越えた背伸び：

（1）曲がった座標が便利な場面もよくあります。典型例は、回転対称な問題設定に対して極座標を使う、という定石です。太陽の周囲を回る惑星の運動、関節を持つマニピュレータの制御、ノイズの解析*12 など。しかし、そういう話をするにも、線形代数をおさえておく必要があります。曲がった座標の上で微分や積分などの解析をしようとすると、線形代数の言葉が顔を出してくるからです。実際、多重積分で変数変換をする際には、ヤコビアン（Jacobian）という行列式が現れます。

（2）さらに、そもそも空間自体が曲がっている状況を扱いたいときもあります。例えば世界地図。地球は平らではありませんから、球面という曲がった世界の上での幾何学が欲しくなります。こういう曲がった世界を抽象化した多様体という概念があり、そこでもやはり座標変換が要となっています。

*12 多次元正規分布のことを言っています。これは、統計学で最も基本的な分布の1つです。

1.1.4 基底となるための条件

ベクトルの組 $(\vec{e}_1, \ldots, \vec{e}_n)$ を基底と呼ぶのは、次の 2 つの条件を満たすときだけです。

1. (今考えている空間内の) どんなベクトル $\vec{v}$ でも

$$\vec{v} = x_1\vec{e}_1 + \cdots + x_n\vec{e}_n$$

という形で表せる ($x_1, \ldots, x_n$ は任意の数)　　→ どの土地にも番地が付いている

2. しかも、その表し方は 1 通りだけ　　→ 1 つの土地には番地は 1 つだけ

条件 1 は当然の要請ですね。座標で話がしたいと言っているのに、表せないものがあるようじゃ困ります。

条件 2 も、面倒を避けるためにはぜひ要請したいところです。そうでないと、異なる座標 $\boldsymbol{x} = (x_1, \ldots, x_n)^T$, $\boldsymbol{y} = (y_1, \ldots, y_n)^T$ を見せられたとき、対応する実体 $\vec{x}, \vec{y}$ が本当に違うものなのか、同じものなのに 2 通りの書き方がされているだけなのか、いちいち悩んでしまいます。

図 1.7 に、基底の例と基底でない例を示します。

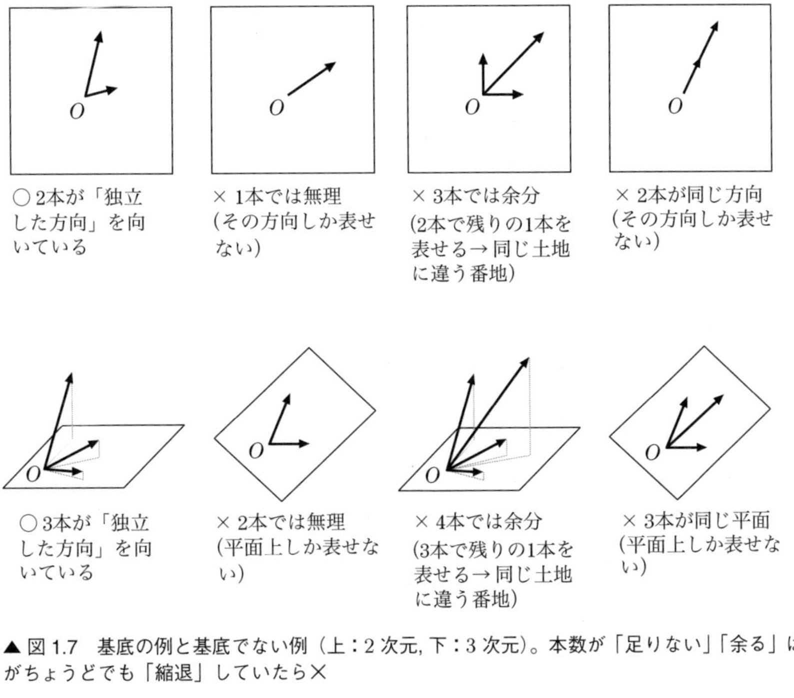

▲ 図 1.7 基底の例と基底でない例 (上：2 次元, 下：3 次元)。本数が「足りない」「余る」は×。さらに、本数がちょうどでも「縮退」していたら×

なお、条件2を噛みくだいて言うと、

- $(x_1,\ldots,x_n)^T \neq (x'_1,\ldots,x'_n)^T$ なら
  $x_1\vec{e}_1+\cdots+x_n\vec{e}_n \neq x'_1\vec{e}_1+\cdots+x'_n\vec{e}_n$　　→ 番地が違うなら違う土地

あるいは、同じことですが、

- $x_1\vec{e}_1+\cdots+x_n\vec{e}_n = x'_1\vec{e}_1+\cdots+x'_n\vec{e}_n$ なら
  $(x_1,\ldots,x_n)^T = (x'_1,\ldots,x'_n)^T$　　→ 同じ土地なら番地も同じ

ということです[*13]。ちなみに、数学ではさらにスマートな言い方が好まれます。普通の教科書には

- $u_1\vec{e}_1+\cdots+u_n\vec{e}_n=\vec{o}$　なら　$u_1=\cdots=u_n=0$

という条件が出ているはず[*14]。これも同じ意味です。なぜかというと、$x_1\vec{e}_1+\cdots+x_n\vec{e}_n = x'_1\vec{e}_1+\cdots+x'_n\vec{e}_n$ の右辺を移項してまとめれば $(x_1-x'_1)\vec{e}_1+\cdots+(x_n-x'_n)\vec{e}_n=\vec{o}$ なので、$u_1=x_1-x'_1$、$u_2=x_2-x'_2$、という調子で置き換えれば同じことになるからです。

この $u_1\vec{e}_1+\cdots+u_n\vec{e}_n$ のような格好はしょっちゅう出てくるので、名前が付いています。与えられたベクトル $\vec{e}_1,\ldots,\vec{e}_n$ に対して、何か数 $u_1,\ldots,u_n$ を持ってきてできるベクトル

$$u_1\vec{e}_1+\cdots+u_n\vec{e}_n$$

を、$\vec{e}_1,\ldots,\vec{e}_n$ の**線形結合**と呼びます[*15]。この用語を使えば、「$\vec{e}_1,\ldots,\vec{e}_n$ の線形結合で任意のベクトル $\vec{x}$ が表せ、しかもその表し方が唯一であるとき、$(\vec{e}_1,\ldots,\vec{e}_n)$ を基底と呼ぶ」と言えます。

1.1.5　次元

前項で、n 次元なら基底ベクトルはちょうど n 本なことを観察しました。でも、正式には話が逆で、基底ベクトルの本数をもってその空間の**次元**と定義します：

次元＝基底ベクトルの本数＝座標の成分数

これなら、直観やたとえ話に頼らずに次元を定義できます。

この定義に疑問を持つ読者もいるでしょう。疑問を持った読者は鋭い。そう、基底なんて、いくらでも、いろんな取り方ができたのでした。どの基底について本数を数えたらいいのでしょう？……実は、どう基底を取っても基底ベクトルの本数は一定になることが証明できます（→付録C（327ページ）「基底に関する補足」）。安心してください。

[*13] 対偶ってやつですね。「AでないならばBでない」と「BならばA」とは同じこと。

[*14] この条件を満たすとき、$\vec{e}_1,\ldots,\vec{e}_n$ は線形独立であるといいます。詳しくは2.3.4項（123ページ）「「ぺちゃんこ」を式で表す」参照。

[*15] 一次結合とも呼びます。数 $u_1,\ldots,u_n$ のほうは、線形結合の**係数**と呼びます。

? 1.13 無限次元の場合は？

本文では、空間は**有限次元**であること、すなわち、有限の本数で全空間を張れるような基底ベクトルの組が存在することを、暗黙に仮定していました。でも、そんなことができない線形空間だって考えられます。

例えば、無限数列

$$\boldsymbol{x} = (x_1, x_2, x_3, \ldots)$$
$$\boldsymbol{y} = (y_1, y_2, y_3, \ldots)$$

と数 c に対してできる新しい無限数列

$$\boldsymbol{u} = (x_1 + y_1, x_2 + y_2, x_3 + y_3, \ldots)$$
$$\boldsymbol{v} = (cx_1, cx_2, cx_3, \ldots)$$

を、$\boldsymbol{u} = \boldsymbol{x} + \boldsymbol{y}$ や $\boldsymbol{v} = c\boldsymbol{x}$ と表すことにすれば、こんな無限数列たちの世界も線形空間と見なすことができます。また、「関数全体」のようなものも、同じようにして、無限次元の線形空間と見なすことができます（? D.1（335 ページ）参照）。

ただし、ここで忠告しておきます。**無限次元はおっかないもの**です。非数学者が直観だけで議論していると、いつか怪我をします。「無限」には、直観の効きにくい落とし穴があるからです。特に、無限個の成分を持つベクトルについて収束を語ろうとすると、有限個のときとは違う事情が生じるので、注意を要します。

以降、本書では、有限次元の場合のみを扱っていきます。

1.1.6 座標での表現

本当は、座標には「基底」を指定しないと意味がありません。これは当然のことで、単に「富士山の高さは 3776 だ」と言われても意味不明。「3776m だ」と単位を付けてはじめて意味をなすのと同じです。この、値「3776」が座標、単位「m」が基底に相当します。

とはいえ、毎回基底を書くのは面倒だし、いかめしくなって恐怖心をあおってしまいます。次節以降では、基底を省いて座標 $\boldsymbol{v}$ のみを表示することにします。何か 1 組基底を決めて、ずっとそれを固定しているので、いちいち書かないのだ、という立場です。普段は座標 $\boldsymbol{v}$ のことを「ベクトル」だと思っていても構いませんが、心に余裕ができたときには、背後にある基底を意識してみてください。

座標だけで話をするためには、「足し算と定数倍を座標で言うとどうなるか」を確認しておかねばなりません。といっても、結果はなんてことなくて、「どんな基底を取って座標で表示しても、足し算と定数倍は、式 (1.1) と式 (1.2) のように座標成分ごとの足し算と定数倍でよい」です。実際、ベクトル $\vec{x} = x_1\vec{e}_1 + \cdots x_n\vec{e}_n$, $\vec{y} = y_1\vec{e}_1 + \cdots y_n\vec{e}_n$ と数 c に対して、

$$\vec{x} + \vec{y} = (x_1 + y_1)\vec{e}_1 + \cdots + (x_n + y_n)\vec{e}_n$$
$$c\vec{x} = (cx_1)\vec{e}_1 + \cdots + (cx_n)\vec{e}_n$$

をすぐ確認できます。

なお、2組以上の基底が登場する場面もときどきあります。その場合は、もちろん、基底を明示することになります。2組の基底について、一方での座標から他方での座標を求める「座標変換」の話は、「行列」を導入した後、1.2.11項（54ページ）で説明します。

1.2 行列と写像

ベクトルという「対象」が導入されたら、次の関心は対象間の「関係」です。この関係を表すために、行列が導入されます。

1.2.1 とりあえずの定義：素直な関係を表すための便利な記法

数を長方形に並べたものを、行列と呼びます[*16]。

$$\begin{pmatrix} 2 & 0 \\ 0 & 3 \end{pmatrix} \quad や \quad \begin{pmatrix} 2.2 & -9 & 1/7 \\ \sqrt{7} & \pi & 42 \end{pmatrix} \quad や \quad \begin{pmatrix} 3 & 1 & 4 \\ 1 & 5 & 9 \\ 2 & 6 & 5 \\ 3 & 5 & 8 \\ 9 & 7 & 9 \end{pmatrix}$$

などです。サイズを明記したいときは、それぞれ 2×2 行列、2×3 行列、5×3 行列のように呼びます。「行列」なんだから「行」「列」の順に表記する、と覚えてください。特に、行数と列数が同じである行列を、**正方行列**と呼びます。サイズを明記したいときは、2×2 なら2次正方行列、3×3 なら3次正方行列、のように呼びます。

行列 A の第 i 行第 j 列の値を、A の (i, j) 成分といいます。例えば、上記の中央の行列について、$(2, 1)$ 成分は $\sqrt{7}$ で、$(1, 3)$ 成分は $1/7$ です。(i, j) 成分というときの順番も「行」「列」です。さらに、こんなふうに書くときの添字の順番も「行」「列」が普通です。

$$A = \begin{pmatrix} a_{11} & a_{12} & a_{13} & a_{14} \\ a_{21} & a_{22} & a_{23} & a_{24} \\ a_{31} & a_{32} & a_{33} & a_{34} \end{pmatrix}$$

面倒がって、これを「3×4 行列 $A = (a_{ij})$」などと略記することもあります。行列はアルファベットの大文字[*17]で、その成分は小文字で書くのが一般的です。

> **? 1.14** どっちが行でどっちが列だか覚えられません
>
> コンピュータ系の人なら、「row と column」のほうがピンとくるかもしれません。というか、「2行目の第4カラム」みたいな和洋折衷のほうが、（そういう人たちの）日常会話だとよく聞くかも。ちなみに世の中の定番は、次の図のような覚え方です。「行」の横棒2本、「列」の縦棒2本から、下側の図を連想してください。

---

*16 ベクトルのときと同様に、とりあえず、です。実は、このイメージを打ち砕くのが本書の狙いです。
*17 「大文字の太字」じゃなくて「単に大文字」が普通。

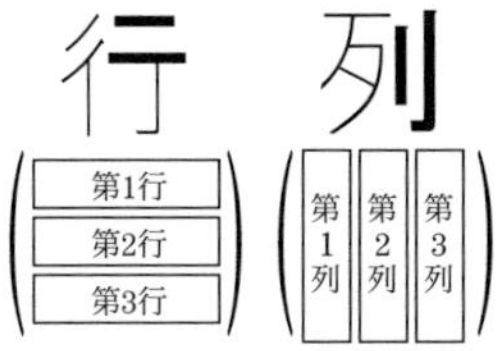

▲ 図 1.8 行と列の覚え方。「行」の横棒 2 本、「列」の縦棒 2 本から、下側の図を連想

行列の足し算と定数倍を、次のように定義します。

足し算 同じサイズの行列に対して、

$$\begin{pmatrix} a_{11} & \cdots & a_{1n} \\ \vdots & & \vdots \\ a_{m1} & \cdots & a_{mn} \end{pmatrix} + \begin{pmatrix} b_{11} & \cdots & b_{1n} \\ \vdots & & \vdots \\ b_{m1} & \cdots & b_{mn} \end{pmatrix} = \begin{pmatrix} a_{11}+b_{11} & \cdots & a_{1n}+b_{1n} \\ \vdots & & \vdots \\ a_{m1}+b_{m1} & \cdots & a_{mn}+b_{mn} \end{pmatrix} \tag{1.3}$$

$$例：\begin{pmatrix} 2 & 9 & 4 \\ 7 & 5 & 3 \end{pmatrix} + \begin{pmatrix} 1 & 2 & 3 \\ 4 & 5 & 6 \end{pmatrix} = \begin{pmatrix} 3 & 11 & 7 \\ 11 & 10 & 9 \end{pmatrix}$$

定数倍 任意の数 c に対して

$$c\begin{pmatrix} a_{11} & \cdots & a_{1n} \\ \vdots & & \vdots \\ a_{m1} & \cdots & a_{mn} \end{pmatrix} = \begin{pmatrix} ca_{11} & \cdots & ca_{1n} \\ \vdots & & \vdots \\ ca_{m1} & \cdots & ca_{mn} \end{pmatrix} \tag{1.4}$$

$$例：3\begin{pmatrix} 2 & 9 & 4 \\ 7 & 5 & 3 \end{pmatrix} = \begin{pmatrix} 6 & 27 & 12 \\ 21 & 15 & 9 \end{pmatrix}$$

次のような記法上の約束は、ベクトルのときと同様です。

- $-A = (-1)A$
- $A - B = A + (-B)$
- $2A + 3B = (2A) + (3B)$

さらに、行列とベクトルの積を定義します。その前に、ちょっとだけ、次のような算数の問題を考えてみてください。

> 肉を $x_{肉}$ グラム、豆を $x_{豆}$ グラム、米を $x_{米}$ グラム買いました。合計でいくらでしょう？また、合計で何カロリーになるでしょう？

それぞれの答 $y_{金}, y_{カ}$ は、次のようになります。

$$y_{金} = a_{金肉}x_{肉} + a_{金豆}x_{豆} + a_{金米}x_{米} \tag{1.5}$$
$$y_{カ} = a_{カ肉}x_{肉} + a_{カ豆}x_{豆} + a_{カ米}x_{米} \tag{1.6}$$

$a_{金肉}$ は肉1グラムあたりの金額、$a_{カ肉}$ は肉1グラムあたりのカロリー、といった調子です。

これらの式を、まとめて

$$\begin{pmatrix} y_{金} \\ y_{カ} \end{pmatrix} = \begin{pmatrix} a_{金肉} & a_{金豆} & a_{金米} \\ a_{カ肉} & a_{カ豆} & a_{カ米} \end{pmatrix} \begin{pmatrix} x_{肉} \\ x_{豆} \\ x_{米} \end{pmatrix} \tag{1.7}$$

と書くことにします。「要因」である $x_{肉}, x_{豆}, x_{米}$ と「効き具合」である $a_{\bigcirc\times}$ とがそれぞれ1つにまとまり、すっきりと見やすくなりました。実は、これが「行列とベクトルの積」です：

積　$m \times n$ 行列と n 次元ベクトルに対して

$$\begin{pmatrix} a_{11} & \cdots & a_{1n} \\ \vdots & & \vdots \\ a_{m1} & \cdots & a_{mn} \end{pmatrix} \begin{pmatrix} x_1 \\ \vdots \\ x_n \end{pmatrix} = \begin{pmatrix} a_{11}x_1 + \cdots + a_{1n}x_n \\ \vdots \\ a_{m1}x_1 + \cdots + a_{mn}x_n \end{pmatrix} \tag{1.8}$$

$$例：\begin{pmatrix} 2 & 7 \\ 9 & 5 \\ 4 & 3 \end{pmatrix} \begin{pmatrix} 1 \\ 2 \end{pmatrix} = \begin{pmatrix} 2\cdot 1 + 7\cdot 2 \\ 9\cdot 1 + 5\cdot 2 \\ 4\cdot 1 + 3\cdot 2 \end{pmatrix} = \begin{pmatrix} 16 \\ 19 \\ 10 \end{pmatrix}$$

積については、

- 行列とベクトルの積はベクトルになる
- 行列の列数（横幅）が「入力」の次元数、行数（高さ）が「出力」の次元数
- 入力の縦ベクトルを横に倒してがちゃがちゃ計算する感じ

といった点に注意してください。

さて、式 (1.5) と (1.6) を、今一度かみしめましょう。これらの式が表しているのは、要因 $x_{肉}, x_{豆}, x_{米}$ から結果 $y_{金}, y_{カ}$ が決まる際に、相乗効果（セット割引）や規模による変化（大量買い割引）などがない、「素直」な関係です。そのおかげで、$a_{金肉}x_{肉} + a_{金豆}x_{豆} + a_{金米}x_{米}$ のような形の式は、扱いやすく、見通しもよく、すっきりした議論ができるようになっています[*18]。この「素直さ」をかっこよく言い直すと、「定義した『ベクトルの足し算と定数倍』をちゃんと保つ」と表現できます。これはつまり、行列 A について、「$\boldsymbol{x} + \boldsymbol{y} = \boldsymbol{z}$ なら $A\boldsymbol{x} + A\boldsymbol{y} = A\boldsymbol{z}$」、「$c\boldsymbol{x} = \boldsymbol{y}$ なら $c(A\boldsymbol{x}) = A\boldsymbol{y}$」、という意味です[*19]。

$$\frac{（入力）}{（出力）} \quad \begin{matrix} \boldsymbol{x} & + & \boldsymbol{y} & = & \boldsymbol{z} \\ \Downarrow & & \Downarrow & & \Downarrow \\ A\boldsymbol{x} & + & A\boldsymbol{y} & = & A\boldsymbol{z} \end{matrix} \qquad \frac{（入力）}{（出力）} \quad \begin{matrix} c\boldsymbol{x} & = & \boldsymbol{y} \\ \Downarrow & & \Downarrow \\ c(A\boldsymbol{x}) & = & A\boldsymbol{y} \end{matrix}$$

まとめると、行列とは、**素直な関係を表すための便利な記法**というわけです[*20]。

[*18] 0.2項（2ページ）も思い出してください。

[*19] 演習問題：これらは、上の買いものの例で言うと、それぞれどのような意味になるでしょう？

[*20] 素直な「関数」と呼ぶほうが適切なのですが、「関数」では直感的に理解しづらい面があります。こんな冒頭で引かれては悲しいので、あえて日常語で「関係」と言っておきます。実は「関係」という語は数学用語でもあって、厳密な定義があるのですが、ここでは省略します。

? 1.15 行列が「素直な関係」なのはわかった。逆に、「素直な関係」はみんな行列と思っていいのか？

一般に、$\boldsymbol{f}(\boldsymbol{x}+\boldsymbol{y}) = \boldsymbol{f}(\boldsymbol{x}) + \boldsymbol{f}(\boldsymbol{y})$、$\boldsymbol{f}(c\boldsymbol{x}) = c\boldsymbol{f}(\boldsymbol{x})$、という性質を持つ写像 $\boldsymbol{f}$ を、**線形写像**と呼びます（$\boldsymbol{x}, \boldsymbol{y}$ は同じサイズのベクトル、c は数、$\boldsymbol{f}(\boldsymbol{x})$ の値はベクトルとします）。つまり、上の本文を言い直すと、「行列 A を掛けるという写像は線形写像である」ということです。実はその逆も言えて、任意の線形写像 $\boldsymbol{f}$ は「行列を掛ける」という形で必ず書けます。実際、$\boldsymbol{e}_1 = (1,0,0,\ldots,0)^T$、$\boldsymbol{e}_2 = (0,1,0,\ldots,0)^T$ ……をそれぞれ入力したときのの出力を $\boldsymbol{a}_i = \boldsymbol{f}(\boldsymbol{e}_i)$ とおけば、入力 $\boldsymbol{x} = (x_1,\ldots,x_n)^T$ に対する出力は $\boldsymbol{f}(\boldsymbol{x}) = x_1\boldsymbol{a}_1 + \cdots + x_n\boldsymbol{a}_n$ となります。縦ベクトル $\boldsymbol{a}_1,\ldots,\boldsymbol{a}_n$ を並べた行列 $A = (\boldsymbol{a}_1,\ldots,\boldsymbol{a}_n)$ を使えば、これは、$\boldsymbol{f}(\boldsymbol{x}) = A\boldsymbol{x}$ と書けます（→ 1.2.9 項（47 ページ）「ブロック行列」）。かっこつけて言うと、行列とは、「線形写像を座標成分で表示したもの」なのです。

? 1.16 わざわざ「横に倒して……」みたいな変な規則にするぐらいだったら、最初からいつも横ベクトルのほうを使うことにして、

$$\times \quad \begin{pmatrix} 2 & 7 \\ 9 & 5 \\ 4 & 3 \end{pmatrix} (1 \quad 2) = \begin{pmatrix} 2\cdot1+7\cdot2 \\ 9\cdot1+5\cdot2 \\ 4\cdot1+3\cdot2 \end{pmatrix} = \begin{pmatrix} 16 \\ 19 \\ 10 \end{pmatrix}$$

という定義にするほうが見やすくない？

横ベクトルを使うって宣言したのに、積の結果（右辺）は縦ベクトルになってますよ。いいんですか？ それとも、「結果も横に倒して横ベクトルにするんだ」って言うなら、「倒す不自然さ」はどっちもどっちです。これが、まず最初の指摘です。

ちょっと話が飛躍しますが、もう 1 つ指摘することがあります。

$n \times 1$ 行列と n 次元縦ベクトルを書くと、どちらも $\begin{pmatrix} 3 \\ 1 \\ 4 \end{pmatrix}$ みたいな格好で、区別がつきませんよね。そんないい加減なことでいいんでしょうか？ 実は上手くできていて、両者を区別しなくても困らないようになっています（1.2.9 項（47 ページ）「ブロック行列」）。足し算や定数倍については、$n \times 1$ 行列のつもりで計算しても、n 次元縦ベクトルのつもりで計算しても、確かに答は同じ。さらに、「$m \times n$ 行列と n 次元ベクトルの積」を「$m \times n$ 行列と $n \times 1$ 行列の積」のつもりで計算しても、やはり同じ答になります（行列と行列の積は、1.2.4 項（27 ページ）で説明します）。こういうメリットもあるので、式 (1.8) の定義を受け入れてください。

ちなみに、式 (1.8) の覚え方として、次のような図をイメージするのもいいかもしれません。

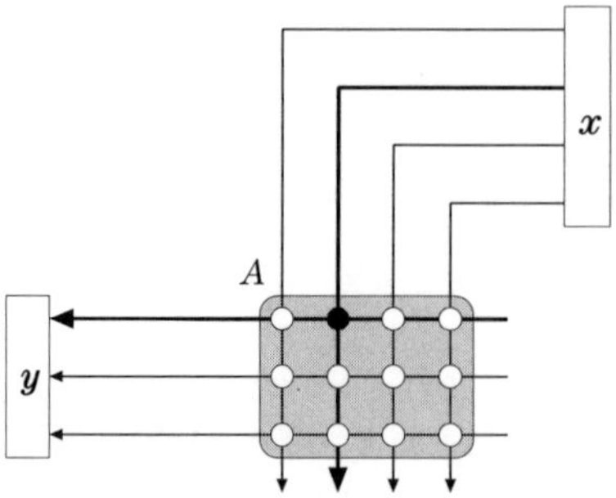

▲図1.9　出力第 i 成分に対する、入力第 j 成分の効き具合

この図が示しているのは、行列とベクトルの積 $\boldsymbol{y} = A\boldsymbol{x}$ です。行列の (i, j) 成分は、「出力第 i 成分に対する、入力第 j 成分の効き具合」と見てください。

1.2.2　いろいろな関係を行列で表す（1）

前項で述べたように、「行列を掛ける」は、「素直な関係」を表します。「相乗効果や規模効果がなく、単純に各要因の合計になる」という素直な関係には、あちこちで出くわします。対象自体が素直な場合もあるし、複雑なものに対する近似モデルとして仮定される場合もあるのは、0.2項（2ページ）「近似手段としての使い勝手」で述べたとおりです。

■鶴亀算

鶴が $x_{鶴}$ 羽と亀が $x_{亀}$ 匹いたら、頭の数 $y_{頭}$ と足の数 $y_{足}$ は、

$$
\begin{aligned}
y_{頭} &= a_{頭鶴}x_{鶴} + a_{頭亀}x_{亀} = x_{鶴} + x_{亀} \\
y_{足} &= a_{足鶴}x_{鶴} + a_{足亀}x_{亀} = 2x_{鶴} + 4x_{亀}
\end{aligned}
$$

となります。$a_{頭鶴} = 1$ は鶴1羽の頭の数、$a_{足亀} = 4$ は亀1匹の足の数、という調子です。これを行列で書けば

$$
\begin{pmatrix} y_{頭} \\ y_{足} \end{pmatrix} = \begin{pmatrix} a_{頭鶴} & a_{頭亀} \\ a_{足鶴} & a_{足亀} \end{pmatrix} \begin{pmatrix} x_{鶴} \\ x_{亀} \end{pmatrix} = \begin{pmatrix} 1 & 1 \\ 2 & 4 \end{pmatrix} \begin{pmatrix} x_{鶴} \\ x_{亀} \end{pmatrix}
$$

これも、相乗効果や規模効果のない、素直な関係ですね。鶴10羽の足の本数は、鶴1羽の足の本数を単純に10倍すればよい。集団Aと集団Bを合わせた頭の総数は、Aの頭数とBの頭数を単純に足せばよい。

$a_{\bigcirc\times}$ が「結果○に対する要因×の効き具合」になっていることをかみしめてください。そのような効き具合を表にしたのが行列です。

■製品と必要原料

次のような例も考えられます。

- 製品 1 を 1 個作るには原料 $1,2,3$ がそれぞれ a_{11}, a_{21}, a_{31} グラムずつ必要
- 製品 2 を 1 個作るには原料 $1,2,3$ がそれぞれ a_{12}, a_{22}, a_{32} グラムずつ必要

とします。今、製品 $1,2$ をそれぞれ x_1, x_2 個作ろうとすれば、原料 $1,2,3$ の必要量 y_1, y_2, y_3 は、

$$\begin{pmatrix} y_1 \\ y_2 \\ y_3 \end{pmatrix} = \begin{pmatrix} a_{11} & a_{12} \\ a_{21} & a_{22} \\ a_{31} & a_{32} \end{pmatrix} \begin{pmatrix} x_1 \\ x_2 \end{pmatrix}$$

で求められます。これも「素直な関係」であることを確かめてください。

ちなみにもし、「1 個作るには原料 20 グラムが必要だが、$1,000$ 個作るなら量産効果で $18,000$ グラムで済む」のようなことになったら、これはもう「素直でない関係」です。素直でない関係は、「行列を掛ける」の格好では表せません。

■ その他いろいろ

ほかにも、さまざまな場面で、$\boldsymbol{y} = A\boldsymbol{x}$ の形の関係に出くわします。詳しく説明するには各分野の専門知識が必要なので、ここでは例を挙げるだけにしておきますが、次のようなものがあります。

- 回路網理論（LCR 回路の電流と電圧）
- 信号処理（線形フィルタ、フーリエ変換、ウェーブレット変換）
- 制御理論（線形システム）
- 統計解析（線形モデル）

$\boldsymbol{y} = A\boldsymbol{x}$ という形に露骨に書くことはなくても、そう解釈できる場合もあります。

1.2.3 行列は写像だ

n 次元ベクトル $\boldsymbol{x}$ に $m \times n$ 行列 A を掛けると、m 次元ベクトル $\boldsymbol{y} = A\boldsymbol{x}$ が得られます。つまり、行列 A を指定すれば、ベクトルを別のベクトルに移す写像[*21]が定まるわけです。実は、これこそが、行列の一番大事な機能です。今からは、行列を見たら、単に「数が並んでる」と思うのではなく、「写像が与えられた」と考えてください。しつこく強調しておきます。

「行列は写像だ」

「行列は写像だ」

「行列は写像だ」

[*21] 「写像」という言葉は、ちょっといかめしいかもしれません。日常語としては「変換」という語もありますが、数学用語としての「変換」には、「対等のものに移す」というニュアンスがあります。n 次元空間から m 次元空間という別の世界に移すものを変換と呼ぶのは支障があるので、写像というもっと広い言葉を使っただけのことです。

さて、上の説明だけだと、まだ「点を点に移す」というイメージでしょう。ここでもうひとがんばり、「空間全体がどう変形するか」をイメージできると、線形代数がとてもわかりやすくなります。百聞は一見にしかず。本章では、この変形を、アニメーションプログラムで実際に観察してみることにしましょう。図 1.10 は、「行列 $A = \begin{pmatrix} 1 & -0.3 \\ -0.7 & 0.6 \end{pmatrix}$ によって空間がどう変形するか」を表したものです。具体的には、たくさんの点 $\boldsymbol{x}$ について Ruby[*22] スクリプトで $A\boldsymbol{x}$ を計算し、その計算結果を Gnuplot[*23] で連続的に表示させたもの（の一部）です。アニメーションプログラムの使い方については、付録 F（347 ページ）を参照してください。

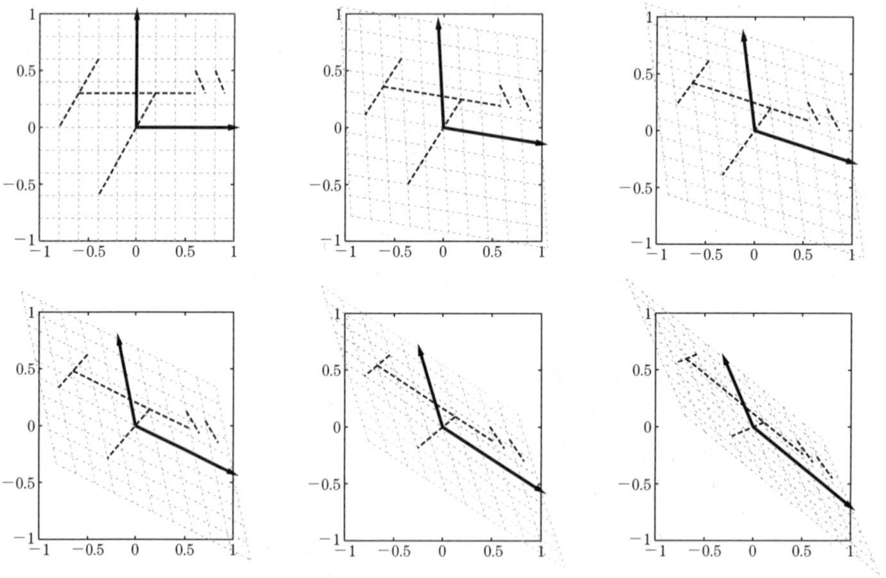

```
ruby mat_anim.rb | gnuplot
```

▲図 1.10　行列 $A = \begin{pmatrix} 1 & -0.3 \\ -0.7 & 0.6 \end{pmatrix}$ による線形写像のアニメーション。「元の空間の各点 $\boldsymbol{x}$ が A によってどこに移るか」を、たくさんの点 $\boldsymbol{x}$ について計算し、表示したもの

アニメーションを見て、次のような事柄に気付いたでしょうか：

- 原点 O は原点 O のまま
- 直線は直線に移る[*24]
- 平行線は平行線に移る

とはいえ、行列を見るたびに、いちいちコンピュータでアニメーションを表示して確認していたのでは、なかなか大変です。次のことに気付けば、写像を想像するのが楽になるはず。例えば、先ほどの行列 A は、

---

*22 `http://www.ruby-lang.org/`

*23 `http://www.gnuplot.info/`

*24 場合によっては、直線がつぶれて 1 点に移ることもあります。

$$\boldsymbol{e}_1 = \begin{pmatrix} 1 \\ 0 \end{pmatrix} \text{を} \begin{pmatrix} 1 \\ -0.7 \end{pmatrix} \text{へ} \qquad \boldsymbol{e}_2 = \begin{pmatrix} 0 \\ 1 \end{pmatrix} \text{を} \begin{pmatrix} -0.3 \\ 0.6 \end{pmatrix} \text{へ}$$

と移します。つまり、A の第 1 列は $\boldsymbol{e}_1$ の行き先、第 2 列は $\boldsymbol{e}_2$ の行き先を表しているわけです。$\boldsymbol{e}_1, \boldsymbol{e}_2$ がどこに移るかさえわかれば、写像の様子も想像できるでしょう。

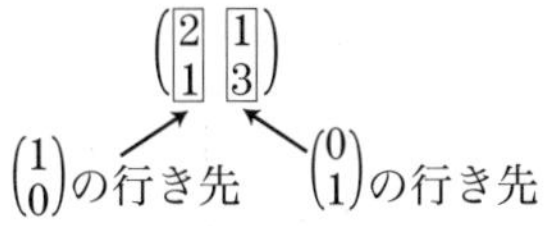

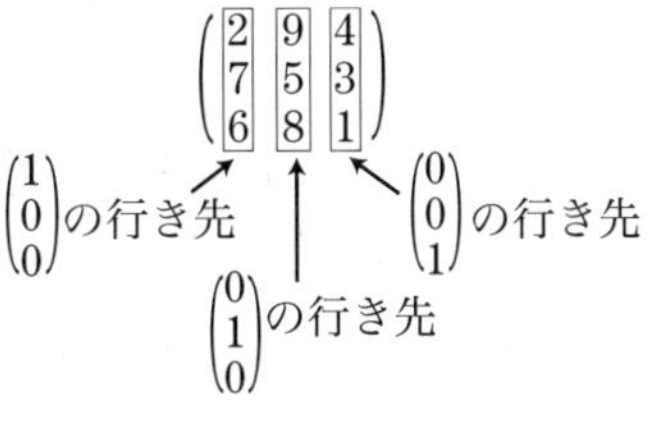

まとめると、$m \times n$ 行列 A は、n 次元空間を m 次元空間に移す写像を表しています。A の第 1 列は $\boldsymbol{e}_1 = (1, 0, 0, \ldots)^T$ の行き先、A の第 2 列は $\boldsymbol{e}_2 = (0, 1, 0, \ldots)^T$ の行き先……といった調子です（図 1.11）。

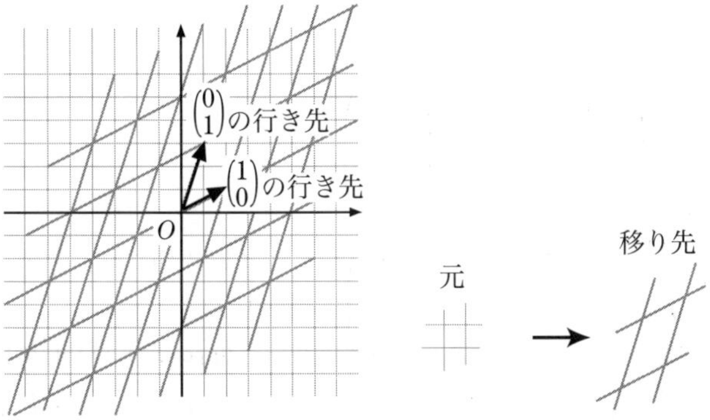

▲図 1.11　$\boldsymbol{e}_1, \boldsymbol{e}_2, \ldots$ の行き先と写像全体の様子（2 次元の場合）

最後に、当たり前だけど大事なことを、1 つ指摘しておきましょう。それは、「写像として同じなら、行列も同じ」という事実です。つまり、同じサイズの行列 A, B が、任意のベクトル $\boldsymbol{x}$ に対して常に $A\boldsymbol{x} = B\boldsymbol{x}$ であれば、$A = B$ ということ*25。

1.2.4 行列の積＝写像の合成

行列どうしの積を、次のように定義します。

積　$k \times m$ 行列 $B = (b_{ij})$ と $m \times n$ 行列 $A = (a_{jp})$ に対して

*25 理由は、上の説明を思い出してください。$A\boldsymbol{e}_1 = B\boldsymbol{e}_1$ なんだから、A の 1 列目と B の 1 列目は等しい。$A\boldsymbol{e}_2 = B\boldsymbol{e}_2$ なんだから、A の 2 列目と B の 2 列目も等しい。以下同様。もちろん、特別な $\boldsymbol{x}$ についてだけじゃだめです。例えば、$A = \left(\begin{smallmatrix} 2 & 0 \\ 1 & 3 \end{smallmatrix}\right)$ でも $B = \left(\begin{smallmatrix} 77 & 0 \\ 66 & 3 \end{smallmatrix}\right)$ でも、$\boldsymbol{x} = (0, 1)^T$ に対してなら $A\boldsymbol{x} = B\boldsymbol{x} = (0, 3)^T$ ですが、A と B は同じではありません。

$$
\begin{aligned}
&\begin{pmatrix} b_{11} & \cdots & b_{1m} \\ \vdots & & \vdots \\ b_{k1} & \cdots & b_{km} \end{pmatrix}
\begin{pmatrix} a_{11} & \cdots & a_{1n} \\ \vdots & & \vdots \\ a_{m1} & \cdots & a_{mn} \end{pmatrix} \\
&= \begin{pmatrix} (b_{11}a_{11} + \cdots + b_{1m}a_{m1}) & \cdots & (b_{11}a_{1n} + \cdots + b_{1m}a_{mn}) \\ \vdots & & \vdots \\ (b_{k1}a_{11} + \cdots + b_{km}a_{m1}) & \cdots & (b_{k1}a_{1n} + \cdots + b_{km}a_{mn}) \end{pmatrix}
\end{aligned}
\tag{1.9}
$$

$$
\text{例：} \begin{pmatrix} 2 & 7 \\ 9 & 5 \\ 4 & 3 \end{pmatrix} \begin{pmatrix} 1 & 3 \\ 2 & -1 \end{pmatrix} = \begin{pmatrix} (2\cdot 1 + 7\cdot 2) & (2\cdot 3 - 7\cdot 1) \\ (9\cdot 1 + 5\cdot 2) & (9\cdot 3 - 5\cdot 1) \\ (4\cdot 1 + 3\cdot 2) & (4\cdot 3 - 3\cdot 1) \end{pmatrix} = \begin{pmatrix} 16 & -1 \\ 19 & 22 \\ 10 & 9 \end{pmatrix}
$$

各行列のサイズに注意。$k \times m$ 行列と $m \times n$ 行列の積が $k \times n$ です。

計算のしかたは、

1. 右の行列を縦切りにばらす
2. ばらしたそれぞれに左の行列を掛ける（行列とベクトルの積として）
3. 結果を接着

と覚えるのがお勧め。具体的には、次のような要領です。

$$
\begin{aligned}
B\left(\begin{array}{c|c|c} a_{11} & \cdots & a_{1n} \\ \vdots & & \vdots \\ a_{m1} & \cdots & a_{mn} \end{array}\right)
&\to B\begin{pmatrix} a_{11} \\ \vdots \\ a_{m1} \end{pmatrix}, \cdots, B\begin{pmatrix} a_{1n} \\ \vdots \\ a_{mn} \end{pmatrix} \\
&\to \begin{pmatrix} b_{11}a_{11} + \cdots + b_{1m}a_{m1} \\ \vdots \\ b_{k1}a_{11} + \cdots + b_{km}a_{m1} \end{pmatrix}, \cdots, \begin{pmatrix} b_{11}a_{1n} + \cdots + b_{1m}a_{mn} \\ \vdots \\ b_{k1}a_{1n} + \cdots + b_{km}a_{mn} \end{pmatrix} \\
&\to \begin{pmatrix} (b_{11}a_{11} + \cdots + b_{1m}a_{m1}) & \cdots & (b_{11}a_{1n} + \cdots + b_{1m}a_{mn}) \\ \vdots & & \vdots \\ (b_{k1}a_{11} + \cdots + b_{km}a_{m1}) & \cdots & (b_{k1}a_{1n} + \cdots + b_{km}a_{mn}) \end{pmatrix}
\end{aligned}
$$

……って、はじめて見たら「ナンジャコリャ」というのが普通の反応でしょう。実はこれは、「写像の合成」を表しています。ベクトル $\boldsymbol{x}$ をまず写像 A で飛ばし、行った先 $\boldsymbol{y} = A\boldsymbol{x}$ をさらに写像 B で飛ばしたとしましょう。最終的な飛び先は、$\boldsymbol{z} = B(A\boldsymbol{x})$ です。ここで、行列の積 BA とは、$\boldsymbol{x}$ を $\boldsymbol{z}$ に一気に飛ばす写像のことです。

$$
\begin{array}{ccc}
\boldsymbol{x} & \xrightarrow{A} & \boldsymbol{y} \\
& {\scriptstyle BA}\searrow & \downarrow {\scriptstyle B} \\
& & \boldsymbol{z}
\end{array}
$$

工学系の人なら、図 1.12 のほうがピンとくるかも。

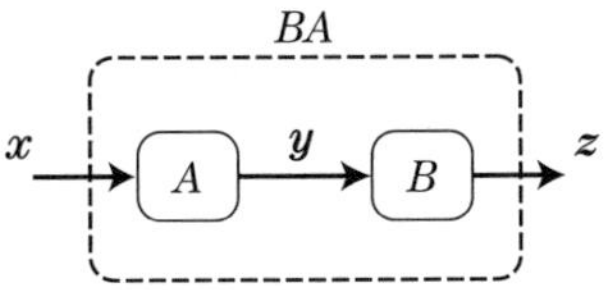

▲ 図 1.12 行列の積

要するに、「A して B する」が積 BA なのです。式で書くと、

$$(BA)\boldsymbol{x} = B(A\boldsymbol{x})$$

が、どんな $\boldsymbol{x}$ でも成り立つということです。いったん納得してしまえば、等しいものをあえて区別する必要もないので、普通は括弧を省いて $BA\boldsymbol{x}$ のように書きます。$(BA)\boldsymbol{x}$ と解釈しても $B(A\boldsymbol{x})$ と解釈しても答は同じです。

この「意味」と「計算法」とのつながりは、図 1.13 を見ればイメージできるでしょう。B の幅（列数）と A の高さ（行数）が合わないといけないことも、この図で納得してください。

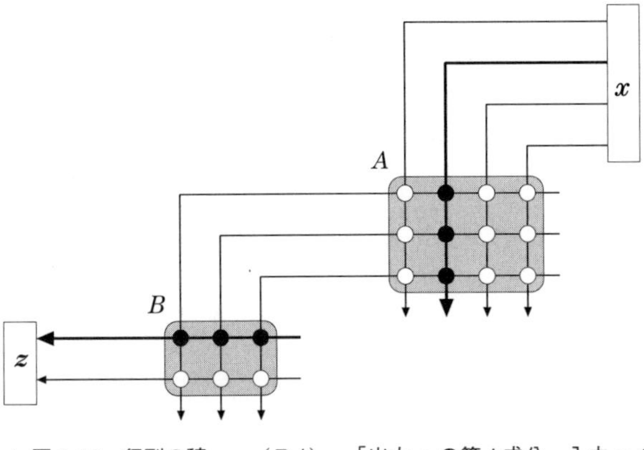

▲ 図 1.13 行列の積 $\boldsymbol{z} = (BA)\boldsymbol{x}$。「出力 $\boldsymbol{z}$ の第 i 成分、入力 $\boldsymbol{x}$ の第 j 成分」にからむのは、B の i 行目と A の j 列目。だから、BA の (i,j) 成分には B の i 行目と A の j 列目が関与（「えっ」て人は図 1.9（24 ページ）を復習）

? 1.17 A して B するんなら、AB じゃないの？

「f したものを g する」は $g(f(x))$ ですね。例えば、「大文字にして出力する」なら `putchar(toupper(x))`。それと同じ事情で、$BA\boldsymbol{x}$ が正解です。このスタイルで書く限り、操作手順と表記順が逆になるのは仕方ありません。

調子にのって、3つの行列 A, B, C の積も考えてみましょう。予想どおり、「A して B して C することが、積 CBA」です。ここでポイントは、次のいずれでも結果が同じなこと。

- 「A して B する」をしてから、C をする
- A をしてから、「B して C する」をする

式で書くと、

$$C(BA) = (CB)A$$

同様にして、4つでも

$$D(C(BA)) = D((CB)A) = (D(CB))A = ((DC)B)A = (DC)(BA)$$

どう括弧を付けても結局同じ。なので、普通は括弧なんて付けずに CBA や $DCBA$ などと書いてしまいます。

一方、BA と AB とは同じではありません。まず、A, B のサイズによっては、そもそも積が定義できません。

$$\begin{pmatrix} * & * & * \\ * & * & * \end{pmatrix} \begin{pmatrix} * & * & * & * \\ * & * & * & * \\ * & * & * & * \end{pmatrix} = \begin{pmatrix} * & * & * & * \\ * & * & * & * \end{pmatrix}, \qquad \begin{pmatrix} * & * & * & * \\ * & * & * & * \\ * & * & * & * \end{pmatrix} \begin{pmatrix} * & * & * \\ * & * & * \end{pmatrix} \to \times$$

また、もしできても、結果はたいてい異なります。例えば、次の行列 A と B で試してみましょう（図 1.14）。

$$A = \begin{pmatrix} 0 & -1 \\ 1 & 0 \end{pmatrix}$$

$$B = \begin{pmatrix} 2 & 0 \\ 0 & 1 \end{pmatrix}$$

実は、行列 A は空間を「回す」、行列 B は空間を「横に広げる」という効果があります[*26]。これらの積は、BA なら回して横広げ、AB なら横広げしてから回すことになります。結果は、それぞれ違うものになります（図 1.14）。

$$BA = \begin{pmatrix} 0 & -2 \\ 1 & 0 \end{pmatrix}$$

$$AB = \begin{pmatrix} 0 & -1 \\ 2 & 0 \end{pmatrix}$$

[*26] 「回す」というのは、本当はちょっと不適切です。回転の概念は現段階では定義されていないからです（→ 1.1.3 項（11 ページ）「基底」、付録 E（339 ページ）「内積と対称行列・直交行列」）。でもまあ「回す」と言ったほうがピンときやすいでしょうから、ここは目をつぶってください。

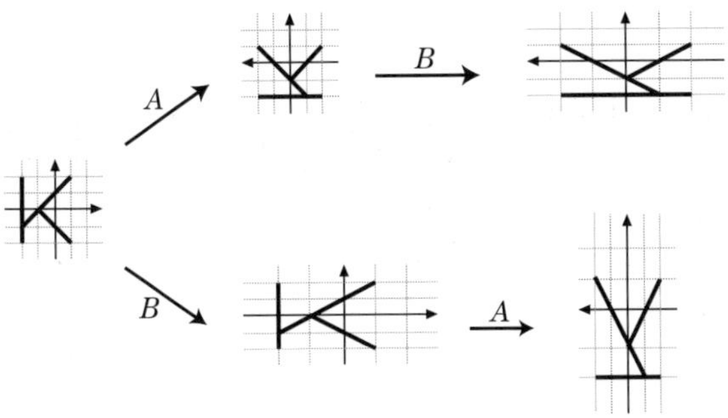

▲図 1.14 回して広げる ≠ 広げて回す

? 1.18 積の定義式（1.9）のどこをどう見たら「これは写像の合成だ」とわかるのか？

「行列の各列は、各軸向きの単位ベクトル $\boldsymbol{e}_1, \ldots, \boldsymbol{e}_m$ の行き先になっている」という指摘を、まず思い出してください（1.2.3 項（25 ページ）「行列は写像だ」）。今、「A して B する」に対応する行列を C としましょう[*27]。C の 1 列目 $\boldsymbol{c}_1$ を知るには、$\boldsymbol{e}_1 = (1, 0, \cdots, 0)^T$ が C でどこに行くかを調べればよい。つまり、$\boldsymbol{e}_1$ に A を掛けて、それにさらに B を掛けたらどこに行くか、です。第 1 ステップの $A\boldsymbol{e}_1$ がどこになるかというと、もちろん A の 1 列目 $\boldsymbol{a}_1$ ですね。だから、第 2 ステップでの行き先は $\boldsymbol{c}_1 = B\boldsymbol{a}_1$ です。ほかも同様ですから、C の i 列目は、A の i 列目 $\boldsymbol{a}_i$ に B を掛けたものになります。言い直せば、「積 $C = BA$ を求めるには、行列とベクトルの積 $B\boldsymbol{a}_1, \ldots, B\boldsymbol{a}_m$ を計算しておいて、その結果を並べて接着すればよい」。これは、先ほど述べた「覚え方」そのもの。だから、「積は写像の合成だ」とわかるのです。1.2.9 項（47 ページ）では、「列ベクトル」という言葉を使って同じことをもう一度確認します。

1.2.5 行列演算の性質

■基本的な性質

数 c, c'、ベクトル $\boldsymbol{x}$、行列 A, B, C に対して、以下が成り立ちます（参考文献 [1]）。なお、ベクトルや行列のサイズは、演算ができるように設定されているものとしてください。

- $(cA)\boldsymbol{x} = c(A\boldsymbol{x}) = A(c\boldsymbol{x})$

$$例：\left\{10\begin{pmatrix}2 & 9\\4 & 7\end{pmatrix}\right\}\begin{pmatrix}3\\1\end{pmatrix} = 10\left\{\begin{pmatrix}2 & 9\\4 & 7\end{pmatrix}\begin{pmatrix}3\\1\end{pmatrix}\right\} = \begin{pmatrix}2 & 9\\4 & 7\end{pmatrix}\left\{10\begin{pmatrix}3\\1\end{pmatrix}\right\}$$
$$= \begin{pmatrix}10\cdot(2\cdot3+9\cdot1)\\10\cdot(4\cdot3+7\cdot1)\end{pmatrix} = \begin{pmatrix}150\\190\end{pmatrix}$$

*27 本当はその前に、「A して B する」が 1 つの行列で書けることを確認しておかないといけません。気になる人は、? 1.15（23 ページ）を参照してください。

- $(A+B)\boldsymbol{x} = A\boldsymbol{x} + B\boldsymbol{x}$

$$例：\left\{\begin{pmatrix}2 & 9\\4 & 7\end{pmatrix} + \begin{pmatrix}5 & 3\\6 & 8\end{pmatrix}\right\}\begin{pmatrix}1\\10\end{pmatrix} = \begin{pmatrix}2 & 9\\4 & 7\end{pmatrix}\begin{pmatrix}1\\10\end{pmatrix} + \begin{pmatrix}5 & 3\\6 & 8\end{pmatrix}\begin{pmatrix}1\\10\end{pmatrix}$$
$$= \begin{pmatrix}2\cdot 1 + 9\cdot 10 + 5\cdot 1 + 3\cdot 10\\4\cdot 1 + 7\cdot 10 + 6\cdot 1 + 8\cdot 10\end{pmatrix} = \begin{pmatrix}127\\160\end{pmatrix}$$

- $A + B = B + A$

$$例：\begin{pmatrix}2 & 9\\4 & 7\end{pmatrix} + \begin{pmatrix}5 & 3\\6 & 8\end{pmatrix} = \begin{pmatrix}5 & 3\\6 & 8\end{pmatrix} + \begin{pmatrix}2 & 9\\4 & 7\end{pmatrix}$$
$$= \begin{pmatrix}2+5 & 9+3\\4+6 & 7+8\end{pmatrix} = \begin{pmatrix}7 & 12\\10 & 15\end{pmatrix}$$

- $(A+B)+C = A+(B+C)$

$$例：\left\{\begin{pmatrix}2 & 9\\4 & 7\end{pmatrix} + \begin{pmatrix}5 & 3\\6 & 8\end{pmatrix}\right\} + \begin{pmatrix}10 & 20\\30 & 40\end{pmatrix} = \begin{pmatrix}2 & 9\\4 & 7\end{pmatrix} + \left\{\begin{pmatrix}5 & 3\\6 & 8\end{pmatrix} + \begin{pmatrix}10 & 20\\30 & 40\end{pmatrix}\right\}$$
$$= \begin{pmatrix}2+5+10 & 9+3+20\\4+6+30 & 7+8+40\end{pmatrix} = \begin{pmatrix}17 & 32\\40 & 55\end{pmatrix}$$

- $(c+c')A = cA + c'A$

$$例：(2+3)\begin{pmatrix}2 & 9\\4 & 7\end{pmatrix} = 2\begin{pmatrix}2 & 9\\4 & 7\end{pmatrix} + 3\begin{pmatrix}2 & 9\\4 & 7\end{pmatrix}$$
$$= \begin{pmatrix}2\cdot 2 + 3\cdot 2 & 2\cdot 9 + 3\cdot 9\\2\cdot 4 + 3\cdot 4 & 2\cdot 7 + 3\cdot 7\end{pmatrix} = \begin{pmatrix}10 & 45\\20 & 35\end{pmatrix}$$

- $(cc')A = c(c'A)$

$$例：(2\cdot 3)\begin{pmatrix}2 & 9\\4 & 7\end{pmatrix} = 2\left\{3\begin{pmatrix}2 & 9\\4 & 7\end{pmatrix}\right\}$$
$$= \begin{pmatrix}2\cdot 3\cdot 2 & 2\cdot 3\cdot 9\\2\cdot 3\cdot 4 & 2\cdot 3\cdot 7\end{pmatrix} = \begin{pmatrix}12 & 54\\24 & 42\end{pmatrix}$$

- $A(B+C) = AB + AC$

$$例：\begin{pmatrix}2 & 3\\1 & 7\end{pmatrix}\left\{\begin{pmatrix}1 & 4\\3 & 1\end{pmatrix} + \begin{pmatrix}500 & 200\\100 & 300\end{pmatrix}\right\}$$
$$= \begin{pmatrix}2 & 3\\1 & 7\end{pmatrix}\begin{pmatrix}1 & 4\\3 & 1\end{pmatrix} + \begin{pmatrix}2 & 3\\1 & 7\end{pmatrix}\begin{pmatrix}500 & 200\\100 & 300\end{pmatrix}$$
$$= \begin{pmatrix}2\cdot 1 + 3\cdot 3 + 2\cdot 500 + 3\cdot 100 & 2\cdot 4 + 3\cdot 1 + 2\cdot 200 + 3\cdot 300\\1\cdot 1 + 7\cdot 3 + 1\cdot 500 + 7\cdot 100 & 1\cdot 4 + 7\cdot 1 + 1\cdot 200 + 7\cdot 300\end{pmatrix}$$
$$= \begin{pmatrix}1311 & 1311\\1222 & 2311\end{pmatrix}$$

- $(A+B)C = AC + BC$

$$
\begin{aligned}
\text{例：}&\left\{\begin{pmatrix}1 & 4\\3 & 1\end{pmatrix}+\begin{pmatrix}500 & 200\\100 & 300\end{pmatrix}\right\}\begin{pmatrix}2 & 3\\1 & 7\end{pmatrix}\\
&=\begin{pmatrix}1 & 4\\3 & 1\end{pmatrix}\begin{pmatrix}2 & 3\\1 & 7\end{pmatrix}+\begin{pmatrix}500 & 200\\100 & 300\end{pmatrix}\begin{pmatrix}2 & 3\\1 & 7\end{pmatrix}\\
&=\begin{pmatrix}1\cdot 2+4\cdot 1+500\cdot 2+200\cdot 1 & 1\cdot 3+4\cdot 7+500\cdot 3+200\cdot 7\\3\cdot 2+1\cdot 1+100\cdot 2+300\cdot 1 & 3\cdot 3+1\cdot 7+100\cdot 3+300\cdot 7\end{pmatrix}\\
&=\begin{pmatrix}1206 & 2931\\507 & 2416\end{pmatrix}
\end{aligned}
$$

- $(cA)B = c(AB) = A(cB)$

$$
\begin{aligned}
\text{例：}\left\{10\begin{pmatrix}2 & 7\\9 & 5\end{pmatrix}\right\}\begin{pmatrix}1 & 3\\2 & -1\end{pmatrix}&=10\left\{\begin{pmatrix}2 & 7\\9 & 5\end{pmatrix}\begin{pmatrix}1 & 3\\2 & -1\end{pmatrix}\right\}\\
&=\begin{pmatrix}2 & 7\\9 & 5\end{pmatrix}\left\{10\begin{pmatrix}1 & 3\\2 & -1\end{pmatrix}\right\}\\
&=\begin{pmatrix}10\cdot(2\cdot 1+7\cdot 2) & 10\cdot(2\cdot 3-7\cdot 1)\\10\cdot(9\cdot 1+5\cdot 2) & 10\cdot(9\cdot 3-5\cdot 1)\end{pmatrix}\\
&=\begin{pmatrix}160 & -10\\190 & 220\end{pmatrix}
\end{aligned}
$$

例を見れば、どれもほぼひと目で納得でしょう。

■ベクトルも行列の一種？

すでにちらっと述べたとおり、n 次元ベクトルを $n\times 1$ 行列と見なして足し算・定数倍・積を計算しても、同じ結果が得られます。

$$
\begin{aligned}
\begin{pmatrix}2\\9\end{pmatrix}+\begin{pmatrix}4\\7\end{pmatrix}&=\begin{pmatrix}6\\16\end{pmatrix}\\
10\begin{pmatrix}2\\9\end{pmatrix}&=\begin{pmatrix}20\\90\end{pmatrix}\\
\begin{pmatrix}3 & 1\\2 & 0\end{pmatrix}\begin{pmatrix}2\\9\end{pmatrix}&=\begin{pmatrix}15\\4\end{pmatrix}
\end{aligned}
$$

など、確かに、2 次元ベクトルと見なしても 2×1 行列と見なしても、答は同じですね。

n 次元横ベクトルについても、同様に、$1\times n$ 行列と見なして計算して結構です[*28]。

$$
\begin{aligned}
(2,9)+(4,7)&=(6,16)\\
10\,(2,9)&=(20,90)
\end{aligned}
$$

[*28] 横ベクトルと行列との積は初出です。積の順序に気を付けてください。横ベクトルが左側。行列どうしの積と思って計算ができるためには、この順番じゃないとサイズが合いません。

$$(2,9)\begin{pmatrix}3 & 1\\ 2 & 0\end{pmatrix} = (2\cdot 3 + 9\cdot 2,\ 2\cdot 1 + 9\cdot 0) = (24, 2)$$

ここで、1つ大事な注意があります。「縦掛ける横」と「横掛ける縦」をしっかり区別してください。両者の結果は異なります。

$$\begin{pmatrix}2\\ 9\\ 4\end{pmatrix}(1,2,3) = \begin{pmatrix}2\cdot 1 & 2\cdot 2 & 2\cdot 3\\ 9\cdot 1 & 9\cdot 2 & 9\cdot 3\\ 4\cdot 1 & 4\cdot 2 & 4\cdot 3\end{pmatrix} = \begin{pmatrix}2 & 4 & 6\\ 9 & 18 & 27\\ 4 & 8 & 12\end{pmatrix}$$

$$(1,2,3)\begin{pmatrix}2\\ 9\\ 4\end{pmatrix} = 1\cdot 2 + 2\cdot 9 + 3\cdot 4 = 32$$

2つ目の答は、1×1 行列なので、数と同一視します。模式的に書くと、次のようになります。

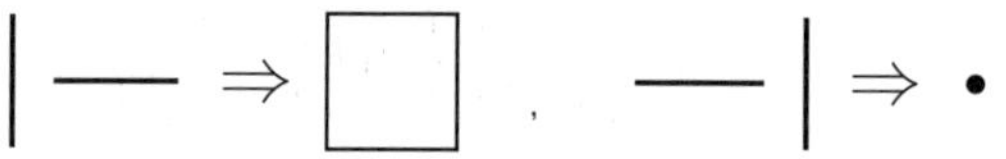

いずれの場合でも「行列どうしの積」と思って素直に計算すれば問題ないのに、混乱する人が多いようです。特に、文字式で書かれたときにも、$\boldsymbol{x}\boldsymbol{y}^T$ と $\boldsymbol{x}^T\boldsymbol{y}$ の違いを常に意識してください。本書では、ベクトル $\boldsymbol{x}$ といったらいつでも縦ベクトルです。

? 1.19　もしかして、コンマがついた $(2,9)$ は横ベクトルで、コンマがない $(2\ 9)$ は 1×2 行列だったりする？

いえ、別に。少なくとも本書では、コンマの有無にとりたてて意味はありません。

? 1.20　「1×1 行列だから数と同一視」ってとこ、ごまかしたでしょ。**? 1.5**（**11** ページ）では単位が云々とか言ってたの覚えてるぞ。

苦しいところを突かれました。成分を書き下しても見た目じゃ区別できないけど、意味を考えると違うもの、ということがあるのです[*29]。以下の説明は、ナンノコッチャでも気にしないでください。

[*29] 参考文献 [6] の 11-6 節では、「3次元ベクトル」にも8種類の区別があることが示されています。

「意味を考えると」というのは、具体的には、「基底を変換したときに成分がどう変わるか」ということ。基底を変換しても、「数」は値が変化しません[*30]。一方、「1 次元ベクトル $\vec{v} = v_1\vec{e}_1$」は、基底 $(\vec{e}_1)$ を変えると、成分 (v_1) も変化してしまいます。だから、数と 1 次元ベクトル (v_1) とは、手放しでは同一視できない。それでは、数と 1×1 行列の同一視はどうかというと、「1×1 行列にもいろいろあるから、一概には言えない」という答になります[*31]。今のような「横ベクトル掛ける縦ベクトル」であれば、普通は数と同一視できます。

苦しさの原因は、横ベクトルをただ「数を横に並べたもの」としか説明していないせいで、「基底を変化させたとき横ベクトルがどう変化するか」がはっきりしないことにあります。実は、数学の正道では、「縦ベクトルを食って数を吐く関数[*32]」という言い方から「横ベクトル」を導入し、「食わせた結果の値」として「横ベクトル掛ける縦ベクトル」を定義します。この正道は抽象的すぎるので、本書では取り扱いません。本気で学ぶには、参考文献 [1] などの教科書を読んでください。キーワードは、**双対空間**です。

1.2.6 行列のべき乗＝写像の繰り返し

普通の数と同じノリで、正方行列 A に対し、

$$AA = A^2, \qquad AAA = A^3, \qquad \ldots$$

と書きます（正方じゃないと、そもそも積 AA が定義されません（サイズが合わない））。写像としては、A^2 は「A してさらに A する」、A^3 は「A して A して A する」、A^n は「A を n 回繰り返し施す」となります。べき乗は加減乗算よりも先に計算する決まりです。

$$5A^2 = 5(A^2) \qquad \cdots\cdots (5A)^2 \text{ ではない}$$
$$AB^2 - C^3 = A(B^2) - (C^3) \qquad \cdots\cdots ((AB)^2 - C)^3 \text{ ではない}$$

次の公式は、ほぼ当たり前に思えるでしょう。普通の数と同じ公式です。

$$A^{\alpha+\beta} = A^\alpha A^\beta \qquad \cdots\cdots \text{「}(\alpha+\beta)\text{ 回」} = \text{「}\beta\text{ 回して }\alpha\text{ 回」} \tag{1.10}$$
$$(A^\alpha)^\beta = A^{(\alpha\beta)} \qquad \cdots\cdots \text{「“}\alpha\text{ 回”を }\beta\text{ 回」} = \text{「}(\alpha\beta)\text{ 回」} \tag{1.11}$$

ここで、$\alpha, \beta = 1, 2, \ldots$ です。

普通の数とは異なってくる例として、同じサイズの正方行列 A, B に対し、

$$(A+B)^2 = A^2 + AB + BA + B^2$$
$$(A+B)(A-B) = A^2 - AB + BA - B^2$$
$$(AB)^2 = ABAB$$

を挙げておきましょう。

---

*30 「座標変換しても値が変化しない」ものをスカラーと呼びます。

*31 本書では詳しく述べません。参考文献 [6] などの教科書で、**反変・共変**というキーワードを学んでください。

*32 「……のうち、ある性質を満たすもの」——が本当の定義です。

それぞれ、$A^2 + 2AB + B^2$ や $A^2 - B^2$ や A^2B^2 のように思いがちですが、一般に、AB と BA は別物なので注意が必要です。普通の数との違いを実感できるように、具体例を1つ挙げます。

$$A = \begin{pmatrix} 1 & 0 \\ 0 & 0 \end{pmatrix}, \qquad B = \begin{pmatrix} 0 & -1 \\ 1 & 0 \end{pmatrix}$$

A は上下をつぶす行列、B は反時計回りに90度回す行列です[*33]。

$$AB = \begin{pmatrix} 0 & -1 \\ 0 & 0 \end{pmatrix}, \qquad A^2 = \begin{pmatrix} 1 & 0 \\ 0 & 0 \end{pmatrix}, \qquad B^2 = \begin{pmatrix} -1 & 0 \\ 0 & -1 \end{pmatrix}$$

ですから、

$$(AB)^2 = \begin{pmatrix} 0 & -1 \\ 0 & 0 \end{pmatrix}\begin{pmatrix} 0 & -1 \\ 0 & 0 \end{pmatrix} = \begin{pmatrix} 0 & 0 \\ 0 & 0 \end{pmatrix}$$

$$A^2B^2 = \begin{pmatrix} 1 & 0 \\ 0 & 0 \end{pmatrix}\begin{pmatrix} -1 & 0 \\ 0 & -1 \end{pmatrix} = \begin{pmatrix} -1 & 0 \\ 0 & 0 \end{pmatrix}$$

というわけで、$(AB)^2$ と A^2B^2 は違います（図1.15）。

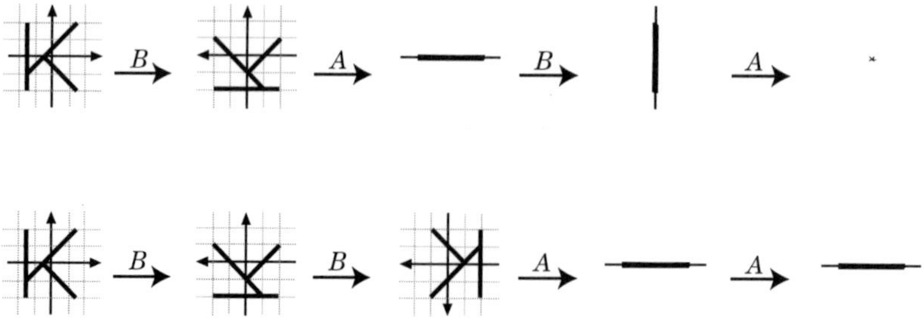

▲図1.15　「回してつぶす」を2回繰り返すと……

? 1.21　A^0 は？

$A^0 = I$ という約束にしておくのが、自然で便利です。I は単位行列（次項）を表します。このように約束すれば、式（1.10）や式（1.11）は、α や β が0でも成り立ちます。

---

*33 「回す」という言葉に文句がある読者は脚注*26（30ページ）を参照。

ただし、一部の行列については、そんなふうに決めつけてしまうのは不適切です。例えば、ゼロ行列（次項）の場合、O^0 は未定義とされます。そもそも、普通の数でも 0^0 は未定義でした（$\lim_{x\to 0} x^0 = 1$ と $\lim_{y\to +0} 0^y = 0$ が合わなくて、どう決めても使いづらいためです）。この事情から、一般に、固有値 0 を持つ行列の 0 乗は定義されません。「固有値」の定義と、なぜそれがべき乗にからむかは、4.4.2 項（206 ページ）「上手い変換の求め方」と 4.4.4 項（212 ページ）「べき乗としての解釈」を参照してください。

1.2.7 ゼロ行列・単位行列・対角行列

特別な行列には、名前を付けておきましょう。

■ゼロ行列

すべての成分が 0 な行列をゼロ行列と呼び、記号 O で表します。サイズを明記したいときは、$m \times n$ ゼロ行列 $O_{m,n}$ や n 次正方ゼロ行列 O_n のように書くこともあります。

$$O_{2,3} = \begin{pmatrix} 0 & 0 & 0 \\ 0 & 0 & 0 \end{pmatrix}, \qquad O_3 = \begin{pmatrix} 0 & 0 & 0 \\ 0 & 0 & 0 \\ 0 & 0 & 0 \end{pmatrix}$$

ゼロ行列が表している写像は、すべてを原点に移す写像です。任意のベクトル $\boldsymbol{x}$ に対して $O\boldsymbol{x} = \boldsymbol{o}$ だからです。図 1.16 は、ゼロ行列 $A = \begin{pmatrix} 0 & 0 \\ 0 & 0 \end{pmatrix}$ によって空間が変形する様子を示す、アニメーションプログラムの実行結果です。

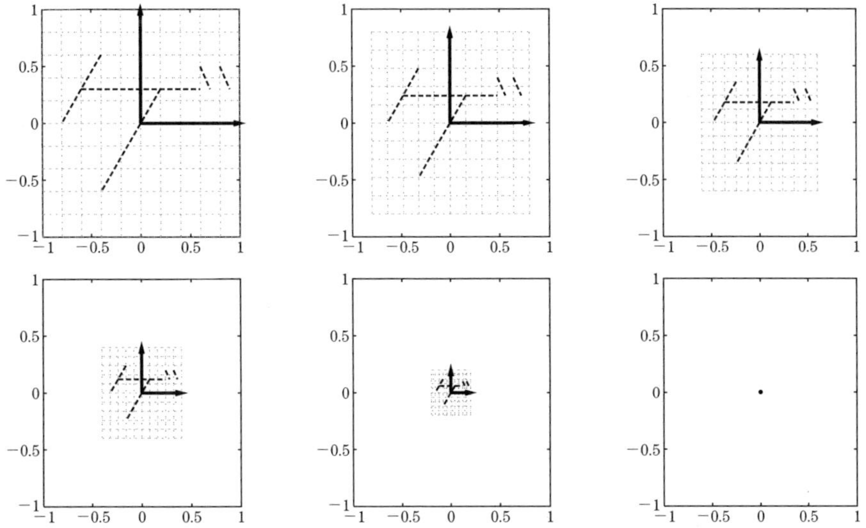

```
ruby mat_anim.rb -a=0,0,0,0 | gnuplot
```

▲図 1.16 （アニメーション）ゼロ行列 $A = \begin{pmatrix} 0 & 0 \\ 0 & 0 \end{pmatrix}$ による空間の変換

任意の行列 A に対して、次の性質は簡単に確認できるでしょう。

$$
\begin{aligned}
A+O=O+A&=A\\
AO&=O\\
OA&=O\\
0A&=O
\end{aligned}
$$

一方、普通の数の演算からは類推できない現象として、次の事実を知っておいてください。

- 「$A \neq O, B \neq O$ なのに $BA=O$」があり得る。例えば

  $$A=\begin{pmatrix}1&0\\0&0\end{pmatrix},\qquad B=\begin{pmatrix}0&1\\0&1\end{pmatrix}$$

  について、$BA=O$ となる（図 1.17）[*34]。
- それどころか、「$A \neq O$ なのに $A^2=O$」があり得る（1.2.6 項（35 ページ）「行列のべき乗」の例を参照）。

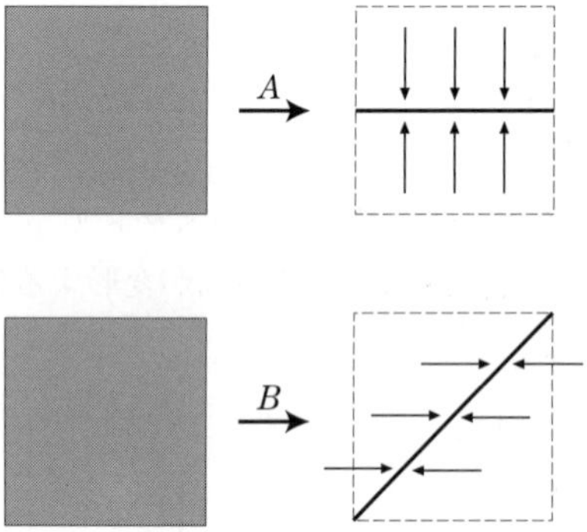

▲ 図 1.17　A は縦をつぶし、B は横をつぶす。「A して B」なら、すべてを 1 点につぶす

■単位行列

正方行列で、次のように「＼」方向の対角線上だけが 1 で、ほかはすべて 0 なものを、**単位行列**と呼び、記号 I で表します[*35]。サイズを明記したければ、n 次単位行列 I_n のように書くこともあります。

$$I_2=\begin{pmatrix}1&0\\0&1\end{pmatrix},\qquad I_3=\begin{pmatrix}1&0&0\\0&1&0\\0&0&1\end{pmatrix},\qquad I_5=\begin{pmatrix}1&0&0&0&0\\0&1&0&0&0\\0&0&1&0&0\\0&0&0&1&0\\0&0&0&0&1\end{pmatrix}$$

[*34] ついでに、$AB \neq O$ も確認してください。これも $AB \neq BA$ の例になっています。

[*35] E という記号のほうを好む人も多くいます。他人に見せる資料などを書くときは、初出時に「ここに I は単位行列である」などと断わるのが親切でしょう。

「全成分が 1 の行列」ではないので注意。理由は、写像としての意味を見れば納得してもらえるのではないでしょうか。

単位行列が表している写像は、「何もしない」写像です。任意のベクトル $\boldsymbol{x}$ に対して $I\boldsymbol{x} = \boldsymbol{x}$ ですから、$\boldsymbol{x}$ を元の $\boldsymbol{x}$ そのままに移すということがわかります[*36]。図 1.18 は、単位行列 $A = \begin{pmatrix} 1 & 0 \\ 0 & 1 \end{pmatrix}$ によって空間が変形する様子を示す、アニメーションの実行結果です。

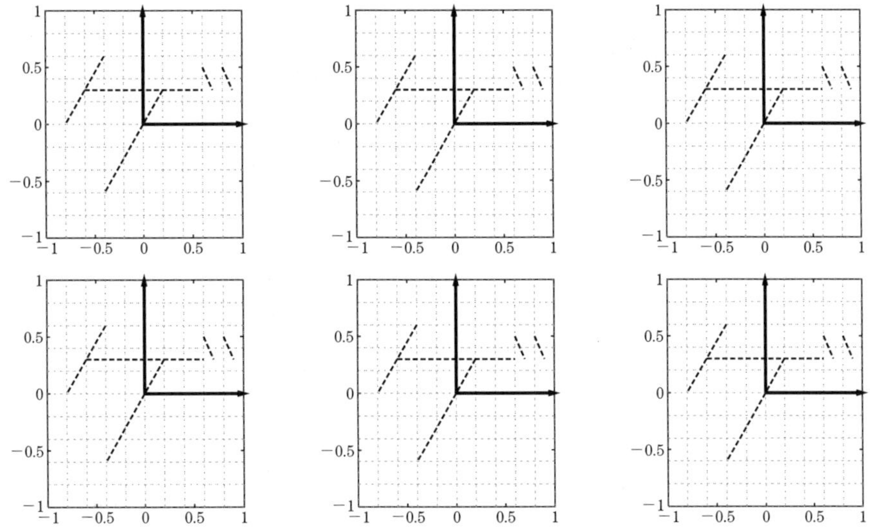

```
ruby mat_anim.rb -a=1,0,0,1 | gnuplot
```

▲図 1.18 (アニメーション) 単位行列 $A = \begin{pmatrix} 1 & 0 \\ 0 & 1 \end{pmatrix}$ による空間の変換

単位行列については、任意の行列 A に対して

$$AI = A$$
$$IA = A$$

なことが簡単に確認できるでしょう。

■ 対角行列

正方行列の、「＼」方向の対角線上の値を**対角成分**といいます。例えば、

$$\begin{pmatrix} 2 & 9 & 4 \\ 7 & 5 & 3 \\ 6 & 8 & 1 \end{pmatrix}$$

の対角成分は、2, 5, 1 です。対角成分以外の値は、**非対角成分**といいます。

非対角成分がすべて 0 の行列を**対角行列**と呼びます。例えば、

*36 そういう写像を「**恒等写像**」と呼びます。

$$\begin{pmatrix} 2 & 0 \\ 0 & 5 \end{pmatrix} \text{や} \begin{pmatrix} -1.3 & 0 & 0 \\ 0 & \sqrt{7} & 0 \\ 0 & 0 & 1/\pi \end{pmatrix} \text{や} \begin{pmatrix} 3 & 0 & 0 & 0 & 0 \\ 0 & 1 & 0 & 0 & 0 \\ 0 & 0 & 4 & 0 & 0 \\ 0 & 0 & 0 & 1 & 0 \\ 0 & 0 & 0 & 0 & 5 \end{pmatrix}$$

などです。ほとんど0ばかりなのに紙面を消費するのはもったいないので、

$$\begin{pmatrix} a_1 & 0 & 0 & 0 & 0 \\ 0 & a_2 & 0 & 0 & 0 \\ 0 & 0 & a_3 & 0 & 0 \\ 0 & 0 & 0 & a_4 & 0 \\ 0 & 0 & 0 & 0 & a_5 \end{pmatrix} = \begin{pmatrix} a_1 & & \text{\Large 0} \\ & \ddots & \\ \text{\Large 0} & & a_5 \end{pmatrix} = \begin{pmatrix} a_1 & & \\ & \ddots & \\ & & a_5 \end{pmatrix} = \mathrm{diag}\,(a_1, a_2, a_3, a_4, a_5)$$

のように略記します。diag は diagonal（対角線）の略です。

対角行列が表している写像は「軸に沿っての伸縮」であり、対角成分が各軸の伸縮の倍率になります。したがって、対角成分しだいで空間の変形される様子も異なります。図1.19は、対角成分がすべて正の行列 $A = \begin{pmatrix} 1.5 & 0 \\ 0 & 0.5 \end{pmatrix}$ によって空間が変形する様子です。

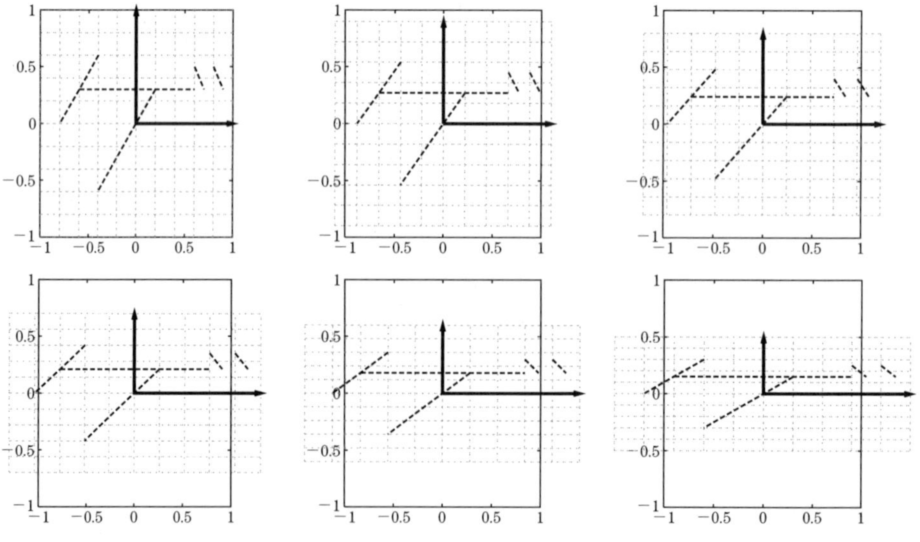

ruby mat_anim.rb -s=0 | gnuplot

▲図1.19　（アニメーション）対角行列 $A = \begin{pmatrix} 1.5 & 0 \\ 0 & 0.5 \end{pmatrix}$ による空間の変形

次の図1.20は、対角成分に0がある場合（$A = \begin{pmatrix} 0 & 0 \\ 0 & 0.5 \end{pmatrix}$）です。横方向がつぶれてぺちゃんこになっています。

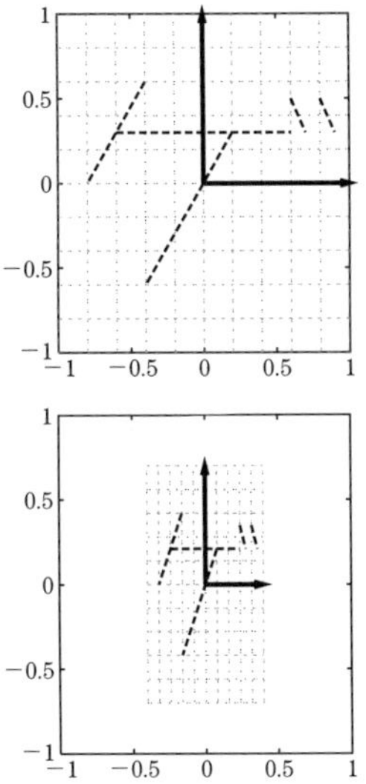


```
ruby mat_anim.rb -s=1 | gnuplot
```

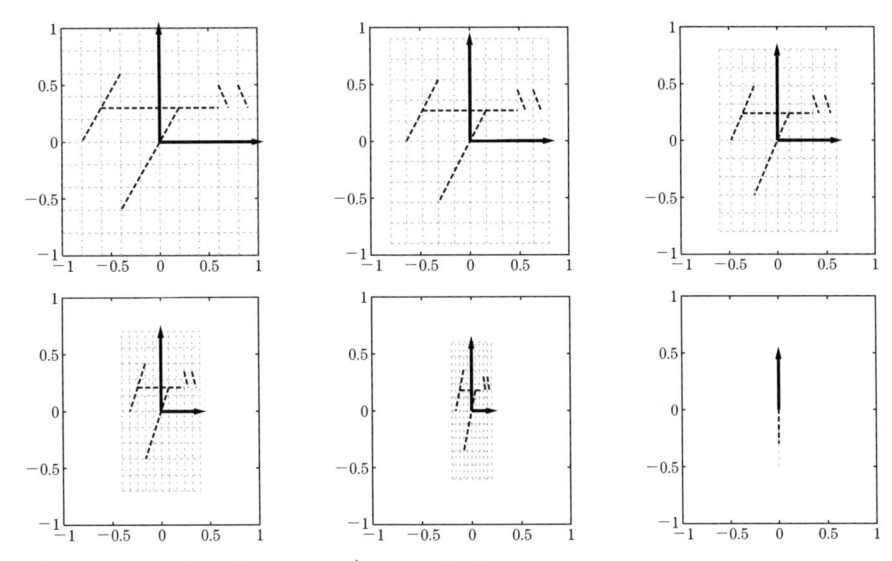

▲ 図 1.20　（アニメーション）対角行列$A = \begin{pmatrix} 0 & 0 \\ 0 & 0.5 \end{pmatrix}$で、対角成分に 0 がある例（ぺちゃんこ）

次の図 1.21 は、対角成分に負の数がある場合（$A = \begin{pmatrix} 1.5 & 0 \\ 0 & -0.5 \end{pmatrix}$）です。だんだん空間がつぶれて、キャプチャの 4 枚目と 5 枚目の間で、ついに裏返しになっていることがわかります。

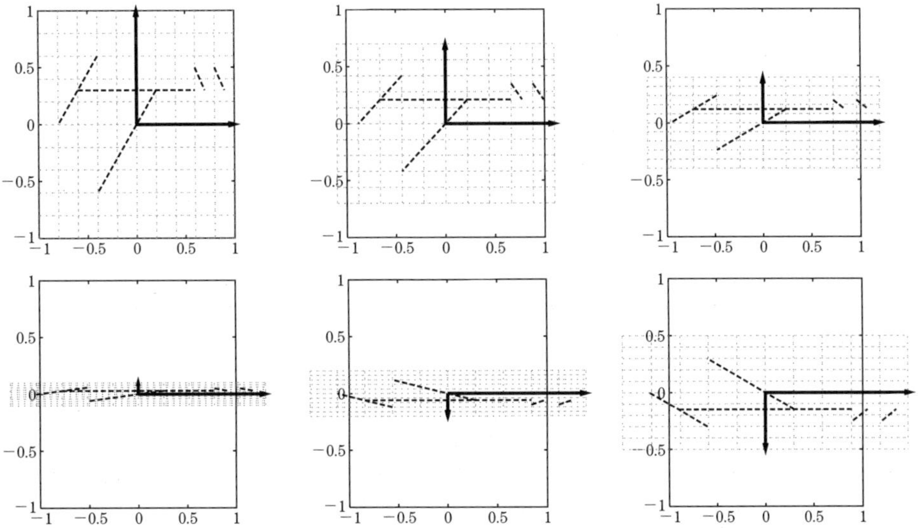


```
ruby mat_anim.rb -s=2 | gnuplot
```

▲ 図 1.21　（アニメーション）対角行列$A = \begin{pmatrix} 1.5 & 0 \\ 0 & -0.5 \end{pmatrix}$で、対角成分に負の数がある例（裏返し）

なお、単位行列 I も対角行列の一種であり、$I = \mathrm{diag}(1, \ldots, 1)$ と書くこともできます。

対角行列の嬉しさは、図 1.22 のようなダイアグラムで一目瞭然でしょう。

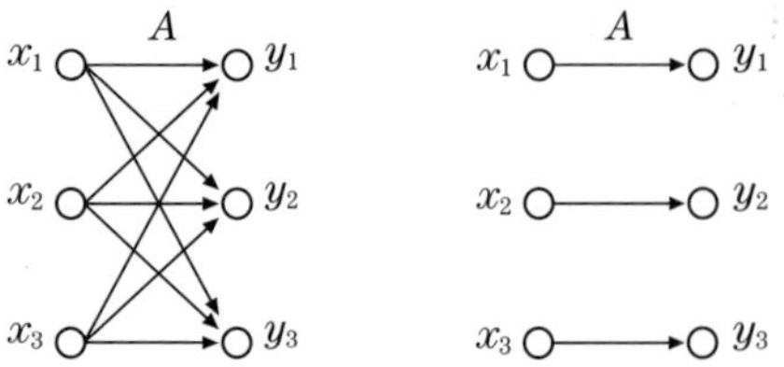

▲ 図 1.22　一般の行列（左）と対角行列（右）のダイアグラム。矢印は、入力のどの成分が出力のどの成分に影響するかを表す

図 1.22 からわかるように、対角行列では、$\boldsymbol{y} = A\boldsymbol{x}$ が独立な n 本のサブシステム

$$y_1 = a_1 x_1$$
$$\vdots$$
$$y_n = a_n x_n$$

に分割されています。つまり、見た目は n 次元問題でも、実質は 1 次元問題が n 本あるだけということです。

このため対角行列どうしの積（式 (1.12)）や対角行列のべき乗（式 (1.13)）はとても簡単です。

$$\begin{pmatrix} a_1 & & \\ & \ddots & \\ & & a_n \end{pmatrix} \begin{pmatrix} b_1 & & \\ & \ddots & \\ & & b_n \end{pmatrix} = \begin{pmatrix} a_1 b_1 & & \\ & \ddots & \\ & & a_n b_n \end{pmatrix} \tag{1.12}$$

$$\begin{pmatrix} a_1 & & \\ & \ddots & \\ & & a_n \end{pmatrix}^k = \begin{pmatrix} a_1^k & & \\ & \ddots & \\ & & a_n^k \end{pmatrix} \tag{1.13}$$

「軸に沿っての伸縮」という写像としての性質からも、図 1.22 のダイアグラムからも、式 (1.12) や式 (1.13) が成り立つのは当然ですね。

? 1.22　対角行列って、座標に依存した概念じゃないの？

そのとおり。同じ線形写像 $\vec{y} = f(\vec{x})$ が、ある座標では対角行列 D で $\boldsymbol{y} = D\boldsymbol{x}$ と表され、別の座標では一般の行列 A で $\boldsymbol{y}' = A\boldsymbol{x}'$ と表される、ということが起こります（→ 1.2.11 項（54 ページ）「座標変換と行列」）。この場合、前者の座標ではいろいろな計算が見やすく簡単になり、後者の座標ではぐちゃぐちゃで煩雑になります。同じ結果が得られるのなら、前者の座標を採用するほうが断然お得です。じゃあ、前者のような上手い座標を取るにはどうしたらいいか、という話が第 4 章です。

一方、単位行列やゼロ行列は、座標に依存しない概念です。実際、座標なんて出さなくても、「常に $f(\vec{x}) = \vec{x}$、という写像に対応するのが単位行列」、「常に $f(\vec{x}) = \vec{o}$、という写像に対応するのがゼロ行列」、のように説明ができます。

? 1.23 「／」方向の対角線は考えないの？

考えても「＼」方向ほど嬉しくないので、考えません。この方向の「対角行列」（仮に「対角行列′」と呼びます）を考えても、「軸に沿っての伸縮」のようなわかりやすい解釈もないし、対角行列′どうしの積が対角行列′になるわけでもありません。あえて書くなら、

$$\begin{pmatrix} y_1 \\ y_2 \\ y_3 \\ y_4 \\ y_5 \\ y_6 \end{pmatrix} = \begin{pmatrix} 0 & 0 & 0 & 0 & 0 & d_1 \\ 0 & 0 & 0 & 0 & d_2 & 0 \\ 0 & 0 & 0 & d_3 & 0 & 0 \\ 0 & 0 & d_4 & 0 & 0 & 0 \\ 0 & d_5 & 0 & 0 & 0 & 0 \\ d_6 & 0 & 0 & 0 & 0 & 0 \end{pmatrix} \begin{pmatrix} x_1 \\ x_2 \\ x_3 \\ x_4 \\ x_5 \\ x_6 \end{pmatrix}$$

よりも、並べ替えて

$$\left(\begin{array}{c} y_1 \\ y_6 \\ \hline y_2 \\ y_5 \\ \hline y_3 \\ y_4 \end{array}\right) = \left(\begin{array}{cc|cc|cc} 0 & d_1 & 0 & 0 & 0 & 0 \\ d_6 & 0 & 0 & 0 & 0 & 0 \\ \hline 0 & 0 & 0 & d_2 & 0 & 0 \\ 0 & 0 & d_5 & 0 & 0 & 0 \\ \hline 0 & 0 & 0 & 0 & 0 & d_3 \\ 0 & 0 & 0 & 0 & d_4 & 0 \end{array}\right) \left(\begin{array}{c} x_1 \\ x_6 \\ \hline x_2 \\ x_5 \\ \hline x_3 \\ x_4 \end{array}\right)$$

とブロック対角（1.2.9 項（47 ページ））にしたほうが、まだ見やすいでしょう。

1.2.8 逆行列＝逆写像

次は、A で移したものを元に戻す話です。この話は、第 2 章で説明する「結果から原因を求める」というテーマにも関連します。

■定義

正方行列 A に対して、その逆写像に対応する行列を「A の逆行列」と呼び、記号 A^{-1} で書きます。どんな $\boldsymbol{x}$ を持ってきても「$A\boldsymbol{x} = \boldsymbol{y}$ なら $A^{-1}\boldsymbol{y} = \boldsymbol{x}$」だし、逆に、どんな $\boldsymbol{y}$ を持ってきても「$A^{-1}\boldsymbol{y} = \boldsymbol{x}$ なら $A\boldsymbol{x} = \boldsymbol{y}$」となる、そんな行列 A^{-1} のことです。ざっくり言えば、「移り先 $\boldsymbol{y}$ を聞いて元の点 $\boldsymbol{x}$ を答える」という写像に対応する行列が A^{-1} です。

$$\boldsymbol{x} \underset{A^{-1}}{\overset{A}{\rightleftharpoons}} \boldsymbol{y}$$

さらに別の言い方をすると、A して A^{-1} したら元に戻るし、A^{-1} して A しても元に戻

る。すなわち、

$$A^{-1}A = AA^{-1} = I$$

ということです[*37]。

逆行列は、存在したりしなかったりします。感覚的に言うと、「ぺちゃんこにつぶれる」場合は、逆行列が存在しません。なぜなら、「つぶれる」を丁寧に言うと、「異なる2点 $\boldsymbol{x}, \boldsymbol{x}'$ が、A を施すと同じ点 $\boldsymbol{y} = A\boldsymbol{x} = A\boldsymbol{x}'$ に移る」ということだからです。そうなると、「移り先が $\boldsymbol{y}$」と教えられても、元が $\boldsymbol{x}$ だったのか $\boldsymbol{x}'$ だったのか、区別できません。つまり、「移り先 $\boldsymbol{y}$ を聞いて元の点 $\boldsymbol{x}$ を答える写像」なんて作れないわけです。例えば、図1.10（26ページ）の A には逆行列が存在します。しかし、次の図1.23のようにつぶれてしまう行列 $A = \begin{pmatrix} 0.8 & -0.6 \\ 0.4 & -0.3 \end{pmatrix}$ には、逆行列が存在しません。

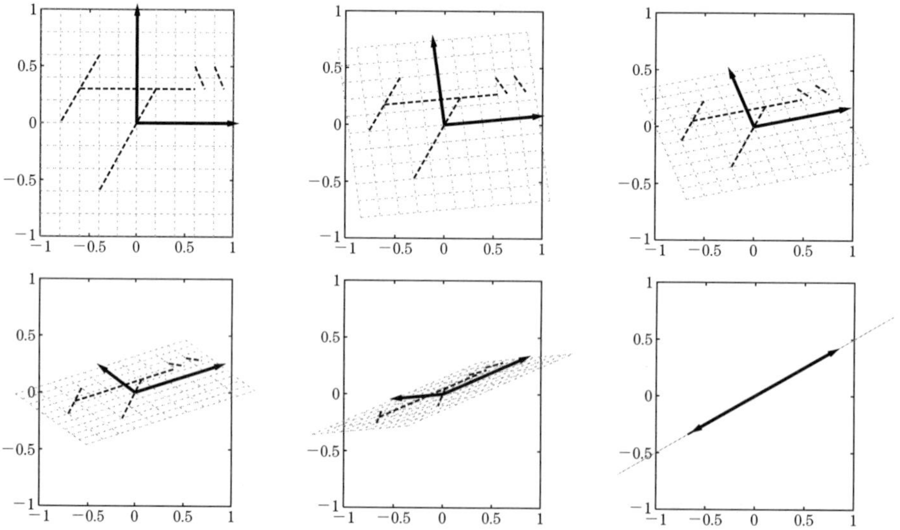

```
ruby mat_anim.rb -s=6 | gnuplot
```

▲図1.23　（アニメーション）逆行列が存在しない例（$A = \begin{pmatrix} 0.8 & -0.6 \\ 0.4 & -0.3 \end{pmatrix}$）

? 1.24　反対に、逆行列が2個も3個もあったりすることってある？

ありません。もし A^{-1} 以外にもう1つ A の逆行列 $\tilde{A}^{-1}$ があるというなら、$Z = A^{-1}A\tilde{A}^{-1}$ を考えてみればよい。$Z = (A^{-1}A)\tilde{A}^{-1} = \tilde{A}^{-1}$ のはずですが、$Z = A^{-1}(A\tilde{A}^{-1}) = A^{-1}$ でもあります。つまり、$\tilde{A}^{-1} = A^{-1}$ で、結局同じものということです。

[*37] 公式 (1.10) の $A^{\alpha+\beta} = A^{\alpha}A^{\beta}$ とも整合しているので、A^{-1} という記号は違和感なく使えるでしょう。$A^{-1}A^3 = A^{-1}AAA = (A^{-1}A)AA = IAA = AA = A^2$ という調子です。計算の順序も、べき乗と同様、「加減乗算よりも先」という決まりです。AB^{-1} は $(AB)^{-1}$ ではなく $A(B^{-1})$、という調子。

? 1.25 $XA = I$ と $AX = I$ のどちらか片方だけじゃ「X は A の逆行列」って言っちゃだめ？

A が正方行列なら、$XA = I$ と $AX = I$ は同値[*38]ですから、片方だけ確かめれば逆行列と言って結構です。理由はすぐには説明しづらいので、そんなものだと思っておいてください。

$XA = I$ となるには、「$\boldsymbol{y} = A\boldsymbol{x}$ で同じ $\boldsymbol{y}$ に移ってくる $\boldsymbol{x}$ は 1 つだけ」でないといけません[*39]。一方、$AX = I$ となるには、「$\boldsymbol{x}$ を上手く調整すれば、$\boldsymbol{y} = A\boldsymbol{x}$ でどんな $\boldsymbol{y}$ にでも移れる」でないといけません[*40]。それぞれ違う主張なのですが、正方行列 A の場合だと、これらの 2 つの主張が同値になるのです（→ 2.4.1 項（145 ページ）:「ぺちゃんこにつぶれるか」がポイント）[*41]。

? 1.26 A が正方行列でなくても、$AX = XA = I$ なら X は A の逆行列って呼んで良くない？

まず、$AX = XA = I$ という書き方はダメ。仮に AX と XA が両方とも単位行列になったとしても、A が正方行列でない以上、サイズは違うはずだから、$=$ とは書けません。そこは言い直してもらうとして、本題は、次のようなことがあり得るか、ですね。

$$\begin{pmatrix} * & * & * \\ * & * & * \end{pmatrix} \begin{pmatrix} * & * \\ * & * \\ * & * \end{pmatrix} = \begin{pmatrix} 1 & 0 \\ 0 & 1 \end{pmatrix}$$

$$\times \qquad \begin{pmatrix} * & * \\ * & * \\ * & * \end{pmatrix} \begin{pmatrix} * & * & * \\ * & * & * \end{pmatrix} = \begin{pmatrix} 1 & 0 & 0 \\ 0 & 1 & 0 \\ 0 & 0 & 1 \end{pmatrix}$$

実は、後者はあり得ません。どんなに上手く $*$ を調整しても無理です。2.3.5 項（127 ページ）でランクという概念を学べば、無理なことがひと目でわかります。逆行列の定義を拡張した一般化逆行列（→ 2.5.3 項（161 ページ））というものならどんな A にも存在するのですが、本書では詳しく述べません。

---

*38 片方が成り立てばもう片方も自動的に成り立つ、という意味です。

*39 仮にもし $\boldsymbol{x}, \boldsymbol{x}'$ が共に $\boldsymbol{y} = A\boldsymbol{x} = A\boldsymbol{x}'$ だったら、$XA\boldsymbol{x} = X\boldsymbol{y} = XA\boldsymbol{x}'$ となる。それで $XA = I$ ということは $\boldsymbol{x} = \boldsymbol{x}'$ じゃないといけない。つまり、同じ $\boldsymbol{y}$ に移るのは同じ $\boldsymbol{x}$ だけ。

*40 どんな $\boldsymbol{y}$ を持ってきても、$\boldsymbol{x} = X\boldsymbol{y}$ とおけば、$A\boldsymbol{x} = A(X\boldsymbol{y}) = AX\boldsymbol{y}$ となる。それで、$AX = I$ ということは、$A\boldsymbol{x} = \boldsymbol{y}$。つまり、どんな $\boldsymbol{y}$ にもそこに移ってくる $\boldsymbol{x}$ がある。

*41 この説明は穴だらけですから、軽く読み流すだけで結構です。
（穴 1）そもそも、先の話を持ち出すのはインチキ。
（穴 2）ここで説明しているのは、$XA = I \rightarrow$「…」$\leftrightarrow$「…」$\leftarrow AX = I$ だけ（○ → □は「○ならば□」という意味です）。その逆の $XA = I \leftarrow$「…」と「…」$\rightarrow AX = I$ も示して、はじめて $XA = I \leftrightarrow AX = I$ を示したことになります。この辺りについても、2.4.1 項（145 ページ）では少し説明しています。

■基本的な性質

次の性質については、「意味を考えて納得すること」「反射的にできるくらい慣れること」の両方が大切です。特に、$(AB)^{-1}$ の順序は気を付けてください。

- $(A^{-1})^{-1} = A$
  「A の取り消し」を取り消すには、A すればよい
- $(AB)^{-1} = B^{-1}A^{-1}$
  「B して A したもの」を元に戻すには、まず A を取り消してから B を取り消し。順序に注意！
- $(A^k)^{-1} = (A^{-1})^k$
  A を k 回したものを元に戻すには、「A の取り消し」を k 回。……これを、A^{-k} と略記する[*42]

もちろん、A^{-1} や B^{-1} が存在することが前提です。では、これらの性質を証明してください。……と言われて固まってしまう人は、逆行列の「定義」をもう一度読み直すこと[*43]。

正方行列 X に掛けると単位行列 I になるような行列のことを逆行列と呼ぶんだから、「X の逆行列は Y」を証明するには、$XY = I$ を確かめればよいだけです。

それぞれ、次のように簡単に証明できます。

- A^{-1} に A を掛けると I なんだから、A は A^{-1} の逆行列
- $(AB)(B^{-1}A^{-1}) = ABB^{-1}A^{-1} = A(BB^{-1})A^{-1} = AIA^{-1} = AA^{-1} = I$
- $A^k(A^{-1})^k = A^{k-1}AA^{-1}(A^{-1})^{k-1} = A^{k-1}I(A^{-1})^{k-1} = A^{k-1}(A^{-1})^{k-1} = A^{k-2}AA^{-1}(A^{-1})^{k-2} = \cdots = AA^{-1} = I$

個数が増えても、

$$(ABCD)^{-1} = D^{-1}C^{-1}B^{-1}A^{-1}$$

といった調子です。各自で確かめてください。

■対角行列の場合

逆行列が存在するかの判定や、実際に逆行列を求める方法については、第2章で説明します。ここでは、対角行列 $A = \mathrm{diag}\,(a_1, \ldots, a_n)$ の場合だけ確認しておきましょう。

この A が表す写像は、「軸に沿っての伸縮」でした（1.2.7 項（37 ページ））。第1軸は a_1 倍、第2軸は a_2 倍……。そうやって移されたものを元に戻したければ、第1軸は $1/a_1$ 倍、第2軸は $1/a_2$ 倍……とすればよいですね。つまり、$B = \mathrm{diag}\,(1/a_1, \ldots, 1/a_n)$ とおけば、$BA = I$ のはず。この B こそが、A の逆行列 A^{-1} です。式で見ても、式 (1.12)

---

*42　公式 (1.11) $(A^\alpha)^\beta = A^{(\alpha\beta)}$ とも整合していますね。

*43　逆行列の計算法をまだ習ってないからできない、なんて言わないでください。計算法よりも定義（意味）のほうが大事。簡単そうに書いてあるのにわけがわからないときは、そもそも定義をのみこめていないことが多いものです。

から、

$$\mathrm{diag}(1/a_1,\ldots,1/a_n)\,\mathrm{diag}(a_1,\ldots,a_n) = \mathrm{diag}(a_1/a_1,\ldots,a_n/a_n) = \mathrm{diag}(1,\ldots,1) = I$$

ただし、$a_1,\ldots,a_n$ に 1 つでも 0 があったら、逆行列は作れません。そういう場合は、A が「ぺちゃんこにつぶす」写像になってしまいます。そんな写像には逆写像は作れないのでした。

1.2.9 ブロック行列

「大きな問題を小さな部分問題に分割すること」は、複雑さに対処するための有効な手段です。行列演算でも、実はそんな分割が可能です。

■ **定義と性質**

行列の縦横に区切りを入れて、各区域を小さな行列と見なしたものを、ブロック行列と呼びます。

$$A = \left(\begin{array}{ccc|cc|cc} 3 & 1 & 4 & 1 & 5 & 9 & 2 \\ 6 & 5 & 3 & 5 & 8 & 9 & 7 \\ \hline 9 & 3 & 2 & 3 & 8 & 4 & 6 \\ 2 & 6 & 4 & 3 & 3 & 8 & 3 \\ 2 & 7 & 9 & 5 & 0 & 2 & 8 \end{array}\right) = \begin{pmatrix} A_{11} & A_{12} & A_{13} \\ A_{21} & A_{22} & A_{23} \end{pmatrix}$$

線形代数のやさしい解説書にはあまり載らないネタですが、応用場面ではよく使うテクニックなので、解説しておきましょう。

サイズのそろったブロック行列 $A = (A_{ij})$ と $B = (B_{ij})$、および、数 c に対して、次の性質が成り立ちます。

ブロック行列の足し算

$$\begin{pmatrix} A_{11} & \cdots & A_{1n} \\ \vdots & & \vdots \\ A_{m1} & \cdots & A_{mn} \end{pmatrix} + \begin{pmatrix} B_{11} & \cdots & B_{1n} \\ \vdots & & \vdots \\ B_{m1} & \cdots & B_{mn} \end{pmatrix} = \begin{pmatrix} A_{11}+B_{11} & \cdots & A_{1n}+B_{1n} \\ \vdots & & \vdots \\ A_{m1}+B_{m1} & \cdots & A_{mn}+B_{mn} \end{pmatrix}$$

$$\text{例：} \left(\begin{array}{cc|cc} 1 & 0 & 0 & 0 \\ 0 & 1 & 0 & 0 \\ \hline 3 & 1 & 1 & 0 \\ 4 & 1 & 0 & 1 \end{array}\right) + \left(\begin{array}{cc|cc} 5 & 9 & 5 & 3 \\ 2 & 6 & 5 & 8 \\ \hline 0 & 0 & 1 & 0 \\ 0 & 0 & 0 & 1 \end{array}\right) = \left(\begin{array}{cc|cc} 6 & 9 & 5 & 3 \\ 2 & 7 & 5 & 8 \\ \hline 3 & 1 & 2 & 0 \\ 4 & 1 & 0 & 2 \end{array}\right)$$

ブロック行列の定数倍

$$c\begin{pmatrix} A_{11} & \cdots & A_{1n} \\ \vdots & & \vdots \\ A_{m1} & \cdots & A_{mn} \end{pmatrix} = \begin{pmatrix} cA_{11} & \cdots & cA_{1n} \\ \vdots & & \vdots \\ cA_{m1} & \cdots & cA_{mn} \end{pmatrix}$$

$$\text{例：} 10\left(\begin{array}{cc|cc} 1 & 0 & 0 & 0 \\ 0 & 1 & 0 & 0 \\ \hline 3 & 1 & 1 & 0 \\ 4 & 1 & 0 & 1 \end{array}\right) = \left(\begin{array}{cc|cc} 10 & 0 & 0 & 0 \\ 0 & 10 & 0 & 0 \\ \hline 30 & 10 & 10 & 0 \\ 40 & 10 & 0 & 10 \end{array}\right)$$

つまり、A_{ij}, B_{ij} があたかもただの数であるかのように計算してよいということです。ここまでは当然の結果だといえます。

すごいのは、積についても、次のように計算してよいということです[44]。

ブロック行列の積

$$\begin{pmatrix} B_{11} & \cdots & B_{1m} \\ \vdots & & \vdots \\ B_{k1} & \cdots & B_{km} \end{pmatrix} \begin{pmatrix} A_{11} & \cdots & A_{1n} \\ \vdots & & \vdots \\ A_{m1} & \cdots & A_{mn} \end{pmatrix}$$
$$= \begin{pmatrix} (B_{11}A_{11} + \cdots + B_{1m}A_{m1}) & \cdots & (B_{11}A_{1n} + \cdots + B_{1m}A_{mn}) \\ \vdots & & \vdots \\ (B_{k1}A_{11} + \cdots + B_{km}A_{m1}) & \cdots & (B_{k1}A_{1n} + \cdots + B_{km}A_{mn}) \end{pmatrix} \quad (1.14)$$

$$\text{例：} \left(\begin{array}{cc|cc} 1 & 0 & 0 & 0 \\ 0 & 1 & 0 & 0 \\ \hline 3 & 1 & 1 & 0 \\ 4 & 1 & 0 & 1 \end{array}\right) \left(\begin{array}{cc|cc} 5 & 9 & 5 & 3 \\ 2 & 6 & 5 & 8 \\ \hline 0 & 0 & 1 & 0 \\ 0 & 0 & 0 & 1 \end{array}\right) = \left(\begin{array}{cc|cc} 5 & 9 & 5 & 3 \\ 2 & 6 & 5 & 8 \\ \hline 17 & 33 & 21 & 17 \\ 22 & 42 & 25 & 21 \end{array}\right)$$

上の例なら

$$\text{左上} \begin{pmatrix} 1 & 0 \\ 0 & 1 \end{pmatrix} \begin{pmatrix} 5 & 9 \\ 2 & 6 \end{pmatrix} + \begin{pmatrix} 0 & 0 \\ 0 & 0 \end{pmatrix} \begin{pmatrix} 0 & 0 \\ 0 & 0 \end{pmatrix} = \begin{pmatrix} 5 & 9 \\ 2 & 6 \end{pmatrix}$$
$$\text{左下} \begin{pmatrix} 3 & 1 \\ 4 & 1 \end{pmatrix} \begin{pmatrix} 5 & 9 \\ 2 & 6 \end{pmatrix} + \begin{pmatrix} 1 & 0 \\ 0 & 1 \end{pmatrix} \begin{pmatrix} 0 & 0 \\ 0 & 0 \end{pmatrix} = \begin{pmatrix} 17 & 33 \\ 22 & 42 \end{pmatrix}$$
$$\text{右上} \begin{pmatrix} 1 & 0 \\ 0 & 1 \end{pmatrix} \begin{pmatrix} 5 & 3 \\ 5 & 8 \end{pmatrix} + \begin{pmatrix} 0 & 0 \\ 0 & 0 \end{pmatrix} \begin{pmatrix} 1 & 0 \\ 0 & 1 \end{pmatrix} = \begin{pmatrix} 5 & 3 \\ 5 & 8 \end{pmatrix}$$
$$\text{右下} \begin{pmatrix} 3 & 1 \\ 4 & 1 \end{pmatrix} \begin{pmatrix} 5 & 3 \\ 5 & 8 \end{pmatrix} + \begin{pmatrix} 1 & 0 \\ 0 & 1 \end{pmatrix} \begin{pmatrix} 1 & 0 \\ 0 & 1 \end{pmatrix} = \begin{pmatrix} 21 & 17 \\ 25 & 21 \end{pmatrix}$$

ということです。こうして計算した結果と「仕切りをはずして普通に計算した 4×4 行列の積」とが一致することは、各自で確認してください。

以上のように、ブロック行列では、まるで B_{ij}, A_{jp} がただの数であるかのように「行列の積」の格好で計算して結構です。ただし、掛け算の順序だけは注意が必要です。実体は行列なので、$B_{ij}A_{jp}$ を $A_{jp}B_{ij}$ などと順序を入れ替えてはいけません。

---

[44] もちろん、小さい行列どうしの積がちゃんと定義されるよう、サイズが合っていることが前提です。例えば、B_{11} の列数（横幅）と A_{11} の行数（高さ）は等しい、など。

? 1.27 区切りは縦横ぴったりそろってないとだめ？

だめです。次のような「ずれた区切り」では、ブロック行列とは呼びません。

$$
\left(\begin{array}{ccc|cc|cc}
3 & 1 & 4 & 1 & 5 & 9 & 2 \\
6 & 5 & 3 & 5 & 8 & 9 & 7 \\
\cline{1-3}
9 & 3 & 2 & 3 & 8 & 4 & 6 \\
\cline{4-7}
2 & 6 & 4 & 3 & 3 & 8 & 3 \\
2 & 7 & 9 & 5 & 0 & 2 & 8
\end{array}\right)
$$

■行ベクトル・列ベクトル

ブロック行列の特別な場合として、

$$
A = \left(\begin{array}{c|c|c|c}
a_{11} & a_{12} & \cdots & a_{1m} \\
\vdots & \vdots & & \vdots \\
a_{n1} & a_{n2} & \cdots & a_{nm}
\end{array}\right) = (\boldsymbol{a}_1, \boldsymbol{a}_2, \ldots, \boldsymbol{a}_m)
$$

$$
B = \left(\begin{array}{ccc}
b_{11} & \cdots & b_{1n'} \\
\hline
b_{21} & \cdots & b_{2n'} \\
\hline
\vdots & & \vdots \\
\hline
b_{m'1} & \cdots & b_{m'n'}
\end{array}\right) = \begin{pmatrix} \boldsymbol{b}_1^T \\ \boldsymbol{b}_2^T \\ \vdots \\ \boldsymbol{b}_{m'}^T \end{pmatrix}
$$

のように、片方向だけ細切りすることも考えられます。

区切られた各断片のサイズが $n \times 1$ や $1 \times n'$ なので、これらをベクトルと見なすこともできます。というわけで、上のように表したときの $\boldsymbol{a}_1, \ldots, \boldsymbol{a}_m$ を「A の列ベクトル」と呼び、$\boldsymbol{b}_1^T, \ldots, \boldsymbol{b}_{m'}^T$ を「B の行ベクトル」と呼びます（→**?** 1.14（20 ページ））。「列ベクトルが、各軸向きの単位ベクトル $\boldsymbol{e}_1, \ldots, \boldsymbol{e}_m$ の行き先になっている」という指摘は覚えているでしょうか（1.2.3 項（25 ページ）「行列は写像だ」）。

列ベクトルや行ベクトルを使うと、行列とベクトルの積は、こんなふうに書けます。

$$
A \begin{pmatrix} c_1 \\ c_2 \\ \vdots \\ c_m \end{pmatrix} = (\boldsymbol{a}_1, \boldsymbol{a}_2, \ldots, \boldsymbol{a}_m) \begin{pmatrix} c_1 \\ c_2 \\ \vdots \\ c_m \end{pmatrix} = c_1 \boldsymbol{a}_1 + c_2 \boldsymbol{a}_2 + \cdots + c_m \boldsymbol{a}_m
$$

$$
B\boldsymbol{d} = \begin{pmatrix} \boldsymbol{b}_1^T \\ \boldsymbol{b}_2^T \\ \vdots \\ \boldsymbol{b}_{m'}^T \end{pmatrix} \boldsymbol{d} = \begin{pmatrix} \boldsymbol{b}_1^T \boldsymbol{d} \\ \boldsymbol{b}_2^T \boldsymbol{d} \\ \vdots \\ \boldsymbol{b}_{m'}^T \boldsymbol{d} \end{pmatrix}
$$

前者が「列ベクトルは $\boldsymbol{e}_1, \ldots, \boldsymbol{e}_m$ の行き先」に、後者が「積の定義」に対応していますね

(→?1.18（31 ページ））。さらに、行列どうしの積は、こんなふうにも書けます。

$$AB = (\boldsymbol{a}_1, \boldsymbol{a}_2, \ldots, \boldsymbol{a}_m) \begin{pmatrix} \boldsymbol{b}_1^T \\ \boldsymbol{b}_2^T \\ \vdots \\ \boldsymbol{b}_m^T \end{pmatrix} = \boldsymbol{a}_1 \boldsymbol{b}_1^T + \boldsymbol{a}_2 \boldsymbol{b}_2^T + \cdots + \boldsymbol{a}_m \boldsymbol{b}_m^T \qquad (m = m')$$

$$\begin{aligned} BA &= B(\boldsymbol{a}_1, \boldsymbol{a}_2, \ldots, \boldsymbol{a}_m) = (B\boldsymbol{a}_1, B\boldsymbol{a}_2, \ldots, B\boldsymbol{a}_m) \\ &= \begin{pmatrix} \boldsymbol{b}_1^T \\ \boldsymbol{b}_2^T \\ \vdots \\ \boldsymbol{b}_{m'}^T \end{pmatrix} (\boldsymbol{a}_1, \boldsymbol{a}_2, \ldots, \boldsymbol{a}_m) = \begin{pmatrix} \boldsymbol{b}_1^T \boldsymbol{a}_1 & \boldsymbol{b}_1^T \boldsymbol{a}_2 & \ldots & \boldsymbol{b}_1^T \boldsymbol{a}_m \\ \boldsymbol{b}_2^T \boldsymbol{a}_1 & \boldsymbol{b}_2^T \boldsymbol{a}_2 & \ldots & \boldsymbol{b}_2^T \boldsymbol{a}_m \\ \vdots & \vdots & & \vdots \\ \boldsymbol{b}_{m'}^T \boldsymbol{a}_1 & \boldsymbol{b}_{m'}^T \boldsymbol{a}_2 & \ldots & \boldsymbol{b}_{m'}^T \boldsymbol{a}_m \end{pmatrix} \qquad (n = n') \end{aligned}$$

後者が、積の定義そのものでした。$\boldsymbol{a}_i \boldsymbol{b}_j^T$ は行列、$\boldsymbol{b}_j^T \boldsymbol{a}_i$ は数なことをちゃんと意識できていますか？ あやしければ、1.2.5 項（31 ページ）「行列演算の性質」を復習してください。

こんなふうに列ベクトル・行ベクトルを自在に使えると、応用場面で便利なことがよくあります。22 ページの式（1.7）の行列なら、個々の材料（肉・豆・米）に着目する場合は列ベクトルで、特性（価格・カロリー）に着目する場合は行ベクトルで考えることにより、見通しがよくなります。

■ ブロック対角行列

「＼」方向の対角線上のブロックがすべて正方行列で、それ以外のブロックがすべてゼロ行列なものを、**ブロック対角行列**と呼びます[*45]：

$$\begin{pmatrix} A_1 & O & O & O \\ O & A_2 & O & O \\ O & O & A_3 & O \\ O & O & O & A_4 \end{pmatrix} \equiv \mathrm{diag}\,(A_1, A_2, A_3, A_4)$$

対角成分に対応する行列 A_1, A_2, A_3, A_4 を、**対角ブロック**と呼びます。

? 1.28　記号 ≡ はどういう意味？

「○○を△△とおく」という気持ちを込めた = です。左辺と右辺のどちらが○○でどちらが△△かは、文脈から自分で判断してください。なお、分野によっては ≡ を違う意味に使うこともあるので注意してください（?1.36（70 ページ）も参照)。

*45 もちろん、縦横のブロック数も同じという前提です。自動的に、行列全体も正方行列ということになります。

こんな行列は、「各ブロックごとに独立に変換される」という形の写像を表しています。例えば、

$$\begin{pmatrix} y_1 \\ y_2 \\ y_3 \\ y_4 \end{pmatrix} = \begin{pmatrix} a_{11} & a_{12} & 0 & 0 \\ a_{21} & a_{22} & 0 & 0 \\ 0 & 0 & a_{33} & a_{34} \\ 0 & 0 & a_{43} & a_{44} \end{pmatrix} \begin{pmatrix} x_1 \\ x_2 \\ x_3 \\ x_4 \end{pmatrix}$$

は、

$$\begin{pmatrix} y_1 \\ y_2 \end{pmatrix} = \begin{pmatrix} a_{11} & a_{12} \\ a_{21} & a_{22} \end{pmatrix} \begin{pmatrix} x_1 \\ x_2 \end{pmatrix}$$

$$\begin{pmatrix} y_3 \\ y_4 \end{pmatrix} = \begin{pmatrix} a_{33} & a_{34} \\ a_{43} & a_{44} \end{pmatrix} \begin{pmatrix} x_3 \\ x_4 \end{pmatrix}$$

という 2 つの独立な「サブシステム」に分解されます（図 1.24）。

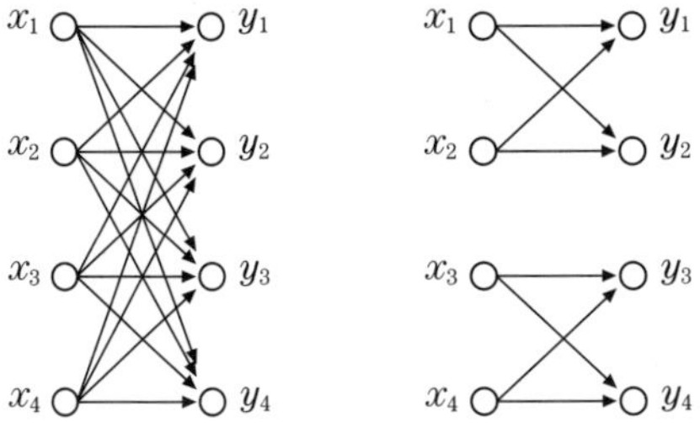

▲ 図 1.24 一般の行列（左）とブロック対角行列（右）。ブロック対角行列 A では、$\boldsymbol{y} = A\boldsymbol{x}$ が独立なサブシステムに分解される

ブロック対角行列のべき乗が

$$\begin{pmatrix} A_1 & O & O & O \\ O & A_2 & O & O \\ O & O & A_3 & O \\ O & O & O & A_4 \end{pmatrix}^k = \begin{pmatrix} A_1^k & O & O & O \\ O & A_2^k & O & O \\ O & O & A_3^k & O \\ O & O & O & A_4^k \end{pmatrix}$$

となることは、ブロック行列の積の性質（1.14）からすぐわかります。また、ブロック対角行列の逆行列が

$$\begin{pmatrix} A_1 & O & O & O \\ O & A_2 & O & O \\ O & O & A_3 & O \\ O & O & O & A_4 \end{pmatrix}^{-1} = \begin{pmatrix} A_1^{-1} & O & O & O \\ O & A_2^{-1} & O & O \\ O & O & A_3^{-1} & O \\ O & O & O & A_4^{-1} \end{pmatrix}$$

となることも同様です（もちろん、$A_1, \ldots, A_4$ がすべて逆行列を持つことが前提）。心配なら、$\mathrm{diag}(A_1, A_2, A_3, A_4)$ にこの行列を掛けて、単位行列になることを確認してください。

なお、「対角行列」と同様に、「ブロック対角行列」も座標の取り方に依存する概念です。

1.2.10　いろいろな関係を行列で表す（2）

1.2.2 項（24 ページ）では、見るからに「行列を掛ける」で書けそうな例を示しました。ここでは、ちょっとしたトリックを効かせれば「行列を掛ける」の形に書けてしまう、という例を紹介します。はじめて見る人には「トリック」でしょうが、現場ではよく使われる常套手段。慣れた人にはむしろ「定石」です。

■高階差分・高階微分

数列 $x_1, x_2, \ldots$ が

$$x_t = -0.7x_{t-1} - 0.5x_{t-2} + 0.2x_{t-3} + 0.1x_{t-4} \tag{1.15}$$

という規則を満たしているとしましょう。「今日の状態 x_t は、昨日, 一昨日, 三日前, 四日前 の状態 $x_{t-1}, x_{t-2}, x_{t-3}, x_{t-4}$ から、式 (1.15) のように決まる」というわけです。こんなふうに「次回の状態は最近の状態から決まる」というモデルは、時系列解析の基礎として使われます。ここで、

$$\boldsymbol{x}(t) = (x_t, x_{t-1}, x_{t-2}, x_{t-3})^T$$

とおけば、式 (1.15) は

$$\boldsymbol{x}(t) = \begin{pmatrix} x_t \\ x_{t-1} \\ x_{t-2} \\ x_{t-3} \end{pmatrix} = \begin{pmatrix} -0.7 & -0.5 & 0.2 & 0.1 \\ 1 & 0 & 0 & 0 \\ 0 & 1 & 0 & 0 \\ 0 & 0 & 1 & 0 \end{pmatrix} \begin{pmatrix} x_{t-1} \\ x_{t-2} \\ x_{t-3} \\ x_{t-4} \end{pmatrix}$$

つまり

$$\boldsymbol{x}(t) = A\boldsymbol{x}(t-1)$$

$$A = \begin{pmatrix} -0.7 & -0.5 & 0.2 & 0.1 \\ 1 & 0 & 0 & 0 \\ 0 & 1 & 0 & 0 \\ 0 & 0 & 1 & 0 \end{pmatrix}$$

のように、「行列を掛ける」という形で書けます。

微分版の

$$\frac{d^4y(t)}{dt^4} = -0.7\frac{d^3y(t)}{dt^3} - 0.5\frac{d^2y(t)}{dt^2} + 0.2\frac{dy(t)}{dt} + 0.1y(t)$$

でも同様に、

$$\boldsymbol{y}(t) = \left(\frac{d^3y(t)}{dt^3}, \frac{d^2y(t)}{dt^2}, \frac{dy(t)}{dt}, y(t)\right)^T$$

とおけば、

$$\frac{d\boldsymbol{y}(t)}{dt} = \begin{pmatrix} d^4y(t)/dt^4 \\ d^3y(t)/dt^3 \\ d^2y(t)/dt^2 \\ dy(t)/dt \end{pmatrix} = \begin{pmatrix} -0.7 & -0.5 & 0.2 & 0.1 \\ 1 & 0 & 0 & 0 \\ 0 & 1 & 0 & 0 \\ 0 & 0 & 1 & 0 \end{pmatrix} \begin{pmatrix} d^3y(t)/dt^3 \\ d^2y(t)/dt^2 \\ dy(t)/dt \\ y(t) \end{pmatrix} = A\boldsymbol{y}(t)$$

と書けます。

こんなふうに差分方程式や微分方程式で現象を記述するという手法は、工学で多用されます。第 4 章では、これらについてもっと詳しく学びます。

■定数項の除去

$\boldsymbol{y} = A\boldsymbol{x} + \boldsymbol{b}$ のように、目障りな定数項 $+\boldsymbol{b}$ のせいで惜しくも「行列を掛ける」になっていない形も、よく現れます。このような場合は、

$$\tilde{\boldsymbol{x}} = \left(\begin{array}{c} \boldsymbol{x} \\ \hline 1 \end{array}\right), \qquad \tilde{\boldsymbol{y}} = \left(\begin{array}{c} \boldsymbol{y} \\ \hline 1 \end{array}\right)$$

とおけば[*46]、

$$\tilde{\boldsymbol{y}} = \left(\begin{array}{c} \boldsymbol{y} \\ \hline 1 \end{array}\right) = \left(\begin{array}{c|c} A & \boldsymbol{b} \\ \hline \boldsymbol{o}^T & 1 \end{array}\right) \left(\begin{array}{c} \boldsymbol{x} \\ \hline 1 \end{array}\right)$$

つまり、

$$\tilde{\boldsymbol{y}} = \tilde{A}\tilde{\boldsymbol{x}}$$

$$\tilde{A} = \left(\begin{array}{c|c} A & \boldsymbol{b} \\ \hline \boldsymbol{o}^T & 1 \end{array}\right)$$

のように「行列を掛ける」という形で書けます。

? 1.29 なんでそんなに「行列を掛ける」の形にこだわるの？

この形に書けてしまえば、線形代数の一般論が使えるからです。第 4 章が典型例。

[*46] 一種の「ブロック行列」です。$\boldsymbol{x} = (x_1, \ldots, x_n)^T$ に対して、$\tilde{\boldsymbol{x}} = (x_1, \ldots, x_n, 1)^T$ ということ。

1.2.11　座標変換と行列

■座標変換

さて、「行列」の概念が準備できるまで延期していた話を、ここで片付けておきましょう。**座標変換**の話です[*47]。しばらく封印していた「基底」のことを思い出してください。

同じ空間でも、基底はいろいろな取り方ができます。どう基底を取って座標表現しても、実体としてのベクトル自体は同じもの。となれば、話がしやすいような上手い基底を自在に取るのが好都合です。つまり、次のような調子です。

(もともとの基底)	問		答
	$\Updownarrow$		$\Updownarrow$
(都合のいい基底)	問′	$\rightarrow$	答′

与えられた問に対して、都合のいい基底を好きに取ります。すると、元の問が、すっきり見やすい問′に変換されます。この問′を楽々と解いて答′を求め、それをもともとの基底に戻してやれば、欲しかった答が得られます。

座標変換の嬉さを感じとってもらうために、例を1つ挙げましょう。次の図1.25は、図1.10 (26ページ) と同じ行列 $A = \begin{pmatrix} 1 & -0.3 \\ -0.7 & 0.6 \end{pmatrix}$ によって空間が変形する様子ですが、上手い具合に座標を取れば、格子に沿った単純な伸縮になっています。

なお、本項はここまでと比べて少々煩雑です。つらくなったら、以下の結論だけ頭の隅に置いて、次へスキップしてもかまいません。

- 座標変換は「正方行列 A を掛ける」という形で書ける。この A には逆行列が存在する。
- 反対に、逆行列を持つような正方行列 A を掛けることは、座標変換と解釈できる。

---

*47 本書で「座標」と言ったら、「まっすぐなもの」という約束でした（? 1.12 (16ページ)）。念のため。

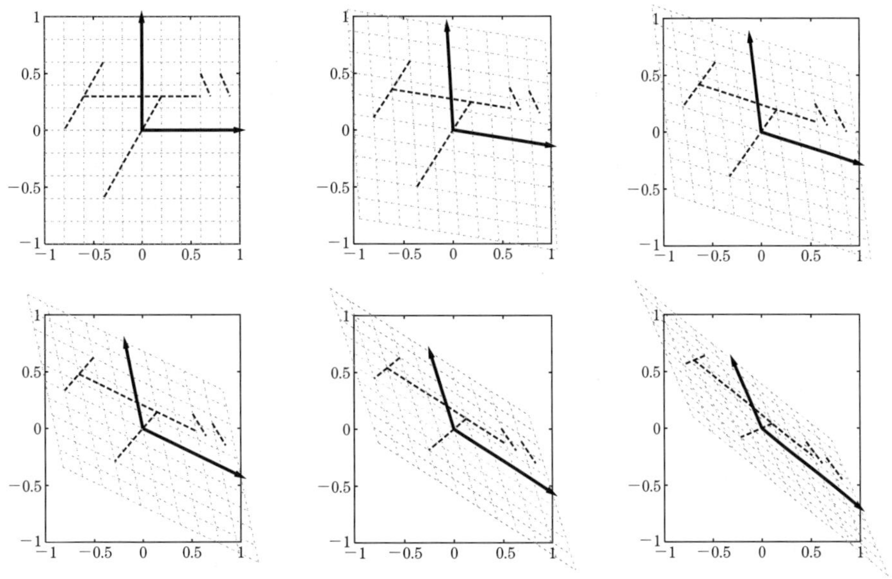


```
ruby mat_anim.rb -s=3 | gnuplot
```

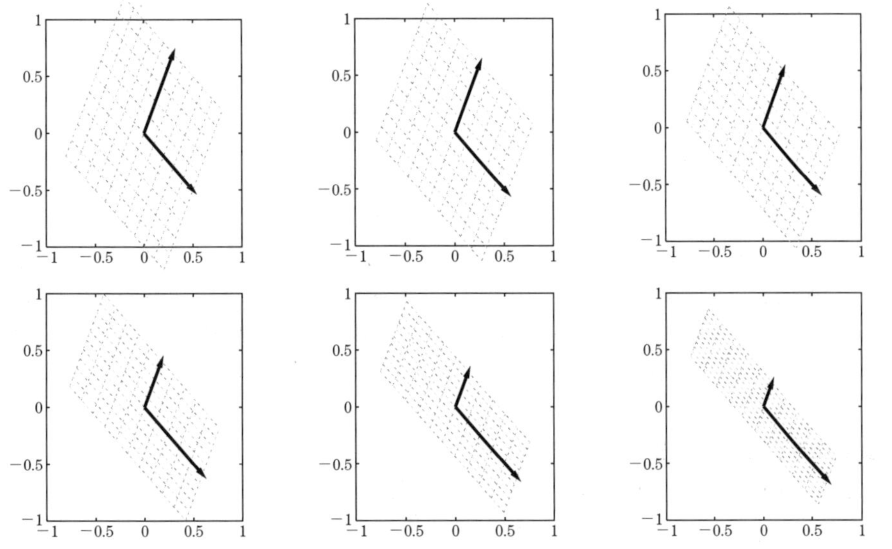


```
ruby mat_anim.rb -s=5 | gnuplot
```

▲ 図 1.25 （アニメーション）座標変換の嬉しさ——上段も下段も、図 1.10（26 ページ）と同じ行列 $A = \begin{pmatrix} 1 & -0.3 \\ -0.7 & 0.6 \end{pmatrix}$ による変換だが、下段のように最初に上手い方向の格子模様を描くと、格子に沿った伸縮になっている。つまり、この方向を基底とする座標を取れば、「軸に沿った伸縮」という単純な格好

座標変換の具体的な応用例は、第 4 章を参照してください。ここでは、意味が理解できるように説明をしていきます。

まずは、イメージしやすいように、2 次元の**基底変換**を考えてみましょう。基底はいろいろ取れるのだから、2 組の基底 $(\vec{e}_x, \vec{e}_y)$, $(\vec{e}'_x, \vec{e}'_y)$ を使って、同じベクトル $\vec{v}$ を

$$\vec{v} = x\vec{e}_x + y\vec{e}_y = x'\vec{e}'_x + y'\vec{e}'_y \tag{1.16}$$

と2通りに表現したとします。ここで知りたくなるのが、座標 $\boldsymbol{v} = (x, y)^T$ と座標 $\boldsymbol{v}' = (x', y')^T$ との対応関係（一方から他方を求める変換規則）です。この変換規則があってこそ、「問 ⇔ 問′」「答 ⇔ 答′」を自在に変換して……という先の話ができるのですから。その対応関係は、もちろん、基底 $(\vec{e}_x, \vec{e}_y)$ と基底 $(\vec{e}'_x, \vec{e}'_y)$ との関係から決まります。例えば、

$$\vec{e}'_x = 3\vec{e}_x - 2\vec{e}_y \tag{1.17}$$
$$\vec{e}'_y = -\vec{e}_x + \vec{e}_y \tag{1.18}$$

だったとき*48、$\boldsymbol{v} = (x, y)^T$ と $\boldsymbol{v}' = (x', y')^T$ との関係はどうなるでしょうか？ 式（1.17）と式（1.18）を式（1.16）に代入すると、

$$\vec{v} = x'\vec{e}'_x + y'\vec{e}'_y = x'(3\vec{e}_x - 2\vec{e}_y) + y'(-\vec{e}_x + \vec{e}_y) = (3x' - y')\vec{e}_x + (-2x' + y')\vec{e}_y$$

これと $\vec{v} = x\vec{e}_x + y\vec{e}_y$ が等しいのだから*49、

$$x = 3x' - y' \tag{1.19}$$
$$y = -2x' + y' \tag{1.20}$$

これを x', y' について解く*50と、

$$x' = x + y \tag{1.21}$$
$$y' = 2x + 3y \tag{1.22}$$

これが座標 $\boldsymbol{v} = (x, y)^T$ から $\boldsymbol{v}' = (x', y')^T$ への変換則です。

注目すべきは、基底の変換則と座標の変換則とが違うこと。実は、これは当然の話です。例えば、富士山の高さ = 3776m = 3.776km。単位が1000倍（1km = 1000m）になると、値は1/1000倍（3.776 = 3776/1000）になって、実体（富士山の高さ）は変わりません。この「単位」にあたるのが「基底」、「値」にあたるのが「座標」なのです。

■座標変換を行列で書く

式（1.19）〜（1.22）の変換則は、行列でまとめて

$$\begin{pmatrix} x \\ y \end{pmatrix} = \begin{pmatrix} 3 & -1 \\ -2 & 1 \end{pmatrix} \begin{pmatrix} x' \\ y' \end{pmatrix}$$
$$\begin{pmatrix} x' \\ y' \end{pmatrix} = \begin{pmatrix} 1 & 1 \\ 2 & 3 \end{pmatrix} \begin{pmatrix} x \\ y \end{pmatrix}$$

と書けます。一般に、座標変換は「行列を掛ける」という形に書くことができます。

---

*48　$\vec{e}'_x$ や $\vec{e}'_y$ も「ベクトル」なんだから、「基底」$(\vec{e}_x, \vec{e}_y)$ を使ってこんなふうな形で表現できるはず、ですね。

*49　「同じ土地なら番地も同じ」（→1.1.4項（17ページ）「基底となるための条件」）

*50　この例の場合は、式（1.19）＋式（1.20）で x' が、式（1.19）× 2 ＋式（1.20）× 3 で y' が求まります。一般の場合にどうしたらいいかは、2.2.2項（95ページ）「連立一次方程式の解法（正則な場合）」。

実際、2組の基底 $(\vec{e}_1, \ldots, \vec{e}_n), (\vec{e}'_1, \ldots, \vec{e}'_n)$ で、同じベクトル $\vec{v}$ が

$$\vec{v} = x_1\vec{e}_1 + \cdots + x_n\vec{e}_n = x'_1\vec{e}'_1 + \cdots + x'_n\vec{e}'_n \tag{1.23}$$

と2通りに表現されたとしましょう。座標 $\boldsymbol{v} = (x_1, \ldots, x_n)^T$ と座標 $\boldsymbol{v}' = (x'_1, \ldots, x'_n)^T$ との変換則は、もちろん、基底 $(\vec{e}_1, \ldots, \vec{e}_n)$ と基底 $(\vec{e}'_1, \ldots, \vec{e}'_n)$ との関係から決まります。$\vec{e}'_1, \ldots, \vec{e}'_n$ も「ベクトル」なのだから、「基底」$(\vec{e}_1, \ldots, \vec{e}_n)$ で

$$\begin{aligned}\vec{e}'_1 &= a_{11}\vec{e}_1 + \cdots + a_{n1}\vec{e}_n \\ &\vdots \\ \vec{e}'_n &= a_{1n}\vec{e}_1 + \cdots + a_{nn}\vec{e}_n\end{aligned} \tag{1.24}$$

のように表現できるはず。$a_{11}, a_{12}, \ldots, a_{nn}$ は何かの数です。すると、

$$\begin{aligned}\vec{v} &= x'_1\vec{e}'_1 + \cdots + x'_n\vec{e}'_n & (1.25)\\ &= x'_1(a_{11}\vec{e}_1 + \cdots + a_{n1}\vec{e}_n) + \cdots + x'_n(a_{1n}\vec{e}_1 + \cdots + a_{nn}\vec{e}_n) \\ &= (a_{11}x'_1 + \cdots + a_{1n}x'_n)\vec{e}_1 + \cdots + (a_{n1}x'_1 + \cdots + a_{nn}x'_n)\vec{e}_n & (1.26)\end{aligned}$$

これが

$$\vec{v} = x_1\vec{e}_1 + \cdots + x_n\vec{e}_n \tag{1.27}$$

と等しいのだから[*51]、

$$\begin{aligned}x_1 &= a_{11}x'_1 + \cdots + a_{1n}x'_n \\ &\vdots \\ x_n &= a_{n1}x'_1 + \cdots + a_{nn}x'_n\end{aligned} \tag{1.28}$$

という変換則が得られます。行列を使って書けば、

$$\boldsymbol{v} = A\boldsymbol{v}' \tag{1.29}$$

$$A = \begin{pmatrix} a_{11} & \cdots & a_{1n} \\ \vdots & & \vdots \\ a_{n1} & \cdots & a_{nn} \end{pmatrix}$$

とも書けます。以上で、座標 $\boldsymbol{v}' = (x'_1, \ldots, x'_n)^T$ から座標 $\boldsymbol{v} = (x_1, \ldots, x_n)^T$ への変換則がめでたく求まりました。

逆向きの変換も、ダッシュが付くのと付かないのを入れ替えて考えれば導けます。

$$\begin{aligned}\vec{e}_1 &= a'_{11}\vec{e}'_1 + \cdots + a'_{n1}\vec{e}'_n \\ &\vdots \\ \vec{e}_n &= a'_{1n}\vec{e}'_1 + \cdots + a'_{nn}\vec{e}'_n\end{aligned}$$

だったら、

[*51] 基底による表現は1通りしかない。「えっ」て人は前項を復習。

$$\boldsymbol{v}' = A'\boldsymbol{v}$$
$$A' = \begin{pmatrix} a'_{11} & \cdots & a'_{1n} \\ \vdots & & \vdots \\ a'_{n1} & \cdots & a'_{nn} \end{pmatrix}$$

ここで、2つの変換行列 A, A' は、互いに逆行列となっていることに注意しましょう。$\boldsymbol{v} = A\boldsymbol{v}'$、$\boldsymbol{v}' = A'\boldsymbol{v}$ ということは、まさに逆行列の定義どおり。

$$A' = A^{-1}, \qquad A = A'^{-1}, \qquad AA' = A'A = I \tag{1.30}$$

先ほどの例でも、

$$\begin{pmatrix} 3 & -1 \\ -2 & 1 \end{pmatrix}\begin{pmatrix} 1 & 1 \\ 2 & 3 \end{pmatrix} = \begin{pmatrix} 1 & 1 \\ 2 & 3 \end{pmatrix}\begin{pmatrix} 3 & -1 \\ -2 & 1 \end{pmatrix} = \begin{pmatrix} 1 & 0 \\ 0 & 1 \end{pmatrix} \tag{1.31}$$

を確かめてください。

? 1.30　基底変換と座標変換とで、ダッシュのつく側やら a_{ij} の添字の順番（縦横でどちらが走るか）やら微妙に違ってて悩ましいんですが……うちの試験は持ち込み不可なんですけど、上手い覚え方はないですか？

丸暗記はお勧めしません。あなたへのアドバイスはこうです：

```
while (自信ない)
   本をふせる
   紙とペンを用意する
   自分で変換則を導いてみる
   本をもう一度読む
end
```

とはいえ、本文のようなことを毎回やるのも確かに面倒です。もっとすっきり変換則を導く筋道も紹介しておきましょう。

式 (1.24) ということは、

$$\boldsymbol{v}' = \begin{pmatrix} 1 \\ 0 \\ 0 \end{pmatrix} \leftrightarrow \boldsymbol{v} = \begin{pmatrix} a_{11} \\ a_{21} \\ a_{31} \end{pmatrix}$$
$$\boldsymbol{v}' = \begin{pmatrix} 0 \\ 1 \\ 0 \end{pmatrix} \leftrightarrow \boldsymbol{v} = \begin{pmatrix} a_{12} \\ a_{22} \\ a_{32} \end{pmatrix}$$
$$\boldsymbol{v}' = \begin{pmatrix} 0 \\ 0 \\ 1 \end{pmatrix} \leftrightarrow \boldsymbol{v} = \begin{pmatrix} a_{13} \\ a_{23} \\ a_{33} \end{pmatrix}$$

のような対応関係になっているわけです（$n = 3$ の例）。式 (1.23) と見比べてください。はじめの式なら、$1\vec{e}'_1 + 0\vec{e}'_2 + 0\vec{e}'_3 = a_{11}\vec{e}_1 + a_{21}\vec{e}_2 + a_{31}\vec{e}_3$ ということです。これで、$\boldsymbol{v}'$ の側から見て $(1,0,0)^T, (0,1,0)^T, (0,0,1)^T$ の行き先がわかったんだから、$\boldsymbol{v}'$ を $\boldsymbol{v}$ に移す行列がただちに見える[*52]。

$$
\begin{aligned}
\boldsymbol{v} &= A\boldsymbol{v}' \\
A &= \begin{pmatrix} a_{11} & a_{12} & a_{13} \\ a_{21} & a_{22} & a_{23} \\ a_{31} & a_{32} & a_{33} \end{pmatrix}
\end{aligned}
$$

もちろん、逆向きは $\boldsymbol{v}' = A^{-1}\boldsymbol{v}$ です。

また、こんな呪文も紹介しておきましょう。特に解説はしませんから、判読できる人限定で。

$$
\begin{aligned}
\vec{v} = (\vec{e}_1, \ldots, \vec{e}_n) \begin{pmatrix} x_1 \\ \vdots \\ x_n \end{pmatrix} &= (\vec{e}'_1, \ldots, \vec{e}'_n) \begin{pmatrix} x'_1 \\ \vdots \\ x'_n \end{pmatrix} \\
&= \left\{ (\vec{e}_1, \ldots, \vec{e}_n) \begin{pmatrix} a_{11} & \cdots & a_{1n} \\ \vdots & & \vdots \\ a_{n1} & \cdots & a_{nn} \end{pmatrix} \right\} \begin{pmatrix} x'_1 \\ \vdots \\ x'_n \end{pmatrix} \\
&= (\vec{e}_1, \ldots, \vec{e}_n) \left\{ \begin{pmatrix} a_{11} & \cdots & a_{1n} \\ \vdots & & \vdots \\ a_{n1} & \cdots & a_{nn} \end{pmatrix} \begin{pmatrix} x'_1 \\ \vdots \\ x'_n \end{pmatrix} \right\}
\end{aligned}
$$

この呪文から、

$$
\begin{pmatrix} x_1 \\ \vdots \\ x_n \end{pmatrix} = A \begin{pmatrix} x'_1 \\ \vdots \\ x'_n \end{pmatrix} \tag{1.32}
$$

$$
(\vec{e}'_1, \ldots, \vec{e}'_n) = (\vec{e}_1, \ldots, \vec{e}_n)A \tag{1.33}
$$

がすぐ見えます。ちなみに、基底変換の式（1.17）と式（1.18）、および座標変換の式（1.21）と式（1.22）との間に

$$
\begin{pmatrix} 3 & -2 \\ -1 & 1 \end{pmatrix}^T \begin{pmatrix} 1 & 1 \\ 2 & 3 \end{pmatrix} = I \tag{1.34}
$$

という関係が成り立つことも、これからすぐわかります（^{T} は転置行列（1.2.12 項（61 ページ）））。なぜなら、式（1.33）を基底変換の式（1.17）や式（1.18）に合わせた形に直すと、

$$
\begin{pmatrix} \vec{e}'_1 \\ \vdots \\ \vec{e}'_n \end{pmatrix} = A^T \begin{pmatrix} \vec{e}_1 \\ \vdots \\ \vec{e}_n \end{pmatrix}
$$

---

*52 「えっ」て人は 1.2.3 項（25 ページ）「行列は写像だ」を復習。ただし本当は、「$\boldsymbol{v}'$ を $\boldsymbol{v}$ に移す写像が、行列を掛けるという形で表される」ということを先に確認しないといけません。**?** 1.15（23 ページ）を知っていれば、式（1.23）を睨んで「書ける」と判断できます。

一方、式 (1.32) を座標変換の式 (1.21) や (1.22) に合わせた形に直すと、

$$\begin{pmatrix} x'_1 \\ \vdots \\ x'_n \end{pmatrix} = A^{-1} \begin{pmatrix} x_1 \\ \vdots \\ x_n \end{pmatrix}$$

ということは、式 (1.34) は、要するに $(A^T)^T A^{-1} = AA^{-1} = I$ ってことだからです。

これでもあきたらない人には、本書の範囲外ですが、こんな「テンソル記法」も参考までに紹介しておきましょう[*53]。

$$\sum_i x^i \underset{i}{\vec{e}} = \sum_{i'} x^{i'} \underset{i'}{\vec{e}} = \sum_{i,i'} x^{i'} (A^i_{i'} \underset{i}{\vec{e}}) = \sum_{i,i'} A^i_{i'} x^{i'} \underset{i}{\vec{e}} = \sum_{i,i'} (A^i_{i'} x^{i'}) \underset{i}{\vec{e}}$$

? 1.31　座標変換は「正方行列を掛ける」という形で書けることがわかった。じゃあ逆に、正方行列を掛けることはみんな「座標変換」と解釈できるのか？

逆行列が存在するなら、座標変換と解釈できます[*54]。本項の話を逆向きにたどっていけばわかります。実際にやってみましょう。

今、式 (1.29) のように、$\boldsymbol{v}'$ を正方行列 A で変換して $\boldsymbol{v} = A\boldsymbol{v}'$ に移したとします。ちょっと 1.1.6 項 (19 ページ)「座標での表現」を思い出してください。$\boldsymbol{v} = A\boldsymbol{v}'$ のような式は、基底を省いて略記したもの。基底 $(\vec{e}_1, \ldots, \vec{e}_n)$ をちゃんと付けて書くと、左辺 $\boldsymbol{v}$ は式 (1.27)、右辺 $A\boldsymbol{v}'$ は (1.26) です[*55]。ここで、式 (1.24) のように $\vec{e}'_1, \ldots, \vec{e}'_n$ を定義すれば、式 (1.26) は式 (1.25) と書き換えられます。以上から、式 (1.27) = 式 (1.25)、すなわち、

$$x_1\vec{e}_1 + \cdots + x_n\vec{e}_n = x'_1\vec{e}'_1 + \cdots + x'_n\vec{e}'_n \tag{1.35}$$

この式は、まさに、「あるベクトルを基底 $(\vec{e}'_1, \ldots, \vec{e}'_n)$ で表現したときの座標が $(x'_1, \ldots, x'_n)^T$ で、別の基底 $(\vec{e}_1, \ldots, \vec{e}_n)$ で表現したときの座標が $(x_1, \ldots, x_n)^T$」という形になっています。つまり、$\boldsymbol{v}' \mapsto \boldsymbol{v}$ は座標変換と解釈できる。めでたしめでたし——って、だまされちゃいけません。こうやって作った $(\vec{e}'_1, \ldots, \vec{e}'_n)$ が基底の条件 (1.1.4 項 (17 ページ)) を満たしているかどうか、まだ何も保証されていませんから。実は、この保証のために A の逆行列が必要となります。

---

*53　$x_i \to x^i$、$x'_i \to x^{i'}$、$\vec{e}_i \to \underset{i}{\vec{e}}$、$\vec{e}'_i \to \underset{i'}{\vec{e}}$、$a_{ij} \to A^i_{j'}$、のように記号を置き換えています。上に付く i, i' も、べき乗じゃなくてただの添字です。何が嬉しくて上下を書き分けるのかは、参考文献 [6] を読んでください。「反変」「共変」がキーワードです。

*54　「座標変換になってるなら逆行列が存在するはず」のほうは、式 (1.30) あたりで確認済み。

*55　式 (1.29) を成分でばらして書くと式 (1.28) だから。

まず、どんなベクトル $\vec{v}$ でも式 (1.25) の形に書けるかどうか：次のようにすれば、上手くそうなるような $\boldsymbol{v}'$ を見つけられます。$(\vec{e}_1, \ldots, \vec{e}_n)$ のほうは基底だという前提なので、式 (1.27) の形に書けることは保証済。この $\boldsymbol{v}$ に基づいて $\boldsymbol{v}' = A^{-1}\boldsymbol{v}$ と取れば、式 (1.25) が成り立ちます ($\boldsymbol{v} = A\boldsymbol{v}'$ なら式 (1.35) となることは前半で確認済み)。

次に、式 (1.25) の形の書き方は唯一か：もし 2 通りの $\boldsymbol{v}'$ で式 (1.25) が成り立ってしまったら、$\boldsymbol{v} = A\boldsymbol{v}'$ と取ることで、式 (1.27) のほうも 2 通りの $\boldsymbol{v}$ で成立してしまいます[*56]。でも、$(\vec{e}_1, \ldots, \vec{e}_n)$ は基底だという前提なんだから、そんなのあり得ない。ということは、背理法[*57]により、「式 (1.25) が成り立つ $\boldsymbol{v}'$ は唯一」。今度こそ、めでたしめでたし。

? 1.32 結局、座標変換でベクトルは変わるの？ 変わらないの？

実体としての矢印 $\vec{x}$ は変わらないけど、座標表現 $\boldsymbol{x}$ が変わる、と思ってください。

1.2.12 転置行列＝？？？

加減算・乗算からはじまって、べき乗や逆行列などの演算を導入してきました。行列の基本的な演算として、最後にもう 1 つだけ、「転置行列」を説明しておきます。

行列 A の行と列を入れ替えたものを、A の**転置行列**と呼び、A^T と書きます[*58]。T は Transpose の T です。例えば、

$$A = \begin{pmatrix} 2 & 9 & 4 \\ 7 & 5 & 3 \end{pmatrix} \quad \rightarrow \quad A^T = \begin{pmatrix} 2 & 7 \\ 9 & 5 \\ 4 & 3 \end{pmatrix}$$

という調子。1 行目が 1 列目に、2 行目が 2 列目に化けます。「A^T」と書いたとき、「A の転置」なのか「A の T 乗」なのかは、文脈で判断してください。本書ではいつも転置の意味です。演算順序の約束は、記法の見た目どおり、べき乗と同じです。AB^T は $A(B^T)$ であって $(AB)^T$ ではありません。

転置の転置が元に戻るのは明らか。

$$(A^T)^T = A$$

---

*56 ごまかしました。本当は、A に逆行列があるとき、「$\boldsymbol{v}' \neq \boldsymbol{w}'$ なら $A\boldsymbol{v}' \neq A\boldsymbol{w}'$」をちゃんと示さないといけません。手頃な演習問題という感じですが、示せますか？——もし $A\boldsymbol{v}' = A\boldsymbol{w}'$ なら、両辺に左から A^{-1} を掛けて、$\boldsymbol{v}' = \boldsymbol{w}'$ となります。「$A\boldsymbol{v}' = A\boldsymbol{w}'$ なら $\boldsymbol{v}' = \boldsymbol{w}'$」と、「$\boldsymbol{v}' \neq \boldsymbol{w}'$ なら $A\boldsymbol{v}' \neq A\boldsymbol{w}'$」とは、同じことですよね (対偶だから)。

*57 「○○である」を証明したいときに使う常套手段の 1 つ。「仮に○○でないとしてみよう。そうすると……のように考えていけば、矛盾が生じる。ということは、今の仮定は誤りであり、やはり○○でなくてはならない」といった論法。

*58 単に「A の転置」と呼ぶこともあります。また、A^t や ${}^tA$ と書く人もいます。統計学では、A' と書くこともあります。

また、対角行列 D に対しては、$D^T = D$ となることも明らか。そして、これらほど明らかではありませんが、

$$(AB)^T = B^T A^T$$

も覚えておいてください[*59]。たくさんあれば、$(ABCD)^T = D^T C^T B^T A^T$ のようになります。

練習として、正方行列 A に対して

$$(A^{-1})^T = (A^T)^{-1}$$

という公式を確認してみましょう。$(A^{-1})^T$ が A^T の逆行列になっていることを確認したいのだから、実際に掛けて単位行列 I になることを見ればよい[*60]。やってみます。$B^T A^T = (AB)^T$ に注意して……

$$(A^{-1})^T A^T = (AA^{-1})^T = I^T = I$$

最後の部分は、単位行列が対角行列なことを使いました。なお、この $(A^{-1})^T$ を A^{-T} と略記することもあります。

と、ここまで書いてきましたが、実を言うと、本章で転置について説明するのは邪道です。操作自体は簡単ですが、写像としての意味は何なのでしょう？ 単なる「線形空間」では、これに答えることができません。内積という新しい機能を線形空間に追加してやらないと、転置というものの意味付けができないのです。 詳しくは、付録 E.1.5 項（343 ページ）「転置行列」を見てください。

なお、転置は主に実行列に対しての話です。複素行列では、ただの転置 A^T よりも**共役転置**

$$A^* = \overline{A}^T$$

のほうが活躍します[*61]。$\overline{A}$ は、A の各成分の**複素共役**[*62]を取ったもの。 例えば、

$$A = \begin{pmatrix} 2+i & 9-2i & 4 \\ 7 & 5+5i & 3 \end{pmatrix} \quad \to \quad A^* = \begin{pmatrix} 2-i & 7 \\ 9+2i & 5-5i \\ 4 & 3 \end{pmatrix}$$

---

*59 次のようにすれば、一応示せます。まず、$A = (\boldsymbol{a}_1, \ldots, \boldsymbol{a}_m)^T$、$B = (\boldsymbol{b}_1, \ldots, \boldsymbol{b}_k)$ と行ベクトル・列ベクトルに分解しておきましょう。A のほうは、$\boldsymbol{a}_1^T, \ldots, \boldsymbol{a}_m^T$ という横ベクトルたちを縦に積み重ねた行列ということです。すると、AB の (i, j) 成分は、$\boldsymbol{a}_i^T \boldsymbol{b}_j$ となるのでした（→ 1.2.9 項（47 ページ））。つまり、$(AB)^T$ の (j, i) 成分が $\boldsymbol{a}_i^T \boldsymbol{b}_j$ というわけです。一方、$B^T = (\boldsymbol{b}_1, \ldots, \boldsymbol{b}_k)^T$ と $A^T = (\boldsymbol{a}_1, \ldots, \boldsymbol{a}_m)$ との積 $B^T A^T$ について、その (j, i) 成分は、上と同様に $\boldsymbol{b}_j^T \boldsymbol{a}_i$ です。さて、この $\boldsymbol{a}_i^T \boldsymbol{b}_j$ と $\boldsymbol{b}_j^T \boldsymbol{a}_i$ は等しいのか？ 答は「等しい」。なぜなら、一般に、次元の等しいベクトル $\boldsymbol{x} = (x_1, \ldots, x_n)^T$, $\boldsymbol{y} = (y_1, \ldots, y_n)^T$ に対して、$\boldsymbol{x}^T \boldsymbol{y} = \boldsymbol{y}^T \boldsymbol{x} = x_1 y_1 + \cdots + x_n y_n$ だから——もっとも、証明はしてみたけれど、意味があまりはっきりしなくて悲しくなります。意味がわかる説明は、付録 E.1.5 項（343 ページ）「転置行列」を見てください。

*60 「えっ」て人は、逆行列の定義（1.2.8 項（43 ページ））を復習。

*61 $A^\dagger$ と書く人もいます。

*62 複素数 $z = 3 + 2i$ に対して、$\overline{z} = 3 - 2i$ のように、**虚数成分**の符号を反転したもののこと。

共役転置についても、

$$(A^*)^* = A$$
$$(AB)^* = B^* A^*$$
$$(A^{-1})^* = (A^*)^{-1}$$

が成り立ちます。

> **? 1.33** 複素行列だと共役転置のほうが活躍するのはなぜ？
>
> 付録 E.1.6 項（344 ページ）「複素内積空間」を参照してください。

1.2.13 補足（1）：サイズにこだわれ

文字式で $\boldsymbol{y} = A\boldsymbol{x}$ や $c = \boldsymbol{y}^T\boldsymbol{x}$ などと書くと、つい実体を忘れてしまいがちです。こういうのを見たら、

のような実際の姿を思い浮かべるようにしてください。

訴えたいことは、「サイズにこだわれ」です。各文字が数なのかベクトルなのか行列なのか、足し算・掛け算の次元は合っているか、など。横着せずに「ベクトルは太字」を守れ、というのもその一環です。

「サイズにこだわれ」の意義を実感してもらうために、腕だめしをやってみましょう。以下は、気力が充実しているときに読んでください。

■腕だめし（1）

10 次元縦ベクトル $\boldsymbol{x} = (x_1, \ldots, x_{10})^T, \boldsymbol{v} = (v_1, \ldots, v_{10})^T$ に対して、

$$\boldsymbol{y} = \boldsymbol{x}\boldsymbol{x}^T(I + \boldsymbol{v}\boldsymbol{v}^T)\boldsymbol{x}$$

を計算せよと言われたら、どういう手順で計算しますか？ I は、もちろん 10 次の単位行列です。

何も考えていない解答は、

1. $\boldsymbol{x}\boldsymbol{x}^T$ を計算。答は 10×10 行列

$$\begin{pmatrix} x_1^2 & x_1x_2 & \cdots & x_1x_{10} \\ x_2x_1 & x_2^2 & \cdots & x_2x_{10} \\ \vdots & \vdots & & \vdots \\ x_{10}x_1 & x_{10}x_2 & \cdots & x_{10}^2 \end{pmatrix} \quad \text{—— (ア)}$$

2. $\boldsymbol{v}\boldsymbol{v}^T$ も同様に計算。答は 10×10 行列
3. それと I を足す。答は 10×10 行列——（イ）
4. （ア）と（イ）の積を計算。答は 10×10 行列
5. それに右から $\boldsymbol{x}$ を掛ける。答は 10 次元縦ベクトル

でも、工夫すればもっと楽に計算できます。まずは、

$$\boldsymbol{y} = \boldsymbol{x}\boldsymbol{x}^T\boldsymbol{x} + \boldsymbol{x}\boldsymbol{x}^T\boldsymbol{v}\boldsymbol{v}^T\boldsymbol{x}$$

と展開しておきましょう[*63]。ここで、$\boldsymbol{x}\boldsymbol{x}^T\boldsymbol{x}$ や $\boldsymbol{x}\boldsymbol{x}^T\boldsymbol{v}\boldsymbol{v}^T\boldsymbol{x}$ のような掛け算は行列の積と解釈できるので、「左右を入れ替えたりさえしなければ、どこに括弧を付けても結果は同じ」です[*64]。そこで、$\boldsymbol{x}(\boldsymbol{x}^T\boldsymbol{x})$ や $\boldsymbol{x}(\boldsymbol{x}^T\boldsymbol{v})(\boldsymbol{v}^T\boldsymbol{x})$ のように括弧を付ければ、楽ができます（括弧の中はただの数になるから）。こんなふうに考えると、次のような上手い手順が得られます：

1. $a = \boldsymbol{x}^T\boldsymbol{x} = x_1^2 + \cdots + x_{10}^2$ を計算。結果はただの数。
2. $b = \boldsymbol{x}^T\boldsymbol{v} = x_1 v_1 + \cdots + x_{10} v_{10}$ を計算。結果はただの数。これは $\boldsymbol{v}^T\boldsymbol{x}$ とも等しいことに注意。
3. $c = a + b^2$ を計算。結果はもちろんただの数。
4. $c\boldsymbol{x} = (cx_1, \ldots, cx_{10})^T$ を計算。結果は 10 次元ベクトル。

行列計算のプログラムを書くときは、大きな行列が途中で出ないように手順を工夫するのがコツです。

■腕だめし (2)

n 次正方行列 A と n 次元縦ベクトル $\boldsymbol{b},\boldsymbol{c}$ について、A^{-1} が存在して $\boldsymbol{c}^T A^{-1}\boldsymbol{b} \neq -1$ を満たすとき、

$$(A + \boldsymbol{b}\boldsymbol{c}^T)^{-1} = A^{-1} - \frac{A^{-1}\boldsymbol{b}\boldsymbol{c}^T A^{-1}}{1 + \boldsymbol{c}^T A^{-1}\boldsymbol{b}}$$

である。この公式が成り立つことを示せ。

これができたら、行列計算には自信を持ってよいでしょう。この公式は、逐次最小自乗法やカルマンフィルタなどの逐次的アルゴリズムで活躍します。ちなみに、より一般の

$$(A + BDC)^{-1} = A^{-1} - A^{-1}B(D^{-1} + CA^{-1}B)^{-1}CA^{-1}$$

という公式もあります。

それでは解答です。「逆行列の求め方」を復習しようとした人はいませんか？「逆行列」と言われたら、定義どおり、「掛けて単位行列になるだろうか」と考えるのが第一です。何

[*63] 第1項は $\boldsymbol{x}\boldsymbol{x}^T I\boldsymbol{x}$ ですが、単位行列を掛けても結果は元と同じものですから……

[*64] 「えっ」て人は 1.2.4 項（27 ページ）「行列の積＝写像の合成」や 1.2.5 項（31 ページ）「行列演算の性質」を復習。

度もしつこいですが、「逆行列の求め方」より「逆行列の定義・意味」のほうが大切だという忠告を繰り返しておきます。

では、右辺に $(A+\boldsymbol{b}\boldsymbol{c}^T)$ を掛けてみましょう。左右どちらからでも別にいいのですが、ここでは右から掛けてみます

$$\left(A^{-1}-\frac{A^{-1}\boldsymbol{b}\boldsymbol{c}^TA^{-1}}{1+\boldsymbol{c}^TA^{-1}\boldsymbol{b}}\right)(A+\boldsymbol{b}\boldsymbol{c}^T) \tag{1.36}$$

$$=A^{-1}(A+\boldsymbol{b}\boldsymbol{c}^T)-\frac{A^{-1}\boldsymbol{b}\boldsymbol{c}^TA^{-1}(A+\boldsymbol{b}\boldsymbol{c}^T)}{1+\boldsymbol{c}^TA^{-1}\boldsymbol{b}} \tag{1.37}$$

$$=I+A^{-1}\boldsymbol{b}\boldsymbol{c}^T-\frac{A^{-1}\boldsymbol{b}\boldsymbol{c}^TA^{-1}(A+\boldsymbol{b}\boldsymbol{c}^T)}{1+\boldsymbol{c}^TA^{-1}\boldsymbol{b}} \tag{1.38}$$

となります。この最後の項の分子は

$$A^{-1}\boldsymbol{b}\boldsymbol{c}^TA^{-1}(A+\boldsymbol{b}\boldsymbol{c}^T)=A^{-1}\boldsymbol{b}\boldsymbol{c}^T+A^{-1}\boldsymbol{b}\boldsymbol{c}^TA^{-1}\boldsymbol{b}\boldsymbol{c}^T \tag{1.39}$$

です。ここで

$$A^{-1}\boldsymbol{b}\boldsymbol{c}^TA^{-1}\boldsymbol{b}\boldsymbol{c}^T=A^{-1}\boldsymbol{b}(\boldsymbol{c}^TA^{-1}\boldsymbol{b})\boldsymbol{c}^T=(\boldsymbol{c}^TA^{-1}\boldsymbol{b})A^{-1}\boldsymbol{b}\boldsymbol{c}^T$$

となることに注意してください。こうなる理由はもう大丈夫ですね。腕試し（1）と同様、「行列の積はどこに括弧を付けても同じ」であり、「くくり出した $\boldsymbol{c}^TA^{-1}\boldsymbol{b}$ はただの『数』」だからです。実際の姿

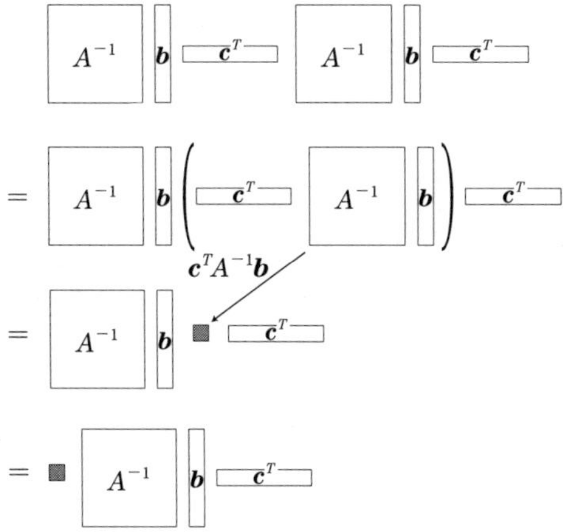

が頭に浮かんでいるか、もう一度確認してください。こうして、

$$\text{式 (1.39)}=A^{-1}\boldsymbol{b}\boldsymbol{c}^T+(\boldsymbol{c}^TA^{-1}\boldsymbol{b})A^{-1}\boldsymbol{b}\boldsymbol{c}^T=(1+\boldsymbol{c}^TA^{-1}\boldsymbol{b})A^{-1}\boldsymbol{b}\boldsymbol{c}^T$$

と整理されます。後はそれを代入すれば、

$$\text{式 (1.38)}=I+A^{-1}\boldsymbol{b}\boldsymbol{c}^T-\frac{(1+\boldsymbol{c}^TA^{-1}\boldsymbol{b})A^{-1}\boldsymbol{b}\boldsymbol{c}^T}{1+\boldsymbol{c}^TA^{-1}\boldsymbol{b}}=I+A^{-1}\boldsymbol{b}\boldsymbol{c}^T-A^{-1}\boldsymbol{b}\boldsymbol{c}^T=I$$

が得られます。

1.2.14　補足（2）：成分で言うと

「字面にばかりとらわれず、幾何学的なイメージを大切に」という思惑から、ここまでの記述では、成分での表現をあえて避けてきました。しかし、プログラムを書く際には、ごりごりと成分を扱う必要があります。各概念を成分で言うとどうなるか、本項でまとめておきましょう。「⇔」は同値を意味する記号です。

$m \times n$ 行列 $A = (a_{ij})$ について、

- A がゼロ行列　⇔　$a_{ij} = 0$ for all i, j
- A が単位行列　⇔　（$m = n$ であり）$a_{ij} = \begin{cases} 1 & (i = j) \\ 0 & (i \neq j) \end{cases}$ for all i, j
- A が対角行列　⇔　（$m = n$ であり）$a_{ij} = 0$ for all i, j $(i \neq j)$
- A の転置行列が $B = (b_{kl})$　⇔　（B は $n \times m$ 行列であり）$b_{ji} = a_{ij}$ for all i, j

1.3　行列式と拡大率

本章では、「ベクトル」「行列」という線形代数の主役たちを紹介してきました。これに加えて、「使える脇役」である「行列式」を紹介します。

1.3.1　行列式＝体積拡大率

正方行列 $A = \begin{pmatrix} 1.5 & 0 \\ 0 & 0.5 \end{pmatrix}$ は、図1.26のような変換を表しています。

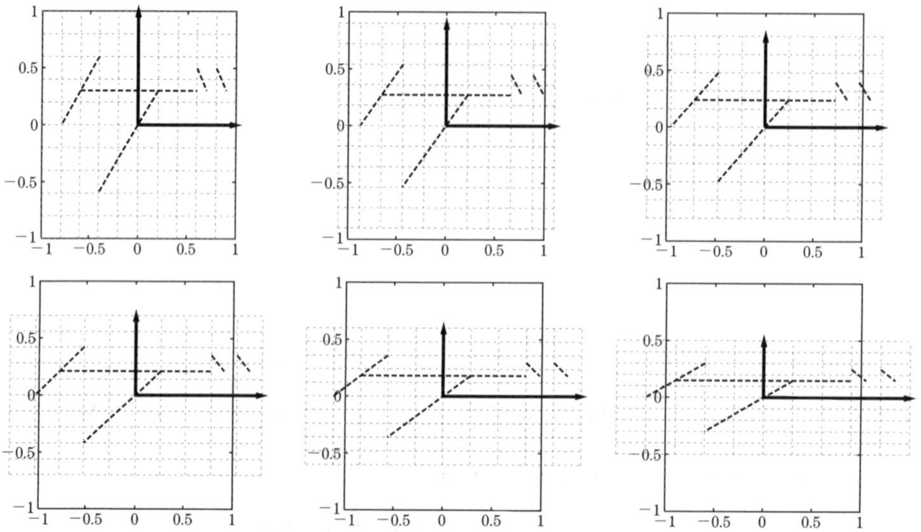

```
ruby mat_anim.rb -s=0 | gnuplot
```

▲図1.26　（アニメーション）行列 $A = \begin{pmatrix} 1.5 & 0 \\ 0 & 0.5 \end{pmatrix}$ による変換

図 1.26 では、元の図形が横 1.5 倍、縦 0.5 倍に拡大され、面積は $1.5 \times 0.5 = 0.75$ 倍になります。

別の正方行列 $B = \begin{pmatrix} 1 & -0.3 \\ -0.7 & 0.6 \end{pmatrix}$ なら、変換は次の図 1.27 で、面積は 0.39 倍になります。

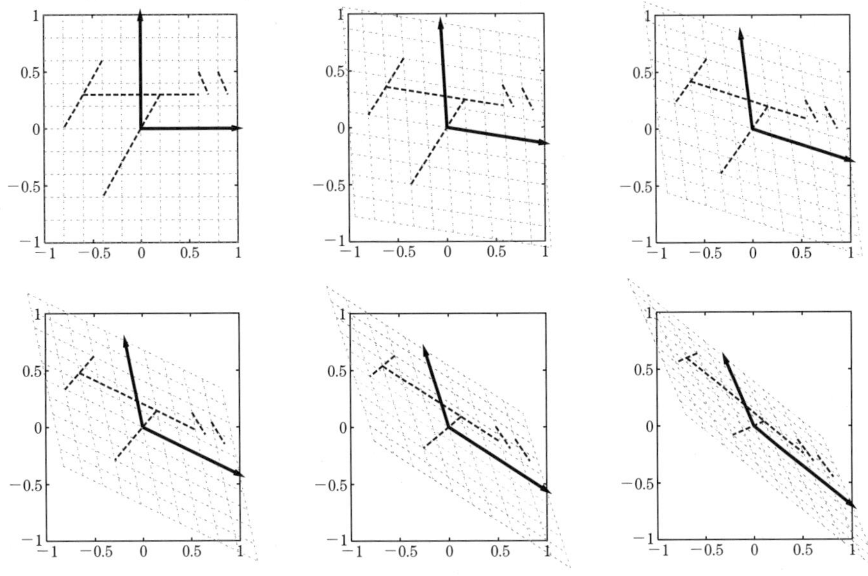

```
ruby mat_anim.rb -s=3 | gnuplot
```

▲ 図 1.27　（アニメーション）行列 $B = \begin{pmatrix} 1 & -0.3 \\ -0.7 & 0.6 \end{pmatrix}$ による変換

この面積拡大率は、元の図形の位置や形状にはよりません。このような面積拡大率のことをその行列の行列式（determinant）と呼び、

$$\det A = 0.75, \quad \det B = 0.39$$

や

$$|A| = 0.75, \quad |B| = 0.39$$

のように書きます。det と書く流儀も $|\cdot|$ と書く流儀も、どちらもよく使われるので、両方覚えてください。

3 次正方行列なら、行列式は「体積拡大率」のことです（図 1.28）。

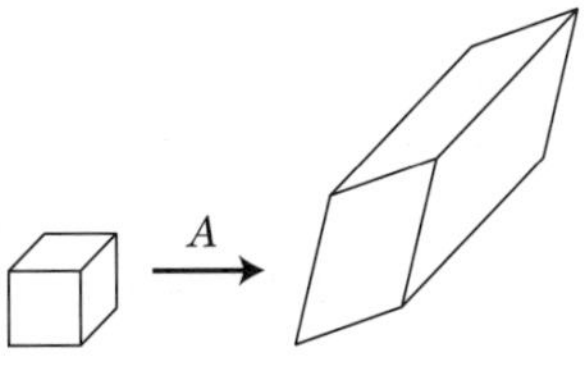

▲ 図 1.28　行列式＝体積拡大率。「A で図形を変換したら、元の図形と比べて体積が何倍になるか」が $\det A$

一般に、n 次正方行列 A に対して、「n 次元版の体積」の拡大率が、行列式 $\det A$ です。

2 次正方行列 $A = (\boldsymbol{a}_1, \boldsymbol{a}_2)$ の[*65]行列式は、「ベクトル $\boldsymbol{a}_1, \boldsymbol{a}_2$ が定める平行四辺形の面積」と解釈することもできます。なぜなら、面積 1 の正方形を A で変換した結果がこの平行四辺形だからです（図 1.29）[*66]。同様に、3 次正方行列 $A = (\boldsymbol{a}_1, \boldsymbol{a}_2, \boldsymbol{a}_3)$ の行列式は、「ベクトル $\boldsymbol{a}_1, \boldsymbol{a}_2, \boldsymbol{a}_3$ が定める平行六面体[*67]の体積」とも解釈できます。

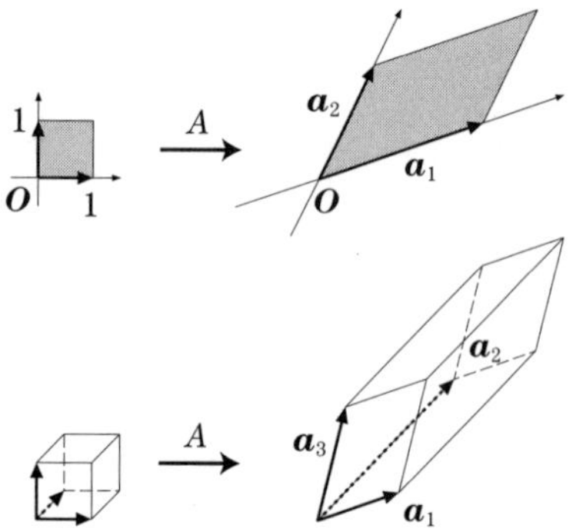

▲ 図 1.29　行列式は、平行四辺形の面積（2 次元）や平行六面体の体積（3 次元）

なお、図形が「裏返し（鏡像）」になる場合は、「負の拡大率」で表すことにします。気分が出ていて、いかにもな雰囲気でしょう？

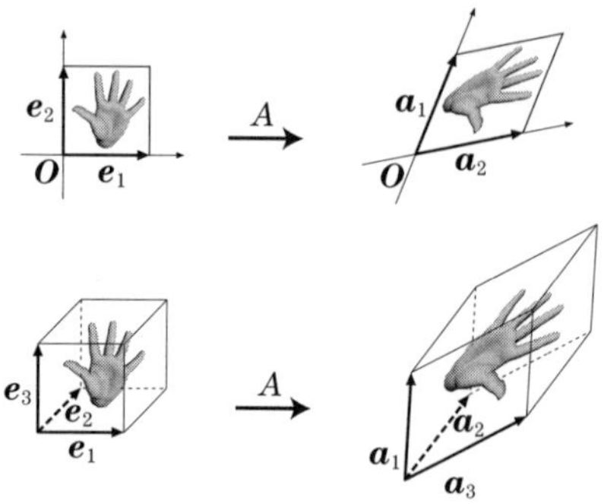

▲ 図 1.30　裏返し（左手が右手に変わる）になるときは、体積拡大率（＝行列式）は負

また、図形がぺちゃんこになるときは、拡大率が 0 です（図 1.31）。

*65　$A = \begin{pmatrix} a & b \\ c & d \end{pmatrix}$ に対して $\boldsymbol{a}_1 = (a, c)^T$, $\boldsymbol{a}_2 = (b, d)^T$ とおいたということです。「えっ」て人は、行ベクトル・列ベクトル（1.2.9 項（47 ページ））を復習。

*66「えっ」て人は、$\boldsymbol{a}_1$ や $\boldsymbol{a}_2$ が $(1, 0)^T$ や $(0, 1)^T$ の移り先だったことを復習（1.2.3 項（25 ページ））。なお、元が斜交座標の場合も考えると、厳密には「$(1, 0)^T$ と $(0, 1)^T$ でできる平行四辺形の面積を 1 として……」と言う必要があります。

*67　平行四辺形は「対辺が平行」でしたが、平行六面体は「対面が平行」です。直方体を歪めて、各面の形を平行四辺形にしたものですね。

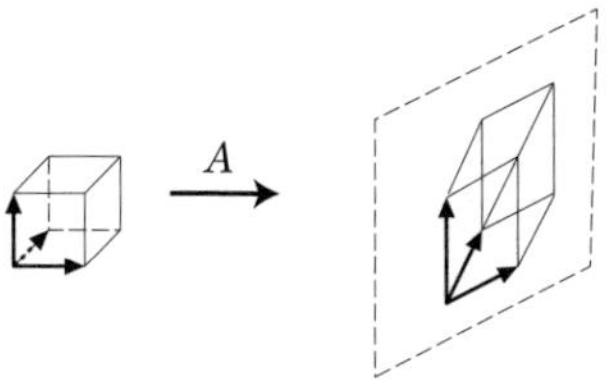

▲図 1.31 ぺちゃんこにつぶされたら、体積拡大率（＝行列式）は 0

図 1.20、1.21 (41 ページ) や「総まとめ――アニメーションで見る線型代数」(xvii ページ) も参照してください。

具体的な計算法も大切ですが、その前にまず、このような意味をしっかりと呑み込んでください。

? 1.34 「体積拡大率」を知って何が嬉しいの？

解析学で習うように、積分はグラフの面積、二重積分は三次元グラフの体積、と解釈されます。このため、「多重積分の変数変換」では、行列式が本質的な役割を果たします。解析の教科書で、「ヤコビアン (Jacobian)」を調べてください。

また、単位体積あたりの量である「密度」の話にも行列式が効いてきます。確率・統計を学べば、「確率変数の変換に伴う確率密度関数の変換」で行列式が必要となります。空間を引き延ばせば、「体積拡大率」に応じて「密度」が下がるからです。

もう 1 つ大事な意義として、「縮退の検出」があります。図 1.31 のように「ぺちゃんこにつぶれる」場合には、体積拡大率が 0 です。つまり、ぺちゃんこにつぶれる場合は行列式が 0 になります。逆も言えて、行列式が 0 ならぺちゃんこにつぶれているはず。ということは、行列式を求めれば、その行列が空間をぺちゃんこにつぶすかどうかが判断できます。なぜこんなに「ぺちゃんこ」を気にするのか、覚えていますか？ 1.2.8 項 (43 ページ) で述べたように、「ぺちゃんこ」は「逆行列が存在しない」を意味しています。これがどんなに決定的なことかは、第 2 章でたっぷりお話しします。

? 1.35 「ぺちゃんこ」「裏返し」なんて曖昧。ちゃんと行列式の公式を教えてくれないとわかった気がしない。

「行列式とは何者か」を知らずに「行列式の計算法」を学んでも仕方がない。一番大事なのは、本文で述べた「本音の意味」を知ることです。というわけで、公式 (計算法) は後まわし。ただ、本音というのは、どんなに言葉を尽しても完全には伝えきれないものですよね。だから、厳密な議論のためには、「よそ行きの定義」が必要となるのです。そういう正装した姿も、せっかくですから垣間見ておきましょう。

ここで言う「ぺちゃんこ」とは、1.2.8 項（43 ページ）でも述べたように、「異なる点どうしが同じ点に移る」ということです。つまり、$A\boldsymbol{x} = A\boldsymbol{x}'$ となるような $\boldsymbol{x} \neq \boldsymbol{x}'$ が存在する、ということ。これが $\det A = 0$ と同値なことの、直観に頼らない説明は、「逆行列を書き下す（1.3.5 項（89 ページ））」を参照[*68]。

ここで言う「裏返し」とは、「元の状態から連続的に変形（モーフィング）してその状態に至ろうとすると、途中でどうしても「ぺちゃんこ」になってしまう」ということです。つまり、出だしが $F(0) = I$ で終わりが $F(1) = A$ となるような行列値の連続関数[*69] $F(t)$ で、途中どの t でも $\det F(t) \neq 0$ となる、そんな F は作れない、ということ[*70]。$\det A < 0$ だとこんな F を作れないことは、次のようにわかります。

実数を食って実数を吐く関数 $f(t) = \det F(t)$ を考えましょう。出だしは $f(0) = \det I = 1$、終わりは $f(1) = \det A < 0$。連続的に変化してこうなるには、途中で必ず $f(t) = 0$ を経ているはず[*71]。ということは、途中で必ずつぶれてる。

なお、逆に「$\det A > 0$ なら作れる」というほうも示さないと本当はいけないのですが、省略します。

? 1.36　絶対値と同じ記号なのに $|A|$ が負になるなんて……

そういうものなので観念してください。ついでにもっと混乱させると、集合 A に対してその要素数を $|A|$ で表すのもよく見る流儀です。どれもたまたま同じ記号を使ってるだけで、意味は別物。$|\cdot|$ の中身が何なのか、数か行列か集合か、を常に意識して、どの意味なのか判断してください。これは、見やすい記号なんて限られてるから、使い回しをしないとやってられないからでしょう。でも、C++ や Ruby のような今どきのプログラミング言語の使い手なら、こういう演算子の多重定義（対象の型によって処理が変わる）もお手のものなのではないでしょうか。ちなみに本書では、行列式は det と書くようにします。

---

*68 この参照先では、「$\det A = 0$ と、逆行列が存在しないこととが同値」が示されています。「逆写像が存在しない」と「$A\boldsymbol{x} = A\boldsymbol{x}'$ となるような $\boldsymbol{x} \neq \boldsymbol{x}'$ が存在する」との同値性については、さらに先の 2.4.1 項（145 ページ）で説明します。

*69 0 から 1 までの実数 t を食って行列 $F(t)$ を吐くような関数で、t を動かすと行列 $F(t)$ が連続的に変わる、ということ。「連続」の定義は略。

*70 A 自身が「ぺちゃんこ」のときは除くことにしましょう。それから、ちゃんと宣言していませんでしたが、ここでは実行列だけ考えています（複素行列については、すぐ後の ? 1.38 で）。

*71 「中間値の定理」ってやつですね。本当は、「F が連続なら f も連続」を証明しておかないといけませんが、略。

? 1.37 それにしても、$|-7|$ と書いたときに、「数 -7 の絶対値」なのか「1×1 行列 (-7) の行列式」なのか区別できない。困るではないか。

そりゃ理屈としてはそうだし、プログラマからすると許せない「曖昧さ」かもしれませんが……まあいいじゃないですか。人前ではいつも建前しか語らない「数学」が、めずらしく人間くさいスキを見せてくれてるということで。

? 1.38 A が複素行列のときは？

複素行列だと、「体積拡大率」という言葉で考えるのはつらいですね。後の 1.3.3 項（78 ページ）「行列式の計算法（1）数式計算」で、行列式を数式として書き下します。その数式をもって、複素行列の行列式も定義することにしましょう。実行列の行列式は実数ですが、複素行列の行列式は一般に複素数です。なお、複素行列まで含めて考えると、「裏返し」は意味を失います。A 自身が「ぺちゃんこ」でない限りいつでも、**?** 1.35 のような $F(t)$ を作ることができてしまうからです。実際、「ぺちゃんこ（行列式が 0）」を迂回して「裏返し（行列式が負）」にも至れることが、次の図からも想像できるでしょう（「複素平面」という概念になじみがなければ、付録 B（323 ページ）を参照してください）。

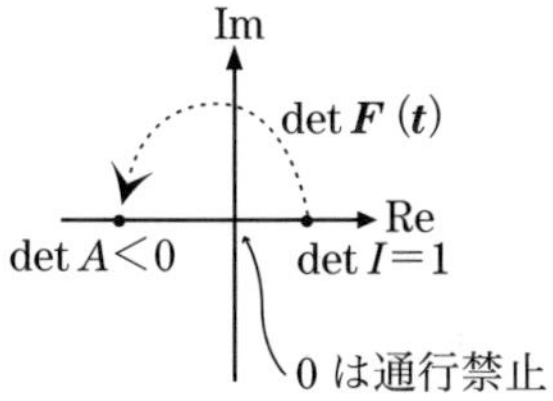

▲ 図 1.32 複素行列まで許されるなら、「ぺちゃんこ（行列式が 0）」を迂回して「裏返し（行列式が負）」にも至れる

? 1.39 正方じゃないときは？

正方でない行列には、行列式は定義されません。

1.3.2 行列式の性質

■ひと目な性質

「行列は写像だ」「行列式 = 体積拡大率」という見方をすれば、次の性質はひと目でしょう。

$$\det I = 1$$
$$\det(AB) = (\det A)(\det B)$$

前者は「元のままなのだから体積は1倍」だし、後者は「まず B で体積が $\det B$ 倍になって、それがさらに A で $\det A$ 倍になるのだから、B して A すれば体積は $(\det A)(\det B)$ 倍」です。両者を使えば、$(\det A)(\det A^{-1}) = \det(AA^{-1}) = \det I = 1$、つまり

$$\det A^{-1} = \frac{1}{\det A} \tag{1.40}$$

もわかります。A^{-1} の意味（A したものを元に戻す）からも、これは当然のことです。さらに、

$\det A = 0$ なら、A^{-1} は存在しない

もわかります[*72]。もし仮に A^{-1} が存在したら、$(\det A)(\det A^{-1}) = 1$ から「0に何かを掛けて1になる」という不合理な結果が出てしまうためです。

同じく写像としての意味より、

$$\det\bigl(\mathrm{diag}\,(a_1, \ldots, a_n)\bigr) = a_1 \cdots a_n$$

も明らか。対角行列 $\mathrm{diag}\,(a_1, \ldots, a_n)$ の表す写像は、「第1軸方向に a_1 倍、第2軸方向に a_2 倍……」だったからです[*73]。「えっ」て人は図1.19（40ページ）を復習してください。

また、A が「ぺちゃんこにつぶす」行列であれば $\det A = 0$ となることを、前項で述べました。このことから特に、

[*72] 実は逆も成り立つので、「$\det A = 0$」と「A^{-1} は存在しない」とが同値になります。成り立つ理由は1.3.5項（89ページ）「補足：余因子展開と逆行列」で。でも、難しい理屈をこねなくても、アニメーション（図1.23（44ページ））の観察で実感はしていただけたのではないでしょうか。

[*73] ちなみに、ブロック対角行列 $A = \mathrm{diag}\,(A_1, \ldots, A_n)$ なら、$\det A = (\det A_1) \cdots (\det A_n)$ となります。ここでは、

$$A = \left(\begin{array}{cc|c} a_{11} & a_{12} & 0 \\ a_{21} & a_{22} & 0 \\ \hline 0 & 0 & a_{33} \end{array}\right)$$

について理由を説明し、雰囲気を感じていただきましょう。砂漠にピラミッドが建っている風景を想像してください。この風景に A（の表す写像）を施すとどうなるか。第1成分が東西方向、第2成分が南北方向、第3成分が高さ方向、とします。A の格好から、地面（高さ成分0のベクトル $(*, *, 0)^T$）は地面に移ることに気が付きましたか？ ひとまず、地面の上だけに頭を限定してみると、ピラミッドの底面は $A' = \begin{pmatrix} a_{11} & a_{12} \\ a_{21} & a_{22} \end{pmatrix}$ で変形されて、面積が $\det A'$ 倍になっています。頭をあげて高さ方向はというと、まっすぐ a_{33} 倍。ということは、ピラミッドの体積は $a_{33} \det A'$ 倍。この「体積拡大率」こそが行列式 $\det A$ だったのでした。

$$A = \begin{pmatrix} 0 & 9 & 4 \\ 0 & 5 & 3 \\ 0 & 1 & 8 \end{pmatrix}$$

のようにどこかの列がすべて 0 である場合や、

$$A = \begin{pmatrix} 2 & 2 & 4 \\ 7 & 7 & 3 \\ 6 & 6 & 8 \end{pmatrix}$$

のようにどれか 2 列が全く同じである場合には、ひと目で $\det A = 0$ となります[*74]。

■有用な性質

次に述べる性質は、後ほど行列式を実際に求めるとき（1.3.4 項（86 ページ））に使うものです。

行列式は、「ある列の定数倍を別の列に加えても値が変わらない」という性質を持っています。例えば、

$$\det \left(\begin{array}{c|c|c} 1 & 1 & 5 \\ 1 & 2 & 7 \\ 1 & 3 & 6 \end{array} \right) = \det \left(\begin{array}{c|c|c} 1 & 1 & 5+1\cdot 10 \\ 1 & 2 & 7+2\cdot 10 \\ 1 & 3 & 6+3\cdot 10 \end{array} \right) = \det \left(\begin{array}{c|c|c} 1 & 1 & 15 \\ 1 & 2 & 27 \\ 1 & 3 & 36 \end{array} \right)$$

ということ。この場合は、2 列目を 10 倍して 3 列目に加えています。この性質は、次の図 1.33 のように考えれば納得できます[*75]。

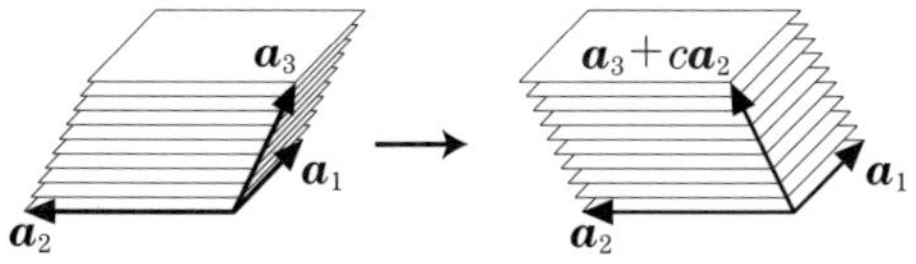

▲ 図 1.33 $\det(\boldsymbol{a}_1, \boldsymbol{a}_2, \boldsymbol{a}_3 + c\boldsymbol{a}_2) = \det(\boldsymbol{a}_1, \boldsymbol{a}_2, \boldsymbol{a}_3)$ の図解。トランプを 1 山重ねた平行六面体を考える。この山を、$\boldsymbol{a}_2$ 方向にこうずらしても、全体の体積は変わらない。つまり、$\boldsymbol{a}_1, \boldsymbol{a}_2, \boldsymbol{a}_3 + c\boldsymbol{a}_2$ を 3 辺とする平行六面体の体積は、$\boldsymbol{a}_1, \boldsymbol{a}_2, \boldsymbol{a}_3$ を 3 辺とする平行六面体の体積と等しい

トランプを 1 山重ねてできた平行六面体が机の上に乗っているとしましょう。平行六面体の 3 辺は $\boldsymbol{a}_1, \boldsymbol{a}_2, \boldsymbol{a}_3$ です。このトランプの山を、机に平行にずらしてみます。横（$\boldsymbol{a}_2$）方向にずらせば、ずらした後の 3 辺は $\boldsymbol{a}_1, \boldsymbol{a}_2, (\boldsymbol{a}_3 + c\boldsymbol{a}_2)$ となります（c は数）。ここで、ずらす前も後も、この山の体積は変わらないはずですよね。トランプが増えたり減ったりはしていないし、圧縮も膨張もしていないのですから。ということは、「3 次正方行列 $A = (\boldsymbol{a}_1, \boldsymbol{a}_2, \boldsymbol{a}_3)$ に対して、$\det A = \det(\boldsymbol{a}_1, \boldsymbol{a}_2, \boldsymbol{a}_3 + c\boldsymbol{a}_2)$」が示されたわけです[*76]。

[*74] これらが「ぺちゃんこにつぶす行列」なことはわかりますか？ 前者なら $\boldsymbol{o} = (0,0,0)^T$ と $\boldsymbol{e}_1 = (1,0,0)^T$ が同じ点 $\boldsymbol{o}$ に移ってしまいますし、後者なら $\boldsymbol{e}_1$ と $\boldsymbol{e}_2 = (0,1,0)^T$ が同じ点 $(2,7,6)^T$ に移ってしまいます。

[*75] 幾何より代数のほうが得意な人は、基本変形という概念で理解しても結構です。?2.11（111 ページ）を参照。

[*76]「えっ」て人は「行列式＝体積拡大率」を復習（1.3.1 項（66 ページ））。

行列が特別な格好をしているときは、行列式が簡単に求められます。次のように、対角成分より下側がすべて 0 な行列を**上三角行列**と呼びます[*77]。

$$A = \begin{pmatrix} a_{11} & a_{12} & a_{13} \\ 0 & a_{22} & a_{23} \\ 0 & 0 & a_{33} \end{pmatrix}$$

このような行列の行列式は、

$$\det A = a_{11}a_{22}a_{33}$$

というように、対角成分の積になります[*78]。これを納得するには、いまの「トランプの性質」を駆使してもいいのですが、体積を直接計算するのも手っ取り早いでしょう。$A = (\boldsymbol{a}_1, \boldsymbol{a}_2, \boldsymbol{a}_3)$ と列ベクトルで見て、$\boldsymbol{a}_1, \boldsymbol{a}_2, \boldsymbol{a}_3$ を辺とする平行六面体（四角柱）の体積 V を計算してみます。図 1.34 で考えてください。

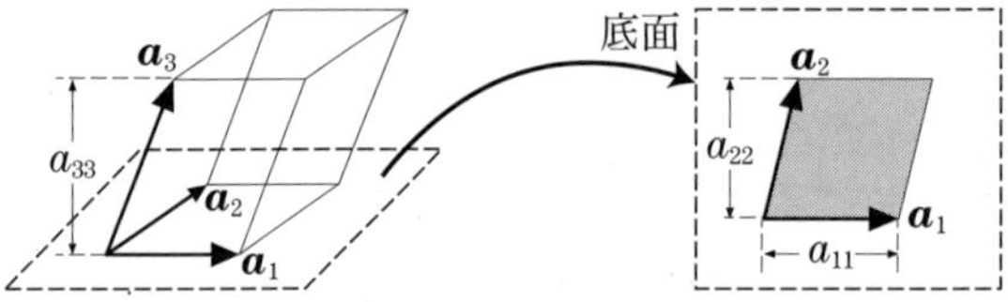

▲図 1.34　（上三角行列の行列式）＝（対角成分の積）

まず、底面の平行四辺形の面積 S は、

$$S = (\text{底辺の長さ } a_{11}) \cdot (\text{高さ } a_{22}) = a_{11}a_{22}$$

と求められます。平行六面体の高さは a_{33} ですから、

$$V = (\text{底面の面積 } S) \cdot (\text{高さ } a_{33}) = a_{11}a_{22}a_{33}$$

この V こそが A の行列式なのでした[*79]。

[*77] 「対角成分より上側がすべて 0」は、**下三角行列**と呼びます。$B = \begin{pmatrix} b_{11} & 0 & 0 \\ b_{21} & b_{22} & 0 \\ b_{31} & b_{31} & b_{33} \end{pmatrix}$ の形。成分で言えば、$A = (a_{ij})$ に対し、「$i > j$ なら $a_{ij} = 0$」が上三角、「$i < j$ なら $a_{ij} = 0$」が下三角ということです。

[*78] 拡張版で「ブロック上三角行列の行列式は、対角ブロックの行列式の積」というのもありますが、略（もちろん、縦横のブロック数が同じで、対角ブロックはすべて正方行列という前提）。ブロック上三角とは、対角ブロックより下側のブロックがすべてゼロ行列ということです。ブロック下三角も同様。

[*79] 「えっ」て人は「行列式＝体積拡大率」を何度でも復習（1.3.1 項（66 ページ））。

? 1.40 上の体積計算がピンとこない。絵じゃなく式で説明してほしい。

式のほうが得意な人は、後の 1.3.3 項（78 ページ）「行列式の計算法」で述べる式 (1.42) を行列式の定義と思っても構いません（というか、数学の教科書ではそのほうが普通)。次項の「多重線形性」と「交代性」は、式 (1.42) から導けます。それを使えば、

$$\det(\boldsymbol{a}_1, \boldsymbol{a}_2, \boldsymbol{a}_3 + c\boldsymbol{a}_1) = \det(\boldsymbol{a}_1, \boldsymbol{a}_2, \boldsymbol{a}_3) + c\det(\boldsymbol{a}_1, \boldsymbol{a}_2, \boldsymbol{a}_1) = \det(\boldsymbol{a}_1, \boldsymbol{a}_2, \boldsymbol{a}_3)$$

は簡単（$\because$ $\det(\boldsymbol{a}_1, \boldsymbol{a}_2, \boldsymbol{a}_1)$ は第 1 列と第 3 列が同じだから 0)。上三角行列のほうは、例で示しましょう。

$$\begin{aligned} &\det\begin{pmatrix} \boxed{\mathit{1}} & 4 & 5 \\ \boxed{\mathit{0}} & 2 & 6 \\ \boxed{\mathit{0}} & 0 & 3 \end{pmatrix} && \text{第 1 列の -4 倍、-5 倍を第 2 列、第 3 列にそれぞれ足して……} \\ &= \det\begin{pmatrix} 1 & \boxed{\mathit{0}} & 0 \\ 0 & \boxed{\mathit{2}} & 6 \\ 0 & \boxed{\mathit{0}} & 3 \end{pmatrix} && \text{第 2 列の -3 倍を第 3 列に足して……} \\ &= \det\begin{pmatrix} 1 & 0 & 0 \\ 0 & 2 & 0 \\ 0 & 0 & 3 \end{pmatrix} && \text{対角行列だから……} \\ &= 1 \cdot 2 \cdot 3 = 6 \end{aligned}$$

という調子[*80]。

? 1.41 「左上三角」や「右下三角」は？

取り上げてもあまり嬉しいことがないので、普通は特別扱いしません。例えば、本来の右上三角どうしや左下三角どうしなら、積もまた同じ格好になります。

$$\begin{pmatrix} * & * & * \\ 0 & * & * \\ 0 & 0 & * \end{pmatrix}\begin{pmatrix} * & * & * \\ 0 & * & * \\ 0 & 0 & * \end{pmatrix} = \begin{pmatrix} * & * & * \\ 0 & * & * \\ 0 & 0 & * \end{pmatrix}$$

$$\begin{pmatrix} * & 0 & 0 \\ * & * & 0 \\ * & * & * \end{pmatrix}\begin{pmatrix} * & 0 & 0 \\ * & * & 0 \\ * & * & * \end{pmatrix} = \begin{pmatrix} * & 0 & 0 \\ * & * & 0 \\ * & * & * \end{pmatrix}$$

[*80] もし対角成分に 0 があったらどうする？ 同じようにやっていくと、$\det\begin{pmatrix} 1 & 4 & 5 \\ 0 & \underline{0} & 6 \\ 0 & 0 & 3 \end{pmatrix} = \det\begin{pmatrix} 1 & \underline{0} & 0 \\ 0 & \underline{0} & 6 \\ 0 & \underline{0} & 3 \end{pmatrix}$ のように、そこにさしかかった時点でその列が丸ごと全部 0 になります。ということは、その時点でもう「行列式は 0」がひと目。

でも、左上三角や右下三角だとそうはなりません。

$$\begin{pmatrix} * & * & * \\ * & * & 0 \\ * & 0 & 0 \end{pmatrix} \begin{pmatrix} * & * & * \\ * & * & 0 \\ * & 0 & 0 \end{pmatrix} = \begin{pmatrix} * & * & * \\ * & * & * \\ * & * & * \end{pmatrix}$$

$$\begin{pmatrix} 0 & 0 & * \\ 0 & * & * \\ * & * & * \end{pmatrix} \begin{pmatrix} 0 & 0 & * \\ 0 & * & * \\ * & * & * \end{pmatrix} = \begin{pmatrix} * & * & * \\ * & * & * \\ * & * & * \end{pmatrix}$$

対角行列のときに「／」方向の対角線を相手にしなかったこと（❓1.23（43 ページ））も思い出してください。

■ 転置行列の行列式

転置行列の行列式は、元の行列の行列式と同じになります。

$$\det(A^T) = \det A$$

ということは、

行列式の性質は、行と列の役割をいっせいに入れ替えても成立

するわけです。例えば

- ある行の定数倍を別の行に足しても、行列式の値は変わらない
- 下三角行列の行列式は、対角成分の積

などの性質が成り立ちます。転置行列の「意味」が現段階では謎だったので、これらの性質についても、ここでは結果だけに留めます[*81]。

■ 鍵となる性質

行列式が体積（の n 次元版）だとわかっていれば、次の**多重線形性**という性質も図形的に納得できるでしょう。

$$\det(c\boldsymbol{a}_1, \boldsymbol{a}_2, \ldots, \boldsymbol{a}_n) = c\det(\boldsymbol{a}_1, \boldsymbol{a}_2, \ldots, \boldsymbol{a}_n)$$
$$\det(\boldsymbol{a}_1 + \boldsymbol{a}'_1, \boldsymbol{a}_2, \ldots, \boldsymbol{a}_n) = \det(\boldsymbol{a}_1, \boldsymbol{a}_2, \ldots, \boldsymbol{a}_n) + \det(\boldsymbol{a}'_1, \boldsymbol{a}_2, \ldots, \boldsymbol{a}_n)$$

これらは、1 列目だけでなく、ほかの列でも同様に成り立ちます。

$$\det\begin{pmatrix} 1 & 10 & 5 \\ 1 & 20 & 7 \\ 1 & 30 & 6 \end{pmatrix} = 10\det\begin{pmatrix} 1 & 1 & 5 \\ 1 & 2 & 7 \\ 1 & 3 & 6 \end{pmatrix}$$

$$\det\begin{pmatrix} 1 & 1 & 5 \\ 1 & 2 & 7 \\ 1 & 3 & 6 \end{pmatrix} + \det\begin{pmatrix} 1 & 1 & 5 \\ 1 & 7 & 7 \\ 1 & 1 & 6 \end{pmatrix} = \det\begin{pmatrix} 1 & 1+1 & 5 \\ 1 & 2+7 & 7 \\ 1 & 3+1 & 6 \end{pmatrix} = \det\begin{pmatrix} 1 & 2 & 5 \\ 1 & 9 & 7 \\ 1 & 4 & 6 \end{pmatrix}$$

[*81] $\det(A^T) = \det A$ の証明は、❓1.48（82 ページ）を参照してください。ただ、やっぱり「意味」は謎ですが……

など。図形的に言うと、図 1.35 です。

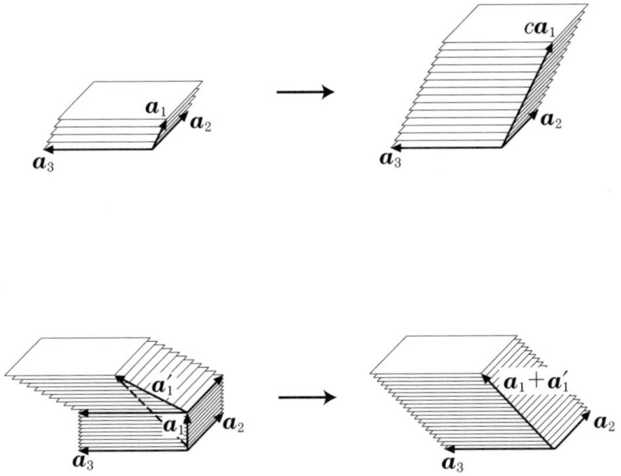

▲ 図 1.35 行列式の多重線形性。図 1.33（73 ページ）と同様に、トランプを積み重ねたところを想像する。（上）$\det(c\boldsymbol{a}_1, \boldsymbol{a}_2, \boldsymbol{a}_3) = c\det(\boldsymbol{a}_1, \boldsymbol{a}_2, \boldsymbol{a}_3)$ ――$\boldsymbol{a}_1$ を c 倍すれば、体積は c 倍。（下）$\det(\boldsymbol{a}_1 + \boldsymbol{a}_1', \boldsymbol{a}_2, \boldsymbol{a}_3) = \det(\boldsymbol{a}_1, \boldsymbol{a}_2, \boldsymbol{a}_3) + \det(\boldsymbol{a}_1', \boldsymbol{a}_2, \boldsymbol{a}_3)$ ――途中のトランプをずらしてまっすぐにしても、体積は不変

なお、多重線形性からわかることですが、n 次正方行列 A を数 c 倍すると行列式は c^n 倍になります。c 倍では済まないので注意してください。

$$\det(cA) = c^n \det A \tag{1.41}$$

理由は、A の各列が c 倍されるからです。どの列を c 倍しても行列式は c 倍になるので、全 n 列を c 倍したら行列式は「c 倍を n 回」、つまり c^n 倍です。図形的に言えば、「平面図形の縦横を c 倍したら面積は c^2 倍」「立体図形の縦横高さを c 倍したら体積は c^3 倍」ということです。

? 1.42 多重線形性から、こう言えますよね？

$$\times \quad \det(A + B) = \det A + \det B$$

いいえ。多重線形性の話は「どこか 1 列だけ」の操作です。例えば、2 次正方行列 $A = (\boldsymbol{a}_1, \boldsymbol{a}_2)$ と $B = (\boldsymbol{b}_1, \boldsymbol{b}_2)$ なら、次のように展開されます。

$$\begin{aligned}
\det(A + B) &= \det(\boldsymbol{a}_1 + \boldsymbol{b}_1, \boldsymbol{a}_2 + \boldsymbol{b}_2) \\
&= \det(\boldsymbol{a}_1 + \boldsymbol{b}_1, \boldsymbol{a}_2) + \det(\boldsymbol{a}_1 + \boldsymbol{b}_1, \boldsymbol{b}_2) \\
&= \det(\boldsymbol{a}_1, \boldsymbol{a}_2) + \det(\boldsymbol{b}_1, \boldsymbol{a}_2) + \det(\boldsymbol{a}_1, \boldsymbol{b}_2) + \det(\boldsymbol{b}_1, \boldsymbol{b}_2) \\
&= \det A + \det(\boldsymbol{b}_1, \boldsymbol{a}_2) + \det(\boldsymbol{a}_1, \boldsymbol{b}_2) + \det B
\end{aligned}$$

また、行列式の符号が図形の裏返しと対応していることから、「2つの列を入れ替えると符号が逆転する」という交代性も納得でしょう。

$$\det(\boldsymbol{a}_2, \boldsymbol{a}_1, \boldsymbol{a}_3, \ldots, \boldsymbol{a}_n) = -\det(\boldsymbol{a}_1, \boldsymbol{a}_2, \boldsymbol{a}_3, \ldots, \boldsymbol{a}_n)$$

などです。例えば、

$$\det\left(\begin{array}{c|c|c} 1 & 1 & 5 \\ 1 & 2 & 7 \\ 1 & 3 & 6 \end{array}\right) = -\det\left(\begin{array}{c|c|c} 1 & 1 & 5 \\ 2 & 1 & 7 \\ 3 & 1 & 6 \end{array}\right)$$

図形的には、図1.36のように、

- 平行六面体の形としては同じ
- でも、裏返しかどうかは、元と逆

になります。

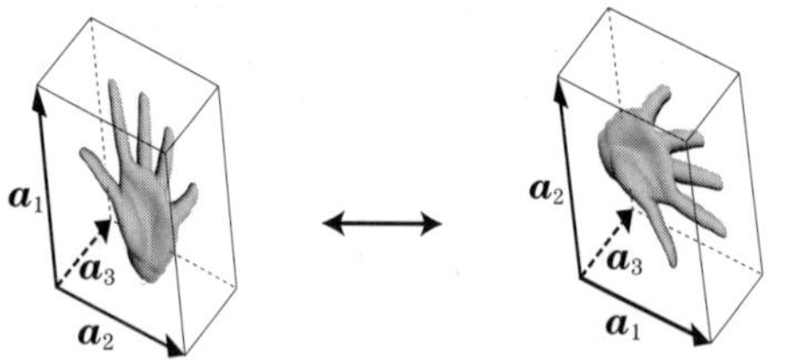

▲図1.36　交代性。$\boldsymbol{a}_1$ と $\boldsymbol{a}_2$ を入れ替えても体積は同じ（行列式の絶対値は同じ）。ただし左手と右手が入れ替わる（行列式の符号が逆になる）

「総まとめ――アニメーションで見る線型代数」(vii ページ）も参照してください。

実は、多重線形性と交代性は、行列式の鍵となる性質です。鍵っぷりは、次項の？1.49 (83ページ）で。

1.3.3　行列式の計算法（1）数式計算 ▽

この辺りが、線形代数の大きな挫折ポイントだと思います。1歩進むだけでも考えこんでしまうかもしれません。そりゃ計算もできたほうがいいに決まってるし、学生なら試験にも出るところですが、ここでくじけてしまってはもったいない。この先には、もっと簡単で、しかも重要な話がごろごろありますから。

とにかく、「**行列式＝体積拡大率**」さえ頭に刻み付けてもらえば、行列式の話はひとまずOKです。読んでいてもし頭痛・眩暈を感じたときは、離脱して第2章へ進んでください（見出しの ▽ は、「目標レベルに応じて読み飛ばせ」という印です）。

さて、一般の n 次をやると記号がいかめしくなるので、まずは3次行列

$$A = \begin{pmatrix} a_{11} & a_{12} & a_{13} \\ a_{21} & a_{22} & a_{23} \\ a_{31} & a_{32} & a_{33} \end{pmatrix}$$

を考えましょう。行列式 $\det A$ を書き下すと、

$$\det A = \sum_{i,j,k} \epsilon_{ijk} a_{i1} a_{j2} a_{k3} \tag{1.42}$$

となります。謎の係数 ϵ_{ijk} は、次の規則で定めます。

- $\epsilon_{123} = 1$
- 添字を入れ替えるとマイナスになる。つまり

  $\epsilon_{213} = -\epsilon_{123} = -1$　　(1 と 2 を入れ替え)
  $\epsilon_{312} = -\epsilon_{213} = \epsilon_{123} = 1$　　(2 と 3 を入れ替え、さらに 1 と 2 を入れ替え)

  など。
- 添字に同じものがあるときは 0。つまり、

  $$\epsilon_{113} = \epsilon_{232} = \epsilon_{333} = 0$$

  など[*82]。

一般の n 次正方行列 $A = (a_{ij})$ でも同様で、

$$\det A = \sum_{i_1,\ldots,i_n} \epsilon_{i_1 \cdots i_n} a_{i_1 1} \cdots a_{i_n n} \tag{1.43}$$

となります。

? 1.43 $\sum_{i,j,k}$ って何？

$\sum_{i=1}^3 \sum_{j=1}^3 \sum_{k=1}^3$ を略して書いただけ。「範囲は文脈からわかるでしょ」ということ。

? 1.44 $\sum_{i=1}^3$ って何だっけ？[*83]

総和記号です。

$$\sum_{i=m}^{n} f(i) = f(m) + f(m+1) + \cdots + f(n)$$

コードで書くと

*82 「添字を入れ替えるとマイナス」という規則からも、0 じゃないと困る。$\epsilon_{113} = -\epsilon_{113}$ なのですから（1 文字目の「1」と 2 文字目の「1」とを「入れ替えた」）。

```
s = 0
for i in m..n
  s = s + f(i)
end
```

あるいは

```
s = 0
i = m
while (i <= n)
  s = s + f(i)
  i = i + 1
end
```

の結果の s。

? 1.45 $\sum$ は嫌い。ちゃんと書いて。

2次なら、

$$\begin{aligned}\det A &= \epsilon_{11}a_{11}a_{12} + \epsilon_{12}a_{11}a_{22} + \epsilon_{21}a_{21}a_{12} + \epsilon_{22}a_{21}a_{22} \\ &= 0a_{11}a_{12} + (+1)a_{11}a_{22} + (-1)a_{21}a_{12} + 0a_{21}a_{22} \\ &= a_{11}a_{22} - a_{21}a_{12}\end{aligned}$$

3次なら、

$$\begin{aligned}\det A = &+\epsilon_{123}a_{11}a_{22}a_{33} + \epsilon_{132}a_{11}a_{32}a_{23} \\ &+\epsilon_{231}a_{21}a_{32}a_{13} + \epsilon_{213}a_{21}a_{12}a_{33} \\ &+\epsilon_{312}a_{31}a_{12}a_{23} + \epsilon_{321}a_{31}a_{22}a_{13} \\ = &+(a_{11}a_{22}a_{33} + a_{21}a_{32}a_{13} + a_{31}a_{12}a_{23}) \\ &-(a_{21}a_{12}a_{33} + a_{31}a_{22}a_{13} + a_{11}a_{32}a_{23})\end{aligned}$$

*83 印刷スペースの都合で、文章中だと $\sum_{i=1}^{3}$、数式中だと $\displaystyle\sum_{i=1}^{3}$ のように書きます。意味は同じ。

4次なら、

$$
\begin{aligned}
\det A = & +a_{11}a_{22}a_{33}a_{44} - a_{11}a_{22}a_{43}a_{34} \\
& +a_{11}a_{32}a_{43}a_{24} - a_{11}a_{32}a_{23}a_{44} \\
& +a_{11}a_{42}a_{23}a_{34} - a_{11}a_{42}a_{33}a_{24} \\
& +a_{21}a_{12}a_{43}a_{34} - a_{21}a_{12}a_{33}a_{44} \\
& +a_{21}a_{42}a_{33}a_{14} - a_{21}a_{42}a_{13}a_{34} \\
& +a_{21}a_{32}a_{13}a_{44} - a_{21}a_{32}a_{43}a_{14} \\
& +a_{31}a_{42}a_{13}a_{24} - a_{31}a_{42}a_{23}a_{14} \\
& +a_{31}a_{12}a_{23}a_{44} - a_{31}a_{12}a_{43}a_{24} \\
& +a_{31}a_{22}a_{43}a_{14} - a_{31}a_{22}a_{13}a_{44} \\
& +a_{41}a_{32}a_{23}a_{14} - a_{41}a_{32}a_{13}a_{24} \\
& +a_{41}a_{22}a_{13}a_{34} - a_{41}a_{22}a_{33}a_{14} \\
& +a_{41}a_{12}a_{33}a_{24} - a_{41}a_{12}a_{23}a_{34}
\end{aligned}
\tag{1.44}
$$

やっぱり $\sum$ も使えるようにならないと、ほかの本が読めなくて困りますよ。

? 1.46 式（1.44）なんて覚えられませんが。

覚えなくて構いません。こんな式の形より、前項までの「意味」「性質」のほうが大事。行列式の値を実際に計算するときは、別の方法を使います（1.3.4項（86ページ））。

? 1.47 図1.37みたいな覚え方を聞いたんだけど？

2次・3次の行列式は、図1.37のように

（「＼」方向）－（「／」方向）

で計算できます[*84]。でも4次以上はダメなので注意。実際、4次だと図1.38のようになって、「斜め一直線」じゃない項もでてきます。4次の場合は、「どの行もどの列も黒が1ヶ所だけ」というパターンすべてについて、ϵ_{ijkl} で符号を決めて合計していきます。

[*84] 上端と下端は「ワープ」。左端と右端も「ワープ」。家庭用ゲーム機のロールプレイングゲームでよくあった、ループした世界。

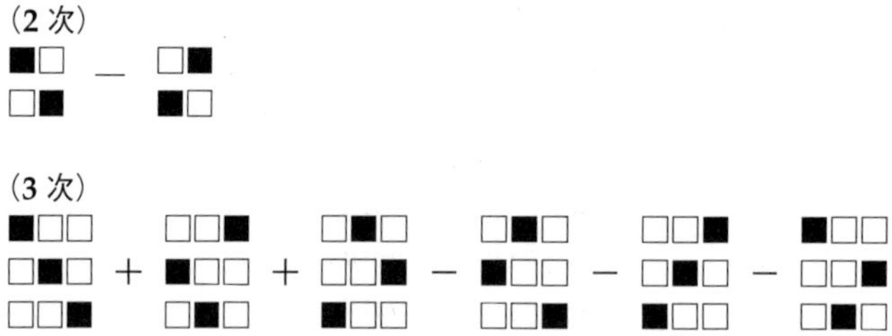

▲ 図 1.37　2 次・3 次の行列式（サラスの方法）

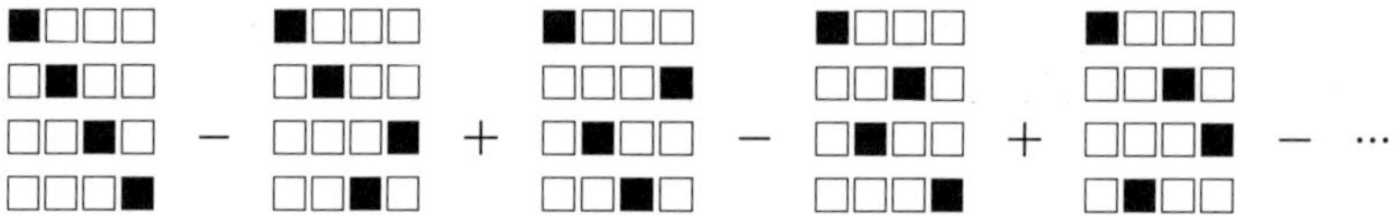

▲ 図 1.38　4 次の行列式（1.44）の出だし 5 項

? 1.48　図 **1.37** を見てると、行と列が平等な気がしてきた。$\det(A^T) = \det A$ ってそういうこと？

　その通り。結局は、「どの行もどの列も黒が 1 ヶ所だけ」というパターン*85 すべてについて合計する。だから、「列が主で行が従」なんてことはなくて、行も列も平等。平等なんだから、入れ替えたって同じ結果……というのが、気分の説明。$\det(A^T) = \det A$ をちゃんと証明するには、各パターンの符号 ϵ_{ijk} も気にしないといけません。この確認のために、今までの ϵ_{ijk} を ϵ_{ijk}^{123} と書くことにしましょう。「123」から入れ替え操作を繰り返して「ijk」に至るときの、操作回数の偶奇、ということです。操作が偶数回なら $+1$、奇数回なら -1。この記法にすれば、「213」から「ijk」への偶奇、のようなのも ϵ_{ijk}^{213} と表せます。この記法で式（1.42）を書き直すと

$$\det A = \sum_{i,j,k} \epsilon_{ijk}^{123} a_{i1} a_{j2} a_{k3}$$

ところが、和は結局「上で言ったパターンすべて」について取るんだから、

*85 将棋で言うと、黒を飛車だと思って、「どの駒もお互い効いてない」状況です。

$$\det A = \sum{}' \epsilon_{ijk}^{i'j'k'} a_{ii'} a_{jj'} a_{kk'}$$

と書いてもよいはず[*86]。$\sum'$ は、「$\{(i,i'),(j,j'),(k,k')\}$ が上で言ったパターンすべてを1回ずつとるように羅列して、それらについて合計せよ」という意味の、臨時の記号です。$\{(1,1),(2,2),(3,3)\}$ と $\{(2,2),(1,1),(3,3)\}$ とは、白黒パターンとしては同じですから、こういうものを重複して数えないように注意してください。A^T についても同様に

$$\det(A^T) = \sum{}' \epsilon_{ijk}^{i'j'k'} a_{i'i} a_{j'j} a_{k'k}$$

となりますが (→ 1.2.14 項 (66 ページ)「成分で言うと」)、「変数名をいっせいに $i \leftrightarrow i'$, $j \leftrightarrow j'$, $k \leftrightarrow k'$ と付け替えても意味は同じ」なので、

$$\det(A^T) = \sum{}' \epsilon_{i'j'k'}^{ijk} a_{ii'} a_{jj'} a_{kk'}$$

とも書けます。ここまでくれば、$\det A$ と $\det(A^T)$ との違いは、$\epsilon_{i'j'k'}^{ijk}$ と $\epsilon_{ijk}^{i'j'k'}$ だけ。ところが実は、$\epsilon_{i'j'k'}^{ijk} = \epsilon_{ijk}^{i'j'k'}$ です。なぜなら、「ijk」を「$i'j'k'$」に移す操作を逆順にたどれば、「$i'j'k'$」を「ijk」に移せる。ということは、どちらも操作回数は同じで、偶奇も同じ。というわけで、$\det A = \det(A^T)$ が示せました……やっぱり「意味」は謎のままなのが悲しいですが。

? 1.49 がんばるから、なぜ体積拡大率 $\det A$ が式 (**1.42**) で計算できるのか教えて。

説明のために、いったん

$$f(A) \equiv \sum_{i,j,k} \epsilon_{ijk} a_{i1} a_{j2} a_{k3}$$

とおきましょう (この $f(A)$ が体積拡大率 $\det A$ と等しいのかどうか、現段階ではまだわからないので、別の名前を付けました)。実はこの $f(A)$ は偉い関数です[*87]。

---

*86 $\epsilon_{321}^{123} = \epsilon_{231}^{213}$ などに注意。どっちにしても結局は、「1 だったものを 3 に、2 だったものを 2 に、3 だったものを 1 に」ということですからね。だから当然 $\epsilon_{321}^{123} a_{31} a_{22} a_{13} = \epsilon_{231}^{213} a_{22} a_{31} a_{13}$。

*87 本当はこの f が特別偉いわけでもないんだけど、まあこう言い切ったほうがわかりやすいでしょうから、勢いで。

どう偉いかというと、「3 次正方行列を食って数を吐く関数 $g(A)$ で、多重線形性と交代性を満たすものは、すべてこの $f(A)$ に比例する」。つまり、$g(A) = \alpha f(A)$ と書けるのです（α は定数）。となると、特に $g(A) = \det A$ を考えれば $\det A = \alpha f(A)$ と書けてしまうわけです。前項でやったとおり、det は多重線形性と交代性を満たすのですから。しかも、$\det I = 1$ に対して、f のほうも $f(I) = 1$ です（自分で確認すればすぐわかります）。ということは、比例係数 α は 1 のはずで、$\det A = f(A)$ が得られました。これが、式 (1.42) で体積拡大率を求められる理由です。

しかし、まだ「$f(A)$ の偉さ」の証明が残っています。もうひとがんばり。A を列ベクトルで $A = (\boldsymbol{a}_1, \boldsymbol{a}_2, \boldsymbol{a}_3)$ と書いて、$g(A)$ も $g(\boldsymbol{a}_1, \boldsymbol{a}_2, \boldsymbol{a}_3)$ と書くことにしましょう。$\boldsymbol{a}_i = (a_{1i}, a_{2i}, a_{3i})^T$ ですから、基底ベクトル $\boldsymbol{e}_1 = (1,0,0)^T$, $\boldsymbol{e}_2 = (0,1,0)^T$, $\boldsymbol{e}_3 = (0,0,1)^T$ を使えば

$$\boldsymbol{a}_i = a_{1i}\boldsymbol{e}_1 + a_{2i}\boldsymbol{e}_2 + a_{3i}\boldsymbol{e}_3$$

と書けます。すると

$$g(A) = g\left((a_{11}\boldsymbol{e}_1 + a_{21}\boldsymbol{e}_2 + a_{31}\boldsymbol{e}_3), (a_{12}\boldsymbol{e}_1 + a_{22}\boldsymbol{e}_2 + a_{32}\boldsymbol{e}_3),\right.$$
$$\left.(a_{13}\boldsymbol{e}_1 + a_{23}\boldsymbol{e}_2 + a_{33}\boldsymbol{e}_3)\right)$$

なわけですが、多重線形性から右辺を展開できて、

$$\begin{aligned}
g(A) &= g\left(a_{11}\boldsymbol{e}_1, (a_{12}\boldsymbol{e}_1 + a_{22}\boldsymbol{e}_2 + a_{32}\boldsymbol{e}_3), (a_{13}\boldsymbol{e}_1 + a_{23}\boldsymbol{e}_2 + a_{33}\boldsymbol{e}_3)\right) \\
&\quad + g\left(a_{21}\boldsymbol{e}_2, (a_{12}\boldsymbol{e}_1 + a_{22}\boldsymbol{e}_2 + a_{32}\boldsymbol{e}_3), (a_{13}\boldsymbol{e}_1 + a_{23}\boldsymbol{e}_2 + a_{33}\boldsymbol{e}_3)\right) \\
&\quad + g\left(a_{31}\boldsymbol{e}_3, (a_{12}\boldsymbol{e}_1 + a_{22}\boldsymbol{e}_2 + a_{32}\boldsymbol{e}_3), (a_{13}\boldsymbol{e}_1 + a_{23}\boldsymbol{e}_2 + a_{33}\boldsymbol{e}_3)\right) \\
&= \Big[g\left(a_{11}\boldsymbol{e}_1, a_{12}\boldsymbol{e}_1, (a_{13}\boldsymbol{e}_1 + a_{23}\boldsymbol{e}_2 + a_{33}\boldsymbol{e}_3)\right) \\
&\quad + g\left(a_{11}\boldsymbol{e}_1, a_{22}\boldsymbol{e}_2, (a_{13}\boldsymbol{e}_1 + a_{23}\boldsymbol{e}_2 + a_{33}\boldsymbol{e}_3)\right) \\
&\quad + g\left(a_{11}\boldsymbol{e}_1, a_{32}\boldsymbol{e}_3, (a_{13}\boldsymbol{e}_1 + a_{23}\boldsymbol{e}_2 + a_{33}\boldsymbol{e}_3)\right)\Big] + \Big[\cdots\Big] + \Big[\cdots\Big] \\
&= \Big[\{g(a_{11}\boldsymbol{e}_1, a_{12}\boldsymbol{e}_1, a_{13}\boldsymbol{e}_1) + g(a_{11}\boldsymbol{e}_1, a_{12}\boldsymbol{e}_1, a_{23}\boldsymbol{e}_2) + g(a_{11}\boldsymbol{e}_1, a_{12}\boldsymbol{e}_1, a_{33}\boldsymbol{e}_3)\} \\
&\quad + \{\cdots\} + \{\cdots\}\Big] + \Big[\cdots\Big] + \Big[\cdots\Big] \\
&= \sum_{i,j,k} g(a_{i1}\boldsymbol{e}_i, a_{j2}\boldsymbol{e}_j, a_{k3}\boldsymbol{e}_k) \\
&= \sum_{i,j,k} a_{i1}a_{j2}a_{k3}\, g(\boldsymbol{e}_i, \boldsymbol{e}_j, \boldsymbol{e}_k)
\end{aligned}$$

となります。ここで、交代性から

$$g(\boldsymbol{e}_i, \boldsymbol{e}_j, \boldsymbol{e}_k) = \epsilon_{ijk}\, g(\boldsymbol{e}_1, \boldsymbol{e}_2, \boldsymbol{e}_3)$$

と書ける[*88]のがミソです。すると、$\alpha = g(\boldsymbol{e}_1, \boldsymbol{e}_2, \boldsymbol{e}_3)$ とおけば

$$g(A) = \sum_{i,j,k} a_{i1}a_{j2}a_{k3}\epsilon_{ijk}\alpha = \alpha f(A)$$

で、証明完了です。

? 1.50 ϵ_{ijk} って、79 ページの説明でちゃんと定められるの？

79 ページの説明をもって定義とするには、次の 2 点を確かめないといけません。

- 定義されない ϵ_{ijk} がいると困る
- 2 通りに矛盾して定義される ϵ_{ijk} がいると困る[*89]

まず前者は簡単。i, j, k に同じものがあれば、$\epsilon_{ijk} = 0$ とちゃんと定義される。後は i, j, k がすべて異なる場合ですが、それは $1, 2, 3$ の並べ替えになっているはずだから、「添字の入れ替え」を繰り返せば ϵ_{123} になる。すると、$\epsilon_{123} = 1$ から「添字を入れ替えると符号逆転」のルールで値を定義できるはず。うるさいのは後者。例えば、ϵ_{312} の値を決めたいとしましょう。添字の入れ替えを $312 \to 132 \to 123$ のように施して ϵ_{123} に至った場合と、$312 \to 213 \to 231 \to 321 \to 123$ のように回り道して ϵ_{123} に至った場合とで、値が矛盾したりしないのか？ 実は矛盾しないことが知られています[*90]。ϵ_{123} に至るために必要な入れ替え回数が偶数か奇数かは、どんな道をたどっても変わらない。こうして、上の 2 点が無事に確かめられました。ちなみに、偶数なもの（$123, 231, 312$）を 123 の**偶置換**、奇数なもの（$213, 132, 321$）を 123 の**奇置換**と呼びます。

---

*88 次のことを確認しましょう。「$(i, j, k) = (1, 2, 3)$ なら確かに OK」、「i, j, k のどれかとどれかをいれかえても、左辺も右辺も (-1) 倍だから、ちゃんと OK」、「i, j, k に同じものがあれば、左辺も右辺も 0 なんだから、これも OK」。最後のは、例えば $g(\boldsymbol{e}_1, \boldsymbol{e}_1, \boldsymbol{e}_3) = -g(\boldsymbol{e}_1, \boldsymbol{e}_1, \boldsymbol{e}_3)$ から $g(\boldsymbol{e}_1, \boldsymbol{e}_1, \boldsymbol{e}_3) = 0$（1 つ目の $\boldsymbol{e}_1$ と 2 つ目の $\boldsymbol{e}_1$ とを「入れ替えた」）。

*89 こういう、「何通りも定め方があるけど、どれで定めてもちゃんと同じになるよ」ということを、業界用語で「**well-defined**」といいます。詳しくは参考文献 [9] を参照。「次元」の定義もこんな調子でしたね（1.1.5 項（18 ページ））。

*90 証明は、こんな式を考えるのが手っ取り早い。$f(x_1, x_2, x_3) = (x_1 - x_2)(x_1 - x_3)(x_2 - x_3)$ とおきましょう。$i < j$ のすべての組み合わせについて $(x_i - x_j)$ を掛けた形です。この式で変数を入れ替えると、$f(x_2, x_1, x_3) = (x_2 - x_1)(x_2 - x_3)(x_1 - x_3) = -f(x_1, x_2, x_3)$ のように、符号が逆になることを確認してください。さて、本文中で挙げた「312」については、$f(x_3, x_1, x_2) = (x_3 - x_1)(x_3 - x_2)(x_1 - x_2) = f(x_1, x_2, x_3)$ です。つまり、「312」から「123」へ至るのにどんな順番で入れ替えをしていったとしても、最終的には符号が元に戻っている。ということは、入れ替えは偶数回だったはず——ちなみに、この f は次のように行列式で書くこともできます（ヴァンデルモンド（Vandermonde）の行列式）：$f(x_1, x_2, x_3) = \det \begin{pmatrix} 1 & 1 & 1 \\ x_1 & x_2 & x_3 \\ x_1^2 & x_2^2 & x_3^2 \end{pmatrix}$

1.3.4 行列式の計算法（2）数値計算 ▽

具体的に与えられた行列式の値を計算したいときは、式（1.42）ではなく、次のようなやり方（掃き出し法）をします[*91]（これは手計算の方法です。計算機を使うときの方法は3.5節（180ページ））。

■準備の準備：ブロック対角の場合

まず、

$$A = \begin{pmatrix} a_{11} & 0 & 0 \\ 0 & a_{22} & a_{23} \\ 0 & a_{32} & a_{33} \end{pmatrix}$$

という特別な形の場合には、

$$\det A = a_{11} \det \begin{pmatrix} a_{22} & a_{23} \\ a_{32} & a_{33} \end{pmatrix}$$

となることを確認しましょう。$\det A$ を計算しようとして図1.37（82ページ）を見ると、A のゼロ成分にひっかかっていないのは

$$\begin{array}{ccc} \boxed{a_{11}} & & \\ & \boxed{a_{22}} & \\ & & \boxed{a_{23}} \end{array} \quad - \quad \begin{array}{ccc} \boxed{a_{11}} & & \\ & & \boxed{a_{23}} \\ & \boxed{a_{32}} & \end{array}$$

だけですね。1列目について a_{11} を選択しない限り0にひっかかってしまいますから、残るのは a_{11} を通るパターンだけです。なので、どの項にも a_{11} が入ります。a_{11} をくくり出すと

$$a_{11} \left(\begin{array}{cc} \boxed{a_{22}} & \\ & \boxed{a_{33}} \end{array} \quad - \quad \begin{array}{cc} & \boxed{a_{23}} \\ \boxed{a_{32}} & \end{array} \right) = a_{11} \det \begin{pmatrix} a_{22} & a_{23} \\ a_{32} & a_{33} \end{pmatrix}$$

と確かめられました。

n 次正方行列 A でも、

$$A = \left(\begin{array}{c|ccc} a_{11} & 0 & \cdots & 0 \\ \hline 0 & & & \\ \vdots & & A' & \\ 0 & & & \end{array} \right)$$

[*91] 具体的な数値じゃなく文字式で与えられた行列式だと、本項のやり方では収拾つかなくなってしまうことも多い。そういうときは、あきらめて元の式（1.42）で考えるか、ぐっと睨んで1.3.2項（72ページ）の性質を活用するか、あるいはLU分解（第3章）を試みるか。「計算法にばかりとらわれてほしくない」と言うのは、こういう事情もあるからです。本項もやはり挫折ポイントでしょうから、試験を控えた読者以外は、苦しくなったらひとまず離脱して第2章へどうぞ。

という特別な形なら、やはり

$$\det A = a_{11} \det A'$$

となります。

これは、脚注*73（72 ページ）で紹介した「ブロック対角行列の行列式」の特別な場合です。

■ **準備：ブロック三角の場合**

先ほどの結果は、もう少し拡張できます：

$$A = \left(\begin{array}{c|ccc} a_{11} & a_{12} & \cdots & a_{1n} \\ \hline 0 & & & \\ \vdots & & A' & \\ 0 & & & \end{array}\right)$$

という形でも、

$$\det A = a_{11} \det A'$$

となります。$a_{12}, \cdots, a_{1n}$ は答に影響しません。

理由を示すには、「ある列の定数倍を別の列に足しても行列式は変わらない」という性質を使います[*92]。

- 1 列目の $-a_{12}/a_{11}$ 倍を 2 列目に足す
- $\cdots$
- 1 列目の $-a_{1n}/a_{11}$ 倍を n 列目に足す

という操作により、

$$\det A = \det \left(\begin{array}{c|ccc} a_{11} & 0 & \cdots & 0 \\ \hline 0 & & & \\ \vdots & & A' & \\ 0 & & & \end{array}\right)$$

と変形されますから、先ほどの形に帰着されるのです[*93]。

これは、脚注*78（74 ページ）で紹介した「ブロック三角行列の行列式」の特別な場合です。

---

*92 「えっ」て人は 1.3.2 項（72 ページ）の「有用な性質」を復習。

*93 ごまかしに気付きましたか？ $a_{11} = 0$ の場合はゼロ割りになってしまうから、こんな操作はできない。どうしてくれる。――心配無用。$a_{11} = 0$ なら 1 列目がすべてゼロなわけで、$\det A = 0$ に決まっています。だからやはり $\det A = a_{11} \det A'$ は成り立ちます。

■本番：一般の場合

さて、では一般の正方行列 A の場合は？「ある行の定数倍を別の行に加えても行列式は変わらない」を思い出しましょう[*94]。これを駆使して、上の「特別な形」に持ち込むのです。例えば、

$$\det\begin{pmatrix} \boxed{2} & \boxed{1} & \boxed{3} & \boxed{2} \\ \hline 6 & 6 & 10 & 7 \\ \hline 2 & 7 & 6 & 6 \\ \hline 4 & 5 & 10 & 9 \end{pmatrix}$$ 第1行の −3 倍、−1 倍、−2 倍を第2行、第3行、第4行にそれぞれ足して……

$$= \det\left(\begin{array}{c|ccc} 2 & 1 & 3 & 2 \\ \hline \boxed{0} & 3 & 1 & 1 \\ \boxed{0} & 6 & 3 & 4 \\ \boxed{0} & 3 & 4 & 5 \end{array}\right)$$ 「特別な形」だから……

$$= 2\det\begin{pmatrix} \boxed{3} & \boxed{1} & \boxed{1} \\ \hline 6 & 3 & 4 \\ \hline 3 & 4 & 5 \end{pmatrix}$$ 第1行の −2 倍、−1 倍を第2行、第3行にそれぞれ足して……

$$= 2\det\left(\begin{array}{c|cc} 3 & 1 & 1 \\ \hline \boxed{0} & 1 & 2 \\ \boxed{0} & 3 & 4 \end{array}\right)$$ 「特別な形」だから……

$$= 2 \cdot 3 \det\begin{pmatrix} 1 & 2 \\ 3 & 4 \end{pmatrix}$$ ここまでくればもう定義どおりに……

$$= 2 \cdot 3 \cdot (1 \cdot 4 - 2 \cdot 3) = -12$$

という調子。ただし、途中で左上が0になってしまったときは、「交代性」を使って0じゃないものを持ってきてください[*95]。例えば、

$$\det\begin{pmatrix} \boxed{0} & 3 & 1 & 1 \\ \hline 2 & 1 & 3 & 2 \\ \hline 2 & 7 & 6 & 6 \\ \hline 4 & 5 & 10 & 9 \end{pmatrix} = -\det\begin{pmatrix} \boxed{2} & 1 & 3 & 2 \\ \hline \boxed{0} & 3 & 1 & 1 \\ \hline 2 & 7 & 6 & 6 \\ \hline 4 & 5 & 10 & 9 \end{pmatrix}$$ 1行目と2行目を入れ替え（→符号が逆転）

ここまで学べば、すでにやった「上三角行列の行列式は対角成分の積」も当然ですね。「$*$」の所は何が入っても関係なくて……

$$\det\begin{pmatrix} 1 & * & * & * \\ 0 & 2 & * & * \\ 0 & 0 & 3 & * \\ 0 & 0 & 0 & 4 \end{pmatrix}$$ 「特別な形」だから……

[*94] えっ、て人は 1.3.2 項（72 ページ）の「転置行列の行列式」を復習。

[*95] この操作を **pivoting** と言います。ちなみに、0じゃないものをどうしても持ってこられなくなったら？それは一番左の列がみんな0ということだから、ひと目で行列式は0。

$$= 1 \det \begin{pmatrix} 2 & * & * \\ 0 & 3 & * \\ 0 & 0 & 4 \end{pmatrix} \qquad \text{「特別な形」だから……}$$

$$= 1 \cdot 2 \det \begin{pmatrix} 3 & * \\ 0 & 4 \end{pmatrix} \qquad \text{「特別な形」だから……}$$

$$= 1 \cdot 2 \cdot 3 \det(4) = 1 \cdot 2 \cdot 3 \cdot 4 = 24$$

という調子です。さらに、$\det(A^T) = \det A$ だったのですから、「下三角行列の行列式は対角成分の積」のほうも同様に成り立ちます。

なお、以上の説明は、アドリブに頼らない機械的な計算手順です。これ以外にも、1.3.2 項 (72 ページ) で挙げた性質たちを使いこなせれば、より楽ができることもあります。列のほうがやりやすそうなら列を使うとか、左上が 1 になるように行や列を取り替えるとか、ある列がすべて 3 の倍数だったら 3 をくくり出すとか……。

1.3.5 補足：余因子展開と逆行列 ▽

逆行列を式で書き下そうという話ですが、引き続き挫折の危険が高いところです。つらくなったらパスして第 2 章へ進んで構いません。

■余因子展開

逆行列を書き下す準備として、余因子展開を導出します。

例によって 3 次行列 $A = (a_{ij})$ ぐらいでやってみましょう。まず、多重線形性から

$$\det A = \det \left(\begin{array}{c|c|c} a_{11} & a_{12} & a_{13} \\ a_{21} & a_{22} & a_{23} \\ a_{31} & a_{32} & a_{33} \end{array}\right)$$

$$= \det \left(\begin{array}{c|c|c} a_{11} & a_{12} & a_{13} \\ 0 & a_{22} & a_{23} \\ 0 & a_{32} & a_{33} \end{array}\right) + \det \left(\begin{array}{c|c|c} 0 & a_{12} & a_{13} \\ a_{21} & a_{22} & a_{23} \\ 0 & a_{32} & a_{33} \end{array}\right) + \det \left(\begin{array}{c|c|c} 0 & a_{12} & a_{13} \\ 0 & a_{22} & a_{23} \\ a_{31} & a_{32} & a_{33} \end{array}\right)$$

と展開できます。ここで、

$$\det \begin{pmatrix} a_{11} & a_{12} & a_{13} \\ 0 & a_{22} & a_{23} \\ 0 & a_{32} & a_{33} \end{pmatrix} = a_{11} \det \begin{pmatrix} a_{22} & a_{23} \\ a_{32} & a_{33} \end{pmatrix}$$

なことに注意しましょう (1.3.4 項 (86 ページ)「手計算」の「特別な形」)。残りについても、行の入れ替えでこの形にもってくれば、

$$\det \left(\begin{array}{ccc} 0 & a_{12} & a_{13} \\ \hline a_{21} & a_{22} & a_{23} \\ \hline 0 & a_{32} & a_{33} \end{array}\right) = -\det \left(\begin{array}{ccc} a_{21} & a_{22} & a_{23} \\ \hline 0 & a_{12} & a_{13} \\ \hline 0 & a_{32} & a_{33} \end{array}\right) = -a_{21} \det \begin{pmatrix} a_{12} & a_{13} \\ a_{32} & a_{33} \end{pmatrix}$$

$$\det \left(\begin{array}{ccc} 0 & a_{12} & a_{13} \\ \hline 0 & a_{22} & a_{23} \\ \hline a_{31} & a_{32} & a_{33} \end{array}\right) = -\det \left(\begin{array}{ccc} 0 & a_{12} & a_{13} \\ \hline a_{31} & a_{32} & a_{33} \\ \hline 0 & a_{22} & a_{23} \end{array}\right) = \det \left(\begin{array}{ccc} a_{31} & a_{32} & a_{33} \\ \hline 0 & a_{12} & a_{13} \\ \hline 0 & a_{22} & a_{23} \end{array}\right)$$

$$= a_{31} \det \begin{pmatrix} a_{12} & a_{13} \\ a_{22} & a_{23} \end{pmatrix}$$

よって、結局、

$$\det A = \det \begin{pmatrix} a_{11} & a_{12} & a_{13} \\ a_{21} & a_{22} & a_{23} \\ a_{31} & a_{32} & a_{33} \end{pmatrix}$$
$$= a_{11} \det \begin{pmatrix} a_{22} & a_{23} \\ a_{32} & a_{33} \end{pmatrix} - a_{21} \det \begin{pmatrix} a_{12} & a_{13} \\ a_{32} & a_{33} \end{pmatrix} + a_{31} \det \begin{pmatrix} a_{12} & a_{13} \\ a_{22} & a_{23} \end{pmatrix}$$

という展開が得られました。元の行列のどこを取り出したのか図示すると、次のようになります。★が係数、■が行列式に出現するという意味です。

```
★□□      □■■      □■■
□■■  －  ★□□  ＋  □■■
□■■      □■■      ★□□
```

2列目についても同様の展開ができて、結果は

```
   □★□      ■□■      ■□■
－ ■□■  ＋  □★□  －  ■□■
   ■□■      ■□■      □★□
```

となります[*96]。3列目について展開すれば、

```
□□★      ■■□      ■■□
■■□  －  □□★  ＋  ■■□
■■□      ■■□      □□★
```

これらの図を言葉で説明すると……

- ★は、どこかの列を上から下へ流れる
- ★のいる行と列を除いた残りが、行列式に出現
- ★が1歩下へ流れるたびに、符号が逆転
- ★が1列横にずれるたびに、符号が逆転

★の位置と符号との関係は、次のような「市松模様」になっています。

```
＋－＋
－＋－
＋－＋
```

[*96] $\det \left(\begin{array}{c|c|c} a_{11} & a_{12} & a_{13} \\ a_{21} & a_{22} & a_{23} \\ a_{31} & a_{32} & a_{33} \end{array} \right) = -\det \left(\begin{array}{c|c|c} a_{12} & a_{11} & a_{13} \\ a_{22} & a_{21} & a_{23} \\ a_{32} & a_{31} & a_{33} \end{array} \right)$ のように1列目と2列目を入れ替えておき、1列目について展開すればよい。この入れ替えのせいで、符号が逆転していることに注意。

そこで、書きやすいように、「A から i 行目と j 列目を除いたものの行列式」を Δ'_{ij} とおくことにしましょう。この記号を使えば、

$$\begin{aligned}\det A &= a_{11}\Delta'_{11} - a_{21}\Delta'_{21} + a_{31}\Delta'_{31}\\ &= -a_{12}\Delta'_{12} + a_{22}\Delta'_{22} - a_{32}\Delta'_{32}\\ &= a_{13}\Delta'_{13} - a_{23}\Delta'_{23} + a_{33}\Delta'_{33}\end{aligned}$$

というのが、ここまでの結果です。まだちょっとプラスマイナスで目がちかちかするので、さらに

$$\Delta_{ij} = (-1)^{i+j}\Delta'_{ij}$$

という記号を導入しましょう[*97]。するとすっきり、

$$\begin{aligned}\det A &= a_{11}\Delta_{11} + a_{21}\Delta_{21} + a_{31}\Delta_{31}\\ &= a_{12}\Delta_{12} + a_{22}\Delta_{22} + a_{32}\Delta_{32}\\ &= a_{13}\Delta_{13} + a_{23}\Delta_{23} + a_{33}\Delta_{33}\end{aligned}$$

この Δ_{ij} を余因子と呼び、上の展開を余因子展開（**Laplace** 展開）と呼びます。 一般の n 次正方行列 $A = (a_{ij})$ でも、

$$\det A = a_{1j}\Delta_{1j} + \cdots + a_{nj}\Delta_{nj}$$

となります（$j = 1, \ldots, n$）。

■逆行列を書き下す

また 3 次正方行列 $A = (a_{ij})$ ぐらいでやりましょう。

A の余因子行列（adjugate matrix）を

$$\operatorname{adj} A = \begin{pmatrix}\Delta_{11} & \Delta_{21} & \Delta_{31}\\ \Delta_{12} & \Delta_{22} & \Delta_{32}\\ \Delta_{13} & \Delta_{23} & \Delta_{33}\end{pmatrix}$$

と定義します。添字の順序に注意。adj A の (i, j) 成分が Δ_{ji} です。 さて、これに A を掛けた

$$(\operatorname{adj} A)A = \begin{pmatrix}\Delta_{11} & \Delta_{21} & \Delta_{31}\\ \Delta_{12} & \Delta_{22} & \Delta_{32}\\ \Delta_{13} & \Delta_{23} & \Delta_{33}\end{pmatrix}\begin{pmatrix}a_{11} & a_{12} & a_{13}\\ a_{21} & a_{22} & a_{23}\\ a_{31} & a_{32} & a_{33}\end{pmatrix} \equiv B$$

はどうなるでしょうか？ 行列積の定義から、B の $(1, 1)$ 成分は

$$a_{11}\Delta_{11} + a_{21}\Delta_{21} + a_{31}\Delta_{31}$$

おっと、これは $\det A$ の余因子展開そのものだから、$\det A$ に等しいですね。$(2, 2)$ 成分

[*97] $(-1)^{i+j}$ というのは、要するに「$(i + j)$ が偶数なら $+1$、奇数なら -1」ということです。「i が 1 増えれば符号が逆転、j が 1 増えても符号が逆転」というわけ。

や $(3,3)$ 成分も同様で、B の対角成分はすべて $\det A$ になる。一方、非対角成分は、例えば $(2,1)$ 成分だと

$$a_{11}\Delta_{12} + a_{21}\Delta_{22} + a_{31}\Delta_{32}$$

これは、

$$\det\begin{pmatrix} a_{11} & a_{11} & a_{13} \\ a_{21} & a_{21} & a_{23} \\ a_{31} & a_{31} & a_{33} \end{pmatrix}$$

を 2 列目で余因子展開したものになっています（確認してください）。ところが、この行列式は、同じ列がだぶっているので 0 です。ほかも同様で、B の非対角成分はすべて 0 になる。まとめて書くと、

$$(\mathrm{adj}\, A)A = \begin{pmatrix} \det A & 0 & 0 \\ 0 & \det A & 0 \\ 0 & 0 & \det A \end{pmatrix} = (\det A)I$$

なわけです。ということは、逆行列が

$$A^{-1} = \frac{1}{\det A}\mathrm{adj}\, A \tag{1.45}$$

と書き下せる。苦労が報われました。

ところで……何か忘れてることに気が付きますか？ ぺちゃんこにつぶす A だと、逆行列は存在しないはずでした。その辺はどうなっているのでしょうか。$\det A$ の値もチェックせずに割り算してしまったのが、焦りすぎでした。正確には、「$\det A$ が 0 でない限り」という条件が式（1.45）に付きます。もし $\det A$ が 0 なら、体積拡大率が 0 なんだから A はぺちゃんこにつぶす写像になっているはずで、逆行列は存在しない。話はちゃんと合っています。

これで特に、「$\det A \neq 0$ なら A^{-1} は必ず存在する」が示されたことも注意しておきましょう。

この式（1.45）は、一般の n 次正方行列でも成り立つ式です。ただし、具体的に与えられた行列の逆行列を求めたいときには、式（1.45）なんて使わないこと。もっと良い方法を 2.2.3 項（105 ページ）で紹介します。

? 1.51　$A^{-1}A = I$ は確認できたけど、$AA^{-1} = I$ のほうは大丈夫？

? 1.25（45 ページ）で心配していた話ですね。念のためやっておきましょう。まず、$\mathrm{adj}\,(A^T) = (\mathrm{adj}\, A)^T$ はすぐ確認できるでしょう。すると、$(A(\mathrm{adj}\, A))^T = (\mathrm{adj}\, A)^T A^T = \left(\mathrm{adj}\,(A^T)\right) A^T$。この $(\mathrm{adj}\,\square)\,\square$ が $(\det\square)I$ となることは上でやったとおり。よって $(A(\mathrm{adj}\, A))^T = \left(\det(A^T)\right) I$ となります。ところが、$\det(A^T) = \det A$ でしたし、もちろん $I^T = I$ ですから、これは $A(\mathrm{adj}\, A) = (\det A)I$ を意味しています。だから、$AA^{-1} = I$ のほうも大丈夫。

第 2 章

ランク・逆行列・一次方程式 —— 結果から原因を求める

2.1 問題設定：逆問題

第 1 章で、「行列は写像だ」と強調しました。ベクトル $\boldsymbol{x}$ に対して行列 A を施すと、$\boldsymbol{y} = A\boldsymbol{x}$ というベクトルに移ります。こういう「行列を施すという形で表せる写像」は、一般の「ベクトルをベクトルに移す写像」のうちの、ごく一部でしかありません[*1]。それでも、世の中には、「ベクトル $\boldsymbol{x}$ を入力するとベクトル $\boldsymbol{y} = A\boldsymbol{x}$ が出力される」という形で表せる対象がたくさんあります。「いろいろなものを行列で表す」(1.2.2 項 (24 ページ)、1.2.10 項 (52 ページ)) で一端を紹介したとおりです。また、第 0 章「動機」でも述べたように、「厳密にはだめでも近似としてなら十分有用」という場合だってあります。

物理的な仕組みを考察したり、入出力を観測して推定したりすれば、上の行列 A を知ることはできるでしょう。原因 $\boldsymbol{x}$ を知って結果 $\boldsymbol{y}$ を予測するという話なら、これで OK です。しかし逆に、結果を知って原因を推測したい場合もあります。例えば、地表の重力分布（結果）を知って地中の資源分布（原因）を推測したり、劣化した画像（結果）を知って元の画像（原因）を推測したり、などする場合です。

このように、結果 $\boldsymbol{y}$ を知って原因 $\boldsymbol{x}$ を推定するという形の問題を**逆問題**と呼びます。対比を強調したいときは、$\boldsymbol{x}$ から $\boldsymbol{y}$ を予測するほうは**順問題**と呼んだりします。

本当を言うと、現実の対象を扱うには、ノイズのことも考えて

$$\boldsymbol{y} = A\boldsymbol{x} + (\text{ノイズ})$$

のような状況を検討する必要があります。しかし、しばらくは、ノイズなしの

$$\boldsymbol{y} = A\boldsymbol{x}$$

[*1] 「行列を掛ける」で表せない写像なんていくらでも考えられます。例えば、$\boldsymbol{x} = (x_1, x_2, x_3)^T$ に対して、

$$\boldsymbol{f}(\boldsymbol{x}) = \begin{pmatrix} x_1 x_2^2 x_3^3 + \sqrt{x_1^2 + 8} + \log(|\sin x_3| + |\cos x_3|) \\ x_1, x_2, x_3 \text{ のうちで最大のもの} \\ \text{北緯 } x_1 \text{ 度・東経 } x_2 \text{ 度が陸なら } x_3\text{、海なら } -x_3 \end{pmatrix}$$

についてどうなるか見ていきます[*2]。

> **? 2.1** $\boldsymbol{x}$ と $\boldsymbol{y}$ って対等なのでは？ そりゃ物理的な仕組みを言えば $\boldsymbol{x}$ が $\boldsymbol{y}$ を決めてるのかもしれないけど、数学的には「片方の値を指定されればもう片方の値も定まる」ってだけでしょ。どっちが順でどっちが逆かなんて、現実と結び付ける解釈しだいだから、数学が気にすることじゃないような……
>
> 2.2 節（94 ページ）のようにたちがいい場合は、そうとも言えるでしょう。でも、たちが悪い場合には、対等とは言えません。2.3 節（112 ページ）や 2.6 節（162 ページ）を読めば同意してもらえると思います。

> **? 2.2** 「逆問題」なんて言ってるけど、要は連立一次方程式でしょ？
>
> ノイズを意識しない場合はそのとおり。例えば、
>
> $$A = \begin{pmatrix} 1 & 2 & 3 & 4 & 5 \\ 6 & 7 & 8 & 9 & 10 \\ 11 & 12 & 13 & 14 & 15 \\ 16 & 17 & 18 & 19 & 20 \end{pmatrix}, \qquad \boldsymbol{y} = \begin{pmatrix} 3 \\ 1 \\ 4 \\ 1 \end{pmatrix}$$
>
> を考えてみましょう。
>
> $\boldsymbol{x} = (x_1, x_2, x_3, x_4, x_5)^T$ とおいて、$A\boldsymbol{x} = \boldsymbol{y}$ を成分で書きくだすと
>
> $$\begin{aligned} x_1 + 2x_2 + 3x_3 + 4x_4 + 5x_5 &= 3 \\ 6x_1 + 7x_2 + 8x_3 + 9x_4 + 10x_5 &= 1 \\ 11x_1 + 12x_2 + 13x_3 + 14x_4 + 15x_5 &= 4 \\ 16x_1 + 17x_2 + 18x_3 + 19x_4 + 20x_5 &= 1 \end{aligned}$$
>
> このような一般の連立一次方程式について、「解が存在するか」「解は唯一か」という話が、本章の主題です。その答は、2.3.2 項（118 ページ）「たちの悪さと核・像」で説明します。

2.2　たちがいい場合（正則行列）

2.2.1　正則性と逆行列

最初は、たちがいい場合について[*3]。$\boldsymbol{x}$ と $\boldsymbol{y}$ の次元が同じなら、A は正方行列です。このとき、もし A の逆行列 A^{-1} が存在すれば、式の上では

$$\boldsymbol{x} = A^{-1}\boldsymbol{y} \tag{2.1}$$

[*2] ノイズありの話は、2.6 節（162 ページ）「現実にはたちが悪い場合（特異に近い行列）」で行います。

[*3] 本当は、たちが悪い場合にどう対処するかが「逆問題」のメインテーマ。本節のようにたちがいい場合、わざわざ逆問題とはあまり呼びません。

でおしまい。これで、結果 $\boldsymbol{y}$ から原因 $\boldsymbol{x}$ がわかります。

こんなふうに「逆行列が存在するような正方行列 A」のことを**正則行列**と呼びます[*4]。正則でない行列は**特異行列**と呼びます[*5]。

ただし、具体的に与えられた A と $\boldsymbol{y}$ に対して「$A\boldsymbol{x} = \boldsymbol{y}$ となる $\boldsymbol{x}$」を求めるときには、「A^{-1} を求めて $\boldsymbol{y}$ に掛ける」なんてやるものではありません。もっと楽な求め方があるからです。それを先に説明しましょう。その後で、逆行列はどうやって計算したらいいのかを説明します。「どんな場合に逆行列が存在するのか」「逆行列が存在しない場合はどうしたらいいか」については、次節以降で。

2.2.2 連立一次方程式の解法（正則な場合）▽

本項では、連立一次方程式の「筆算法」をお話しします[*6]。つまり、具体的に与えられた A と $\boldsymbol{y}$ に対して、「$A\boldsymbol{x} = \boldsymbol{y}$ となる $\boldsymbol{x}$」を求める話です。まずは、線形代数なんて言わないで、普通に連立一次方程式を解いてみましょう。その手順を振り返り、行列で表記して、筆算法に至ります。

■変数消去で連立一次方程式を解く

具体例を見たほうがわかりやすいでしょう。

$$A = \begin{pmatrix} 2 & 3 & 3 \\ 3 & 4 & 2 \\ -2 & -2 & 3 \end{pmatrix}, \qquad \boldsymbol{y} = \begin{pmatrix} 9 \\ 9 \\ 2 \end{pmatrix} \tag{2.2}$$

に対して、$A\boldsymbol{x} = \boldsymbol{y}$ となる $\boldsymbol{x} = (x_1, x_2, x_3)^T$ を求めてみます。成分で書けば

$$2x_1 + 3x_2 + 3x_3 = 9 \tag{2.3}$$
$$3x_1 + 4x_2 + 2x_3 = 9 \tag{2.4}$$
$$-2x_1 - 2x_2 + 3x_3 = 2 \tag{2.5}$$

このような連立一次方程式は、次のようにして変数を消去していけば解けます。

まず、方程式の 1 本目 (2.3) から

$$x_1 = -\frac{3}{2}x_2 - \frac{3}{2}x_3 + \frac{9}{2} \tag{2.6}$$

のように、変数 x_1 を他の変数 x_2, x_3 で表します。これを方程式の残り (2.4) と (2.5) に代入して、

$$3\left(-\frac{3}{2}x_2 - \frac{3}{2}x_3 + \frac{9}{2}\right) + 4x_2 + 2x_3 = 9 \tag{2.7}$$

---

*4 正方行列でないと、「逆行列」はそもそも定義されませんでしたね。

*5 正則行列のことを非特異行列といったり、特異行列のことを非正則行列といったりすることもあるからややこしい。さらに、正則行列のことを可逆行列ということもあります。

*6 「試験対策として読んでいる」「ほかはもうマスターしてしまった」という人以外は、▽の付いた話題は読み飛ばすよう、あえて勧めます。この先には、もっと気軽に聞けて、しかも大事な話が転がっていますよ。

$$-2\left(-\frac{3}{2}x_2 - \frac{3}{2}x_3 + \frac{9}{2}\right) - 2x_2 + 3x_3 = 2 \tag{2.8}$$

整理すると

$$-\frac{1}{2}x_2 - \frac{5}{2}x_3 = -\frac{9}{2} \tag{2.9}$$
$$x_2 + 6x_3 = 11 \tag{2.10}$$

という、変数が1つ減った連立一次方程式が得られます。ここまでが第1段階。問題が小さくなって、ちょっと楽になりました。続けて、第2段階に進みましょう。やることは同じ。この新しい方程式の1本目（2.9）から

$$x_2 = -5x_3 + 9 \tag{2.11}$$

のように、変数 x_2 をほかの変数 x_3 で表します。これを残りの式（2.10）に代入して、

$$(-5x_3 + 9) + 6x_3 = 11 \tag{2.12}$$

整理すると

$$x_3 = 2$$

こうして x_3 の値が求まりました。ここが折り返し点。後は順番に戻っていきます。求まった x_3 を、第2段階の産物である式（2.11）に代入して

$$x_2 = -5 \cdot 2 + 9 = -1$$

こうして x_2, x_3 の値が求まれば、第1段階の産物である式（2.6）に代入して

$$x_1 = -\frac{3}{2} \cdot (-1) - \frac{3}{2} \cdot 2 + \frac{9}{2} = 3$$

結局、

$$\boldsymbol{x} = \begin{pmatrix} x_1 \\ x_2 \\ x_3 \end{pmatrix} = \begin{pmatrix} 3 \\ -1 \\ 2 \end{pmatrix}$$

という解が得られました。検算すると、確かに $A\boldsymbol{x} = \boldsymbol{y}$ となっています。

変数の数が増えても路線は同じ。「方程式の1本を使って、残りから変数を1つ消去」という手続きで問題を1つ小さくすることを繰り返します。すると最後は1変数の方程式になって、値が求まります。そしたら折り返して、順々に代入していけば全部の変数が求められます。

> **? 2.3 これで解けるんだから、もういいのでは？**
>
> 実は筆者もその意見に同感だったりするのですが……でも、「そのやり方で必ず解が求まるのか？ 下手な手順を取ると途中で行き詰まったりしないのか？」のような議論をするには、後述の筆算法のほうがやりやすいでしょう。

■連立一次方程式を解く過程をブロック行列で表記する

式（2.3）（2.4）（2.5）は、ブロック行列で

$$\left(\begin{array}{ccc|c} 2 & 3 & 3 & 9 \\ 3 & 4 & 2 & 9 \\ -2 & -2 & 3 & 2 \end{array}\right)\left(\begin{array}{c} x_1 \\ x_2 \\ x_3 \\ \hline -1 \end{array}\right) = \begin{pmatrix} 0 \\ 0 \\ 0 \end{pmatrix}$$

とも書けます[*7]。同じ式になっていることを確認してください。この表記で、先ほどの解き方をたどり直してみましょう。

最初にやったことは、「x_1 をほかの x_2, x_3 で表す」でした。つまり、式 (2.3) を式 (2.6) と変形したのでした。ブロック行列の表記で言うと、

$$\left(\begin{array}{ccc|c} \boxed{1} & \frac{3}{2} & \frac{3}{2} & \frac{9}{2} \\ \hline 3 & 4 & 2 & 9 \\ \hline -2 & -2 & 3 & 2 \end{array}\right)\left(\begin{array}{c} x_1 \\ x_2 \\ x_3 \\ \hline -1 \end{array}\right) = \begin{pmatrix} 0 \\ 0 \\ 0 \end{pmatrix}$$

のように、行列の 1 行目を 1/2 倍して、x_1 に対応する位置（1 列目）を 1 にしたことになります[*8]。

その次に行ったのは、式（2.6）を使って、残りの式から x_1 を消去することでした。ブロック行列の表記で言うと、行列の 2 行目と 3 行目について、x_1 に対応する位置（1 列目）が 0 になるようにしたわけです。どうやってそうしたかというと、「1 行目の (−3) 倍を 2 行目に加える」「1 行目の 2 倍を 3 行目に加える」という操作をしたことになります[*9]。この操作の結果、ブロック行列の表記は

$$\left(\begin{array}{ccc|c} 1 & \frac{3}{2} & \frac{3}{2} & \frac{9}{2} \\ \hline \boxed{0} & -\frac{1}{2} & -\frac{5}{2} & -\frac{9}{2} \\ \hline \boxed{0} & 1 & 6 & 11 \end{array}\right)\left(\begin{array}{c} x_1 \\ x_2 \\ x_3 \\ \hline -1 \end{array}\right) = \begin{pmatrix} 0 \\ 0 \\ 0 \end{pmatrix}$$

[*7] 1.2.10 項（52 ページ）でやった定石と同じことです。

[*8] 右辺はゼロなので、そのまま変わりません。もし心配なら、成分ごとに書き下してみて、同じ式になっていることを確認してください。以降も同様です。

[*9] ちょっと見た目が違ってしまってるけど、等価です。「式（2.6）を式（2.4）に代入して x_1 を消去する」と言う代わりに、「$x_1 + \frac{3}{2}x_2 + \frac{3}{2}x_3 - \frac{9}{2} = 0$ を (-3) 倍して $3x_1 + 4x_2 + 2x_3 - 9 = 0$ に辺々足せば、$-\frac{1}{2}x_2 - \frac{5}{2}x_3 + \frac{9}{2} = 0$ という、x_1 を含まない式が得られる」と言い換えただけ。

となりました。ここまでで、「x_1 の消去」が完了。

次の操作は、x_2 の消去でした。これをブロック行列の表記で言うと、まず、行列の 2 行目を (-2) 倍することで

$$\left(\begin{array}{ccc|c} 1 & \frac{3}{2} & \frac{3}{2} & \frac{9}{2} \\ \hline 0 & \boxed{1} & 5 & 9 \\ \hline 0 & 1 & 6 & 11 \end{array}\right)\left(\begin{array}{c} x_1 \\ x_2 \\ x_3 \\ \hline -1 \end{array}\right) = \begin{pmatrix} 0 \\ 0 \\ 0 \end{pmatrix}$$

のように x_2 に対応する位置（2 列目）を 1 にしておきます。これが第 1 ステップ。第 2 ステップは、2 行目の (-1) 倍を 3 行目に加えることで、x_2 に対応する位置（2 列目）を 0 にします。結果、

$$\left(\begin{array}{ccc|c} 1 & \frac{3}{2} & \frac{3}{2} & \frac{9}{2} \\ \hline 0 & 1 & 5 & 9 \\ \hline 0 & \boxed{0} & 1 & 2 \end{array}\right)\left(\begin{array}{c} x_1 \\ x_2 \\ x_3 \\ \hline -1 \end{array}\right) = \begin{pmatrix} 0 \\ 0 \\ 0 \end{pmatrix}$$

となり、この段階で $x_3 = 2$ が求まっています。なぜなら、この式は、次のように書けるからです。

$$\begin{pmatrix} x_1 + \frac{3}{2}x_2 + \frac{3}{2}x_3 - \frac{9}{2} \\ x_2 + 5x_3 - 9 \\ x_3 - 2 \end{pmatrix} = \begin{pmatrix} 0 \\ 0 \\ 0 \end{pmatrix}$$

1 行目と 2 行目のぐちゃぐちゃは置いといて、3 行目を見れば $x_3 = 2$ はひと目でわかります。

後は、求まった x_3 を代入して、x_2 を求めたのでした。ブロック行列の表記で言うと、2 行目で x_3 に対応する位置（第 3 列）が 0 になるようにすれば、x_2 が求まります。そのために、行列の 3 行目を (-5) 倍して 2 行目に加えます。こうして、

$$\left(\begin{array}{ccc|c} 1 & \frac{3}{2} & \frac{3}{2} & \frac{9}{2} \\ \hline 0 & 1 & \boxed{0} & -1 \\ \hline 0 & 0 & 1 & 2 \end{array}\right)\left(\begin{array}{c} x_1 \\ x_2 \\ x_3 \\ \hline -1 \end{array}\right) = \begin{pmatrix} 0 \\ 0 \\ 0 \end{pmatrix}$$

のように、$x_2 = -1$ が求まります。

最後に、求まった x_2, x_3 を代入して、x_1 を求めればおしまいでした。ブロック行列の表記で言うと、1 行目で x_2, x_3 に対応する位置（第 2, 3 列）が 0 になるようにすれば、x_1 が求まります。まず x_2 については、2 行目を $(-3/2)$ 倍して 1 行目に加えます。結果は、次のようになります。

$$\left(\begin{array}{ccc|c} 1 & \boxed{0} & \frac{3}{2} & 6 \\ \hline 0 & 1 & 0 & -1 \\ \hline 0 & 0 & 1 & 2 \end{array}\right)\left(\begin{array}{c} x_1 \\ x_2 \\ x_3 \\ \hline -1 \end{array}\right) = \begin{pmatrix} 0 \\ 0 \\ 0 \end{pmatrix}$$

さらに、3 行目を $(-3/2)$ 倍して 1 行目に加えれば、次のようになります。

$$\left(\begin{array}{ccc|c} 1 & 0 & \boxed{0} & 3 \\ \hline 0 & 1 & 0 & -1 \\ \hline 0 & 0 & 1 & 2 \end{array}\right)\left(\begin{array}{c} x_1 \\ x_2 \\ x_3 \\ \hline -1 \end{array}\right) = \begin{pmatrix} 0 \\ 0 \\ 0 \end{pmatrix}$$

これで $x_1 = 3$ が求まって、完了です。

結局どうやって解いたのか、振り返っておきましょう。元の 3 本の方程式（2.3）（2.4）（2.5）から、

- ある式の両辺を c 倍する
- ある式を c 倍して別の式に辺々加える

という操作を駆使して、$x_1 = \bigcirc, x_2 = \triangle, x_3 = \square$ という形に到達したわけですね（c は 0 でない数)。ブロック行列で書くと、

$$\left(\begin{array}{c|c} A & \boldsymbol{y} \end{array}\right)\left(\begin{array}{c} \boldsymbol{x} \\ \hline -1 \end{array}\right) = \boldsymbol{o}$$

を変形していって

$$\left(\begin{array}{c|c} I & \boldsymbol{s} \end{array}\right)\left(\begin{array}{c} \boldsymbol{x} \\ \hline -1 \end{array}\right) = \boldsymbol{o}$$

という形にできれば、$\boldsymbol{x} - \boldsymbol{s} = \boldsymbol{o}$。つまり、$\boldsymbol{s}$ の箇所に解が現れるというわけです。

以上が、変数消去法を行列で表現したものです。

? 2.4 わかった気がしません。

「連立一次方程式の変数消去の話とブロック行列との対応がピンとこない」ということなら、気にしなくても結構です。それぞれ別の話だと思って聞いてください。ブロック行列の例でやっている操作には、文句はないでしょう？「ある式を c 倍する」「ある式の c 倍を別の式に辺々加える」というだけですから。この操作を繰り返して $x_i = \square$ という式になれば、それで解が求まっているという話です。後で、2.2.4 項（107 ページ）でも、基本変形という概念を導入して別の説明をします。そちらのほうがすっきりわかるかもしれません。

> **? 2.5**　じゃあ、なぜ基本変形を先に説明しないんだ。論理的な順序でちゃんと話せ。
>
> それをやると、意図のよくわからない「準備」がだらだらあって、その先にやっと本当にやりたかったことが出てくる、というスタイルの説明になります。いやでしょう？

■ブロック行列表記だけで連立一次方程式を解く——Gauss-Jordan 法

ブロック行列で表記して連立一次方程式 $A\boldsymbol{x} = \boldsymbol{y}$ を解いたわけですが、途中で値が更新されたのは

$$\left(\begin{array}{ccc|c} * & * & * & * \\ * & * & * & * \\ * & * & * & * \end{array}\right)\left(\begin{array}{c} x_1 \\ x_2 \\ x_3 \\ \hline -1 \end{array}\right) = \begin{pmatrix} 0 \\ 0 \\ 0 \end{pmatrix}$$

の $*$ の箇所だけでした。ほかは、最初から最後まで共通。それなら、わざわざ書かなくても解けるじゃないか。というわけで、更新する箇所だけ取り出した

$$\left(\begin{array}{c|c} A & \boldsymbol{y} \end{array}\right) = \left(\begin{array}{ccc|c} 2 & 3 & 3 & 9 \\ 3 & 4 & 2 & 9 \\ -2 & -2 & 3 & 2 \end{array}\right)$$

を変形していくのが、連立一次方程式の「筆算法」です。

どういう変形をしていくのだったかというと、

- ある行を c 倍する
- ある行の c 倍を別の行に加える

でした（c は 0 でない数）。目標は、A だった部分を単位行列 I にすることです。そうなったとき、$\boldsymbol{y}$ だった部分が解になります。

おさらいとして、前とはちょっと手順を変えてやってみましょう。次の手順は **Gauss-Jordan** 法と呼ばれます（どういう手順だろうと、I に到達すれば成功です）。

$$\left(\begin{array}{c|c} A & \boldsymbol{y} \end{array}\right) \tag{2.13}$$

$$= \left(\begin{array}{ccc|c} 2 & 3 & 3 & 9 \\ \hline 3 & 4 & 2 & 9 \\ \hline -2 & -2 & 3 & 2 \end{array}\right) \quad \text{1 行目を 1/2 倍して、先頭に 1 を作る} \tag{2.14}$$

$$\to \left(\begin{array}{ccc|c} \boxed{1} & \frac{3}{2} & \frac{3}{2} & \frac{9}{2} \\ \hline 3 & 4 & 2 & 9 \\ \hline -2 & -2 & 3 & 2 \end{array}\right) \quad \begin{array}{l} \text{1 行目を (−3) 倍して 2 行目に加え、先頭を 0 にする} \\ \text{1 行目を 2 倍して 3 行目に加え、先頭を 0 にする} \\ \text{これで 1 列目が完成} \end{array} \tag{2.15}$$

$$\to \left(\begin{array}{ccc|c} 1 & \frac{3}{2} & \frac{3}{2} & \frac{9}{2} \\ \hline \boxed{0} & -\frac{1}{2} & -\frac{5}{2} & -\frac{9}{2} \\ \hline \boxed{0} & 1 & 6 & 11 \end{array}\right) \quad \text{2 行目を (−2) 倍して、2 列目（対角成分）に 1 を作る} \tag{2.16}$$

$$\to \left(\begin{array}{ccc|c} 1 & \frac{3}{2} & \frac{3}{2} & \frac{9}{2} \\ \hline 0 & \boxed{1} & 5 & 9 \\ \hline 0 & 1 & 6 & 11 \end{array}\right) \quad \begin{array}{l}\text{2 行目を (−3/2) 倍して 1 行目に加え、2 列目を 0 にする} \\ \text{2 行目を (−1) 倍して 3 行目に加え、2 列目を 0 にする} \\ \text{これで 2 列目も完成}\end{array} \tag{2.17}$$

$$\to \left(\begin{array}{ccc|c} 1 & \boxed{0} & -6 & -9 \\ \hline 0 & 1 & 5 & 9 \\ \hline 0 & \boxed{0} & 1 & 2 \end{array}\right) \quad \begin{array}{l}\text{幸運にも、3 行目はこのままで 3 列目（対角成分）が 1} \\ \text{3 行目を 6 倍して 1 行目に加え、3 列目を 0 にする} \\ \text{3 行目を (−5) 倍して 2 行目に加え、3 列目を 0 にする}\end{array} \tag{2.18}$$

$$\to \left(\begin{array}{ccc|c} 1 & 0 & \boxed{0} & 3 \\ 0 & 1 & \boxed{0} & -1 \\ 0 & 0 & 1 & 2 \end{array}\right) \quad \text{これで 3 列目も完成} \tag{2.19}$$

というわけで、$\boldsymbol{x} = (3, -1, 2)^T$ が求まりました。

ただし、これだけでは行き詰まってしまうときもあります。対角成分を 1 にしようと思ったら、そこが 0 だったというときです。これじゃ何を掛けても 0 のままで困ってしまいます。こういうときは、第 3 の操作 **pivoting** の出番です。

- ある行と別の行とを入れ替える (pivoting)

例えば、

$$\left(\begin{array}{ccc|c} 0 & 1 & 6 & 11 \\ \hline 3 & 4 & 2 & 9 \\ \hline -2 & -2 & 3 & 2 \end{array}\right) \to \left(\begin{array}{ccc|c} 3 & 4 & 2 & 9 \\ \hline 0 & 1 & 6 & 11 \\ \hline -2 & -2 & 3 & 2 \end{array}\right) \quad \text{1 行目と 2 行目とを入れ替え}$$

のように 0 じゃないものを持ってきてから、「1 行目に 1/3 を掛けて、対角成分に 1 を作る」という調子。何をしているかというと、元の姿で書けばこうです。

$$\left(\begin{array}{ccc|c} 0 & 1 & 6 & 11 \\ \hline 3 & 4 & 2 & 9 \\ \hline -2 & -2 & 3 & 2 \end{array}\right) \begin{pmatrix} x_1 \\ x_2 \\ x_3 \\ \hline -1 \end{pmatrix} = \begin{pmatrix} 0 \\ 0 \\ 0 \end{pmatrix} \to \left(\begin{array}{ccc|c} 3 & 4 & 2 & 9 \\ \hline 0 & 1 & 6 & 11 \\ \hline -2 & -2 & 3 & 2 \end{array}\right) \begin{pmatrix} x_1 \\ x_2 \\ x_3 \\ \hline -1 \end{pmatrix} = \begin{pmatrix} 0 \\ 0 \\ 0 \end{pmatrix}$$

つまり、連立一次方程式

$$\begin{aligned} x_2 + 6x_3 &= 11 \\ 3x_1 + 4x_2 + 2x_3 &= 9 \\ -2x_1 - 2x_2 + 3x_3 &= 2 \end{aligned}$$

の第 1 式と第 2 式の順番を入れ替えて、

$$\begin{aligned} 3x_1 + 4x_2 + 2x_3 &= 9 \\ x_2 + 6x_3 &= 11 \\ -2x_1 - 2x_2 + 3x_3 &= 2 \end{aligned}$$

と書き直しただけ。したがって、この操作で答が変わる心配はありません。

まとめましょう。基本手順は、以下の繰り返しで、１列ずつ片付けていくだけです。

$$\left(\begin{array}{ccccccc|c} 1 & 0 & 0 & * & * & * & * & * \\ 0 & 1 & 0 & * & * & * & * & * \\ 0 & 0 & 1 & * & * & * & * & * \\ \hline 0 & 0 & 0 & \bigstar & * & * & * & * \\ \hline 0 & 0 & 0 & * & * & * & * & * \\ 0 & 0 & 0 & * & * & * & * & * \\ 0 & 0 & 0 & * & * & * & * & * \end{array}\right)$$

→　対角成分★が１になるよう、この行を★で割る

$$\left(\begin{array}{ccccccc|c} 1 & 0 & 0 & \star & * & * & * & * \\ \hline 0 & 1 & 0 & \star & * & * & * & * \\ \hline 0 & 0 & 1 & \star & * & * & * & * \\ \hline 0 & 0 & 0 & 1 & * & * & * & * \\ \hline 0 & 0 & 0 & \star & * & * & * & * \\ \hline 0 & 0 & 0 & \star & * & * & * & * \\ \hline 0 & 0 & 0 & \star & * & * & * & * \end{array}\right)$$

→　非対角成分☆が０になるよう、さっきの行の☆倍を各行から引く

ただし、もし★が０になってしまったら、次のように pivoting。

$$\left(\begin{array}{ccccccc|c} 1 & 0 & 0 & * & * & * & * & * \\ 0 & 1 & 0 & * & * & * & * & * \\ 0 & 0 & 1 & * & * & * & * & * \\ \hline 0 & 0 & 0 & 0 & * & * & * & * \\ \hline 0 & 0 & 0 & \blacktriangle & * & * & * & * \\ \hline 0 & 0 & 0 & \blacktriangle & * & * & * & * \\ \hline 0 & 0 & 0 & \blacktriangle & * & * & * & * \end{array}\right)$$

→　▲から０でないものを探して、行を入れ替える

$$\left(\begin{array}{ccccccc|c} 1 & 0 & 0 & * & * & * & * & * \\ 0 & 1 & 0 & * & * & * & * & * \\ 0 & 0 & 1 & * & * & * & * & * \\ \hline 0 & 0 & 0 & \blacktriangle & * & * & * & * \\ \hline 0 & 0 & 0 & 0 & * & * & * & * \\ 0 & 0 & 0 & \blacktriangle & * & * & * & * \\ 0 & 0 & 0 & \blacktriangle & * & * & * & * \end{array}\right)$$

→　後は基本手順に戻る

で、| から左の行列部分がすべて片づいたら、| の右側のベクトル部分に解が現れていることになります。

? 2.6 pivoting を試みてもなお行き詰まってしまう場合は？

上の▲もすべて 0 だったら、という話ですね。実は、そんな A は「ぺちゃんこにつぶす」写像になっています。だからそもそも A^{-1} が存在しない。なぜこれが「ぺちゃんこ」とわかるのかは ? 2.10（109 ページ）、そういう場合に何が起こるのかは 2.3 節（112 ページ）の「たちが悪い場合」を参照してください。

それから、「自分を責めるな」とも言っておいてあげないといけません。変形して行き詰まってしまったら、悪いのはあなたじゃなくて A 自体です[*10]。だから、誰がどんなに上手い手順で変形しても、必ず行き詰まります。なぜそう言い切れるかも、? 2.10（109 ページ）を参照してください。

? 2.7 かなり計算が煩雑ですねえ。もうちょっと楽にできない？

本文で紹介したのは、アドリブ不要で機械的に計算できる手順。もうちょっと頭を使って工夫すれば、楽に計算できることもあります。特に、試験に出る「きれいに解けるように作られている問題」では、その期待が大いにあります。例えば、式 (2.16) の段階で 3 行目に 1 が見えています。そこで、2 行目と 3 行目を入れ替えてしまえば、掛け算しなくても「対角成分に 1 を作る」ができます[*11]。また、そもそも、式 (2.14) の段階で、1 行目を 1/2 倍したのが下手でした。まず 1 行目を (−1) 倍しておいて、そこに 2 行目を加えれば、分数を出すことなく左上を 1 にできます。

$$\left(\begin{array}{ccc|c} 2 & 3 & 3 & 9 \\ \hline 3 & 4 & 2 & 9 \\ \hline -2 & -2 & 3 & 2 \end{array}\right) \rightarrow \left(\begin{array}{ccc|c} \mathit{-2} & \mathit{-3} & \mathit{-3} & \mathit{-9} \\ \hline 3 & 4 & 2 & 9 \\ \hline -2 & -2 & 3 & 2 \end{array}\right)$$

$$\rightarrow \left(\begin{array}{ccc|c} \boxed{\mathit{1}} & \mathit{1} & \mathit{-1} & \mathit{0} \\ \hline 3 & 4 & 2 & 9 \\ \hline -2 & -2 & 3 & 2 \end{array}\right)$$

---

*10 ある行を 0 倍する、なんて無茶をやってしまったのなら、あなたが悪い。0 倍は禁止でした。

*11 ただし、すでにできあがっている部分を壊さないよう注意。もしこの段階で 1 行目に 1 が見えても、1 行目と 2 行目を入れ替えたりしたら、せっかく完成した 1 列目が崩れてしまいます。

? 2.8　前の変数消去法と手順が違うのが気になります。

はい。実は、変数消去法のほうが手間が少なくて済みます。とはいえ、Gauss-Jordan 法は単純でわかりやすいでしょうし、小さな行列の手計算では手間の損も気にするほどではないでしょう。

	Gauss-Jordan 法	変数消去法
乗除算	$n^3/2$	$n^3/3$
加減算	$n^3/2$	$n^3/3$

▲ 表 2.1　連立一次方程式（A が n 次正方行列）を解くための演算回数（n が大きいときの概算）

では、どこで差がついているのかを、次の図で説明します。

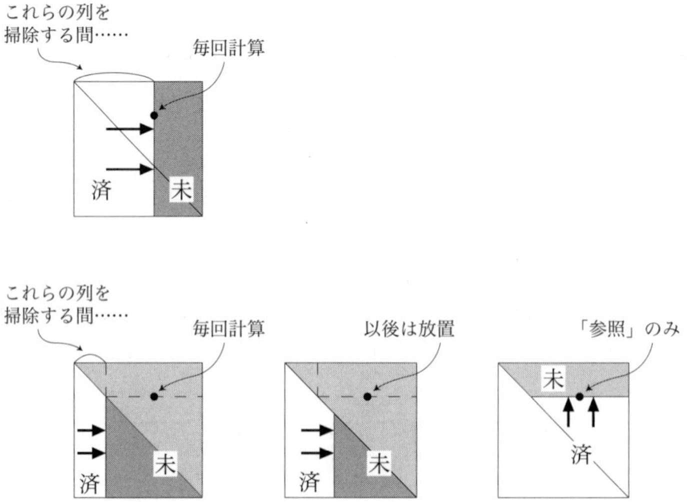

▲ 図 2.1　Gauss-Jordan 法（上）と変数消去法（下）の比較

Gauss-Jordan 法は、左から右へ一列ずつ掃除していくという手順でした。演算回数を観察するために、特定の成分、例えば図中の「・」について、何回値が更新されるか考えてみましょう。掃除の手順を思い出すと、そこより手前の列を掃除する間、一列進むたびに値を計算して更新することが必要ですね。

一方、変数消去法では、まず左下三角部分を掃除し、その後右上三角部分を掃除します。左下三角部分の成分については、値の更新のされ方は Gauss-Jordan 法と同じです。違いは右上三角部分にあります。この部分もやはり、手前の列を掃除する間、一列進むたびに値を計算して更新することが必要です。しかし、変数消去法では、この更新から解放されるのが Gauss-Jordan 法より早いのです。図を参照して、変数消去法の手順を思い出し、納得してください。

2.2.3 逆行列の計算法 ▽

1.3.5 項（89 ページ）「余因子展開と逆行列」で逆行列を書き下してみせましたが、逆行列を具体的に求めるための計算法としては、手間がかかりすぎでお勧めできません。手でやるにしてもコンピュータでやるにしても、別の方法を使うべきです。手計算のときは、先ほどの 2.2.2 項（95 ページ）の方法を応用するのがお勧めです。本項では、この方法を説明します（コンピュータでの計算は、後の 3.7 節（185 ページ）で説明します）。

? 2.9 手計算かコンピュータかで違う計算法を使うのはなぜ？

どちらにしても計算量が少ないほうが嬉しいわけですが、手計算の場合はさらに、「途中で分数が出にくい」「アドリブを効かせる余地がある」という性質が好まれます。? 2.7（103 ページ）でも、アドリブで計算が楽になる例を示しました。また、手計算の対象となる問題はしょせん小規模なので、小規模問題向けの計算法で済むという事情もあるでしょう。

■連立一次方程式の応用で逆行列を求める

原理的には、連立一次方程式が解ければ、逆行列も求められるはずです。

まず、n 次正方行列 A の逆行列とは、$AX = I$ となるような正方行列 X のことでした。この X を $X = (\boldsymbol{x}_1, \ldots, \boldsymbol{x}_n)$ と列ベクトルで表し、対応して単位行列 I も $I = (\boldsymbol{e}_1, \ldots, \boldsymbol{e}_n)$ と表しましょう。$\boldsymbol{e}_i$ は、第 i 成分だけが 1 で、ほかの成分は 0 なベクトルになります。この見方をすると、$AX = I$ は

$$A(\boldsymbol{x}_1, \ldots, \boldsymbol{x}_n) = (A\boldsymbol{x}_1, \ldots, A\boldsymbol{x}_n) = (\boldsymbol{e}_1, \ldots, \boldsymbol{e}_n)$$

つまり

$$\begin{aligned} A\boldsymbol{x}_1 &= \boldsymbol{e}_1 \\ &\vdots \\ A\boldsymbol{x}_n &= \boldsymbol{e}_n \end{aligned}$$

を満たすベクトル $\boldsymbol{x}_1, \ldots, \boldsymbol{x}_n$ を求めて、それを接着すれば、$A^{-1} = (\boldsymbol{x}_1, \ldots, \boldsymbol{x}_n)$ が得られます。個々の $A\boldsymbol{x}_i = \boldsymbol{e}_i$ は連立一次方程式だから、すでに解き方は習得済み。

でも、この作戦だと、連立一次方程式を n 組も解かないといけません。実はもっと手間を節約できる作戦があります。

■ブロック行列表記でまとめて解く

n 組の連立一次方程式 $A\boldsymbol{x}_i = \boldsymbol{e}_i (i = 1, \ldots, n)$ を、2.2.2 項（95 ページ）のブロック表記で解くことを考えましょう。どんな話だったかというと、

$$(A|\boldsymbol{e}_1) \to (I|\boldsymbol{s}_1)$$

$$\vdots$$

$$(A|\boldsymbol{e}_n) \to (I|\boldsymbol{s}_n)$$

のようにそれぞれ変形すれば、$\boldsymbol{s}_i$ の箇所に解 $\boldsymbol{x}_i$ が出てくる、という話でした。でもよく考えたら、どれも結局「A を I に変形する」なので、変形手順は共通。そんなのを n 回やり直すなんてばかばかしい。

そう考えると、まとめて

$$(A|\boldsymbol{e}_1, \cdots, \boldsymbol{e}_n) \to (I|\boldsymbol{s}_1, \cdots, \boldsymbol{s}_n)$$

と変形すればよいことに気付きます。さらに睨むと、$(\boldsymbol{e}_1, \cdots, \boldsymbol{e}_n)$ は I ですし、$X \equiv (\boldsymbol{s}_1, \cdots, \boldsymbol{s}_n)$ は最終的な答そのものです。

というわけで、結局、

$$(A|I) \to (I|X)$$

と変形すれば、X のところに A^{-1} が現れます。つまり、

- A の右側に単位行列 I を書いておく
- 連立一次方程式の筆算法（2.2.2 項（95 ページ））でやった変形を駆使して、左側（最初 A だった部分）が I になるようにする
- そうなったとき、右側（最初 I だった部分）には A^{-1} が現れる

という手順です。これが逆行列の「筆算法」というわけです。

例として、前に出てきた

$$A = \begin{pmatrix} 2 & 3 & 3 \\ 3 & 4 & 2 \\ -2 & -2 & 3 \end{pmatrix}$$

の逆行列 A^{-1} を求めてみましょう。

$$\begin{aligned}
&(A|I) \\
&= \left(\begin{array}{ccc|ccc} 2 & 3 & 3 & 1 & 0 & 0 \\ \hline 3 & 4 & 2 & 0 & 1 & 0 \\ \hline -2 & -2 & 3 & 0 & 0 & 1 \end{array}\right) && \text{1 行目を 1/2 倍して、先頭に 1 を作る} \\
&\to \left(\begin{array}{ccc|ccc} \boxed{1} & \frac{3}{2} & \frac{3}{2} & \frac{1}{2} & 0 & 0 \\ \hline 3 & 4 & 2 & 0 & 1 & 0 \\ \hline -2 & -2 & 3 & 0 & 0 & 1 \end{array}\right) && \begin{array}{l}\text{1 行目を }(-3)\text{ 倍して 2 行目に加え、先頭を 0 にする} \\ \text{1 行目を 2 倍して 3 行目に加え、先頭を 0 にする} \\ \text{これで 1 列目が完成}\end{array} \\
&\to \left(\begin{array}{ccc|ccc} 1 & \frac{3}{2} & \frac{3}{2} & \frac{1}{2} & 0 & 0 \\ \hline \boxed{0} & -\frac{1}{2} & -\frac{5}{2} & -\frac{3}{2} & 1 & 0 \\ \hline \boxed{0} & 1 & 6 & 1 & 0 & 1 \end{array}\right) && \text{2 行目を }(-2)\text{ 倍して、2 列目（対角成分）に 1 を作る}
\end{aligned}$$

$$\to \left(\begin{array}{ccc|ccc} 1 & \frac{3}{2} & \frac{3}{2} & \frac{1}{2} & 0 & 0 \\ \hline \mathit{0} & \boxed{\mathit{1}} & \mathit{5} & \mathit{3} & \mathit{-2} & \mathit{0} \\ \hline 0 & 1 & 6 & 1 & 0 & 1 \end{array}\right)$$

2 行目を (−3/2) 倍して 1 行目に加え、2 列目を 0 にする
2 行目を (−1) 倍して 3 行目に加え、2 列目を 0 にする
これで 2 列目も完成

$$\to \left(\begin{array}{ccc|ccc} \mathit{1} & \boxed{\mathit{0}} & \mathit{-6} & \mathit{-4} & \mathit{3} & \mathit{0} \\ \hline 0 & 1 & 5 & 3 & -2 & 0 \\ \hline \mathit{0} & \boxed{\mathit{0}} & \mathit{1} & \mathit{-2} & \mathit{2} & \mathit{1} \end{array}\right)$$

幸運にも、3 行目は 3 列目（対角成分）が 1
3 行目を 6 倍して 1 行目に加え、3 列目を 0 にする
3 行目を (−5) 倍して 2 行目に加え、3 列目を 0 にする

$$\to \left(\begin{array}{ccc|ccc} \mathit{1} & \mathit{0} & \boxed{\mathit{0}} & \mathit{-16} & \mathit{15} & \mathit{6} \\ \hline \mathit{0} & \mathit{1} & \boxed{\mathit{0}} & \mathit{13} & \mathit{-12} & \mathit{-5} \\ \hline 0 & 0 & 1 & -2 & 2 & 1 \end{array}\right)$$

これで 3 列目も完成

$$=(I|A^{-1})$$

となって、

$$A^{-1} = \begin{pmatrix} -16 & 15 & 6 \\ 13 & -12 & -5 \\ -2 & 2 & 1 \end{pmatrix}$$

が求まりました。A に掛けてみると、ちゃんと単位行列 I になります。

2.2.4 基本変形 ▽

以上で、計算はできるようになりました。ここからは、この計算の意味を、基本変形という概念ですっきり整理しようという話です。

筆算法でやったのは、行列 $(A|\boldsymbol{y})$ や $(A|I)$ に次の操作を施すことでした：

- ある行を c 倍する $(c \neq 0)$
- ある行の c 倍を別の行に加える
- ある行と別の行とを入れ替える

これらの操作は、どれも「行列を掛ける」で表現できます。例として、行列

$$A = \begin{pmatrix} 2 & 3 & 3 & 9 \\ 3 & 4 & 2 & 9 \\ -2 & -2 & 3 & 2 \end{pmatrix}$$

に対して……

- 第 3 行を 5 倍する
  → 「単位行列の $(3,3)$ 成分を 5 にした行列 $Q_3(5)$」を掛ける

$$Q_3(5) = \begin{pmatrix} 1 & 0 & 0 \\ 0 & 1 & 0 \\ 0 & 0 & \boxed{\mathit{5}} \end{pmatrix}$$

$$Q_3(5)A = \begin{pmatrix}1 & 0 & 0\\ 0 & 1 & 0\\ 0 & 0 & \boxed{5}\end{pmatrix}\begin{pmatrix}2 & 3 & 3 & 9\\ 3 & 4 & 2 & 9\\ \boxed{-2} & \boxed{-2} & \boxed{3} & \boxed{2}\end{pmatrix}$$
$$= \begin{pmatrix}2 & 3 & 3 & 9\\ 3 & 4 & 2 & 9\\ \boxed{-10} & \boxed{-10} & \boxed{15} & \boxed{10}\end{pmatrix}$$

- 第 1 行の 10 倍を第 2 行に加える
  → 「単位行列の $(2,1)$ 成分を 10 にした行列 $R_{2,1}(10)$」を掛ける

$$R_{2,1}(10) = \begin{pmatrix}1 & 0 & 0\\ \boxed{10} & 1 & 0\\ 0 & 0 & 1\end{pmatrix}$$
$$R_{2,1}(10)A = \begin{pmatrix}1 & 0 & 0\\ \boxed{10} & 1 & 0\\ 0 & 0 & 1\end{pmatrix}\begin{pmatrix}\boxed{2} & \boxed{3} & \boxed{3} & \boxed{9}\\ 3 & 4 & 2 & 9\\ -2 & -2 & 3 & 2\end{pmatrix}$$
$$= \begin{pmatrix}2 & 3 & 3 & 9\\ \boxed{23} & \boxed{34} & \boxed{32} & \boxed{99}\\ -2 & -2 & 3 & 2\end{pmatrix}$$

- 第 1 行と第 3 行とを入れ替える
  → 「単位行列の 1 行目と 3 行目を入れ替えた行列 $S_{1,3}$」を掛ける

$$S_{1,3} = \begin{pmatrix}0 & 0 & \boxed{1}\\ 0 & 1 & 0\\ \boxed{1} & 0 & 0\end{pmatrix}$$
$$S_{1,3}A = \begin{pmatrix}0 & 0 & \boxed{1}\\ 0 & 1 & 0\\ \boxed{1} & 0 & 0\end{pmatrix}\begin{pmatrix}\boxed{2} & \boxed{3} & \boxed{3} & \boxed{9}\\ 3 & 4 & 2 & 9\\ \boxed{-2} & \boxed{-2} & \boxed{3} & \boxed{2}\end{pmatrix}$$
$$= \begin{pmatrix}\boxed{-2} & \boxed{-2} & \boxed{3} & \boxed{2}\\ 3 & 4 & 2 & 9\\ \boxed{2} & \boxed{3} & \boxed{3} & \boxed{9}\end{pmatrix}$$

という調子。

というわけで、筆算法の操作は、「$Q_i(c), R_{i,j}(c), S_{i,j}$ という特別な形の正方行列を（左から）次々と掛けていく」と言い直せます。この操作のことを、（左）**基本変形**と呼びます[*12]。

ここまでおさえておけば、連立一次方程式や逆行列の筆算法を、行列の言葉ですっきり理解することができます。例えば、100 ページの Gauss-Jordan 法でやった手順は、

$$Q_1(1/2) \to R_{2,1}(-3) \to R_{3,1}(2) \to Q_2(-2) \to R_{1,2}(-3/2)$$

*12 行基本変形とも呼びます。

$$\to R_{3,2}(-1) \to R_{1,3}(6) \to R_{2,3}(-5)$$

でした。つまり、$(A|\boldsymbol{y})$ に左から

$$P = R_{2,3}(-5)R_{1,3}(6)R_{3,2}(-1)R_{1,2}(-3/2)Q_2(-2)R_{3,1}(2)R_{2,1}(-3)Q_1(1/2)$$

という行列を掛けると[*13]、$(I|\boldsymbol{s})$ という形になったということです。式で言うと

$$P(A|\boldsymbol{y}) = (I|\boldsymbol{s})$$

ばらして書けば[*14]

$$PA = I$$
$$P\boldsymbol{y} = \boldsymbol{s}$$

だから、1 つ目の式から $P = A^{-1}$ がわかり、2 つ目の式から $\boldsymbol{s} = A^{-1}\boldsymbol{y}$。こうして、この $\boldsymbol{s}$ の箇所が $A\boldsymbol{x} = \boldsymbol{y}$ の解 $\boldsymbol{x}$ になっていることを納得できました。

逆行列の筆算も同様。例の操作を駆使して $(A|I)$ を $(I|X)$ に変形できたということは、上手い行列 P を見つけて

$$P(A|I) = (I|X)$$

とできたということになります。ばらして書けば

$$PA = I$$
$$PI = X$$

ですから、1 つ目の式から $P = A^{-1}$ がわかり、2 つ目の式から結局 $X = P = A^{-1}$ です。

? 2.10 基本変形って、この 3 種類で十分なの？ 十分って意味は、これだけでどんな連立一次方程式でも解けて、どんな行列の逆行列でも求められるのかということだけど……

要するに、「どんな正方行列 A でも、左基本変形で単位行列 I にもっていけるか」ということですね。答は「A が正則なら必ずできる。A が正則でなければできるわけない」です。

まず、「A が正則じゃないとできない」のほうは当たり前でしょう。もし I にもっていけたら、「$PA = I$ となる P を見つけた」わけで、$P = A^{-1}$ が存在することになりますから（A^{-1} が存在することを「A は正則」というのでした）。

後は、「A が正則なら必ずできる」のほうです。まず、ここまででやってみせた手順に従えば、「途中で ? 2.6（103 ページ）のように行き詰まらない限り」必ず A を I に変形できる。これは納得でしょう。問題は、「途中で行き詰まってしまった」場合。実は、A が正則ならそんなことは起こり得ません。これを示せば解説完了[*15]。背理法で示します。

[*13] 順番が逆になっていることに「えっ」て思った人は、? 1.17（29 ページ）を復習。

[*14] $P(A|\boldsymbol{y}) = (PA|P\boldsymbol{y})$ でしたね。それが $(I|\boldsymbol{s})$ と等しいんだから……「えっ」て人はブロック行列を復習（1.2.9 項（47 ページ））。

[*15] ? 2.6（103 ページ）「自分を責めるな」の証明を、今からやろうとしています。

今、左基本変形をしていって、A がそんな行き詰まり行列 B になったとしましょう。例えば

$$B = \begin{pmatrix} 1 & 0 & 0 & * & * & * \\ 0 & 1 & 0 & * & * & * \\ 0 & 0 & 1 & * & * & * \\ 0 & 0 & 0 & 0 & * & * \\ 0 & 0 & 0 & 0 & * & * \\ 0 & 0 & 0 & 0 & * & * \end{pmatrix}$$

のような形です。こういうときには、もし A が正則だとすると矛盾が生じます。

なぜかというと……左基本変形で A が B になったということは、その変形に対応したある行列 P で $PA = B$ となったということです。ここで、A は正則と仮定しました。また、P も実は正則です（後で示します）。ということは、$B = PA$ も正則なはず[*16]。しかるに、B は「ぺちゃんこにつぶす」行列であり、逆行列は存在しません[*17]。というわけで矛盾。となると、仮定が誤っていたと言わざるを得ない。以上のように、背理法で、「A が正則ならそんなことは起こり得ません」が示されました。

残る宿題は、P が正則なことの証明。まず、$Q_i(c), R_{i,j}(c), S_{i,j}$ がすべて正則なことをおさえましょう。

$$\begin{aligned} Q_i(1/c)Q_i(c) &= I \\ R_{i,j}(-c)R_{i,j}(c) &= I \\ S_{i,j}S_{i,j} &= I \end{aligned}$$

が簡単に確認できるはずです（$c \neq 0$ や $i \neq j$ に注意）。実際に掛け算してみてもすぐわかるし、意味を考えてもひと目で納得できます[*18]。ということは、

$$\begin{aligned} Q_i(c)^{-1} &= Q_i(1/c) \\ R_{i,j}(c)^{-1} &= R_{i,j}(-c) \\ S_{i,j}^{-1} &= S_{i,j} \end{aligned}$$

のように、ちゃんと逆行列があったわけです。P はそんな $Q_i(c), R_{i,j}(c), S_{i,j}$ を掛け合わせたものなんだから、P^{-1} も存在[*19]。以上で解説完了です。

---

*16 A^{-1} も P^{-1} も存在するというんだから、B の逆行列も作れるはず。実際、$Z = A^{-1}P^{-1}$ を作れば、$BZ = I$ つまり $Z = B^{-1}$ になっているはず。

*17 ぺちゃんこなことは 2.3.4 項（123 ページ）「ぺちゃんこを式で表す」で示します。そうすると逆行列が存在しないことは、1.2.8 項（43 ページ）「逆行列＝逆写像」や 2.3.1 項（112 ページ）「たちが悪い例」を参照。

*18 「えっ」て人は、「行列の積」「逆行列」「単位行列」などが写像としてどういう意味だったか、第 1 章を復習してください。

*19 $P_1, \ldots, P_k$ のすべてに逆行列が存在するなら、$P = P_1 \cdots P_k$ に対して、$P^{-1} = P_k^{-1} \cdots P_1^{-1}$。もう大丈夫ですよね。

? 2.11 行列式の計算でもこんな感じのことやったような……

1.3.4 項（86 ページ）ですね。あの辺りの操作も、基本変形で解釈できます。まず、

$$\det Q_i(c) = c$$
$$\det R_{i,j}(c) = 1$$
$$\det S_{i,j} = -1$$

を、次の図 2.2 で確認しておきましょう。

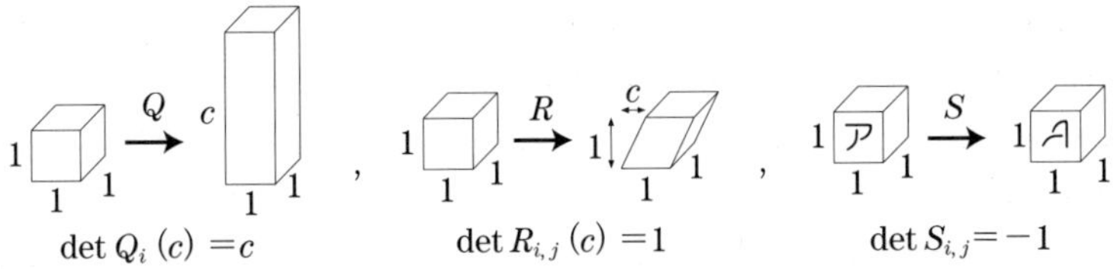

▲ 図 2.2　基本変形行列による体積拡大率

「行列式＝体積拡大率＝平行六面体の体積」（1.3.1 項（66 ページ））を思い出してこれらの図を見ると……
（左図）$Q_3(c)$ は高さが c になるから体積 c
（中図）$R_{1,3}(c)$ は底面が一辺 1 の正方形で高さも 1 だから体積 1
（右図）$S_{1,3}$ は大きさが同じだけど中身が鏡像になるので体積 -1
これらの性質を了解すれば、

- 「第 i 行を c 倍すると行列式は c 倍」は、

$$\det(Q_i(c)A) = (\det Q_i(c))(\det A) = c \det A$$

- 「第 j 行の c 倍を第 i 行に加えても行列式は不変」は、

$$\det(R_{i,j}(c)A) = (\det R_{i,j}(c))(\det A) = \det A$$

- 「第 i 行と第 j 行とを入れ替えると、行列式の符号が逆転」は、

$$\det(S_{i,j}A) = (\det S_{i,j})(\det A) = -\det A$$

となり、ちゃんと話が合います[*20]。

[*20] 積の行列式は行列式の積。「えっ」て人は 1.3.2 項（72 ページ）「行列式の性質」を復習。

2.3　たちが悪い場合

前節は、たちがいい場合に、どうやって答を求めるかの話でした。本節では、たちが悪い場合について、どう困るのか、一体何がおこっているのか、を見ていきます。たちが悪い場合の検出は 2.4 節（144 ページ）、対策は 2.5 節（148 ページ）で説明します。

2.3.1　たちが悪い例

■手がかりが足りない場合（横長行列・核）

原因 $\boldsymbol{x} = (x_1, \ldots, x_n)^T$ と結果 $\boldsymbol{y} = (y_1, \ldots, y_m)^T$ とで、次元数が違う場合（$n \neq m$）はどうなるでしょう。この場合は、$y_1, \ldots, y_m$ という m 個の手がかりに基づいて、$x_1, \ldots, x_n$ という n 個の未知量を当てろ、という問題になります。手がかりの個数と知りたい量の個数とが一致していないと、いやなことになりそうですね。

まずは、$\boldsymbol{y}$ のほうが $\boldsymbol{x}$ より次元が小さい（$m < n$）場合を考えましょう。$\boldsymbol{y} = A\boldsymbol{x}$ で、$\boldsymbol{x}$ が n 次元、$\boldsymbol{y}$ が m 次元なのですから、A のサイズは $m \times n$。つまり、A が横長の場合です。

$$\begin{pmatrix} * \\ * \end{pmatrix} = \begin{pmatrix} * & * & * \\ * & * & * \end{pmatrix} \begin{pmatrix} * \\ * \\ * \end{pmatrix}$$

$$\boldsymbol{y} = A\boldsymbol{x}$$

直観的には、「知りたい量が n 個もあるのに、手がかりはたった m 個しかないんだから、わかるわけないじゃないか」。実際そうなのですが、ここでは、別の見方でこの状況を観察しましょう。

イメージしやすいように、$m = 2, n = 3$ を例に取ります。さあ、「行列は写像だ」（1.2.3 項（25 ページ））を思い出してください。今の場合なら、A は、「$\boldsymbol{x}$ の住む 3 次元空間」を「$\boldsymbol{y}$ の住む 2 次元空間」へと移す写像です。元より次元の低い空間に移すのですから、「ぺちゃんこにつぶす」写像になってしまっています。「ぺちゃんこにつぶす」を噛みくだいて言うと、複数の $\boldsymbol{x}$ が同じ $\boldsymbol{y}$ に移るということ。例えば、図 2.3 なら、図中に示した直線上の $\boldsymbol{x}$ はすべて同じ $\boldsymbol{y}$ に移ってしまいます。ということは、「A でこの $\boldsymbol{y}$ に移ってきました。元の $\boldsymbol{x}$ はどこだったでしょう？」と尋ねられても、直線上の $\boldsymbol{x}$ たちのどれが正解だったかは、判断しようがありません。「この直線上のどこかにいたはずだ」ということまでは言えますが、「直線上のどこにいたか」については、A を施す過程で情報が欠落してしまったので、お手上げです。

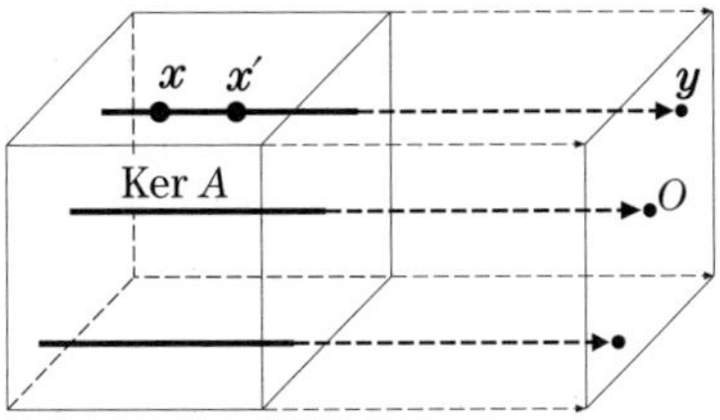

▲ 図 2.3 2 × 3 行列 A による写像の例（Ker A が 1 次元）

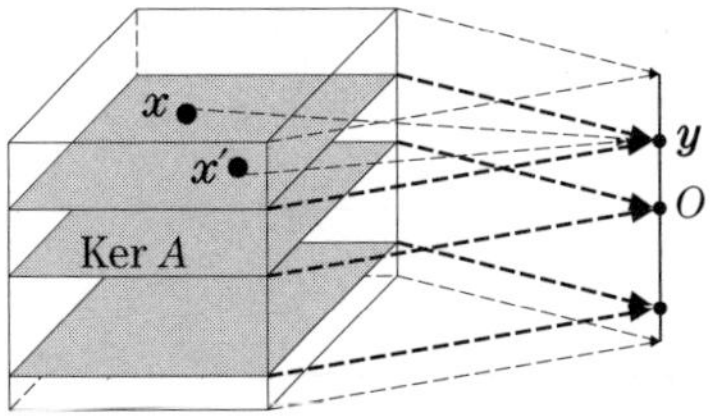

▲ 図 2.4 1 × 3 行列 A による写像の例（Ker A が 2 次元）

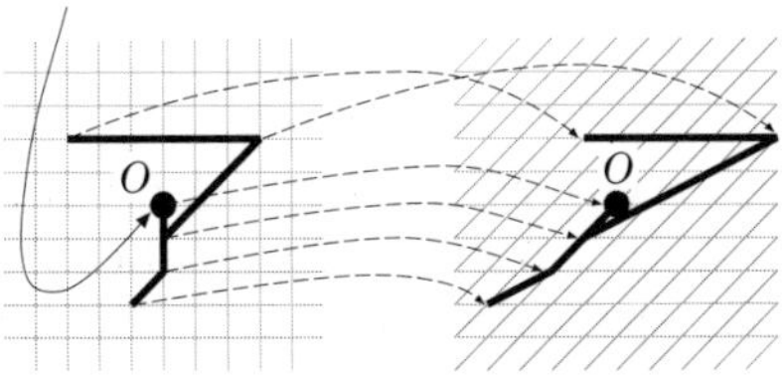

▲ 図 2.5 2 × 2 行列 A による写像の例（Ker A が 0 次元）

せっかくだから、ちょっとかっこいい言葉も紹介しておきましょう。与えられた A に対して、$A\boldsymbol{x} = \boldsymbol{o}$ に移ってくるような $\boldsymbol{x}$ の集合を、A の核（**kernel**）と呼び、Ker A と表します[*21]。例えば、図 2.3 なら Ker A は 1 次元（直線）、図 2.4 なら Ker A は 2 次元（平面）、です。この Ker A が、「写像 A でぺちゃんこにつぶされる方向」を示しています。なので、Ker A に平行な成分については、移り先だけからは特定できません。「総まとめ —— アニメーションで見る線形代数」の「ランクと正則性の観察」で、このことを観察してください。ちなみに、ぺちゃんこにつぶれない場合は、図 2.5 のように Ker A は 0 次元（原点 $\boldsymbol{o}$ ただ 1 点のみ）となります。

[*21] **null space** という呼び方を好む人もいます。

? 2.12 「$A\boldsymbol{x} = \boldsymbol{o}$ を聞いても、$\boldsymbol{x}$ が Ker A 内のどこかにいるということしかわからない」は、Ker の定義から納得。でも、$\boldsymbol{y} = A\boldsymbol{x}$ が $\boldsymbol{o}$ でない場合については考えなくていいの？

いま、$A\boldsymbol{x} = \boldsymbol{y}$ だったとしましょう。これと同じ $\boldsymbol{y}$ に移ってくるような $\boldsymbol{x}'$、つまり、$A\boldsymbol{x}' = \boldsymbol{y}$ となる $\boldsymbol{x}'$ というのは、どんなやつらでしょうか？ $A\boldsymbol{x} = A\boldsymbol{x}' = \boldsymbol{y}$ から、$A\boldsymbol{x} - A\boldsymbol{x}' = \boldsymbol{o}$。ということは

$$A(\boldsymbol{x} - \boldsymbol{x}') = \boldsymbol{o}$$

よって、$\boldsymbol{z} = \boldsymbol{x} - \boldsymbol{x}'$ が Ker A に入っていることがわかります。逆に、Ker A 内のベクトル $\boldsymbol{z}$ をもってきて $\boldsymbol{x}' = \boldsymbol{x} + \boldsymbol{z}$ を作れば、$A\boldsymbol{x}' = A\boldsymbol{x} + A\boldsymbol{z} = A\boldsymbol{x} + \boldsymbol{o} = A\boldsymbol{x}$ となります。これが、「($\boldsymbol{y}$ を聞いても) Ker A に平行な方向の成分が定まらない」と述べた理由です。

? 2.13 「ぺちゃんこにつぶすことは、情報を捨てること」と思ってよい？

そうですね。Ker A に平行な成分の情報を捨ててしまったことになります。だから、「移り先から元を特定したい」という逆問題では、つぶされるのは迷惑。一方、目的・状況が違えば、積極的に「つぶし」を活用する話もあります。例えば、カメラに写った画像[*22] $\boldsymbol{x}$ が、テンプレート画像 $\boldsymbol{z}$ と同じものか、それとも別の $\boldsymbol{z}'$ と同じものなのか、を判断したいとしましょう。このとき、単純に、$\boldsymbol{x}$ と $\boldsymbol{z}$、$\boldsymbol{x}$ と $\boldsymbol{z}'$、でそれぞれ相違を測るのでは、上手く判断できなかったりします。ちょっとした写り方の違いなどで惑わされてしまうからです。そこで、行列 A を上手く作って、$A\boldsymbol{x}$ と $A\boldsymbol{z}$、$A\boldsymbol{x}$ と $A\boldsymbol{z}'$、でそれぞれ相違を測る、という方法があります。どんな A を作るかというと、「ちょっとした写り方の違いなどによる変化」に対応した Ker A を持つような A です。こうすれば、無意味な違いの情報を捨て去り、ノイズなどに惑わされない判断ができるようになります。

■手がかりが多すぎる場合（縦長行列・像）

今度は逆に、$\boldsymbol{y}$ のほうが次元が大きい ($m > n$)、A が縦長の場合。「知りたい量はたった n 個しかないのに、手がかりが m 個もある」という状況。手がかりが多いのは本来は嬉しいはずなのですが、「手がかりどうしがお互いに矛盾する」という贅沢な心配が今度は出てきます。

$$\begin{pmatrix} * \\ * \\ * \end{pmatrix} = \begin{pmatrix} * & * \\ * & * \\ * & * \end{pmatrix} \begin{pmatrix} * \\ * \end{pmatrix}$$
$$\boldsymbol{y} = A\boldsymbol{x}$$

---

*22 ……の画素値を 1 列に並べたベクトル、のことです。

また、行列を写像としてイメージしましょう。今度は $m=3, n=2$ を例に取ります。

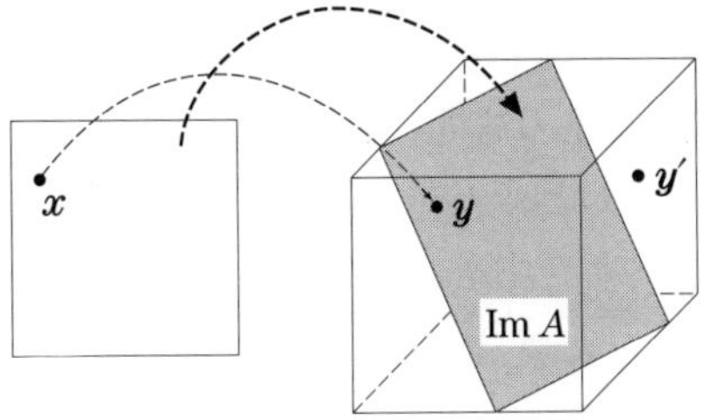

▲ 図 2.6 3 × 2 行列 A による写像の例（Im A が 2 次元）

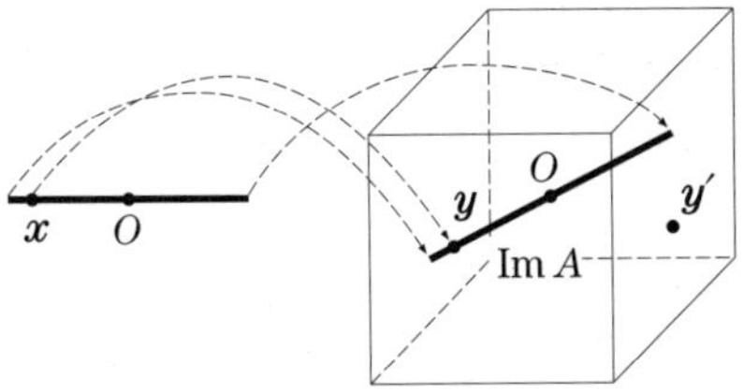

▲ 図 2.7 3 × 1 行列 A による写像の例（Im A が 1 次元）

元より次元の高い空間に移すのですから、移り先の 3 次元空間すべてをカバーすることはできません。ということは、図 2.6 のようにはみ出した $\boldsymbol{y}'$ については、「そこに移ってきてくれる $\boldsymbol{x}$ が存在しない」ことになります。そんな $\boldsymbol{y}'$ が出ることなんてあり得ないんだから、いいじゃないか？——それは甘い。数学としてはそうですが、現実の応用では、ノイズを忘れるわけにいかないからです。ノイズがのると、あり得ないはずのはみ出した $\boldsymbol{y}$ が観測されてしまうことだってあります。そうなると、「手がかり $y_1, \ldots, y_m$ すべてに符合する $\boldsymbol{x}$ は存在しない」となってしまいます[*23]。

せっかくだから、こちらについてもかっこいい言葉を紹介しておきます。与えられた A に対して、$\boldsymbol{x}$ をいろいろ動かしたときに A で移り得る $\boldsymbol{y}=A\boldsymbol{x}$ の集合を、A の像 (**image**) と呼び、Im A で表します[*24]。 別の言い方をすると、元の空間全体を A で移した領域のことです。例えば、図 2.6 なら Im A は 2 次元 (平面)、図 2.7 なら Im A は 1 次元 (直線) です。Im A 上にない $\boldsymbol{y}$ については、$\boldsymbol{y}=A\boldsymbol{x}$ となるような $\boldsymbol{x}$ は存在しません。

[*23] 数学の議論とそうじゃない議論とをごっちゃにしないよう注意。本書のほとんどは数学ですが、今のは数学じゃない議論です。

[*24] **range** という呼び方を好む人もいます。

■手がかりの個数が合っていても……（特異行列）

このように、原因 $\boldsymbol{x}$ と結果 $\boldsymbol{y}$ とで次元が違うと困ったことになります。では次元が一致してさえいればよいかというと、まだ困る場合があります。$\boldsymbol{x}$ と $\boldsymbol{y}$ がどちらも n 次元なら、A のサイズは $n \times n$ で正方行列ですが、正方行列にもたちの悪いものがあるのです。

論より証拠。図 2.8 の

$$A = \begin{pmatrix} 0.8 & -0.6 \\ 0.4 & -0.3 \end{pmatrix}$$

は正方行列ですが、その写像では空間が「ぺちゃんこにつぶされて」しまいます。ぺちゃんこにつぶれるということは、「手がかりが足りない場合」と同様に、$\boldsymbol{y}$ を見ても $\boldsymbol{x}$ の候補がユニーク[*25] に定まらない。しかも、ぺちゃんこのせいで、$\boldsymbol{y}$ の空間全体をカバーしきれていません。そのため、「手がかりが多すぎる場合」と同様に、下手な $\boldsymbol{y}$ だとそこに移ってくる $\boldsymbol{x}$ が存在しない。つまり、「A でこの $\boldsymbol{y}$ に移ってきました。元の $\boldsymbol{x}$ は？」と尋ねられても、「1 人には絞れません」だったり「そんな人いません」だったり、となってしまいます。

図 2.8 には、行列 $A = \left(\begin{smallmatrix} 0.8 & -0.6 \\ 0.4 & -0.3 \end{smallmatrix}\right)$ によって空間が変形するアニメーションプログラムの実行結果が示されています。ぺちゃんこにならない例（図 2.9）と比べてください。

そういうわけで、たちの良し悪しは、行列のサイズだけでは言い切れません。「核 Ker A や像 Im A がどうなっているか」が本質なのです。

? 2.14　手がかりの個数は合ってるのに、なぜこんなことになってしまうんでしょう？

手がかりが冗長だったからです。$\boldsymbol{y} = A\boldsymbol{x}$ を成分で書くと

$$y_1 = 0.8x_1 - 0.6x_2$$
$$y_2 = 0.4x_1 - 0.3x_2$$

ですが、この手がかり $\boldsymbol{y} = (y_1, y_2)^T$ は、よく見ると冗長です。なぜなら、y_2 を聞けば、y_1 は聞かなくてもわかるからです（$y_1 = 2y_2$）。ということは、見かけは手がかり 2 つでも、実質的には 1 つだけ。詳しくは 2.3.5 項（127 ページ）の「ランク」で。

[*25] 「唯一」という意味です。「一意」という訳語をあてる方が多いかもしれません。「面白い」のようなニュアンスはないので注意。数学でよく使う言葉なので、あえて出してみました。

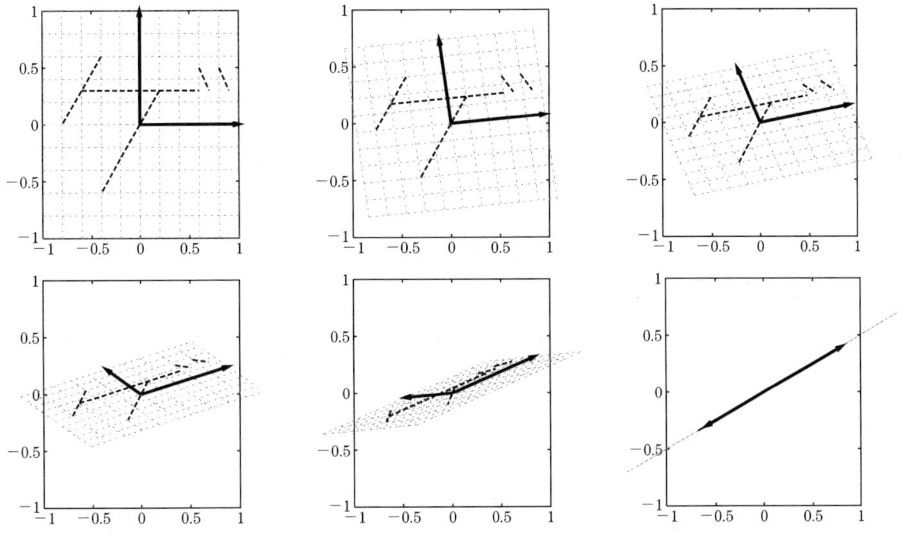

```
ruby mat_anim.rb -s=6 | gnuplot
```

▲図2.8 (アニメーション) 特異行列 $A = \begin{pmatrix} 0.8 & -0.6 \\ 0.4 & -0.3 \end{pmatrix}$ によるぺちゃんこ

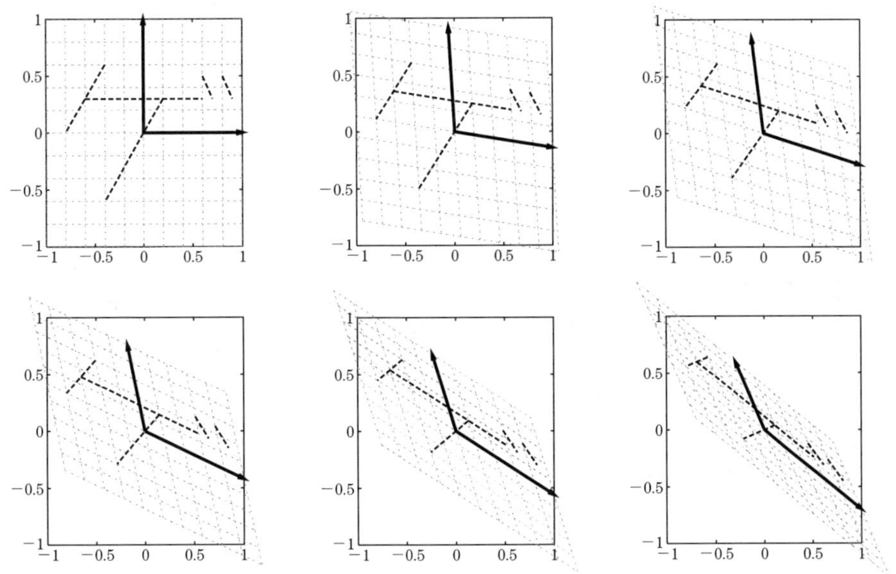

```
ruby mat_anim.rb -s=3 | gnuplot
```

▲図2.9 (アニメーション) ぺちゃんこにならない例 $\left(A = \begin{pmatrix} 1 & -0.3 \\ -0.7 & 0.6 \end{pmatrix}\right)$

2.3.2 たちの悪さと核・像

ここまでの話を整理しましょう。結局、ポイントは2つ。

- 同じ結果 $\boldsymbol{y}$ が出るような原因 $\boldsymbol{x}$ は唯一か[*26]
- どんな結果 $\boldsymbol{y}$ にも、それが出るような原因 $\boldsymbol{x}$ が存在するか[*27]

前者が成り立つとき「写像 $\boldsymbol{y} = A\boldsymbol{x}$ は**単射**[*28]である」、後者が成り立つとき「写像 $\boldsymbol{y} = A\boldsymbol{x}$ は**全射**[*29]である」といいます。

両方が成り立つときは、「写像 $\boldsymbol{y} = A\boldsymbol{x}$ は**全単射**[*30]である」といいます（図2.10）。

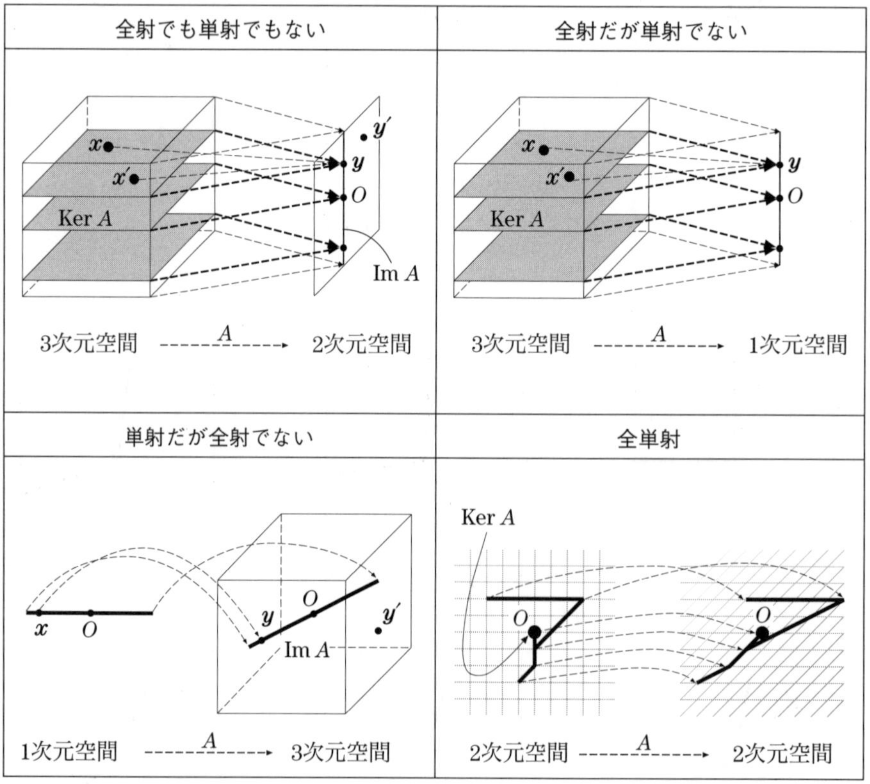

▲図2.10 全射・単射・全単射

*26 別の言い方をすると、「異なる原因 $\boldsymbol{x}, \boldsymbol{x}'$ が、A で同じ結果 $\boldsymbol{y}$ に移ることがないか」。

*27 別の言い方をすると、「元の空間全体（**定義域**）を A で移した領域（$\mathrm{Im}\,A$）が、行き先の空間全体（**値域**）に一致するか」。

*28 「**一対一写像**」ともいいます。

*29 「**上への写像**」ともいいます。上への写像でないものは「**中への写像**」といいます。

*30 「一対一の上への写像」ともいいます。

かっこつけて導入した Ker A, Im A という概念を使うと、これらのポイントを端的に記述できます[*31]。

- Ker A が「原点 $\boldsymbol{o}$ のみ」 ⇔[*32] 写像は単射
  （さもなくば、$\boldsymbol{x}$ について、Ker A に平行な方向の成分が定まらない）
- Im A が「行き先の全空間（値域）」に一致 ⇔ 写像は全射
  （さもなくば、Im A からはみ出た $\boldsymbol{y}$ には、対応する $\boldsymbol{x}$ が存在しない）

これが、「連立一次方程式の解の存在性と一意性」に対する答です。後は、Ker A や Im A が上のようになっているかどうかをいかに判断するか、という話題になります。

2.3.3 次元定理

さらに頭を整理するには、**次元定理**と呼ばれる次の定理が役立ちます。

> $m \times n$ 行列 A について、
>
> $$\dim \operatorname{Ker} A + \dim \operatorname{Im} A = n$$
>
> （$\dim X$ は、X の次元）

ちょっと式変形して $n - \dim \operatorname{Ker} A = \dim \operatorname{Im} A$ と書けば、直観的には当たり前のことを言っているに過ぎません。A は n 次元空間から m 次元空間への写像であり、「元の n 次元空間から、Ker A の次元分がぺちゃんこにつぶれて、残ったのが Im A の次元分」ということです（図 2.11）。例えば、元の 3 次元空間から、1 次元分がつぶれたら残るのは 2 次元分、2 次元分がつぶれたら残るのは 1 次元分。

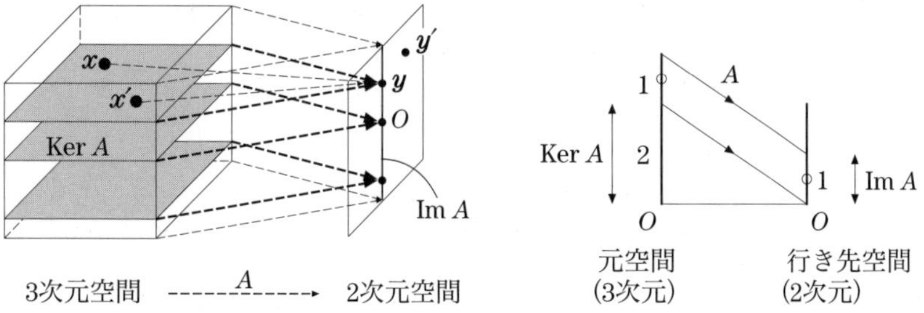

▲ 図 2.11 次元定理。元の 3 次元空間から 2 次元がつぶれたら残るのは 1 次元。左図の状況を右図のように模式的に表すと見やすい

前項の記述に次元定理を合わせると、次のことが確認できます。

- $m < n$（横長な A）だと、単射にはなれない
  （∵ Im A は行き先の m 次元空間の一部なんだから、$\dim \operatorname{Im} A \leq m$。ここでさらに

[*31] 念のため確認：Ker A は元空間（定義域：$\boldsymbol{x}$ が住んでいる）の一部、Im A は行き先空間（値域：$\boldsymbol{y}$ が住んでいる）の一部でしたね。

[*32] 記号 ⇔ は、「2 つの条件が同値」という意味です。

$m < n$ となると、$\dim \mathrm{Im}\, A < n$ ということになって、次元定理より $\dim \mathrm{Ker}\, A > 0$)

- $m > n$（縦長な A）だと、全射にはなれない
（∵「次元」は 0 以上なので、$\mathrm{Ker}\, A$ についても $\dim \mathrm{Ker}\, A \geq 0$。だから、次元定理より $\dim \mathrm{Im}\, A \leq n$。ここでさらに $m > n$ となると、$\dim \mathrm{Im}\, A < m$ ということになる）

? 2.15 $\dim \mathrm{Ker}\, A$, $\dim \mathrm{Im}\, A$ って何ですか？ 空間全体の次元については **1.1.5** 項（**18** ページ）で説明されていたけど……

本書では、点は 0 次元、直線は 1 次元、平面は 2 次元……という直観的な「次元」の理解で十分です。もっときちんと次元を定義したければ、**線形部分空間**[*33] という概念を導入しないといけません。線形部分空間とは、「和と定数倍について閉じた領域 W」のことです。つまり、線形空間 V に対して、V 内の領域 W が次の条件を満たすとき、「W は V の線形部分空間」といいます：

- W 内のベクトル $\boldsymbol{x}, \boldsymbol{x}'$ に対して、和 $(\boldsymbol{x} + \boldsymbol{x}')$ も W 内に入る
- W 内のベクトル $\boldsymbol{x}$ と数 c に対して、定数倍 $c\boldsymbol{x}$ も W 内に入る

要は、原点 $\boldsymbol{o}$ を通る直線や平面やその高次元版のことです。なお、「原点 $\boldsymbol{o}$ ただ 1 点」というのも「部分空間」の一種と見なします。

$\mathrm{Ker}\, A$ や $\mathrm{Im}\, A$ も、部分空間になっています。実際、$\mathrm{Ker}\, A, \mathrm{Im}\, A$ が「原点 $\boldsymbol{o}$ を通る直線や平面やその高次元版（もしくは、原点ただ 1 点）」であることは、これまでにも絵で観察してきました。また、式でも、

- $\mathrm{Ker}\, A$ について
  - $\boldsymbol{x}, \boldsymbol{x}'$ が $\mathrm{Ker}\, A$ に入っていたら、$A(\boldsymbol{x} + \boldsymbol{x}') = A\boldsymbol{x} + A\boldsymbol{x}' = \boldsymbol{o} + \boldsymbol{o} = \boldsymbol{o}$。つまり和 $(\boldsymbol{x} + \boldsymbol{x}')$ も $\mathrm{Ker}\, A$ に入っている
  - $\boldsymbol{x}$ が $\mathrm{Ker}\, A$ に入っていたら、$A(c\boldsymbol{x}) = c(A\boldsymbol{x}) = c\boldsymbol{o} = \boldsymbol{o}$。つまり定数倍 $c\boldsymbol{x}$ も $\mathrm{Ker}\, A$ に入っている
- $\mathrm{Im}\, A$ について
  - $\boldsymbol{y}, \boldsymbol{y}'$ が $\mathrm{Im}\, A$ に入っていたら、$\boldsymbol{y} = A\boldsymbol{x}, \boldsymbol{y}' = A\boldsymbol{x}'$ となる $\boldsymbol{x}, \boldsymbol{x}'$ があるはず。すると $(\boldsymbol{y} + \boldsymbol{y}') = A\boldsymbol{x} + A\boldsymbol{x}' = A(\boldsymbol{x} + \boldsymbol{x}')$。つまり和 $(\boldsymbol{y} + \boldsymbol{y}')$ も $\mathrm{Im}\, A$ に入っている
  - $\boldsymbol{y}$ が $\mathrm{Im}\, A$ に入っていたら、$\boldsymbol{y} = A\boldsymbol{x}$ となる $\boldsymbol{x}$ があるはず。すると $c\boldsymbol{y} = cA\boldsymbol{x} = A(c\boldsymbol{x})$。つまり定数倍 $c\boldsymbol{y}$ も $\mathrm{Im}\, A$ に入っている

と簡単に示せます[*34]。

[*33] 略して、単に部分空間と呼ぶことも多くあります。

[*34] 「えっ」て人は、$\mathrm{Ker}\, A$ や $\mathrm{Im}\, A$ が何のことだったか、2.3.1 項（112 ページ）を復習。

さて、和と定数倍について閉じていれば、W 上に世界を限定しても、線形代数の話がちゃんとできるはずです。特に、限定した世界 W での基底というのを考えることができます。具体的に言うと、W 内のベクトル $\boldsymbol{e}_1, \ldots, \boldsymbol{e}_k$ が次の条件を満たすとき、「$(\boldsymbol{e}_1, \ldots, \boldsymbol{e}_k)$ は W の基底である」といいます：

- W 内のどんなベクトル $\boldsymbol{x}$ でも、$\boldsymbol{e}_1, \ldots, \boldsymbol{e}_k$ の線形結合（→ 1.1.4 項（17 ページ））で表せる。すなわち、数 $c_1, \ldots, c_k$ を上手く調節すれば $\boldsymbol{x} = c_1\boldsymbol{e}_1 + \cdots + c_k\boldsymbol{e}_k$ と必ず表せる
- しかもその表し方はユニーク[*35]である

その基底のメンバー数 k をもって、部分空間 W の次元 $\dim W$ と定義します。

なお、「座標が基底とは何事か？ 1.1.3 項（11 ページ）では矢印だったはず」ということが気になる人は、付録 C（327 ページ）の最後を参照してください。

? 2.16 次元定理の証明は？

本文で述べたように「直観的には当たり前」で納得してもらえれば、ひとまず OK です。また、後でランクの筆算（2.3.7 項（138 ページ））を学べば、次元定理の成立は簡単に見ることができます（? 2.23（143 ページ））。とはいえ、どんな説明がしっくりくるかは好みや学習段階によって変わりますから、いろいろな言い方を紹介しておくのも有意義でしょう。ここでは、線形代数に十分なじんだ人向けのすました証明を示しておきます。つらければ読み飛ばして構いません。

$m \times n$ 行列 A について、$\dim \operatorname{Ker} A = k, \dim \operatorname{Im} A = r$ だったとします。$k + r = n$ が示したいわけです。

状況の確認から、ゆっくりはじめましょう。行列 A は n 次元ベクトル $\boldsymbol{x}$ を m 次元ベクトル $\boldsymbol{y} = A\boldsymbol{x}$ に移す写像に対応していて、$\operatorname{Ker} A$ は $\boldsymbol{x}$ の住む元空間（n 次元）の一部、$\operatorname{Im} A$ は $\boldsymbol{y}$ の住む行き先空間（m 次元）の一部でした。そして、$\operatorname{Ker} A, \operatorname{Im} A$ はいずれも線形部分空間をなすのでした（? 2.15）。

$\operatorname{Ker} A$ の次元が k ということは、$\operatorname{Ker} A$ の基底は k 本のベクトルからなるということです。$\operatorname{Im} A$ のほうは、同様に r 本です。そこで、$\operatorname{Ker} A, \operatorname{Im} A$ それぞれに基底を取り、$(\boldsymbol{u}_1, \ldots, \boldsymbol{u}_k), (\boldsymbol{v}'_1, \ldots, \boldsymbol{v}'_r)$ とおきましょう。$\boldsymbol{u}_1, \ldots, \boldsymbol{u}_k$ は $\operatorname{Ker} A$ のメンバーですから、

$$A\boldsymbol{u}_1 = \cdots = A\boldsymbol{u}_k = \boldsymbol{o} \tag{2.20}$$

です。また、$\boldsymbol{v}'_1, \ldots, \boldsymbol{v}'_r$ は $\operatorname{Im} A$ のメンバーですから、それぞれに移ってきてくれる n 次元ベクトル $\boldsymbol{v}_1, \ldots, \boldsymbol{v}_r$ がいるはずです：

$$\boldsymbol{v}'_1 = A\boldsymbol{v}_1, \quad \ldots, \quad \boldsymbol{v}'_r = A\boldsymbol{v}_r$$

ここまでの部分で理解があやしければ、読み進む前に復習をしてください。

[*35] 意味は脚注*25（116 ページ）に。慣れてほしい言い回しなので、もう一度使ってみました。

実は、$\boldsymbol{u}_1, \ldots, \boldsymbol{u}_k$ と今の $\boldsymbol{v}_1, \ldots, \boldsymbol{v}_r$ とを合わせたら、元空間（n 次元）の基底になっているのです。「基底のメンバー数＝次元」でしたから（1.1.5 項（18 ページ）「次元」）、これは $k+r=n$ を意味します。というわけで、$(\boldsymbol{u}_1, \ldots, \boldsymbol{u}_k, \boldsymbol{v}_1, \ldots, \boldsymbol{v}_r)$ が基底をなすことを示せば、証明完了となります。

では示しましょう。基底をなすことを示したいのですから、基底とは何だったかを思い出さないと話がはじまりません（→ 1.1.4 項（17 ページ）「基底となるための条件」）。「$(\boldsymbol{u}_1, \ldots, \boldsymbol{u}_k, \boldsymbol{v}_1, \ldots, \boldsymbol{v}_r)$ が基底である」とは、

- （元空間の）どんなベクトル $\boldsymbol{x}$ でも、上手い数 $c_1, \ldots, c_k, d_1, \ldots, d_r$ をもってきて

$$\boldsymbol{x} = c_1\boldsymbol{u}_1 + \cdots + c_k\boldsymbol{u}_k + d_1\boldsymbol{v}_1 + \cdots + d_r\boldsymbol{v}_r$$

  という形で表せる（すべての土地に番地が付く）
- しかも、その表し方は 1 通りだけ（1 つの土地に番地は 1 つ）

という 2 つの条件を満たすことでした。

前者の「すべての土地に番地が付く」は、次のように示されます。$\boldsymbol{x}$ 自体の前に、$\boldsymbol{y} = A\boldsymbol{x}$ という行き先のほうを検討しましょう。$\boldsymbol{y}$ はもちろん $\mathrm{Im}\, A$ に入っています。すると、「$\boldsymbol{v}'_1, \ldots, \boldsymbol{v}'_r$ は $\mathrm{Im}\, A$ の基底」という前提から、上手い数 $d_1, \ldots, d_r$ をもってきて

$$\boldsymbol{y} = d_1\boldsymbol{v}'_1 + \cdots + d_r\boldsymbol{v}'_r$$

と書けることは保証されています。そこで、これに対応する

$$\tilde{\boldsymbol{x}} \equiv d_1\boldsymbol{v}_1 + \cdots + d_r\boldsymbol{v}_r$$

を考えてみます。$\tilde{\boldsymbol{x}}$ は $\boldsymbol{x}$ そのものとは違いますが、行き先 $A\tilde{\boldsymbol{x}}$ は $\boldsymbol{y} = A\boldsymbol{x}$ と同じになっています。ならば、その誤差 $\Delta\boldsymbol{x} \equiv \boldsymbol{x} - \tilde{\boldsymbol{x}}$ を追及しましょう。この $\Delta\boldsymbol{x}$ が $\mathrm{Ker}\, A$ に入っていることに気付けば、ゴールは目前です。実際、$A\Delta\boldsymbol{x} = A(\boldsymbol{x} - \tilde{\boldsymbol{x}}) = \boldsymbol{y} - \boldsymbol{y} = \boldsymbol{o}$ ですから、$\Delta\boldsymbol{x}$ は $\mathrm{Ker}\, A$ に入っています。「$\boldsymbol{u}_1, \ldots, \boldsymbol{u}_k$ は $\mathrm{Ker}\, A$ の基底」という前提でしたから、上手い数 $c_1, \ldots, c_k$ をもってきて

$$\Delta\boldsymbol{x} = c_1\boldsymbol{u}_1 + \cdots + c_k\boldsymbol{u}_k$$

と書けることが保証されます。これを合わせることで、

$$\boldsymbol{x} = \Delta\boldsymbol{x} + \tilde{\boldsymbol{x}} = c_1\boldsymbol{u}_1 + \cdots + c_k\boldsymbol{u}_k + d_1\boldsymbol{v}_1 + \cdots + d_r\boldsymbol{v}_r$$

と確かに書けました。

残るは後者の「1 つの土地に番地は 1 つ」のほうです。これを示すために、今

$$\begin{aligned} \boldsymbol{x} &= c_1\boldsymbol{u}_1 + \cdots + c_k\boldsymbol{u}_k + d_1\boldsymbol{v}_1 + \cdots + d_r\boldsymbol{v}_r \\ &= \tilde{c}_1\boldsymbol{u}_1 + \cdots + \tilde{c}_k\boldsymbol{u}_k + \tilde{d}_1\boldsymbol{v}_1 + \cdots + \tilde{d}_r\boldsymbol{v}_r \end{aligned}$$

と同じ $\boldsymbol{x}$ が 2 通りに書けたとしましょう。このとき

$$A\boldsymbol{x} = d_1\boldsymbol{v}'_1 + \cdots + d_r\boldsymbol{v}'_r = \tilde{d}_1\boldsymbol{v}'_1 + \cdots + \tilde{d}_r\boldsymbol{v}'_r$$

ですが、これは

$$d_1 = \tilde{d}_1, \quad \cdots, \quad d_r = \tilde{d}_r$$

を意味します。$(\boldsymbol{v}'_1, \ldots, \boldsymbol{v}'_r)$ は（$\mathrm{Im}\, A$ の）基底という前提だったからです。となると

$$c_1\boldsymbol{u}_1 + \cdots + c_k\boldsymbol{u}_k = \tilde{c}_1\boldsymbol{u}_1 + \cdots + \tilde{c}_k\boldsymbol{u}_k$$

でなくてはいけませんが、こちらは

$$c_1 = \tilde{c}_1, \quad \cdots, \quad c_k = \tilde{c}_k$$

を意味します。$(\boldsymbol{u}_1, \ldots, \boldsymbol{u}_r)$ もまた（$\mathrm{Ker}\, A$ の）基底という前提だったからです。結局、2 通りに書くことはできないとわかりました。

こうして、$(\boldsymbol{u}_1, \ldots, \boldsymbol{u}_k, \boldsymbol{v}_1, \ldots, \boldsymbol{v}_r)$ が基底だと保証されます。

2.3.4 「ぺちゃんこ」を式で表す（線形独立・線形従属）

たちの悪い場合がどういうことになっているか、前項までで描いて見せました。ここからは、行列を見てそういう様子を知るにはどうしたらいいか、という方向に話を進めていきます。

まずは、「ぺちゃんこにつぶれる」を式で表すとどうなるのか調べておきましょう[*36]。

何度も書いているように、「ぺちゃんこにつぶれる」をかみくだいて言うと、「異なる $\boldsymbol{x}$ と $\boldsymbol{x}'$ とが、同じ $\boldsymbol{y}$ に移る」ということ。今、$\boldsymbol{x} = (x_1, \ldots, x_n)^T$、$\boldsymbol{x}' = (x'_1, \ldots, x'_n)^T$、$A = (\boldsymbol{a}_1, \ldots, \boldsymbol{a}_n)$ とおきます[*37]。すると、$A\boldsymbol{x} = A\boldsymbol{x}'$ というのは

[*36] ちょっと復習。「ぺちゃんこにつぶれない」とは、$\mathrm{Ker}\, A$ が原点 $\boldsymbol{o}$ ただ 1 点ということです。$\dim \mathrm{Ker}\, A = 0$ と言っても同じこと。さらには、次元定理から、$\dim \mathrm{Im}\, A = n$ と言っても同じこと（n は行列 A の列数）。「えっ」て人は 112 ページまで戻ってください。

[*37] 行列 A の第 1 列をベクトル $\boldsymbol{a}_1$、第 2 列をベクトル $\boldsymbol{a}_2$、……のようにおく、という意味。「えっ」て人は 1.2.9 項（47 ページ）ブロック行列を復習。

$$(\boldsymbol{a}_1, \ldots, \boldsymbol{a}_n) \begin{pmatrix} x_1 \\ \vdots \\ x_n \end{pmatrix} = (\boldsymbol{a}_1, \ldots, \boldsymbol{a}_n) \begin{pmatrix} x'_1 \\ \vdots \\ x'_n \end{pmatrix}$$

つまり

$$x_1\boldsymbol{a}_1 + \cdots + x_n\boldsymbol{a}_n = x'_1\boldsymbol{a}_1 + \cdots + x'_n\boldsymbol{a}_n \tag{2.21}$$

ということになります[*38]。結局、ぺちゃんこにつぶれるとは、「$\boldsymbol{x} \neq \boldsymbol{x}'$ なのに (2.21) が成りたつような $\boldsymbol{x} = (x_1, \ldots, x_n)^T$ と $\boldsymbol{x}' = (x'_1, \ldots, x'_n)^T$ が存在する」ということ。このようなとき、$\boldsymbol{a}_1, \ldots, \boldsymbol{a}_n$ は**線形従属**であるといいます。線形従属でないときには、$\boldsymbol{a}_1, \ldots, \boldsymbol{a}_n$ は**線形独立**であるといいます。**一次従属**・**一次独立**といったり、単に**従属**・**独立**といったりもします。

- A の列ベクトルたちが線形従属 = ぺちゃんこにつぶれる
- A の列ベクトルたちが線形独立 = ぺちゃんこにつぶれない

なお、普通の教科書には、

> 「数 $u_1, \ldots, u_n$ に対して
>
> $$u_1\boldsymbol{a}_1 + \cdots + u_n\boldsymbol{a}_n = \boldsymbol{o} \tag{2.22}$$
>
> なら $u_1 = \cdots = u_n = 0$」という条件が成り立つとき、ベクトル $\boldsymbol{a}_1, \ldots, \boldsymbol{a}_n$ は線形独立であるという

のようなスマートな定義がのっています。このスマートな定義も、我々の素朴な定義と同値です。実際、我々の式 (2.21) から右辺を移項して整理すると $(x_1 - x'_1)\boldsymbol{a}_1 + \cdots + (x_n - x'_n)\boldsymbol{a}_n = \boldsymbol{o}$。ここで $x_i - x'_i = u_i$ と置き直せば、式 (2.22) になります ($i = 1, \ldots, n$)。しかも、$\boldsymbol{x} \neq \boldsymbol{x}'$ を言い換えると、$(u_1, \ldots, u_n)^T \neq \boldsymbol{o}$。つまり、式 (2.22) を満たす $(u_1, \ldots, u_n)^T \neq \boldsymbol{o}$ がもし存在すれば線形従属、存在しなければ線形独立。後は、「……を満たす $(u_1, \ldots, u_n)^T \neq \boldsymbol{o}$ が存在しない」を「……を満たすのは $(u_1, \ldots, u_n)^T = \boldsymbol{o}$ しかない」と言い換えれば、スマートな定義に到達します。——すでに同じ話を一度しているのですが、覚えているでしょうか? 基底の条件 (1.1.4 項 (17 ページ)) のときです。あの話を今の言葉で言うと、「基底ベクトルたちは線形独立でなくちゃだめ」となります (図 2.12)。また、次元の定義も、「線形独立なベクトルが最大 n 本まで取れるなら、その空間は n 次元」と言い換えられます[*39]。

[*38] 短く言うと、「同じベクトル $\boldsymbol{y}$ が、$\boldsymbol{a}_1, \ldots, \boldsymbol{a}_n$ の線形結合で 2 通りに表された」。同じ場所に番地が 2 通り付いてしまったような状況です。そんなことが起こるのは、$\boldsymbol{a}_1, \ldots, \boldsymbol{a}_n$ が変なふうになっているから。「線形結合」という言葉をもし忘れていたら、1.1.4 項 (17 ページ) を参照してください。

[*39] この言い換えが前の定義と同値なことを厳密に示すには、もう少し議論が必要です。付録 C を参照。

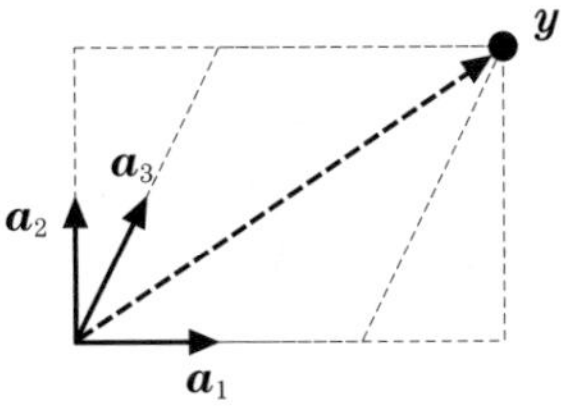

▲図 2.12 $\boldsymbol{a}_1, \boldsymbol{a}_2, \boldsymbol{a}_3$ は線形独立でない（2 次元の例。同じ $\boldsymbol{y}$ が、$\boldsymbol{y} = 3\boldsymbol{a}_1 + 2\boldsymbol{a}_2 = 2\boldsymbol{a}_1 + 2\boldsymbol{a}_3$ と 2 通りに表される）

最後にもうひとがんばり、上の「素朴な定義」とはまた別の見方で「本音」をのぞいておきましょう。今、$\boldsymbol{a}_1, \ldots, \boldsymbol{a}_n$ が線形従属だったとします。つまり、「$u_1 = \cdots = u_n = 0$」でないのに $u_1\boldsymbol{a}_1 + \cdots + u_n\boldsymbol{a}_n = \boldsymbol{o}$ となってしまった状況です。式 (2.22) を変形すれば、

$$u_1\boldsymbol{a}_1 = -u_2\boldsymbol{a}_2 - \cdots - u_n\boldsymbol{a}_n \tag{2.23}$$

ここで、両辺を u_1 で割って $r_i = -u_i/u_1$ $(i = 1, \ldots, n)$ とおけば、

$$\boldsymbol{a}_1 = r_2\boldsymbol{a}_2 + \cdots + r_n\boldsymbol{a}_n \tag{2.24}$$

と書けます[*40]。つまり、ベクトル $\boldsymbol{a}_1, \ldots, \boldsymbol{a}_n$ のうちの 1 本（$\boldsymbol{a}_1$）が、ほかのベクトル $\boldsymbol{a}_2, \ldots, \boldsymbol{a}_n$ の線形結合で書けてしまいます。なんだか $\boldsymbol{a}_1$ が冗長な気がしてきましたね[*41]。この状況を絵で描くと図 2.13。

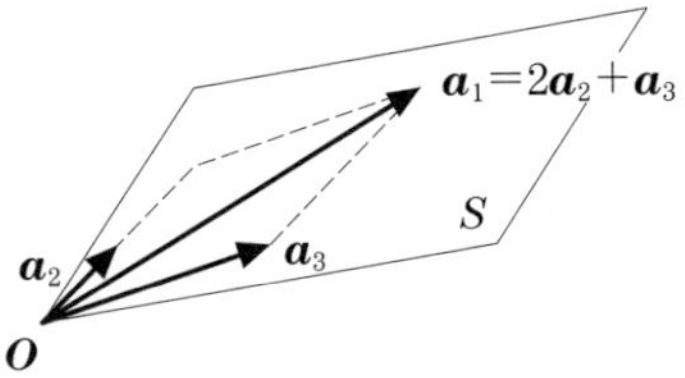

▲図 2.13 $\boldsymbol{a}_1$ が無駄（3 次元の例。せっかく 3 本あるのに、平面 S 上にみんなのってしまっている）

この図では、$\boldsymbol{a}_1$ が $\boldsymbol{a}_2$ と $\boldsymbol{a}_3$ の組み合わせで書けてしまっています。ということは、$\boldsymbol{a}_2$ と $\boldsymbol{a}_3$ で張られる平面 S の上に $\boldsymbol{a}_1$ がのってしまっている。$\boldsymbol{a}_1, \boldsymbol{a}_2, \boldsymbol{a}_3$ とせっかく 3 本あるのに、ぺちゃんこにつぶれて、平面の上にみんなのってしまっているわけです。ピンときたでしょうか？「行列は写像だ」(1.2.3 項 (25 ページ)) を思い出すと、$\boldsymbol{a}_1, \ldots, \boldsymbol{a}_n$ は、それぞれ $\boldsymbol{e}_1 = (1, 0, \ldots, 0, 0)^T$, ⋯, $\boldsymbol{e}_n = (0, 0, \ldots, 0, 1)^T$ の移り先を表していたのでし

*40 ウソです。もし u_1 が 0 のときはどうしてくれる。……という場合分けがめんどうなので、普通は、こういう説明じゃなくスマートな定義をおもてに出します。書くのがめんどうなだけで、「どれかが他の組み合せで表されてしまう」というのはホント。例えば、$0\boldsymbol{a}_1 + 3\boldsymbol{a}_2 + 2\boldsymbol{a}_3 - \boldsymbol{a}_4 = \boldsymbol{o}$ なら、$\boldsymbol{a}_2 = (-2/3)\boldsymbol{a}_3 + (1/3)\boldsymbol{a}_4$ など。$u_1, \ldots, u_n$ のなかに 0 でないものが 1 人はいると保証されているのだから、その人を左辺にもってくればよい。

*41 $\boldsymbol{a}_1, \boldsymbol{a}_2, \ldots, \boldsymbol{a}_n$ の線形結合で書けるベクトルなら、$\boldsymbol{a}_1$ を除いた $\boldsymbol{a}_2, \ldots, \boldsymbol{a}_n$ だけの線形結合でも書ける、という意味で。

た。それらを観察すれば写像の様子が見当付く、ということでしたね。$\boldsymbol{a}_1, \ldots, \boldsymbol{a}_n$ とせっかく n 本あるのに、ぺちゃんこにつぶれて、平面（の $(n-1)$ 次元版）上にみんなのってしまっている、というのが、線形従属のときの絵です。というわけで、$\boldsymbol{a}_1, \ldots, \boldsymbol{a}_n$ が線形従属だと、$A = (\boldsymbol{a}_1, \ldots, \boldsymbol{a}_n)$ による写像もぺちゃんこにつぶれてしまいます。

? 2.17　結局、基底と線形独立は同じこと？

違います。基底のほうがもっと厳しい。「すべての土地に番地が付く」という条件が加わっているからです。実際、$\boldsymbol{e}_1 = (1,0,0)^T$ と $\boldsymbol{e}_2 = (0,1,0)^T$ とは線形独立だけど、$(\boldsymbol{e}_1, \boldsymbol{e}_2)$ は基底ではありません。$\Box \boldsymbol{e}_1 + \Box \boldsymbol{e}_2$ の形（$\Box$ は数）で書けないベクトルがあるからです（例えば $\boldsymbol{x} = (1,1,1)^T$）。基底となるためには、線形独立なベクトルをめいっぱいたくさん取らないといけません。詳しくは、付録C（327ページ）を参照してください。

例をいくつかやってみましょう。以下はどれも「ぺちゃんこにつぶす」行列です。

$$A = \begin{pmatrix} 1 & 3 \\ 2 & 6 \end{pmatrix}, \quad B = \begin{pmatrix} 1 & 3 \\ 0 & 0 \end{pmatrix}, \quad C = \begin{pmatrix} 1 & 3 \\ 2 & 6 \\ 3 & 9 \end{pmatrix}, \quad D = \begin{pmatrix} 1 & 2 & 12 \\ 1 & 3 & 13 \\ 1 & 4 & 14 \end{pmatrix}$$

A, B, C については、どれも2列目が1列目の3倍。C のように縦長だろうと、つぶれるときはつぶれます。D については、(3列目) $= 10 \cdot$ (1列目) $+$ (2列目)。こんなふうに、どこかの列が「別の列をそれぞれ何倍かして足し合わせる」という形で書けてしまうのが、「ぺちゃんこにつぶす」行列の特徴です。次の行列 E も、$1, 2, 3$ 列目を使えばそんなふうに4列目を書けますから、「ぺちゃんこにつぶす」。これは？2.10（109ページ）の宿題でした。

$$E = \begin{pmatrix} 1 & 0 & 0 & * & * & * \\ 0 & 1 & 0 & * & * & * \\ 0 & 0 & 1 & * & * & * \\ 0 & 0 & 0 & 0 & * & * \\ 0 & 0 & 0 & 0 & * & * \\ 0 & 0 & 0 & 0 & * & * \end{pmatrix} \qquad * \text{ は何でもよい}$$

一方、次の行列は、「ぺちゃんこにつぶす」行列ではありません。

$$F = \begin{pmatrix} 1 & 5 & 8 \\ 0 & 2 & 6 \\ 0 & 3 & 7 \\ 0 & 0 & 4 \end{pmatrix}$$

なぜなら、もし

$$u_1 \begin{pmatrix} 1 \\ 0 \\ 0 \\ 0 \end{pmatrix} + u_2 \begin{pmatrix} 5 \\ 2 \\ 3 \\ 0 \end{pmatrix} + u_3 \begin{pmatrix} 8 \\ 6 \\ 7 \\ 4 \end{pmatrix} = \begin{pmatrix} 0 \\ 0 \\ 0 \\ 0 \end{pmatrix}$$

なら、第 4 成分 $4u_3 = 0$ から $u_3 = 0$ となるしかない。そうなると、第 2 成分 $2u_2 = 0$ や第 3 成分 $3u_2 = 0$ から、u_2 も 0。となれば、第 1 成分は $u_1 = 0$。こうして、先ほどの「スマートな定義」から、F の各列は線形独立なことがわかりました。同様に考えれば、

$$G = \begin{pmatrix} a & 0 & 0 \\ 0 & 0 & b \\ 0 & c & 0 \\ 0 & d & 0 \end{pmatrix} \quad a, b, c, d \text{ は 0 でない数}$$

も、「ぺちゃんこにつぶす行列ではない」とすぐ判断できます。

> **? 2.18 こういうわかりやすい例ならいいけど、もっとぐちゃぐちゃなときは？**
>
> 次の $\boldsymbol{g}_1, \boldsymbol{g}_2, \boldsymbol{g}_3$ が線形独立かどうか、暗算で判断するのはつらい。そういう場合は仕方ないので、行列 $G = (\boldsymbol{g}_1, \boldsymbol{g}_2, \boldsymbol{g}_3)$ に対して「ランクの筆算」(2.3.7 項（138 ページ）) を使いましょう。$\boldsymbol{g}_1, \boldsymbol{g}_2, \boldsymbol{g}_3$ と 3 本ベクトルがあったのに、もし $\mathrm{rank}\, G < 3$ だったら、$\boldsymbol{g}_1, \boldsymbol{g}_2, \boldsymbol{g}_3$ は線形従属ということになります（2.3.6 項（134 ページ））。
>
> $$\boldsymbol{g}_1 = \begin{pmatrix} 8 \\ -3 \\ 1 \\ -2 \end{pmatrix}, \quad \boldsymbol{g}_2 = \begin{pmatrix} -3 \\ -7 \\ 11 \\ 4 \end{pmatrix}, \quad \boldsymbol{g}_3 = \begin{pmatrix} -2 \\ -8 \\ 12 \\ 4 \end{pmatrix}$$

2.3.5 手がかりの実質的な個数（ランク）

前項は、「ぺちゃんこにつぶれるか」の検討でした。次は「移り先の空間全体をカバーできるか」のほうを検討しましょう。調べるべきは「像 $\mathrm{Im}\, A$ が空間全体をカバーしているか」でした。それをチェックするために、$\mathrm{Im}\, A$ の次元に着目します。この次元が、実は「手がかりの実質的な個数」になっています。しかも、この次元を知れば、「ぺちゃんこにつぶれるか」のほうもわかってしまいます。

■ランクの定義

A を $m \times n$ 行列としましょう。つまり、n 次元ベクトル $\boldsymbol{x}$ を m 次元ベクトル $\boldsymbol{y} = A\boldsymbol{x}$ に移す写像を考えるわけです。ここで、像 $\mathrm{Im}\, A$ の次元 $\dim \mathrm{Im}\, A$ には、「行列 A の階数 (**rank**)」という名前が付いています[*42]。記号では $\mathrm{rank}\, A$ と書きます。これを使うと、次元定理（2.3.3 項（119 ページ））は

$$\dim \mathrm{Ker}\, A + \mathrm{rank}\, A = n$$

と書けます。次元定理のおかげで、$\mathrm{rank}\, A$ を知ることと $\mathrm{Ker}\, A$ の次元を知ることとはほとんど等価。片方を知れば、他方もすぐにわかります。

[*42] 口に出すときはたいていカタカナで「ランク」といわれることが多いようです。本書でも「ランク」と表記します。

■ランクと核・像と単射・全射

さて、我々の興味は、

- $\mathrm{Ker}\,A$ が原点 $\boldsymbol{o}$ のみか？
  （さもなくば、$\boldsymbol{y} = A\boldsymbol{x}$ で同じ $\boldsymbol{y}$ に移る $\boldsymbol{x}$ が複数いる）
- $\mathrm{Im}\,A$ が m 次元空間全体をカバーしているか？
  （さもなくば、はみ出た $\boldsymbol{y}$ には $\boldsymbol{y} = A\boldsymbol{x}$ で移ってくる $\boldsymbol{x}$ がいない）

でした。これはそれぞれ、

- $\mathrm{Ker}\,A$ は 0 次元か？
- $\mathrm{Im}\,A$ は m 次元か？

と同値です[*43]。ランクや次元定理を使って言い直せば、

- $\mathrm{rank}\,A = n$ （ランクが元の空間（**定義域**）の次元と同じ）$\Leftrightarrow$ A は単射
- $\mathrm{rank}\,A = m$ （ランクが行き先の空間（**値域**）の次元と同じ）$\Leftrightarrow$ A は全射

となります（$\Leftrightarrow$ は「同値」）。――これは、直観的には当たり前のことです（図 2.14）。元の n 次元空間が移した先でも n 次元の広がりを保っているのなら、ぺちゃんこにつぶれてはいないはず。また、移した先でその空間全体と同じ m 次元の広がりを持っているのなら、空間全体をカバーしているはず。

[*43] 同値なことは直観的にあたりまえですが、念のため抽象的な説明も記しておきます：基底ベクトルの本数を次元と呼ぶのでした（1.1.5 項（18 ページ））。そして次元は、線形独立なベクトルの最大本数に等しい（付録 C（327 ページ））。そうすると、0 次元とはゼロベクトルだけしかいない「空間」（実態は 1 点のみ）のことですから、Ker のほうは当たり前。一方、Im についても、「$\mathrm{Im}\,A$ が m 次元空間全体をカバー」しているなら $\mathrm{Im}\,A = m$ は当たり前。逆に、$\mathrm{Im}\,A = m$ なら「$\mathrm{Im}\,A$ が m 次元空間全体をカバー」していることは、付録 C で述べている事実から言えます。

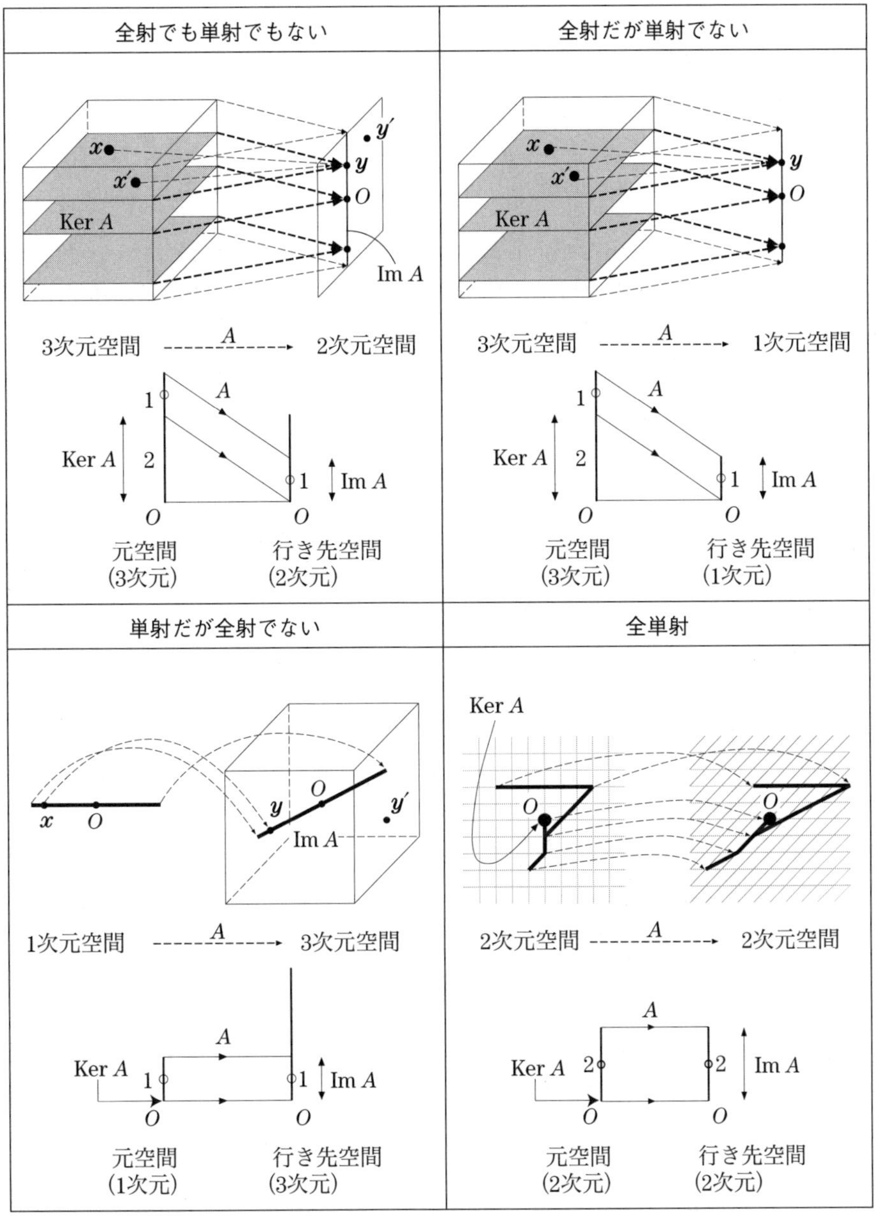

▲ 図2.14　rank A（＝ Im A の次元数）が元空間の次元数と同じなら単射、行き先空間の次元数と同じなら全射

こうして、ランクが求まれば「たちの悪さ」も判定できることがわかりました。となると、ランクの求め方が知りたくなるところですが、例によっておあずけです。もう少しランクの性質をおさえた後にしましょう。「ランクとは何者か」をわからずに求め方だけ覚えても仕方ありませんから。

■ランクの基本性質

まず、A が $m \times n$ 行列なら

$$\operatorname{rank} A \leq m$$
$$\operatorname{rank} A \leq n$$

なことは直観的に当たり前です。前者は、そもそも移り先の空間全体が m 次元なんだから、そこに含まれる $\operatorname{Im} A$ の次元は m より大きくはなれない。後者は、元の空間が n 次元なんだから、それ全体を A で移したものも n 次元より大きくはなれない。

また、正則行列を掛けてもランクは変わりません。つまり、P, Q が正則なら、

$$\operatorname{rank}(PA) = \operatorname{rank} A$$
$$\operatorname{rank}(AQ) = \operatorname{rank} A$$

です。正則行列は「ぺちゃんこにつぶさない」変換なんだから、A を施す前や後に Q や P を介しても、つぶれる次元数・残る次元数は変わらないということです。

? 2.19　そんな言い方でごまかさずに、ちゃんと証明してよ

$\operatorname{rank}(AQ) = \operatorname{rank} A$ のほうを先に示しましょう。ランクの定義 $\operatorname{rank} X \equiv \dim \operatorname{Im} X$ を思い出してください。実は、$\operatorname{Im}(AQ) = \operatorname{Im} A$ なので、当然ランクも等しくなるのです。では、$\operatorname{Im}(AQ) = \operatorname{Im} A$ の理由は？——「ベクトル $\boldsymbol{y}$ が $\operatorname{Im} A$ に属す」とは、「$\boldsymbol{y} = A\boldsymbol{x}$ となるようなベクトル $\boldsymbol{x}$ が存在する」ということでした。このとき、$\boldsymbol{x}' \equiv Q^{-1}\boldsymbol{x}$ を考えれば、もちろん $(AQ)\boldsymbol{x}' = \boldsymbol{y}$ です。これで、「$\boldsymbol{y}$ が $\operatorname{Im}(AQ)$ にも属す」が言えました。逆に、あるベクトル $\boldsymbol{y}'$ が $\operatorname{Im}(AQ)$ に属すなら、$\boldsymbol{y}' = (AQ)\boldsymbol{x}'$ となるベクトル $\boldsymbol{x}'$ が存在するはずで、それを使って $\boldsymbol{x} \equiv Q\boldsymbol{x}'$ を作れば $A\boldsymbol{x} = \boldsymbol{y}'$。つまり、$\operatorname{Im}(AQ)$ に属すベクトルは $\operatorname{Im} A$ に属す、も言えました。以上を合わせれば $\operatorname{Im}(AQ) = \operatorname{Im} A$ が納得できます。

次は、$\operatorname{rank}(PA) = \operatorname{rank} A$ のほう。これを示すために、$\operatorname{Im} A$ の基底 $(\boldsymbol{u}_1, \ldots, \boldsymbol{u}_r)$ を考えます。この基底ベクトル $\boldsymbol{u}_i$ は $\operatorname{Im} A$ に属すのだから、$\boldsymbol{u}'_i \equiv P\boldsymbol{u}_i$ は $\operatorname{Im}(PA)$ に属します $(i = 1, \ldots, r)$。しかも実は、$(\boldsymbol{u}'_1, \ldots, \boldsymbol{u}'_r)$ も $\operatorname{Im}(PA)$ の基底になることが、次のように確かめられます。

- $\operatorname{Im}(PA)$ に属するどんなベクトル $\boldsymbol{y}'$ も、$\boldsymbol{u}'_1, \ldots, \boldsymbol{u}'_r$ の線形結合で書けること：$\boldsymbol{y} \equiv P^{-1}\boldsymbol{y}'$ は $\operatorname{Im} A$ に属する[*44] から、係数 $c_1, \ldots, c_r$ を調節すれば $\boldsymbol{y} = c_1\boldsymbol{u}_1 + \cdots + c_r\boldsymbol{u}_r$ という格好に書けるはず。この両辺に左から P を掛ければ $\boldsymbol{y}' = c_1\boldsymbol{u}'_1 + \cdots + c_r\boldsymbol{u}'_r$ が得られ、確かに線形結合で書けた。

- その書き方が唯一なこと：もしあるベクトル $\boldsymbol{y}'$ が

$$\boldsymbol{y}' = c_1\boldsymbol{u}'_1 + \cdots + c_r\boldsymbol{u}'_r = d_1\boldsymbol{u}'_1 + \cdots + d_r\boldsymbol{u}'_r$$

[*44] 念のため証明。$\boldsymbol{y}' = (PA)\boldsymbol{x}$ となるベクトル $\boldsymbol{x}$ が存在するなら、その $\boldsymbol{x}$ に対して、$\boldsymbol{y} = A\boldsymbol{x}$。これは、$\boldsymbol{y}$ が $\operatorname{Im} A$ に属することを意味する。

のように（異なる）2 通りの係数 $c_1, \ldots, c_r$ と $d_1, \ldots, d_r$ とで書けたとしよう。この式に左から P^{-1} を掛ければ

$$\boldsymbol{y} = c_1 \boldsymbol{u}_1 + \cdots + c_r \boldsymbol{u}_r = d_1 \boldsymbol{u}_1 + \cdots + d_r \boldsymbol{u}_r$$

となり、$\operatorname{Im} A$ に属するベクトル $\boldsymbol{y}$ が 2 通りに書けてしまったことになる。それは $(\boldsymbol{u}_1, \ldots, \boldsymbol{u}_r)$ が $\operatorname{Im} A$ の基底だという前提に矛盾。よって背理法より、こんな事態は起こり得ない。

こうして、$\operatorname{Im}(PA)$ も $\operatorname{Im} A$ も、基底ベクトルの本数（=次元）は同じであることが示されました。

一般の行列 A, B については[*45]

$$\begin{aligned} \operatorname{rank}(BA) &\leq \operatorname{rank} A \\ \operatorname{rank}(BA) &\leq \operatorname{rank} B \end{aligned}$$

です。なぜなら、$\operatorname{rank}(BA)$ とは、

- 第 1 段階：元の全空間 U を A で移した移り先を V とし、
- 第 2 段階：その V をさらに B で移した移り先 W の次元

でしたから。第 1 段階ですでに $\operatorname{rank} A$ 次元になってしまった V は、その後どんな B で変換しても $\operatorname{rank} A$ 次元より大きくはなれません。また、第 2 段階は、空間全体を B で移しても $\operatorname{rank} B$ 次元にしかならないのだから、空間の一部である V を B で移せば $\operatorname{rank} B$ 次元以下にしかなりません。

以下は腕だめし。本章のすべてを学び尽くしたという自信のある人は、理由を考えてみてください[*46]。

$$\begin{aligned} \operatorname{rank}(A+B) &\leq \operatorname{rank} A + \operatorname{rank} B \\ \operatorname{rank}(AB) + \operatorname{rank}(BC) &\leq \operatorname{rank}(ABC) + \operatorname{rank} B \end{aligned}$$

■ボトルネック型の分解

次の事実も、ランクというものの意味をよく表していて、ピンときやすいのではないでしょうか。

A のランク r に応じた形で、A を「やせた行列の積」に分解できます。幅が r しかない行列 B と高さが r しかない行列 C で

[*45] A も B も非正方行列で構いません。もちろん、積 AB が定義されるようにサイズは合っている（B の列数と A の行数とが一致）という前提で。

[*46] 後者の略解：一般に $\operatorname{rank}(XY) = \operatorname{rank} Y - \dim(\operatorname{Ker} X \cap \operatorname{Im} Y)$（つまり、$\operatorname{Im} Y$ の次元から、「$\operatorname{Im} Y$ のうち X でつぶれてしまう次元数」を引いたものが $\operatorname{Im}(XY)$ の次元）なことから、$\operatorname{rank}(BC) - \operatorname{rank}(A(BC)) = \dim(\operatorname{Ker} A \cap \operatorname{Im}(BC)) \leq \dim(\operatorname{Ker} A \cap \operatorname{Im} B) = \operatorname{rank} B - \operatorname{rank}(AB)$。

$$A = BC$$

と書けるということです[*47]。次の例は、ランクが2の場合です：

$$\begin{pmatrix} 1 & 2 & 3 & 4 & 5 \\ 6 & 7 & 8 & 9 & 10 \\ 11 & 12 & 13 & 14 & 15 \\ 16 & 17 & 18 & 19 & 20 \end{pmatrix} = \begin{pmatrix} 1 & 0 \\ 1 & 5 \\ 1 & 10 \\ 1 & 15 \end{pmatrix} \begin{pmatrix} 1 & 2 & 3 & 4 & 5 \\ 1 & 1 & 1 & 1 & 1 \end{pmatrix} \tag{2.25}$$

特に、$\operatorname{rank} A = 1$ という極端な場合だと、

$$\begin{pmatrix} 1 & 2 & 3 & 4 \\ 2 & 4 & 6 & 8 \\ 5 & 10 & 15 & 20 \end{pmatrix} = \begin{pmatrix} 1 \\ 2 \\ 5 \end{pmatrix} (1, 2, 3, 4)$$

のように、縦ベクトルと横ベクトルの積で書けてしまいます。

$A = BC$ ということは、$\boldsymbol{y} = A\boldsymbol{x}$ という変換の途中で、

$\boldsymbol{z} = C\boldsymbol{x}$ —— n 次元ベクトル $\boldsymbol{x}$ を r 次元ベクトル $\boldsymbol{z}$ につぶす
$\boldsymbol{y} = B\boldsymbol{z}$ —— r 次元ベクトル $\boldsymbol{z}$ を m 次元ベクトル $\boldsymbol{y}$ に拡張する

のように低次元のベクトル $\boldsymbol{z}$ に一度つぶされているということです（図2.15）。「立派な $m \times n$ 行列みたいに構えてるけど、馬脚を現したな」という感じですね。

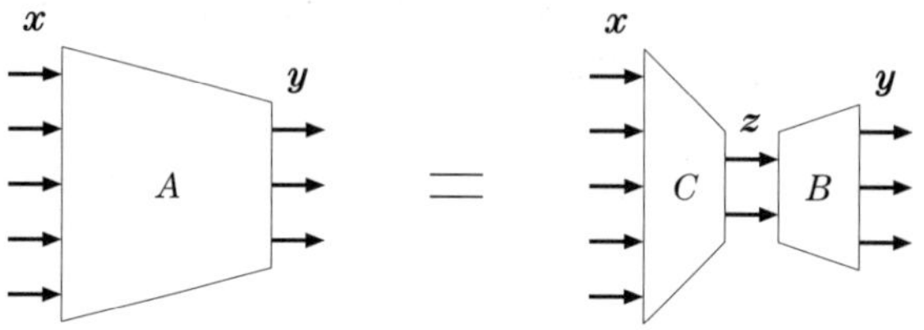

▲ 図2.15 ボトルネック型の分解

逆に、「こんなふうにやせた行列の積に分解されるなら、A のランクは r 以下」なことも当然でしょう。一度ぺちゃんこにつぶれて r 次元になってしまったら、どんなに拡大しても次元は増やせませんから、$\operatorname{Im} A$ は r 次元以下です（図2.16）。「失われた情報は二度と復元できない」という言い方もできます。

[*47] 分解できることは保証されていますが、分解の仕方は1つではありません。例えば、$B' = (1/2)B$, $C' = 2C$ とおいても $A = B'C'$ です。一般に、r 次の正則行列 P を持ってきて $B' = BP^{-1}$, $C' = PC$ とおいても、$A = B'C'$。

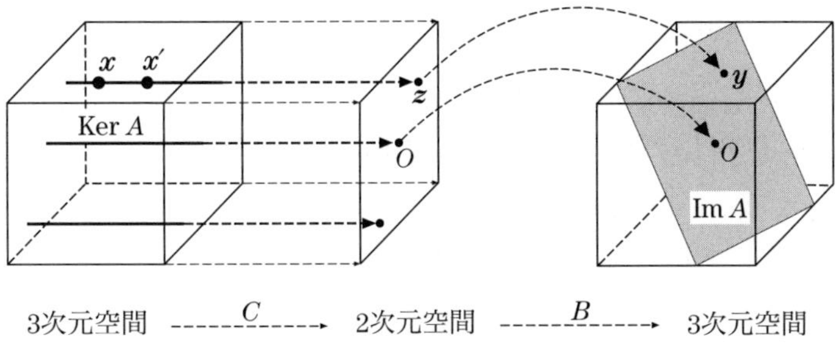

▲ 図 2.16 一度ぺちゃんこにつぶれて 2 次元になったら、もう元には戻らない。——「$\boldsymbol{x}$ だったか $\boldsymbol{x}'$ だったか」という情報は、途中の $\boldsymbol{z}$ ですでに失われている。これでは、$\boldsymbol{z}$ から定まる $\boldsymbol{y}$ を見ても $\boldsymbol{x}$ か $\boldsymbol{x}'$ かは区別できない

? 2.20 どうしてこんな分解が保証できるの?

次元の定義から素直に導けます。「$\mathrm{Im}\,A$ が r 次元」ということは、「$\mathrm{Im}\,A$ の基底 $\boldsymbol{b}_1, \ldots, \boldsymbol{b}_r$ が取れる[*48]」、つまり「$\mathrm{Im}\,A$ 内のベクトル $\boldsymbol{y}$ はどれでも、$\boldsymbol{y} = c_1\boldsymbol{b}_1 + \cdots + c_r\boldsymbol{b}_r$ という形で表せて、しかもその表し方は唯一」ということ ($c_1, \ldots, c_r$ は $\boldsymbol{y}$ に応じて決まる数)。さて、$A = (\boldsymbol{a}_1, \ldots, \boldsymbol{a}_n)$ と列ベクトルに分解してみましょう。各 $\boldsymbol{a}_i$ は、もちろん $\mathrm{Im}\,A$ に入っています[*49]。だから、上手い数 $c_{1i}, \ldots, c_{ri}$ を取って

$$\boldsymbol{a}_i = c_{1i}\boldsymbol{b}_1 + \cdots + c_{ri}\boldsymbol{b}_r$$

という形で表せる。$\boldsymbol{a}_1, \ldots, \boldsymbol{a}_n$ について、それをまとめて行列で書くと、

$$(\boldsymbol{a}_1, \ldots, \boldsymbol{a}_n) = (\boldsymbol{b}_1, \ldots, \boldsymbol{b}_r)\begin{pmatrix} c_{11} & \cdots & c_{1n} \\ \vdots & & \vdots \\ c_{r1} & \cdots & c_{rn} \end{pmatrix}$$

これはまさに、$A = BC$ という上述の分解になっています。

■実質的な手がかりの個数

上の分解から、$\mathrm{rank}\,A$ が「実質的な手がかりの個数」なことがわかります。式 (2.25) を例に考えてみましょう。見た目は

$$\begin{aligned} y_1 &= x_1 + 2x_2 + 3x_3 + 4x_4 + 5x_5 \\ y_2 &= 6x_1 + 7x_2 + 8x_3 + 9x_4 + 10x_5 \\ y_3 &= 11x_1 + 12x_2 + 13x_3 + 14x_4 + 15x_5 \end{aligned}$$

*48 ? 2.15 (120 ページ) 参照。「基底は座標じゃなくて矢印だったはずでは?」というところが気になる人は付録 C (327 ページ) の最後も参照。

*49 「えっ」て人は、列ベクトルは何を表していたか、1.2.9 項 (47 ページ)「行ベクトル・列ベクトル」や 1.2.3 項 (25 ページ)「行列は写像だ」を復習。または、$\mathrm{Im}\,A$ とは何だったか、2.3.1 項 (112 ページ)「手がかりが多すぎる場合」を復習。

$$y_4 = 16x_1 + 17x_2 + 18x_3 + 19x_4 + 20x_5$$

のように4個の手がかり y_1, y_2, y_3, y_4 が与えられています。でも、$\boldsymbol{x} = (x_1, x_2, x_3, x_4, x_5)^T$ を $\boldsymbol{y} = (y_1, y_2, y_3, y_4)^T$ に移すこの写像は、次の2段階に分解されます：まず

$$\begin{aligned} z_1 &= x_1 + 2x_2 + 3x_3 + 4x_4 + 5x_5 \\ z_2 &= x_1 + x_2 + x_3 + x_4 + x_5 \end{aligned}$$

で中間変数 $\boldsymbol{z} = (z_1, z_2)^T$ をいったん経由して、

$$\begin{aligned} y_1 &= z_1 \\ y_2 &= z_1 + 5z_2 \\ y_3 &= z_1 + 10z_2 \\ y_4 &= z_1 + 15z_2 \end{aligned}$$

で最終結果に至る。ということは、実質的な手がかりは z_1, z_2 の2個だけ。y_1, y_2, y_3, y_4 というのは、同じネタ z_1, z_2 からの使いまわしです。z_1, z_2 から導かれた情報をどれだけ見せてもらったところで、元の z_1, z_2 を上まわる情報が得られるわけはありません。

■転置してもランクは同じ

ついでに、

$$\operatorname{rank} A^T = \operatorname{rank} A$$

も、上の分解からわかるでしょう。もし $\operatorname{rank} A = r$ なら、上のように $A = BC$ と分解しておいて、転置を取れば $A^T = (BC)^T = C^T B^T$。つまり A^T も「やせた行列の積」に分解されるのですから。複素数まで考えても同様で、

$$\operatorname{rank} A^* = \operatorname{rank} A$$

が言えます。

2.3.6　ランクの求め方（1）ぐっと睨んで

ランクの意味をしっかりおさえたところで、おあずけしていた「ランクの求め方」に移りましょう。まず本項では、比較的簡単な行列について目でランクを求める話をします。

? 2.21 一般の A で $\mathrm{rank}\, A$ の求め方を勉強すれば、この項は飛ばしていいよね？

「逆だ」というのが筆者の意見です。一般の A で $\mathrm{rank}\, A$ の求め方なんて習得するよりも、本項のように当たり前なことが当たり前に見えるほうが大切と感じます。本項は、ランクの意味がしっかりわかっているかの腕だめしとして読んでください。信号処理やデータ解析などの応用で線形代数を道具として使いこなすには、一般の行列のランクを計算できることよりも、ランクの意味を理解することのほうがまず必要です[*50]。

A を $m \times n$ 行列としましょう。A で移れる範囲 $\mathrm{Im}\, A$ というのは、「n 次元ベクトル $\boldsymbol{x}$ をいろいろ動かしたとき、$\boldsymbol{y} = A\boldsymbol{x}$ の動ける範囲」です。$A = (\boldsymbol{a}_1, \ldots, \boldsymbol{a}_n)$ と列ベクトルで書き、$\boldsymbol{x}$ のほうも、$\boldsymbol{x} = (x_1, \ldots, x_n)^T$ と成分で書けば、

$$\boldsymbol{y} = x_1\boldsymbol{a}_1 + \cdots + x_n\boldsymbol{a}_n \tag{2.26}$$

だから、「数 $x_1, \ldots, x_n$ をいろいろ動かしたとき $x_1\boldsymbol{a}_1 + \cdots + x_n\boldsymbol{a}_n$ の動ける範囲」が $\mathrm{Im}\, A$ となります[*51]。これを $\mathrm{span}\,\{\boldsymbol{a}_1, \ldots, \boldsymbol{a}_n\}$ とも書き、「ベクトル $\boldsymbol{a}_1, \ldots, \boldsymbol{a}_n$ の張る線形部分空間[*52]」と呼びます。もし $\boldsymbol{a}_1, \ldots, \boldsymbol{a}_n$ がすべて $\boldsymbol{o}$ なら $\boldsymbol{o}$ ただ 1 点が $\mathrm{span}\,\{\boldsymbol{a}_1, \ldots, \boldsymbol{a}_n\}$。さもなくば、矢印 $\boldsymbol{a}_1, \ldots, \boldsymbol{a}_n$ がすべて一直線上にあればその直線が $\mathrm{span}\,\{\boldsymbol{a}_1, \ldots, \boldsymbol{a}_n\}$。さもなくば、矢印 $\boldsymbol{a}_1, \ldots, \boldsymbol{a}_n$ がすべてある平面上にあればその平面が $\mathrm{span}\,\{\boldsymbol{a}_1, \ldots, \boldsymbol{a}_n\}$。要は、矢印 $\boldsymbol{a}_1, \ldots, \boldsymbol{a}_n$ で定まる平面（の一般次元版）です（図 2.17）。

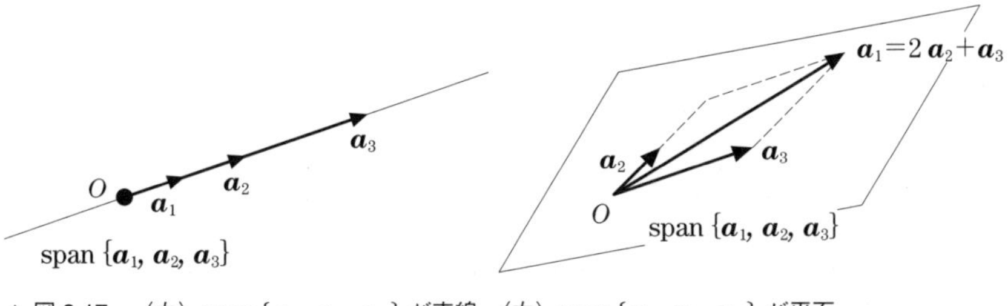

▲ 図 2.17 （左）$\mathrm{span}\,\{\boldsymbol{a}_1, \boldsymbol{a}_2, \boldsymbol{a}_3\}$ が直線、（右）$\mathrm{span}\,\{\boldsymbol{a}_1, \boldsymbol{a}_2, \boldsymbol{a}_3\}$ が平面

この記号を使えば、$\mathrm{Im}\, A = \mathrm{span}\,\{\boldsymbol{a}_1, \ldots, \boldsymbol{a}_n\}$。ですから、$\mathrm{span}\,\{\boldsymbol{a}_1, \ldots, \boldsymbol{a}_n\}$ の次元こそが $\mathrm{rank}\, A$ です。

2.3.4 項（123 ページ）「「ぺちゃんこ」を式で表す」の議論を思い出すと、「$\boldsymbol{a}_1, \ldots, \boldsymbol{a}_n$ が線形独立なら、$W = \mathrm{span}\,\{\boldsymbol{a}_1, \ldots, \boldsymbol{a}_n\}$ の次元は n。線形従属なら、W の次元は $< n$」

[*50] 「一般の」なんていばってみても、成分が文字式だと、分数だらけでお手上げになってしまうでしょう。そういうケースでは、本項のようにぐっと睨むしかないこともしばしばです。そして、応用を学び理解するために必要なのは、むしろ文字式。こんな事情から、本項は大切なのです。

[*51] 短く言えば、「$\boldsymbol{a}_1, \ldots, \boldsymbol{a}_n$ の線形結合で作り得るベクトル全体の集合」。

[*52] 「線形部分空間」という言葉の意味は、? 2.15（120 ページ）。span が線形部分空間になることは、簡単に示せるはずです。もし難しいと感じるなら、「線形部分空間」や「span」の定義がおそらく飲み込めていません。

でした。もっと詳しく、線形従属の場合にもこの W の次元を知るには、何を数えればよいか？ それが本項の主題です。

今、もし n 本のベクトル $\boldsymbol{a}_1, \ldots, \boldsymbol{a}_n$ が、もっと少ない r $(< n)$ 本のベクトル $\boldsymbol{b}_1, \ldots, \boldsymbol{b}_r$ を「タネ」として、

$$\begin{aligned} \boldsymbol{a}_1 &= c_{11}\boldsymbol{b}_1 + \cdots + c_{r1}\boldsymbol{b}_r \\ &\vdots \\ \boldsymbol{a}_n &= c_{1n}\boldsymbol{b}_1 + \cdots + c_{rn}\boldsymbol{b}_r \end{aligned} \tag{2.27}$$

($c_{\bigcirc\triangle}$ は数）のように書けたとしましょう。つまり、$\boldsymbol{a}_1, \ldots, \boldsymbol{a}_n$ がすべて、$\boldsymbol{b}_1, \ldots, \boldsymbol{b}_r$ の線形結合で書けたという状況です。すると、$\mathrm{span}\,\{\boldsymbol{a}_1, \ldots, \boldsymbol{a}_n\}$ 内のベクトル $\boldsymbol{y}$ は、みんな $\boldsymbol{b}_1, \ldots, \boldsymbol{b}_r$ で書けてしまいます。実際、$\boldsymbol{y}$ は式 (2.26) のように書けるのだから、

$$\begin{aligned} \boldsymbol{y} &= x_1\boldsymbol{a}_1 + \cdots + x_n\boldsymbol{a}_n \\ &= x_1(c_{11}\boldsymbol{b}_1 + \cdots + c_{r1}\boldsymbol{b}_r) + \cdots + x_n(c_{1n}\boldsymbol{b}_1 + \cdots + c_{rn}\boldsymbol{b}_r) \\ &= (c_{11}x_1 + \cdots + c_{1n}x_n)\boldsymbol{b}_1 + \cdots + (c_{r1}x_1 + \cdots + c_{rn}x_n)\boldsymbol{b}_r \\ &= (\text{数})\boldsymbol{b}_1 + \cdots + (\text{数})\boldsymbol{b}_r \end{aligned}$$

の形に変形できる。これでは、n 個の設定値 $x_1, \ldots, x_n$ をいくら動かして調整したところで、$\boldsymbol{y}$ は $\mathrm{span}\,\{\boldsymbol{b}_1, \ldots, \boldsymbol{b}_r\}$ から出られません。この捕われている領域 $\mathrm{span}\,\{\boldsymbol{b}_1, \ldots, \boldsymbol{b}_r\}$ は高々 r 次元[*53]ですから、$\dim \mathrm{span}\,\{\boldsymbol{a}_1, \ldots, \boldsymbol{a}_n\} \leq r$ となってしまいます。「$\boldsymbol{a}_1, \ldots, \boldsymbol{a}_n$ なんて立派な n 本組みたいに構えてるけど、馬脚を現したな」という感じですね[*54]。

この考察から、

> 式 (2.27) のように $\boldsymbol{a}_1, \ldots, \boldsymbol{a}_n$ を表せる最小本数の「タネ」$\boldsymbol{b}_1, \ldots, \boldsymbol{b}_r$ を見つければ、その本数 r が $\mathrm{span}\,\{\boldsymbol{a}_1, \ldots, \boldsymbol{a}_n\}$ の次元（つまり $\mathrm{rank}\, A$）だ

ということになります[*55]。一般の A ではともかく、簡単な A なら、ぐっと睨んでそんなタネ $\boldsymbol{b}_1, \ldots, \boldsymbol{b}_r$ を見つけられるでしょう。本項ではそういう例を挙げていきます。

? **2.22**　その「最小本数」ってとこが難しいのでは？ 自分で試行錯誤した限りではこれが最小でも、天才がやればもっと少ない本数のタネを見つけるかも、っていう心配が……

$\boldsymbol{b}_1, \ldots, \boldsymbol{b}_r$ が次の条件を満たしていれば、それが最小本数のタネです[*56]。

[*53] ぱっと見では「……は r 次元」と言ってしまいたくなりますが、$\boldsymbol{b}_1, \ldots, \boldsymbol{b}_r$ 自身にもまだ無駄が含まれているかもしれません。なので、「……は r 次元以下」としか言えません。なお、「高々」という言葉の意味については付録 C の脚注*9（330 ページ）。

[*54] この話は、2.3.5 項（127 ページ）のボトルネック型分解と同じことを違う表現で言っているだけです。

[*55] 正確には、逆側も示さないとこうは言い切れません。「$\mathrm{span}\,\{\boldsymbol{a}_1, \ldots, \boldsymbol{a}_n\}$ が r 次元なら、こういうタネ $\boldsymbol{b}_1, \ldots, \boldsymbol{b}_r$ が必ず見つかる」のほうです。でもこれは、次元の定義（**?** 2.15（120 ページ））から当然 OK。なお、本来の定義から $\mathrm{rank}\, O$ は 0 となります。

[*56] 逆も言えて、最小本数のタネは必ずこうなっています。

- 式 (2.27) のように $\boldsymbol{a}_1, \ldots, \boldsymbol{a}_n$ を表せる
- $\boldsymbol{b}_1, \ldots, \boldsymbol{b}_r$ 自身が $\mathrm{span}\{\boldsymbol{a}_1, \ldots, \boldsymbol{a}_n\}$ に属している*57
- $\boldsymbol{b}_1, \ldots, \boldsymbol{b}_r$ は線形独立である*58

理由は、こういう $(\boldsymbol{b}_1, \ldots, \boldsymbol{b}_r)$ は線形部分空間（→？2.15（120 ページ））$W = \mathrm{span}\{\boldsymbol{a}_1, \ldots, \boldsymbol{a}_n\}$ の基底だから。あなたの案 $(\boldsymbol{b}_1, \ldots, \boldsymbol{b}_r)$ も、天才の案 $(\boldsymbol{b}'_1, \ldots, \boldsymbol{b}'_{r'})$ も、どちらも W の基底なんだから*59、本数は同じのはずです（1.1.5 項（18 ページ）、付録 C（327 ページ））。

まず、形からわかる例。

$$A = \begin{pmatrix} 2 & 0 & 0 & 0 & 0 \\ 0 & 3 & 0 & 0 & 0 \\ 0 & 0 & 5 & 0 & 0 \\ 0 & 0 & 0 & 0 & 0 \end{pmatrix}, \quad B = \begin{pmatrix} 0 & 0 & 2 & 0 & 0 \\ 0 & 0 & 0 & 0 & 3 \\ 4 & 5 & 0 & 0 & 0 \\ 0 & 0 & 0 & 0 & 0 \end{pmatrix}, \quad C = \begin{pmatrix} 2 & * & * & * & * \\ 0 & 3 & * & * & * \\ 0 & 0 & 0 & 5 & * \\ 0 & 0 & 0 & 0 & 0 \end{pmatrix}$$

$*$ の箇所は何でもよい

タネ $\boldsymbol{e}_1 = (1,0,0,0)^T$, $\boldsymbol{e}_2 = (0,1,0,0)^T$, $\boldsymbol{e}_3 = (0,0,1,0)^T$ を用意しておけば、A のどの列も作れます。B も同様で、このタネ $\boldsymbol{e}_1, \boldsymbol{e}_2, \boldsymbol{e}_3$ でどの列も作れます。さらに C も同様。したがって、$\mathrm{rank}\, A = \mathrm{rank}\, B = \mathrm{rank}\, C = 3$ です*60。なお、「最小本数のタネ」の取り方はいろいろあるので注意。例えば、$\boldsymbol{f}_1 = (1,0,0,0)^T$, $\boldsymbol{f}_2 = (1,1,0,0)^T$, $\boldsymbol{f}_3 = (0,1,1,0)^T$ なんてひねくれたタネでも、A の各列を作れます。実際、$2\boldsymbol{f}_1, (-3\boldsymbol{f}_1 + 3\boldsymbol{f}_2), (5\boldsymbol{f}_1 - 5\boldsymbol{f}_2 + 5\boldsymbol{f}_3)$ が A の 1,2,3 列目に一致。残りの列は $0\boldsymbol{f}_1 + 0\boldsymbol{f}_2 + 0\boldsymbol{f}_3$ です*61。

次に、数字を見てわかる例。

$$D = \begin{pmatrix} 2 & 3 \\ 4 & 6 \\ 6 & 9 \end{pmatrix}, \quad E = \begin{pmatrix} 1 & 1 & 11 \\ 2 & 4 & 24 \\ 3 & 7 & 37 \end{pmatrix}$$

D は、タネとして $(1,2,3)^T$ を用意しておけば、その 2 倍と 3 倍でどちらの列も作れます。つまり $\mathrm{rank}\, D = 1$。E は、$\boldsymbol{b}_1 = (1,2,3)^T$ と $\boldsymbol{b}_2 = (1,4,7)^T$ をタネとすればよくて、

---

*57 属さないものが混入してると、$\mathrm{span}\{\boldsymbol{a}_1, \ldots, \boldsymbol{a}_n\}$ 以外のベクトルまで、$\boldsymbol{b}_1, \ldots, \boldsymbol{b}_r$ から作れてしまいます。少しでもコスト（本数）を減らしたいと言っているときに、そんな無駄な「オーバスペック」は許されない。今は $\mathrm{span}\{\boldsymbol{a}_1, \ldots, \boldsymbol{a}_n\}$ 内のベクトルさえ作れればいいのだから。——というのが心情的な説明。まじめな説明は退屈なので略。

*58「線形従属なようじゃ、まだ無駄がある（もっと減らせる）」は、線形従属の意味（2.3.4 項（123 ページ））を思い出せば当たり前。

*59 基底になってない案なんて、前述のように無駄があるのだから、そもそも門前払い。

*60 これより少ない本数のタネでは無理なことも、気分的に納得でしょう。$\mathrm{Im}\, A$ も $\mathrm{Im}\, B$ も $\mathrm{Im}\, C$ も、「$(*,*,*,0)^T$ という形のベクトル全体（$*$ の箇所は何でもよい）」となり、3 次元です。

*61 より一般には、$\boldsymbol{b}_1, \ldots, \boldsymbol{b}_r$ が「最小本数のタネ」なら、それを並べた行列に右から正則行列 Q を掛けた $B' = (\boldsymbol{b}_1, \ldots, \boldsymbol{b}_r)Q$ を考えると、その列ベクトル $\boldsymbol{b}'_1, \ldots, \boldsymbol{b}'_r$ もやはり「最小本数のタネ」となります（$B' = (\boldsymbol{b}'_1, \ldots, \boldsymbol{b}'_r)$）。理由は、？2.19（130 ページ）で $\mathrm{Im}\,(AQ) = \mathrm{Im}\, A$ を示したときと同様です。

3 列目は $10\boldsymbol{b}_1 + \boldsymbol{b}_2$ で作れます[*62]。つまり $\operatorname{rank} E = 2$。

文字式の例も見ておきましょう。

$$F = \begin{pmatrix} x_1 y_1 & \cdots & x_1 y_n \\ \vdots & & \vdots \\ x_m y_1 & \cdots & x_m y_n \end{pmatrix}, \quad G = \begin{pmatrix} (x_1 + y_1) & \cdots & (x_1 + y_n) \\ \vdots & & \vdots \\ (x_m + y_1) & \cdots & (x_m + y_n) \end{pmatrix}$$

$x_1, \ldots, x_m, y_1, \ldots, y_n$ はすべて異なる数（$m, n \geq 2$）

F では、どの列も $\boldsymbol{x} = (x_1, \ldots, x_m)^T$ の何倍かになっています。1 列目は y_1 倍、2 列目は y_2 倍、……1 本のベクトル $\boldsymbol{x}$ だけで全部の列が作れてしまうのだから、F のランクは 1 です。G では、どの列も $\boldsymbol{x} = (x_1, \ldots, x_m)^T$ と $\boldsymbol{u} = (1, \ldots, 1)^T$ で作れます。1 列目は $\boldsymbol{x} + y_1\boldsymbol{u}$、2 列目は $\boldsymbol{x} + y_2\boldsymbol{u}$、……という調子。タネ $\boldsymbol{x}, \boldsymbol{u}$ の本数をこれ以上減らすことは無理ですから[*63]、G のランクは 2 です。実際、これらは

$$F = \begin{pmatrix} x_1 \\ \vdots \\ x_m \end{pmatrix} (y_1, \ldots, y_n)$$

$$G = \begin{pmatrix} x_1 & 1 \\ \vdots & \vdots \\ x_m & 1 \end{pmatrix} \begin{pmatrix} 1 & \cdots & 1 \\ y_1 & \cdots & y_n \end{pmatrix}$$

という形に分解できます。

2.3.7　ランクの求め方（2）筆算で ▽

簡単な行列のランクは、前項で数えられるようになりました。本項では、それが通用しない一般の行列 A について、ランクを求める方法をお話ししましょう。

正則行列を掛けてもランクは変わらないのでしたから（2.3.5 項（127 ページ）「ランクの基本性質」）、「正則行列をどんどん掛けて行列を簡単にしていって、ひと目でランクがわかる格好にしてしまえ」という方針でいきます。こういうことに便利なのが、逆行列の筆算でやった基本変形の行列 $Q_i(c), R_{i,j}(c), S_{i,j}$ です（2.2.4 項（107 ページ））。これらはすべて正則であり、左から掛けると、それぞれ

- ある行を c 倍する
- ある行の c 倍を別の行に加える
- ある行と別の行とを入れ替える

という操作になるのでした（$c \neq 0$）。本当はこれだけでも十分なのですが、右から掛ける

*62　1 本のタネだけでは、1 列目と 2 列目を両方作るのは無理です。❓2.22（136 ページ）も参照。

*63　どうあがいてみても無理そうでしょう？ 厳密に調べないと気が済まないという人は、「1 本の $\boldsymbol{z}$ だけをタネとして G のすべての列を作ることは不可能」ということを確認すればよい。タネ $\boldsymbol{z}$ から作れるベクトルなんて、$\boldsymbol{z}$ の定数倍だけ。だから、G の 1 列目が作れるためには、$\boldsymbol{z}$ は $(x_1 + y_1, \ldots, x_m + y_1)^T$ の定数倍しかない。でもそんな $\boldsymbol{z}$ の定数倍では、G の 2 列目が作れない。❓2.22（136 ページ）も参照。

右基本変形も導入すると話が簡単になります(正則行列をどちら側から掛けても、ランクは不変でしたね)。右から掛けると、

- ある列を c 倍する
- ある列の c 倍を別の列に加える
- ある列と別の列とを入れ替える

のように列に関する操作になることを確かめてください。例えば、

- 2 列目を 5 倍する

$$\begin{pmatrix} 2 & \boxed{3} & 3 & 9 \\ 3 & \boxed{4} & 2 & 9 \\ -2 & \boxed{-2} & 3 & 2 \end{pmatrix} \begin{pmatrix} 1 & 0 & 0 & 0 \\ 0 & \boxed{5} & 0 & 0 \\ 0 & 0 & 1 & 0 \\ 0 & 0 & 0 & 1 \end{pmatrix} = \begin{pmatrix} 2 & \boxed{15} & 3 & 9 \\ 3 & \boxed{20} & 2 & 9 \\ -2 & \boxed{-10} & 3 & 2 \end{pmatrix}$$

- 2 列目の 10 倍を 1 列目に加える

$$\begin{pmatrix} 2 & \boxed{3} & 3 & 9 \\ 3 & \boxed{4} & 2 & 9 \\ -2 & \boxed{-2} & 3 & 2 \end{pmatrix} \begin{pmatrix} 1 & 0 & 0 & 0 \\ \boxed{10} & 1 & 0 & 0 \\ 0 & 0 & 1 & 0 \\ 0 & 0 & 0 & 1 \end{pmatrix} = \begin{pmatrix} \boxed{32} & 3 & 3 & 9 \\ \boxed{43} & 4 & 2 & 9 \\ \boxed{-22} & -2 & 3 & 2 \end{pmatrix}$$

- 2 列目と 4 列目を入れ替える

$$\begin{pmatrix} 2 & \boxed{3} & 3 & \boxed{9} \\ 3 & \boxed{4} & 2 & \boxed{9} \\ -2 & \boxed{-2} & 3 & \boxed{2} \end{pmatrix} \begin{pmatrix} 1 & 0 & 0 & 0 \\ 0 & 0 & 0 & \boxed{1} \\ 0 & 0 & 1 & 0 \\ 0 & \boxed{1} & 0 & 0 \end{pmatrix} = \begin{pmatrix} 2 & \boxed{9} & 3 & \boxed{3} \\ 3 & \boxed{9} & 2 & \boxed{4} \\ -2 & \boxed{2} & 3 & \boxed{-2} \end{pmatrix}$$

実際にランクを求める際には、基本変形の行列を具体的に書き下したり計算したりする必要はありません。行や列に関する上記のような操作が「正則行列を左や右から掛ける」と解釈できること、よってその操作でランクは変わらないこと、さえおさえていれば OK です。

具体例として、

$$A = \begin{pmatrix} 3 & 15 & -27 & -24 \\ 1 & 7 & 5 & 4 \\ -2 & -11 & 7 & 18 \end{pmatrix}, \quad B = \begin{pmatrix} 1 & 4 & 7 \\ 2 & 5 & 8 \\ 3 & 6 & 9 \end{pmatrix}, \quad C = \begin{pmatrix} 2 & -10 & 12 \\ -1 & 5 & -6 \\ -3 & 15 & -14 \end{pmatrix}$$

のランクをそれぞれ求めてみせます。

$$A = \begin{pmatrix} 3 & 15 & -27 & -24 \\ \hline 1 & 7 & 5 & 4 \\ \hline -2 & -11 & 7 & 18 \end{pmatrix}$$

第 1 行を (1/3) 倍して、対角成分を 1 に

$$\to \begin{pmatrix} \boxed{1} & 5 & -9 & -8 \\ 1 & 7 & 5 & 4 \\ -2 & -11 & 7 & 18 \end{pmatrix}$$

第 1 行を (−1) 倍・2 倍して第 2 行・第 3 行に加え、
1 列目を 0 に

$$\to \begin{pmatrix} 1 & 5 & -9 & -8 \\ \boxed{0} & 2 & 14 & 12 \\ \boxed{0} & -1 & -11 & 2 \end{pmatrix}$$

第 1 列を (−5) 倍・9 倍・8 倍して
第 2 列・第 3 列・第 4 列に加え、1 行目を 0 に

$$\to \begin{pmatrix} 1 & \boxed{0} & \boxed{0} & \boxed{0} \\ 0 & 2 & 14 & 12 \\ 0 & -1 & -11 & 2 \end{pmatrix}$$

第 2 行を (1/2) 倍して、対角成分を 1 に

$$\to \begin{pmatrix} 1 & 0 & 0 & 0 \\ 0 & \boxed{1} & 7 & 6 \\ 0 & -1 & -11 & 2 \end{pmatrix}$$

第 2 行を 1 倍して第 3 行に加え、2 列目を 0 に

$$\to \begin{pmatrix} 1 & 0 & 0 & 0 \\ 0 & 1 & 7 & 6 \\ 0 & \boxed{0} & -4 & 8 \end{pmatrix}$$

第 2 列を (−7) 倍・(−6) 倍して第 3 列・第 4 列に加え、
2 行目を 0 に

$$\to \begin{pmatrix} 1 & 0 & 0 & 0 \\ 0 & 1 & \boxed{0} & \boxed{0} \\ 0 & 0 & -4 & 8 \end{pmatrix}$$

第 3 行を (−1/4) 倍して、対角成分を 1 に

$$\to \begin{pmatrix} 1 & 0 & 0 & 0 \\ 0 & 1 & 0 & 0 \\ 0 & 0 & \boxed{1} & -2 \end{pmatrix}$$

第 3 列の 2 倍を第 4 列に加え、3 行目を 0 に

$$\to \begin{pmatrix} 1 & 0 & 0 & 0 \\ 0 & 1 & 0 & 0 \\ 0 & 0 & 1 & \boxed{0} \end{pmatrix}$$

端まで行きついたからおしまい

最後にできあがった行列のランクが 3 なことは、2.3.6 項（134 ページ）のように、ひと目でわかります。途中の操作はランクを保つのでしたから、$\operatorname{rank} A = 3$ が求まりました。

$$B = \begin{pmatrix} 1 & 4 & 7 \\ 2 & 5 & 8 \\ 3 & 6 & 9 \end{pmatrix}$$

第 1 行の (−2) 倍・(−3) 倍を、第 2 行・第 3 行に加える

$$\to \begin{pmatrix} 1 & 4 & 7 \\ \boxed{0} & -3 & -6 \\ \boxed{0} & -6 & -12 \end{pmatrix}$$

第 1 列の (−4) 倍・(−7) 倍を、第 2 列・第 3 列に加える

$$\to \begin{pmatrix} 1 & \boxed{0} & \boxed{0} \\ 0 & -3 & -6 \\ 0 & -6 & -12 \end{pmatrix}$$

第 2 行を (−1/3) 倍して、対角成分を 1 にする

$$\to \begin{pmatrix} 1 & 0 & 0 \\ 0 & \boxed{1} & 2 \\ 0 & -6 & -12 \end{pmatrix}$$

第 2 行を 6 倍して第 3 行に加える

$$\to \left(\begin{array}{c|c|c} 1 & 0 & 0 \\ 0 & 1 & 2 \\ 0 & \boxed{0} & 0 \end{array}\right)$$ 第 2 列を (−2) 倍して第 3 列に加える

$$\to \begin{pmatrix} 1 & 0 & 0 \\ 0 & 1 & \boxed{0} \\ 0 & 0 & 0 \end{pmatrix}$$ 端まで行きついていないけど、残りはもう 0 だからおしまい

最後にできあがった行列のランクは 2 なので、$\operatorname{rank} B = 2$ が求まりました。

$$C = \left(\begin{array}{ccc} 2 & -10 & 12 \\ \hline -1 & 5 & -6 \\ \hline -3 & 15 & -14 \end{array}\right)$$ 第 1 行を (1/2) 倍して、対角成分を 1 にする

$$\to \left(\begin{array}{ccc} \boxed{1} & -5 & 6 \\ \hline -1 & 5 & -6 \\ \hline -3 & 15 & -14 \end{array}\right)$$ 第 1 行の 1 倍・3 倍を、第 2 行・第 3 行に加える

$$\to \left(\begin{array}{c|c|c} 1 & -5 & 6 \\ \boxed{0} & 0 & 0 \\ \boxed{0} & 0 & 4 \end{array}\right)$$ 第 1 列の 5 倍・(−6) 倍を、第 2 列・第 3 列に加える

$$\to \left(\begin{array}{ccc} 1 & \boxed{0} & \boxed{0} \\ \hline 0 & 0 & 0 \\ \hline 0 & 0 & 4 \end{array}\right)$$

「次は第 2 行を何倍かして、対角成分を 1 に……」と思ったら、対角成分が 0 になってしまいました。こんなときは、未処理範囲から、0 でないものをもってきます (pivoting)。今の場合は、

$$\begin{pmatrix} \boxed{1} & \boxed{0} & \boxed{0} \\ \boxed{0} & 0 & 0 \\ \boxed{0} & 0 & 4 \end{pmatrix}$$

の□で囲んだ部分が処理済み、残りが未処理。ということで、

$$C \to \cdots$$

$$\to \begin{pmatrix} 1 & 0 & 0 \\ 0 & 0 & 0 \\ 0 & 0 & 4 \end{pmatrix}$$ 第 2 行と第 3 行を入れ替え、さらに第 2 列と第 3 列を入れ替え

$$\to \left(\begin{array}{ccc} 1 & 0 & 0 \\ \hline 0 & \boxed{4} & 0 \\ \hline 0 & 0 & 0 \end{array}\right)$$ 第 2 行を (1/4) 倍して、対角成分を 1 にする

$$\to \begin{pmatrix} 1 & 0 & 0 \\ 0 & \boxed{1} & 0 \\ 0 & 0 & 0 \end{pmatrix}$$ 端まで行きついていないけど、残りはもう 0 だからおしまい

最後にできあがった行列のランクは 2 なので、$\mathrm{rank}\, C = 2$ が求まりました。

手順をまとめましょう[64]。

$$
\left(\begin{array}{ccccccccc}
1 & 0 & 0 & 0 & 0 & 0 & 0 & 0 & 0 \\
0 & 1 & 0 & 0 & 0 & 0 & 0 & 0 & 0 \\
0 & 0 & 1 & 0 & 0 & 0 & 0 & 0 & 0 \\
\hline
0 & 0 & 0 & \bigstar & * & * & * & * & * \\
\hline
0 & 0 & 0 & * & * & * & * & * & * \\
0 & 0 & 0 & * & * & * & * & * & * \\
0 & 0 & 0 & * & * & * & * & * & *
\end{array}\right)
$$

→ 対角成分★が 1 になるよう、この行を★で割る

$$
\left(\begin{array}{ccccccccc}
1 & 0 & 0 & 0 & 0 & 0 & 0 & 0 & 0 \\
0 & 1 & 0 & 0 & 0 & 0 & 0 & 0 & 0 \\
0 & 0 & 1 & 0 & 0 & 0 & 0 & 0 & 0 \\
\hline
0 & 0 & 0 & 1 & * & * & * & * & * \\
\hline
0 & 0 & 0 & \text{☆} & * & * & * & * & * \\
\hline
0 & 0 & 0 & \text{☆} & * & * & * & * & * \\
\hline
0 & 0 & 0 & \text{☆} & * & * & * & * & *
\end{array}\right)
$$

→ 非対角成分☆が 0 になるよう、さっきの行の☆倍を各行から引く

$$
\left(\begin{array}{ccc|c|c|c|c|c|c}
1 & 0 & 0 & 0 & 0 & 0 & 0 & 0 & 0 \\
0 & 1 & 0 & 0 & 0 & 0 & 0 & 0 & 0 \\
0 & 0 & 1 & 0 & 0 & 0 & 0 & 0 & 0 \\
0 & 0 & 0 & 1 & \text{☆} & \text{☆} & \text{☆} & \text{☆} & \text{☆} \\
0 & 0 & 0 & 0 & * & * & * & * & * \\
0 & 0 & 0 & 0 & * & * & * & * & * \\
0 & 0 & 0 & 0 & * & * & * & * & *
\end{array}\right)
$$

→ 非対角成分☆が 0 になるよう、今掃除した列の☆倍を各列から引く（実際は、計算しなくても単に☆を 0 と置き換えるだけでよい）

- 基本は以上の繰り返し。途中で★が 0 になったら、$*$ のなかから 0 でないものを探して、それが★の位置にくるよう行や列を入れ替える（**pivoting**）。探しても見つからなければ、$*$ がすべて 0 ということなので、満足して終了。

こうしてできあがった

---

[64] これはアドリブなしで機械的にやる手順。工夫すればもっと楽できることは、連立一次方程式や逆行列のときと同様（?2.7（103 ページ））。

$$\begin{pmatrix} 1 & 0 & 0 & 0 & 0 & 0 & 0 & 0 & 0 \\ 0 & 1 & 0 & 0 & 0 & 0 & 0 & 0 & 0 \\ 0 & 0 & 1 & 0 & 0 & 0 & 0 & 0 & 0 \\ 0 & 0 & 0 & 1 & 0 & 0 & 0 & 0 & 0 \\ 0 & 0 & 0 & 0 & 1 & 0 & 0 & 0 & 0 \\ 0 & 0 & 0 & 0 & 0 & 0 & 0 & 0 & 0 \\ 0 & 0 & 0 & 0 & 0 & 0 & 0 & 0 & 0 \end{pmatrix} \tag{2.28}$$

の 1 の個数が、ランクになります[*65]。

? 2.23 ランクの筆算を学べば次元定理はすぐわかるって言ってましたよね（**? 2.16**（**121** ページ））

「ランクの筆算」でわかったことは、「任意の行列 A は、上手い正則行列 $P, \tilde{P}$ をもってきて $\tilde{P}AP =$ (2.28) のような形にできる」ということです。これを活用して次元定理を示しましょう。次元定理とは、「$m \times n$ 行列 A に対し、$\dim \operatorname{Ker} A + \dim \operatorname{Im} A = n$」という主張でした。

$P, \tilde{P}$ が正則なら $\operatorname{rank} A = \operatorname{rank}(\tilde{P}AP)$ なことは前に述べました（? 2.19（130 ページ））。つまり、A も $\tilde{P}AP$ も、像 Im の次元は同じです。実は同様に、核 Ker の次元も両者で等しくなっています[*66]。ですから、式 (2.28) のような形のときに次元定理が成り立つことさえ示せれば、一般の A についても示せることになります。

そして、式 (2.28) のような形なら、次元定理は簡単に確かめられます。Ker, Im の定義を思い出すと（2.3.1 項（112 ページ）「たちが悪い例」）、それぞれのメンバーがどうなるかは、ひと目：

---

*65 しつこいですが、おさらいしておきます。

(1) 元の行列に左右から基本変形の行列を掛けて、この最終結果に至った。
(2) 基本変形の行列は正則。
(3) 正則行列を掛けてもランクは変わらないのだから、最終結果のランクは元と同じ。
(4) 最終結果のランクは、1 の個数そのもの（「えっ」て人は 2.3.6 項（134 ページ）を復習）。

*66 この理由は、いろいろな説明の仕方ができます。

[説明 1]：正則なら「つぶさない」写像なのだから、P や $\tilde{P}$ のせいで「$\boldsymbol{o}$ でないものが $\boldsymbol{o}$ になってしまう」などということはない。

[説明 2]：今、$\boldsymbol{y} = A\boldsymbol{x}$ に対して $\boldsymbol{y}' = \tilde{P}\boldsymbol{y}, \boldsymbol{x}' = P^{-1}\boldsymbol{x}$ とおけば、$\boldsymbol{y}' = \tilde{P}\boldsymbol{y} = \tilde{P}A\boldsymbol{x} = \tilde{P}AP\boldsymbol{x}'$。そして、正則行列を掛けることは座標変換と解釈できる（? 1.31（60 ページ））。よって、次のように言える――「$\boldsymbol{x}$ を $\boldsymbol{y} = A\boldsymbol{x}$ に移す写像を考えよう。$\boldsymbol{x}$ の住む元空間を P^{-1} で、$\boldsymbol{y}$ の住む行き先空間を $\tilde{P}$ でそれぞれ座標変換したら、この写像を表す行列は A から $\tilde{P}AP$ に変換される」。しかし、座標変換は座標変換にすぎない。「つぶれて $\boldsymbol{o}$ になる分が何次元あるか」は、座標の取り方には関係ない話だから、$\dim \operatorname{Ker} A = \dim \operatorname{Ker}(\tilde{P}AP)$ のはず。

[説明 3]：rank が変わらないことを示したとき（? 2.19（130 ページ））と同じように、まじめに証明する――退屈なので省略。

$$\begin{pmatrix} y_1 \\ y_2 \\ y_3 \\ y_4 \\ y_5 \\ \hline y_6 \\ y_7 \end{pmatrix} = \left(\begin{array}{ccccc|cccc} 1 & 0 & 0 & 0 & 0 & 0 & 0 & 0 & 0 \\ 0 & 1 & 0 & 0 & 0 & 0 & 0 & 0 & 0 \\ 0 & 0 & 1 & 0 & 0 & 0 & 0 & 0 & 0 \\ 0 & 0 & 0 & 1 & 0 & 0 & 0 & 0 & 0 \\ 0 & 0 & 0 & 0 & 1 & 0 & 0 & 0 & 0 \\ \hline 0 & 0 & 0 & 0 & 0 & 0 & 0 & 0 & 0 \\ 0 & 0 & 0 & 0 & 0 & 0 & 0 & 0 & 0 \end{array}\right) \begin{pmatrix} x_1 \\ x_2 \\ x_3 \\ x_4 \\ x_5 \\ \hline x_6 \\ x_7 \\ x_8 \\ x_9 \end{pmatrix}$$

↙　　　　↘

$$\mathrm{Im}\ \text{は} \begin{pmatrix} * \\ * \\ * \\ * \\ * \\ \hline 0 \\ 0 \end{pmatrix} \text{の形} \qquad \mathrm{Ker}\ \text{は} \begin{pmatrix} 0 \\ 0 \\ 0 \\ 0 \\ 0 \\ \hline * \\ * \\ * \\ * \end{pmatrix} \text{の形}$$

つまり、

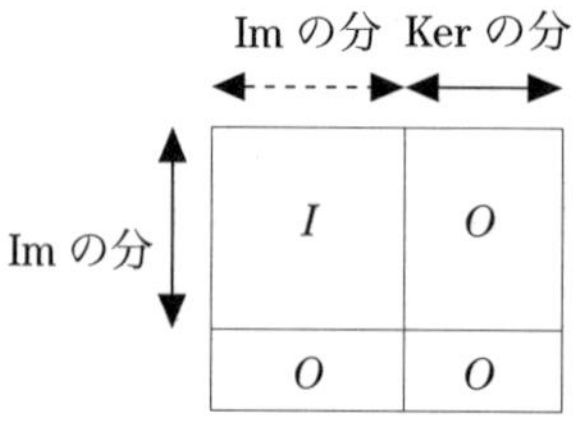

の格好ですから、「Im の分」と「Ker の分」を合わせれば「行列の横幅」に等しくなります。

2.4　たちの良し悪しの判定（逆行列が存在するための条件）

与えられた問題 $\boldsymbol{y} = A\boldsymbol{x}$ がたちのいいものか悪いものかを判定するにはどうすればいいでしょう？ そもそも、A が正方でないと、解の存在性か一意性かどちらかが崩れてしまうのでしたね[*67]。そこで、本節では A が正方行列の場合に話を限ることにします。

要するに、「逆行列 A^{-1} が存在するための条件」が本節のテーマです。必要な事項はほとんど説明済みなので、それをまとめて確認するだけ。ここまでの積み重ねがすべてつな

[*67] 2.3.1 項（112 ページ）「たちが悪い例」や 2.3.3 項（119 ページ）「次元定理」を参照。ただし、存在性については、「下手な $\boldsymbol{y}$ だと解がないよ」というだけですから、上手い $\boldsymbol{y}$ ならちゃんと解があります。なので、「A が縦長で、Ker A が原点のみで、$\boldsymbol{y}$ がちょうど Im A に入っている」という絶妙な場合なら、A が正方でなくても、「解 $\boldsymbol{x}$ がちょうど 1 個ある」となります。こういうマニアックなのまで含めた一般の場合は、2.5.2 項（150 ページ）「求まるところまで求める (2) 実践編」で。

がる爽快な箇所です。すっかりいい気分になってもらえれば、本章の目的はほぼ達成。

2.4.1 「ぺちゃんこにつぶれるか」がポイント

正方行列の場合は特に、「ぺちゃんこにつぶれるか」が決定的なポイントとなります。n 次正方行列 A について、それを確認しましょう。

「ぺちゃんこにつぶれない」は「$\mathrm{Ker}\,A$ が原点 $\boldsymbol{o}$ のみ」と言い直せます。あるいは、「$\mathrm{Ker}\,A$ が 0 次元」という言い方もできます。これは、次元定理から、「$\mathrm{rank}\,A = n$」と同値。正方行列だと同じ次元の空間に移すので、「どこかつぶれれば次元が足りなくなる」「つぶれなければ過不足なし」ということですね。結局、「ぺちゃんこにつぶれない」こと（単射であること）と「行き先の空間全体をカバーする」こと（全射であること）とが同値なわけです。

さて、「ぺちゃんこにつぶれるなら逆行列なし、つぶれなければ逆行列あり」を確認しましょう。「つぶれるなら」のほうは、もう何度も述べました（1.2.8 項（43 ページ）「逆行列＝逆写像」、2.3.1 項（112 ページ）「たちが悪い例」）。一方、「つぶれなければ」のほうも、上で言ったように全単射であることが保証されますから、逆写像が存在。したがって逆行列が存在します[*68]。

2.4.2 正則性と同値な条件いろいろ

ごちゃごちゃした計算ももうありません。がんばって登って辿り着いたこの場所からの眺めを楽しんでください。

引き続き、A を n 次正方行列とします。A に逆行列が存在することを、「A は正則である」というのでした。先ほど確認したように、それは次のこととそれぞれ同値でした。

- A の写像は「ぺちゃんこにつぶさない」
- A の写像は単射
- $\mathrm{Ker}\,A$ が原点 $\boldsymbol{o}$ のみ
- $\dim \mathrm{Ker}\,A = 0$

また、次のことともそれぞれ同値でした。

- A の写像は「行き先の空間全体をカバーする」
- A の写像は全射

---

*68 ……というごまかしで納得した人は、それで結構です。以下は、ごまかされなかった人のための、まじめな説明。

——逆写像が存在することは保証されましたが、その写像が「行列を掛ける」という形で書けないと、「逆行列が存在」とは言えません。逆写像も行列で書けることを、これから示しましょう。素朴な方法とスマートな方法と、2 通りやってみます。まず素朴な方法。$\boldsymbol{e}_1 = (1, 0, \ldots, 0)^T, \ldots, \boldsymbol{e}_n = (0, \cdots, 0, 1)$ のそれぞれに対して、$A\boldsymbol{x}_i = \boldsymbol{e}_i$ となる $\boldsymbol{x}_i$ が存在することは上で保証済み。そこで、そういう $\boldsymbol{x}_1, \ldots, \boldsymbol{x}_n$ を接着した正方行列 $X = (\boldsymbol{x}_1, \ldots, \boldsymbol{x}_n)$ を作ると、これが A の逆行列になっています。実際、ブロック行列として計算すれば、$AX = A(\boldsymbol{x}_1, \ldots, \boldsymbol{x}_n) = (A\boldsymbol{x}_1, \ldots, A\boldsymbol{x}_n) = (\boldsymbol{e}_1, \ldots, \boldsymbol{e}_n) = I$。スマートな方法は、?1.15（23 ページ）を使います。もし $\boldsymbol{y} = A\boldsymbol{x}, \boldsymbol{y}' = A\boldsymbol{x}'$ だったら、$\boldsymbol{y} + \boldsymbol{y}' = A(\boldsymbol{x} + \boldsymbol{x}')$。また、数 c に対して、$c\boldsymbol{y} = A(c\boldsymbol{x})$。「何を当たり前のこと言ってるんだ」という感じですが、これで、「$\boldsymbol{y}$ を $\boldsymbol{x}$ に移す写像は線形写像だ」ということになります。となれば、この写像は行列で表されるはず。

- $\mathrm{Im}\, A$ が n 次元空間全体
- $\mathrm{rank}\, A = \dim \mathrm{Im}\, A = n$

もっと言い直すこともできます。A を列ベクトルで $A = (\boldsymbol{a}_1, \ldots, \boldsymbol{a}_n)$ と書いておくと、「ぺちゃんこにつぶさない」は

- $\boldsymbol{a}_1, \ldots, \boldsymbol{a}_n$ が線形独立
- $A\boldsymbol{x} = \boldsymbol{o}$ となるのは $\boldsymbol{x} = \boldsymbol{o}$ だけ

ともそれぞれ同値でした。前者は 2.3.4 項（123 ページ）「「ぺちゃんこ」を式で表す」を参照。後者は線形独立の定義そのものを行列で書いただけ[*69]です。

さらに振り返れば、「ぺちゃんこにつぶさない」は

- $\det A \neq 0$

とも同値でした（1.3.1 項（66 ページ）「行列式＝体積拡大率」、1.3.5 項（89 ページ）「補足：余因子展開と逆行列」）。また、先走りですが、4.5.2 項（218 ページ）「固有値・固有ベクトルの性質」で説明する

- A が固有値 0 を持たない

も同値となります。

最後に、$\mathrm{rank}\, A = \mathrm{rank}\, A^T$ を思い出すと、$\mathrm{rank}\, A = n$ と $\mathrm{rank}\, A^T = n$ が同値。ということは、「A が正則」と

- A^T が正則

も同値。ということは、たくさん挙げた「同値な条件」のそれぞれで A を A^T に置き換えても、すべて同値となります。

2.4.3　正則性のまとめ

まとめましょう。ここが本章のハイライトです！ n 次正方行列 $A = (\boldsymbol{a}_1, \ldots, \boldsymbol{a}_n)$ について、以下はすべて同じことです。

1. どんな n 次元ベクトル $\boldsymbol{y}$ にも、$\boldsymbol{y} = A\boldsymbol{x}$ となる $\boldsymbol{x}$ がちょうど 1 つある
2. A は正則行列（逆行列 A^{-1} が存在）
3. A の写像は「ぺちゃんこにつぶさない」
    3′. A の写像は単射
4. $A\boldsymbol{x} = \boldsymbol{o}$ となるのは $\boldsymbol{x} = \boldsymbol{o}$ だけ
    4′. $\mathrm{Ker}\, A$ が原点 $\boldsymbol{o}$ のみ
    4″. $\dim \mathrm{Ker}\, A = 0$
5. A の列ベクトル $\boldsymbol{a}_1, \ldots, \boldsymbol{a}_n$ が線形独立
6. A の写像は「行き先の空間全体をカバーする」

---

*69　あるいは、「$\mathrm{Ker}\, A$ が原点 $\boldsymbol{o}$ のみ」を Ker の定義どおり書いただけ。

- 6′ A の写像は全射
- 6″ $\mathrm{Im}\,A$ が n 次元空間全体

7. $\mathrm{rank}\,A = \dim \mathrm{Im}\,A = n$
8. $\det A \neq 0$
9. A が固有値 0 を持たない
10. 以上の A を A^T と置き換えたもの

その反対で、以下もすべて同じことになります。

1. 下手な n 次元ベクトル $\boldsymbol{y}$ だと、$\boldsymbol{y} = A\boldsymbol{x}$ となる $\boldsymbol{x}$ がない。上手い $\boldsymbol{y}$ ならそんな $\boldsymbol{x}$ があるけど、1 つじゃなくてたくさんある。
2. A は特異行列（逆行列 A^{-1} が存在しない）
3. A の写像は「ぺちゃんこにつぶす」
   - 3′. A の写像は単射でない
4. $A\boldsymbol{x} = \boldsymbol{o}$ となる $\boldsymbol{x} \neq \boldsymbol{o}$ が存在
   - 4′. $\mathrm{Ker}\,A$ が原点 $\boldsymbol{o}$ のみではない
   - 4″. $\dim \mathrm{Ker}\,A > 0$
5. A の列ベクトル $\boldsymbol{a}_1, \ldots, \boldsymbol{a}_n$ が線形従属
6. A の写像は「行き先の空間全体をカバーしない」
   - 6′. A の写像は全射でない
   - 6″. $\mathrm{Im}\,A$ が n 次元空間全体にならない
7. $\mathrm{rank}\,A = \dim \mathrm{Im}\,A < n$
8. $\det A = 0$
9. A が固有値 0 を持つ
10. 以上の A を A^T と置き換えたもの

? 2.24 A が正則か特異かを判定するプログラムが欲しい。行列式を求めるルーチンを呼んで、結果が 0 かどうかチェックすればいいのかな？

いいえ。計算機を使うときには、数値誤差のことを忘れてはいけません。浮動小数点演算をするなら、その結果が「ぴったり 0 か」などという判定はナンセンス。計算結果には誤差を覚悟する必要があるからです。こういう数値計算一般の注意については、第 3 章の冒頭で説明します。

また、あなたの目的に照らして、「正則か特異かを判定」だけで本当によいのかも検討してください。2.6 節（162 ページ）「現実にはたちが悪い場合」で述べるように、ノイズのある工学の世界では、特異にものすごく近い正則行列なんてほとんど特異行列みたいなものですから。

2.5 たちが悪い場合の対策

2.5.1 求まるところまで求める (1) 理論編

たちが悪い行列 A では、$\boldsymbol{x}$ の方程式 $A\boldsymbol{x} = \boldsymbol{y}$ の解が、「そんな $\boldsymbol{x}$ はありません」や「そんな $\boldsymbol{x}$ はいっぱいあります」になってしまうのでした。だからといって、「問題が悪いから解けない」で済ませるのではなく、

- 解がないなら、「ない」と答える
- 解がいっぱいあるなら、そのすべてを答える

というところまでがんばりたい場面もあります[*70]。

そこで、たちが悪い場合について、「どういう現象が起きているのかイメージできてほしい」という理論編と、「具体的に求められるようになってほしい」という実践編とを、お話しします。まずは理論編ですが、必要な知識はもう済んでいますから、復習を兼ねて練習問題形式でやってみましょう。

■解が存在するか？

本題の前に、念のため確認です。次の挿話に出てくる学生のような誤解をしている人はいませんか？

> 次のような誤った主張をする学生がときどきいる。反論せよ。
> 「正方行列 A が特異なら、$\boldsymbol{x}$ の方程式 $A\boldsymbol{x} = \boldsymbol{y}$ に解はない。なぜなら、$\boldsymbol{x} = A^{-1}\boldsymbol{y}$ だけど、この場合は A^{-1} が存在しないから」

論理的には、反例を 1 つでも挙げればこの主張は崩れます。例えば、

- $O\boldsymbol{x} = \boldsymbol{o} \to$ 任意の $\boldsymbol{x}$ が解
- $\begin{pmatrix} 1 & -2 \\ 3 & -6 \end{pmatrix} \boldsymbol{x} = \begin{pmatrix} 1 \\ 3 \end{pmatrix} \to \boldsymbol{x} = \begin{pmatrix} 1 \\ 0 \end{pmatrix}$ が解 (ほかにもあるが略)

でも、教育的には、もう少し説明したほうが親切でしょうね。「方程式の解」とは、「代入するとその等式が成り立つような値」のこと。これがそもそもの定義であり、それに続いて「A が正則なら、解は $\boldsymbol{x} = A^{-1}\boldsymbol{y}$ となる」という性質が導かれたのでした。今の話では A が特異なので、後者は適用できません。だからといって第一義である前者まであきらめてしまったのが飛躍であり、誤解点です。こういう誤解をしないためにも、「定理より先に定義」「求め方より先に意味」を、しっかりおさえてください。

では本題です。

> 与えられた行列 A とベクトル $\boldsymbol{y}$ に対して方程式 $A\boldsymbol{x} = \boldsymbol{y}$ が解 $\boldsymbol{x}$ を持つ必要十分条件は、$\boldsymbol{y}$ が $\mathrm{Im}\, A$ に属すことである。当たり前と思えるか？

[*70] 後の「固有ベクトルの計算」(4.5.4 項 (233 ページ)) にもからんできます。

これは、ほとんど「$\mathrm{Im}\,A$ って何だったか覚えてますか？」というだけの話です。「A により移り得る移り先すべて」という集合が $\mathrm{Im}\,A$ だったのですから、「$\boldsymbol{y}$ が $\mathrm{Im}\,A$ に属す」は、「$A\boldsymbol{x} = \boldsymbol{y}$ となる $\boldsymbol{x}$ が存在する」と同値です。特に、$\mathrm{Im}\,A$ が空間全体になっていれば、「どんな $\boldsymbol{y}$ を持ってきても」解が存在したのでした*71。一般にはそうはいかなくて、$\boldsymbol{y}$ が $\mathrm{Im}\,A$ に属するときだけ解があります（図 2.18）。

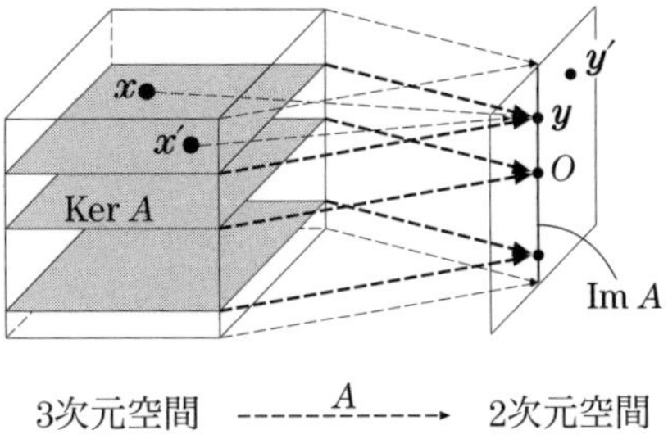

▲ 図 2.18 $\boldsymbol{y}$ が $\mathrm{Im}\,A$ に属するときだけ $A\boldsymbol{x} = \boldsymbol{y}$ は解 $\boldsymbol{x}$ を持つ

■解をすべて見つけよ

解が 1 つ見つかったら、そこから次のようにして別の解を作ることができます。

> $\boldsymbol{x}$ の方程式 $A\boldsymbol{x} = \boldsymbol{y}$ に解が 1 つ見つかったとして、それを $\boldsymbol{x}_0$ としよう。このとき、$\mathrm{Ker}\,A$ に属する任意のベクトル $\boldsymbol{z}$ を持ってくれば、$\boldsymbol{x} = \boldsymbol{x}_0 + \boldsymbol{z}$ も解である。示せ。

これまた、ほとんど「$\mathrm{Ker}\,A$ って何だったか覚えてますか？」という話です。「A によって $\boldsymbol{o}$ に移ってしまうような、つまり $A\boldsymbol{z} = \boldsymbol{o}$ となるような $\boldsymbol{z}$ すべての集合」が $\mathrm{Ker}\,A$ でした。すると、$A(\boldsymbol{x}_0 + \boldsymbol{z}) = A\boldsymbol{x}_0 + A\boldsymbol{z} = \boldsymbol{y} + \boldsymbol{o} = \boldsymbol{y}$ で、確かに $\boldsymbol{x} = \boldsymbol{x}_0 + \boldsymbol{z}$ も $A\boldsymbol{x} = \boldsymbol{y}$ の解です。

念のため、次の点も確認しておきましょう。

> 今の説明を聞くと、どんな連立一次方程式でも解が複数ありそうに思える。でも現実には、
>
> $$\begin{pmatrix} 5 & 3 \\ 2 & 1 \end{pmatrix} \boldsymbol{x} = \begin{pmatrix} 7 \\ 4 \end{pmatrix}$$
>
> の解は $\boldsymbol{x} = (5, -6)^T$ ただ 1 つしかない。これは矛盾していないか？

この行列は正則ですから、「ゼロベクトルに移るのはゼロベクトルだけ」、つまり「$\mathrm{Ker}\,A$ に属するのはゼロベクトルだけ」です。「解にゼロベクトルを足しても解」は確かに正しいけど、それで別の解が作れるわけではない。というわけで矛盾はしていません。

---

*71 話を正方行列に限れば、A が正則なことと、$\mathrm{Im}\,A$ が空間全体になることとが同値でしたね。「えっ」て人は 2.4.3 項（146 ページ）「正則性のまとめ」を復習。

解を1つ見つけたら派生していろいろな解が得られるとわかりました。しかし、我々の目標はもっと上。「すべての解」を得たいのです。単に「こんなにたくさん解を集めたぞ」とコレクションの豊富さを自慢するだけでは、まだ見ぬ解が世界のどこかに眠っている心配は消えません。今の方法で、「全部集めきった」と確信できますか？——実は、集めきれているのです。

> 逆に、どんな解 $\boldsymbol{x}$ も先ほどの形で作れる。つまり、解が1つ見つかれば、その解 $\boldsymbol{x}_0$ は固定して、$\operatorname{Ker} A$ に属するベクトル $\boldsymbol{z}$ をいろいろ変えることにより、$\boldsymbol{x}_0 + \boldsymbol{z}$ ですべての解が得られる。示せ。

数学慣れしていないと、どう答えたらいいか戸惑ってしまうかもしれませんね。今、何か別の解 $\boldsymbol{x}_1$ があったとしましょう。つまり、$A\boldsymbol{x}_1 = \boldsymbol{y}$ だったとしましょう。前提の $A\boldsymbol{x}_0 = \boldsymbol{y}$ と見比べれば、$A\boldsymbol{x}_1 - A\boldsymbol{x}_0 = \boldsymbol{o}$ ということになります。この左辺は、$A(\boldsymbol{x}_1 - \boldsymbol{x}_0)$ とも書ける。つまり、$\boldsymbol{x}_1 - \boldsymbol{x}_0$ は $\operatorname{Ker} A$ に属している。そこで $\boldsymbol{z} \equiv \boldsymbol{x}_1 - \boldsymbol{x}_0$ とおけば、確かに $\boldsymbol{x}_1 = \boldsymbol{x}_0 + \boldsymbol{z}$ であり、$\boldsymbol{z}$ は $\operatorname{Ker} A$ に属します。こうして、どんな解 $\boldsymbol{x}_1$ も上述の形で得られることが示されました。実は、前の❓2.12（114ページ）でも同じような話をしています。この辺りの幾何学的なイメージは、「たちが悪い例」（2.3.1項（112ページ））を復習してください。

かっこつけた言葉でまとめておきましょう。$\boldsymbol{x}$ の方程式 $A\boldsymbol{x} = \boldsymbol{y}$ の解をすべて挙げるには、

1. どうにかがんばって、解を1つ見つける。この解 $\boldsymbol{x}_0$ を**特解**と呼びます。
2. 元の方程式の右辺を $\boldsymbol{o}$ にした $A\boldsymbol{z} = \boldsymbol{o}$（**斉次方程式**）のすべての解（**一般解**）を求める。具体的には、$\operatorname{Ker} A$ の基底 $(\boldsymbol{z}_1, \cdots, \boldsymbol{z}_k)$ を使って、

$$\boldsymbol{z} = c_1\boldsymbol{z}_1 + \cdots + c_k\boldsymbol{z}_k \qquad (c_1, \ldots, c_k \text{ は任意の数})$$

   が斉次方程式 $A\boldsymbol{z} = \boldsymbol{o}$ の一般解です。
3. $A\boldsymbol{x} = \boldsymbol{y}$ の解は、「(特解) ＋ (斉次方程式の一般解)」で得られる。つまり、

$$\boldsymbol{x} = \boldsymbol{x}_0 + c_1\boldsymbol{z}_1 + \cdots + c_k\boldsymbol{z}_k \qquad (c_1, \ldots, c_k \text{ は任意の数})$$

以上が、「式の上での」解き方です[*72]。具体的な「筆算法」は、次の実践編を読んでください。

2.5.2 求まるところまで求める（2）実践編 ▽

では、2.2.2項（95ページ）でやった連立一次方程式の筆算法が、たちの悪い場合にどう破綻するかを見ていきましょう。

[*72] 付録D.2（334ページ）では、微分方程式の解法をこれと対比して説明します。

■手がかりが多すぎる典型例（解なし）

最初の例は、

$$2x_1 - 4x_2 = -2 \tag{2.29}$$
$$4x_1 - 5x_2 = 2 \tag{2.30}$$
$$5x_1 - 9x_2 = 1 \tag{2.31}$$

です。未知数が x_1, x_2 の 2 個に対して式が 3 本。2.3.1 項（112 ページ）でやった「手がかりが多すぎる場合」の典型です。これを前と同じように筆算していくとどうなるか。

$$\left(\begin{array}{cc|c} 2 & -4 & -2 \\ \hline 4 & -5 & 2 \\ \hline 5 & -9 & 1 \end{array}\right)$$
1 行目を 1/2 倍して、先頭に 1 を作る

$$\to \left(\begin{array}{cc|c} \boxed{\mathit{1}} & \mathit{-2} & \mathit{-1} \\ \hline 4 & -5 & 2 \\ \hline 5 & -9 & 1 \end{array}\right)$$
1 行目を (−4) 倍して 2 行目に加え、先頭を 0 にする
1 行目を (−5) 倍して 3 行目に加え、先頭を 0 にする
これで 1 列目が完成

$$\to \left(\begin{array}{cc|c} 1 & -2 & -1 \\ \hline \boxed{\mathit{0}} & \mathit{3} & \mathit{6} \\ \hline \boxed{\mathit{0}} & \mathit{1} & \mathit{6} \end{array}\right)$$
2 行目を 1/3 倍して、2 列目（対角成分）に 1 を作る

$$\to \left(\begin{array}{cc|c} 1 & -2 & -1 \\ \hline \mathit{0} & \boxed{\mathit{1}} & \mathit{2} \\ \hline 0 & 1 & 6 \end{array}\right)$$
2 行目を 2 倍して 1 行目に加え、2 列目を 0 にする
2 行目を (−1) 倍して 3 行目に加え、2 列目を 0 にする
これで 2 列目も完成

$$\to \left(\begin{array}{cc|c} \mathit{1} & \boxed{\mathit{0}} & \mathit{3} \\ 0 & 1 & 2 \\ \mathit{0} & \boxed{\mathit{0}} & \mathit{4} \end{array}\right)$$

これで | の左側が片付いたので、完成……？ できあがった行列を連立一次方程式に翻訳し戻すと[*73]、

$$\left(\begin{array}{cc|c} 1 & 0 & 3 \\ 0 & 1 & 2 \\ 0 & 0 & 4 \end{array}\right) \Rightarrow \left(\begin{array}{cc|c} 1 & 0 & 3 \\ 0 & 1 & 2 \\ 0 & 0 & 4 \end{array}\right)\left(\begin{array}{c} x_1 \\ x_2 \\ \hline -1 \end{array}\right) = \begin{pmatrix} 0 \\ 0 \\ 0 \end{pmatrix} \Rightarrow \begin{array}{rcl} x_1 & = & 3 \\ x_2 & = & 2 \\ 0 & = & 4 \end{array} \tag{2.32}$$

最後におかしな式 $0 = 4$ が出てしまいました。どう解釈したらいいのでしょうか？

x_1 と x_2 をどんなに調整したところで、式（2.32）を満たすことはできません。$0 = 4$

[*73] 「えっ」て人は、2.2.2 項（95 ページ）「連立一次方程式の解法（正則な場合）」を復習。方程式 $A\boldsymbol{x} = \boldsymbol{y}$ を移項して $A\boldsymbol{x} - \boldsymbol{y} = \boldsymbol{o}$ とした上で、さらにこれをブロック行列で

$$\left(\begin{array}{c|c} A & \boldsymbol{y} \end{array}\right)\left(\begin{array}{c} \boldsymbol{x} \\ \hline -1 \end{array}\right) = \boldsymbol{o}$$

と表したのでした。そして、行列部分 $(A|\boldsymbol{y})$ だけを書き出して変形していくのが筆算法でした。

が絶対に満たされないからです。つまり、連立一次方程式（2.32）には解がありません。ということは、元の方程式にも解はないことになります。左基本変形で得られた方程式は、元の方程式と同値なはずでしたから。

一般に、$(A|\boldsymbol{y})$ を左基本変形した結果、次のように「はみ出した $\boxed{*}$」がいる格好になってしまったら、$\boldsymbol{x}$ の方程式 $A\boldsymbol{x} = \boldsymbol{y}$ に解はありません。正確に言うと、「$\boxed{*}$ の箇所に 1 つでも 0 でない値が出てしまったら解なし」です。

$$\left(\begin{array}{ccc|c} 1 & & & * \\ & \ddots & & \vdots \\ & & 1 & * \\ & & & \boxed{*} \\ & & & \vdots \\ & & & \boxed{*} \end{array}\right) \qquad \text{空欄は } 0$$

理由は、先ほどの具体例と同様です。

? 2.25　手がかりが多すぎるのに解がある場合もあるんですか？

はい。A が縦長でも、絶妙な場合には解があります。論より証拠：方程式

$$\begin{pmatrix} 2 & -4 \\ 4 & -5 \\ 5 & -9 \end{pmatrix} \begin{pmatrix} x_1 \\ x_2 \end{pmatrix} = \begin{pmatrix} 2 \\ 7 \\ 6 \end{pmatrix} \qquad (2.33)$$

は、解 $(x_1, x_2)^T = (3, 1)^T$ を持ちます。「論」については 2.5.1 項（148 ページ）「理論編」を参照してください。

? 2.26　こんな筆算法なんて覚えなくても、普通に変数消去していけばいいのでは？

はい。それで構いません。特に、小規模な問題なら、そのほうがお手軽でしょう。先ほどの例なら、式（2.29）から $x_1 = 2x_2 - 1$。これを式（2.30）と式（2.31）に代入すれば、それぞれ

$$4(2x_2 - 1) - 5x_2 = 2 \to x_2 = 2$$
$$5(2x_2 - 1) - 9x_2 = 1 \to x_2 = 6$$

となり、両方を満たすことは不可能。よって解なし——という調子です。

ただし、早とちりには注意。「式（2.29）から $x_1 = 2x_2 - 1$。これを式（2.30）に代入して $x_2 = 2$。ということは $x_1 = 2 \cdot 2 - 1 = 3$。完了！」なんていう失敗をしない自信はありますか？ こんな失敗を避けるためにも、次のような「確認」を習慣付けてください。

- 方程式を解け → 得られた解を方程式に代入して、成り立つか確認

- 逆行列を求めよ → 得られた逆行列を元の行列に掛けて、単位行列になるか確認
- 固有値・固有ベクトルを求めよ→ 得られた固有ベクトルに行列を掛けて、固有値倍になるか確認

■手がかりが足りない典型例（解がいっぱい）

次の例は、

$$-x_1 + 2x_2 - x_3 + 2x_4 = 6$$
$$3x_1 - 4x_2 - 3x_3 - 2x_4 = -4$$

です。未知数が x_1, x_2, x_3, x_4 の 4 個に対して式が 2 本。今度は、2.3.1 項（112 ページ）でやった「手がかりが足りない場合」の典型です。これも同じように筆算していくとどうなるでしょうか。

$$\left(\begin{array}{cccc|c} -1 & 2 & -1 & 2 & 6 \\ \hline 3 & -4 & -3 & -2 & -4 \end{array}\right)$$ 1 行目を (−1) 倍して、先頭に 1 を作る

$$\to \left(\begin{array}{cccc|c} \boxed{1} & -2 & 1 & -2 & -6 \\ \hline 3 & -4 & -3 & -2 & -4 \end{array}\right)$$ 1 行目を (−3) 倍して 2 行目に加え、先頭を 0 にする これで 1 列目が完成

$$\to \left(\begin{array}{cccc|c} 1 & -2 & 1 & -2 & -6 \\ \hline \boxed{0} & 2 & -6 & 4 & 14 \end{array}\right)$$ 2 行目を (−1/2) 倍して、2 列目（対角成分）に 1 を作る

$$\to \left(\begin{array}{cccc|c} 1 & -2 & 1 & -2 & -6 \\ \hline 0 & \boxed{1} & -3 & 2 & 7 \end{array}\right)$$ 2 行目を 2 倍して 1 行目に加え、2 列目を 0 にする これで 2 列目も完成

$$\to \left(\begin{array}{cccc|c} 1 & \boxed{0} & -5 & 2 & 8 \\ 0 & 1 & -3 & 2 & 7 \end{array}\right)$$

これで下まで行きつきました。まだ | の左が全部は片付いておらず、2 列残ってしまいましたが……完成でしょうか？

できあがった行列をまた連立一次方程式に翻訳し戻すと、

$$\left(\begin{array}{cccc|c} 1 & 0 & -5 & 2 & 8 \\ 0 & 1 & -3 & 2 & 7 \end{array}\right) \begin{pmatrix} x_1 \\ x_2 \\ x_3 \\ x_4 \\ \hline -1 \end{pmatrix} = \begin{pmatrix} 0 \\ 0 \end{pmatrix} \quad \Rightarrow \quad \begin{array}{rrrrcr} x_1 & & -5x_3 & +2x_4 & = & 8 \\ & x_2 & -3x_3 & +2x_4 & = & 7 \end{array}$$

つまり、

$$x_1 = 5x_3 - 2x_4 + 8$$
$$x_2 = 3x_3 - 2x_4 + 7$$

を満たす x_1, x_2, x_3, x_4 を答えなさいということです。これを眺めると、

- x_3, x_4 が決まれば x_1, x_2 が決まる
- x_3, x_4 自体は好き勝手に選んでよい

という格好です。だから、その「好き勝手」な値をそれぞれ c, c' とでもおいて、

$$\begin{pmatrix} x_1 \\ x_2 \\ x_3 \\ x_4 \end{pmatrix} = \begin{pmatrix} 5c - 2c' + 8 \\ 3c - 2c' + 7 \\ c \\ c' \end{pmatrix} \qquad c, c' \text{ は任意の数} \tag{2.34}$$

が解。念のため、元の方程式に代入して、c, c' が何であっても解になっていることを確認しておいてください。

？ 2.27　自分で計算したら答があいません。

解の表現はユニーク（→脚注*25（116 ページ））ではありません。同じことを表していても、見た目が違うことがあります。簡単な例だと、

$$(x_1, x_2)^T = (c,\ -2c+1)^T \quad c \text{ は任意の数}$$
$$(x_1, x_2)^T = (-3c'+3,\ 6c'-5)^T \quad c' \text{ は任意の数}$$

はどちらも同じこと。$c = -3c' + 3$ と取れば前者は後者に一致するし、$c' = -(1/3)c + 1$ と取れば逆に後者が前者に一致します。からくりを図示すると、次のとおりです。$\boldsymbol{x} = (x_1, x_2)^T$、$\boldsymbol{v} = (1, -2)^T$、$\boldsymbol{u} = (0, 1)^T$、$\boldsymbol{u}' = (3, -5)^T$ と記号を用意すれば、上の解はそれぞれ

$$\boldsymbol{x} = \boldsymbol{u} + c\boldsymbol{v} \quad c \text{ は任意の数} \tag{2.35}$$
$$\boldsymbol{x} = \boldsymbol{u}' - 3c'\boldsymbol{v} \quad c' \text{ は任意の数} \tag{2.36}$$

と書けます。これはどちらも、図 2.19 の直線を表しています。「$\boldsymbol{u}$ から、$\boldsymbol{v}$ 方向に好きなだけ行った場所」も「$\boldsymbol{u}'$ から、$\boldsymbol{v}$ 方向に好きなだけ行った場所」も、どちらもこの直線上ですから。

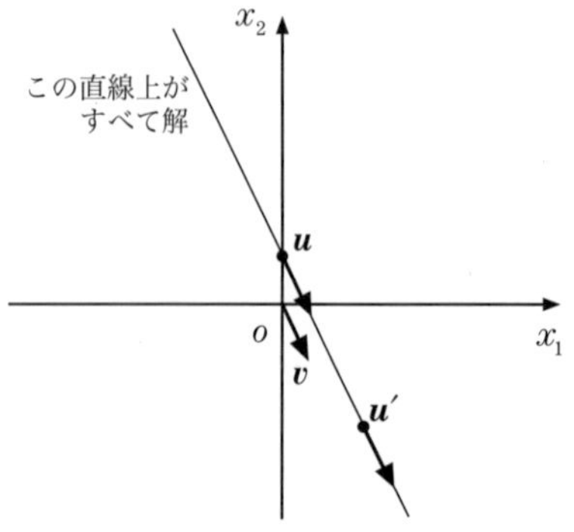

▲ 図 2.19　同じ直線でも表し方はいろいろ

? 2.28 理論編の結論「(特解) ＋ (斉次方程式の一般解)」と、今の解との関係は？

解 (2.34) を次のように書き直せば、「(特解) ＋ (斉次方程式の一般解)」の格好になります。

$$\begin{pmatrix} x_1 \\ x_2 \\ x_3 \\ x_4 \end{pmatrix} = \begin{pmatrix} 8 \\ 7 \\ 0 \\ 0 \end{pmatrix} + c \begin{pmatrix} 5 \\ 3 \\ 1 \\ 0 \end{pmatrix} + c' \begin{pmatrix} -2 \\ -2 \\ 0 \\ 1 \end{pmatrix} \qquad c, c' \text{ は任意の数}$$

$(8,7,0,0)^T$ が特解、残りの $c(5,3,1,0)^T + c'(-2,-2,0,1)^T$ が斉次方程式の一般解です。

調子をつかむためにもう一例。もし、$(A|\boldsymbol{y})$ を左基本変形して

$$\left(\begin{array}{ccccccc|c} 1 & & & & \text{ア} & \text{イ} & \text{ウ} & \text{い} \\ & 1 & & & \text{カ} & \text{キ} & \text{ク} & \text{ろ} \\ & & 1 & & \text{サ} & \text{シ} & \text{ス} & \text{は} \\ & & & 1 & \text{タ} & \text{チ} & \text{ツ} & \text{に} \end{array}\right) \qquad \text{空欄は } 0 \tag{2.37}$$

となったら、

$$\begin{array}{ccccccccc} x_1 & & & & +\text{ア}\,x_5 & +\text{イ}\,x_6 & +\text{ウ}\,x_7 & = & \text{い} \\ & x_2 & & & +\text{カ}\,x_5 & +\text{キ}\,x_6 & +\text{ク}\,x_7 & = & \text{ろ} \\ & & x_3 & & +\text{サ}\,x_5 & +\text{シ}\,x_6 & +\text{ス}\,x_7 & = & \text{は} \\ & & & x_4 & +\text{タ}\,x_5 & +\text{チ}\,x_6 & +\text{ツ}\,x_7 & = & \text{に} \end{array} \tag{2.38}$$

ということですから、x_5, x_6, x_7 は好き勝手に選べます。そこで、その値を c_1, c_2, c_3 とおけば、解は

$$\begin{pmatrix} x_1 \\ x_2 \\ x_3 \\ x_4 \\ x_5 \\ x_6 \\ x_7 \end{pmatrix} = \begin{pmatrix} -\text{ア}\,c_1 - \text{イ}\,c_2 - \text{ウ}\,c_3 + \text{い} \\ -\text{カ}\,c_1 - \text{キ}\,c_2 - \text{ク}\,c_3 + \text{ろ} \\ -\text{サ}\,c_1 - \text{シ}\,c_2 - \text{ス}\,c_3 + \text{は} \\ -\text{タ}\,c_1 - \text{チ}\,c_2 - \text{ツ}\,c_3 + \text{に} \\ c_1 \\ c_2 \\ c_3 \end{pmatrix} \qquad c_1, c_2, c_3 \text{ は任意の数} \tag{2.39}$$

と表されます。

? 2.29　(2.39) のプラスとマイナスが覚えられません。

そういうことを「暗記」するのはお勧めしません。頭に残しておくべきなのは、

$$A\boldsymbol{x} = \boldsymbol{y} \quad \to \quad A\boldsymbol{x} - \boldsymbol{y} = \boldsymbol{o} \quad \to \quad (A|\boldsymbol{y})\begin{pmatrix} \boldsymbol{x} \\ \hline -1 \end{pmatrix} = \boldsymbol{o} \quad \to \quad (A|\boldsymbol{y})$$

のような略記をしていたのだ、ということのほうです。これをおさえていれば、(2.37) から (2.38) を経て (2.39) に至るまでを、その場でたやすく作れるはず。

■途中で行き詰まった場合

ここまでの例は、左基本変形によって「とにかく端まで行きつける」場合でした。しかし、行きつく前に途中で詰まる場合もあります。

例えば、

$$\left(\begin{array}{cccc|c} 1 & 0 & 5 & 4 & 4 \\ 0 & 1 & 2 & 3 & 2 \\ 0 & 0 & \boxed{0} & 3 & 6 \end{array}\right)$$

は、2列目まで片付いて3列目にかかろうとしたところです。ここで、□の部分（3列目の対角成分）が0になってしまいました。これでは、「3行目を定数倍して対角成分を1に」ができません。0に何を掛けても0ですから、窮してしまいます。――実は、このハマリは本質的なものではなく、回避が可能です。今の状況は、略さずに書くと

$$\left(\begin{array}{cccc|c} 1 & 0 & 5 & 4 & 4 \\ 0 & 1 & 2 & 3 & 2 \\ 0 & 0 & 0 & 3 & 6 \end{array}\right)\begin{pmatrix} x_1 \\ x_2 \\ x_3 \\ x_4 \\ \hline -1 \end{pmatrix} = \boldsymbol{o} \quad \to \quad \begin{array}{rrrrl} x_1 & & +5x_3 & +4x_4 & = 4 \\ & x_2 & +2x_3 & +3x_4 & = 2 \\ & & & 3x_4 & = 6 \end{array}$$

これを次のように並べ換えても、方程式としては同じではないでしょうか？ (x_3, x_4 の順序を入れ替えています)：

$$\to \quad \begin{array}{rrrrl} x_1 & & +4x_4 & +5x_3 & = 4 \\ & x_2 & +3x_4 & +2x_3 & = 2 \\ & & 3x_4 & & = 6 \end{array} \quad \to \quad \left(\begin{array}{cccc|c} 1 & 0 & 4 & 5 & 4 \\ 0 & 1 & 3 & 2 & 2 \\ 0 & 0 & 3 & 0 & 6 \end{array}\right)\begin{pmatrix} x_1 \\ x_2 \\ \boxed{x_4} \\ \boxed{x_3} \\ \hline -1 \end{pmatrix} = \boldsymbol{o}$$

x_3, x_4 の順序を入れ替えたことで、行列の3列目と4列目が入れ替わったことに注目してください。この入れ替えを忘れないよう、

$$(x_1, x_2, x_3, x_4)^T \to (x_1, x_2, x_4, x_3)^T$$

と書き控えておいて、また略記に戻りましょう。今度は対角成分が 0 ではありませんから、変形を続けていけます。

$$\left(\begin{array}{cccc|c} 1 & 0 & 4 & 5 & 4 \\ \hline 0 & 1 & 3 & 2 & 2 \\ \hline 0 & 0 & \boxed{3} & 0 & 6 \end{array}\right) \rightarrow \left(\begin{array}{cccc|c} 1 & 0 & 4 & 5 & 4 \\ \hline 0 & 1 & 3 & 2 & 2 \\ \hline 0 & 0 & \boxed{1} & 0 & 2 \end{array}\right)$$

$$\rightarrow \left(\begin{array}{cccc|c} 1 & 0 & \boxed{0} & 5 & -4 \\ \hline 0 & 1 & \boxed{0} & 2 & -4 \\ \hline 0 & 0 & 1 & 0 & 2 \end{array}\right)$$

3 行目を 1/3 倍して対角成分に 1 を作り、さらに 3 行目の (-4) 倍・(-3) 倍をそれぞれ 1 行目・2 行目に足して 3 列目の非対角成分を 0 にしました。これで下まで行きついて、変形終了。さて、控えておいた $(x_1, x_2, x_4, x_3)^T$ を参照して、略記から戻しましょう。

$$\left(\begin{array}{cccc|c} 1 & 0 & 0 & 5 & -4 \\ 0 & 1 & 0 & 2 & -4 \\ 0 & 0 & 1 & 0 & 2 \end{array}\right) \begin{pmatrix} x_1 \\ x_2 \\ \boxed{x_4} \\ \boxed{x_3} \\ \hline -1 \end{pmatrix} = \boldsymbol{o} \rightarrow \begin{array}{lllll} x_1 & & & +5\boxed{x_3} & = -4 \\ & x_2 & & +2\boxed{x_3} & = -4 \\ & & \boxed{x_4} & & = 2 \end{array}$$

ですから、解は

$$\begin{pmatrix} x_1 \\ x_2 \\ x_3 \\ x_4 \end{pmatrix} = \begin{pmatrix} -5c-4 \\ -2c-4 \\ c \\ 2 \end{pmatrix} \qquad c \text{ は任意の数}$$

一般に、左基本変形をしていって、途中で

$$\left(\begin{array}{ccccccc|c} 1 & & & * & * & \cdots & * & * \\ & \ddots & & \vdots & \vdots & & \vdots & \vdots \\ & & 1 & * & * & \cdots & * & * \\ & & & \boxed{0} & \star & \cdots & \star & * \\ & & & \vdots & \vdots & & \vdots & \vdots \\ & & & \boxed{0} & \star & \cdots & \star & * \end{array}\right) \qquad \text{空欄は } 0$$

のように対角成分から下が 0 になってしまったら[*74]、

- ☆のなかから 0 でないものを探す
- $\boxed{0}$ の列とその列とを入れ替える
- 入れ替えを書き控える

*74 こうなると、「行の入れ替え」をしても無駄ですね。左基本変形のレパートリだけでは乗り越えられません。

という回避策をとった上で、変形を続けてください。いじわるな問題では、この回避策を2回、3回と取らされることもあり得ます。その都度、

$$
\begin{aligned}
(x_1, x_2, x_3, x_4, x_5)^T &\to (x_1, \boxed{x_4}, x_3, \boxed{x_2}, x_5)^T && \text{2 列目と 4 列目を入れ替え} \\
&\to (x_1, x_4, \boxed{x_2}, \boxed{x_3}, x_5)^T && \text{さらに 3 列目と 4 列目を入れ替え}
\end{aligned}
$$

のように控えていってください。最後に略記から元に戻すときは、この $(x_1, x_4, x_2, x_3, x_5)^T$ を参照します。

2.30　私が習ったときは、列の入れ替えなんてやりませんでしたよ？

純粋に左基本変形だけで解く流儀もあります。次のような格好に変換するやり方です。

$$
\left(\begin{array}{cccccccc|c}
1 & * & 0 & 0 & * & * & 0 & * & * \\
 & & 1 & 0 & * & * & 0 & * & * \\
 & & & 1 & * & * & 0 & * & * \\
 & & & & & & 1 & * & *
\end{array}\right)
\qquad * \text{は任意の数、空欄は} 0
$$

「左基本変形だけだけでできるなら、それだけでやるほうがよい」という立場のほうが、より純粋ですが、ぱっと見てわかりにくくないですか？ 本書では、多少不純でも、わかりやすさを優先しています。

■途中で本当に行き詰まった場合

今述べた回避策すら通用しない、本当の行き詰まりを、最後に見ておきます。次の2つの例は、どちらもそういう行き詰まりです。

$$
\left(\begin{array}{cccc|c}
1 & 0 & 5 & 4 & 4 \\
0 & 1 & 2 & 3 & 2 \\
0 & 0 & \boxed{0} & \boxed{0} & 6 \\
0 & 0 & \boxed{0} & \boxed{0} & 8
\end{array}\right)
\qquad
\left(\begin{array}{cccc|c}
1 & 0 & 5 & 4 & 4 \\
0 & 1 & 2 & 3 & 2 \\
0 & 0 & \boxed{0} & \boxed{0} & 0 \\
0 & 0 & \boxed{0} & \boxed{0} & 0
\end{array}\right)
$$

先ほど「☆のなかから0でないものを探す」と書いた所がすべて0なので、列の入れ替えでも事態は改善しません。こういう場合、変形はここまでで終了。後はぐっと睨んで解を答えましょう。

左の例は「解なし」です。なぜなら、略記を元に戻すと

$$
\begin{array}{ccccccc}
x_1 & & + 5x_3 & + 4x_4 & = & 4 \\
 & x_2 & + 2x_3 & + 3x_4 & = & 2 \\
 & & & 0 & = & 6 \\
 & & & 0 & = & 8
\end{array}
$$

であり、どんなにがんばって x_1, x_2, x_3, x_4 を調節したところで、下の2本が成立することはあり得ません。

一方、右の例は事情が違います。略記を元に戻せば

$$\begin{array}{ccccccc} x_1 & & +5x_3 & +4x_4 & = & 4 \\ & x_2 & +2x_3 & +3x_4 & = & 2 \\ & & & 0 & = & 0 \\ & & & 0 & = & 0 \end{array}$$

となり、下の 2 本は放っておいても自動的に成立。後は上の 2 本を満たすよう x_1, x_2, x_3, x_4 を調節してやれば、それが解です。上の 2 本に集中すれば、これはもう習得済みで、

$$\begin{pmatrix} x_1 \\ x_2 \\ x_3 \\ x_4 \end{pmatrix} = \begin{pmatrix} -5c - 4c' + 4 \\ -2c - 3c' + 2 \\ c \\ c' \end{pmatrix} \qquad c, c' \text{ は任意の数}$$

と答えられます。

■まとめ

左基本変形（と、それが行き詰まったら列の入れ替えをして書き控える）を駆使して、$(A|\boldsymbol{y})$ を

$$\left(\begin{array}{ccccc|c} 1 & & * & \cdots & * & * \\ & \ddots & \vdots & & \vdots & \vdots \\ & & 1 & * \cdots & * & * \\ & & & & & \boxed{*} \\ & & & & & \vdots \\ & & & & & \boxed{*} \end{array}\right) \qquad \text{空欄は } 0$$

という格好に変形してください。このとき、

- $\boxed{*}$ がすべて 0 なら、解あり
- $\boxed{*}$ に 1 つでも 0 でない値があれば、解なし

です。解ありのときは、略記を元に戻せば簡単に解を答えられます。

ちなみに、「A が縦長なのに解がいっぱい」「A が横長なのに解なし」のような事態も起こり得ます。上の説明からすれば当然ですね。

? 2.31　略記を元に戻したら、変数が1つ消えていました。どうしたらいいでしょう？

次のような場合ですね。5列目が全部ゼロなので、x_5 が全く消えてしまいました。

$$\left(\begin{array}{cccccc|c} 1 & 0 & 0 & 2 & \boxed{0} & 7 & 6 \\ 0 & 1 & 0 & 9 & \boxed{0} & 5 & 8 \\ 0 & 0 & 1 & 4 & \boxed{0} & 3 & 1 \end{array}\right) \left(\begin{array}{c} x_1 \\ x_2 \\ x_3 \\ x_4 \\ x_5 \\ x_6 \\ \hline -1 \end{array}\right) = \boldsymbol{o}$$

$$\rightarrow \begin{array}{cccccc} x_1 & & & +2x_4 & +7x_6 & = & 6 \\ & x_2 & & +9x_4 & +5x_6 & = & 8 \\ & & x_3 & +4x_4 & +3x_6 & = & 1 \end{array}$$

x_5 にどんな値を設定しても、この方程式が成立するかしないかには関係ありません。ですから x_5 は自由に選んでよい。結局、x_4, x_5, x_6 が自由に選べて、

$$\begin{pmatrix} x_1 \\ x_2 \\ x_3 \\ x_4 \\ x_5 \\ x_6 \end{pmatrix} = \begin{pmatrix} -2c_1 - 7c_3 + 6 \\ -9c_1 - 5c_3 + 8 \\ -4c_1 - 3c_3 + 1 \\ c_1 \\ c_2 \\ c_3 \end{pmatrix} \quad c_1, c_2, c_3 \text{ は任意の数}$$

が答です。

? 2.32　似たようで微妙に違う筆算がいろいろ出てきてごちゃごちゃです。まとめてください。

基本変形を駆使する筆算として、「行列式」「逆行列」「ランク」「連立一次方程式（たちのいい場合）」「連立一次方程式（たちの悪い場合）」が出てきました。使った操作がそれぞれ微妙に違っていて、覚えようとするとつらそうです。お勧めはそれぞれの筆算法を導いた筋道・理屈を頭に入れることですが、別案として、「左基本変形と列交換だけで押していく」という手もあります。覚えることが少なくなるのが利点、無駄な計算が増えてしまうのが欠点です。

では、この別案を説明しましょう。どんな行列でも、左基本変形と列交換を施していけば、

$$\begin{pmatrix} 1 & & & * & \cdots & * \\ & \ddots & & \vdots & & \vdots \\ & & 1 & * & \cdots & * \\ & & & & & \end{pmatrix} \quad * \text{ は任意の数、空欄は } 0 \qquad (2.40)$$

という格好にできたのでした（2.5.2項（150ページ）参照）。これを使って……

- 行列式（1.3.4 項（86 ページ））：（2.40）の格好にもっていった結果が単位行列（$\det I = 1$）になれば、以下をふまえて変形過程を追跡。
  - ある行を c 倍すれば、行列式も c 倍
  - 行の交換や列の交換をすれば、行列式の正負が反転
  - ある行の c 倍を別の行に加えても、行列式は不変

  例えば、元の行列 A から単位行列まで変換する間に、
  - 「ある行を 5 倍」を 2 回
  - 「ある行を 4 倍」を 1 回
  - 「行や列の交換」を 3 回

  行ったなら、$(\det A) \cdot 5^2 \cdot 4 \cdot (-1)^3 = \det I = 1$ ということだから、$\det A = -1/100$。なお、単位行列にならなければ行列式は 0 です。
- 逆行列（2.2.3 項（105 ページ））：列交換は禁止。$(A|I)$ を変形して（2.40）の格好にもっていく。結果、$(I|X)$ となれば、X のところが A^{-1} に一致。A のところが I にならなかったり、そもそも（2.40）の格好にもっていく途中で行き詰まったりするなら、A^{-1} は存在しない。
- ランク（2.3.7 項（138 ページ））：（2.40）の格好に変形して、対角成分に並んだ 1 の個数がランク。
- 連立一次方程式（2.5.2 項（150 ページ））：$A\boldsymbol{x} = \boldsymbol{y}$ に対して、$(A|\boldsymbol{y})$ と並べたブロック行列を（2.40）の格好に変形。ただし列交換は A の列どうしのみ（$\boldsymbol{y}$ との交換は不可）とし、どう交換したかを書き控えておく。式 (2.40) の格好になれば解は簡単に組み立てられる。

2.5.3 最小自乗法

$\boldsymbol{x}$ の方程式 $A\boldsymbol{x} = \boldsymbol{y}$ に対し、「解がないなら、ないと答える。解があるなら、すべてを挙げる」というのが前項までの話でした。しかし現実には、やはり単一の答が欲しいという場合も多々あります。

そのような場合、

- 解がないなら、せめて $A\boldsymbol{x}$ が $\boldsymbol{y}$ にできるだけ「近い」ような $\boldsymbol{x}$ を求める
- 解 $\boldsymbol{x}$ がたくさんあるなら、そのなかで一番「もっともらしい」ものを選ぶ

という方針がよく取られます。ここで、「近い」「もっともらしい」が未定義なことに注意してください。どんなふうにそれを測るのが妥当かは、現実に解きたい問題しだいであり、数学だけで決められる話ではありません。

実際によく使われるのは、

- $A\boldsymbol{x} - \boldsymbol{y}$ の「長さ」が小さいほど「近い」
- $\boldsymbol{x}$ の「長さ」が小さいほど「もっともらしい」

とする基準です。この基準を使って先の方針で答を定めるのが、**最小自乗法**と呼ばれる手法です。詳しくは逆問題の教科書などを参照してください。 最小自乗法では、**特異値分解**や**一般化逆行列**という道具が活躍します。

ところで、「長さ」という概念も、本書の今の段階ではまだ導入されていませんでした。長さや角度という概念は素の線形空間にはありません。これらを与えるためには仕様の追加が必要です。その辺りの説明は付録 E（339 ページ）を参照してください。

2.6　現実にはたちが悪い場合（特異に近い行列）

2.6.1　どう困るか

数学的には、正則行列か特異行列かで、がたっと性質が変わります。ぺちゃんこにつぶしさえしなければ元に戻せる、ぺちゃんこにつぶしたらもう戻せない。でも、ノイズのある工学の世界では、特異にものすごく近い正則行列なんてほとんど特異行列みたいなものです（図 2.20）。直観的に言うと、

- A が「ものすごく押し縮める」行列なら……
- それを元に戻す A^{-1} は「ものすごく拡大する」行列になって……
- するとノイズもものすごく拡大されてしまう

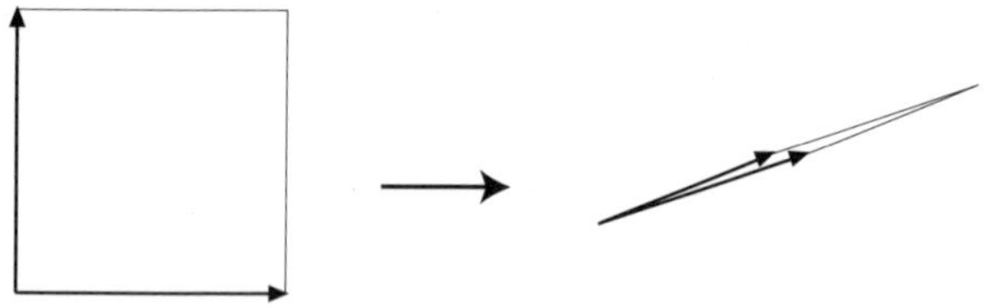

▲図 2.20　ほとんど特異

そんな一例として、ピンボケ画像の修復について考えてみましょう。図 2.21 は、デジタルカメラの原理を示したものです。被写体の 1 点 P から出た光は、レンズで曲げられて、センサ Q に届きます。被写体の距離・レンズの強さ・センサの距離を上手く合わせて、P から出た光が、どの方向でもみんなセンサ Q に届くようになっています。別の点 P' から出た光も、すべて対応するセンサ Q' に届きます。これがピントの合った状態。こんなふうにして、並んだ各センサに届いた光量を計測すれば、画像データが得られます[*75]。この画像データを実際に描画するには、光量の数値に応じた明るさで各点を描いて並べればよいわけです。明るさ最高の箇所は□、最低の箇所は■、中間は値に応じた明るさの灰色、という調子。

ところが、ピントが合っていないと、図 2.22 のようになってしまいます。P から出た光の一部が、違うセンサ Q' に届いています。センサ Q の側から見ると、担当点 P 以外の点 P' からの光まで、自分に届いてしまう状態です。

[*75] 簡単のため、カラー画像ではなくグレイスケール画像ということにします。

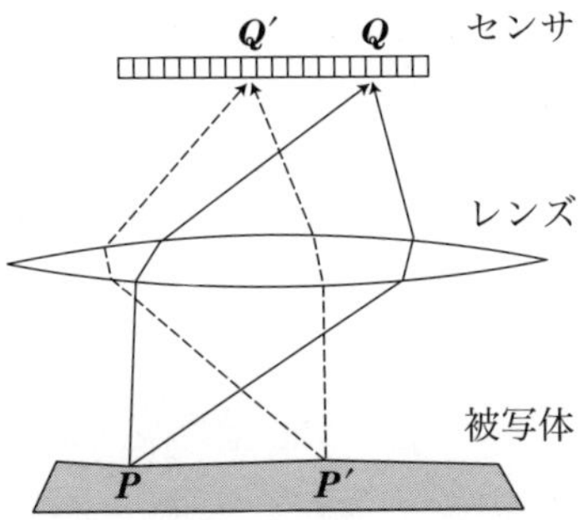

▲ 図 2.21 デジタルカメラの原理

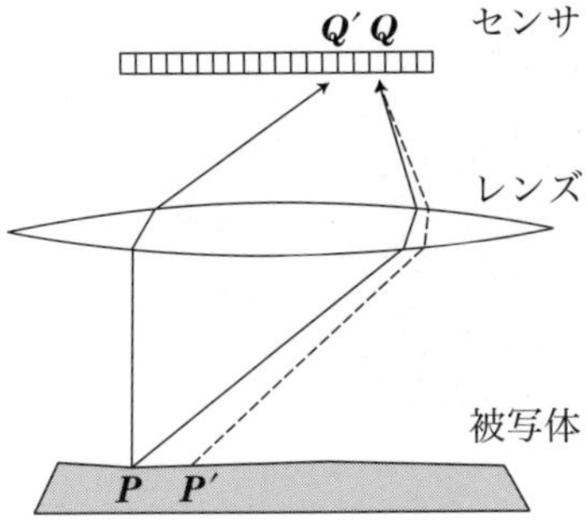

▲ 図 2.22 ピントが合っていない状態

被写体の各点の明るさを $x_1, \ldots, x_n$ とし、各センサに届く光の強さを $y_1, \ldots, y_n$ としましょう。理想は $x_i = y_i$、つまり

$$
\begin{pmatrix} y_1 \\ y_2 \\ y_3 \\ y_4 \\ y_5 \end{pmatrix} = \begin{pmatrix} 1 & 0 & 0 & 0 & 0 \\ 0 & 1 & 0 & 0 & 0 \\ 0 & 0 & 1 & 0 & 0 \\ 0 & 0 & 0 & 1 & 0 \\ 0 & 0 & 0 & 0 & 1 \end{pmatrix} \begin{pmatrix} x_1 \\ x_2 \\ x_3 \\ x_4 \\ x_5 \end{pmatrix}
$$

ですが、ピントが合っていないと

$$
\begin{pmatrix} y_1 \\ y_2 \\ y_3 \\ y_4 \\ y_5 \end{pmatrix} = \begin{pmatrix} 0.40 & 0.24 & 0.05 & 0.00 & 0.00 \\ 0.24 & 0.40 & 0.24 & 0.05 & 0.00 \\ 0.05 & 0.24 & 0.40 & 0.24 & 0.05 \\ 0.00 & 0.05 & 0.24 & 0.40 & 0.24 \\ 0.00 & 0.00 & 0.05 & 0.24 & 0.40 \end{pmatrix} \begin{pmatrix} x_1 \\ x_2 \\ x_3 \\ x_4 \\ x_5 \end{pmatrix}
$$

のようなことになってしまうわけです。

さて、ピンボケ画像 $\boldsymbol{y} = (y_1, \ldots, y_n)^T$ から、本来の $\boldsymbol{x} = (x_1, \ldots, x_n)^T$ を復元することができるでしょうか？ $\boldsymbol{y} = A\boldsymbol{x}$ なんだから、$\boldsymbol{x} = A^{-1}\boldsymbol{y}$ で $\boldsymbol{x}$ が求められそうですが、は

たして上手くいくか……図 2.23 は、この方法で実際にピンボケ画像を修復した例です*76。これだけなら、とても上手くいっているように見えます。ところが、このピンボケ画像にほんの少しノイズが加わると、復元結果はひどいことになってしまいます。図 2.24 がそういう例です。ピンボケ画像 $\boldsymbol{y} = A\boldsymbol{x}$ に、目で見てもわからないくらいの微少なノイズ $\boldsymbol{\epsilon}$ が加わっただけで、修復結果 $A^{-1}(\boldsymbol{y} + \boldsymbol{\epsilon})$ は元の $\boldsymbol{x}$ とまるで違ってしまいました。

▲ 図 2.23　ピンボケ画像（左）と、復元された画像（右）

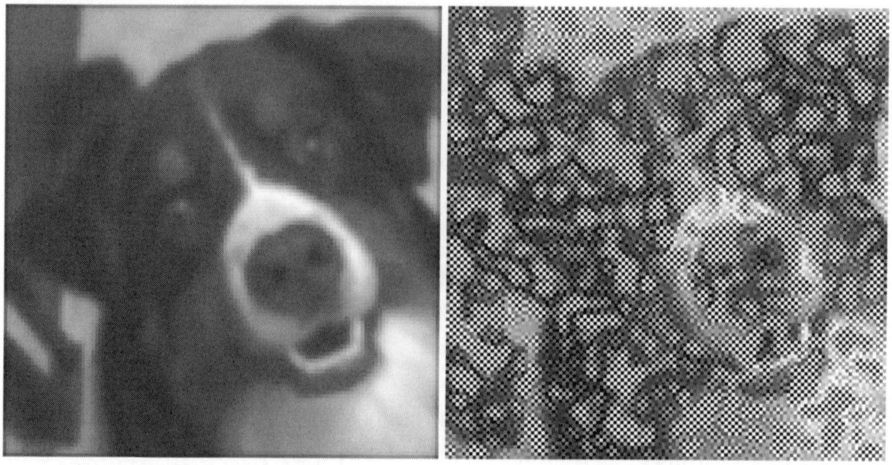

▲ 図 2.24　微少ノイズ入りピンボケ画像（左）と、復元された画像（右）

*76 実験手順は、(1) ピントの合った画像 $\boldsymbol{x}$ を撮影 (2) 前述のような「ぼかし行列 A」で変換して、ピンボケ画像 $\boldsymbol{y} = A\boldsymbol{x}$ を作成 (3) ピンボケ画像 $\boldsymbol{y}$ に A^{-1} を掛けて、復元画像 $\boldsymbol{z} = A^{-1}\boldsymbol{y}$ を作成。現実的には、「ぼかし行列 A がわかっている」という設定はずるいですが、そこは今の主題ではないので、目をつぶってください。

? 2.33 図 2.22 で $\boldsymbol{y} = A\boldsymbol{x}$ というのはわかります。1 列に並んだ数値をまとめてベクトル $\boldsymbol{x}$ や $\boldsymbol{y}$ で表しているんですね。でも、図 2.23 だとどうなってるんでしょう？ $\boldsymbol{x}$ や $\boldsymbol{y}$ にあたるデータが、1 列じゃなくて縦横に並んでるんだから、ベクトルじゃ書けません。もしかして $\boldsymbol{x}$ や $\boldsymbol{y}$ が行列になるんですか？

いいえ。通し番号を振って 1 列に並べたと思ってください。3 × 3 のとても小さな「画像」で例を示すと、

$$
\begin{array}{|c|c|c|}\hline x_1 & x_2 & x_3 \\ \hline x_4 & x_5 & x_6 \\ \hline x_7 & x_8 & x_9 \\ \hline \end{array} \Rightarrow \begin{pmatrix} x_1 \\ x_2 \\ x_3 \\ x_4 \\ x_5 \\ x_6 \\ x_7 \\ x_8 \\ x_9 \end{pmatrix}, \qquad
\begin{array}{|c|c|c|}\hline y_1 & y_2 & y_3 \\ \hline y_4 & y_5 & y_6 \\ \hline y_7 & y_8 & y_9 \\ \hline \end{array} \Rightarrow \begin{pmatrix} y_1 \\ y_2 \\ y_3 \\ y_4 \\ y_5 \\ y_6 \\ y_7 \\ y_8 \\ y_9 \end{pmatrix}
$$

のような調子。ぼかし行列の一例は、

$$
\left(\begin{array}{c} y_1 \\ y_2 \\ y_3 \\ \hline y_4 \\ y_5 \\ y_6 \\ \hline y_7 \\ y_8 \\ y_9 \end{array}\right) = \left(\begin{array}{ccc|ccc|ccc}
0.16 & 0.10 & 0.02 & 0.10 & 0.06 & 0.01 & 0.02 & 0.01 & 0.00 \\
0.10 & 0.16 & 0.10 & 0.06 & 0.10 & 0.06 & 0.01 & 0.02 & 0.01 \\
0.02 & 0.10 & 0.16 & 0.01 & 0.06 & 0.10 & 0.00 & 0.01 & 0.02 \\ \hline
0.10 & 0.06 & 0.01 & 0.16 & 0.10 & 0.02 & 0.10 & 0.06 & 0.01 \\
0.06 & 0.10 & 0.06 & 0.10 & 0.16 & 0.10 & 0.06 & 0.10 & 0.06 \\
0.01 & 0.06 & 0.10 & 0.02 & 0.10 & 0.16 & 0.01 & 0.06 & 0.10 \\ \hline
0.02 & 0.01 & 0.00 & 0.10 & 0.06 & 0.01 & 0.16 & 0.10 & 0.02 \\
0.01 & 0.02 & 0.01 & 0.06 & 0.10 & 0.06 & 0.10 & 0.16 & 0.10 \\
0.00 & 0.01 & 0.02 & 0.01 & 0.06 & 0.10 & 0.02 & 0.10 & 0.16
\end{array}\right) \left(\begin{array}{c} x_1 \\ x_2 \\ x_3 \\ \hline x_4 \\ x_5 \\ x_6 \\ \hline x_7 \\ x_8 \\ x_9 \end{array}\right)
$$

x_1 と y_4 のように近い位置では影響が強く（行列の $(4,1)$ 成分が 0.10）、x_1 と y_3 のように離れた位置では影響が弱く（行列の $(3,1)$ 成分が 0.02）なっています。もちろん、実際の値はカメラの特性などに応じて変わります。

2.6.2 対策例——チコノフの正則化

困りっぷりはわかりました。じゃあどうしたらいいのでしょう。2.5.3 項（161 ページ）では最小自乗法を紹介しましたが、A が正則なときには普通に求めた解 $\boldsymbol{x} = A^{-1}\boldsymbol{y}$ と同じ結果になるため、今は役に立ちません。

よく取られる方針は、

- $A\boldsymbol{x}$ と $\boldsymbol{y}$ との「食い違い」を測る。
- $\boldsymbol{x}$ 自体の「もっともらしさ」を測る。あるいは、同じことだが、$\boldsymbol{x}$ の「不自然さ」を測る。
- 「食い違い」と「不自然さ」の合計値が最小になるような $\boldsymbol{x}$ を答える。

というものです。ピンボケ画像の復元で言えば、

失敗したのは「食い違い」しか考慮しなかったからだ。$\boldsymbol{x} = A^{-1}\boldsymbol{y}$ とやれば「食

い違い」は0だけど、得られた画像 $\boldsymbol{x}$ の「不自然さ」がひどいことになっていた。ノイズののった不正確な $\boldsymbol{y}$ に対しての「食い違い」にこだわりすぎてはいけない。「食い違い」と「不自然さ」のバランスを適切に取れば、もっとましな画像が得られるだろう。

というわけです。「食い違い」「不自然さ」などという未定義な言葉がまた出てきました。それをどう測るのが妥当かは、例によって問題しだいです。

実際には、

- $A\boldsymbol{x} - \boldsymbol{y}$ の「長さ」$\|A\boldsymbol{x} - \boldsymbol{y}\|$ を用いて「食い違い」を測る
- $\boldsymbol{x}$ の「長さ」$\|\boldsymbol{x}\|$ を用いて「不自然さ」を測る

というのがよく使われます[*77]。

例えば、正の定数 α を何か設定して $\|A\boldsymbol{x} - \boldsymbol{y}\|^2 + \alpha\|\boldsymbol{x}\|^2$ が最小になる $\boldsymbol{x}$ を求めると、実は $\boldsymbol{x} = (A^T A + \alpha I)^{-1} A^T \boldsymbol{y}$ になっています（チコノフ（Tikhonov）の正則化）。α を大きく設定するほど、「不自然さ」を強く嫌うことになります。$\alpha = 0.03$ で復元した画像の例を図2.25に示します（128 × 128画素、元画像の画素値は0〜255）。

▲図2.25　微少ノイズ入りピンボケ画像（左）と、チコノフの正則化で復元された画像（右）

これについても、詳細は逆問題の教科書などを参照してください。

*77「長さ」が現段階では導入されていないことなどへの注意は、最小自乗法（2.5.3項（161ページ））と同様です。次の段落では、正規直交基底を想定し、$\boldsymbol{x} = (x_1, \ldots, x_n)^T$ に対して $\|\boldsymbol{x}\|^2 = x_1^2 + \cdots + x_n^2$ としています。

第 3 章

コンピュータでの計算（1）▽▽ ——LU 分解で行こう

3.1 前置き

3.1.1 数値計算をあなどるな

本章の話題は、「具体的に数値を与えられた行列に対して、コンピュータを使って、ここまでに学んだ行列計算を行おう」です。特に、サイズの大きな行列に対して効率良く各種の計算をすることが課題です。そこで、何より先に心してほしいことがあります：

数値計算をあなどるな

数値計算は、それだけで 1 つの研究分野です。線形代数の片手間でついでに習得できるような浅いものではありません。線形代数を一通り学んだからといって、大規模行列の計算ができると思ったら大甘です。

紙と鉛筆で文字式を扱う「数学」と比べて、コンピュータによる具体的な数値計算では、

- 数値の精度は有限桁しかない
- 計算量・メモリ消費量を減らしたい

のような事情を気にしなくてはいけません。これらの事情に対応するための大技・小技が、いろいろとあります。「数学的には近似式 A が近似式 B より正確なはずでも、数値の精度が有限だと、B のほうが誤差の蓄積が少なくて済む」「プロセッサのメモリキャッシュを意識して、ひとかたまりの処理に必要な数値がキャッシュサイズ内におさまるよう、手順を工夫する」「行列の大部分の成分がゼロの場合[*1]、ゼロだらけの二次元配列なんていう無駄な代物は作らず、『ゼロでない位置とその値』の一覧表を使う」などなど、広大深遠なその全貌は、とてもカバーできません。この分野に関して、自分がいかに素人か思い知

[*1] よくあることです。例えば……実用上で興味のある物理現象には、偏微分方程式で記述されるものが多くあります。そんな現象を計算機でシミュレーションするために、偏微分方程式を離散化して解くことがよく行われます。この際に、ほとんどゼロだらけの巨大な行列（**大規模疎行列**）が現れます。

らせてくれる参考書として、参考文献 [8] を挙げておきます。「あの手この手」の一端は、後の固有値算法 でもご紹介します。

本章では、行列算法の基本について、線形代数の立場から解説をします。これをそのまま実装して満足してはいけません。本気の数値計算のためには、専門書を参照してください。本章は、あくまでも専門書へのとっかかりになることを目指しています。

3.1.2 本書のプログラムについて

読者の理解を助けるため、加減乗算・LU 分解などを実際に計算するプログラムを提供しています。ソースコードの入手については、序文（e）を参照してください。本文には全体の掲載はせず、要所の説明に留めます。

このプログラムは、あくまでも「学習用」です。次の点にご注意ください。

- 効率だのエラー回避だのという実用性よりも、単純さ・わかりやすさを優先しています。このままで「本番用」にはなりません。
- プログラミング言語は Ruby ですが、言語特有の便利な機能や記法は封印し、もっと融通の効かない伝統的な言語のつもりで書かれています。特定言語での実装法を示すことが目的ではないからです。そのため、Ruby 以外の言語をお使いの方でも、擬似コードとして支障なく読めるでしょうから、ご心配なく（→序文（e））。ただし、本物の Ruby がこんなにぎこちない言語だと誤解しないようにだけお願いします。
- Ruby では、「#」以降はコメントです。

なお、「本番用」のプログラムが必要なときは、自分で書くのではなく既存のパッケージを使うほうが無難です。使いものになるプログラムを書くことは、数値解析のアマチュアには荷が重いでしょう。著名な線形代数演算パッケージとして、LAPACK を挙げておきます[*2]。

また、実は Ruby には matrix.rb という行列計算ライブラリが添付されていることも付け加えておきます。

3.2 肩ならし：加減乗算

本章の主題は LU 分解ですが、その前に、肩ならしとして加減乗算を確認しておきます。なお、1 次元配列や 2 次元配列は、あらかじめ用意されてるものとします[*3]。

ベクトル・行列の演算は、for ループを回して成分ごとに操作するのが基本です。例えば、ベクトルどうしの和なら次のようになります。

[*2] http://www.netlib.org/lapack/

[*3] 言語依存性が高いので、配列の宣言や確保については、特定言語で詳細に説明してもあまり益はないでしょう。

```
#  和 (ベクトル a にベクトル b を足し込む：a  ← a+b )
def vector_add(a, b)          #  関数定義 (end まで)
  a_dim = vector_size(a)      #  各ベクトルの次元を取得
  b_dim = vector_size(b)
  if (a_dim != b_dim)         #  次元が等しくなければ…… (end まで)
    raise 'Size mismatch.'    #  エラー
  end
  for i in 1..a_dim           #  ループ(end まで):i = 1, 2, ..., a_dim
    a[i] = a[i] + b[i]        #  成分ごとに足し込む
  end
end
```

同様に、行列とベクトルの積を定義どおり実装すると、次のような二重ループになります。

```
#  行列 a とベクトル v の積をベクトル r に格納
def matrix_vector_prod(a, v, r)
  #  サイズを取得
  a_rows, a_cols = matrix_size(a)
  v_dim = vector_size(v)
  r_dim = vector_size(r)
  #  積が定義されるか確認
  if (a_cols != v_dim or a_rows != r_dim)
    raise 'Size mismatch.'
  end
  #  ここからが本題
  for i in 1..a_rows          # a  の各行について……
    # a と v の対応する成分を掛け合わせ、その合計を求める
    s = 0
    for k in 1..a_cols
      s = s + a[i,k] * v[k]
    end
    #  結果を r に格納
    r[i] = s
  end
end
```

行列どうしの積なら三重ループです。大きな行列どうしの積に必要な計算の量、および、大きな行列をできるだけ避けることの大切さを感じてください (→ 1.2.13 項 (63 ページ)「サイズにこだわれ」)。

```
#  行列 a と行列 b の積を行列 r に格納
def matrix_prod(a, b, r)
  #  サイズを取得し、積が定義されるか確認
  a_rows, a_cols = matrix_size(a)
  b_rows, b_cols = matrix_size(b)
  r_rows, r_cols = matrix_size(r)
  if (a_cols != b_rows or a_rows != r_rows or b_cols != r_cols)
    raise 'Size mismatch.'
  end
  #  ここからが本題
  for i in 1..a_rows          # a の各行、b の各列について……
    for j in 1..b_cols
      # a と b の対応する成分を掛け合わせ、その合計を求める
      s = 0
      for k in 1..a_cols
        s = s + a[i,k] * b[k,j]
      end
      #  結果を r に格納
      r[i,j] = s
    end
```

```
    end
  end
```

? 3.1　さすがにこれくらいの計算なら、本番用を自分で書いてもいいでしょ？

本気で「速さを求める」「巨大な行列を扱う」なら、答は「いいえ」。玄人が書いたパッケージを使いましょう。どう書くのが勝るかはマシンのアーキテクチャにも依存しますから、使うマシンにあわせてチューンされたものを調達してください。

3.3　LU 分解

「線形代数」の「入門書」にはあまり書かれていませんが、LU 分解という便利な道具があります。コンピュータによる数値計算では、LU 分解が基本部品の 1 つとして活躍します。

3.3.1　定義

与えられた行列 A に対して、A を下三角行列 L と上三角行列 U との積で表すことを **LU 分解**と呼びます[*4]。つまり、

$$A = \begin{pmatrix} \blacksquare & 0 & 0 & 0 & 0 \\ \blacksquare & \blacksquare & 0 & 0 & 0 \\ \blacksquare & \blacksquare & \blacksquare & 0 & 0 \\ \blacksquare & \blacksquare & \blacksquare & \blacksquare & 0 \\ \blacksquare & \blacksquare & \blacksquare & \blacksquare & \blacksquare \end{pmatrix} \begin{pmatrix} \blacksquare & \blacksquare & \blacksquare & \blacksquare & \blacksquare \\ 0 & \blacksquare & \blacksquare & \blacksquare & \blacksquare \\ 0 & 0 & \blacksquare & \blacksquare & \blacksquare \\ 0 & 0 & 0 & \blacksquare & \blacksquare \\ 0 & 0 & 0 & 0 & \blacksquare \end{pmatrix} \equiv LU \tag{3.1}$$

となるよう、■の所の値を上手く定めてやるということです（A が 5×5 の例）。ただし実際は、もうちょっと限定して

$$A = \begin{pmatrix} 1 & 0 & 0 & 0 & 0 \\ \blacksquare & 1 & 0 & 0 & 0 \\ \blacksquare & \blacksquare & 1 & 0 & 0 \\ \blacksquare & \blacksquare & \blacksquare & 1 & 0 \\ \blacksquare & \blacksquare & \blacksquare & \blacksquare & 1 \end{pmatrix} \begin{pmatrix} \blacksquare & \blacksquare & \blacksquare & \blacksquare & \blacksquare \\ 0 & \blacksquare & \blacksquare & \blacksquare & \blacksquare \\ 0 & 0 & \blacksquare & \blacksquare & \blacksquare \\ 0 & 0 & 0 & \blacksquare & \blacksquare \\ 0 & 0 & 0 & 0 & \blacksquare \end{pmatrix} \equiv LU \tag{3.2}$$

という形にします（L の対角成分を 1 にする[*5]）。 縦長な B や横長な C では、

[*4] **LR** 分解と呼ぶこともあります。

[*5] L のほうを 1 にするのは、単なる慣習です。別に U のほうの対角成分を 1 にしても論理は同様。ちなみに、$A = LDU$ という形の **LDU** 分解も、本質的には同じことです（L は下三角、D は対角、U は上三角。L も U も対角成分はすべて 1）。

$$B = \begin{pmatrix} 1 & 0 & 0 & 0 \\ \blacksquare & 1 & 0 & 0 \\ \blacksquare & \blacksquare & 1 & 0 \\ \blacksquare & \blacksquare & \blacksquare & 1 \\ \blacksquare & \blacksquare & \blacksquare & \blacksquare \\ \blacksquare & \blacksquare & \blacksquare & \blacksquare \\ \blacksquare & \blacksquare & \blacksquare & \blacksquare \end{pmatrix} \begin{pmatrix} \blacksquare & \blacksquare & \blacksquare & \blacksquare \\ 0 & \blacksquare & \blacksquare & \blacksquare \\ 0 & 0 & \blacksquare & \blacksquare \\ 0 & 0 & 0 & \blacksquare \end{pmatrix}$$

$$C = \begin{pmatrix} 1 & 0 & 0 & 0 \\ \blacksquare & 1 & 0 & 0 \\ \blacksquare & \blacksquare & 1 & 0 \\ \blacksquare & \blacksquare & \blacksquare & 1 \end{pmatrix} \begin{pmatrix} \blacksquare & \blacksquare & \blacksquare & \blacksquare & \blacksquare & \blacksquare \\ 0 & \blacksquare & \blacksquare & \blacksquare & \blacksquare & \blacksquare \\ 0 & 0 & \blacksquare & \blacksquare & \blacksquare & \blacksquare \\ 0 & 0 & 0 & \blacksquare & \blacksquare & \blacksquare \end{pmatrix}$$

のような調子です。実例を 1 つ挙げておきます。$\left(\begin{smallmatrix} 2 & 6 & 4 \\ 5 & 7 & 9 \end{smallmatrix}\right)$ の LU 分解は、次のようになります。

$$\begin{pmatrix} 2 & 6 & 4 \\ 5 & 7 & 9 \end{pmatrix} = \begin{pmatrix} 1 & 0 \\ 2.5 & 1 \end{pmatrix} \begin{pmatrix} 2 & 6 & 4 \\ 0 & -8 & -1 \end{pmatrix}$$

頭ごなしに「こんな分解を考える」なんて言われても、すんなりとは飲込みにくいものです。ただちに次のような疑問が湧きあがってくることでしょう。

- 分解して何が嬉しいのか
- そもそもそんな分解ができるのか
- 分解できるとしても、計算量はどうか

次項以降で、これらの疑問に答えていきます。

? 3.2 式 (3.1) の何が不満で式 (3.2) にしたの？

式 (3.1) の■を全部調整しても構わないのですが、そこまでする必要はないのです。例えば、次の△をいっせいに 10 倍して、代わりに▽をいっせいに 1/10 にしても、A は変わりません（行列積の計算を思い出せば、すぐ確かめられます）。

$$A = \begin{pmatrix} \blacksquare & 0 & 0 & 0 & 0 \\ \blacksquare & \triangle & 0 & 0 & 0 \\ \blacksquare & \triangle & \blacksquare & 0 & 0 \\ \blacksquare & \triangle & \blacksquare & \blacksquare & 0 \\ \blacksquare & \triangle & \blacksquare & \blacksquare & \blacksquare \end{pmatrix} \begin{pmatrix} \blacksquare & \blacksquare & \blacksquare & \blacksquare & \blacksquare \\ 0 & \triangledown & \triangledown & \triangledown & \triangledown \\ 0 & 0 & \blacksquare & \blacksquare & \blacksquare \\ 0 & 0 & 0 & \blacksquare & \blacksquare \\ 0 & 0 & 0 & 0 & \blacksquare \end{pmatrix}$$

ですから、もし式（3.1）の分解ができたとしたら、こんなふうにして式（3.2）の形にすぐ直せます[*6]。ということは、逆に、はじめから式（3.2）の形に決めつけて、式（3.2）の形の答だけを探すことにしてもいいではないか、というわけです[*7]。そうすれば、式（3.1）の 30 個の■を全部調整しなくても、式（3.2）なら 25 個の調整で済みます（ついでに分解が一通りに定まるのも利点。179 ページも参照）。

3.3.2 分解して何が嬉しい？

いったん LU 分解されてしまえば、L や U の形を利用して、行列式を求めたり一次方程式を解いたりすることが簡単にできます（実際に後でやってみます）。「簡単に」と言っているのは、ここでは「少ない計算量で」という意味です。

「最初に一手間かけて分解しておけば、後はあれもこれも楽々」というこの便利さから、LU 分解は、数値計算の基本部品として広く使われます。特に、さまざまな $\boldsymbol{b}$ に対して繰り返し連立一次方程式 $A\boldsymbol{x} = \boldsymbol{b}$ を解くときには、$A = LU$ と一度分解するだけで、後はその L, U を使い回せばよいのです。

3.3.3 そもそも分解できるの？

いきなり見せられると摩訶不思議かもしれませんが、落ち着いて考えれば、確かに L と U とに分解できることを素朴に確認できます[*8]。

4×5 行列の例で確認してみましょう。やりたいことは何だったかというと、次の■を上手く調整して、$*$ が指定された値になるようにすることでした。

$$\begin{pmatrix} 1 & 0 & 0 & 0 \\ \blacksquare & 1 & 0 & 0 \\ \blacksquare & \blacksquare & 1 & 0 \\ \blacksquare & \blacksquare & \blacksquare & 1 \end{pmatrix} \begin{pmatrix} \blacksquare & \blacksquare & \blacksquare & \blacksquare & \blacksquare \\ 0 & \blacksquare & \blacksquare & \blacksquare & \blacksquare \\ 0 & 0 & \blacksquare & \blacksquare & \blacksquare \\ 0 & 0 & 0 & \blacksquare & \blacksquare \end{pmatrix} = \begin{pmatrix} * & * & * & * & * \\ * & * & * & * & * \\ * & * & * & * & * \\ * & * & * & * & * \end{pmatrix}$$

まず、1 行目を実際に計算しようとしてみれば、次の「ア」「イ」「ウ」「エ」「オ」がただちに判明します。答はもちろん、ア = あ, イ = い, ウ = う, エ = え, オ = お。

$$\begin{pmatrix} 1 & 0 & 0 & 0 \\ \blacksquare & 1 & 0 & 0 \\ \blacksquare & \blacksquare & 1 & 0 \\ \blacksquare & \blacksquare & \blacksquare & 1 \end{pmatrix} \begin{pmatrix} \boxed{\text{ア}} & \boxed{\text{イ}} & \boxed{\text{ウ}} & \boxed{\text{エ}} & \boxed{\text{オ}} \\ 0 & \blacksquare & \blacksquare & \blacksquare & \blacksquare \\ 0 & 0 & \blacksquare & \blacksquare & \blacksquare \\ 0 & 0 & 0 & \blacksquare & \blacksquare \end{pmatrix} = \begin{pmatrix} \text{あ} & \text{い} & \text{う} & \text{え} & \text{お} \\ * & * & * & * & * \\ * & * & * & * & * \\ * & * & * & * & * \end{pmatrix}$$

「ア」が決まれば、次の「カ」「サ」「タ」も決まります。「カ × ア = か」「サ × ア = さ」

---

*6 正確には、対角成分に 0 があるときを除いてです。

*7 数学で何かを決めつけるときは、こんなふうに、きちんと根拠を確かめることが大切です。決めつけるということは、解を探す範囲を限定するということですから、その範囲に解があることを確認しておかなければなりません。確認なしに勝手な決めつけをしたのでは、「本当は解があるのに、決めつけたせいで見つからない」という事態にはまる可能性があります。

*8 「こう分解できるんだよ」と言われれば、「確かにできる」ことを納得するのは容易、という話です。「こんな分解を自分で思い付けるか」というのは、また別の話です。

「タ × ア = た」から､「カ = か/ア」「サ = さ/ア」「タ = た/ア」が答です。これで、1 行目と 1 列目が決まりました。

$$\begin{pmatrix} 1 & 0 & 0 & 0 \\ \boxed{\text{カ}} & 1 & 0 & 0 \\ \boxed{\text{サ}} & \blacksquare & 1 & 0 \\ \boxed{\text{タ}} & \blacksquare & \blacksquare & 1 \end{pmatrix} \begin{pmatrix} \text{ア} & \text{イ} & \text{ウ} & \text{エ} & \text{オ} \\ 0 & \blacksquare & \blacksquare & \blacksquare & \blacksquare \\ 0 & 0 & \blacksquare & \blacksquare & \blacksquare \\ 0 & 0 & 0 & \blacksquare & \blacksquare \end{pmatrix} = \begin{pmatrix} * & * & * & * & * \\ \text{か} & * & * & * & * \\ \text{さ} & * & * & * & * \\ \text{た} & * & * & * & * \end{pmatrix}$$

次は「キ」「ク」「ケ」「コ」を求めます｡「カ × イ + キ = き」から、「キ = き − カ × イ」と求められます。「き」は最初から指定されているし、「カ」「イ」は決定済みですから。「ク」「ケ」「コ」も同じ調子で求められることを確認してください。

$$\begin{pmatrix} 1 & 0 & 0 & 0 \\ \text{カ} & 1 & 0 & 0 \\ \text{サ} & \blacksquare & 1 & 0 \\ \text{タ} & \blacksquare & \blacksquare & 1 \end{pmatrix} \begin{pmatrix} \text{ア} & \text{イ} & \text{ウ} & \text{エ} & \text{オ} \\ 0 & \boxed{\text{キ}} & \boxed{\text{ク}} & \boxed{\text{ケ}} & \boxed{\text{コ}} \\ 0 & 0 & \blacksquare & \blacksquare & \blacksquare \\ 0 & 0 & 0 & \blacksquare & \blacksquare \end{pmatrix} = \begin{pmatrix} * & * & * & * & * \\ * & \text{き} & \text{く} & \text{け} & \text{こ} \\ * & * & * & * & * \\ * & * & * & * & * \end{pmatrix}$$

ここまで求まれば、今度は「シ」「チ」が判明します。例えば、「サ × イ + シ × キ = し」のなかで「シ」以外はもうわかっている値ですから、これから「シ」が決められます。

$$\begin{pmatrix} 1 & 0 & 0 & 0 \\ \text{カ} & 1 & 0 & 0 \\ \text{サ} & \boxed{\text{シ}} & 1 & 0 \\ \text{タ} & \boxed{\text{チ}} & \blacksquare & 1 \end{pmatrix} \begin{pmatrix} \text{ア} & \text{イ} & \text{ウ} & \text{エ} & \text{オ} \\ 0 & \text{キ} & \text{ク} & \text{ケ} & \text{コ} \\ 0 & 0 & \blacksquare & \blacksquare & \blacksquare \\ 0 & 0 & 0 & \blacksquare & \blacksquare \end{pmatrix} = \begin{pmatrix} * & * & * & * & * \\ * & * & * & * & * \\ * & \text{し} & * & * & * \\ * & \text{ち} & * & * & * \end{pmatrix}$$

こんなふうに、1 行目、1 列目、2 行目、2 列目……という順序で、前が決まれば後は芋づる式に決まります。つまり、順序さえ上手くやれば、素朴に考えるだけで■が次々と決まっていくわけです（連立方程式なんて考えなくても、1 つずつ求めていける）。

ただし、上記の説明では、ちょっとだけウソを付いた箇所があります。気付いたでしょうか？「カ」「サ」「タ」を求めるところで、もし「ア」が 0 だったらどうなるのでしょう？[*9]

実は、そういう運の悪い場合、素直に $A = LU$ とは分解できません。仕方がないので、LU にちょっと細工した格好の分解をすることになります（→ 3.8 節）。

しかし、たいていの A は素直に $A = LU$ と分解できますから、そういう「普通の場合」をしばらく調べていきましょう。

3.3.4 LU 分解の計算量は？

行列 A を LU 分解するのに加減乗除が何回必要かを数えます。簡単のため、A は正方行列（$n \times n$）とします（後の節で見るとおり、実際の活用場面でも、LU 分解の対象となるのは主に正方行列です）。

まず、$A = (a_{ij}), L = (l_{ij}), U = (u_{ij})$ と成分に名前を付けておきましょう[*10]。先ほど

[*9] 同様に、「シ」「チ」を求めるところで「キ」が 0 だった場合も困ります。

[*10] L, U の形から、$i < j$ なら $l_{ij} = 0$、$i = j$ なら $l_{ij} = 1$、$i > j$ なら $u_{ij} = 0$、でした。標語的に言えば、「値があるのは $l_{\text{大小}}, u_{\text{小大}}$ だけ」です。

の手順を思い出すと、($i \le j$ に対して) u_{ij} は

$$l_{i1}u_{1j} + \cdots + l_{i,(i-1)}u_{(i-1),j} + u_{ij} = a_{ij} \tag{3.3}$$

から

$$u_{ij} = a_{ij} - l_{i1}u_{1j} - \cdots - l_{i,(i-1)}u_{(i-1),j} \tag{3.4}$$

で求まるのでした ($l_{ii} = 1$ に注意)。演算回数は、乗算 $(i-1)$ 回、減算 $(i-1)$ 回です。一方、($i > j$ に対して) l_{ij} は

$$l_{i1}u_{1j} + \cdots + l_{i,(j-1)}u_{(j-1),j} + l_{ij}u_{jj} = a_{ij}$$

から、

$$l_{ij} = (a_{ij} - l_{i1}u_{1j} - \cdots - l_{i,(j-1)}u_{(j-1),j})/u_{jj}$$

で求まるのでした。演算回数は、乗算 j 回、減算 $(j-1)$ 回、それに加えて各列 j ごとに除算 1 回です[*11]。

LU 分解の各成分を求めるのに必要な演算回数を、見やすいようにその場所に書き込むと、次のようになります (4×4 行列の場合)。

$$\text{除算回数}: \begin{pmatrix} & & & \\ 1 & & & \\ 0 & 1 & & \\ 0 & 0 & 1 & \end{pmatrix} \begin{pmatrix} 0 & 0 & 0 & 0 \\ & 0 & 0 & 0 \\ & & 0 & 0 \\ & & & 0 \end{pmatrix}$$

$$\text{乗算回数}: \begin{pmatrix} & & & \\ 1 & & & \\ 1 & 2 & & \\ 1 & 2 & 3 & \end{pmatrix} \begin{pmatrix} 0 & 0 & 0 & 0 \\ & 1 & 1 & 1 \\ & & 2 & 2 \\ & & & 3 \end{pmatrix}$$

$$\text{減算回数}: \begin{pmatrix} & & & \\ 0 & & & \\ 0 & 1 & & \\ 0 & 1 & 2 & \end{pmatrix} \begin{pmatrix} 0 & 0 & 0 & 0 \\ & 1 & 1 & 1 \\ & & 2 & 2 \\ & & & 3 \end{pmatrix} \tag{3.5}$$

これらを集計すれば、次の結果が得られます。

除算	n
乗算	$n^3/3$
減算	$n^3/3$

▲ 表 3.1 n 次正方行列に対する LU 分解の演算回数 (n が大きいときの概算)

[*11] $1/u_{jj}$ を 1 回求めて覚えておけば、後は「$1/u_{jj}$ を掛ける」という乗算で済みます。一般に、除算は乗算より計算の手間がかかるので、こんな細工を考えるのです。

ちなみに、2.2 節（94 ページ）で述べた方法の演算回数は、次のようになります[*12]。

	連立一次方程式（変数消去法）	連立一次方程式（Gauss-Jordan 法）	逆行列
除算	n	n	n
乗算	$n^3/3$	$n^3/2$	n^3
減算	$n^3/3$	$n^3/2$	n^3

▲ 表 3.2 n 次正方行列に対する演算回数（n が大きいときの概算）

LU 分解の演算回数は、これらと同等以下なことがわかります。実は、

- LU 分解の演算回数
- 得られた L と U を使って連立一次方程式を解くなり逆行列を求めるなりする演算回数

を合計しても、これらの方法と比べて損はしません。

? 3.3 LU 分解だけで変数消去法と同等の演算回数なんだから、得られた L と U を使って連立一次方程式を解く分だけ、やっぱり損じゃないの？

L と U を使って連立一次方程式を解くのは楽々なので、LU 分解自体の演算回数と比べれば「端数」にすぎません。表に示した概算では、この程度の端数は無視しています。

? 3.4 LU 分解の演算回数は、どういう計算をして求めたの？

除算は見ての通りですから、乗算と減算が問題ですね。例えば、式 (3.5) で、空欄でない部分をつなぎ合せれば、こんな表ができます。

$$\begin{pmatrix} 0 & 0 & 0 & 0 \\ 0 & 1 & 1 & 1 \\ 0 & 1 & 2 & 2 \\ 0 & 1 & 2 & 3 \end{pmatrix}$$

立方体の積木をたくさん用意して、この表の上に積み重ねたと思ってください。1 と書かれた箇所の上には 1 個、2 と書かれた箇所の上には 2 個、という調子です。積まれた積木の個数を数えれば、それが演算回数になるわけです。

まじめに数えてもいいのですが、演算回数が問題になるのは n が大きいときですから、あまり細かな端数は気にしなくてもよいでしょう。それなら、積木のでこぼこを直線で近似して、次の図 3.1 に示した四角錘の体積を求めれば十分です。

[*12] 脚注*11 と同様の、計算機向けの細工をしたときの演算回数です。

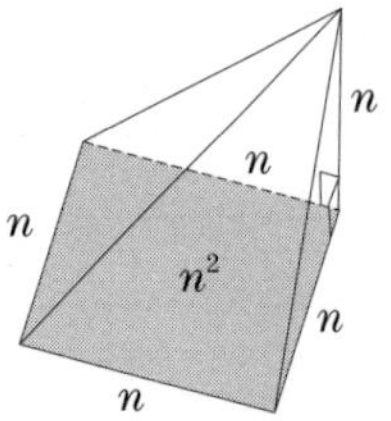

▲ 図 3.1　この四角錐の体積が演算回数

公式から、体積は (底面積 n^2 × 高さ n)/3 = $n^3/3$。こうして、表の値 $n^3/3$ が得られます。

3.4　LU 分解の手順（1）普通の場合

前節で述べた LU 分解の手順を、もう少し形式的に書き下しておきましょう。

$m \times n$ 行列 $A = (a_{ij})$ に対して、$s = \min(m, n)$ とおき[*13]、$A = LU$ と LU 分解することを考えます（L は $m \times s$ の下三角行列、U は $s \times n$ の上三角行列）。さらに、途中経過を書きやすいよう、

$$L = (\boldsymbol{l}_1, \ldots, \boldsymbol{l}_s), \qquad U = \begin{pmatrix} \boldsymbol{u}_1^T \\ \vdots \\ \boldsymbol{u}_s^T \end{pmatrix} \tag{3.6}$$

とそれぞれ縦切り・横切りしておきます。こう切っておくと、

$$A = \boldsymbol{l}_1 \boldsymbol{u}_1^T + \cdots + \boldsymbol{l}_s \boldsymbol{u}_s^T \tag{3.7}$$

と書けるのでした[*14]。

まずは、$A \equiv A(1) = (a_{ij}(1))$ に対して

$$\boldsymbol{l}_1 = \frac{1}{a_{11}(1)} \begin{pmatrix} a_{11}(1) \\ \vdots \\ a_{m1}(1) \end{pmatrix}, \qquad \boldsymbol{u}_1^T = (a_{11}(1), \ldots, a_{1n}(1)) \tag{3.8}$$

とおくと、

---

*13　m と n との小さいほうを s とする、の意味です。$m \leq n$ なら $s = m$、$m > n$ なら $s = n$。A が横長のときと縦長のときとを場合分けして書くのはお互い面倒だから、まとめて済ませるための用意です。理解がつらくなりそうだったら、$m = n = s$ と思って読んでも構いません。

*14「えっ」て人はブロック行列を復習（→ 1.2.9 項）。

$$A(1) - \boldsymbol{l}_1 \boldsymbol{u}_1^T = \left(\begin{array}{c|ccc} 0 & 0 & \cdots & 0 \\ \hline 0 & & & \\ \vdots & & A(2) & \\ 0 & & & \end{array}\right), \quad \text{すなわち } A = \boldsymbol{l}_1 \boldsymbol{u}_1^T + \left(\begin{array}{c|ccc} 0 & 0 & \cdots & 0 \\ \hline 0 & & & \\ \vdots & & A(2) & \\ 0 & & & \end{array}\right) \tag{3.9}$$

のように、「おつり」（残差）の 1 行目と 1 列目を 0 にできます。残ったブロックを行列 $A(2)$ と名付けました。$A(2)$ を具体的に求めることも、$A - \boldsymbol{l}_1 \boldsymbol{u}_1^T$ を計算するだけなんだから可能ですね。こうして 1 つ小さくなった $A(2) = (a_{ij}(2))$ に対し、同様に

$$\boldsymbol{l}(2) = \frac{1}{a_{11}(2)} \begin{pmatrix} a_{11}(2) \\ \vdots \\ a_{m'1}(2) \end{pmatrix}, \qquad \boldsymbol{u}(2)^T = (a_{11}(2), \ldots, a_{1n'}(2))$$

とおくと $(m' = m - 1, n' = n - 1)$、

$$A(2) - \boldsymbol{l}(2)\boldsymbol{u}(2)^T = \left(\begin{array}{c|ccc} 0 & 0 & \cdots & 0 \\ \hline 0 & & & \\ \vdots & & A(3) & \\ 0 & & & \end{array}\right),$$

$$\text{すなわち } A(2) = \boldsymbol{l}(2)\boldsymbol{u}(2)^T + \left(\begin{array}{c|ccc} 0 & 0 & \cdots & 0 \\ \hline 0 & & & \\ \vdots & & A(3) & \\ 0 & & & \end{array}\right),$$

のようにして、また「おつり」の 1 行目と 1 列目が 0 になります。ここで、

$$\boldsymbol{l}_2 = \left(\begin{array}{c} 0 \\ \hline \\ \boldsymbol{l}(2) \\ \\ \end{array}\right), \qquad \boldsymbol{u}_2^T = (0,\ \boldsymbol{u}(2)^T\ )$$

と頭に 0 を付けてサイズを戻せば、

$$\left(\begin{array}{c|cccc} 0 & 0 & \cdots & \cdots & 0 \\ \hline 0 & & & & \\ \vdots & & A(2) & & \\ \vdots & & & & \\ 0 & & & & \end{array}\right) = \boldsymbol{l}_2 \boldsymbol{u}_2^T + \left(\begin{array}{cc|ccc} 0 & 0 & 0 & \cdots & 0 \\ 0 & 0 & 0 & \cdots & 0 \\ \hline 0 & 0 & & & \\ \vdots & \vdots & & A(3) & \\ 0 & 0 & & & \end{array}\right)$$

ですから、

$$
A = \boldsymbol{l}_1 \boldsymbol{u}_1^T + \boldsymbol{l}_2 \boldsymbol{u}_2^T + \left(\begin{array}{cc|ccc} 0 & 0 & 0 & \cdots & 0 \\ 0 & 0 & 0 & \cdots & 0 \\ \hline 0 & 0 & & & \\ \vdots & \vdots & & A(3) & \\ 0 & 0 & & & \end{array}\right) \tag{3.10}
$$

まできたわけです。念のためもう 1 段やっておくと、2 つ小さくなった $A(3) = (a_{ij}(3))$ に対して

$$
\boldsymbol{l}(3) = \frac{1}{a_{11}(3)} \begin{pmatrix} a_{11}(3) \\ \vdots \\ a_{m''1}(3) \end{pmatrix}, \qquad \boldsymbol{u}(3)^T = (a_{11}(3), \ldots, a_{1n''}(3))
$$

$$
\boldsymbol{l}_3 = \left(\begin{array}{c} 0 \\ 0 \\ \hline \\ \boldsymbol{l}(3) \\ \\ \end{array}\right), \qquad \boldsymbol{u}_3^T = (0, 0, \ \boldsymbol{u}(3)^T \ )
$$

とおけば（$m'' = m - 2, n'' = n - 2$）

$$
A = \boldsymbol{l}_1 \boldsymbol{u}_1^T + \boldsymbol{l}_2 \boldsymbol{u}_2^T + \boldsymbol{l}_3 \boldsymbol{u}_3^T + \left(\begin{array}{ccc|ccc} 0 & 0 & 0 & 0 & \cdots & 0 \\ 0 & 0 & 0 & 0 & \cdots & 0 \\ 0 & 0 & 0 & 0 & \cdots & 0 \\ \hline 0 & 0 & 0 & & & \\ \vdots & \vdots & \vdots & & A(4) & \\ 0 & 0 & 0 & & & \end{array}\right)
$$

おつりの行列 $A(4)$ のサイズはさらに縮んで、元からすると 3 つ小さくなりました。これを s 段目まで続けていけば、

$$
A = \boldsymbol{l}_1 \boldsymbol{u}_1^T + \cdots + \boldsymbol{l}_s \boldsymbol{u}_s^T + O
$$

と、おつりがついにゼロ行列になって、式（3.7）の格好。後は、$\boldsymbol{l}_i$ たちと $\boldsymbol{u}_i^T$ たちを式（3.6）でつなぎあわせて行列 L, U にしたてれば、LU 分解の完成です。

ただし、途中で割り算の分母がもし 0 になったら、このままでは困ってしまいます。そういう場合への対処は、3.8 節（185 ページ）「例外が生じる場合」で説明します。

?3.5 なるほど。これをコーディングすれば、LU 分解ルーチン一丁あがりってわけですね。

いいえ。工夫のしどころはいろいろあるものです。

- L, U をまともにそれぞれ行列として扱うのは手間とメモリの無駄。空の箇所や 1 に決まっている箇所など、記録する必要はない。次のように、くっつけて 1 つの行列として格納すれば十分。

$$\begin{pmatrix} 1 & & & \\ \square & 1 & & \\ \square & \square & 1 & \\ \square & \square & \square & 1 \end{pmatrix} \begin{pmatrix} \blacksquare & \blacksquare & \blacksquare & \blacksquare & \blacksquare \\ & \blacksquare & \blacksquare & \blacksquare & \blacksquare \\ & & \blacksquare & \blacksquare & \blacksquare \\ & & & \blacksquare & \blacksquare \end{pmatrix} \to \begin{pmatrix} \blacksquare & \blacksquare & \blacksquare & \blacksquare & \blacksquare \\ \square & \blacksquare & \blacksquare & \blacksquare & \blacksquare \\ \square & \square & \blacksquare & \blacksquare & \blacksquare \\ \square & \square & \square & \blacksquare & \blacksquare \end{pmatrix}$$

- L, U をくっつけた行列のサイズは、分解前の行列 A とちょうど同じ。実は、分解結果を格納する行列を別途用意しなくても、A 自身の記憶領域への上書きで済ませられる（対角成分を 1 にした利点。?3.2（171 ページ）も参照）。

以上の工夫を実装したのが、次のサンプルコードです。

```
# LU 分解 (pivoting なし)
# 結果は mat 自身に上書き (左下部分が L、右上部分が U)
def lu_decomp(mat)
  rows, cols = matrix_size(mat)
  # 行数 (rows) と列数 (cols) とで短いほうを s とおく
  if (rows < cols)
    s = rows
  else
    s = cols
  end
  # ここからが本題
  for k in 1..s                    # (a)
    x = 1.0 / mat[k,k]             # (b)
    for i in (k+1)..rows
      mat[i,k] = mat[i,k] * x      # (c)
    end
    for i in (k+1)..rows           # (d)
      for j in (k+1)..cols
        mat[i,j] = mat[i,j] - mat[i,k] * mat[k,j]
      end
    end
  end
end
```

(a) の段階での mat は、次のとおりです（u 、l は、U, L の完成部分。r は残差）。

```
u u u u u u
l u u u u u
l l r r r r ← 第 k 行
l l r r r r
l l r r r r
```

U の第 k 行は、この段階での残差そのものです。そのため、この時点でもう何もする必要はありません。

(c) では L の第 k 列を計算しています。この際、割り算の回数を減らすために小細工をしています (`mat[i,k] / mat[k,k]` ではなく、`mat[i,k] = mat[i,k] * x` としている)。一般に割り算は手間がかかるからです。

そして、(d) で残差を更新しています。

また、本文でも述べたように、このままだと行列によってはゼロ割りエラーになってしまいます (`mat[k,k]` が 0 だと、(b) でゼロ割りエラー)。この問題点への対処法は、3.8 節 (185 ページ)「例外が生じる場合」で説明します。

3.5 行列式を LU 分解で求める

正方行列 A が $A = LU$ (L は下三角、U は上三角、どちらも正方) と LU 分解されていたら、行列式 $\det A$ はすぐに求まります。すぐに求まらない読者は、行列式の性質 (1.3.2 項 (72 ページ)) を復習してください。

まず「積の行列式は行列式の積」ですから、

$$\det A = \det(LU) = (\det L)(\det U) \tag{3.11}$$

ということで、$\det L$ と $\det U$ を求めればよい。ところが、下三角行列や上三角行列の行列式は、対角成分の積でした。つまり、$\det L$ は 1 であり、

$$\det A = (U \text{ の対角成分の積}) \tag{3.12}$$

となります。

コードで書けば次のとおりです。

```
# 行列式 (元の行列は破壊される)
def det(mat)
  # 正方行列なことを確認
  rows, cols = matrix_size(mat)
  if (rows != cols)
    raise 'Not square.'
  end
  # ここからが本題。LU 分解して……
  lu_decomp(mat)
  # U の対角成分の積を答える
  x = 1
  for i in 1..rows
    x = x * mat[i,i]
  end
  return x
end
```

3.6 一次方程式を LU 分解で解く

■方針

2.2 節 (94 ページ) のように「たちがいい場合」の連立一次方程式を考えます。つまり、正則な n 次正方行列 A と n 次元ベクトル $\boldsymbol{y}$ に対して、$A\boldsymbol{x} = \boldsymbol{y}$ となる $\boldsymbol{x}$ を求める問題です。

ここで $A = LU$ と LU 分解されていたら、問題を 2 段階に分割することができます。$LU\boldsymbol{x} = \boldsymbol{y}$ を翻訳すると、「$\boldsymbol{x}$ にまず U を掛けて、それからさらに L を掛けると $\boldsymbol{y}$ になる」。

$$\boldsymbol{y} \overset{L}{\leftarrow} \boldsymbol{z} \overset{U}{\leftarrow} \boldsymbol{x}$$

そんな $\boldsymbol{x}$ は、

1. $L\boldsymbol{z} = \boldsymbol{y}$ となる $\boldsymbol{z}$ を求める
2. $U\boldsymbol{x} = \boldsymbol{z}$ となる $\boldsymbol{x}$ を求める

という手順で求められるはず。こうして求まった $\boldsymbol{x}$ は、望みどおり

$$A\boldsymbol{x} = LU\boldsymbol{x} = L(U\boldsymbol{x}) = L\boldsymbol{z} = \boldsymbol{y}$$

となります。

■解き方

分割して何が嬉しいのでしょう？ 元と同じサイズの連立一次方程式を、2 セットも解くはめになってしまいました。

実は、L や U が特別な形をしているおかげで、$L\boldsymbol{z} = \boldsymbol{y}$ や $U\boldsymbol{x} = \boldsymbol{z}$ は、一般の $A\boldsymbol{x} = \boldsymbol{y}$ よりもずっと簡単に解けるのです。実際、

$$\begin{pmatrix} 1 & & & \\ \text{カ} & 1 & & \\ \text{サ} & \text{シ} & 1 & \\ \text{タ} & \text{チ} & \text{ツ} & 1 \end{pmatrix} \begin{pmatrix} z_1 \\ z_2 \\ z_3 \\ z_4 \end{pmatrix} = \begin{pmatrix} \text{あ} \\ \text{い} \\ \text{う} \\ \text{え} \end{pmatrix} \qquad \text{空欄はゼロ}$$

なら、

$$\begin{array}{rcccccccl} z_1 & & & & & & & = & \text{あ} \\ \text{カ}\, z_1 & + & z_2 & & & & & = & \text{い} \\ \text{サ}\, z_1 & + & \text{シ}\, z_2 & + & z_3 & & & = & \text{う} \\ \text{タ}\, z_1 & + & \text{チ}\, z_2 & + & \text{ツ}\, z_3 & + & z_4 & = & \text{え} \end{array}$$

ということですから、最初の式で「$z_1 =$ あ」が得られています。すると、これを 2 番目の式に代入して z_2 が求まり、それらを 3 番目の式に代入して z_3 が求まり、それらを 4 番目の式に代入して z_4 が求まります。上三角のほうも同様で、

$$\begin{pmatrix} 3 & 8 & 1 & -3 \\ & 7 & 3 & -1 \\ & & 2 & -2 \\ & & & 5 \end{pmatrix} \begin{pmatrix} x_1 \\ x_2 \\ x_3 \\ x_4 \end{pmatrix} = \begin{pmatrix} -1 \\ 3 \\ 4 \\ 10 \end{pmatrix} \qquad \text{空欄はゼロ}$$

なら、

- 最後の式 $5x_4 = 10$ から、$x_4 = 2$
- 3 番目の式にそれを代入して、$2x_3 - 2 \cdot 2 = 4$ から、$x_3 = 4$
- 2 番目の式にそれらを代入して、$7x_2 + 3 \cdot 4 - 1 \cdot 2 = 3$ から、$x_2 = -1$
- 1 番目の式にそれらを代入して、$3x_1 + 8 \cdot (-1) + 1 \cdot 4 - 3 \cdot 2 = -1$ から、$x_1 = 3$

のように順に求まります（要は、2.2.2 項（95 ページ）「連立一次方程式の解法（正則な場合）」で述べた変数消去法の「折り返し点」以降と同じです）。

■演算量

いまの例を一般化して、演算回数を数えましょう。$n \times n$ 上三角行列 U と n 次元ベクトル $\boldsymbol{z}$ に対して、$U\boldsymbol{x} = \boldsymbol{z}$ を満たす $\boldsymbol{x}$ を求める際には、最後から k 個目の成分を求めるために、減算 $k-1$ 回、乗算 $k-1$ 回、除算 1 回が必要です（$k = 1, \ldots, n$）。これを合計すれば、$\boldsymbol{x}$ を求める演算回数は、おおよそ、減算 $n^2/2$ 回＋乗算 $n^2/2$ 回＋除算 n 回となります。$L\boldsymbol{z} = \boldsymbol{y}$ のほうもおおよそ同じです。n が大きいとき、この演算回数を変数消去法や LU 分解と比べると、相対的にはずっと小さいことがわかります（n^3 は n^2 よりずっと大きい）。

	変数消去法	Gauss-Jordan 法 ($A\boldsymbol{x} = \boldsymbol{y}$)	LU 分解	$L\boldsymbol{z} = \boldsymbol{y}$ を解く	$U\boldsymbol{x} = \boldsymbol{z}$ を解く
除算	n	n	n	0	n
乗算	$n^3/3$	$n^3/2$	$n^3/3$	$n^2/2$	$n^2/2$
減算	$n^3/3$	$n^3/2$	$n^3/3$	$n^2/2$	$n^2/2$

▲表 3.3 n 次正方行列に対する演算回数（n が大きいときの概算）

特に、同じ A でいろいろな $\boldsymbol{y}$ に対する $A\boldsymbol{x} = \boldsymbol{y}$ を解く場合には、一度 LU 分解しておけば楽々です。

■サンプルコード

上の手順の実装例を、以下に示します。?3.5 と同様に、行列 A の LU 分解 L と U は、まとめて 1 つの行列に格納して処理しています。

```
# 方程式 A x = y を解く (A：正方行列、y：ベクトル)
# A は破壊され、解は y に上書きされる。
def sol(a, y)
  # サイズ確認は省略
```

```
  lu_decomp(a)            # まず LU 分解
  sol_lu(a, y)            # 後は下請けにまかせる
end


# （下請け）方程式 L U x = y を解く。解は y に上書き
def sol_lu(lu, y)
  n = vector_size(y)     # サイズを取得
  sol_l(lu, y, n)        # L z = y を解く。解 z は y に上書き
  sol_u(lu, y, n)        # U x = y（中身は z）を解く。解 x は y に上書き
end


# （孫請け）L z = y を解く。解 z は y に上書き。n は y のサイズ
def sol_l(lu, y, n)

  for i in 1..n
    # z[i]=y[i]-L[i,1]z[1]-…-L[i,i-1]z[i-1] を計算
    # すでに求まった解 z[1],…,z[i-1] は、y[1],…,y[i-1] に格納されている

    for j in 1..(i-1)
      y[i] = y[i] - lu[i,j] * y[j]        # 実質は y[i]-L[i,j]*z[j]
    end
  end
end


# （孫請け）U x = y を解く。解 x は y に上書き。n は y のサイズ
def sol_u(lu, y, n)
  # i = n, n-1, …, 1 の順で処理

  for k in 0..(n-1)
    i = n - k
    # x[i]=(y[i]-U[i,i+1]x[i+1]-…-U[i,n]x[n])/U[i,i] を計算
    # すでに求まった解 x[i+1],…,x[n] は、y[i+1],…,y[n] に格納されている

    for j in (i+1)..n
      y[i] = y[i] - lu[i,j] * y[j]        # 実質は y[i]-U[i,j]*x[j]
    end
    y[i] = y[i] / lu[i,i]
  end
end
```

? 3.6 2.2.2 項（95 ページ）の筆算との違いはどこ？

実は、2.2.2 項の変数消去法と同じような処理をしたことになっています。消去法の前半（変数消去が完了するまで）をブロック行列で表記すると、$(A|\boldsymbol{y})$ を左基本変形して、上三角行列 U が現れる $(U|\boldsymbol{z})$ という形にしたことになります[*15]。あのときの説明では、この U の対角成分が 1 になるよう、「ある行を c 倍」という操作を随時入れていました。その操作をなしにして、「ある行の c 倍を別の行に加える」という操作だけでも、$(U|\boldsymbol{z})$ という上三角の形に持っていくことはできます[*16]。

[*15] pivoting のことは、3.8 節までは棚上げ。

[*16] U の対角成分は 1 でなくてもよい、ということにすれば。やり方は、あのときと同じ要領で、1 列ずつ掃除していけばよい。この微修正が納得できないなら、「A 自体でなく A^T の LU 分解を求めて、結果をまた転置した」と解釈しても結構です。

さて、基本変形は行列の掛け算でも書けたことを思い出してください。今の場合、使った行列は $R_{i,j}(c)$ タイプだけ。しかも、操作は常に「上の行の c 倍を下の行に加える」でした。ということは、

- $R_{i,j}(c)$ は下三角行列
- $R_{i,j}(c)$ の対角成分はすべて 1

という性質（仮に「性質 L」と呼びましょう）を持つ $R_{i,j}(c)$ を A に次々掛けて、上三角行列 U に変形できたことになります。

$$(\text{性質 L を持つ } R_{i,j}(c) \text{ たちの積})A = U$$

すると、

$$A = (\text{性質 L を持つ } R_{i,j}(c) \text{ の逆行列 } R_{i,j}(c)^{-1} \text{ たちの積})U$$

が導かれます。ここで、

- $R_{i,j}(c)$ が性質 L を持つなら、$R_{i,j}(c)^{-1} = R_{i,j}(1/c)$ も性質 L を持つ
- 性質 L を持つ行列どうしの積も、性質 L を持つ

が簡単に確かめられます。ですから、

$$A = (\text{性質 L を持つ行列})U \equiv LU$$

という「分解」が得られたことになります。これはまさに LU 分解にほかなりません。

変数消去法では、この L を陽には求めず、一連の手続きで $\boldsymbol{z} = L^{-1}\boldsymbol{y}$ のほうを直接計算した（つまり、$L\boldsymbol{z} = \boldsymbol{y}$ を解いた）ことになります。

? 3.7　冒頭で数値計算の奥深さをずいぶん強調してたけど、それほどでもなかったですね。

いいえ。連立一次方程式に限っても、まだまだ先があります。ひとまず得られた解を叩き台にしてそこから更に精度を上げる「反復改良」は説明していませんし、適当な初期値からある手続きを繰り返して徐々に解に収束させる「反復法」を学ぶには本書以上の数学も必要です。本気で取り組むなら専門書をあたってください。

3.7 逆行列を LU 分解で求める

一次方程式が解ければ、逆行列も計算できるはずです。n 次正方行列 A の逆行列を X とおきましょう。$X = (\boldsymbol{x}_1, \ldots, \boldsymbol{x}_n)$ と列ベクトルたちに分割したら、$AX = I$ は

$$A(\boldsymbol{x}_1, \ldots, \boldsymbol{x}_n) = (\boldsymbol{e}_1, \ldots, \boldsymbol{e}_n) \tag{3.13}$$

とも書けます。$\boldsymbol{e}_i$ は第 i 成分だけが 1 で他の成分は 0 なベクトルです。ばらせば、

$$A\boldsymbol{x}_1 = \boldsymbol{e}_1, \quad \ldots, \quad A\boldsymbol{x}_n = \boldsymbol{e}_n \tag{3.14}$$

ということ。「A を掛けたら○○になるようなベクトルを求めよ」は、まさに先ほどやった問題です。A を LU 分解しておけば、$A\boldsymbol{x} = \boldsymbol{b}$ となる $\boldsymbol{x}$ が効率よく求められるのでした。それを $A\boldsymbol{x}_1 = \boldsymbol{e}_1$ から $A\boldsymbol{x}_n = \boldsymbol{e}_n$ までやればいいわけですが、変わるのは右辺○○だけで、A はみんな共通です。なので、LU 分解は一回だけでよくて、後は使い回せる。これが LU 分解の利点です。こうやって $\boldsymbol{x}_1, \ldots, \boldsymbol{x}_n$ を計算し、それを並べれば $A^{-1} = X = (\boldsymbol{x}_1, \ldots, \boldsymbol{x}_n)$ が得られます。

しかし、本当に A^{-1} が必要ですか？ 多くの応用では、A^{-1} 自体ではなく、「あるベクトル $\boldsymbol{y}$ に対する $A^{-1}\boldsymbol{y}$」が得られれば十分です。そんなときには、「A^{-1} を求めて $\boldsymbol{y}$ に掛ける」のでなく「連立一次方程式 $A\boldsymbol{x} = \boldsymbol{y}$ を解く」べきです。演算量および精度（誤差の蓄積を避ける）の観点から、後者のほうが有利とされています。

このように逆行列はできるだけ避けたほうがよいことや、言語依存性の関係でコードが見にくくなることから、サンプルコードの掲載はしません。

3.8 LU 分解の手順 (2) 例外が生じる場合

3.8.1 並べかえが必要になる状況

3.4 節では、「途中で都合の悪い状況には陥らない」という前提で、LU 分解の手順を説明しました。たいていは大丈夫なのですが、一部の行列 A では、途中で「都合の悪い状況」が出てしまいます。具体的には、3.4 節の手順中に出てくる行列 $A(k)$ の $(1,1)$ 成分 $a_{11}(k)$ が 0 になってしまったら、$1/a_{11}(k)$ が計算できなくなってしまいます ($k = 1, \ldots, s$)。そういう運の悪い場合には、$A = LU$ と分解することはできません。

ではどうするのかを、理屈と実装とに分けて説明します。

■理屈

こんなときは、行列式（1.3.4 項）や連立方程式（2.2.2 項）でも使った **pivoting** という手段で乗り越えます。普通の場合（3.4 節（176 ページ））の手順と記号を思い出してください。例えば、式（3.10）までできて、おつり $A(3) = (a_{ij}(3))$ の左上 $a_{11}(3)$ が 0 になったとしましょう。そうしたら、次の カ, サ, タ から 0 でない成分を探して、その行と 0 の行とを丸ごと入れ替えてください（A が 6 次正方行列の例）。

$$A = \boldsymbol{l}_1 \boldsymbol{u}_1^T + \boldsymbol{l}_2 \boldsymbol{u}_2^T + \left(\begin{array}{cc|cccc} 0 & 0 & 0 & 0 & 0 & 0 \\ 0 & 0 & 0 & 0 & 0 & 0 \\ \hline\hline 0 & 0 & \boxed{\mathit{0}} & \text{イ} & \text{ウ} & \text{エ} \\ \hline 0 & 0 & \boxed{\text{カ}} & \text{キ} & \text{ク} & \text{ケ} \\ \hline 0 & 0 & \boxed{\text{サ}} & \text{シ} & \text{ス} & \text{セ} \\ \hline 0 & 0 & \boxed{\text{タ}} & \text{チ} & \text{ツ} & \text{テ} \end{array} \right) \tag{3.15}$$

例えば、$\boxed{\text{サ}}$ の行と入れ替えたとします。話を合わせるためには、$A, \boldsymbol{l}_1, \boldsymbol{l}_2$ の対応行も連動して入れ替える必要があります。入れ替えたものはダッシュを付けて表すことにすれば、

$$A' = \boldsymbol{l}'_1 \boldsymbol{u}_1^T + \boldsymbol{l}'_2 \boldsymbol{u}_2^T + \left(\begin{array}{cc|cccc} 0 & 0 & 0 & 0 & 0 & 0 \\ 0 & 0 & 0 & 0 & 0 & 0 \\ \hline\hline 0 & 0 & \boxed{\text{サ}} & \text{シ} & \text{ス} & \text{セ} \\ \hline 0 & 0 & \text{カ} & \text{キ} & \text{ク} & \text{ケ} \\ \hline 0 & 0 & \boxed{\mathit{0}} & \text{イ} & \text{ウ} & \text{エ} \\ \hline 0 & 0 & \text{タ} & \text{チ} & \text{ツ} & \text{テ} \end{array} \right) \tag{3.16}$$

となったわけです。全体の 3 行目と 5 行目を入れ替えたのですから、2.2.4 項（107 ページ）の基本変形の記号を使えば、「式 (3.15) の両辺に左から $S_{3,5}$ を掛けた結果が式 (3.16) である」とも解釈できます。つまり、$A' = S_{3,5}A$ です。ここからまた、何事もなかったように LU 分解の手順を続けて、最後までいけたとしましょう。結局、$A' = LU$ という分解が得られたことになります。これは、

$$A = S_{3,5}LU$$

とも言い直せます（$S_{3,5}^2 = I$ なので、$S_{3,5}^{-1} = S_{3,5}$ だから）。

一般には、何度も pivoting させられることもありますから、

$$A = PLU$$
$$P = S_{*,*}S_{*,*} \cdots S_{*,*}$$

という形になります。行列 P は、例えば次のようなものです。

$$P = \begin{pmatrix} 0 & 0 & 1 & 0 & 0 & 0 \\ 1 & 0 & 0 & 0 & 0 & 0 \\ 0 & 0 & 0 & 1 & 0 & 0 \\ 0 & 0 & 0 & 0 & 1 & 0 \\ 0 & 1 & 0 & 0 & 0 & 0 \\ 0 & 0 & 0 & 0 & 0 & 1 \end{pmatrix}$$

「どの行にも 1 が 1 つずつ」かつ「どの列にも 1 が 1 つずつ」（ほかはすべて 0）というこのような正方行列 P を、**置換行列**と呼びます。この行列をベクトルに掛けると、成分の順序を並べ替えることになるからです。$S_{*,*}$ を掛け合わせた結果が必ず置換行列にな

ることは、$S_{*,*}$ が何者だったかを思い出せば当然でしょう。また、逆に、置換行列は必ず $S_{*,*}$ を掛け合わせて作ることができます。

$A = PLU$ という分解でも、行列式を求めたり連立一次方程式を解いたりすることは簡単にできます。行列式は

$$\det A = (\det P)(\det L)(\det U) = (\det P)(U \text{ の対角成分の積})$$

ですが、$\det S_{*,*} = -1$ を思い出すと

$$\det P = \begin{cases} +1 & (\text{pivoting の回数が偶数のとき}) \\ -1 & (\text{pivoting の回数が奇数のとき}) \end{cases}$$

なので、計算は簡単です。また、連立一次方程式も、$A\boldsymbol{x} = \boldsymbol{y}$ に代入すれば $PLU\boldsymbol{x} = \boldsymbol{y}$ ですが、$P^{-1} = P^T$ なので[*17]、

$$LU\boldsymbol{x} = \boldsymbol{y}' \qquad (\boldsymbol{y}' \equiv P^T\boldsymbol{y})$$

を前の方法で解けばいいだけです（$P^T\boldsymbol{y}$ の「計算」は、実際には要素を並べかえるだけなことに注意)。

■実装

式の上では以上で解決ですが、実装に際してはまだ考えるべき課題が残っています。

1 つは、「行の入れ替え」という点です。本当に値を入れ替えようとすると、手間がかかって嬉しくありません。そこで、入れ替えをした「つもり」になって、「今言ってる『○行目』というのは、実際には『△行目』のことだ」と読みかえて処理を行う方法があります。計算機方面の言葉で言えば、「間接参照」にするわけです。具体的には、何行目が何行目に対応しているのかの一覧表を用意して、pivoting のときは表を書き換えるだけで済ませます。

もう 1 つは、「0 になってしまったら」という点です。コンピュータ上では、実数は有限桁の近似値で扱われていますから、「ぴったり 0 か」という判定はナンセンス。「適当な閾値を決めてそれより小さければ」という手もありますが、もっと積極的に「一番良さそうな行を毎回選ぶ」という手もあります。「良さそう」の判断には、「絶対値が最大のものを選ぶ」という指針や、もう少し工夫した指針などが用いられます。

サンプルコードを示しましょう。次のコードにより得られる結果は、$A' = LU$（A' は A の行を入れかえたもの、L は上三角、U は下三角）という分解です。どういう入れかえをしたかは、戻り値 `p` に記録されています。A' の i 行目は、元の行列 A の `p[i]` 行目になります。サンプルコードでは、`p_ref(mat, i, j, p)` により、$L(i > j)$ または $U(i \leq j)$ の i, j 成分が得られます。

[*17] 先ほど例に挙げた P で $P^TP = I$ を確かめてください。試してみれば、「どの行にも 1 が 1 つ」「どの列にも 1 が 1 つ」という性質から $P^TP = I$ となることが納得できるでしょう。

```
# LU分解 (pivoting付き)
# 結果はmat自身に上書きし、戻り値としてpivot table (ベクトルp) を返す

def plu_decomp(mat)
  rows, cols = matrix_size(mat)

  p = make_vector(rows)                    # (a)
  for i in 1..rows
    p[i] = i                               # (b)
  end

  # 行数 (rows) と列数 (cols) とで短いほうをsとおく
  if (rows < cols)
    s = rows
  else
    s = cols
  end

  # ここからが本題
  for k in 1..s
    p_update(mat, k, rows, p)              # (c)
    x = 1.0 / p_ref(mat, k, k, p)
    for i in (k+1)..rows                   # (d)
      y = p_ref(mat, i, k, p) * x
      p_set(mat, i, k, p, y)
    end
    for i in (k+1)..rows                   # (e)
      for j in (k+1)..cols
        y = p_ref(mat, i, j, p) - p_ref(mat, i, k, p)
                                * p_ref(mat, k, j, p)
        p_set(mat, i, j, p, y)
      end
    end
  end

  return(p)                                # (f)
end

# pivotingを行う

def p_update(mat, k, rows, p)

  max_val = -777
  max_index = 0
  for i in k..rows                         # (g)
    x = abs(p_ref(mat, i, k, p))
    if (x > max_val)
      max_val = x
      max_index = i
    end
  end

  pk = p[k]                                # (h)
  p[k] = p[max_index]
  p[max_index] = pk
end

# pivotされた行列の (i,j) 成分の値を返す
def p_ref(mat, i, j, p)
  return(mat[p[i], j])
end

# pivotされた行列の (i,j) 成分の値をvalに変更
def p_set(mat, i, j, p, val)
  mat[p[i], j] = val
end
```

(a) では、pivot された行列の各行が元の行列のどの行に対応しているかを記録する pivot table を用意しています。mat[i,j] への直接アクセスは避け、必ず関数 p_ref (値参照)、p_set (値変更) を介して「pivot された行列」へアクセスするようにすれば、lu_decomp のコードが流用できます。pivot table の初期値は、「i 行目が i 行目」です (b)。

(c) で p_update を呼び出して pivoting したら、後の実際の処理は、lu_decomp を次のように置き換えただけです。

- mat[i,j] → p_ref(mat, i, j, p)
- mat[i,j] = y → p_set(mat, i, j, p, y)

U の第 k 行は、この段階での残差そのものなので、何もする必要がありません。L の第 k 列だけを計算して (d)、残差を更新します (e)。

最後に、pivot table を戻り値として返します (f)。

実際の pivoting の処理「k 列目の未処理箇所のうちで絶対値が最大の成分を k 行目にもってくる」を受け持つのは、p_update です。

具体的には、候補 (k 列目の未処理箇所) のうちで絶対値が最大の成分 (仮にチャンピオンと呼ぶことにします) を探し (g)、現在の行 (第 k 行) とチャンピオンの行 (第 max_index 行) を入れ替えます (h)。チャンピオンを決定するために、(g) では、「候補を 1 人ずつ調べて、現チャンピオンを倒したら、その候補を新チャンピオンにする」を繰り返しています[*18]。

3.8.2 並べかえても行き詰まってしまう状況

前項の pivoting (行の入れ替え) だけでは、まだ詰まってしまう場合があり得ます。式 (3.15) の「カ」「サ」「タ」がすべて 0 だった場合です。そんな場合もなんとかしたければ、さらに列の入れ替えまで許して、「イ」〜「テ」のすべてから 0 でないものをもってくる必要があります[*19]。こうすると、

$$A = PLUP' \qquad (P, P' \text{ は置換行列})$$

という分解をすることになります。この形まで許せば、あらゆる A を分解できます。実際、もし「イ」〜「テ」のすべてが 0 なら、その時点でおつりが O、つまり分解完了ですから。

しかし実用上は、前項のように行の入れ替えだけでも十分役立ちます (もちろん、やりたいことしだいですが)。A が正則な正方行列なら、必ず $A = PLU$ と分解できるからです。正方なのに途中で詰んだら、正則でなかったことになります。ですから……

- 行列式 $\det A$ については、もし途中で詰んだら $\det A = 0$ と答えればよい

---

*18 max_val の初期値を負の数とする (誰よりも弱い人を初代チャンピオンとする) ことで、チャンピオン不在かどうかのチェックを省略することができます。

*19 こんなふうに行・列の両方を入れ替えることを、完全 **pivoting** と呼びます。行だけの入れ替えや、列だけの入れ替えは、これと対比して部分 **pivoting** と呼びます。

- 連立一次方程式 $A\boldsymbol{x} = \boldsymbol{y}$ については、もし途中で詰んだら「たちが悪い場合」(2.3 節 (112 ページ)) だと答えればよい

なぜこれが保証できるかは、詰んだときの状況を考えればわかります。式 (3.15) で「カ」「サ」「タ」がすべて 0 なら、$\boldsymbol{l}_1, \boldsymbol{l}_2, (イ, キ, シ, チ)^T, (ウ, ク, ス, ツ)^T, (エ, ケ, セ, テ)^T$ の 5 本の線形結合で A のどの列でも作れてしまいます。これは $\operatorname{rank} A \leq 5$ を意味し、それが A のサイズ 6 より小さいので、正則でないと判定されます。

第 **4** 章

固有値・対角化・Jordan 標準形 ——暴走の危険があるかを判断

4.1 問題設定：安定性

何か値 u を入力したら値 ξ が出てくる魔法の箱（図 4.1）を考えましょう*1。例えば、$u = 2.4$ を入れたら $\xi = 7.7$ が出てきた、といった調子です。時々刻々、何か u を入れて ξ が出てきます。時間 t を明示したいときは、$u(t)$ や $\xi(t)$ と書くことにします。

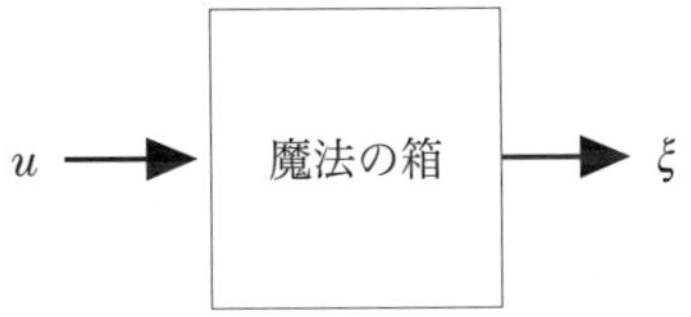

▲ 図 4.1　魔法の箱

さてここで、普通に「今入れた u に対応した ξ が出てくる」だけなら、単なる「関数 $\xi = f(u)$」。でも、この箱の場合、今入れた $u(t)$ だけでなく過去の u によっても今の出力 $\xi(t)$ が違ってきます。こういう箱でたとえられるものは、世の中にたくさんあります（個々の例がきっちり理解できなくても、気にしなくて構いません。本気の説明はこの本の範囲を越えますから、興味があればそれぞれの専門書にあたってください）。

- 制御対象のモデル
  u はアクセルの踏み具合、ξ は自動車の速度
  → アクセルを放して $u = 0$ にしても、その瞬間に $\xi = 0$ になるわけじゃなく、ξ は徐々に減っていく
- 信号伝達のモデル
  u は無線通信の送信信号、ξ は受信信号

---

*1 ギリシャ文字 ξ は「グザイ」または「クシー」と読みます（→付録 A）。大文字は Ξ。高校じゃ習わない本格的な「数学」、という雰囲気を出して、かっこつけてみましょう。

→ 理想は $\xi(t) = u(t)$ だけど、実際は減衰・遅延・歪み・反射波（遠回りしてワンテンポ遅れて届く）などの影響

- 予測
  u は現在の株価、ξ は 24 時間後の株価の予測（……となるよう上手く箱を設計）
  → 予測には、現在だけでなく過去の株価も考慮（箱内に「メモリ」）
- フィルタ
  u は生の音声信号、ξ はそれにエコーをかけた音声信号（……となるよう上手く箱を設計）
  → 残響（少し前の音が重なって聞こえる）

なお、時間 t は、扱う対象に応じて解釈します。物理現象を扱っている場合は、時間 t は連続値（実数値）と考えるのが自然です。一方、コンピュータ処理の場合は、時間 t は離散値（整数値）$0, 1, 2, \ldots$ とするほうが適切なことも多いでしょう。

さて、このような箱にも、簡単なものから複雑なものまで、いろいろと考えられます。その中でも基礎的なタイプの箱として、**自己回帰モデル**と呼ばれるものがあります[*2]。例えばこんなのです。

- 離散時間の例：今日の $\xi(t)$ は、昨日の $\xi(t-1)$、一昨日の $\xi(t-2)$、一昨昨日の $\xi(t-3)$ と、今日の $u(t)$ から、次のように決まる[*3]（図 4.2 左）

$$\xi(t) = -0.5\xi(t-1) + 0.34\xi(t-2) + 0.08\xi(t-3) + 2u(t) \tag{4.1}$$

$$\text{初期条件}\quad \xi(0) = 0.78,\ \xi(-1) = 0.8,\ \xi(-2) = 1.5$$

- 連続時間の例：摩擦とバネが働く状況で物体に力 $u(t)$ を加えたときの運動や、抵抗とコンデンサとコイルを組み合わせた電気回路に電圧 $u(t)$ をかけたときの振る舞いは、次のような格好の微分方程式に従う（図 4.2 右）

$$\frac{d^2}{dt^2}\xi(t) = -3\frac{d}{dt}\xi(t) - 2\xi(t) + 2u(t)$$

$$\text{初期条件}\quad t = 0 \text{ において } \xi = -1,\ \frac{d}{dt}\xi = 3$$

以下では当面、離散時間のほうを扱います。連続時間はその後でやりますから、上の「微分方程式」が今ピンとこなくても、心配無用です。

[*2] **AR（AutoRegressive）**モデルとも呼ばれます。信号処理・制御・時系列解析などを学ぶと、すぐに出会うことになります。

[*3] 「今日」「昨日」のような言い方は、もののたとえです。「第 $(t-1)$ ステップ」なんて書くよりも直観的でわかりやすいでしょう？ もちろん、実際の「1 ステップ」はアプリケーションしだいで、1 か月かもしれないし 1.4 ナノ秒といった値かもしれないし、そもそも一定幅ではないかもしれません。

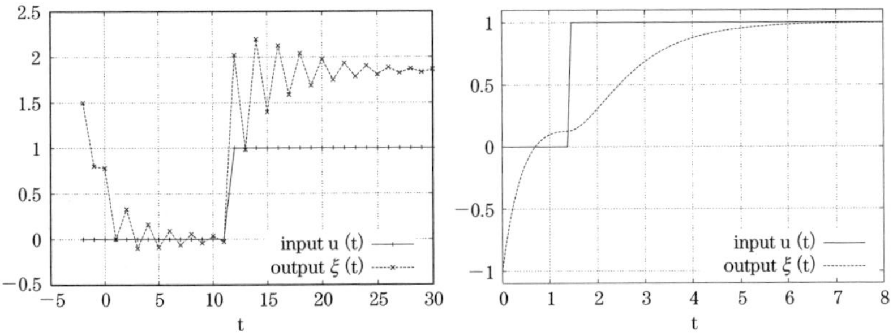

▲ 図 4.2　自己回帰モデルの例（左：離散時間、右：連続時間）

本書では、この基礎的モデルのそのまた基礎的な特性として、入力 $u(t)$ がずっと 0 のときの $\xi(t)$ の振る舞いを調べます。興味は「暴走の危険があるか」。すなわち、どんな状態からスタートしても $\xi(t)$ は有限な範囲に留まる（暴走しない）か、それとも、運の悪い状態からスタートすると $|\xi(t)|$ が無限に大きくなってしまう（暴走）か、の判定です。

暴走しないシステムの典型例は $\xi(t) = 0.5\xi(t-1)$。前の値が半分ずつになっていくわけですから、決して暴走しません。一方、暴走するシステムの典型例は $\xi(t) = 2\xi(t-1)$。前の値が倍々になっていくわけですから、どんどん発散してしまいます（図 4.3)。

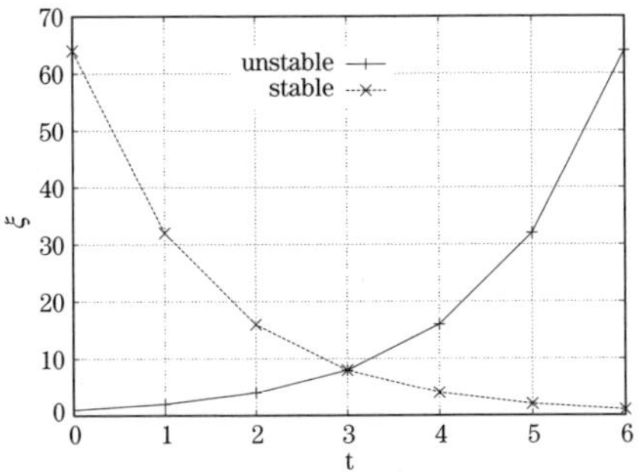

▲ 図 4.3　暴走する・しないの典型例

与えられたシステム、例えば式 (4.1) がこのような「暴走する性質」を持っているのかどうかを判定するのが本章の目標です。「ちょっと試してみればわかるじゃないか」と思うかもしれませんが、「どんな状態からスタートしても暴走しない」ということをちゃんと保証するには、「試した例では問題なし」じゃ済みません。保証してもらわないと、安心して使えませんよね。

? 4.1　暴走するかしないかってそんなに気になる？

気になります。拡声器のハウリングを考えてみてください。あれは、マイクで拾ったちょっとした音が、アンプで拡大して出力されて、それをまたマイクで拾って、アンプでさらに拡大されて……という現象です。あるいは、原子炉の臨界事故。中性子で原子核を叩くと、元より多くの中性子が飛びだして、その中性子がまた別の原子核を叩いて……。あるいは、地球温暖化。気温が上がって氷が解けると、光の反射率が下がり、日光を吸収しやすくなってますます気温が上がる――こうした例だけでも、「昨日の値」を「拡大」したものが「今日の値」になる、という状況（正のフィードバック）が危険なことは納得してもらえるのではないでしょうか。そういう露骨なケースだけでなく、「昨日の値と一昨日の値と一昨昨日の値とをああしてこうしたものが今日の値になる」のような一見よくわからないものでも、調べるとやはり「拡大」になっていたりする、というのが本章の話題です。

数学としての本章のテーマは「固有値・固有ベクトル」「対角化」「Jordan 標準形」です。期末試験のヤマとして誰もがこの辺りの「計算法」だけは暗記してかかるところ。でもそれじゃ虚しいですから、どういう意味・意義があるのかに重点を置いて進めます。暴走云々とどうからむのかお楽しみに。

さて、1.2.10 項（52 ページ）「いろいろな関係を行列で表す (2)」を思い出し、式 (4.1) を行列で表現して、我々の舞台に引っぱりあげましょう[*4]。$\boldsymbol{x}(t) = (\xi(t), \xi(t-1), \xi(t-2))^T$ とおき、$u(t) = 0$ とすれば、

$$\boldsymbol{x}(t) = \begin{pmatrix} -0.5 & 0.34 & 0.08 \\ 1 & 0 & 0 \\ 0 & 1 & 0 \end{pmatrix} \boldsymbol{x}(t-1), \qquad \boldsymbol{x}(0) = \begin{pmatrix} 0.78 \\ 0.8 \\ 1.5 \end{pmatrix}$$

と書けますね。「えっ」て思った人は復習してください。本章では、これを一般化した

$$\boldsymbol{x}(t) = A\boldsymbol{x}(t-1) \tag{4.2}$$

というシステムについて考えます。$\boldsymbol{x}(t) = (x_1(t), \ldots, x_n(t))^T$ は n 次元のベクトル、A は $n \times n$ の行列です。このシステムが、「どんな初期値 $\boldsymbol{x}(0)$ からスタートしても $\boldsymbol{x}(t)$ は有限の範囲に留まる（暴走しない）」か、「運の悪い初期値 $\boldsymbol{x}(0)$ からスタートすると $\boldsymbol{x}(t)$ の成分が無限大まで振れてしまう（暴走）」かを判定するのが課題です[*5]。

ちょっと先走ってストーリーを予告しておきます。(4.2) を第 1 章的に解釈しましょう。「前回の状態 $\vec{x}(t-1)$ を今回の状態 $\vec{x}(t)$ に移す写像 f」が、（ある基底のもとで）行列 A によって表されているわけです。そこで、別の上手い基底を持ってきて、$\boldsymbol{x}$ を座標変換してやります。その結果、新しい座標で f を行列として書くと、とても簡単な行列にな

---

*4　そのままの形で差分方程式を解いて、暴走するかを議論することもできます。自己回帰モデルだけを扱うのならそのほうが簡便ですが、行列で表現しておくと応用がきくので。

*5　正確には、「$\boldsymbol{x}(t)$ のどれかの成分の絶対値が発散するか」。ですから、$x_1(t), \ldots, x_n(t)$ のうちでどれか 1 つでも発散したら「暴走」と呼ぶことにします。例えば、$x_1(t)$ が発散しなくても $x_2(t)$ が発散するなら、全体としては「暴走」。

る。1.2.11 項（54 ページ）で出てきたこの図です：

(もともとの基底)	問		答
	$\Updownarrow$		$\Updownarrow$
(都合のいい基底)	問′	$\rightarrow$	答′

そういう、上手い基底を見つけるのに、固有ベクトルが活躍します。固有ベクトルが役に立つ場面の典型例です。

? 4.2 「暴走」や「安定」の正確な定義は？

「暴走」は、この本の中でだけ通用する言葉です。意味を正確に書くと、「暴走しない」とは、「どんな初期値 $\boldsymbol{x}(0)$ についても、それに応じた十分大きい（でも有限な）数 M（$\boldsymbol{x}(0)$ に応じて違う値を選んでよいが、時刻 t にはよらない定数）を取れば、どの時刻 t でも常に（特に、どんなに t が大きくなっても）$|x_i(t)| < M$ が保たれる（$i = 1, \ldots, n$）」ということです。

関連する言葉に「安定」があります。ある点 $\boldsymbol{c}$ が「安定」とは、「$\boldsymbol{c}$ のごく近くからスタートすれば、いつまでたってもその点の近くに留まる」という意味です[*6]。正確に言うと、

> 「近くに留まる」の基準距離[*7]としてどんなに小さな $\epsilon > 0$ を指定されても、それに応じて小さな $\delta > 0$ を選んで、次のことが成り立つようにできる：「$\boldsymbol{c}$ との距離が δ 以下の点 $\boldsymbol{x}(0)$ からスタートすれば、$\boldsymbol{c}$ と $\boldsymbol{x}(t)$ との距離は、どの時刻 t でも常に ϵ 以下に留まる」（δ は、ϵ に応じて違う値を選んで結構ですが、時刻 t にはよらない定数でないといけません）。

安定でないときを**不安定**と呼びます。

「暴走しない」は大域的な概念であり、「安定」は局所的な概念であることが、両者の大きな違いです。つまり、「暴走しない」は空間全体にかかわる性質であり、「安定」は一点 $\boldsymbol{c}$ の近傍だけの性質です。実は、$\boldsymbol{x}(t) = A\boldsymbol{x}(t-1)$ や $\frac{d}{dt}\boldsymbol{x}(t) = A\boldsymbol{x}(t)$ という形のシステムでは、「暴走しない」なら「原点 $\boldsymbol{o}$ は安定」だし、逆に「原点 $\boldsymbol{o}$ が安定」なら「暴走しない」。なので、このシステムを考える限り、「暴走しない」と「原点 $\boldsymbol{o}$ が安定」は同じことになります。一般には、両者は必ずしも一致しません。

ピンときやすいでしょうから、本書はあえて「暴走しない」を主題としました。実際には、「暴走しない」よりも「安定」のほうがはるかによく使われます。

- 単に「発散しないこと」よりも、「ノイズが生じても目標付近に留まること」のほうが望ましい
- $\boldsymbol{x}(t) = A\boldsymbol{x}(t-1)$ の形でない一般のシステムでは、「安定」のほうが調べやすい（「あらゆる初期値」ではなく「注目点 $\boldsymbol{c}$ の近傍」を調べるだけでよい。たちのいいシステムでは、そのシステムを $\boldsymbol{x}(t) = A\boldsymbol{x}(t-1)$ で近似して安定性を判別する、というテクニックが使える[*8]）

といったことが理由でしょう。

---

*6 「リアプノフ（**Lyapunov**）安定」とも言います（後述の「漸近安定」（→脚注*11（197 ページ））などとはっきり区別を付けるため）。

*7 本書ではまだ「距離」が定義されていません。1.1.3 項（11 ページ）「基底」、付録 E（339 ページ）を参照してください。

? 4.3 魔法の箱の出力が、ただの数じゃなくベクトルになってて、しかもその値が過去3ステップに依存、なんてときはどうしたらいい？

$\boldsymbol{\xi}(t) = A_1\boldsymbol{\xi}(t-1) + A_2\boldsymbol{\xi}(t-2) + A_3\boldsymbol{\xi}(t-3)$ のようなときですね。$\boldsymbol{\xi}(t) = (\xi_1(t), \ldots, \xi_n(t))^T$ は n 次元ベクトル、A_1, A_2, A_3 は $n \times n$ 行列です。こういうときでも、ブロック行列版にすれば OK。

$$\begin{pmatrix} \boldsymbol{\xi}(t) \\ \hline \boldsymbol{\xi}(t-1) \\ \hline \boldsymbol{\xi}(t-2) \end{pmatrix} = \left(\begin{array}{c|c|c} A_1 & A_2 & A_3 \\ \hline I & O & O \\ \hline O & I & O \end{array}\right) \begin{pmatrix} \boldsymbol{\xi}(t-1) \\ \hline \boldsymbol{\xi}(t-2) \\ \hline \boldsymbol{\xi}(t-3) \end{pmatrix} \quad \to \quad \boldsymbol{x}(t) = A\boldsymbol{x}(t-1)$$

$\boldsymbol{\xi}(t), \boldsymbol{\xi}(t-1), \boldsymbol{\xi}(t-2)$ の3本を縦に並べた $3n$ 次元ベクトルを $\boldsymbol{x}(t)$ とおくわけです。

4.2　1次元の場合

この課題に限らず、何か問題に出合ったら、

- まずやさしい場合を考える
- 一般の場合も、どうにか変換してやさしい場合に帰着させる

という方針が有効です。というわけで、1次元の場合をまずやってみましょう。

例えば、

$$x(t) = 7x(t-1)$$

煩雑なのでいちいち明記しませんが、この式が $t = 1$ でも $t = 93$ でもどんな t でも成り立つよ、という意味です。ということは、$x(t-1) = 7x(t-2)$ だし、$x(t-2) = 7x(t-3)$ だし……さらには、

$$x(t) = 7x(t-1) = 7 \cdot 7x(t-2) = 7 \cdot 7 \cdot 7x(t-3) = \cdots = 7^t x(0)$$

確かに、$x(t) = 7^t x(0)$ とおけば[*9] $x(t) = 7x(t-1)$ が成り立ちますね。しかも、$7^0 = 1$ ですから、$x(0)$ の値もちゃんと設定どおり。初期値 $x(0)$ が与えられたら、これで $x(t)$ が計算できます。ここで、$t \to \infty$ のとき $7^t \to \infty$ なことに注目。$x(0) = 0$ でない限り、$t \to \infty$ では $|x(t)| \to \infty$ ですから、このシステムは暴走します。

別の例で

$$x(t) = 0.2x(t-1)$$

---

*8 こういう近似は局所的なことに注意。曲がっているものも「接写してごく一部分だけを見れば」ほぼまっすぐ、という話だったのですから。0.2 項（2 ページ）「近似手段としての使い勝手」も参照。

*9 「7 の転置」ではなくてもちろん「7 の t 乗」です。本書では転置は大文字で A^T と書きます。

ならどうでしょう？ 同様に考えると $x(t) = 0.2^t x(0)$ です。$t \to \infty$ のとき $0.2^t \to 0$ なことに注目。どんな初期値 $x(0)$ でも、$t \to \infty$ では $x(t) \to 0$ となり、このシステムは暴走しません。

一般の

$$x(t) = ax(t-1)$$

も、もう見えますよね。$x(t) = a^t x(0)$ であり[*10]、$|a| > 1$ なら暴走、$|a| \le 1$ なら暴走しません[*11]。

4.3 対角行列の場合

次は、見かけは多次元でも、実際はこけおどしにすぎない場合です。例えば、$\boldsymbol{x}(t) = (x_1(t), x_2(t), x_3(t))^T$ として

$$\boldsymbol{x}(t) = \begin{pmatrix} 5 & 0 & 0 \\ 0 & -3 & 0 \\ 0 & 0 & 0.8 \end{pmatrix} \boldsymbol{x}(t-1)$$

なんてどうでしょう？—— 右辺は行列でいかめしく書いているけど、計算すると

$$\begin{pmatrix} x_1(t) \\ x_2(t) \\ x_3(t) \end{pmatrix} = \begin{pmatrix} 5x_1(t-1) \\ -3x_2(t-1) \\ 0.8x_3(t-1) \end{pmatrix}$$

というだけのこと。つまり

$$x_1(t) = 5x_1(t-1)$$
$$x_2(t) = -3x_2(t-1)$$
$$x_3(t) = 0.8x_3(t-1)$$

という 3 本をまとめて書いただけのものです。これならそれぞれすぐ解けて、答は

$$x_1(t) = 5^t x_1(0)$$
$$x_2(t) = (-3)^t x_2(0)$$

---

*10 $a = 0$ のときも $a^0 = 1$ と解釈します（表記を簡単にするための、ここでだけの約束です。一般には ❓1.21（36 ページ）を参照してください）。

*11 $|a|$ は a の絶対値です（$|7| = 7$、$|-3| = 3$、のように符号を除いた数のこと。a が複素数のときの $|a|$ は付録 B 参照）。絶対値の性質より $|a^t x(0)| = |a|^t |x(0)|$ ですから、$t \to \infty$ のとき、(1) $|a| > 1$ なら $|a^t| \to \infty$、(2) $|a| = 1$ なら $|a^t| = 1$、(3) $0 \le |a| < 1$ なら $|a^t| \to 0$。なお、$a = -1$ のときには

$$x(100) = x(0), \quad x(101) = -x(0), \quad x(102) = x(0), \quad x(103) = -x(0), \quad \cdots$$

という調子でバタバタ変動します。それでも、「$|x(t)|$ が無限大に吹っ飛ぶ」わけではないので「暴走しない」に含めます。そんなのじゃなく、だんだん一定値に落ち着いていくようなちゃんとした「安定」だけを指したければ、「**漸近安定**」という言葉があります。「点 $\boldsymbol{c}$ が漸近安定である」とは、「スタート点 $\boldsymbol{x}(0)$ と注目点 $\boldsymbol{c}$ との距離がある定数 $\epsilon > 0$ 以内なら、$\boldsymbol{x}(t)$ は必ず $\boldsymbol{c}$ に収束する（$t \to \infty$）」という意味です。

$$x_3(t) = 0.8^t x_3(0)$$

あるいは、かっこつけて

$$\boldsymbol{x}(t) = \begin{pmatrix} 5^t & 0 & 0 \\ 0 & (-3)^t & 0 \\ 0 & 0 & 0.8^t \end{pmatrix} \boldsymbol{x}(0) = \begin{pmatrix} 5 & 0 & 0 \\ 0 & -3 & 0 \\ 0 & 0 & 0.8 \end{pmatrix}^t \boldsymbol{x}(0)$$

とも書けます（「えっ」て人は対角行列（1.2.7 項（37 ページ））を復習）。初期値 $\boldsymbol{x}(0)$ が $x_1(0) = x_2(0) = 0$ でない限り、$t \to \infty$ では $x_1(t)$ や $x_2(t)$ が吹っ飛んでしまいますから、このシステムは暴走することになります。

? 4.4　$\boldsymbol{x}(0) = (0, 0, 3)^T$ とかなら、$\boldsymbol{x}(t) = (0, 0, 3 \cdot 0.8^t)^T$ だから別に吹っ飛ばないけど？

本章で問題にしているのは、「どんな初期値 $\boldsymbol{x}(0)$ からはじめても吹っ飛ばないと保証できるか」です。だから、吹っ飛んでしまうような下手な初期値が 1 つでもあれば、「暴走の危険性あり」という判定になります。実際には、このシステムでは吹っ飛ばないほうが例外的（$x_1(0)$ も $x_2(0)$ もぴったり 0 だったときだけ）。絶妙な $\boldsymbol{x}(0)$ を除いて、ほとんどすべて吹っ飛びます。

? 4.5　「解く」って、$\boldsymbol{x}(0)$ で表すっていう意味？

この文脈ではそのとおり。「$\boldsymbol{x}(t)$ を、t と $\boldsymbol{x}(0)$ の関数として書き下す」ことです。これができれば、知りたかった「どんな初期値 $\boldsymbol{x}(0)$ からはじめても云々」がほぼ解決のようなものですから。一般に、「与えられた初期値 $\boldsymbol{x}(0)$ に対して、$\boldsymbol{x}(t)$ を書き下せ」という形の問題は**初期値問題**と呼ばれます。

簡単に解けたミソは、係数行列が対角だったことです。実際、

$$\boldsymbol{x}(t) = A\boldsymbol{x}(t-1)$$
$$A = \operatorname{diag}(a_1, \ldots, a_n)$$
$$\boldsymbol{x}(t) = (x_1(t), \ldots, x_n(t))^T$$

なら、$A\boldsymbol{x}$ は単に $(a_1 x_1, \ldots, a_n x_n)^T$ ですから、

$$x_1(t) = a_1 x_1(t-1)$$
$$\vdots$$
$$x_n(t) = a_n x_n(t-1)$$

をまとめて書いただけのもの。それならすぐ解けて、

$$x_1(t) = a_1^t x(0)$$

$$\vdots$$
$$x_n(t) = a_n^t x(0)$$

です。あるいは、かっこつけて

$$\boldsymbol{x}(t) = \begin{pmatrix} a_1^t & & \\ & \ddots & \\ & & a_n^t \end{pmatrix} \boldsymbol{x}(0) = \begin{pmatrix} a_1 & & \\ & \ddots & \\ & & a_n \end{pmatrix}^t \boldsymbol{x}(0) \qquad \text{空欄はゼロ}$$

とも書けます。$|a_1|, \ldots, |a_n|$ のうち 1 つでも 1 より大きければ暴走。$|a_1|, \ldots, |a_n| \le 1$ なら[*12] 暴走しません。

4.4 対角化できる場合

前節のように、A が対角行列ならもう解決。それなら、一般の A の話も、なんとかして対角行列の話に帰着できないでしょうか？ 実は、たいていの場合は上手く帰着できます。それを納得するのが本章の主題。3 通りの言い方（変数変換・座標変換・べき乗計算）で説明するので、一番ピンとくるものを選んでください。

4.4.1 変数変換

一番素朴なのは、$x_1, \ldots, x_n$ をいろいろ置き直してみるという発想でしょう。何度も予告したこの図の実例を、いよいよやってみせます[*13]。

（もともとの変数）	問		答
	⇕		⇕
（都合のいい変数）	問′	→	答′

■ まずは具体例

例として、

$$\begin{pmatrix} x_1(t) \\ x_2(t) \end{pmatrix} = \begin{pmatrix} 5 & 1 \\ 1 & 5 \end{pmatrix} \begin{pmatrix} x_1(t-1) \\ x_2(t-1) \end{pmatrix}$$

を考えてみます。ばらして書けば、

$$x_1(t) = 5x_1(t-1) + x_2(t-1)$$
$$x_2(t) = x_1(t-1) + 5x_2(t-1)$$

です。このままでは手が出ませんから、ヒント：

---

*12 $|a_1| \le 1$ かつ $|a_2| \le 1$ かつ……という意味です。

*13 前に出した図では「もともとの基底」「都合のいい基底」と書いていましたが、同じ話です。理由は ? 1.31 （60 ページ）のとおり。

$$y_1(t) = x_1(t) + x_2(t) \tag{4.3}$$
$$y_2(t) = x_1(t) - x_2(t) \tag{4.4}$$

とおいてみましょう。すると、

$$\begin{aligned} y_1(t) &= x_1(t) + x_2(t) \\ &= (5x_1(t-1) + x_2(t-1)) + (x_1(t-1) + 5x_2(t-1)) \\ &= 6x_1(t-1) + 6x_2(t-1) \\ &= 6y_1(t-1) \\ y_2(t) &= x_1(t) - x_2(t) \\ &= (5x_1(t-1) + x_2(t-1)) - (x_1(t-1) + 5x_2(t-1)) \\ &= 4x_1(t-1) - 4x_2(t-1) \\ &= 4y_2(t-1) \end{aligned}$$

上手く、y_1 は y_1 だけの式に、y_2 は y_2 だけの式になりました。これならもう 4.3 節（197 ページ）でやったとおり。

$$\begin{aligned} y_1(t) &= 6^t y_1(0) \\ y_2(t) &= 4^t y_2(0) \end{aligned}$$

となって、y_1, y_2 は暴走することが見え見えですね。

後は、y_1, y_2 から x_1, x_2 に戻してやれば完成です。戻すには、(4.3)（4.4）を x_1, x_2 について解けばよくて、

$$\begin{aligned} x_1(t) &= \frac{y_1(t) + y_2(t)}{2} \\ x_2(t) &= \frac{y_1(t) - y_2(t)}{2} \end{aligned}$$

となります[*14]。求めてあった $y_1(t), y_2(t)$ を代入すれば、

$$\begin{aligned} x_1(t) &= \frac{6^t y_1(0) + 4^t y_2(0)}{2} \\ &= \frac{6^t (x_1(0) + x_2(0)) + 4^t (x_1(0) - x_2(0))}{2} \\ &= \left(\frac{6^t + 4^t}{2}\right) x_1(0) + \left(\frac{6^t - 4^t}{2}\right) x_2(0) \\ x_2(t) &= \frac{6^t y_1(0) - 4^t y_2(0)}{2} \\ &= \frac{6^t (x_1(0) + x_2(0)) - 4^t (x_1(0) - x_2(0))}{2} \end{aligned}$$

[*14] 式 (4.3) および式 (4.4) を、連立一次方程式と思って解けばよい。式 (4.3) から $x_1(t) = y_1(t) - x_2(t)$ なので、これを式 (4.4) に代入すれば、$y_2(t) = (y_1(t) - x_2(t)) - x_2(t) = y_1(t) - 2x_2(t)$。これから、$x_2(t) = (y_1(t) - y_2(t))/2$ が出ます。すると、x_1 のほうも $x_1(t) = y_1(t) - x_2(t) = y_1(t) - (y_1(t) - y_2(t))/2 = (y_1(t) + y_2(t))/2$ と求まります。もっと手っ取り早く解くには、ぐっと睨んで、「式 (4.3) と式 (4.4) とを辺々足して 2 で割れば x_1 が出る。式 (4.3) から式 (4.4) を辺々引いて 2 で割れば x_2 が出る。」

$$= \left(\frac{6^t - 4^t}{2}\right) x_1(0) + \left(\frac{6^t + 4^t}{2}\right) x_2(0)$$

と、めでたく解けました。$t \to \infty$ では $(6^t \pm 4^t)/2 \to \infty$ ですから、x_1, x_2 で見てもやっぱり暴走します。

■行列に翻訳すると

今やったことを行列の話に翻訳しましょう。

$$\boldsymbol{y}(t) = C\boldsymbol{x}(t), \qquad C = \begin{pmatrix} 1 & 1 \\ 1 & -1 \end{pmatrix}$$

のように変数を $\boldsymbol{x}(t) = (x_1(t), x_2(t))^T$ から $\boldsymbol{y}(t) = (y_1(t), y_2(t))^T$ へと変換したら、元の $\boldsymbol{x}(t) = A\boldsymbol{x}(t-1)$ が

$$\boldsymbol{y}(t) = \Lambda \boldsymbol{y}(t-1), \qquad \Lambda = \begin{pmatrix} 6 & 0 \\ 0 & 4 \end{pmatrix}$$

に書き換えられたのでした[*15]。この Λ は対角なので、

$$\boldsymbol{y}(t) = \Lambda^t \boldsymbol{y}(0) = \begin{pmatrix} 6^t & 0 \\ 0 & 4^t \end{pmatrix} \begin{pmatrix} y_1(0) \\ y_2(0) \end{pmatrix} = \begin{pmatrix} 6^t y_1(0) \\ 4^t y_2(0) \end{pmatrix}$$

と簡単に解けます。後は $\boldsymbol{y}$ を $\boldsymbol{x}$ に戻せばよい。戻すときに使った

$$\begin{pmatrix} x_1(t) \\ x_2(t) \end{pmatrix} = \begin{pmatrix} \frac{y_1(t)+y_2(t)}{2} \\ \frac{y_1(t)-y_2(t)}{2} \end{pmatrix}$$

というのは、要するに

$$\boldsymbol{x}(t) = C^{-1}\boldsymbol{y}(t) = \begin{pmatrix} 1/2 & 1/2 \\ 1/2 & -1/2 \end{pmatrix} \begin{pmatrix} y_1(t) \\ y_2(t) \end{pmatrix}$$

ということです。これを使って $\boldsymbol{x}$ に戻していくと、

$$\begin{aligned} \begin{pmatrix} x_1(t) \\ x_2(t) \end{pmatrix} &= \begin{pmatrix} 1/2 & 1/2 \\ 1/2 & -1/2 \end{pmatrix} \begin{pmatrix} y_1(t) \\ y_2(t) \end{pmatrix} \\ &= \begin{pmatrix} 1/2 & 1/2 \\ 1/2 & -1/2 \end{pmatrix} \begin{pmatrix} 6^t & 0 \\ 0 & 4^t \end{pmatrix} \begin{pmatrix} y_1(0) \\ y_2(0) \end{pmatrix} \\ &= \begin{pmatrix} 6^t/2 & 4^t/2 \\ 6^t/2 & -4^t/2 \end{pmatrix} \begin{pmatrix} y_1(0) \\ y_2(0) \end{pmatrix} \end{aligned}$$

ここでもちろん $\boldsymbol{y}(0) = C\boldsymbol{x}(0)$ ですから、

$$\begin{pmatrix} x_1(t) \\ x_2(t) \end{pmatrix} = \begin{pmatrix} 6^t/2 & 4^t/2 \\ 6^t/2 & -4^t/2 \end{pmatrix} \begin{pmatrix} 1 & 1 \\ 1 & -1 \end{pmatrix} \begin{pmatrix} x_1(0) \\ x_2(0) \end{pmatrix}$$

[*15] Λ はギリシャ文字 λ（ラムダ）の大文字です（→付録 A）。

$$= \begin{pmatrix} \frac{6^t+4^t}{2} & \frac{6^t-4^t}{2} \\ \frac{6^t-4^t}{2} & \frac{6^t+4^t}{2} \end{pmatrix} \begin{pmatrix} x_1(0) \\ x_2(0) \end{pmatrix}$$

これが、同じことを行列で書いた結果です。

■一般化

これまでの例を、どう一般化していったらいいでしょう？ やったことを振り返ると、

1. ヒントとして与えられた行列 C を使って、変数 $\boldsymbol{x}(t)$ を別の変数 $\boldsymbol{y}(t) = C\boldsymbol{x}(t)$ に変換。
2. $\boldsymbol{x}(t)$ の式として与えられていた差分方程式（図 4.1 魔法の箱）を、$\boldsymbol{y}(t)$ の式として書き直す。
3. 書き直した式は、上手く「対角行列の場合」になっていて、簡単に解ける。
4. 解いて得られた $\boldsymbol{y}(t)$ から、$\boldsymbol{x}(t)$ に戻せば答。

ポイントは、$\boldsymbol{y}(t)$ の式に書き直したら「対角行列の場合」になっていた、というところです。そうなるような上手い C を自分で見つけるにはどうしたらいいか、これから考えていきます。

まず、C はどんな行列でもいいわけではありません。$\boldsymbol{x}$ と $\boldsymbol{y}$ とが一対一対応（全単射）になってくれないと、$\boldsymbol{x}$ と $\boldsymbol{y}$ とを自在に行ったり戻ったりできなくてやっかいです。$\boldsymbol{y}(t)$ が求まって、後はこの $\boldsymbol{y}(t)$ を対応する $\boldsymbol{x}(t)$ に戻すだけというところになって、「対応する $\boldsymbol{x}(t)$ なんてありませんけど……」とか「対応する $\boldsymbol{x}(t)$ がいっぱいあるんですけど……」とか言われたらがっくり[*16]。なので、一対一対応が保証されるよう、C は正則行列ということにします。「えっ」て人は第 2 章を復習。

それから、申し訳ないのですが、ここで記号の付け直しをします。ここまでは

$$\boldsymbol{y}(t) = C\boldsymbol{x}(t)$$
$$\boldsymbol{x}(t) = C^{-1}\boldsymbol{y}(t)$$

のように「$\boldsymbol{x} \to \boldsymbol{y}$ が主、$\boldsymbol{y} \to \boldsymbol{x}$ が従」な書き方だったのを、

$$\boldsymbol{x}(t) = P\boldsymbol{y}(t)$$
$$\boldsymbol{y}(t) = P^{-1}\boldsymbol{x}(t)$$

のように「$\boldsymbol{y} \to \boldsymbol{x}$ が主、$\boldsymbol{x} \to \boldsymbol{y}$ が従」な書き方に直します。もちろん、

$$C = P^{-1}$$
$$P = C^{-1}$$

と読み替えればいいだけで、どちらも意味は同じこと。C のほうで話をしても別に困りはしないし、$\boldsymbol{x} \to \boldsymbol{y}$ を主と見るほうが自然だと感じるでしょうが、後で「この行列は何者

[*16] 実際はそれ以前に、「$\boldsymbol{y}(t)$ の式として書き直す」の段階でほとんど頓挫するでしょう。右辺を $\boldsymbol{y}$ で書くことができなくなってしまうからです。

か」を解釈するには P のほうが都合がよいのです。

それでは気を取り直して。元の変数 $\boldsymbol{x}(t)$ に対し、何か正則行列 P を持ってきて

$$\boldsymbol{x}(t) = P\boldsymbol{y}(t)$$

で別の変数 $\boldsymbol{y}(t)$ に変換することを考えて見ましょう。このとき、$\boldsymbol{x}(t) = A\boldsymbol{x}(t-1)$ という差分方程式（魔法の箱）はどう変換されるのでしょうか。$\boldsymbol{x}(t) = P\boldsymbol{y}(t)$ という変換は、言い方を変えると $\boldsymbol{y}(t) = P^{-1}\boldsymbol{x}(t)$ なので、

$$\begin{aligned}\boldsymbol{y}(t) &= P^{-1}\boldsymbol{x}(t) = P^{-1}A\boldsymbol{x}(t-1)\\ &= P^{-1}A\left(P\boldsymbol{y}(t-1)\right) = \left(P^{-1}AP\right)\boldsymbol{y}(t-1)\end{aligned}$$

つまり、$\boldsymbol{y}$ で見ると、$\boldsymbol{x}(t) = A\boldsymbol{x}(t-1)$ という魔法の箱のシステムが

$$\begin{aligned}\boldsymbol{y}(t) &= \Lambda\boldsymbol{y}(t-1)\\ \Lambda &= P^{-1}AP\end{aligned}$$

に化けます[*17]。

さて、この Λ がもし対角行列なら、前項のとおり

$$\boldsymbol{y}(t) = \Lambda^t\boldsymbol{y}(0)$$

で簡単に $\boldsymbol{y}(t)$ が求められます[*18]。後は $\boldsymbol{x}(t) = P\boldsymbol{y}(t)$ と $\boldsymbol{y}(0) = P^{-1}\boldsymbol{x}(0)$ から

$$\boldsymbol{x}(t) = P\boldsymbol{y}(t) = P\Lambda^t\boldsymbol{y}(0) = P\Lambda^t P^{-1}\boldsymbol{x}(0)$$

で $\boldsymbol{x}$ も求まってめでたしめでたし[*19]。ということは、「上手い正則行列 P を選んで $P^{-1}AP$ を対角行列にする」ことができれば、こちらのもの。

以下では、いちいち「上手い正則行列 P を選んで $P^{-1}AP$ を対角行列にする」と言うのは長いので、この作業のことを短く**「対角化」**と呼びます。線形代数を一度習ったことのある人は、いろいろ思い出すところじゃないでしょうか。試験前に「対角化」の手順だけは覚えたなあ、などなど。そのとき、「なんで両側から P を掛けて、しかも片方は逆行列で、なんて奇妙な変換を考えるんだろう」って疑問じゃなかったですか？ 今や疑問氷解。

? 4.6 $P^{-1}AP$ というのが何者なのか、ピンときません。

次の図でどうですか？ $\boldsymbol{y}(t-1)$ から $\boldsymbol{y}(t)$ に移るには、P して A して「P の逆」、つまり $P^{-1}AP$ なことが納得できるでしょう。「あれ、PAP^{-1} って順番じゃないの？」なんて言う人は、1.2.4 項（27 ページ）「行列の積＝写像の合成」を復習してください。

---

*17 一般に、正方行列 A に対して何か正則行列 P を持ってきて $P^{-1}AP$ という形の行列を作ることを相似変換と呼びます。

*18 $\Lambda = \mathrm{diag}\,(\lambda_1, \ldots, \lambda_n)$ のとき $\Lambda^t = \mathrm{diag}\,(\lambda_1^t, \ldots, \lambda_n^t)$ なことはもう大丈夫ですよね。

*19 $P\Lambda^t P^{-1}$ と書いたら、$(P\Lambda^t P)^{-1}$ ではなく、$P(\Lambda^t)(P^{-1})$ という意味です。念のため。

$$\begin{array}{lccc} \text{(もともとの変数)} & \boldsymbol{x}(t-1) & \xrightarrow{A} & \boldsymbol{x}(t) \\ \hline & \Uparrow P & & \Uparrow P \\ \text{(都合のいい変数)} & \boldsymbol{y}(t-1) & \overset{\Lambda}{\dashrightarrow} & \boldsymbol{y}(t) \end{array}$$

? 4.7　対角化は 1 通り？

得られる対角行列は、対角成分の並び順を除いて、本質的に 1 通りです。例えば、

$$P^{-1}AP = \begin{pmatrix} 3 & 0 & 0 \\ 0 & 3 & 0 \\ 0 & 0 & 7 \end{pmatrix}$$

だったとしましょう。このとき、別の上手い行列 P' を取れば

$$P'^{-1}AP' = \begin{pmatrix} 3 & 0 & 0 \\ 0 & 7 & 0 \\ 0 & 0 & 3 \end{pmatrix}$$

のように並び順の違う対角行列にすることもできます[*20]。しかし、どんな行列 P'' を持ってきても

$$\times \qquad P''^{-1}AP'' = \begin{pmatrix} 2 & 0 & 0 \\ 0 & 3 & 0 \\ 0 & 0 & 4 \end{pmatrix}$$

のように対角成分の値そのものが違う対角行列にすることはできません。なぜなら、対角成分は、「特性方程式の解」として機械的に決定されるはずだからです（4.5.3 項（226 ページ）「固有値の計算：特性方程式」）。細工の余地はありません。

? 4.8　すでに習った基本変形じゃだめなの？ たしか、基本変形でも A を $\mathrm{diag}\,(1,1,1,0,0)$ みたいな形にもっていけたよね？

左右の基本変形を駆使すればそうできるのは事実です（2.3.7 項（138 ページ））。でも、今の問題において、A を基本変形することはどういう意味になっているんでしょう？ これを検討すれば、第 2 章では万能に見えた基本変形がなぜ今回は出てこないのか、納得してもらえるはずです。

その前に、対比として、本文の変数変換がどういう意味になっているのかを確認しておきましょう。さらっと $\boldsymbol{x}(t) = P\boldsymbol{y}(t)$ なんて書いていますが、くどく書けば、

[*20] 2.2.4 項（107 ページ）の基本変形で出てきた行列 $S_{i,j}$ を使って、$P' = PS_{2,3}$ のように作ればよい。$S_{i,j}$ は、左から掛けると行の入れ替え、右から掛けると列の入れ替えになるのでした（2.3.7 項（138 ページ）「ランクの求め方 (2) 筆算で」）。しかも、$S_{i,j}^2 = I$ だから、$S_{i,j}^{-1} = S_{i,j}$ です（? 2.10（109 ページ））。

$$
\begin{aligned}
\boldsymbol{x}(0) &= P\boldsymbol{y}(0) \\
\boldsymbol{x}(1) &= P\boldsymbol{y}(1) \\
\boldsymbol{x}(2) &= P\boldsymbol{y}(2) \\
&\vdots
\end{aligned}
$$

ということです。$\boldsymbol{x}(0), \boldsymbol{x}(1), \boldsymbol{x}(2), \ldots$ のすべてが同じ P でいっせいに変換されます。したがって、「$\boldsymbol{x}(t) = A\boldsymbol{x}(t-1)$」の左辺の $\boldsymbol{x}(t)$ も右辺の $\boldsymbol{x}(t-1)$ も、同じ P で変換されるわけです。

一方、基本変形はどうだったでしょうか？ 基本変形は、A の左右から「別々の」正則行列 C と P とを掛けて[*21]、

$$
CAP = \begin{pmatrix} 1 & 0 & 0 & 0 & 0 \\ 0 & 1 & 0 & 0 & 0 \\ 0 & 0 & 1 & 0 & 0 \\ 0 & 0 & 0 & 0 & 0 \\ 0 & 0 & 0 & 0 & 0 \end{pmatrix} = \Gamma
$$

のような形にする技でした[*22]。これは、今の問題（$\boldsymbol{x}(t) = A\boldsymbol{x}(t-1)$）では次のように解釈されます。$t$ なんて書くとだまされやすいので、具体的に $t = 7$ のときを検討してみましょう。

> $\boldsymbol{x}(7) = A\boldsymbol{x}(6)$ という魔法の箱に対して、左辺の $\boldsymbol{x}(7)$ は $\boldsymbol{z}(7) = C\boldsymbol{x}(7)$ のように、右辺の $\boldsymbol{x}(6)$ は $\boldsymbol{z}(6) = P^{-1}\boldsymbol{x}(6)$ のように変数変換すると、
> $$
> \begin{aligned}
> \boldsymbol{z}(7) &= C\boldsymbol{x}(7) \\
> &= CA\boldsymbol{x}(6) \\
> &= CAP\boldsymbol{z}(6) \\
> &= \Gamma\boldsymbol{z}(6)
> \end{aligned}
> $$
> という式に化ける。同様に、$\boldsymbol{z}(6) = \Gamma\boldsymbol{z}(5)$ だし、$\boldsymbol{z}(5) = \Gamma\boldsymbol{z}(4)$ だし、以下同様。この Γ は単純な行列なので、$\boldsymbol{z}(t)$ が簡単に求められ……あれ？

何をだまされたのか気が付きましたか？ 実は、$\boldsymbol{z}(7) = \Gamma\boldsymbol{z}(6)$ と言ったときには $\boldsymbol{z}(6) = P^{-1}\boldsymbol{x}(6)$ という変換だったはずなのに、$\boldsymbol{z}(6) = \Gamma\boldsymbol{z}(5)$ のときには $\boldsymbol{z}(6) = C\boldsymbol{x}(6)$ という別の変換にすり替えられていました。混乱を避けるために、

$$
\begin{aligned}
\boldsymbol{z}(t) &= C\boldsymbol{x}(t) \\
\boldsymbol{z}'(t) &= P^{-1}\boldsymbol{x}(t)
\end{aligned}
$$

のようにダッシュを付けて区別することにしましょう。これでもうだまされません。得られたのは

*21 「えっ」て人は「ランクの求め方 (2) 筆算で」(2.3.7 項 (138 ページ)) を復習。

*22 Γ はギリシャ文字 γ (ガンマ) の大文字です (→付録 A)。

$$
\begin{aligned}
\boldsymbol{z}(7) &= \Gamma \boldsymbol{z}'(6) \\
\boldsymbol{z}(6) &= \Gamma \boldsymbol{z}'(5) \\
\boldsymbol{z}(5) &= \Gamma \boldsymbol{z}'(4) \\
&\vdots
\end{aligned}
$$

という一連の式です。左辺の $\boldsymbol{z}$ と右辺の $\boldsymbol{z}'$ が違うものなので、並べられても「それがどうした」になってしまう。

まとめると、今の問題では、A による写像 $\boldsymbol{x}(t) = A\boldsymbol{x}(t-1)$ の移し元 $\boldsymbol{x}(t-1)$ と移し先 $\boldsymbol{x}(t)$ とを「両方いっせいに同じように」変換することが鍵だったのでした。基本変形はそういうものではなく、元と先とそれぞれ別々に変換してしまいます。1 ステップの $\boldsymbol{x}(6) \to \boldsymbol{x}(7)$ だけに興味があるならそれで構いませんが、$\cdots \to \boldsymbol{x}(5) \to \boldsymbol{x}(6) \to \boldsymbol{x}(7) \to \cdots$ という多段なものを理解するための役には立たないのです。

4.4.2　上手い変換の求め方

さて、「$P^{-1}AP$ が対角」なんて都合いい P が上手く作れるものでしょうか？——答は「たいていの正方行列 A なら作れる」です。

その辺りを見るために、P を縦ベクトルに分解して考えましょう：

$$P = (\boldsymbol{p}_1, \cdots, \boldsymbol{p}_n)$$

つまり、「n 次元の縦ベクトルを n 本並べたもの」というふうに P を解釈します[*23]。

やりたいことは、

$$P^{-1}AP \equiv \Lambda = \mathrm{diag}\,(\lambda_1, \ldots, \lambda_n)$$

のように対角になる上手い P を見つけることです。この式をちょっと変形する（両辺に左から P を掛ける）と、$AP = P\Lambda$、つまり

$$A(\boldsymbol{p}_1, \cdots, \boldsymbol{p}_n) = (\boldsymbol{p}_1, \cdots, \boldsymbol{p}_n) \begin{pmatrix} \lambda_1 & & \\ & \ddots & \\ & & \lambda_n \end{pmatrix} \qquad \text{空欄はゼロ}$$

となります。ブロック行列だと思って左辺も右辺も計算すれば、

$$(A\boldsymbol{p}_1, \cdots, A\boldsymbol{p}_n) = (\lambda_1 \boldsymbol{p}_1, \cdots, \lambda_n \boldsymbol{p}_n)$$

この式を列ごとに見ると、

[*23] 「えっ」て人は、1.2.9 項（47 ページ）「ブロック行列」を復習してください。

$$
\begin{aligned}
A\boldsymbol{p}_1 &= \lambda_1 \boldsymbol{p}_1 \\
&\vdots \\
A\boldsymbol{p}_n &= \lambda_n \boldsymbol{p}_n
\end{aligned}
$$

というわけで、こういう上手いベクトル $\boldsymbol{p}_1, \ldots, \boldsymbol{p}_n$ と数 $\lambda_1, \ldots, \lambda_n$ を求めれば解決です。

線形代数を一度習ったことのある人は、もうピンときたでしょうか？ 一般に、正方行列 A に対して

$$
\begin{aligned}
A\boldsymbol{p} &= \lambda \boldsymbol{p} \\
\boldsymbol{p} &\neq \boldsymbol{o}
\end{aligned}
$$

を満たす数 λ とベクトル $\boldsymbol{p}$ を、それぞれ「**固有値**」「**固有ベクトル**」と呼びます[*24]。

「上手い P」を求めるには

1. A の固有値 $\lambda_1, \ldots, \lambda_n$ と、対応する固有ベクトル $\boldsymbol{p}_1, \ldots, \boldsymbol{p}_n$ を求める
2. 固有ベクトルを並べて $P = (\boldsymbol{p}_1, \ldots, \boldsymbol{p}_n)$ とおく

のようにすればよくて、

$$
P^{-1}AP = \mathrm{diag}\,(\lambda_1, \ldots, \lambda_n)
$$

となります。残る問題は「固有値・固有ベクトルってどうやって求めるの？」ですが、それは後で解説します。

ただし、今の説明は、本当はちょっと不正確。P が正則かどうかをちゃんと確認しないと、P^{-1} なんて使っちゃいけません。実は、もし A が n 個の異なる固有値 $\lambda_1, \ldots, \lambda_n$ を持てば、対応する $P = (\boldsymbol{p}_1, \ldots, \boldsymbol{p}_n)$ は必ず正則になって、無事に対角化ができます。そうでない場合、上手い P は作れたり作れなかったりします[*25]。その辺も、後でぼちぼち見ていきましょう（4.7 節（247 ページ））。

例を 1 つやっておきます。

$$
A = \begin{pmatrix} 5 & 3 & -4 \\ 6 & 8 & -8 \\ 6 & 9 & -9 \end{pmatrix}
$$

に対して $\boldsymbol{x}(t) = A\boldsymbol{x}(t-1)$ は暴走の危険があるでしょうか？ 実は、A は固有値 $-1, 2, 3$ を持ち、

$$
\begin{pmatrix} 1 \\ 2 \\ 3 \end{pmatrix}, \begin{pmatrix} 1 \\ 3 \\ 3 \end{pmatrix}, \begin{pmatrix} 1 \\ 2 \\ 2 \end{pmatrix}
$$

が対応する固有ベクトルです。実際、計算してみれば

[*24] $\boldsymbol{p} = \boldsymbol{o}$ だと、どんな A, λ でも $A\boldsymbol{o} = \lambda\boldsymbol{o}$ だから意義ないですね。なので $\boldsymbol{p} = \boldsymbol{o}$ は除外します。

[*25] 対角化できない A の最も単純な例は $\left(\begin{smallmatrix} 0 & 1 \\ 0 & 0 \end{smallmatrix}\right)$。

$$\begin{pmatrix}5&3&-4\\6&8&-8\\6&9&-9\end{pmatrix}\begin{pmatrix}1\\2\\3\end{pmatrix}=-\begin{pmatrix}1\\2\\3\end{pmatrix},\ \begin{pmatrix}5&3&-4\\6&8&-8\\6&9&-9\end{pmatrix}\begin{pmatrix}1\\3\\3\end{pmatrix}=2\begin{pmatrix}1\\3\\3\end{pmatrix},\ \begin{pmatrix}5&3&-4\\6&8&-8\\6&9&-9\end{pmatrix}\begin{pmatrix}1\\2\\2\end{pmatrix}=3\begin{pmatrix}1\\2\\2\end{pmatrix}$$

となることが確かめられます。そこで、3 本の固有ベクトルを並べて

$$P=\left(\begin{array}{c|c|c}1&1&1\\2&3&2\\3&3&2\end{array}\right)$$

とおけば、

$$P^{-1}=\begin{pmatrix}0&-1&1\\-2&1&0\\3&0&-1\end{pmatrix}$$

であり、$P^{-1}AP$ を計算すると確かに

$$\Lambda\equiv P^{-1}AP=\mathrm{diag}\,(-1,2,3)$$

です[*26]。ということは、$\boldsymbol{y}(t)=P^{-1}\boldsymbol{x}(t)$ について

$$\boldsymbol{y}(t)=\begin{pmatrix}(-1)^t y_1(0)\\2^t y_2(0)\\3^t y_3(0)\end{pmatrix}=\begin{pmatrix}(-1)^t&0&0\\0&2^t&0\\0&0&3^t\end{pmatrix}\boldsymbol{y}(0)$$

であり、

$$\begin{aligned}\boldsymbol{x}(t)&=\begin{pmatrix}1&1&1\\2&3&2\\3&3&2\end{pmatrix}\begin{pmatrix}(-1)^t&0&0\\0&2^t&0\\0&0&3^t\end{pmatrix}\begin{pmatrix}0&-1&1\\-2&1&0\\3&0&-1\end{pmatrix}\boldsymbol{x}(0)\\&=\begin{pmatrix}3\cdot3^t-2\cdot2^t&2^t-(-1)^t&(-1)^t-3^t\\6\cdot3^t-6\cdot2^t&3\cdot2^t-2\cdot(-1)^t&2\cdot(-1)^t-2\cdot3^t\\6\cdot3^t-6\cdot2^t&3\cdot2^t-3\cdot(-1)^t&3\cdot(-1)^t-2\cdot3^t\end{pmatrix}\boldsymbol{x}(0)\end{aligned}$$

となります。例えば初期値 $\boldsymbol{y}(0)=(0,1,0)^T$ を取れば $\boldsymbol{y}(t)=(0,2^t,0)^T$ だから、$t\to\infty$ でみごと発散。$\boldsymbol{x}$ のほうに翻訳すると、初期値 $\boldsymbol{x}(0)=P\boldsymbol{y}(0)=(1,3,3)^T$ を取れば $\boldsymbol{x}(t)=P\boldsymbol{y}(t)=2^t(1,3,3)^T$ でやはり発散。というわけで、このシステム（魔法の箱 $\boldsymbol{x}(t)=A\boldsymbol{x}(t-1)$）は暴走の危険ありです。

「固有値・固有ベクトルを求めれば暴走判定ができる」となったら、次は固有値・固有ベクトルの求め方が気になるでしょう。しかし、もうちょっと引っぱります。これは、固有値の「求め方」より「意味」のほうが大事だという筆者の主張と思ってください（固有値・固有ベクトルについては、4.5 節（214 ページ）で、意味、性質、求め方の順に説明します）。

[*26] あくまで「確認のための計算」です。実際は、P^{-1} や $P^{-1}AP$ の値を具体的に計算しなくても、$P^{-1}AP=\mathrm{diag}\,(-1,2,3)$ となるのはわかりきっています。「えっ」て人は、本項をもう一度復習してください（逆行列 P^{-1} の存在については、4.5.2 項（218 ページ）「固有値・固有ベクトルの性質」の「固有ベクトルの線形独立性」で論じます）。

4.4.3 座標変換としての解釈

4.4.1 項（199 ページ）では「変数変換」として対角化を説明しました。続けて、「座標変換」としての解釈も見ておきましょう。同じことを違った言い方で言っているだけなので（→❓1.31（60 ページ））、自分の好きなほうの解釈で味わってください。

$\boldsymbol{v} = (v_1, \ldots, v_n)^T$ のような座標（数の並び）というのは、暗黙の基底 $(\vec{e}_1, \ldots, \vec{e}_n)$ を省いた「略記」だったのを思い出してください（1.1.6 項（19 ページ）「座標での表現」）。実体である矢印をきちんと書くと、

$$\vec{v} = v_1\vec{e}_1 + \cdots + v_n\vec{e}_n$$

でした。さらに、行列 A の表す写像（矢印を矢印に移すもの）を、$\mathcal{A}(\vec{v})$ と表すことにします[*27]。この書き方を使えば、今考えている

$$\boldsymbol{x}(t) = A\boldsymbol{x}(t-1) \qquad ここに \quad \boldsymbol{x}(t) = (x_1(t), \ldots, x_n(t))^T$$

というシステムの実体は、

$$\vec{x}(t) = \mathcal{A}(\vec{x}(t-1)) \qquad ここに \quad \vec{x}(t) = x_1(t)\vec{e}_1 + \cdots + x_n(t)\vec{e}_n$$

となります[*28]。

さて、$\mathcal{A}$ の固有値を $\lambda_1, \ldots, \lambda_n$ とし、$\vec{p}_1, \ldots, \vec{p}_n$ を対応する固有ベクトルとします[*29]。この $(\vec{p}_1, \ldots, \vec{p}_n)$ を基底に使って[*30]、矢印 $\vec{x}(t)$ を

$$\vec{x}(t) = y_1(t)\vec{p}_1 + \cdots + y_n(t)\vec{p}_n$$

と表してみましょう。このとき、

$$\begin{aligned}\mathcal{A}(\vec{x}(t-1)) &= \mathcal{A}(y_1(t-1)\vec{p}_1) + \cdots + \mathcal{A}(y_n(t-1)\vec{p}_n) \\ &= \lambda_1 y_1(t-1)\vec{p}_1 + \cdots + \lambda_n y_n(t-1)\vec{p}_n\end{aligned}$$

となります。つまり、$\mathcal{A}$ を施すと、成分 $y_1, \ldots, y_n$ がそれぞれ $\lambda_1, \ldots, \lambda_n$ 倍になる[*31]。ということは、

---

*27 $\boldsymbol{v} = (v_1, \ldots, v_n)^T$ に対して $A\boldsymbol{v} = \boldsymbol{w} = (w_1, \ldots, w_n)^T$ なら、$\mathcal{A}(\vec{v}) = \vec{w}$ ということです（$\vec{v} = v_1\vec{e}_1 + \cdots + v_n\vec{e}_n$, $\vec{w} = w_1\vec{e}_1 + \cdots + w_n\vec{e}_n$）。❓1.15（23 ページ）辺りでも言ったように、$\mathcal{A}(\vec{v} + \vec{v}') = \mathcal{A}(\vec{v}) + \mathcal{A}(\vec{v}')$ や $\mathcal{A}(c\vec{v}) = c\mathcal{A}(\vec{v})$ が成り立ちます（c は数）。

*28 行列と写像とで、文字「A」の形をちょっと変えて区別を付けています。

*29 $\mathcal{A}(\vec{p}) = \lambda\vec{p}$, $\vec{p} \neq \vec{o}$ を満たす数 λ と矢印 $\vec{p}$ が、線形写像 $\mathcal{A}$ の固有値と固有ベクトルです。線形写像という言葉の意味は、❓1.15（23 ページ）。

*30 $\vec{p}_1, \ldots, \vec{p}_n$ が線形独立なことは仮定しておきます。たいていの $\mathcal{A}$ なら、線形独立な $\vec{p}_1, \ldots, \vec{p}_n$ が取れます。

*31 かっこつけて書くと、$\boldsymbol{y}(t) = \Lambda\boldsymbol{y}(t-1)$, $\Lambda = \mathrm{diag}(\lambda_1, \ldots, \lambda_n)$。よって、$\boldsymbol{y}(t) = \Lambda^t\boldsymbol{y}(0)$, $\Lambda^t = \mathrm{diag}(\lambda_1^t, \ldots, \lambda_n^t)$。

$$y_1(t) = \lambda_1^t y_1(0)$$
$$\vdots$$
$$y_n(t) = \lambda_n^t y_n(0)$$

がすぐにわかります。いったい何が起きたのか、アニメーションで確認してみましょう（図 4.4、図 4.5）。同じ写像でも、見方（＝基底の取り方＝座標の入れ方＝格子模様の描き方）しだいで景色が違って見えます。行列 $A = \begin{pmatrix} 1 & -0.3 \\ -0.7 & 0.6 \end{pmatrix}$ で表される写像 $\mathcal{A}$ は、元の基底 $(\vec{e}_1, \vec{e}_2)$ で見ると「ぐにっと歪ます」ですが（図 4.4）、上手い基底 $(\vec{p}_1, \vec{p}_2)$ で見れば単なる軸に沿った伸縮にすぎません（図 4.5）。そして、「単なる軸に沿った伸縮」なら、それを繰り返し施したときにどうなるかも簡単に把握できます。「単なる軸に沿った伸縮」というのは、対角行列の性質だったことを思い出してください（1.2.7 項（37 ページ））。これが、「何が起きたのか」の種明しです。

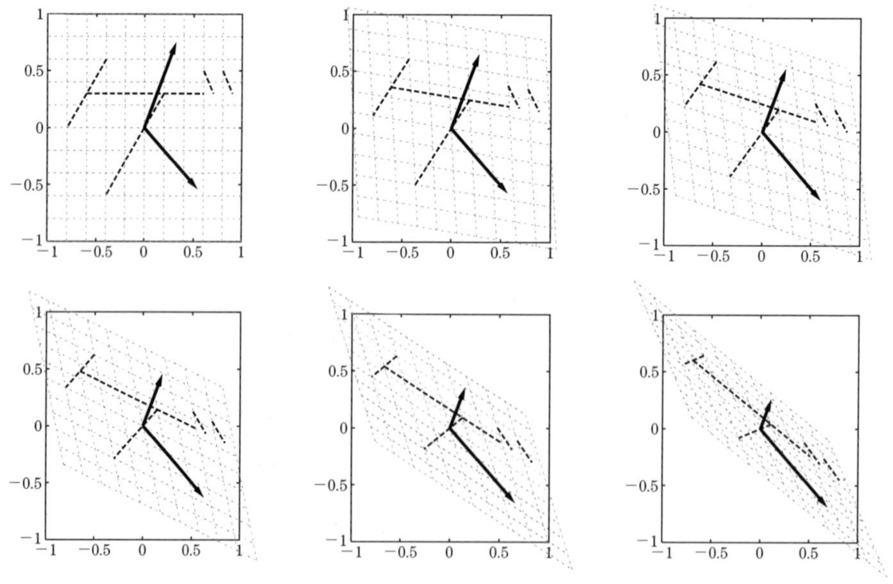

```
ruby mat_anim.rb -s=4 | gnuplot
```

▲図 4.4　（アニメーション）行列 $A = \begin{pmatrix} 1 & -0.3 \\ -0.7 & 0.6 \end{pmatrix}$ による空間の変化。元の基底 $(\vec{e}_1, \vec{e}_2)$ で見ると「ぐにっと歪ます」変形になっている

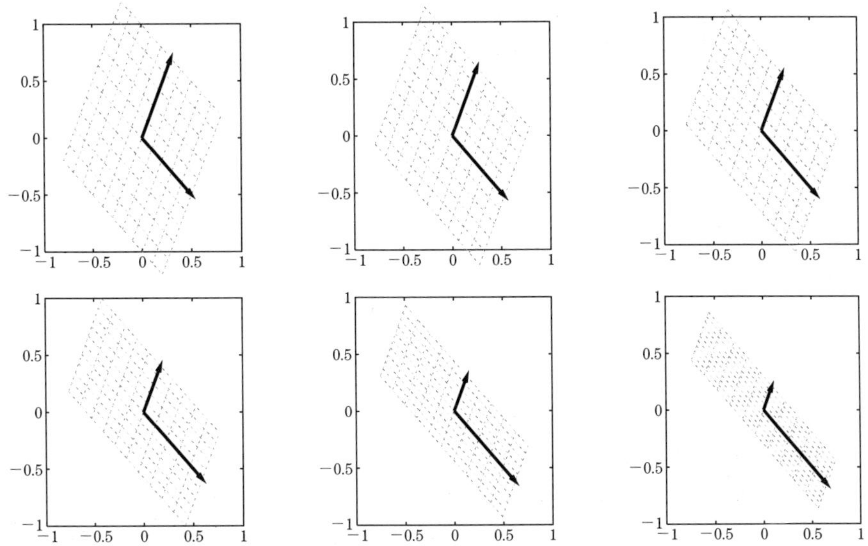

```
ruby mat_anim.rb -s=5 | gnuplot
```

▲図 4.5 （アニメーション）図 4.4 と同じ、行列 $A = \begin{pmatrix} 1 & -0.3 \\ -0.7 & 0.6 \end{pmatrix}$ による空間の変化。上手い基底 $(\vec{p}_1, \vec{p}_2)$ で見れば（上手い方向に軸を取って格子を描けば）、単なる軸に沿った伸縮になっている。対角行列が「軸に沿った伸縮」だったことも復習（1.2.7 項（37 ページ））

矢印 $\vec{p}_1, \vec{p}_2$ を使って、「$\vec{p}_1$ を $y_1(0)$ 歩と $\vec{p}_2$ を $y_2(0)$ 歩」のように初期位置 $\vec{x}(0)$ を表しておけば、$\mathcal{A}$ を施した $\vec{x}(1) = \mathcal{A}(\vec{x}(0))$ の位置は「$(\lambda_1 \vec{p}_1)$ を $y_1(0)$ 歩と $(\lambda_2 \vec{p}_2)$ を $y_2(0)$ 歩」。つまり、「$\vec{p}_1$ を $\lambda_1 y_1(0)$ 歩と $\vec{p}_2$ を $\lambda_2 y_2(0)$ 歩」です。$\mathcal{A}$ を施すたびに歩数がそれぞれ λ_1 倍と λ_2 倍になるわけですから、$\mathcal{A}$ を t 回施した $\vec{x}(t)$ の位置も、「$\vec{p}_1$ を $\lambda_1^t y_1(0)$ 歩と $\vec{p}_2$ を $\lambda_2^t y_2(0)$ 歩」とわかります。

後は、得られた結果を、元の基底 $(\vec{e}_1, \ldots, \vec{e}_n)$ での話に戻してやればよい。戻すためのキモは $\boldsymbol{x}$ と $\boldsymbol{y} = (y_1, \ldots, y_n)^T$ との変換。この変換を求めるための手がかりは、基底 $(\vec{e}_1, \ldots, \vec{e}_n)$ と基底 $(\vec{p}_1, \ldots, \vec{p}_n)$ との関係。1.2.11 項（54 ページ）でやった「座標変換」の出番です。

基底 $(\vec{e}_1, \ldots, \vec{e}_n)$ で固有ベクトルの座標が $\boldsymbol{p}_j = (p_{1j}, \ldots, p_{nj})^T$ だったら、

$$\vec{p}_j = p_{1j}\vec{e}_1 + \cdots + p_{nj}\vec{e}_n$$

ということになります $(j = 1, \ldots, n)$。つまり、

$$\boldsymbol{y} = \begin{pmatrix} 1 \\ 0 \\ 0 \end{pmatrix} \longleftrightarrow \boldsymbol{x} = \begin{pmatrix} p_{11} \\ p_{21} \\ p_{31} \end{pmatrix} = \boldsymbol{p}_1$$

$$\boldsymbol{y} = \begin{pmatrix} 0 \\ 1 \\ 0 \end{pmatrix} \longleftrightarrow \boldsymbol{x} = \begin{pmatrix} p_{12} \\ p_{22} \\ p_{32} \end{pmatrix} = \boldsymbol{p}_2$$

$$\boldsymbol{y} = \begin{pmatrix} 0 \\ 0 \\ 1 \end{pmatrix} \longleftrightarrow \boldsymbol{x} = \begin{pmatrix} p_{13} \\ p_{23} \\ p_{33} \end{pmatrix} = \boldsymbol{p}_3$$

のような対応関係になっているわけです（$n = 3$ の例）。?1.30（58 ページ）を思い出せば、これからただちに

$$\boldsymbol{x} = P\boldsymbol{y}$$

$$P = (\boldsymbol{p}_1, \boldsymbol{p}_2, \boldsymbol{p}_3) = \left(\begin{array}{c|c|c} p_{11} & p_{12} & p_{13} \\ p_{21} & p_{22} & p_{23} \\ p_{31} & p_{32} & p_{33} \end{array} \right)$$

がわかります。もちろん、逆向きは $\boldsymbol{y} = P^{-1}\boldsymbol{x}$ です。すでに求まっている $\boldsymbol{y}(t)$ から、この P で $\boldsymbol{x}(t) = P\boldsymbol{y}(t)$ を求めて完了。$\boldsymbol{x}(t) = P\boldsymbol{y}(t) = P\Lambda^t\boldsymbol{y}(0) = P\Lambda^t P^{-1}\boldsymbol{x}(0)$ で、結局は変数変換と同じことになります。

ただし、前項でも述べたように、P が正則（$\boldsymbol{p}_1, \ldots, \boldsymbol{p}_n$ が線形独立）なことは、ちゃんと確認しないといけません。たいてい大丈夫なのですが、A によっては、独立な固有ベクトルを n 本も取れない場合があります。

? 4.9 すでに習った基本変形じゃだめなの？ ?4.8（204 ページ）でも聞いたけど、座標変換のほうで言うとどうなるんですか？

A は n 次元ベクトルを n 次元ベクトルに移す写像です。つまり、n 次元空間から n 次元空間への写像なわけですが、元の空間（定義域）と、行き先の空間（値域）との関係がポイント。今やっている相似変換では、元の空間と行き先の空間とが同じであるという解釈になります（だからこそ、同じ写像を何度もくり返し適用するなんてことが可能になる）。つまり、n 次元空間 V から V 自身への写像と見なしているわけです。空間 V の基底を取り替えれば、元も行き先も同じように座標変換されます。一方、基本変形では、元の空間と行き先の空間とは別物という解釈になります。つまり、n 次元空間 V から、別の n 次元空間 W への写像と見なしているわけです。元は元で座標変換されて、行き先は行き先でまた別の座標変換がなされます。後は ?4.8（204 ページ）と同様。こんなふうに別々に座標変換されると、多段なものを理解するための役には立ちません。

4.4.4 べき乗としての解釈

さらにもう 1 つの解釈。「そんなの思い付かないよ」という巧妙な話ですが、教えられればシンプルでわかりやすいかもしれません。

我々がやろうとしているのは、$\boldsymbol{x}(t)$ を求めることでした。そこで、1 次元の場合（4.2 節（196 ページ））と同じように考えれば、

$$\boldsymbol{x}(t) = A\boldsymbol{x}(t-1) = AA\boldsymbol{x}(t-2) = AAA\boldsymbol{x}(t-3) = \cdots = A^t\boldsymbol{x}(0) \tag{4.5}$$

つまるところ、行列 A の t 乗（A^t）が求められればよいわけです[*32]。もし A が対角行列 $\mathrm{diag}(a_1, \ldots, a_n)$ なら、$A^t = \mathrm{diag}(a_1^t, \ldots, a_n^t)$ となることは第1章でやったとおり。では A が対角でないときは？ そのときでも、上手い正則行列 P で $P^{-1}AP$ が対角行列 $\Lambda = \mathrm{diag}(\lambda_1, \ldots, \lambda_n)$ となるようにできれば、A^t が求められます。まず、

$$(P^{-1}AP)^2 = (P^{-1}AP)(P^{-1}AP) = P^{-1}APP^{-1}AP = P^{-1}A^2P$$
$$(P^{-1}AP)^3 = (P^{-1}AP)(P^{-1}AP)(P^{-1}AP) = P^{-1}APP^{-1}APP^{-1}AP = P^{-1}A^3P$$

という調子で

$$(P^{-1}AP)^t = P^{-1}A^tP$$

であることに注意しましょう。この左辺は

$$(P^{-1}AP)^t = \Lambda^t = \mathrm{diag}(\lambda_1^t, \ldots, \lambda_n^t)$$

と計算できます。すると、$\Lambda^t = P^{-1}A^tP$ ということになりますから、左右から P と P^{-1} をそれぞれ掛けて

$$P\Lambda^tP^{-1} = A^t$$

この左辺を計算すれば A^t が求められます。

結局、答は

$$\boldsymbol{x}(t) = P\Lambda^tP^{-1}\boldsymbol{x}(0)$$

4.4.5 結論：固有値の絶対値しだい

どの解釈でも、結局のところ、対角化できる A なら対角行列の場合に話が帰着されました。どういう対角行列かというと、A の固有値 $\lambda_1, \ldots, \lambda_n$ が対角成分に並んだ $\Lambda = \mathrm{diag}(\lambda_1, \ldots, \lambda_n)$ です。「元の $\boldsymbol{x}(t)$ の吹っ飛び（$t \to \infty$ で $\boldsymbol{x}(t)$ のどれかの成分（の絶対値）が発散）」と「変換した $\boldsymbol{y}(t) = P^{-1}\boldsymbol{x}(t)$ の吹っ飛び」とは同値ですから、対角化可能な場合の結論は

- $|\lambda_1|, \ldots, |\lambda_n|$ のうちどれか1つでも1より大きければ、「暴走の危険あり」
- $|\lambda_1|, \ldots, |\lambda_n| \leq 1$ なら「暴走の危険なし」

となります[*33]。

[*32] ここでは、$A^0 = I$ と解釈することにします。ゼロ乗のはらむ問題については、？1.21（36ページ）を参照。

[*33] これは、対角化可能な場合の結論です。対角化不可能な場合は、$|\lambda_i| = 1$ というぎりぎりのときの判定に微妙な問題が生じます（→ 4.7.4項（256ページ））。

4.5 固有値・固有ベクトル

以上のようなわけで、暴走の危険を判定するには、固有値・固有ベクトルが鍵となります。本節では、固有値・固有ベクトルの性質や求め方を説明します。最初に、固有値・固有ベクトルの定義を再掲しておきましょう：

一般に、正方行列 A に対して

$$A\boldsymbol{p} = \lambda \boldsymbol{p} \tag{4.6}$$

$$\boldsymbol{p} \neq \boldsymbol{o} \tag{4.7}$$

を満たす数 λ とベクトル $\boldsymbol{p}$ を「固有値」「固有ベクトル」と呼びます。

4.5.1 幾何学的な意味

固有ベクトルの幾何学的な意味は、「A を掛けても、伸縮だけで方向は変わらない」です。この伸縮率（何倍になるか）が固有値です。

アニメーションなら一目瞭然。図 4.6 は、行列 $A = \begin{pmatrix} 1 & -0.3 \\ -0.7 & 0.6 \end{pmatrix}$ により、A の固有ベクトルがどのように変化するかを示すアニメーションプログラムの実行結果です。

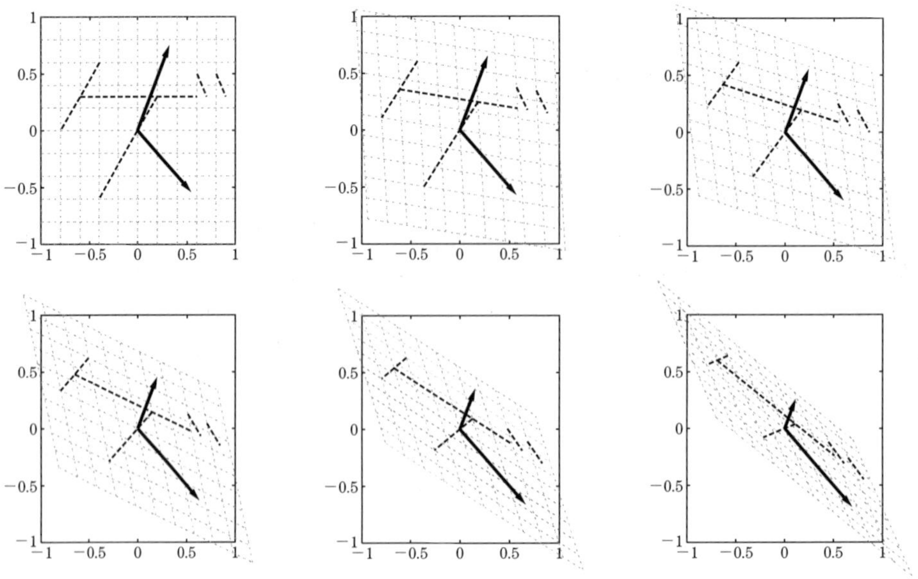

```
ruby mat_anim.rb -s=4 | gnuplot
```

▲図 4.6　（アニメーション）$A = \begin{pmatrix} 1 & -0.3 \\ -0.7 & 0.6 \end{pmatrix}$ を掛けても、長さの伸縮だけで方向は変わらないのが、A の固有ベクトル（矢印）。固有ベクトルの伸縮率が固有値（伸びているほうは 1.3、縮んでいるほうは 0.3）

? 4.10 $A = \begin{pmatrix} 0 & -1 \\ 1 & 0 \end{pmatrix}$ なら固有ベクトルは存在しない？

実数の範囲だけを考えていては固有ベクトルは存在しませんが、複素数にまで範囲を広げれば存在します。まず、この行列 A がどういう写像を表しているのか、確認しておきましょう。$(1,0)^T$ が $(0,1)^T$ に、$(0,1)^T$ が $(-1,0)^T$ に移るというのだから、「原点中心で反時計まわりに 90 度回転」ですね*34。どんなベクトルでも 90 度方向が変わってしまうんだから、固有ベクトル（方向の変わらないベクトル）なんてあり得なそうですが……

でも、複素数まで許せば、

- 固有値 $+i$ の固有ベクトル $\boldsymbol{p}_+ = (i, +1)^T$
- 固有値 $-i$ の固有ベクトル $\boldsymbol{p}_- = (i, -1)^T$

などというものが見つかります。これが固有ベクトルになっていることは、各自で確認してください*35。こんなふうに、**実行列 A でも固有値・固有ベクトルは複素数になることがあります**。固有値・固有ベクトルを自力で求める方法は、4.5.3 項（226 ページ）・4.5.4 項（233 ページ）で説明します。

? 4.11 固有値が複素数になったら、前節までの議論はどうなるのか？ 現実の物理量に複素数なんて出ないはずだが？

暴走判定の結論は変わりません。「現実の……」も心配いりません。最終的には虚数成分は打ち消し合う格好になります（以下、複素数に関する事項は、付録 B（323 ページ）を参照してください）。

実正方行列 A が固有値 λ と固有ベクトル $\boldsymbol{p}$ を持てば、その複素共役 $\overline{\lambda}, \overline{\boldsymbol{p}}$ もやはり A の固有値・固有ベクトルとなることがポイントです。実際、$A\boldsymbol{p} = \lambda\boldsymbol{p}$ なら、両辺の複素共役を取った $\overline{A\boldsymbol{p}} = \overline{\lambda\boldsymbol{p}}$、つまり $\overline{A}\overline{\boldsymbol{p}} = \overline{\lambda}\overline{\boldsymbol{p}}$ も成り立つはずですが、A の成分は実数なので $\overline{A} = A$。よって $A\overline{\boldsymbol{p}} = \overline{\lambda}\overline{\boldsymbol{p}}$ となり、確かに $\overline{\lambda}, \overline{\boldsymbol{p}}$ も A の固有値・固有ベクトルです。

例えば、3 次の実正方行列 A が固有値 $\lambda_1, \lambda_2, \lambda_3$ を持ち、

- λ_1 は実数でない
- $\lambda_2 = \overline{\lambda}_1$
- λ_3 は実数

*34 「えっ」て人は 1.2.3 項（25 ページ）「行列は写像だ」を復習。図 1.14（31 ページ）の「回して広げる」や図 1.15（36 ページ）の「回してつぶす」でもこの行列を使いました。ただし、うるさく言うと、現段階では「角度」の概念はありません。「回転」と言っているのは、今省略されている基底が正規直交基底（付録 E.1.4 項（342 ページ））だとしたらの話です。

*35 「えっ」て人は固有ベクトルの定義（4.6）（4.7）を復習。ゼロベクトルでないことは見ればわかりますから、後は $A\boldsymbol{p}_+ = +i\boldsymbol{p}_+$ と $A\boldsymbol{p}_- = -i\boldsymbol{p}_-$ を確認すればよい。

となった場合を考えましょう。固有値 λ_1, λ_3 にそれぞれ対応する固有ベクトルを $\boldsymbol{p}_1, \boldsymbol{p}_3$ とすれば、$\boldsymbol{p}_2 = \overline{\boldsymbol{p}}_1$ が固有値 $\lambda_2 = \overline{\lambda}_1$ の固有ベクトルです。そこで、行列 $P = (\boldsymbol{p}_1, \boldsymbol{p}_2, \boldsymbol{p}_3) = (\boldsymbol{p}_1, \overline{\boldsymbol{p}}_1, \boldsymbol{p}_3)$ を作れば、

$$AP = A(\boldsymbol{p}_1, \overline{\boldsymbol{p}}_1, \boldsymbol{p}_3) = (\boldsymbol{p}_1, \overline{\boldsymbol{p}}_1, \boldsymbol{p}_3) \begin{pmatrix} \lambda_1 & & \\ & \overline{\lambda}_1 & \\ & & \lambda_3 \end{pmatrix} = P \operatorname{diag}(\lambda_1, \overline{\lambda}_1, \lambda_3)$$

という等式で（複素数を含んだ）対角化 $P^{-1}AP = \operatorname{diag}(\lambda_1, \overline{\lambda}_1, \lambda_3)$ ができたのでした。これを変形して、実数だけの式に直してみせましょう。$r = |\lambda_1|$、$\theta = \arg \lambda_1$ とおけば、

$$\lambda_1 = re^{i\theta} = r\cos\theta + ir\sin\theta$$

と書けます。さらに、固有ベクトル $\boldsymbol{p}_1$ を

$$\boldsymbol{p}_1 = \boldsymbol{p}' + i\boldsymbol{p}'' \qquad (\boldsymbol{p}', \boldsymbol{p}'' \text{ は実ベクトル})$$

のように実数成分と虚数成分とに分解しておきます。すると、$A\boldsymbol{p}_1 = \lambda_1 \boldsymbol{p}_1$ から、

$$\begin{aligned} A\boldsymbol{p}' + iA\boldsymbol{p}'' &= (r\cos\theta + ir\sin\theta)(\boldsymbol{p}' + i\boldsymbol{p}'') \\ &= \left\{(r\cos\theta)\boldsymbol{p}' - (r\sin\theta)\boldsymbol{p}''\right\} + i\left\{(r\sin\theta)\boldsymbol{p}' + (r\cos\theta)\boldsymbol{p}''\right\} \end{aligned}$$

この実部と虚部をそれぞれ比べることで、

$$\begin{aligned} A\boldsymbol{p}' &= (r\cos\theta)\boldsymbol{p}' - (r\sin\theta)\boldsymbol{p}'' \\ A\boldsymbol{p}'' &= (r\sin\theta)\boldsymbol{p}' + (r\cos\theta)\boldsymbol{p}'' \end{aligned}$$

がわかります。そこで、行列 $P' = (\boldsymbol{p}'', \boldsymbol{p}', \boldsymbol{p}_3)$ を作れば、

$$AP' = A(\boldsymbol{p}'', \boldsymbol{p}', \boldsymbol{p}_3) = (\boldsymbol{p}'', \boldsymbol{p}', \boldsymbol{p}_3) \begin{pmatrix} r\cos\theta & -r\sin\theta & 0 \\ r\sin\theta & r\cos\theta & 0 \\ 0 & 0 & \lambda_3 \end{pmatrix}$$

つまり、実行列 P' を使って、

$$P'^{-1}AP' = \left(\begin{array}{cc|c} r\cos\theta & -r\sin\theta & 0 \\ r\sin\theta & r\cos\theta & 0 \\ \hline 0 & 0 & \lambda_3 \end{array}\right)$$

というブロック対角な実行列に A を変換できました[*36]。

[*36] P' が正則なことは、次式から保証されます。「正則行列 P に正則行列を掛けたもの」は正則ですから。「えっ」て人は 1.2.8 項（43 ページ）「逆行列＝逆写像」を復習。

$$\boldsymbol{p}' = (\boldsymbol{p}_1 + \boldsymbol{p}_2)/2, \quad \boldsymbol{p}'' = (\boldsymbol{p}_1 - \boldsymbol{p}_2)/(2i), \quad \text{すなわち } P' = P\begin{pmatrix} 1/(2i) & 1/2 & 0 \\ -1/(2i) & 1/2 & 0 \\ 0 & 0 & 1 \end{pmatrix}$$

一般の実正方行列 A でも、（A が対角化可能なら）上手く実行列 P' を取ることで、

$$P'^{-1}AP' =$$

$$\left(\begin{array}{cc|c|cc|c} r_1\cos\theta_1 & -r_1\sin\theta_1 & & & & \\ r_1\sin\theta_1 & r_1\cos\theta_1 & & & & \\ \hline & & \ddots & & & \\ & & \quad\ddots & & & \\ \hline & & & r_k\cos\theta_k & -r_k\sin\theta_k & \\ & & & r_k\sin\theta_k & r_k\cos\theta_k & \\ \hline & & & & & * \\ & & & & & \ddots \\ & & & & & \quad * \end{array}\right) \equiv D$$

というブロック対角な実行列 D に変換できます。$*$ の箇所には実数の固有値が並びます。

さて、$\boldsymbol{x}(t) = A^t\boldsymbol{x}(0)$ でしたから（→ 4.4.4 項（212 ページ）「べき乗としての解釈」）、システムの振る舞いを見るためには A^t の様子が知りたくなります。$A^t = P'D^tP'^{-1}$ なので（→同項）、D^t がわかれば A^t もわかります。そして、ブロック対角行列 D のべき乗は、対角ブロックごとのべき乗で求められたのでした（→ 1.2.9 項（47 ページ）「ブロック行列」）。問題は結局、

$$R(\theta) \equiv \begin{pmatrix} \cos\theta & -\sin\theta \\ \sin\theta & \cos\theta \end{pmatrix}$$

という行列の t 乗がどうなるかです。実はこの行列は、原点まわりの θ ラジアンの回転を表しています[*37]。次の図を見れば、そのことがわかるでしょう。

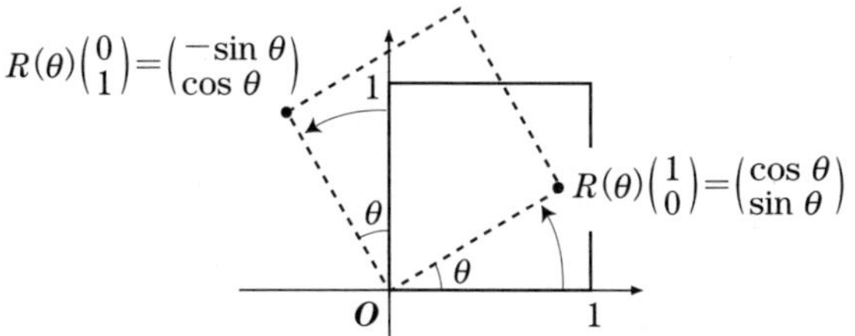

▲ 図 4.7 行列 $R(\theta)$ は、原点まわりの θ ラジアンの回転を表す

$R(\theta)^t$ というのは、そんな回転を t 回施すことですから、結果は $t\theta$ ラジアンの回転。つまり、

[*37] 2π ラジアン $= 360$ 度。うるさく言うと、現段階では「角度」の概念はありません。「回転」と言っているのは、今省略されている基底が正規直交基底（付録 E.1.4 項（342 ページ））だとしたらの話です。

$$R(\theta)^t = R(t\theta)$$

です。すると対角ブロックは

$$\{r_j R(\theta_j)\}^t = r_j^t R(t\theta_j), \qquad j = 1, \ldots, k$$

ということになります。$\boldsymbol{y}(t) = rR(\theta)\boldsymbol{y}(t-1)$ の振る舞いを表したのが、次の図です。$|r| > 1$ なら発散（左図）、$r = 1$ なら原点のまわりを回転（中図）、$|r| < 1$ なら原点に収束（右図）です。

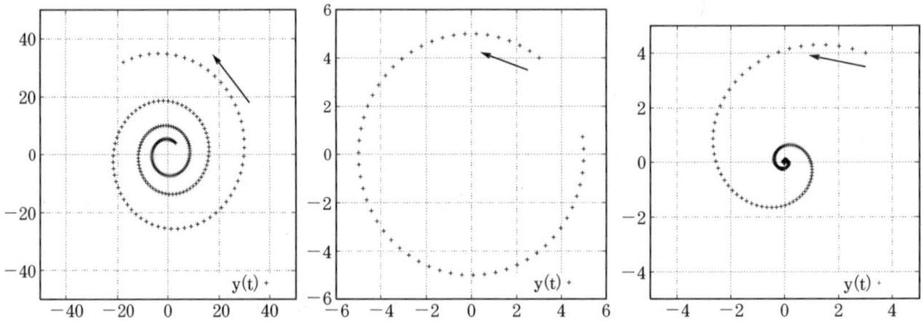

▲ 図 4.8　$\boldsymbol{y}(t) = rR(\theta)\boldsymbol{y}(t-1)$ の振る舞い

ですから、実数でない固有値 λ が出たとき、対応する成分（固有値 λ と $\overline{\lambda}$ の固有ベクトル方向）は、

- $|\lambda| > 1$ なら、螺旋状に発散
- $|\lambda| = 1$ なら、原点のまわりを回転
- $|\lambda| < 1$ なら、螺旋状に原点へ収束

となります[*38]。

4.5.2　固有値・固有ベクトルの性質

■ひと目な性質

固有値・固有ベクトルの定義 (4.6) (4.7) が頭に入っていれば、以下は「ひと目」で納得でしょう[*39]：$\lambda, \boldsymbol{p}$ を正方行列 A の固有値・固有ベクトルとして、α を任意の数とするとき、

[*38] これはもちろん「λ に対応する成分」の挙動です。$|\lambda| < 1$ なら「この成分については」原点へ収束しますが、ほかの成分が発散するなら、システム全体としては「暴走」です。

[*39] こんなのは「暗記」することじゃありません。当たり前と思えるようになるまで、定義 (4.6) (4.7) のほうを何度でも見直してください。

- A が固有値 0 を持つことと、A が特異なこととは同値[*40]。つまり、A が固有値 0 を持たないことと、A が正則なこととは同値。
- $1.7\boldsymbol{p}$ や $-0.9\boldsymbol{p}$ も A の固有ベクトル[*41]。一般に、$\alpha \neq 0$ に対して $\alpha\boldsymbol{p}$ は A の固有ベクトル（どれも固有値は λ）。
- 同じ固有値 λ の固有ベクトル $\boldsymbol{q}$ を持ってくれば、$\boldsymbol{p}+\boldsymbol{q}$ も A の固有ベクトル（固有値 λ）。ただし $\boldsymbol{p}+\boldsymbol{q}=\boldsymbol{o}$ の場合は除く。
- $\boldsymbol{p}$ は $1.7A$ や $-0.9A$ の固有ベクトルでもある（固有値はそれぞれ $1.7\lambda, -0.9\lambda$）。一般に、$\boldsymbol{p}$ は αA の固有ベクトルでもある（固有値は $\alpha\lambda$）。
- $\boldsymbol{p}$ は $A+1.7I$ や $A-0.9I$ の固有ベクトルでもある（固有値はそれぞれ $\lambda+1.7$, $\lambda-0.9$）。一般に、$\boldsymbol{p}$ は $A+\alpha I$ の固有ベクトルでもある（固有値は $\lambda+\alpha$）。
- $\boldsymbol{p}$ は A^2 や A^3 の固有ベクトルでもある（固有値はそれぞれ λ^2, λ^3）。一般に、$k=1,2,3,\ldots$ に対して、$\boldsymbol{p}$ は A^k の固有ベクトルでもある（固有値は λ^k）[*42]。
- $\boldsymbol{p}$ は A^{-1} の固有ベクトルでもある（A^{-1} が存在したとして[*43]）。固有値は $1/\lambda$。
- 対角行列 $\mathrm{diag}(5,3,8)$ の固有値は $5,3,8$。$(1,0,0)^T$, $(0,1,0)^T$, $(0,0,1)^T$ が対応する固有ベクトル。一般に、対角行列 $\mathrm{diag}(a_1,\ldots,a_n)$ の固有値は $a_1,\ldots,a_n$。$\boldsymbol{e}_1,\ldots,\boldsymbol{e}_n$ が対応する固有ベクトル（$\boldsymbol{e}_i$ は第 i 成分のみが 1 で残りは 0 な n 次元ベクトル）[*44]。

最後の性質は、ブロック行列版もあります。

$$D = \begin{pmatrix} A & O & O \\ O & B & O \\ O & O & C \end{pmatrix}$$

のようなブロック対角行列に対して、$\boldsymbol{p}$ を A の固有ベクトル（固有値 λ）、$\boldsymbol{q}$ を B の固有ベクトル（固有値 μ）、$\boldsymbol{r}$ を C の固有ベクトル（固有値 ν）、とすれば、

$$\begin{pmatrix} \boldsymbol{p} \\ \boldsymbol{o} \\ \boldsymbol{o} \end{pmatrix}, \quad \begin{pmatrix} \boldsymbol{o} \\ \boldsymbol{q} \\ \boldsymbol{o} \end{pmatrix}, \quad \begin{pmatrix} \boldsymbol{o} \\ \boldsymbol{o} \\ \boldsymbol{r} \end{pmatrix}$$

は D の固有ベクトルです（固有値はそれぞれ λ, μ, ν）。これも固有値・固有ベクトルの定義からすぐ確認できます。標語的に言うと、

- ブロック対角行列の固有値・固有ベクトルは、対角ブロックごとに考えればよい

---

*40 ちょっとだけ解説。固有値 0 を持つということは、$A\boldsymbol{p}=\boldsymbol{o}$ となるベクトル $\boldsymbol{p} \neq \boldsymbol{o}$ があるということ。ゼロベクトルじゃないのに A を掛けるとゼロベクトルになってしまう、ということは……（2.4.3 項（146 ページ）「正則性のまとめ」を復習）

*41 実際、$A(1.7\boldsymbol{p}) = 1.7A\boldsymbol{p} = 1.7\lambda\boldsymbol{p} = \lambda(1.7\boldsymbol{p})$。以下も同じような調子で。

*42 腕試し：$\boldsymbol{p}$ は A^3+4A^2-A+7I の固有ベクトルでもあることを示し、固有値を答えよ。「えっ」て人は固有値・固有ベクトルの定義（4.6）（4.7）を復習。

*43 その場合は必ず $\lambda \neq 0$ のはず。……ということを、脚注*40 で述べました。

*44 定義（4.6）を計算してもすぐ確認できますが、対角行列の表す写像（1.2.7 項（37 ページ））を思い描けば「ひと目」。

といったところです。

また、「対角成分が固有値」は、上三角行列や下三角行列でも実は成り立ちます。

- 上三角行列や下三角行列の固有値は、対角成分そのもの（残念ながら、固有ベクトルのほうは対角行列のときほど単純ではありません）

これは特別な形の行列だからそうなるのであって、一般の正方行列では違いますから、誤解しないように。

? 4.12　上三角行列や下三角行列で「対角成分が固有値」なのはなぜ？

定義どおり素朴にやってみればわかります。例えば、

$$A = \begin{pmatrix} 5 & * & * \\ 0 & 3 & * \\ 0 & 0 & 8 \end{pmatrix}$$

の固有値を λ、固有ベクトルを $\boldsymbol{p} = (p_1, p_2, p_3)^T$ とします（$*$ は何でもよい）。$A\boldsymbol{p} = \lambda\boldsymbol{p}$ となるには、

$$5p_1 + *p_2 + *p_3 = \lambda p_1 \tag{4.8}$$
$$3p_2 + *p_3 = \lambda p_2 \tag{4.9}$$
$$8p_3 = \lambda p_3 \tag{4.10}$$

これを見ると、式（4.10）から、

- $\lambda = 8$
- または、$p_3 = 0$。この場合、式（4.9）は $3p_2 = \lambda p_2$ になるから、
  - $\lambda = 3$
  - または、$p_2 = 0$。この場合、式（4.8）は $5p_1 = \lambda p_1$ になるから、
    - $\lambda = 5$
    - または $p_1 = 0$。この場合、$\boldsymbol{p} = \boldsymbol{o}$ になってしまうので、固有ベクトルとしては不適切。

というわけで、$\lambda = 5, 3, 8$ が得られました[*45]。

ついでに、この後で述べる「行列式は固有値の積」とも整合していることを味わってください。上三角行列や下三角行列では、行列式は対角成分の積でしたね（1.3.2 項（72 ページ））。

[*45] 本当はこの説明では不十分。まだ「固有値の候補は $\lambda = 5, 3, 8$ 以外ない」としか言えていませんから。$A\boldsymbol{p} = 5\boldsymbol{p}$ などとなる $\boldsymbol{p} \neq \boldsymbol{o}$ が存在することは別途示さないといけないのですが、略（→ 4.5.3 項（226 ページ）冒頭の特性方程式の説明）。

次も、言われてみれば当たり前。

- A と同じサイズの正則行列 S に対して、$S^{-1}\boldsymbol{p}$ は $S^{-1}AS$ の固有ベクトル（固有値 λ）[*46]。したがって、A と $S^{-1}AS$ は同じ固有値を持つ——「相似変換で固有値は変わらない[*47]」

さらに、次のことも成り立ちます。

- 行列式は固有値の積。つまり、$n \times n$ 行列 A の固有値が $\lambda_1, \ldots, \lambda_n$ のとき、$\det A = \lambda_1 \cdots \lambda_n$ （ただし、重解の場合は重複度も込めて[*48]）。

対角化可能な場合なら、これを納得するのは簡単です。なぜなら、前節までと同じ記号を使って

$$\det(P^{-1}AP) = \det(P^{-1}) \det A \det P = \frac{1}{\det P} \det A \det P = \det A$$

であり[*49]、一方

$$\det(P^{-1}AP) = \det \Lambda = \lambda_1 \cdots \lambda_n$$

だからです。これが、代数的な説明。

幾何的な説明は、もっと直観的です。4.4.3 項（209 ページ）で見たように、上手く軸を取り直せば、A による変換が単なる「軸に沿っての伸縮」になります。それぞれの軸の伸縮率が固有値 $\lambda_1, \ldots, \lambda_n$ でしたから、各格子の面積（n 次元版の体積）が $\lambda_1 \cdots \lambda_n$ 倍になるのは当然です。「総まとめ —— アニメーションで見る線形代数」も参照してください。

[*46] $(S^{-1}AS)(S^{-1}\boldsymbol{p}) = \lambda(S^{-1}\boldsymbol{p})$ を確認してください。

[*47] 相似変換は単なる「座標変換」と解釈できた（→ 4.4.3 項（209 ページ））ことを思い出してください。「固有値」の定義は座標に依存しない（「座標」なんて出さなくても、「実体としての矢印（→ 1.1 節（5 ページ））」だけで定義できる（→脚注*29（209 ページ）））のだから、座標変換で固有値が変わらないのは当然。

[*48] 例えば、$A = \mathrm{diag}\,(5, 2, 2, 2)$ なら、固有値 $5, 2$（3 重解）。行列式は $5 \cdot 2^3 = 40$。なお、ここで言う「重複度」とは、後の説明で言う代数的重複度のことです（→ 4.5.3 項（226 ページ））。

[*49] $\det X$ はただの数だから、積の順序を変えてもよいことに注意。

? 4.13　対角化不可能な場合は、どう納得すればいいの？

Jordan 標準形（→ 4.7.2 項（248 ページ））を学んでしまえば、対角化可能な場合（の代数的な説明）と同様にしてすぐ納得できます。Jordan 標準形は上三角行列なので、行列式は対角成分の積になることがポイントです。Jordan 標準形を持ち出すのがおおげさすぎていやなら、特性多項式 $\phi_A(\lambda)$（→ 4.5.3 項（226 ページ））からも次のように説明できます（多項式の知識に自信がなければ読み飛ばしてください）。固有値 λ は $\phi_A(\lambda)=0$ の解。だから、例えば 3 次正方行列 A の固有値が $5,5,8$（5 は二重解）だったら、$\phi_A(\lambda)=(\lambda-5)(\lambda-5)(\lambda-8)$ と因数分解できるはず[*50]。だから、特に $\phi_A(0)$ の値は、「固有値の符号を逆にしたもの」の積 $(-5)(-5)(-8)=(-1)^3 5\cdot 5\cdot 8$ となります。$(-1)^3$ の「3」は、行列 A のサイズです。一方、$\phi_A(\lambda)=\det(\lambda I-A)$ という定義でしたから、$\phi_A(0)=\det(-A)=(-1)^3\det A$ のはず。この「3」もやはり A のサイズ[*51]。こうして、$\det A=5\cdot 5\cdot 8$ のように固有値の積となることが確かめられました。要するに、いわゆる「解と係数の関係」を用いて確認したわけです。

■固有ベクトルの線形独立性

「ひと目」じゃない性質としては、「異なる固有値に対応する固有ベクトルは線形独立である」というのがあります。

いきなりこう言われてもピンとこないでしょうから、まずは、「固有値が違えば、固有ベクトルは違う方向」という当たり前な事実から確認しておきましょう。きちんと言えば、「正方行列 A の異なる固有値 λ,μ に対応する固有ベクトル $\boldsymbol{p},\boldsymbol{q}$ では、$\boldsymbol{q}=\alpha\boldsymbol{p}$ となることはあり得ない（α は数）」という事実です。「$\alpha\boldsymbol{p}$ も固有値 λ の固有ベクトルなはずなのに[*52]、それが固有値 μ の固有ベクトルになるなんておかしい」のように考えれば当たり前ですね[*53]。

今のは 2 種類の固有値についての話でしたが、それが 3 種類、4 種類……となっても同様のことが成立します。正確に言うと、

[*50] $\phi_A(\lambda)=\square\,(\lambda-5)(\lambda-5)(\lambda-8)$ と因数分解できることは当然。後は係数□が何になるかです。$\phi_A(\lambda)=\det(\lambda I-A)$ で λ^3 の係数がどうなるか考えれば、□は 1。「えっ」て人は 1.3.3 項（78 ページ）の「行列式の計算法」を復習。

[*51] n 次正方行列 A と数 c に対し、$\det(cA)=c^n A$ でしたね。「えっ」て人は行列式の性質（1.3.2 項（72 ページ））を復習。

[*52] 「えっ」て人は本節の頭から復習。$\alpha=0$ のときが気になった人は、固有ベクトルの定義を見直してください。もし $\alpha=0$ だと、$\boldsymbol{q}=\boldsymbol{o}$ ということになってしまって、$\boldsymbol{q}$ が固有ベクトルだという前提に反します。だから $\alpha=0$ のときなんて門前払い。

[*53] 正式な証明は次のとおり：仮にそんな α があったとしよう。前提から、$A\boldsymbol{q}=\mu\boldsymbol{q}$。一方、もし $\boldsymbol{q}=\alpha\boldsymbol{p}$ なら、$A\boldsymbol{q}=\alpha A\boldsymbol{p}=\alpha\lambda\boldsymbol{p}=\lambda\boldsymbol{q}$。よって、$\mu\boldsymbol{q}=\lambda\boldsymbol{q}$ ということになる。移項すれば $(\mu-\lambda)\boldsymbol{q}=\boldsymbol{o}$。しかも、$\boldsymbol{q}$ は固有ベクトルという前提だから、$\boldsymbol{q}\neq\boldsymbol{o}$ のはず。となると、$\mu-\lambda=0$ しかないが、これは $\mu\neq\lambda$ という前提に反する。というわけで、背理法から、そんな α なんてあり得ない。

- $\lambda_1, \ldots, \lambda_k$ が $n \times n$ 行列 A の固有値で、$\boldsymbol{p}_1, \ldots, \boldsymbol{p}_k$ が対応する固有ベクトルだったとする。もし $\lambda_1, \ldots, \lambda_k$ がすべて異なるなら、$\boldsymbol{p}_1, \ldots, \boldsymbol{p}_k$ は線形独立である。
—— (∗)

という主張です。さっきの話の k 種類版になっています[*54]。これから特に、

- $n \times n$ 行列 A が n 個の異なる固有値 $\lambda_1, \ldots, \lambda_n$ を持てば、対応する固有ベクトル $\boldsymbol{p}_1, \ldots, \boldsymbol{p}_n$ を並べた行列 $P = (\boldsymbol{p}_1, \ldots, \boldsymbol{p}_n)$ は正則であり、$P^{-1}AP = \mathrm{diag}(\lambda_1, \ldots, \lambda_n)$ と対角化できる。

が言えます[*55]（4.4.2 項（206 ページ）「上手い変換の求め方」でこのことをちらっと述べました）。なお、逆は言えませんから誤解しないでください。重複固有値でも対角化可能な場合だってあります（極端な例：$A = I$）。

? 4.14 同じことを 2 回言ってるように聞こえるんですけど。なぜわざわざ言い直すんですか？

「固有値が違えば、固有ベクトルは違う方向」と「異なる固有値に対応する固有ベクトルは線形独立である」とは、同じことではありません。後者は前者よりも強い主張です。2.3.4 項（123 ページ）の「『ぺちゃんこ』を式で表す」を復習して、線形独立とは何だったかを思い出してください。図 2.12 や図 2.13（125 ページ）には、「違う方向を向いた 3 本のベクトルが線形独立でない」という例が示されています。「違う方向」というだけでは、「線形独立」を保証したことにはならないのです。

? 4.15 （∗）の説明は？

対角化可能な場合なら、対角化してしまうのがわかりやすいでしょう。4.4.3 項（209 ページ）で見たように、対角化は座標変換と解釈できます。つまり、同じもの（矢印）を違う見方（基底）で表現しただけ。なので、どうせなら、見やすい対角化後の表現で（∗）を確認しましょう[*56]。行列 A で表されていた写像 $\mathcal{A}$ は、基底を上手く取り直せば対角行列 Λ で表現されるようになります。例えば、

$$\Lambda = \begin{pmatrix} 5 & 0 & 0 & 0 \\ 0 & 3 & 0 & 0 \\ 0 & 0 & 8 & 0 \\ 0 & 0 & 0 & 8 \end{pmatrix}$$

なら、固有値はひと目で $5, 3, 8, 8$（8 は二重解）。対応する固有ベクトルは、それぞれ

[*54] 「えっ」て人は、線形独立の定義を復習 (2.3.4 項（123 ページ）)

[*55] 「えっ」て人は 2.4.3 項（146 ページ）「正則性のまとめ」を復習

[*56] 固有値・固有ベクトルや線形独立といった概念は、基底の取り方によりません。これらは、座標ではなく矢印そのものの話として定義できましたから。

$$\boldsymbol{p}_5 = \begin{pmatrix} * \\ 0 \\ 0 \\ 0 \end{pmatrix}, \quad \boldsymbol{p}_3 = \begin{pmatrix} 0 \\ * \\ 0 \\ 0 \end{pmatrix}, \quad \boldsymbol{p}_8 = \begin{pmatrix} 0 \\ 0 \\ * \\ * \end{pmatrix}$$

（$*$ はそれぞれ任意の数。ただし、ゼロベクトルにはならないように）。この $\boldsymbol{p}_5, \boldsymbol{p}_3, \boldsymbol{p}_8$ が線形独立なことは、ひと目のはずです[*57]。対角化してしまえば、「異なる固有値に対応する固有ベクトルは、非ゼロ成分の位置が異なるので、線形独立だ」とすぐ判断できるわけです。

対角化不可能な場合も、Jordan 標準形（→ 4.7.2 項（248 ページ））を学んでしまえば、対角化可能な場合と同様にして納得できます。行列 A で表されていた写像 $\mathcal{A}$ は、基底を上手く取り直せば、Jordan 標準形の行列 J で表現されるようになります。例えば、

$$J = \left(\begin{array}{cc|ccc} 3 & 1 & & & \\ & 3 & & & \\ \hline & & 5 & 1 & \\ & & & 5 & 1 \\ & & & & 5 \end{array}\right) \qquad \text{空欄は } 0$$

なら、固有値は 3 と 5。対応する固有ベクトルはそれぞれ

$$\boldsymbol{p}_3 = \begin{pmatrix} * \\ 0 \\ 0 \\ 0 \\ 0 \end{pmatrix}, \quad \boldsymbol{p}_5 = \begin{pmatrix} 0 \\ 0 \\ * \\ 0 \\ 0 \end{pmatrix}$$

（$*$ はそれぞれ任意の数。ただし、ゼロベクトルにはならないように）となります（→ 4.7.3 項（250 ページ）「Jordan 標準形の性質」）。この $\boldsymbol{p}_3$ と $\boldsymbol{p}_5$ が線形独立なことは、前と同様にひと目でわかります。

? 4.16　（$*$）の証明は？

? 4.15 の説明は「まだ学んでいない Jordan 標準形を使っている」「座標を前面に出している」という辺りがかっこ悪いので、もっとすました証明も示しておきます。長いので、はじめて読むときは読み飛ばしても構いません[*58]。背理法と帰納法のコンビネーションで証明します。

仮にもし、$\boldsymbol{p}_1, \ldots, \boldsymbol{p}_k$ が線形独立でなかったとしてみましょう。線形独立の定義を思い出すと、この仮定は

[*57] $\square \boldsymbol{p}_5 + \square \boldsymbol{p}_3 + \square \boldsymbol{p}_8 = \boldsymbol{o}$ となるには、□に入る数はすべて 0 しかありませんから。「えっ」て人は線形独立の定義や例（2.3.4 項（123 ページ））を復習。

[*58] こういう証明をちゃんと追いかけて、納得できたと思ったらもう一度自分の言葉で書き直してみて、なんてやると「数学」の訓練にはいいんですけどね。

$$c_1\boldsymbol{p}_1 + \cdots + c_k\boldsymbol{p}_k = \boldsymbol{o} \tag{4.11}$$

となるような $(c_1, \ldots, c_k) \neq (0, \ldots, 0)$ が存在するということです。この式の両辺に左から A を掛けると

$$c_1 A\boldsymbol{p}_1 + \cdots + c_k A\boldsymbol{p}_k = \boldsymbol{o}$$

ですが、$\boldsymbol{p}_1, \ldots, \boldsymbol{p}_k$ は固有ベクトルですから[*59]

$$\lambda_1 c_1\boldsymbol{p}_1 + \cdots + \lambda_k c_k\boldsymbol{p}_k = \boldsymbol{o} \tag{4.12}$$

となります。(4.11) と (4.12) とで 2 つ式があるので、変数を 1 つ消去できます。どれでもいいのですが、記号が煩雑にならないために、最後の $\boldsymbol{p}_k$ を消去しましょう。具体的には、(4.11) を λ_k 倍して (4.12) から引くと、$\boldsymbol{p}_k$ の箇所が消えて

$$(\lambda_1 - \lambda_k)c_1\boldsymbol{p}_1 + \cdots + (\lambda_{k-1} - \lambda_k)c_{k-1}\boldsymbol{p}_{k-1} = \boldsymbol{o}$$

が得られます。つまり、

$$c'_1\boldsymbol{p}_1 + \cdots + c'_{k-1}\boldsymbol{p}_{k-1} = \boldsymbol{o}$$

という格好で、元の仮定 (4.11) から 1 つ個数の減った式です ($c'_i = (\lambda_i - \lambda_k)c_i$)。しかも、$(c'_1, \ldots, c'_{k-1}) \neq (0, \ldots, 0)$ も成り立っているはずです[*60]。

というわけで、1 つ個数の減った

$$c'_1\boldsymbol{p}_1 + \cdots + c'_{k-1}\boldsymbol{p}_{k-1} = \boldsymbol{o}$$
$$(c'_1, \ldots, c'_{k-1}) \neq (0, \ldots, 0)$$

ができてしまいました。あれ？ 何かおかしいですね。

これについてまた同じ議論をすれば、もう 1 つ個数の減った

---

*59 固有ベクトルの定義 (4.6) は頭に入ってますか？

*60 理由は次のとおり：仮にもし $c'_1 = \ldots = c'_{k-1} = 0$ だったとしてみましょう。$\lambda_1, \ldots, \lambda_k$ はすべて異なるという前提ですから、$\lambda_1 - \lambda_k \neq 0$ だし $\lambda_2 - \lambda_k \neq 0$ だし……ということは、$c'_1 = \ldots = c'_{k-1} = 0$ となるには $c_1 = \cdots = c_{k-1} = 0$ しかありません。でも、$c_1, \ldots, c_k$ のうちに 0 でないものが 1 つはあるはずなのですから、$c_k \neq 0$。すると、(4.11) から $c_k\boldsymbol{p}_k = \boldsymbol{o}$、つまり $\boldsymbol{p}_k = \boldsymbol{o}$ となってしまい、「$\boldsymbol{p}_k$ は固有ベクトルである」という前提に違反してしまいます (固有ベクトルの定義 (4.7) は頭に入っていますね？)。こんな矛盾が出てしまうようでは、勝手に仮定した $c'_1 = \ldots = c'_{k-1} = 0$ がウソだと結論せざるを得ません。

$$
\begin{aligned}
c_1''\boldsymbol{p}_1 + \cdots + c_{k-2}''\boldsymbol{p}_{k-2} &= \boldsymbol{o} \\
(c_1'', \ldots, c_{k-2}'') &\neq (0, \ldots, 0)
\end{aligned}
$$

もできてしまいます。どんどん繰り返していくと、

$$
\begin{aligned}
c_1'''\boldsymbol{p}_1 &= \boldsymbol{o} \\
c_1''' &\neq 0
\end{aligned}
$$

の形まで行きついてしまいます。でもこれは $\boldsymbol{p}_1 = \boldsymbol{o}$ ということですから、「$\boldsymbol{p}_1$ は固有ベクトルである」という前提に違反してしまいます[*61] こんな矛盾が出るようでは、勝手に仮定した「$\boldsymbol{p}_1, \ldots, \boldsymbol{p}_k$ が線形独立でなかった」がウソ、つまり「$\boldsymbol{p}_1, \ldots, \boldsymbol{p}_k$ は線形独立」と結論せざるを得ません。

4.5.3　固有値の計算：特性方程式 ▽

コンピュータで固有値を求める方法は第5章で説明します。本項は、紙と鉛筆で固有値を計算する方法です[*62]。

ベクトル $\boldsymbol{p}$ が $n \times n$ 行列 A の固有ベクトルである（固有値 λ）、というのはどういう状況でしょうか？ 定義 (4.6) を移項すると

$$(\lambda I - A)\boldsymbol{p} = \boldsymbol{o}$$

ですが、これは普通でない状況です（ここからの話がピンとこない人は、2.4.3 項（146 ページ）「正則性のまとめ」を復習してください）。$\boldsymbol{o}$ じゃないベクトル $\boldsymbol{p}$ に行列 $(\lambda I - A)$ を掛けたら $\boldsymbol{o}$ になってしまった、つまり、行列 $(\lambda I - A)$ が、「ぺちゃんこにつぶす」特異行列になってしまっているわけです。そういう行列は、行列式が 0 になるのでしたね（行列式は体積拡大率。ぺちゃんこなら拡大率 0）。逆に、$\det(\lambda I - A) = 0$ なら $(\lambda I - A)$ は特異行列であり、そのときは「$\boldsymbol{o}$ じゃないのに $(\lambda I - A)$ を掛けると $\boldsymbol{o}$ になってしまうベクトル」が存在します。というわけで、λ が A の固有値であることと、

$$\phi_A(\lambda) \equiv \det(\lambda I - A)$$

が 0 になることとが同値です。この $\phi_A(\lambda)$ を**特性多項式**と呼び、λ の方程式 $\phi_A(\lambda) = 0$ を**特性方程式**と呼びます[*63]。**固有多項式**・**固有方程式**と呼ぶ人もいます。実際、$\phi_A(\lambda)$ は

[*61] 固有ベクトルの定義は……（もういいですよね？）

[*62] コンピュータか鉛筆かで違う計算法を使う理由は、**?** 2.9（105 ページ）を参照。

[*63] $\phi_A(\lambda) = \det(A - \lambda I)$ と定義する教科書もあります。一貫してさえいれば、どちらでも本質的な違いはありません。

変数 λ の n 次多項式[*64]になることが、行列式の計算法（1.3.3 項（78 ページ））の（1.43）から保証されます。

例をいくつかやってみましょう。

1. まずは対角行列

$$A = \begin{pmatrix} 5 & 0 & 0 \\ 0 & 3 & 0 \\ 0 & 0 & 8 \end{pmatrix}$$

の場合。

$$\begin{aligned} \phi_A(\lambda) &= \det \begin{pmatrix} \lambda - 5 & 0 & 0 \\ 0 & \lambda - 3 & 0 \\ 0 & 0 & \lambda - 8 \end{pmatrix} \\ &= (\lambda - 5)(\lambda - 3)(\lambda - 8) \end{aligned}$$

ですから、特性方程式 $\phi_A(\lambda) = 0$ の解は $\lambda = 5, 3, 8$。前項で述べた「対角行列の固有値は、対角成分そのもの」と確かに合っていますね。

2. 次も対角行列ですが、

$$A = \begin{pmatrix} 5 & 0 & 0 \\ 0 & 3 & 0 \\ 0 & 0 & 5 \end{pmatrix}$$

ならどうでしょう？ $\phi_A(\lambda) = (\lambda - 3)(\lambda - 5)^2$ となって、特性方程式 $\phi_A(\lambda) = 0$ の解は $\lambda = 3, 5$（二重解）。よって固有値は 3 と 5。ただし、重解が出たときは、どういう状況になっているのか警戒が必要です。固有値は確かにそれでいいけど、固有ベクトルがどうなっているのか……（幸い、この例では変なことは起きていないのですが）。詳しくは次項の「固有ベクトルの計算」で。

3. 三角行列の場合も簡単に計算できます。上三角行列や下三角行列の行列式は、対角成分の積でしたから[*65]。例えば、

$$A = \begin{pmatrix} 5 & * & * \\ 0 & 3 & * \\ 0 & 0 & 8 \end{pmatrix}$$

の場合、$*$ の箇所がそれぞれ何であっても、

$$\phi_A(\lambda) = \det \begin{pmatrix} \lambda - 5 & * & * \\ 0 & \lambda - 3 & * \\ 0 & 0 & \lambda - 8 \end{pmatrix} = (\lambda - 5)(\lambda - 3)(\lambda - 8)$$

[*64] 例えば、$7\lambda^3 + 5\lambda^2 - 8\lambda - 2$ のようなものが「λ の 3 次多項式」です。「3 次」というのは、λ のべき乗が最高 λ^3 まで現れることを指しています。ちなみに、$2\lambda^5$ のように項が 1 つしかなくても「多項式」と呼ぶ習わしです（これを嫌った「整式」という呼び方もありますが、現場ではまだまだ「多項式」のほうを耳にします）。3^λ のようなものは多項式とは呼ばないので注意。あくまで、$c_n\lambda^n + c_{n-1}\lambda^{n-1} + \cdots + c_1\lambda + c_0$ のような形のものが多項式です（$c_n, \ldots, c_0$ は定数）。

[*65]「えっ」て人は 1.3.2 項（72 ページ）「行列式の性質」。

で、固有値は 5, 3, 8 です。前項で述べた「上三角行列の固有値は、対角成分そのもの」と確かに合っていますね。下三角行列でも同様です。

4. もうちょっと歯ごたえのある例[*66]で

$$A = \begin{pmatrix} 3 & -2 \\ 1 & 0 \end{pmatrix}$$

特性多項式は

$$\phi_A(\lambda) = \det \begin{pmatrix} \lambda - 3 & 2 \\ -1 & \lambda \end{pmatrix} \tag{4.13}$$

$$= (\lambda - 3)\lambda - 2 \cdot (-1) = \lambda^2 - 3\lambda + 2 = (\lambda - 1)(\lambda - 2) \tag{4.14}$$

ですから、固有値は 1 と 2 です。

5. 最後は教訓的な例。

$$A = \begin{pmatrix} 0 & -1 \\ 1 & 0 \end{pmatrix}$$

です。?4.10（215 ページ）でも述べたように、「原点中心で反時計まわりに 90 度回転」という写像を表すこの行列では、普通に考えると固有ベクトル（方向の変わらないベクトル）なんてあり得なそう。でも無理やり計算してみます。特性多項式は

$$\phi_A(\lambda) = \det \begin{pmatrix} \lambda & 1 \\ -1 & \lambda \end{pmatrix}$$
$$= \lambda^2 - 1 \cdot (-1) = \lambda^2 + 1$$

これが 0 になるには、$\lambda = \pm i$　(i は虚数単位。$i^2 = -1$)。実際、$\boldsymbol{p}_+ = (i, +1)^T$, $\boldsymbol{p}_- = (i, -1)^T$ というベクトルに対して $A\boldsymbol{p}_+ = +i\boldsymbol{p}_+$, $A\boldsymbol{p}_- = -i\boldsymbol{p}_-$ となっていますから、確かに固有値 $\pm i$、対応する固有ベクトル $\boldsymbol{p}_\pm$ です。なんだかずるい感じですけど、複素数まで範囲を広げて探したら、「方向の変わらないベクトル」が見つかりました。このように、**実行列 A でも固有値・固有ベクトルは複素数になってしまうことがあります。**

n 次正方行列 A の特性方程式は n 次方程式[*67]だから、ちょうど n 個の解を持ちます[*68]。ただし、それは重解も数えての話。重解が出た場合、「異なる固有値の個数」は n 個より少なくなります[*69]。というわけで、「**n 次正方行列 A の固有値は、重解も数えてちょうど n 個**（異なる固有値の個数は n 個以下）」と結論されます。

---

*66　これは上三角行列ではありません（?1.41（75 ページ））。

*67　「n 次代数方程式」というのが丁寧な言い方。「n 次多項式 $= 0$」という形の方程式のこと。

*68　「(複素数を係数とする) n 次代数方程式は複素数の範囲でちょうど n 個の解を持つ」というのは有名な事実（代数学の基本定理）。ただし、n 個というのは、重解も数えての話です。例えば「2 と 9 が重解でない解、4 が二重解、7 が四重解」だったら「2, 9, 4, 4, 7, 7, 7, 7 で計 8 個」ということ。

*69　λ が $\phi_A(\lambda) = 0$ の k 重解であるとき、「固有値 λ の代数的重複度は k」と言います。脚注*131（265 ページ）の幾何的重複度と比較してください。

? 4.17 特性多項式 $\phi_A(\lambda)$ の定数項 $\phi_A(0)$ は $\det A$（に適当な符号が付いたもの）ですね。これについては、「$\det A$ は固有値の積だ」と固有値・固有ベクトルの性質（**4.5.2** 項（**218** ページ））で習いました。じゃあ、ほかの項は何者？

n 次正方行列 A の特性方程式を、$\phi_A(\lambda) = \lambda^n - a_{n-1}\lambda^{n-1} + a_{n-2}\lambda^{n-2} - \cdots + (-1)^{n-1}a_1\lambda + (-1)^n a_0$ と展開したとしましょう。このとき現れる数 $a_{n-1}, \ldots, a_0$ は、相似変換に対する不変量になっています。つまり、A に相似変換を施しても、これらの値は元の A での値と同じままなのです。実際、A と同じサイズの勝手な正則行列 P を持ってきても、

$$\begin{aligned}\phi_{P^{-1}AP}(\lambda) &= \det(\lambda I - P^{-1}AP)\\ &= \det(P^{-1}(\lambda I - A)P)\\ &= \det(P^{-1})\det(\lambda I - A)\det P\\ &= \frac{1}{\det P}\phi_A(\lambda)\det P\\ &= \phi_A(\lambda)\end{aligned}$$

と特性方程式は変わりません。ということは、係数 $a_{n-1}, \ldots, a_0$ も変わりません（4.5.2 項（218 ページ）の「相似変換で固有値は変わらない」も参照してください）。

不変量のなかで一番有名なのは定数項 a_0 で、これが行列式 $\det A$ になっています。実際、$\phi_A(0) = \det(0I - A) = \det(-A) = (-1)^n \det A$ ですから、$a_0 = \det A$ です。

次に有名なのは、一番高いほうの係数 a_{n-1} で、トレース（**trace**）という名前が付いています[*70]。記号は

$$\mathrm{Tr}\, A, \quad \mathrm{tr}\, A, \quad \mathrm{trace}\, A \tag{4.15}$$

などです。トレースの値は、

$$A = \begin{pmatrix} 3 & 1 \\ 4 & 2 \end{pmatrix} \to \mathrm{Tr}\, A = 3 + 2 = 5 \tag{4.16}$$

$$A = \begin{pmatrix} 2 & 9 & 4 \\ 7 & 5 & 3 \\ 6 & 1 & 8 \end{pmatrix} \to \mathrm{Tr}\, A = 2 + 5 + 8 = 15 \tag{4.17}$$

のように、対角成分の和になります。トレースの基本的な性質を挙げておきましょう。数 c と、行列 A, B に対して、

- $\mathrm{Tr}\,(A+B) = \mathrm{Tr}\, A + \mathrm{Tr}\, B, \quad \mathrm{Tr}\,(cA) = c\mathrm{Tr}\, A$
- $\mathrm{Tr}\,(AB) = \mathrm{Tr}\,(BA)$
- $\mathrm{Tr}\, A$ は、A の全固有値の和[*71]（重複もこめて。4.5.2 項「固有値・固有ベクトルの性質」の脚注*48（221 ページ）と同様です）

---

*70 日本語では跡と呼びますが、それよりも片仮名でトレースと言うほうが多いようです。

*71 ∵ A を対角化すればひと目。相似変換で不変量 $a_{n-1} = \mathrm{Tr}\, A$ は変わらないのだから、$P^{-1}AP \equiv \Lambda$ が対角行列になるよう上手い P を取れば、$\mathrm{Tr}\, A = \mathrm{Tr}\, \Lambda$。この Λ がどんなものだったかというと、固有値が対角成分に並んだもの。「えっ」て人は 4.4.2 項（206 ページ）「上手い変換の求め方」を復習。なお、A が対角化できない行列のときでも、後述のように Jordan 標準形に変換すれば同様です。

この 2 番目の性質から、$\mathrm{Tr}\,(ABC) = \mathrm{Tr}\,(BCA) = \mathrm{Tr}\,(CAB)$ や $\mathrm{Tr}\,(ABCD) = \mathrm{Tr}\,(BCDA) = \mathrm{Tr}\,(CDAB) = (DABC)$ が得られます[*72]。全体の順序を「ぐるぐる回しても」変わらない、というわけです。特に、正則行列 P に対して $\mathrm{Tr}\,(P^{-1}AP) = \mathrm{Tr}\,(APP^{-1}) = \mathrm{Tr}\,A$、つまり相似変換で Tr は不変なことが、これからも示されます（いずれも、積が定義でき、全体が正方行列になるよう、行列のサイズが合っているという前提）。3 番目の性質は固有値の検算に便利です。全固有値の和が対角成分の和と同じにならなければ、計算ミス。

残る $a_k(k = 1, 2, \ldots, n-2)$ は det や Tr ほど有名ではありませんが、これらも固有値と結びついています。具体的には、「固有値から $(n-k)$ 個選んで掛けたもの」の全組み合わせの和が a_k になっています。

? 4.18 ケーリー・ハミルトンの定理 $\phi_A(A) = O$ というのを習って、そのときに「これは $\det(AI - A) = \det O = 0$ という意味ではない」と注意されたんだけど、何を言ってるのかよくわかりません。

$\phi_A(A)$ の意味を誤解していると、この定理はさっぱり理解できません。なので、定理の説明をする前に、まず誤解をといておきましょう。例えば、$f(\lambda) = \det(\lambda I)$ を考えてみます。I は n 次単位行列です。行列式を計算すれば、$f(\lambda) = \lambda^n$ という多項式になることがすぐわかりますね[*73]。そこで、この多項式の行列版を、$f(A) = A^n$ と書くことにします。これは、$\det(AI) = \det A$ とはまるで別物。そもそも、数を食って数を吐く関数 f に行列を食わせるなんて（数 λ に行列 A を「代入」するなんて）、普通は許されません。あくまでも「多項式 に対してその行列版を考えた」ということですから、$f(\lambda)$ を多項式の形に書き下しておき、その後 λ を A に置き換えて「行列の多項式」にしないといけません。行列の和・定数倍・べき乗は定義されていますから、多項式なら「行列版」でも解釈可能です。なお、例えば $g(\lambda) = \lambda^3 + 4\lambda^2 + 7$ なら、$g(A) = A^3 + 4A^2 + 7I$ と解釈します（定数項 $7 \to 7I$）。

誤解がとけたところで、ケーリー・ハミルトンの定理（Cayley-Hamilton's theorem）[*74] を説明しましょう。正方行列 A の特性 多項式 $\phi_A(\lambda)$ に対して、λ を A に置き換えた多項式 $\phi_A(A)$ を考えます。この $\phi_A(A)$ が必ずゼロ行列 O になるというのが、定理の主張です。例を 1 つ挙げておきます。

$$
\begin{aligned}
A &= \begin{pmatrix} 2 & -1 \\ 4 & 3 \end{pmatrix} \\
\phi_A(\lambda) &= \det \begin{pmatrix} \lambda - 2 & 1 \\ -4 & \lambda - 3 \end{pmatrix} \\
&= (\lambda - 2)(\lambda - 3) - 1 \cdot (-4) \\
&= \lambda^2 - 5\lambda + 10 \\
\phi_A(A) &= \begin{pmatrix} 2 & -1 \\ 4 & 3 \end{pmatrix}\begin{pmatrix} 2 & -1 \\ 4 & 3 \end{pmatrix} - 5\begin{pmatrix} 2 & -1 \\ 4 & 3 \end{pmatrix} + 10\begin{pmatrix} 1 & 0 \\ 0 & 1 \end{pmatrix} \\
&= \begin{pmatrix} 0 & -5 \\ 20 & 5 \end{pmatrix} + \begin{pmatrix} -10 & 5 \\ -20 & -15 \end{pmatrix} + \begin{pmatrix} 10 & 0 \\ 0 & 10 \end{pmatrix} \\
&= O
\end{aligned}
$$

[*72] $\because \mathrm{Tr}\,(ABC) = \mathrm{Tr}\,(A(BC)) = \mathrm{Tr}\,((BC)A) = \mathrm{Tr}\,(BCA)$ という調子。

[*73] 「えっ」て人は、計算法（1.3.3 項（78 ページ）や 1.3.4 項（86 ページ））なんかよりも、「体積拡大率」という意味のほう（1.3.1 項（66 ページ）や 1.3.2 項（72 ページ））を復習。λI という行列の表す写像は「全体（各軸方向）を λ 倍」だったのだから、体積は λ^n 倍です。

[*74] ハミルトン・ケーリーの定理と呼ばれることもあります。

A が対角のときは、この定理が必ず成り立つことを、次のように簡単に納得できます。例えば $A = \mathrm{diag}\,(2,3,5)$ なら、$\phi_A(\lambda) = (\lambda-2)(\lambda-3)(\lambda-5) = \lambda^3 - (2+3+5)\lambda^2 + (2\cdot3+3\cdot5+5\cdot2)\lambda - 2\cdot3\cdot5$ で、

$$\begin{aligned}
\phi_A(A) &= A^3 - (2+3+5)A^2 + (2\cdot3+3\cdot5+5\cdot2)A - 2\cdot3\cdot5I \\
&= \begin{pmatrix} 2^3 & 0 & 0 \\ 0 & 3^3 & 0 \\ 0 & 0 & 5^3 \end{pmatrix} - (2+3+5)\begin{pmatrix} 2^2 & 0 & 0 \\ 0 & 3^2 & 0 \\ 0 & 0 & 5^2 \end{pmatrix} \\
&\quad + (2\cdot3+3\cdot5+5\cdot2)\begin{pmatrix} 2 & 0 & 0 \\ 0 & 3 & 0 \\ 0 & 0 & 5 \end{pmatrix} - 2\cdot3\cdot5\begin{pmatrix} 1 & 0 & 0 \\ 0 & 1 & 0 \\ 0 & 0 & 1 \end{pmatrix} \\
&= \begin{pmatrix} \phi_A(2) & 0 & 0 \\ 0 & \phi_A(3) & 0 \\ 0 & 0 & \phi_A(5) \end{pmatrix} \\
&= \begin{pmatrix} (2-2)(2-3)(2-5) & 0 & 0 \\ 0 & (3-2)(3-3)(3-5) & 0 \\ 0 & 0 & (5-2)(5-3)(5-5) \end{pmatrix} \\
&= O
\end{aligned}$$

となります[*75]。

A が対角化可能なときも、同様に確かめられます。例えば、$D = P^{-1}AP$ が対角行列になったとしましょう（P は正則行列）。ミソは、$\phi_A(\lambda) = \det(\lambda I - A)$ が $\phi_D(\lambda) = \det(\lambda I - D)$ と等しいことです（→❓4.17）。対角行列 D についてなら $\phi_D(D) = O$ を確認済みですから、$\phi_A(D) = O$ がわかります。ところがここで、$\phi_A(D) = \phi_A(P^{-1}AP) = P^{-1}\phi_A(A)P$ が成り立ちます[*76]。つまり、$P^{-1}\phi_A(A)P = O$ なわけです。これに左右から P と P^{-1} をそれぞれ掛ければ、$\phi_A(A) = O$ が得られます。

さらに、A が対角化できないときでも、この定理は成り立ちます。Jordan 標準形（→ 4.7.2 項（248 ページ））を学んでしまえば、対角化可能な場合と似た調子で納得。とはいえ、その Jordan 標準形を証明するときにケーリー・ハミルトンの定理を使う流儀もありますから、別の方法で確認をしておきます（つらい人は読み飛ばしても構いません）。1.3.5 項（89 ページ）の「随伴行列」を使う巧妙な方法です。

行列 $F(\lambda) = (\lambda I - A)$ の随伴行列 $\mathrm{adj}\,F(\lambda)$ を考えましょう。一般に、随伴行列を元の行列に掛けると、$(\mathrm{adj}\,F(\lambda))\,F(\lambda) = \det(F(\lambda))\,I$ となるのでした。$\det(F(\lambda))$ とは $\phi_A(\lambda)$ のことですから、つまり $(\mathrm{adj}\,F(\lambda))\,F(\lambda) = \phi_A(\lambda)I$ です。λ の値が何であってもこれが成り立つことに注意してください。この左辺も右辺も、展開すれば $\Box\lambda^n + \Box\lambda^{n-1} + \cdots + \Box\lambda + \Box$ という形に書けます（$\Box$ は λ を含まない行列）[*77]。こう書けば、左辺 $(\mathrm{adj}\,F(\lambda))\,F(\lambda)$ も右辺 $\phi_A(\lambda)I$ も、λ の「多項式」なわけです（ただし係数が数ではなくて行列）。それがどんな λ でも等しくなるということは、左辺と右辺は実は全く同じ多項式になっているはず。さて、「多項式」なんですから、数 λ を行列 A で置き換えても、ちゃんと「行列の多項式」として意味を持ちます。そうすると右辺は $\phi_A(A)$ となりますが[*78]、左辺は O になってしまいます[*79]。こうして $\phi_A(A) = O$ が示されました。

---

*75 「えっ」て人は、対角行列を復習（1.2.7 項（37 ページ））。なお、$\phi_A(\lambda) = (\lambda-2)(\lambda-3)(\lambda-5)$ という姿のままでも多項式だと納得できる慣れた人は、直接 $\phi_A(A) = (A-2I)(A-3I)(A-5I) = \cdots$ と計算していったほうが簡単です。

*76 べき乗としての解釈（4.4.4 項（212 ページ））でやったように、$(P^{-1}AP)^k = P^{-1}A^kP$ ですから。

*77 $\mathrm{adj}\,F(\lambda)$ の各成分も、$F(\lambda)$ から一部分を切り出した行列式でしたから、やはり λ の多項式です。

*78 $\phi_A(\lambda) = \lambda^n + c_{n-1}\lambda^{n-1} + \cdots + c_1\lambda + c_0$ なら、$\phi_A(\lambda)I = I\lambda^n + (c_{n-1}I)\lambda^{n-1} + \cdots + (c_1I)\lambda + (c_0I)$ ですから、λ を A に置き換えると $\phi_A(A)$ と同じになります。

? 4.19 で、ケーリー・ハミルトンの定理は何の役に立つの？

1つの使い道は、行列のべき乗計算です[*80]。例えば、ケーリー・ハミルトンの定理から $A^3 - A + 2I = O$ がわかっている状況で、A^7 を求めたいとしましょう。$A^3 = A - 2I$ ということですから、3乗をくくり出していけば

$$\begin{aligned} A^7 &= A^3 A^3 A \\ &= (A-2I)(A-2I)A = (A^2 - 4A + 4I)A = A^3 - 4A^2 + 4A \\ &= (A-2I) - 4A^2 + 4A = -4A^2 + 5A - 2I \end{aligned}$$

が得られます[*81]。こうなれば、面倒な行列積の計算は A^2 だけで済みます。

もう1つの活躍例（つらければ読み飛ばして構いません）は、線形システムの可制御性の判定です。本文では入力オフの場合を調べていますが、ここでは入力 $\boldsymbol{u}(t)$ の付いたシステム $\boldsymbol{x}(t) = A\boldsymbol{x}(t-1) + B\boldsymbol{u}(t)$ を考えましょう。A は n 次正方行列、$\boldsymbol{x}(t)$ は n 次元ベクトルとし、簡単のため初期値は $\boldsymbol{x}(0) = \boldsymbol{o}$ とします。B は、入力が状態にどう影響するかを表す行列です。さて、入力 $\boldsymbol{u}(t)$ を上手く調節して、状態 $\boldsymbol{x}(t)$ を目標値 $\boldsymbol{w}$ にもっていくことが我々のやりたいこと。しかし、それはそもそも可能なのでしょうか。$\boldsymbol{w}$ によっては、「どんなに上手に $\boldsymbol{u}(t)$ を調節しても無理」だったりしないでしょうか。

「入力 $\boldsymbol{u}(t)$ を上手に調節すれば、状態 $\boldsymbol{x}(t)$ をどんな目標値 $\boldsymbol{w}$ にももっていける」という性質を、**可制御性**と呼びます。可制御か否かは、次のようにしてチェックできます。

$$\Phi(t) \equiv (B, AB, A^2B, \ldots, A^{t-1}B), \qquad \boldsymbol{v}(t) \equiv \begin{pmatrix} \boldsymbol{u}(t) \\ \vdots \\ \boldsymbol{u}(1) \end{pmatrix}$$

とおけば、$\boldsymbol{x}(t) = \Phi(t)\boldsymbol{v}(t)$ なことに注目しましょう[*82]。「$\boldsymbol{u}(1), \ldots, \boldsymbol{u}(t)$ を任意に動かしたとき（すなわち、$\boldsymbol{v}(t)$ を任意に動かしたとき）に $\boldsymbol{x}(t)$ の取り得る値すべて」は $\mathrm{Im}\,\Phi(t)$ に一致します。なので、「t を十分大きくすれば $\mathrm{rank}\,\Phi(t) = n$」なら可制御です[*83]。

[*79] $\mathrm{adj}\, F(\lambda) = C_{n-1}\lambda^{n-1} + \cdots + C_1\lambda + C_0$ と展開しておけば（$C_{n-1}, \ldots, C_1, C_0$ は行列）、$(\mathrm{adj}\, F(\lambda))\, F(\lambda) = (C_{n-1}\lambda^{n-1} + \cdots + C_1\lambda + C_0)(\lambda I - A) = (C_{n-1}\lambda^n + \cdots + C_1\lambda^2 + C_0\lambda) - (C_{n-1}A\lambda^{n-1} + \cdots + C_1 A\lambda + C_0 A)$。この λ を A に置き換えたら $(C_{n-1}A^n + \cdots + C_1A^2 + C_0A) - (C_{n-1}A^n + \cdots + C_1A^2 + C_0A)$ となって、これは同じものの引き算なので O です。

[*80] 前述の対角化（4.4 節（199 ページ））や、その拡張である後述の Jordan 標準形（4.7 節（247 ページ））を使う方法と比べて、固有値を陽に求めなくて済むのが利点です。だから、「固有値がきれいな値にならない行列」の「比較的小さな数」乗を求めるなら、ケーリー・ハミルトンの定理を使うほうが楽な場合もあるでしょう。一方、「大きな数」乗や「具体的な値じゃなく、任意の数 t」乗を求めるには、対角化や Jordan 標準形を使うほうが適します。

[*81] 本当は「A^7 を $(A^3 - A + 2I)$ で割った余り」を計算するほうが適切なのですが、多項式の代数に慣れた人ばかりとは限らないので、素朴な計算を示しました。

[*82] $\boldsymbol{x}(1) = A\boldsymbol{o} + B\boldsymbol{u}(1) = B\boldsymbol{u}(1)$、$\boldsymbol{x}(2) = A(B\boldsymbol{u}(1)) + B\boldsymbol{u}(2) = AB\boldsymbol{u}(1) + B\boldsymbol{u}(2)$、$\boldsymbol{x}(3) = A(AB\boldsymbol{u}(1) + B\boldsymbol{u}(2)) + B\boldsymbol{u}(3) = A^2B\boldsymbol{u}(1) + AB\boldsymbol{u}(2) + B\boldsymbol{u}(3)$、という調子で、$\boldsymbol{x}(t) = A^{t-1}B\boldsymbol{u}(1) + A^{t-2}B\boldsymbol{u}(2) + \cdots + B\boldsymbol{u}(t)$ となります。

[*83] これが「$\mathrm{Im}\,\Phi(t)$ は全空間」を意味することは、付録 C（327 ページ）を参照。

でも、「t を十分大きくすれば」というのは、どこまで調べればいいのでしょう？実は $t = n$ で十分ということが、ケーリー・ハミルトンの定理からわかるのです。実際、ケーリー・ハミルトンの定理から $A^n = c_{n-1}A^{n-1} + \cdots + c_1 A + c_0 I$ という形の等式が成り立つはずで、これを使えば

$$\begin{aligned}\Phi(n+1) &= (B, \ldots, A^{n-1}B, A^n B) \\ &= (B, \ldots, A^{n-1}B)\begin{pmatrix} I & & c_0 I \\ & \ddots & \vdots \\ & I & c_{n-1}I \end{pmatrix} \qquad \text{空欄は } O \\ &= \Phi(n)\begin{pmatrix} \text{何か行列} \end{pmatrix}\end{aligned}$$

という格好が得られます。この格好から、$\operatorname{rank}\Phi(n+1) = \operatorname{rank}\Phi(n)$ がわかります[*84]。その先も同様で、任意の A^t は $A^{n-1}, \ldots, A, I$ の線形結合で書ける（$t = n, n+1, n+2, \ldots$）。そういうわけで、$\operatorname{rank}\Phi(t)$ をどこまでも調べる必要なんてなくて、$\operatorname{rank}\Phi(n)$ を調べれば十分なのです。

4.5.4 固有ベクトルの計算 ▽

行列 A の固有値 λ が求まってしまえば、後は定義（4.6）（4.7）を満たす固有ベクトル $\boldsymbol{p}$ を素直に探すまでです。またいくつか例を。

■例 1：2×2 で小手調べ

まずは、前項でやった行列です。

$$A = \begin{pmatrix} 3 & -2 \\ 1 & 0 \end{pmatrix}$$

固有値はすでに求めたとおり $\lambda = 1, 2$。固有ベクトルを $\boldsymbol{p} = (p_1, p_2)^T$ とおいて、$A\boldsymbol{p} = \lambda\boldsymbol{p}$ を満たす p_1, p_2 を探しましょう。

固有値 $\lambda = 1$ については、

$$\begin{pmatrix} 3 & -2 \\ 1 & 0 \end{pmatrix}\begin{pmatrix} p_1 \\ p_2 \end{pmatrix} = \begin{pmatrix} p_1 \\ p_2 \end{pmatrix}$$

つまり

*84 2.3.5 項（127 ページ）の「ランクの基本性質」から、$\operatorname{rank}\Phi(n+1) = \operatorname{rank}(\Phi(n)\,(\text{何か行列})) \leq \operatorname{rank}\Phi(n)$。一方、$\Phi(n) = (\Phi(n), A^n B)(I, O)^T = \Phi(n+1)(I, O)^T$ なので同様に、$\operatorname{rank}\Phi(n) \leq \operatorname{rank}\Phi(n+1)$。合わせれば $\operatorname{rank}\Phi(n+1) = \operatorname{rank}\Phi(n)$。なお、$\operatorname{rank}\Phi(n) \leq \operatorname{rank}\Phi(n+1)$ の証明は、次のように言うほうがわかりやすいかもしれません：「$\Phi(n+1)$ は、$\Phi(n)$ の右側に何列か追加したものだ。そして、$\operatorname{rank} X$ というのは、X の列ベクトルたちを作るのに必要なタネの最小本数だった（2.3.6 項（134 ページ）、ランクの求め方（1））。ノルマを追加された $\Phi(n+1)$ に必要なタネは、$\Phi(n)$ より多いに決まっている」。

$$\begin{aligned} 3p_1 - 2p_2 &= p_1 \\ p_1 &= p_2 \end{aligned}$$

下側の式から $\boldsymbol{p} = (\alpha, \alpha)^T$ の形でないとだめ。一方、この形なら上側の式も自動的に成立。よって、固有値 $\lambda = 1$ に対応する固有ベクトルは

$$\boldsymbol{p} = \alpha \begin{pmatrix} 1 \\ 1 \end{pmatrix} \qquad \alpha \text{ は 0 以外の任意の数}$$

α について、落とし穴に注意してください。ゼロベクトルはだめなので、$\alpha \neq 0$ と断わらないといけません。

固有値 $\lambda = 2$ についても同様で、

$$\begin{pmatrix} 3 & -2 \\ 1 & 0 \end{pmatrix} \begin{pmatrix} p_1 \\ p_2 \end{pmatrix} = 2 \begin{pmatrix} p_1 \\ p_2 \end{pmatrix}$$

つまり

$$\begin{aligned} 3p_1 - 2p_2 &= 2p_1 \\ p_1 &= 2p_2 \end{aligned}$$

下側の式から $\boldsymbol{p} = (2\alpha, \alpha)^T$ の形。この形なら上側の式も自動的に成立。よって固有ベクトルは

$$\boldsymbol{p} = \alpha \begin{pmatrix} 2 \\ 1 \end{pmatrix} \qquad \alpha \text{ は 0 以外の任意の数}$$

■例 2：3×3 で本格的に

次は 3×3 行列の例。筋道は同じです。

$$A = \begin{pmatrix} 6 & -3 & 5 \\ -1 & 4 & -5 \\ -3 & 3 & -4 \end{pmatrix}$$

まず、固有値の計算。ちょっとくたびれますが、特性方程式をがんばって計算すると、

$$\begin{aligned} \phi_A(\lambda) &= \det \begin{pmatrix} \lambda - 6 & 3 & -5 \\ 1 & \lambda - 4 & 5 \\ 3 & -3 & \lambda + 4 \end{pmatrix} \\ &= (\lambda - 6)(\lambda - 4)(\lambda + 4) + 3 \cdot 5 \cdot 3 + (-5)1(-3) \\ &\quad - (\lambda - 6)5(-3) - (-5)(\lambda - 4)3 - 3 \cdot 1(\lambda + 4) \\ &= \lambda^3 - 6\lambda^2 + 11\lambda - 6 \\ &= (\lambda - 3)(\lambda - 2)(\lambda - 1) \end{aligned}$$

が得られます[*85]。すると、$\phi_A(\lambda) = 0$ から、固有値は $\lambda = 3, 2, 1$ なことがわかります。

次は固有ベクトルの計算。固有ベクトルを $\boldsymbol{p} = (p_1, p_2, p_3)^T$ とおくと、固有値 $\lambda = 3$ については、

$$\begin{pmatrix} 6 & -3 & 5 \\ -1 & 4 & -5 \\ -3 & 3 & -4 \end{pmatrix} \begin{pmatrix} p_1 \\ p_2 \\ p_3 \end{pmatrix} = 3 \begin{pmatrix} p_1 \\ p_2 \\ p_3 \end{pmatrix}$$

つまり

$$\begin{aligned} 6p_1 - 3p_2 + 5p_3 &= 3p_1 \\ -p_1 + 4p_2 - 5p_3 &= 3p_2 \\ -3p_1 + 3p_2 - 4p_3 &= 3p_3 \end{aligned}$$

ですから、移行して整理すれば

$$\begin{aligned} 3p_1 - 3p_2 + 5p_3 &= 0 \\ -p_1 + p_2 - 5p_3 &= 0 \\ -3p_1 + 3p_2 - 7p_3 &= 0 \end{aligned}$$

となります。これは連立一次方程式なので、2.5.2 項（150 ページ）のようにシステマティックな筆算法を適用すれば解けます。でも、この程度の問題なら、素朴にアドリブで変数消去をしていけばよいでしょう。ぐっと睨んで、第 1 式と第 3 式とを足せば、$-2p_3 = 0$。つまり $p_3 = 0$ が求まります。これを各式に代入すれば、

$$\begin{aligned} 3p_1 - 3p_2 &= 0 \\ -p_1 + p_2 &= 0 \\ -3p_1 + 3p_2 &= 0 \end{aligned}$$

3 つの式はどれも、要するに $p_1 = p_2$ という同じことを言っています[*86]。ですから、$p_1 = p_2$ でありさえすれば、これら 3 つの式は満たされます。そういうわけで、答は $\boldsymbol{p} = (p_1, p_2, p_3)^T = (\alpha, \alpha, 0)^T$。$\alpha$ は任意の数ですが、$\alpha = 0$ だと $\boldsymbol{p} = \boldsymbol{o}$ になってしまい、これは固有ベクトルの定義に合いません。結局、

$$\boldsymbol{p} = \alpha \begin{pmatrix} 1 \\ 1 \\ 0 \end{pmatrix} \qquad \alpha \text{ は 0 以外の任意の数}$$

---

*85 一般の多項式の因数分解は大変ですが、「きれいに解けるように作られている問題」では、定数項の約数を試してみるという策が有力です。今の多項式なら、定数項 6 の約数 $6, 3, 2, 1$ や、マイナスを付けた $-6, -3, -2, -1$ が候補です。順に代入してみると、3 を代入したとき $\phi_A(3) = 3^3 - 6 \cdot 3^2 + 11 \cdot 3 - 6 = 27 - 54 + 33 - 6 = 0$ と 0 になりました。代入して 0 ということは、$\phi_A(\lambda) = (\lambda - 3)(\lambda^2 + c_1\lambda + c_0)$ という形のはず。右辺を展開して比べれば、$c_1 = -3, c_0 = 2$ がわかります。後はその $\lambda^2 - 3\lambda + 2$ をさらに因数分解すればよい。

*86 2.3 節（112 ページ）でやった「たちが悪い場合」ですね。たちが悪いことは、最初から予想された事態でした。今解こうとしている方程式は、$A\boldsymbol{p} = 3\boldsymbol{p}$、つまり $(3I - A)\boldsymbol{p} = \boldsymbol{o}$。この行列 $(3I - A)$ が正則でないことは、$\phi_A(3) = \det(3I - A) = 0$ で確認済みですから（そもそも、$\phi_A(\lambda) = 0$ になるような値を探して $\lambda = 3$ を見つけた）。えって人は 2.4.3 項（146 ページ）「正則性のまとめ」を復習。

が、固有値 $\lambda = 3$ に対する固有ベクトルです。

固有値 $\lambda = 2$ についても同様で、

$$\begin{pmatrix} 6 & -3 & 5 \\ -1 & 4 & -5 \\ -3 & 3 & -4 \end{pmatrix} \begin{pmatrix} p_1 \\ p_2 \\ p_3 \end{pmatrix} = 2 \begin{pmatrix} p_1 \\ p_2 \\ p_3 \end{pmatrix}$$

から

$$\begin{aligned} 4p_1 - 3p_2 + 5p_3 &= 0 \\ -p_1 + 2p_2 - 5p_3 &= 0 \\ -3p_1 + 3p_2 - 6p_3 &= 0 \end{aligned}$$

となります。ぐっと睨んで、第 1 式と第 3 式とを足せば $p_1 - p_3 = 0$。つまり $p_1 = p_3$ です。これを各式に代入すれば、

$$\begin{aligned} -3p_2 + 9p_3 &= 0 \\ 2p_2 - 6p_3 &= 0 \\ 3p_2 - 9p_3 &= 0 \end{aligned}$$

3 つの式はどれも、要するに $p_2 = 3p_3$ という同じことを言っています。こうして、固有値 $\lambda = 2$ に対する固有ベクトルが、$\boldsymbol{p} = (\alpha, 3\alpha, \alpha)^T$、つまり

$$\boldsymbol{p} = \alpha \begin{pmatrix} 1 \\ 3 \\ 1 \end{pmatrix} \qquad \alpha \text{ は 0 以外の任意の数}$$

と求まりました。

固有値 $\lambda = 1$ に対する固有ベクトルも、同様にして

$$\boldsymbol{p} = \alpha \begin{pmatrix} 0 \\ 5 \\ 3 \end{pmatrix} \qquad \alpha \text{ は 0 以外の任意の数}$$

と求められます。代入すると確かに、

$$A\boldsymbol{p} = \alpha \begin{pmatrix} 6 & -3 & 5 \\ -1 & 4 & -5 \\ -3 & 3 & -4 \end{pmatrix} \begin{pmatrix} 0 \\ 5 \\ 3 \end{pmatrix} = \alpha \begin{pmatrix} 0 \\ 5 \\ 3 \end{pmatrix} = \lambda \boldsymbol{p}$$

ですね。

最後にやったような検算をする癖を付けましょう。つまらないミスを防ぐためと、「固有ベクトルとは何だったか」をいつも思い出すためです。

■例 3：重複固有値（たちのいい場合）

重複固有値が出たときは、注意が必要です。まずは、たちのいい例。

$$A = \begin{pmatrix} 3 & -1 & 1 \\ 0 & 2 & 1 \\ 0 & 0 & 3 \end{pmatrix}$$

上三角行列の固有値は、対角成分そのものでした。ですから、A の固有値は 3（二重解）と 2 です。固有値 2 に対応する固有ベクトルは、$\boldsymbol{p} = (p_1, p_2, p_3)^T$ とおいて

$$\begin{aligned} 3p_1 - p_2 + p_3 &= 2p_1 \\ 2p_2 + p_3 &= 2p_2 \\ 3p_3 &= 2p_3 \end{aligned}$$

これを解けば[*87]、

$$\boldsymbol{p} = \alpha \begin{pmatrix} 1 \\ 1 \\ 0 \end{pmatrix} \qquad \alpha \text{ は 0 以外の任意の数}$$

と求まって問題なしです。一方、固有値 3 に対応する固有ベクトルは、$\boldsymbol{q} = (q_1, q_2, q_3)^T$ とおいて

$$\begin{aligned} 3q_1 - q_2 + q_3 &= 3q_1 \\ 2q_2 + q_3 &= 3q_2 \\ 3q_3 &= 3q_3 \end{aligned}$$

これを解けば[*88]、

$$\boldsymbol{q} = \beta \begin{pmatrix} 1 \\ 0 \\ 0 \end{pmatrix} + \gamma \begin{pmatrix} 0 \\ 1 \\ 1 \end{pmatrix} \qquad \beta, \gamma \text{ は任意の数。ただし } \beta = \gamma = 0 \text{ は除く}$$

と求まります。

どの辺が「たちがいい」かというと、二重解の固有値 3 に対して、**線形独立**な固有ベクトルがちゃんと 2 本取れること。実際、$(1,0,0)^T$ と $(0,1,1)^T$ は確かにどちらも固有値 3 の固有ベクトルだし、線形独立です[*89]。こだわる理由は、これが**対角化可能性**に直結してるから。この例では、3×3 行列 A に対してちゃんと線形独立な固有ベクトルが 3 本取れる（1 本は固有値 2、2 本は固有値 3）。ので、それを並べた正方行列

---

*87 最後の式から $p_3 = 0$。となると、2 番目の式は $2p_2 = 2p_2$ で常に成立。最初の式は整理すると $p_1 = p_2$。よって、$\boldsymbol{p} = (\alpha, \alpha, 0)^T$ の形でないといけない（α は数）。逆に、この形なら確かに $A\boldsymbol{p} = 2\boldsymbol{p}$ となります。後は、$\boldsymbol{p} \neq \boldsymbol{o}$ となるために、$\alpha \neq 0$。

*88 最後の式は何も言っていない（q_3 が何であっても成立）ので放っておいて、2 番目の式から $q_2 = q_3$。そうすると最初の式は $3q_1 = 3q_1$ で、q_1 が何であっても常に成立。よって、$\boldsymbol{q} = (\beta, \gamma, \gamma)^T$ の形でないといけない（β, γ は数）。逆に、この形なら確かに $A\boldsymbol{p} = 3\boldsymbol{p}$ となります。後は、$\boldsymbol{q} \neq \boldsymbol{o}$ とするために、$\beta = \gamma = 0$ だけは除外。

*89 別の取り方もいくらでもあります。「$(1,1,1)^T$ と $(1,-1,-1)^T$」でもいいですし、もっとひねくれて「$(7,8,8)^T$ と $(8,7,7)^T$」でも構いません。ただし、「$(0,1,1)^T$ と $(0,2,2)^T$」なんていうのはだめ。2 本が線形独立でないからです。「えっ」て人は線形独立の定義を復習（2.3.4 項（123 ページ））。

$$P = \begin{pmatrix} 1 & 1 & 0 \\ 1 & 0 & 1 \\ 0 & 0 & 1 \end{pmatrix}$$

が正則になり、対角化が可能になります[*90]。

すでに述べたとおり、$n \times n$ 行列 A の固有値は、重解も数えれば n 個あります。どの固有値についても重複度と同じ本数の**線形独立**な固有ベクトルが取れれば[*91]、合計で n 本の線形独立な固有ベクトルが取れたことになり、それらを並べた正方行列 P は正則になります。すると対角化が可能となり、めでたしです。

> **? 4.20** 「重複度と同じ本数の」なんて言わなくても、とにかく合計で n 本取れれば文句はないのでは？
>
> この文脈ではその通り。ですが、実は k 重解に対しては、線形独立な固有ベクトルは高々 k 本しか取れないのです。理由は 4.7 節（247 ページ）「対角化できない場合」で。

■例 4：重複固有値（たちの悪い場合）

次は、たちの悪い例です。

$$A = \begin{pmatrix} 3 & -1 & 1 \\ 0 & 2 & 0 \\ 0 & 0 & 3 \end{pmatrix}$$

A の固有値は、前と同様で 3（二重解）と 2。固有値 2 に対応する固有ベクトルも、前と同様

$$\boldsymbol{p} = \begin{pmatrix} \alpha \\ \alpha \\ 0 \end{pmatrix} \qquad \alpha \text{ は 0 以外の任意の数}$$

で問題なし。一方、固有値 3 に対応する固有ベクトルは、$\boldsymbol{q} = (q_1, q_2, q_3)^T$ とおいて

$$\begin{aligned} 3q_1 - q_2 + q_3 &= 3q_1 \\ 2q_2 &= 3q_2 \\ 3q_3 &= 3q_3 \end{aligned}$$

これを解けば[*92]、

---

*90 「えっ」て人は 2.4.3 項（146 ページ）「正則性のまとめ」を復習。

*91 固有値 λ が k 重解だったとして、対応する線形独立な固有ベクトルがちゃんと k 本取れれば、という意味。

*92 最後の式は何も言っていない（q_3 が何であっても成立）ので放っておいて、2 番目の式から $q_2 = 0$。そうすると最初の式から $q_3 = 0$。

$$q = \begin{pmatrix} \beta \\ 0 \\ 0 \end{pmatrix} \qquad \beta \text{ は 0 以外の任意の数}$$

今度は、二重解の固有値 3 に対して、線形独立な固有ベクトルが 1 本しか取れません[*93]。これでは、4.4 節（199 ページ）でやったような対角化ができません。

こういうたちが悪い場合についてのもっと詳しい話は 4.7 節（247 ページ）で。たいていの行列は「たちがいい場合」になります。

? 4.21 2.3 節（112 ページ）の「たちが悪い場合」と今の話とは関係ある？

ありません。2.3 節の「たちが悪い」は「全単射でない」という意味でしたが、本節の「たちが悪い」は「固有ベクトルの本数が足りない」という意味です。これらは全く別の話。例えば、次の A は全単射ですが、線形独立な固有ベクトルは 1 本しかありません。一方、B は線形独立な固有ベクトルが 2 本（固有値 7 と 0）あるものの、全単射ではありません。演習として、単位行列やゼロ行列についても検討してみてください。

$$A = \begin{pmatrix} 7 & 1 \\ 0 & 7 \end{pmatrix}, \qquad B = \begin{pmatrix} 7 & 0 \\ 0 & 0 \end{pmatrix}$$

4.6 連続時間システム

ここまでは、時刻 t が離散（$t = 0, 1, 2, \cdots$）の場合を扱ってきました。一方、物理現象の多くは、時刻 t が連続な微分方程式で記述されます[*94]。例えば、図 4.9 の電気回路で、コンデンサ C に電荷が Q だけ貯まっているとしましょう。時刻 0 にスイッチをつないだら、時刻 $t \geq 0$ におけるコンデンサ C の電荷 $q(t)$ は、次の微分方程式に従います。

$$\frac{d^2}{dt^2}q(t) = -\frac{R}{L}\frac{d}{dt}q(t) - \frac{1}{LC}q(t) \quad (t = 0 \text{ において、} q = Q\text{、} dq/dt = 0) \qquad (4.18)$$

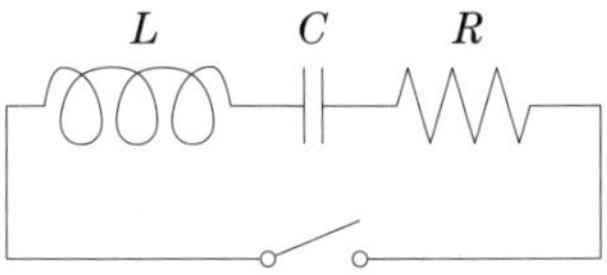

▲ 図 4.9 LCR 直列回路。コイルのインダクタンス L、コンデンサの電気容量 C、抵抗 R

[*93] $\boldsymbol{q} = (\beta, 0, 0)^T$ と $\boldsymbol{q}' = (\beta', 0, 0)^T$ が線形独立でないことは、ひと目でわかりますね。「えっ」て人は線形独立の定義を復習（2.3.4 項（123 ページ））。

[*94] 微分や指数関数がつらい読者は、本節をスキップしても構いません。

そういうわけで、物理的な対象に関する制御問題などでは、連続時間システムについても暴走判定がしたくなります。

連続時間のときも、ストーリーは離散時間と同様ですが、暴走判定の条件は少し違うものになります。

> **? 4.22**　図 **4.9** の回路が暴走することなんてあるの？
>
> L, C, R の値に関わらず、暴走はあり得ません。この回路は、微分方程式の例として挙げたまでです。暴走を懸念しないといけないのは、「増幅器」の入った回路（外部からエネルギーの注入を受ける回路）なのですが、説明が煩雑になるので示すのは避けました。

4.6.1　微分方程式

微分方程式に不慣れな読者のために、ざっとおさらいしておきましょう。まずは「微分方程式って何？」から。

普通の方程式というのは、

$$3x - 12 = 0$$

のように未知数 x を含む等式を見せられて、この等式が成り立つような x の値を答えなさいというものでした。この例なら $x = 4$ が解です。

微分方程式というのは、

$$\frac{d}{dt}x(t) = 12 - 3x(t), \qquad x(0) = 9 \tag{4.19}$$

のように未知関数$x(t)$ とその微分 $\frac{d}{dt}x(t)$ を含む等式を見せられて、この等式が成り立つような関数 $x(t)$ を答えなさいというものです[*95]。この例なら、$x(t) = 5e^{-3t} + 4$ が解です。代入すると確かに、

*95　一変数 t の関数 $x(t)$ に対する方程式なことを強調するときは、常微分方程式とも呼びます。多変数 $t_1, \ldots, t_k$ の関数 $x(t_1, \ldots, t_k)$ に対する偏微分方程式と対比した呼び方です。

ちなみに、前節までの離散時間システムでやったような

$$x(t) = 12 - 3x(t-1), \qquad x(0) = 9$$

は、差分方程式と呼びます。未知数列を含む等式を見せられて、これが成り立つような数列 $x(0), x(1), \ldots$ を答えなさいという格好です。なぜ差分方程式と呼ぶかといえば、差分 $\nabla x(t) \equiv x(t) - x(t-1)$ を使った式として、

$$x(t) = 12 - 3x(t) + 3\nabla x(t)$$

つまり

$$\nabla x(t) = \frac{4}{3}x(t) - 4$$

のように書けるからです。こう書けば、いかにも微分方程式の離散版という感じですね。

$$\frac{d}{dt}x(t) = 5 \cdot (-3)e^{-3t} = -15e^{-3t}$$
$$12 - 3x(t) = 12 - 3(5e^{-3t} + 4) = -15e^{-3t}$$

と一致するし、$x(0) = 5e^0 + 4 = 9$ です（指数関数の性質 $de^{at}/dt = ae^{at}$ や $e^0 = 1$ を使いました）。

この微分方程式は、次のような「流れ」の話とも解釈できます。

> まっすぐな水路を想像してください（図 4.10）。水路の位置 x における流速は、$12 - 3x$ だとします（「水路の幅や深さが一定でなかったり、脇道の流入や流出があったりするために、流速が場所によって違っている」とでも思ってください）。時刻 0 に位置 9 から笹船を浮かべ、流されるにまかせました。時刻 t には、笹船はどの位置にいるでしょうか。

時刻 t の笹船の位置を $x(t)$ とおきましょう。時刻 t の笹船の速度 $\frac{d}{dt}x(t)$ は、そのときの位置 $x(t)$ での流速、つまり $12 - 3x(t)$ です。これが式（4.19）の解釈。

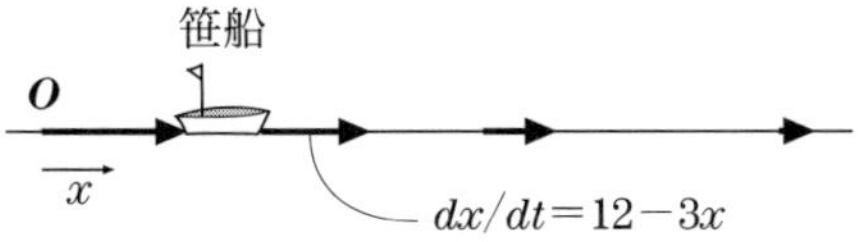

▲ 図 4.10 水路を流れる笹船

多次元版も考えられます。

> 大海原を想像してください（図 4.11）。海面上の位置は、「基点から東へ x_1、北へ x_2」という座標で $\boldsymbol{x} = (x_1, x_2)^T$ と表すことにします。各位置における流速が、$(3x_1 - 2x_2, x_1)^T$ だったとしましょう。東へ $3x_1 - 2x_2$、北へ x_1 ということです。時刻 0 に位置 $(4, 6)^T$ から笹船を浮かべ、流されるにまかせました。時刻 t には、笹船はどの位置にいるでしょうか。

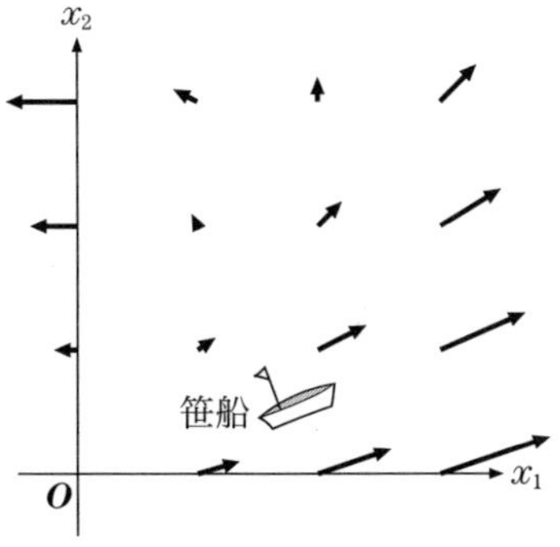

▲ 図 4.11 大海原を流れる笹船

これは、微分方程式

$$\frac{d}{dt}x_1(t) = 3x_1(t) - 2x_2(t)$$
$$\frac{d}{dt}x_2(t) = x_1(t)$$
$$x_1(0) = 4$$
$$x_2(0) = 6$$

に対応します。ベクトルと行列で表せば、

$$\frac{d}{dt}\boldsymbol{x}(t) = \begin{pmatrix} 3 & -2 \\ 1 & 0 \end{pmatrix} \boldsymbol{x}(t)$$
$$\boldsymbol{x}(0) = \begin{pmatrix} 4 \\ 6 \end{pmatrix}$$

とも書けます。

最初に挙げた電気回路の例（4.18）は高階微分 d^2/dt^2 を含んでいますが、上手く変数を取ると、一階微分 d/dt だけに帰着させることができます。1.2.10 項（52 ページ）「いろいろな関係を行列で表す（2）」でやったのを覚えていますか？ $\boldsymbol{x}(t) = (\frac{d}{dt}q(t), q(t))^T$ とおけば、

$$\frac{d}{dt}\boldsymbol{x}(t) = \begin{pmatrix} -R/L & -1/(LC) \\ 1 & 0 \end{pmatrix} \boldsymbol{x}(t)$$

のように d/dt だけで書けます。

本書では、正方行列 A に対する

$$\frac{d}{dt}\boldsymbol{x}(t) = A\boldsymbol{x}(t)$$

という形の微分方程式を扱います。これが暴走の危険を持つかどうか判定するのが目標です。

4.6.2　1 次元の場合

それでは、また 1 次元の場合からやっていきましょう。例えば

$$\frac{d}{dt}x(t) = 7x(t)$$

の解は、$x(t) = e^{7t}x(0)$ です（→付録 D.1（333 ページ））。実際、代入すれば

$$\frac{d}{dt}x(t) = 7e^{7t}x(0) = 7x(t)$$

が確かめられます。

一般に、定数 a に対して

$$\frac{d}{dt}x(t) = ax(t)$$

の解は、$x(t) = e^{at}x(0)$ という指数関数になります。公式 $de^{at}/dt = ae^{at}$ と見比べて確かめてください。$t \to \infty$ でこの $x(t)$ がどうなるかは、a の符号しだいです（図 4.12)。$a > 0$ なら暴走し、$a \leq 0$ なら暴走しません。

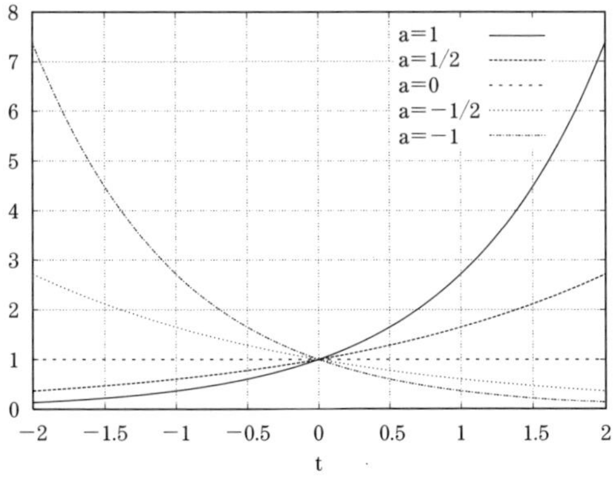

▲ 図 4.12　指数関数 $f(t) = e^{at}$ を $a = 1, 1/2, 0, -1/2, -1$ についてプロット

4.6.3　対角行列の場合

次は、見かけ多次元でも実際はこけおどしにすぎない場合。例えば、

$$\frac{d}{dt}\begin{pmatrix} x_1(t) \\ x_2(t) \\ x_3(t) \end{pmatrix} = \begin{pmatrix} 5 & 0 & 0 \\ 0 & 3 & 0 \\ 0 & 0 & -8 \end{pmatrix} \begin{pmatrix} x_1(t) \\ x_2(t) \\ x_3(t) \end{pmatrix}$$

右辺は行列でいかめしく書いていますが、計算すれば

$$\begin{pmatrix} \frac{d}{dt}x_1(t) \\ \frac{d}{dt}x_2(t) \\ \frac{d}{dt}x_3(t) \end{pmatrix} = \begin{pmatrix} 5x_1(t) \\ 3x_2(t) \\ -8x_3(t) \end{pmatrix}$$

というだけのこと。つまりこの「行列微分方程式」は、

$$\frac{d}{dt}x_1(t) = 5x_1(t)$$
$$\frac{d}{dt}x_2(t) = 3x_2(t)$$
$$\frac{d}{dt}x_3(t) = -8x_3(t)$$

という 3 本の微分方程式をまとめて書いただけのものです。これなら、それぞれすぐ解けて、答は

$$x_1(t) = x_1(0)e^{5t}$$
$$x_2(t) = x_2(0)e^{3t}$$
$$x_3(t) = x_3(0)e^{-8t}$$

ここで、$t \to \infty$ のとき $e^{5t}, e^{3t} \to \infty$ ですから、$x_1(0) = x_2(0) = 0$ でない限り、$\boldsymbol{x}(t)$ の成分が発散してしまいます。よって、このシステムは暴走のおそれありと判定されます。

簡単に解けたミソは、係数行列が対角だったことです。実際、

$$\frac{d}{dt}\boldsymbol{x}(t) = A\boldsymbol{x}(t)$$
$$A = \mathrm{diag}\,(a_1, \ldots, a_n)$$
$$\boldsymbol{x}(t) = (x_1(t), \ldots, x_n(t))^T$$

なら、$A\boldsymbol{x}$ は単に $(a_1x_1, \ldots, a_nx_n)^T$ ですから、

$$\frac{d}{dt}x_1(t) = a_1x_1(t)$$
$$\vdots$$
$$\frac{d}{dt}x_n(t) = a_nx_n(t)$$

をまとめて書いただけのもの。それならすぐ解けて、

$$x_1(t) = x_1(0)e^{a_1t}$$
$$\vdots$$
$$x_n(t) = x_n(0)e^{a_nt}$$

結論は、$a_1, \ldots, a_n$ のうちで1つでも正なら暴走、$a_1, \ldots, a_n \leq 0$ なら暴走せずです。

……と言いたいところですが、せっかくだから a_i が複素数の場合も考えておきましょう。指数関数の性質（→付録B（323ページ））を思い出せば、「$\mathrm{Re}\,a_1, \ldots, \mathrm{Re}\,a_n$ のうちで1つでも正なら暴走、$\mathrm{Re}\,a_1, \ldots, \mathrm{Re}\,a_n \leq 0$ なら暴走せず」です。

4.6.4 対角化できる場合

というわけで、A が対角行列ならもう解決。では、一般の A もどうにか変換して対角にもっていきましょう。

元の変数 $\boldsymbol{x}(t)$ に対し、何か正則行列 P を持ってきて

$$\boldsymbol{x}(t) = P\boldsymbol{y}(t)$$

で別の変数 $\boldsymbol{y}(t)$ に変換してみます。別の言い方で言うと、もちろん $\boldsymbol{y}(t) = P^{-1}\boldsymbol{x}(t)$ です。このとき、微分方程式 $d\boldsymbol{x}/dt = A\boldsymbol{x}(t)$ はどう変換されるかというと……[*96]

[*96] P や P^{-1} は t によらない「定数行列」なので、微分の中に入れても外に出しても同じなことに注意。

$$\frac{d}{dt}\boldsymbol{y}(t) = \frac{d}{dt}\left(P^{-1}\boldsymbol{x}(t)\right) = P^{-1}\frac{d}{dt}\boldsymbol{x}(t) = P^{-1}A\boldsymbol{x}(t)$$
$$= P^{-1}A\left(P\boldsymbol{y}(t)\right) = \left(P^{-1}AP\right)\boldsymbol{y}(t)$$

つまり、$\boldsymbol{y}$ で見ると微分方程式は

$$\frac{d}{dt}\boldsymbol{y}(t) = \Lambda\boldsymbol{y}(t)$$
$$\Lambda = P^{-1}AP$$

に化けます。

この化け方は離散時間のときと全く同じ。というわけで、後のストーリーも同様。対角化できる A とできない A があるのも全く同じ。対角化できる場合には、A の固有値を $\lambda_1, \ldots, \lambda_n$ として、$\Lambda = \mathrm{diag}(\lambda_1, \ldots, \lambda_n)$ にできます。これで対角行列の場合に帰着されますから、前項の結果をあてはめれば判定できます。結論は次項にまとめましょう。

4.6.5 結論：固有値（の実部）の符号しだい

結局、対角化できる場合には、A の固有値 $\lambda_1, \ldots, \lambda_n$ の実部が鍵であり、

- $\mathrm{Re}\,\lambda_1, \ldots, \mathrm{Re}\,\lambda_n$ のうち 1 つでも正なら暴走
- $\mathrm{Re}\,\lambda_1, \ldots, \mathrm{Re}\,\lambda_n \leq 0$（すべて ≤ 0 ということ）なら暴走せず

です。ただし、対角化できない場合には、$\mathrm{Re}\,\lambda_i = 0$ というぎりぎりのときの判定に微妙な問題が生じます（4.7.4 項（256 ページ））。その辺の事情も離散時間のときと同様です。

? 4.23 離散時間と連続時間で暴走判定の条件がぜんぜん違うのはなぜ？

両者の A が、そのまま対応するものではないからです。以下は乱暴な説明なので、ピンとこなければ読み流してください。連続時間の $\frac{d}{dt}\boldsymbol{x}(t) = A\boldsymbol{x}(t)$ は、雑に言えば

$$\boldsymbol{x}(t+\epsilon) \approx \boldsymbol{x}(t) + \epsilon A\boldsymbol{x}(t)$$

ということです。ϵ は小さな正の数であり、$\approx$ はほぼ等しいという意味。「ϵ 秒後の位置 $\boldsymbol{x}(t+\epsilon)$ は、現在位置 $\boldsymbol{x}(t)$ から秒速 $\frac{d}{dt}\boldsymbol{x}(t) = A\boldsymbol{x}(t)$ で ϵ 秒進んだ位置」ということ。実際は、途中で速度が変わったりするから、厳密にはウソです。でも、ϵ がごく小さければ近似的には成り立つでしょう。これを変形すれば、$\boldsymbol{x}(t+\epsilon) \approx (I + \epsilon A)\boldsymbol{x}(t)$ となります。だから、A そのものではなく $(I+\epsilon A)$ が、離散時間の A の役割に対応していると解釈できます。なお、脚注*95（240 ページ）では、今と逆向きの説明も示しました（離散時間の $x(t) = 12 - 3x(t-1)$ を微分方程式風な格好に変形）。

? 4.24　固有値に複素数が出てくるときは、何が起きるの？

暴走判定の結論は変わりません。システムの挙動については、離散時間で複素固有値の場合（→? 4.11（215 ページ））と同様、螺旋形の軌跡になります。

A が実正方行列でも、その固有値は複素数になることもあるのでした（? 4.10（215 ページ））。そんな場合、（対角化可能なら）上手い実正則行列 P' を選んで

$$P'^{-1}AP' = \left(\begin{array}{cc|c|cc|c} r_1\cos\theta_1 & -r_1\sin\theta_1 & & & & \\ r_1\sin\theta_1 & r_1\cos\theta_1 & & & & \\ \hline & & \ddots & & & \\ \hline & & & r_k\cos\theta_k & -r_k\sin\theta_k & \\ & & & r_k\sin\theta_k & r_k\cos\theta_k & \\ \hline & & & & & \begin{matrix} * & & \\ & \ddots & \\ & & * \end{matrix} \end{array}\right) \equiv D$$

というブロック対角な実行列 D に変換できました（? 4.11（215 ページ））。固有値との関係は、「実数でない固有値 λ_j（と $\overline{\lambda}_j$）について、$\lambda_j = r_j e^{i\theta_j} = r_j(\cos\theta_j + i\sin\theta_j)$」でしたね（$j = 1, \ldots, k$）。

このとき、微分方程式 $d\boldsymbol{x}(t)/dt = A\boldsymbol{x}(t)$ はどんな振る舞いをするでしょうか。前と同様に $\boldsymbol{x}(t) = P'\boldsymbol{y}(t)$ と変数変換することで、微分方程式は $d\boldsymbol{y}(t)/dt = D\boldsymbol{y}(t)$ という簡単な形に変換されます。D がブロック対角なので、これはブロックごとの小さな問題を解くだけで済みます[*97]。具体的には、

$$\frac{d}{dt}\begin{pmatrix} y_1(t) \\ y_2(t) \end{pmatrix} = rR(\theta)\begin{pmatrix} y_1(t) \\ y_2(t) \end{pmatrix} = r\begin{pmatrix} \cos\theta & -\sin\theta \\ \sin\theta & \cos\theta \end{pmatrix}\begin{pmatrix} y_1(t) \\ y_2(t) \end{pmatrix}$$

という形の問題が解ければいいわけです。この解は

$$\begin{pmatrix} y_1(t) \\ y_2(t) \end{pmatrix} = ce^{(r\cos\theta)t}\begin{pmatrix} \cos\{(r\sin\theta)t + d\} \\ \sin\{(r\sin\theta)t + d\} \end{pmatrix} \qquad c, d \text{ は任意の実数}$$

[*97] 一般に、$D = \mathrm{diag}(D_1, \ldots, D_m)$ というブロック対角行列なら、$d\boldsymbol{y}_j(t)/dt = D_j\boldsymbol{y}_j(t)$ を解けばよい（$j = 1, \ldots, m$）。結果を集めて

$$\boldsymbol{y}(t) = \begin{pmatrix} \boldsymbol{y}_1(t) \\ \vdots \\ \boldsymbol{y}_m(t) \end{pmatrix}$$

を作れば、これが元の微分方程式 $d\boldsymbol{y}(t)/dt = D\boldsymbol{y}(t)$ を満たします（「えっ」て人はブロック行列を復習（1.2.9 項（47 ページ）））。後の 4.7.4 項（256 ページ）「Jordan 標準形で初期値問題を解く」でも、上記の性質を使います。

です（代入して確認してください）。また、その行く末は $r\cos\theta$ の正負で決まります：$r\cos\theta > 0$ なら発散（左図）、$r\cos\theta = 0$ なら原点のまわりを回転（中図）、$r\cos\theta < 0$ なら原点に収束（右図）です。

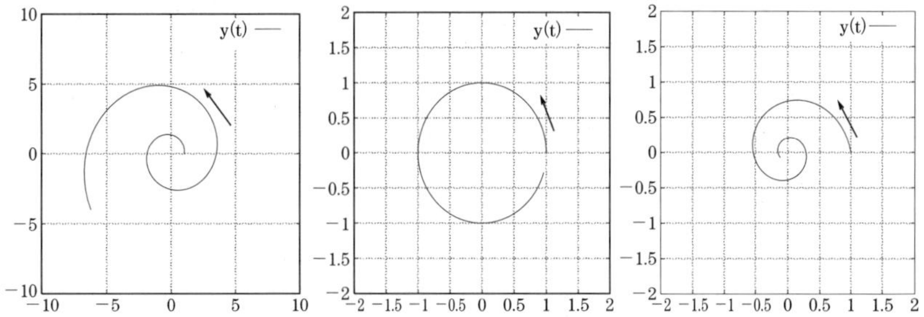

▲ 図 4.13 $d\boldsymbol{y}(t)/dt = rR(\theta)\boldsymbol{y}(t)$ の振る舞い

$rR(\theta)$ に対応する固有値は $\lambda = r(\cos\theta + i\sin\theta)$ と $\overline{\lambda}$ だったのですから、$r\cos\theta = \mathrm{Re}\,\lambda$。よって、

- $\mathrm{Re}\,\lambda > 0$ なら、螺旋状に発散
- $\mathrm{Re}\,\lambda = 0$ なら、原点のまわりを回転
- $\mathrm{Re}\,\lambda < 0$ なら、螺旋状に原点へ収束

が、「実数でない固有値 λ に対応する挙動は？」という疑問への答です[*98]。

4.7 対角化できない場合 ▽

対角化可能な A の場合、$\boldsymbol{x}(t) = A\boldsymbol{x}(t-1)$ や $\frac{d}{dt}\boldsymbol{x}(t) = A\boldsymbol{x}(t)$ の暴走判定は、「A の固有値を見ればよい」ということでした。たいていの A は対角化可能なので、たいていはこれで解決です。が、対角化可能でない例外的な A の場合、これが通用しません。この節では、そんな場合を調べて、暴走判定を完全に解決しましょう。

4.7.1 先に結論

実は、暴走判定の結論はほぼ変わりません。ただし、$|\lambda| = 1$（離散時間）や $\mathrm{Re}\,\lambda = 0$（連続時間）というぎりぎりの場合だけ、微妙な問題が生じます。その場合の結論は 4.7.4 項（256 ページ）でまとめます。

離散時間 $\boldsymbol{x}(t) = A\boldsymbol{x}(t-1)$

- A の固有値 λ で $|\lambda| > 1$ なものが 1 つでもあれば暴走。
- すべての固有値 λ が $|\lambda| < 1$ なら暴走しない。

[*98] これはもちろん「λ に対応する成分」の挙動です。$\mathrm{Re}\,\lambda < 0$ なら「この成分については」原点へ収束しますが、ほかの成分が発散するなら、システム全体としては「暴走」です。

- すべての固有値 λ が $|\lambda| \leq 1$ だが、$|\lambda| = 1$ というぎりぎりの固有値もあるとき：固有値だけでは判定できない。

連続時間　$\frac{d}{dt}\boldsymbol{x}(t) = A\boldsymbol{x}(t)$

- A の固有値 λ で $\mathrm{Re}\,\lambda > 0$ なものが 1 つでもあれば暴走。
- すべての固有値 λ が $\mathrm{Re}\,\lambda < 0$ なら暴走しない。
- すべての固有値 λ が $\mathrm{Re}\,\lambda \leq 0$ だが、$\mathrm{Re}\,\lambda = 0$ というぎりぎりの固有値もあるとき：固有値だけでは判定できない。

この結論（図 4.14）を導くことが、本節のゴールです。

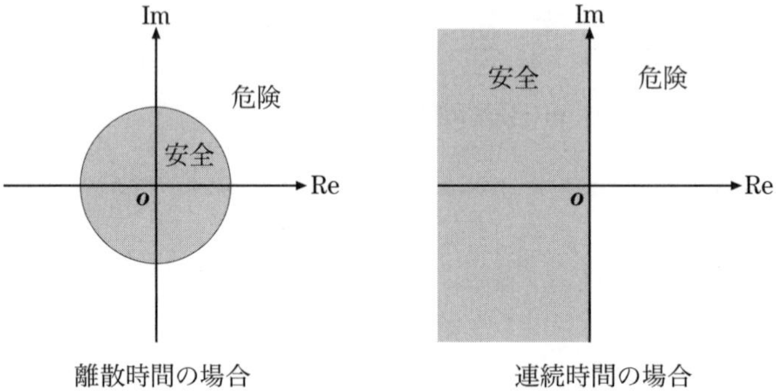

▲ 図 4.14　暴走判定（A が対角化可能でない場合も含む）。固有値がすべて「安全領域」内なら暴走しない。固有値が 1 つでも「危険領域」内にあれば暴走。境界にある場合は要注意

4.7.2　対角まではできなくても——Jordan 標準形

対角化できない正方行列 A でも、対角に近い **Jordan 標準形**になら必ず変換できます。きちんと言うと、「正方行列 A に対して、同じサイズの上手い正則行列 P を選んで、$P^{-1}AP = J$ が Jordan 標準形になるようにできる」ということです。このことを縮めて、「A を Jordan 標準形に変換する」と言います。

Jordan 標準形というのは、例えば次のような格好の J です。

$$J = \left(\begin{array}{ccccc|cc|c|ccc}
3 & 1 & & & & & & & & & \\
 & 3 & 1 & & & & & & & & \\
 & & 3 & 1 & & & & & & & \\
 & & & 3 & 1 & & & & & & \\
 & & & & 3 & & & & & & \\
\hline
 & & & & & 3 & 1 & & & & \\
 & & & & & & 3 & & & & \\
\hline
 & & & & & & & 4 & & & \\
\hline
 & & & & & & & & 5 & 1 & \\
 & & & & & & & & & 5 & 1 \\
 & & & & & & & & & & 5
\end{array}\right) \qquad (4.20)$$

何も書いていない箇所は、すべて 0 です。どうなっているかというと……

- ブロック対角（ブロック正方行列で、対角ブロック以外はすべてゼロ）
- 対角ブロックは次のような性質を持つ
  - 対角成分に同じ数が並ぶ
  - その 1 つ右上は、1 が斜めに並ぶ

こういうブロックを **Jordan 細胞**と呼びます。この例では、「サイズ 5 の Jordan 細胞」「サイズ 2 の Jordan 細胞」「サイズ 1 の Jordan 細胞」「サイズ 3 の Jordan 細胞」が並んでいます。

? 4.25 対角行列も **Jordan** 標準形の一種？

そのとおり。「サイズが 1 の Jordan 細胞ばかり」という状況が、「対角行列」になります。

? 4.26 要するに、「対角成分にいろんな数が並んで、1 つ右上に 1 が並ぶ」ですよね？

その言い方は不正確です。次の例でどれが Jordan 標準形でどれがそうでないか、見分けられますか？

$$J_1 = \begin{pmatrix} 8 & 1 & 0 \\ 0 & 8 & 0 \\ 0 & 0 & 2 \end{pmatrix} \quad J_2 = \begin{pmatrix} 8 & 1 & 0 \\ 0 & 8 & 1 \\ 0 & 0 & 2 \end{pmatrix} \quad J_3 = \begin{pmatrix} 8 & 1 & 0 \\ 0 & 2 & 0 \\ 0 & 0 & 2 \end{pmatrix}$$

$$J_4 = \begin{pmatrix} 8 & 1 & 0 \\ 0 & 8 & 0 \\ 0 & 0 & 8 \end{pmatrix} \quad J_5 = \begin{pmatrix} 8 & 1 & 0 \\ 0 & 8 & 1 \\ 0 & 0 & 8 \end{pmatrix} \quad J_6 = \begin{pmatrix} 8 & 0 & 0 \\ 0 & 2 & 0 \\ 0 & 0 & 2 \end{pmatrix}$$

Jordan 標準形なのは J_1, J_4, J_5, J_6、そうでないのは J_2, J_3 です。J_1, J_4 には Jordan 細胞が 2 個、J_5 には Jordan 細胞が 1 個、J_6 には Jordan 細胞が 3 個あります。Jordan 標準形の条件を読み直し、ブロックの区切り線を自分で書いて確認してください。

? 4.27 A を変換してできる **Jordan** 標準形は 1 通り？

ブロックの並び順を除いて、本質的に 1 通りです。なぜなら Jordan ブロックたちは、$\mathrm{rank}\,(A - \lambda I)^k$ から機械的に決定されるはずだからです（→ 4.7.5 項（263 ページ）。脚注*139（268 ページ）も）。細工の余地はありません。? 4.7（204 ページ）で述べた「対角化は本質的に 1 通り」も参照。

4.7.3　Jordan 標準形の性質

Jordan 標準形に変換できることの保証や Jordan 標準形の求め方はひとまず置いておいて、Jordan 標準形の何が嬉しいのかをまず見ていきましょう。主な嬉しさは、

- 固有値・固有ベクトルの様子が見える
- べき乗が具体的に計算できる

という 2 点です。これらが暴走判定に関係しそうなことは、本章のここまでの話からも察しが付くのではないでしょうか。

Jordan 標準形はブロック対角ですから、その固有値やべき乗計算は、ブロックごとに見ればわかります[*99]。ですから、後は個々の対角ブロック（Jordan 細胞）について調べれば十分。ということで、例として Jordan 細胞

$$B = \begin{pmatrix} 7 & 1 & 0 & 0 \\ 0 & 7 & 1 & 0 \\ 0 & 0 & 7 & 1 \\ 0 & 0 & 0 & 7 \end{pmatrix}$$

から調べていきます。

■Jordan 標準形の固有値

まず、Jordan 細胞 B の固有値は 7 しかありません[*100]。$\boldsymbol{p} = (\alpha, 0, 0, 0)^T$ が固有値 7 の固有ベクトルなこと（$B\boldsymbol{p} = 7\boldsymbol{p}$）は暗算でわかるでしょう（$\alpha \neq 0$）。これ以外には固有ベクトルはありません[*101]。

Jordan 標準形全体については、例えば（4.20）の J だと

- 固有値は 3（$5 + 2 = 7$ 重解）と 4 と 5（3 重解）
- 固有値 3 の固有ベクトルは $(\alpha, 0, 0, 0, 0,\ \beta, 0,\ 0,\ 0, 0, 0)^T$、固有値 4 の固有ベクトルは $(0, 0, 0, 0, 0,\ 0, 0,\ \gamma,\ 0, 0, 0)^T$、固有値 5 の固有ベクトルは $(0, 0, 0, 0, 0,\ 0, 0,\ 0,\ \delta, 0, 0)^T$。ここに、$\alpha, \beta, \gamma, \delta$ は任意の数（ただし、$\alpha = \beta = 0$ と $\gamma = 0$ と $\delta = 0$ は除く）。

[*99] 「えっ」て人は、ブロック対角行列の固有値（4.5.2 項（218 ページ））やべき乗（1.2.9 項（47 ページ））を復習。

[*100] 上三角行列だからひと目。「えっ」て人は固有値・固有ベクトルの性質（4.5.2 項（218 ページ））や特性方程式（4.5.3 項（226 ページ））辺りを復習。

[*101] 第 2 章をマスターしていればひと目でわかります。$\boldsymbol{p}$ が固有ベクトル（$B\boldsymbol{p} = 7\boldsymbol{p}$）ということは、$(B - 7I)\boldsymbol{p} = \boldsymbol{o}$ なことに注意。$\mathrm{rank}\,(B - 7I) = 3$ なので、$\mathrm{Ker}\,(B - 7I)$ は $4 - 3 = 1$ 次元しかありません。「えっ」て人は、rank の求め方（2.3.6 項（134 ページ））、次元定理（2.3.3 項（119 ページ））、Ker の定義（2.3.1 項（112 ページ））辺りを復習。これがピンとこなければ、$\boldsymbol{p} = (\alpha, \beta, \gamma, \delta)^T$ とでもおいて、$B\boldsymbol{p} = 7\boldsymbol{p}$ を解いてみても構いません。左辺が $(7\alpha + \beta, 7\beta + \gamma, 7\gamma + \delta, 7\delta)$ なのに対して右辺は $(7\alpha, 7\beta, 7\gamma, 7\delta)$ ですから、$\beta = \gamma = \delta = 0$。

がわかります[*102]。「固有値 3 は 7 重解なのに、線形独立な固有ベクトルは 2 本しかない[*103]」「固有値 5 は 3 重解なのに、線形独立な固有ベクトルは 1 本しかない」という「たちの悪い場合（→ 4.5.4 項（233 ページ））」になっているので、「対角化」は不可能なのです。

以上のように、Jordan 標準形 J の固有値・固有ベクトルはひと目でわかります。まとめると、

- 対角成分が固有値 λ
- 対角成分の λ の個数が、固有値 λ が何重解か（**代数的重複度**）に対応
- 対角成分が λ な Jordan 細胞の数が、固有値 λ に対する線形独立な固有ベクトルの本数（**幾何的重複度**）に対応

ですから、A が Jordan 標準形に変換されれば、A の固有値・固有ベクトルがどうなっているかもわかります[*104]。

特に、固有値に重解がないときには、Jordan 標準形は対角行列になるしかありません。つまり、

- 固有値に重解がなければ対角化可能

というわけです。4.4.2 項 (206 ページ)「上手い変換の求め方」での主張「n 次正方行列 A が n 個の異なる固有値を持てば、A は対角化可能」とも符合しています[*105]。ただし、固有値に重解があっても対角化可能な場合がありますから、誤解しないでください。重解があっても、その代数的重複度と幾何的重複度とが一致していれば、対角化可能です。こんな場合には Jordan 細胞のサイズはすべて 1（つまり対角行列）になるしかないからです。

■Jordan 標準形のべき乗

次に、Jordan 標準形のべき乗を観察しましょう。まずは、Jordan 細胞のべき乗から。Jordan 細胞 B のべき乗は、普通に計算しても構いませんが、

$$B = 7I + Z$$

$$Z = \begin{pmatrix} 0 & 1 & 0 & 0 \\ 0 & 0 & 1 & 0 \\ 0 & 0 & 0 & 1 \\ 0 & 0 & 0 & 0 \end{pmatrix}$$

[*102] 固有値 3 の固有ベクトルに戸惑う人は、4.5.2 項（218 ページ）「固有値・固有ベクトルの性質」（特に、同じ固有値の固有ベクトルの和も固有ベクトルとなること）や 4.5.4 項（233 ページ）「固有ベクトルの計算」を復習。

[*103] 例えば、$(1,0,0,0,0,\ 0,0,\ 0,\ 0,0,0)^T$ と $(0,0,0,0,0,\ 1,0,\ 0,\ 0,0,0)^T$。要するに、「$\boldsymbol{p}$ の方程式 $(J-3I)\boldsymbol{p} = \boldsymbol{o}$ を解け」、あるいは「$\mathrm{Ker}\,(J-3I)$ の基底を求めよ」、ということです。ピンとこない人は第 2 章を復習。

[*104] 「えっ」て人は、4.5.2 項（218 ページ）の「相似変換で固有値は変わらない」辺りを復習。具体的な計算のためよりも、理論的な考察のために、納得しておいてください（具体的な計算では、A に対応する Jordan 標準形を求める準備として A の固有値・固有ベクトルが必要なので、話が逆順になります）。

[*105] n 次正方行列 A に対して、「A の固有値に重解がない」と「A が n 個の異なる固有値を持つ」とは同じことですね。4.5.3 項（226 ページ）「固有値の計算：特性方程式」も参照してください。

のように分解しておくと見通しよく計算できます。ミソは、Z が「左から掛けると 1 行ずらし」「右から掛けると 1 列ずらし」という作用をすること[*106]。つまり、

$$\begin{pmatrix}0&1&0&0\\0&0&1&0\\0&0&0&1\\0&0&0&0\end{pmatrix}\begin{pmatrix}\text{ア}\\\text{イ}\\\text{ウ}\\\text{エ}\end{pmatrix}=\begin{pmatrix}\text{イ}\\\text{ウ}\\\text{エ}\\0\end{pmatrix}$$

$$\begin{pmatrix}\text{あ}&\text{い}&\text{う}&\text{え}\\\text{か}&\text{き}&\text{く}&\text{け}\\\text{さ}&\text{し}&\text{す}&\text{せ}\\\text{た}&\text{ち}&\text{つ}&\text{て}\end{pmatrix}\begin{pmatrix}0&1&0&0\\0&0&1&0\\0&0&0&1\\0&0&0&0\end{pmatrix}=\begin{pmatrix}0&\text{あ}&\text{い}&\text{う}\\0&\text{か}&\text{き}&\text{く}\\0&\text{さ}&\text{し}&\text{す}\\0&\text{た}&\text{ち}&\text{つ}\end{pmatrix}$$

という調子です。

この性質を使えば、Z のべき乗は簡単。

$$Z^2=\begin{pmatrix}0&0&1&0\\0&0&0&1\\0&0&0&0\\0&0&0&0\end{pmatrix},\quad Z^3=\begin{pmatrix}0&0&0&1\\0&0&0&0\\0&0&0&0\\0&0&0&0\end{pmatrix},\quad Z^4=Z^5=\cdots=O$$

というふうに、2 乗、3 乗……と増やすたびに、1 の場所が右上にずれていくことがわかります。

ここまで確かめておけば、$B^2=(7I+Z)^2=7^2I+2\cdot 7Z+Z^2$ から

$$B^2=\begin{pmatrix}7^2&2\cdot 7&1&0\\0&7^2&2\cdot 7&1\\0&0&7^2&2\cdot 7\\0&0&0&7^2\end{pmatrix}$$

$B^3=(7I+Z)^3=7^3I+3\cdot 7^2Z+3\cdot 7Z^2+Z^3$ から

$$B^3=\begin{pmatrix}7^3&3\cdot 7^2&3\cdot 7&1\\0&7^3&3\cdot 7^2&3\cdot 7\\0&0&7^3&3\cdot 7^2\\0&0&0&7^3\end{pmatrix}$$

$B^4=(7I+Z)^4=7^4I+4\cdot 7^3Z+6\cdot 7^2Z^2+4\cdot 7Z^3+Z^4$ から（$Z^4=O$ も思い出して）

$$B^4=\begin{pmatrix}7^4&4\cdot 7^3&6\cdot 7^2&4\cdot 7\\0&7^4&4\cdot 7^3&6\cdot 7^2\\0&0&7^4&4\cdot 7^3\\0&0&0&7^4\end{pmatrix}$$

もっと大きい t 乗でも、$B^t=(7I+Z)^t=7^tI+t7^{t-1}Z+{}_tC_2\cdot 7^{t-2}Z^2+{}_tC_3\cdot 7^{t-3}Z^3+{}_tC_4\cdot 7^{t-4}Z^4+\cdots+{}_tC_{t-2}\cdot 7^2Z^{t-2}+t\cdot 7Z^{t-1}+Z^t$ から、($Z^4=Z^5=Z^6=\cdots=O$

[*106] こんなの覚えなくて構いません。その場で考えればすぐわかりますから。

も思い出して）

$$B^t = \begin{pmatrix} 7^t & t \cdot 7^{t-1} & {}_tC_2 \cdot 7^{t-2} & {}_tC_3 \cdot 7^{t-3} \\ 0 & 7^t & t \cdot 7^{t-1} & {}_tC_2 \cdot 7^{t-2} \\ 0 & 0 & 7^t & t \cdot 7^{t-1} \\ 0 & 0 & 0 & 7^t \end{pmatrix}$$

と求められます（$t = 1, 2, \ldots$）。

? 4.28 ${}_tC_s$ って何でしたっけ？

「二項係数」や「組み合わせ（**combination**）」という名で呼ばれる数です。意味は、「t 個の異なるものから、順序を気にせず s 個を選ぶ組み合わせが何通りあるか」。例えば、「アイウエの 4 文字から、順序を気にせず 2 文字を選ぶ」なら、アイ、アウ、アエ、イウ、イエ、ウエ、の 6 通り。つまり ${}_4C_2 = 6$ です。${}_tC_s$ の値は、**階乗**[*107] を使って、

$${}_tC_s = \frac{t!}{s!(t-s)!}$$

と表されます[*108]。特に、${}_tC_0 = {}_tC_t = 1$、${}_tC_1 = {}_tC_{t-1} = t$。
本文で使っているのは、この ${}_tC_s$ にまつわる大事な定理、**二項定理**です：

$$\begin{aligned}(x+y)^t &= {}_tC_0 x^t + {}_tC_1 x^{t-1} y + {}_tC_2 x^{t-2} y^2 + \cdots + {}_tC_{t-1} x y^{t-1} + {}_tC_t y^t \\ &= x^t + t x^{t-1} y + \frac{t(t-1)}{2} x^{t-2} y^2 + \cdots + t x y^{t-1} + y^t\end{aligned}$$

この等式は、$t = 1, 2, \ldots$ に対して成立します[*109]。

? 4.29 ${}_tC_s$ の上手い計算法はありませんか？

筆算するなら、次のようにパスカルの三角形を書くのが楽しいでしょう。

---

*107 $7! = 7 \cdot 6 \cdot 5 \cdot 4 \cdot 3 \cdot 2 \cdot 1$ という調子。なお、$0! = 1$ という約束にします。

*108 順序を気にして選ぶ組み合わせ（順列（**permutation**））が、${}_tP_s = t(t-1)(t-2)\cdots(t-s+1) = t!/(t-s)!$ 通り（∵ 1 つ目は t 通り、2 つ目はその残りから選ぶので $(t-1)$ 通り、3 つ目はその残りから選ぶので $(t-2)$ 通り……）。その中に、「順序が違うだけで選んだ物は同じ」な選び方が $s!$ 通りずつあるので、${}_tC_s = {}_tP_s / s!$。

*109 理由は次のとおり：例えば $(x+y)^5$ を展開すると、$xyyxy$ や $yyyxy$ のような「x, y からなる 5 文字の文字列」の項が、全パターン 1 回ずつ出てきます。その中に、「x が 3 回で y が 2 回」なものがいくつあるかというと、「5 箇所の位置のうちで y が出る 2 箇所を選ぶのが何通りあるか」と同じ。なので、x^3y^2 の係数は ${}_5C_2$ となる。

$$\begin{array}{ccccccccc} & & & 1 & & 1 & & & \\ & & 1 & & 2 & & 1 & & \\ & \underline{1} & & \underline{3} & & 3 & & 1 & \\ 1 & & \boxed{4} & & 6 & & 4 & & 1 \end{array} \quad = \quad \begin{array}{ccccccccc} & & & {}_1C_0 & & {}_1C_1 & & & \\ & & {}_2C_0 & & {}_2C_1 & & {}_2C_2 & & \\ & {}_3C_0 & & {}_3C_1 & & {}_3C_2 & & {}_3C_3 & \\ {}_4C_0 & & {}_4C_1 & & {}_4C_2 & & {}_4C_3 & & {}_4C_4 \end{array}$$

$\underline{1}+\underline{3}=\boxed{4}$ のように、左上の数と右上の数を足した答を下に書いていくとできるのが、パスカルの三角形と呼ばれる図です。この図から、${}_4C_1 = 4$ や ${}_4C_2 = 6$ が読み取れます。

なぜこの図で ${}_tC_s$ が求められるのか、2 通りの説明をしておきましょう。

［説明 1］：❓4.28 の二項定理で述べたように、${}_4C_s$ は、$(x+y)^4$ を展開したときの $x^s y^{4-s}$ の係数。今 $(x+y)^3 = x^3 + 3x^2y + 3xy^2 + y^3$ が計算済みとしたら、

$$\begin{aligned}(x+y)^4 &= (x+y)(x+y)^3 = x(x+y)^3 + y(x+y)^3 \\ &= x(x^3+3x^2y+3xy^2+y^3) + y(x^3+3x^2y+3xy^2+y^3)\end{aligned}$$

つまり、

$$\begin{array}{cccccc} & x^4 & +3x^3y & +3x^2y^2 & +xy^3 & \\ & & +x^3y & +3x^2y^2 & +3xy^3 & +y^4 \\ \hline = & x^4 & +4x^3y & +6x^2y^2 & +4xy^3 & +y^4 \end{array}$$

これが、3 段目 $1,3,3,1$ から 4 段目 $1,4,6,4,1$ が出るしかけ。

［説明 2］：キモは、要するに、${}_tC_s = {}_{t-1}C_{s-1} + {}_{t-1}C_s$ という公式。この公式が成り立つことを納得できればよい。例えば、$t=4$ 個の異なる文字「アイウエ」から $s=2$ 個を（順序を気にせず）選ぶ場合を考えてみよう。選び方は ${}_4C_2$ 通りなわけだが、それを、アを選ぶ場合と選ばない場合とに分けて数えることにする。アを選ぶ場合、残りは $t-1=3$ 個の文字「イウエ」のうちから $s-1=1$ 個を選ぶことになる（選び方は ${}_3C_1$ 通り）。一方、アを選ばない場合、アを除いた $t-1=3$ 個の文字「イウエ」のうちから $s=2$ 個を選ぶことになる（選び方は ${}_3C_2$ 通り）。よって、その合計が ${}_4C_2 = {}_3C_1 + {}_3C_2$。

というわけで、対角成分が λ の Jordan 細胞 B に対して B^t を計算すると、${}_tC_s\lambda^{t-s}$ のような項が現れます（ただし、$s>t$ のときは ${}_tC_s\lambda^{t-s}=0$ と見なし、$\lambda^0=1$ と見なすことにします。これは、表記を簡単にするための、ここでだけの約束です。❓1.21（36 ページ）参照）。もっとかっこつければ、次のようにも言えます。

$f(\lambda) = \lambda^t$ とおき、f を λ で s 回微分した式を

$$f^{(s)}(\lambda) = \frac{d^s}{d\lambda^s} f(\lambda)$$

とおけば、サイズ m の Jordan 細胞

$$B = \begin{pmatrix} \lambda & 1 & & \\ & \ddots & \ddots & \\ & & \ddots & 1 \\ & & & \lambda \end{pmatrix}$$

の t 乗は

$$\begin{pmatrix} f(\lambda) & f^{(1)}(\lambda) & \frac{1}{2}f^{(2)}(\lambda) & \frac{1}{3!}f^{(3)}(\lambda) & \cdots & \frac{1}{(m-1)!}f^{(m-1)}(\lambda) \\ & f(\lambda) & f^{(1)}(\lambda) & \frac{1}{2}f^{(2)}(\lambda) & \cdots & \frac{1}{(m-2)!}f^{(m-2)}(\lambda) \\ & & \ddots & \ddots & \ddots & \vdots \\ & & & \ddots & \ddots & \frac{1}{2}f^{(2)}(\lambda) \\ & & & & \ddots & f^{(1)}(\lambda) \\ & & & & & f(\lambda) \end{pmatrix} \tag{4.21}$$

理由は、$f^{(s)}(\lambda) = t(t-1)\cdots(t-s+1)\lambda^{t-s}$ だからです。❓4.28（253 ページ）の ${}_tC_s$ の定義と見比べて、$\frac{1}{s!}f^{(s)}(\lambda) = {}_tC_s\lambda^{t-s}$ を確認してください*110。

ついでに言っておくと、例えば $C = 3B^7 - 2B^5 + 8I$ のような多項式（→❓4.18（230 ページ））でも、$f(\lambda) = 3\lambda^7 - 2\lambda^5 + 8$ とおいてやれば、$C =$ (4.21) となります。B^7 や B^5 を上のように計算しておいて足し合わせたと考えれば納得できるでしょう。「$3(\lambda^7$の微分$) - 2(\lambda^5$の微分$) + 8(1$ の微分$) = (3\lambda^7 - 2\lambda^5 + 8)$ の微分」なことがポイントです。

Jordan 細胞については以上のとおり。Jordan 標準形全体については、例えば式 (4.20) の J だと、各 Jordan 細胞

$$B_1 = \begin{pmatrix} 3 & 1 & 0 & 0 & 0 \\ 0 & 3 & 1 & 0 & 0 \\ 0 & 0 & 3 & 1 & 0 \\ 0 & 0 & 0 & 3 & 1 \\ 0 & 0 & 0 & 0 & 3 \end{pmatrix}, \quad B_2 = \begin{pmatrix} 3 & 1 \\ 0 & 3 \end{pmatrix}, \quad B_3 = \begin{pmatrix} 4 \end{pmatrix}, \quad B_4 = \begin{pmatrix} 5 & 1 & 0 \\ 0 & 5 & 1 \\ 0 & 0 & 5 \end{pmatrix}$$

についてそれぞれ t 乗を求めておけば、

$$J^t = \begin{pmatrix} B_1^t & O & O & O \\ O & B_2^t & O & O \\ O & O & B_3^t & O \\ O & O & O & B_4^t \end{pmatrix}$$

*110 テイラー展開を習った人なら、ここに現れる $\frac{1}{s!}f^{(s)}(\lambda)$ に見覚えがあるでしょう。テイラー展開 $f(x) = f(\lambda) + f^{(1)}(\lambda)(x-\lambda) + \frac{1}{2}f^{(2)}(\lambda)(x-\lambda)^2 + \frac{1}{3!}f^{(3)}(\lambda)(x-\lambda)^3 + \cdots$ の各項の係数と同じ格好です。

と求められます。

最後に、Jordan 標準形でない正方行列 A について、べき乗 A^t は計算できるでしょうか。A を Jordan 標準形 J に変換すれば、前と同じように A^t を計算できます。$P^{-1}AP = J$ ということは $A = PJP^{-1}$ であり、その t 乗は

$$A^t = (PJP^{-1})^t = PJ^tP^{-1}$$

です[*111]。この右辺は計算できますね。Jordan 標準形 J の t 乗は、上でやったように計算できますから。

4.7.4 Jordan 標準形で初期値問題を解く（暴走判定の最終結論）

4.7.2 項（248 ページ）冒頭で述べたように、どんな正方行列 A でも、Jordan 標準形に変換できます（まだ証明はしていませんが）。つまり、どんな $\boldsymbol{x}(t) = A\boldsymbol{x}(t-1)$ や $\frac{d}{dt}\boldsymbol{x}(t) = A\boldsymbol{x}(t)$ でも、上手い変数変換（座標変換）をすれば、A が Jordan 標準形の場合に帰着できるわけです[*112]。

例えば、

$$J = \left(\begin{array}{cc|ccc} 3 & 1 & & & \\ & 3 & & & \\ \hline & & 7 & 1 & \\ & & & 7 & 1 \\ & & & & 7 \end{array}\right) \qquad \text{空欄は 0}$$

のような Jordan 標準形に対して、$\boldsymbol{y}(t) = J\boldsymbol{y}(t-1)$ というシステムは、

$$\boldsymbol{v}(t) = \begin{pmatrix} 3 & 1 \\ 0 & 3 \end{pmatrix} \boldsymbol{v}(t-1)$$

$$\boldsymbol{w}(t) = \begin{pmatrix} 7 & 1 & 0 \\ 0 & 7 & 1 \\ 0 & 0 & 7 \end{pmatrix} \boldsymbol{w}(t-1)$$

$$\boldsymbol{y}(t) = \left(\begin{array}{c} \boldsymbol{v}(t) \\ \hline \boldsymbol{w}(t) \end{array}\right) = \left(\begin{array}{c} y_1(t) \\ y_2(t) \\ \hline y_3(t) \\ y_4(t) \\ y_5(t) \end{array}\right)$$

のように Jordan 細胞ごとのサブシステムに分解されます[*113]。分解されれば、

---

*111 「えっ」て人は、対角化のときの話（4.4.4 項（212 ページ）「べき乗としての解釈」）を復習。

*112 「えっ」て人は、まず、「Jordan 標準形に変換」という言葉の意味を確認（4.7.2 項（248 ページ）「対角まではできなくても」冒頭）。それから、$P^{-1}AP$ が何を意味していたのだったか、4.4 節（199 ページ）「対角化できる場合」を復習。$\boldsymbol{x}(t) = P\boldsymbol{y}(t)$ と変換して $\boldsymbol{x}(t) = A\boldsymbol{x}(t-1)$ に代入すれば、$\boldsymbol{y}(t) = (P^{-1}AP)\boldsymbol{y}(t-1)$ という形になるんだから、本文のような上手い P を選べば……という調子。

*113 Jordan 標準形はブロック対角だからです。「えっ」て人は 1.2.9 項（47 ページ）でブロック行列を復習。$\boldsymbol{v}$ の推移と $\boldsymbol{w}$ の推移とが独立していること（$\boldsymbol{v}$ の推移は $\boldsymbol{v}$ だけで定まり、$\boldsymbol{w}$ は現れない。$\boldsymbol{w}$ の推移も同様）がポイント。そのおかげで、$\boldsymbol{v}$ と $\boldsymbol{w}$ とをそれぞれ別個に調べるだけで済む。

- サブシステムのうちの1つでも「暴走の危険がある」なら、全体としても「暴走の危険がある」
- サブシステムすべてが「暴走しない」なら、全体としても「暴走しない」

のように判定ができます[*114]。

そういうわけで、以下ではJordan細胞

$$B = \begin{pmatrix} \lambda & 1 & & \\ & \ddots & \ddots & \\ & & \ddots & 1 \\ & & & \lambda \end{pmatrix}$$

に話を限定します。B のサイズは $m \times m$ とし、$\boldsymbol{y}(t) = (y_1(t), \ldots, y_m(t))^T$ とおきましょう。与えられた $\boldsymbol{y}(0)$ に対して、

- 離散時間：$\boldsymbol{y}(t) = B\boldsymbol{y}(t-1)$
- 連続時間：$\frac{d}{dt}\boldsymbol{y}(t) = B\boldsymbol{y}(t)$

を満たす $\boldsymbol{y}(t)$ を求めることが目標です。

■離散時間システム

離散時間システム $\boldsymbol{y}(t) = B\boldsymbol{y}(t-1)$ では

$$\boldsymbol{y}(t) = B^t \boldsymbol{y}(0) \qquad (t \geq 1)$$

ですから[*115]、Jordan細胞のべき乗（→4.7.3項（250ページ））を求めた時点でほとんど解決です。(4.21）の $t \to \infty$ での振る舞いを見れば、

- $|\lambda| > 1$ なら暴走
- $|\lambda| = 1$ のときは、B のサイズ m しだい
  - $m \geq 2$ なら暴走
  - $m = 1$ なら暴走しない
- $|\lambda| < 1$ なら暴走しない

---

*114「えっ」て人は、本章の「暴走」という言葉の意味を復習（4.1節（191ページ）「問題設定：安定性」）。

*115「えっ」て人は212ページの式（4.5）。

? 4.30 「$t \to \infty$ での振る舞い」は、そんなにひと目でわかることなんですか？

極限についての基礎知識があればひと目なのですが、もう少し丁寧に説明しておきましょう。

次の事実はすでに使いました（4.2 節（196 ページ））：$t \to \infty$ のとき、

- $|\lambda| > 1$ なら $|\lambda^t| \to \infty$
- $|\lambda| = 1$ なら $|\lambda^t| = 1$
- $|\lambda| < 1$ なら $|\lambda^t| \to 0$

B^t の対角成分の行く末は、これでわかります。特に、「$|\lambda| > 1$ なら暴走」はこれだけで言えます[*116]。

$|\lambda| = 1$ の場合だと、B^t の対角成分については $|\lambda^t| = 1$ のままです。しかし、非対角成分の絶対値が

$$\begin{aligned} |t\lambda^{t-1}| &= |t||\lambda|^{t-1} = |t| \to \infty \\ |{}_tC_2\lambda^{t-2}| &= |{}_tC_2||\lambda|^{t-2} = |{}_tC_2| = \left|\frac{1}{2}t(t-1)\right| \to \infty \\ &\vdots \end{aligned}$$

のように発散してしまうため、やはり「暴走」となります[*117]。ただし、B のサイズ m が 1 のときは例外です。このときは $\boldsymbol{y}(t)$ の成分は有限値に留まりますから、「暴走しない」となります[*118]。

残るは、$|\lambda| < 1$ の場合です。「指数関数は多項式より強い」という話を聞いたことがあるでしょうか。$|\lambda| < 1$ の場合は、$t \to \infty$ で

$$\begin{aligned} t\lambda^t &\to 0 \\ t^2\lambda^t &\to 0 \\ t^3\lambda^t &\to 0 \\ &\vdots \end{aligned}$$

が成り立ちます。次の図のように、t^2 や t^3 が大きくなる速さよりも、a^t $(a > 0)$ が大きくなるのはずっと速いからです（$|\lambda| = 1/a$ とおけば、$t \to \infty$ で $|t^k\lambda^t| = t^k/a^t \to 0$）。

*116 例えば、$\boldsymbol{y}(0) = (\alpha, 0, \ldots, 0)^T$ からスタートすれば、$|y_1(t)| = |\alpha\lambda^t| \to \infty$ と発散します（$\alpha \neq 0$）。

*117 例えば、$\boldsymbol{y}(0) = (0, \alpha, 0, \ldots, 0)^T$ からスタートすれば、$|y_1(t)| = |\alpha t| \to \infty$ と発散します（$\alpha \neq 0$）。

*118 このときは非対角成分なんてなくて、$y_1(t) = \lambda^t y_1(0)$ というだけですから、成分の絶対値は $|y_1(t)| = |\lambda^t y_1(0)| = |\lambda|^t|y_1(0)| = |y_1(0)|$ と一定です。

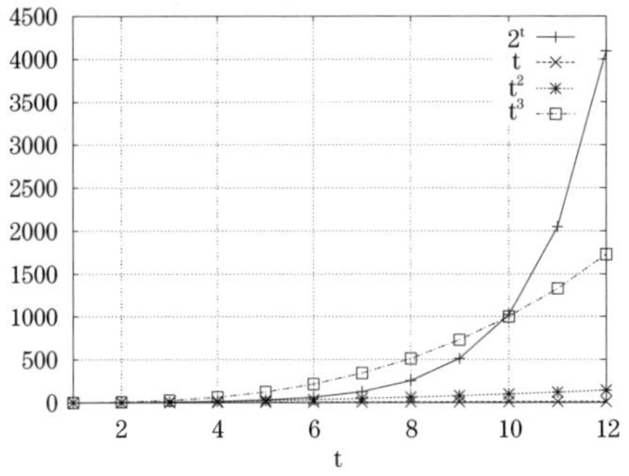

▲ 図 4.15 $t \to \infty$ のとき、t^k が大きくなるよりも、a^t が大きくなるほうがずっと速い（$a > 1$）

このため、B^t の成分はすべて 0 に収束します*119。ということは、どんな $\boldsymbol{y}(0)$ からスタートしても $\boldsymbol{y}(t) \to \boldsymbol{o}$ であり、「暴走しない」となります。

各細胞に対する以上の判定を合わせれば、Jordan 標準形 J 全体に対する $\boldsymbol{y}(t) = J\boldsymbol{y}(t-1)$ の暴走判定は、本 4.7.4 項（256 ページ）の冒頭で説明したとおりになります。J の各 Jordan 細胞について暴走判定をして、1 つでも暴走するときが「J 自身も暴走」でした。もっと具体的に言えば、

- 対角成分 λ が $|\lambda| > 1$ となっている Jordan 細胞が 1 つでもあれば「暴走」
- そうでなくても、$|\lambda| = 1$ かつサイズ 2 以上の Jordan 細胞が 1 つでもあれば「暴走」
- そのどちらでもなければ「暴走しない」

ということです。

最後に、(Jordan 標準形でない) 一般の正方行列 A について、$\boldsymbol{x}(t) = A\boldsymbol{x}(t-1)$ の暴走判定をまとめておきましょう*120。たいていは、A の固有値 λ を見るだけで判定できます。

- $|\lambda| > 1$ な固有値 λ を 1 つでも持てば「暴走」
- すべての固有値 λ が $|\lambda| < 1$ なら「暴走しない」
- すべての固有値 λ が $|\lambda| \leq 1$ だが、$|\lambda| = 1$ というぎりぎりの固有値もあるとき：固有値だけでは判定できない
  - 次の条件をすべて満たす固有値 λ が 1 つでもあれば「暴走」
    1. $|\lambda| = 1$

*119 例えば、${}_tC_2\lambda^{t-2} = \frac{1}{2}t(t-1)\lambda^t/\lambda^2 = \frac{1}{2\lambda^2}\left(t^2\lambda^t - t\lambda^t\right) = (\text{定数})(0\text{ に収束} - 0\text{ に収束}) \to 0$

*120 おおよそ次のような筋道で、A の固有値から暴走判定をします。

1. どんな正方行列 A でも、Jordan 標準形 J に変換できる（$P^{-1}AP = J$）。
2. このとき、$\boldsymbol{y}(t) = J\boldsymbol{y}(t-1)$ の暴走と元の $\boldsymbol{x}(t) = A\boldsymbol{x}(t-1)$ の暴走とは同値（$\because \boldsymbol{x} = P\boldsymbol{y}$）。だから、$J$ について暴走判定をすればよい。
3. J が暴走かどうかは、基本的に固有値しだい。
4. J の固有値は、A の固有値と一致（→ 4.5.2 項（218 ページ）「固有値・固有ベクトルの性質」）。

2. 固有値 λ は k 重解（$k \geq 2$）[*121]
3. 固有値 λ に対応する固有ベクトルたちで線形独立なものが、k 本取れない[*122]

- さもなくば「暴走しない」。例えば、$|\lambda| = 1$ の固有値 λ に重解が 1 つもないときは「暴走しない」。

■連続時間システム

連続時間の場合も、Jordan 細胞 B に対する

$$\frac{d}{dt}\boldsymbol{y}(t) = B\boldsymbol{y}(t)$$

からはじめましょう。ばらして書けば、

$$\begin{aligned}
\frac{d}{dt}y_1(t) &= \lambda y_1(t) + y_2(t) \\
&\vdots \\
\frac{d}{dt}y_{m-1}(t) &= \lambda y_{m-1}(t) + y_m(t) \\
\frac{d}{dt}y_m(t) &= \lambda y_m(t)
\end{aligned}$$

です。最後の式はもうおなじみで、

$$y_m(t) = y_m(0)e^{\lambda t}$$

と解けますね。解けた $y_m(t)$ を 1 つ手前の式に代入すれば、

$$\frac{d}{dt}y_{m-1}(t) = \lambda y_{m-1}(t) + y_m(0)e^{\lambda t}$$

ということになります。実はこの微分方程式の解は、

$$y_{m-1}(t) = \bigl(y_m(0)t + y_{m-1}(0)\bigr)e^{\lambda t}$$

です（→付録 D.2（334 ページ））。代入して確認してみてください[*123]。これがわかれば、そのまた手前の式は

$$\frac{d}{dt}y_{m-2}(t) = \lambda y_{m-2}(t) + \bigl(y_m(0)t + y_{m-1}(0)\bigr)e^{\lambda t}$$

---

*121　固有値の計算法（4.5.3 項（226 ページ））参照。特に、脚注*69（228 ページ）の「代数的重複度」。

*122　これは、「固有値 λ に対応する Jordan 細胞でサイズ 2 以上のものがある」という条件と同値です。なぜなら、A を Jordan 標準形に変換したとき、

- 対角成分には λ が k 個あるはず（∵ λ は k 重解）
- なのに、λ に対応する Jordan 細胞は k 個もない（∵ Jordan 細胞 1 個につき、独立な固有ベクトルが 1 本取れるはず）

という状況だからです（→ 4.7.3 項（250 ページ）「Jordan 標準形の性質」）。

*123　$\frac{d}{dt}y_{m-1}(t) = \frac{d}{dt}\{(\cdots)e^{\lambda t}\} = \{\frac{d}{dt}(\cdots)\}e^{\lambda t} + (\cdots)\{\frac{d}{dt}e^{\lambda t}\}$ のように、「積の微分」と見て計算するのがお勧め。前の項が $y_m(0)e^{\lambda t}$、後の項が $\lambda y_{m-1}(t)$ に一致します。

になって、その解は

$$y_{m-2}(t) = \left(\frac{1}{2}y_m(0)t^2 + y_{m-1}(0)t + y_{m-2}(0)\right)e^{\lambda t}$$

です。これも代入して確認してください。その次は

$$\frac{d}{dt}y_{m-3}(t) = \lambda y_{m-3}(t) + \left(\frac{1}{2}y_m(0)t^2 + y_{m-1}(0)t + y_{m-2}(0)\right)e^{\lambda t}$$

で、解は

$$y_{m-3}(t) = \left(\frac{1}{3\cdot 2}y_m(0)t^3 + \frac{1}{2}y_{m-1}(0)t^2 + y_{m-2}(0)t + y_{m-3}(0)\right)e^{\lambda t}$$

です。こんな調子で、以下同様。この解はまとめて

$$\begin{pmatrix} y_1(t) \\ y_2(t) \\ y_3(t) \\ y_4(t) \\ y_5(t) \\ y_6(t) \end{pmatrix} = e^{\lambda t} \begin{pmatrix} 1 & t & \frac{1}{2}t^2 & \frac{1}{3!}t^3 & \frac{1}{4!}t^4 & \frac{1}{5!}t^5 \\ & 1 & t & \frac{1}{2}t^2 & \frac{1}{3!}t^3 & \frac{1}{4!}t^4 \\ & & 1 & t & \frac{1}{2}t^2 & \frac{1}{3!}t^3 \\ & & & 1 & t & \frac{1}{2}t^2 \\ & & & & 1 & t \\ & & & & & 1 \end{pmatrix} \begin{pmatrix} y_1(0) \\ y_2(0) \\ y_3(0) \\ y_4(0) \\ y_5(0) \\ y_6(0) \end{pmatrix} \quad \text{行列中の空欄は } 0 \qquad (4.22)$$

のように書けます（$m = 6$ の例）。

$t \to \infty$ の極限でこれが発散するか収束するかは、やはり λ しだい。λ が実数の場合で言うと、$\lambda > 0$ なら発散[*124]、$\lambda < 0$ なら収束[*125]です。λ が複素数の場合も考えると、$\mathrm{Re}\,\lambda > 0$ なら発散、$\mathrm{Re}\,\lambda < 0$ なら収束です（→付録 B（323 ページ））。$\mathrm{Re}\,\lambda = 0$ というぎりぎりの場合、B^t の対角成分の絶対値は $|e^{\lambda t}| = 1$ と一定値のままですが、非対角成分が $|te^{\lambda t}| = |t||e^{\lambda t}| = t \to \infty$ などのように発散してしまいます。このため、$\mathrm{Re}\,\lambda = 0$ のときもやはり発散です[*126]。ただし、B のサイズ m が 1 のときは例外となります（「非対角成分」がないので）。まとめると、Jordan 細胞 B に対する $\frac{d}{dt}\boldsymbol{y}(t) = B\boldsymbol{y}(t)$ の暴走判定は……

- $\mathrm{Re}\,\lambda > 0$ なら暴走
- $\mathrm{Re}\,\lambda = 0$ のときは、B のサイズ m しだい
  - $m \geq 2$ なら暴走
  - $m = 1$ なら暴走しない
- $\mathrm{Re}\,\lambda < 0$ なら暴走しない

後の筋道は、離散時間のときと同様です。Jordan 標準形 J に対する $\frac{d}{dt}\boldsymbol{y}(t) = J\boldsymbol{y}(t)$ の暴走判定は、

---

*124　$\boldsymbol{y}(0) = \boldsymbol{o}$ でない限りは。

*125　$u/e^u, u^2/e^u, u^3/e^u$ などは、$u \to \infty$ で 0 に収束するのでした（図 4.15（259 ページ））。例えば、$\lambda = -3$ なら、$u = 3t$ とおけば $te^{-3t} = t/e^{3t} = \frac{1}{3}u/e^u \to 0$。このようにして、$B^t$ のすべての成分が 0 に収束します。

*126　$\boldsymbol{y}(0) = (\alpha, 0, \ldots, 0)^T$ でない限り（α は任意の数）。

- 対角成分 λ が $\mathrm{Re}\,\lambda > 0$ となっている Jordan 細胞が 1 つでもあれば「暴走」
- そうでなくても、$\mathrm{Re}\,\lambda = 0$ かつサイズ 2 以上の Jordan 細胞が 1 つでもあれば「暴走」
- そのどちらでもなければ「暴走しない」

となり、(Jordan 標準形でない) 一般の正方行列 A に対する $\frac{d}{dt}\boldsymbol{x}(t) = A\boldsymbol{x}(t)$ の暴走判定は、

- $\mathrm{Re}\,\lambda > 0$ な固有値 λ を 1 つでも持てば「暴走」
- すべての固有値 λ が $\mathrm{Re}\,\lambda < 0$ なら「暴走しない」
- すべての固有値 λ が $\mathrm{Re}\,\lambda \leq 0$ だが、$\mathrm{Re}\,\lambda = 0$ というぎりぎりもあるときは、固有値だけでは判定できない
  - 次の条件をすべて満たす固有値 λ が 1 つでもあれば「暴走」
    1. $\mathrm{Re}\,\lambda = 0$
    2. 固有値 λ は k 重解 ($k \geq 2$)
    3. 固有値 λ に対応する固有ベクトルたちで線形独立なものが、k 本取れない
  - さもなくば「暴走しない」。例えば、$\mathrm{Re}\,\lambda = 0$ の固有値 λ に重解が 1 つもないときは「暴走しない」。

となります。

? 4.31 (**4.22**) の特徴的な行列は何者？

(4.22) で $\boldsymbol{y}(0)$ にかかっているもののことを、e^{tB} (または $\exp(tB)$) という記法で表し、行列の指数関数と呼びます。

$$B = \begin{pmatrix} \lambda & 1 & & & & \\ & \lambda & 1 & & & \\ & & \lambda & 1 & & \\ & & & \lambda & 1 & \\ & & & & \lambda & 1 \\ & & & & & \lambda \end{pmatrix} \text{ に対し、}$$

$$e^{tB} = e^{\lambda t} \begin{pmatrix} 1 & t & \frac{1}{2}t^2 & \frac{1}{3!}t^3 & \frac{1}{4!}t^4 & \frac{1}{5!}t^5 \\ & 1 & t & \frac{1}{2}t^2 & \frac{1}{3!}t^3 & \frac{1}{4!}t^4 \\ & & 1 & t & \frac{1}{2}t^2 & \frac{1}{3!}t^3 \\ & & & 1 & t & \frac{1}{2}t^2 \\ & & & & 1 & t \\ & & & & & 1 \end{pmatrix}$$

「数 e の行列 tB 乗」みたいなわけのわからない記法ですが、なぜこんな記法にしたくなるかというと、指数関数と共通の性質を持つからです。

数 e^{tb}	行列 e^{tB}
$dy/dt = by$ の解が $y(t) = e^{tb}y(0)$	$d\boldsymbol{y}/dt = B\boldsymbol{y}$ の解が $\boldsymbol{y}(t) = e^{tB}\boldsymbol{y}(0)$
数 s, t に対し、$e^{(s+t)b} = e^{sb}e^{tb}$	数 s, t に対し、$e^{(s+t)B} = e^{sB}e^{tB}$
$e^{tb} = 1 + tb + \frac{t^2b^2}{2} + \frac{t^3b^3}{3!} + \frac{t^4b^4}{4!} + \cdots$	$e^{tB} = I + tB + \frac{t^2B^2}{2} + \frac{t^3B^3}{3!} + \frac{t^4B^4}{4!} + \cdots$

以上は、Jordan 細胞 B に対する e^{tB} の説明でした。一般の正方行列 A に対しては、

$$e^{tA} = I + tA + \frac{t^2A^2}{2} + \frac{t^3A^3}{3!} + \frac{t^4A^4}{4!} + \cdots$$

と定義されます。上に挙げた「共通の性質」は、この e^{tA} でも成立します。

ただし、同じサイズの正方行列 A, A' でも、一般には $e^{t(A+A')}$ と $e^{tA}e^{tA'}$ は一致しません。$e^{t(A+A')}$ は A と A' を入れ替えても結果は同じですが、$e^{tA}e^{tA'}$ は A と A' を入れ替えると結果が変わってしまうためです。$AA' \neq A'A$ が根本的な要因*127。この点は、ただの数に対する指数関数とは違います。

4.7.5 Jordan 標準形の求め方

「どんな正方行列も Jordan 標準形に変換できる」という事実を認めれば、暴走判定は前項までで解決しました。ここからは、Jordan 標準形について、棚上げしていた「求め方」「変換できることの証明」へ話を移します。

■仮に求まったとしたら

Jordan 標準形の求め方を考えるために、「仮に求まったとしたら、それはどんな性質を持つはずか」を見ていきます。例えば、11 次正方行列 A に対して、同じサイズの上手い正則行列 P を選んで

$$P^{-1}AP = J = \left(\begin{array}{ccccc|cc|c|ccc}
3 & 1 & & & & & & & & & \\
 & 3 & 1 & & & & & & & & \\
 & & 3 & 1 & & & & & & & \\
 & & & 3 & 1 & & & & & & \\
 & & & & 3 & & & & & & \\
\hline
 & & & & & 3 & 1 & & & & \\
 & & & & & & 3 & & & & \\
\hline
 & & & & & & & 4 & & & \\
\hline
 & & & & & & & & 5 & 1 & \\
 & & & & & & & & & 5 & 1 \\
 & & & & & & & & & & 5
\end{array}\right) \quad \text{空欄は } 0 \qquad (4.23)$$

*127 もし、たまたま $AA' = A'A$ だったら、$e^{t(A+A')} = e^{tA}e^{tA'}$ が成り立ちます。

となったとしましょう。A, P, J の間には、どんな関連があるでしょうか[*128]。

$P^{-1}AP = J$ ということは、左から P を掛ければ、$AP = PJ$ ということです。$P = (\boldsymbol{p}_1, \ldots, \boldsymbol{p}_{11})$ のように列ベクトルに区切って、$A(\boldsymbol{p}_1, \ldots, \boldsymbol{p}_{11}) = (\boldsymbol{p}_1, \ldots, \boldsymbol{p}_{11})J$ をばらして書くと[*129]、

$$
\begin{array}{lclcll}
A\boldsymbol{p}_1 & = & 3\boldsymbol{p}_1 & \text{つまり} & (A-3I)\boldsymbol{p}_1 & = \boldsymbol{o} \\
A\boldsymbol{p}_2 & = & \boldsymbol{p}_1 + 3\boldsymbol{p}_2 & \text{つまり} & (A-3I)\boldsymbol{p}_2 & = \boldsymbol{p}_1 \\
A\boldsymbol{p}_3 & = & \boldsymbol{p}_2 + 3\boldsymbol{p}_3 & \text{つまり} & (A-3I)\boldsymbol{p}_3 & = \boldsymbol{p}_2 \\
A\boldsymbol{p}_4 & = & \boldsymbol{p}_3 + 3\boldsymbol{p}_4 & \text{つまり} & (A-3I)\boldsymbol{p}_4 & = \boldsymbol{p}_3 \\
A\boldsymbol{p}_5 & = & \boldsymbol{p}_4 + 3\boldsymbol{p}_5 & \text{つまり} & (A-3I)\boldsymbol{p}_5 & = \boldsymbol{p}_4 \\
\hline
A\boldsymbol{p}_6 & = & 3\boldsymbol{p}_6 & \text{つまり} & (A-3I)\boldsymbol{p}_6 & = \boldsymbol{o} \\
A\boldsymbol{p}_7 & = & \boldsymbol{p}_6 + 3\boldsymbol{p}_7 & \text{つまり} & (A-3I)\boldsymbol{p}_7 & = \boldsymbol{p}_6 \\
\hline
A\boldsymbol{p}_8 & = & 4\boldsymbol{p}_8 & \text{つまり} & (A-4I)\boldsymbol{p}_8 & = \boldsymbol{o} \\
\hline
A\boldsymbol{p}_9 & = & 5\boldsymbol{p}_9 & \text{つまり} & (A-5I)\boldsymbol{p}_9 & = \boldsymbol{o} \\
A\boldsymbol{p}_{10} & = & \boldsymbol{p}_9 + 5\boldsymbol{p}_{10} & \text{つまり} & (A-5I)\boldsymbol{p}_{10} & = \boldsymbol{p}_9 \\
A\boldsymbol{p}_{11} & = & \boldsymbol{p}_{10} + 5\boldsymbol{p}_{11} & \text{つまり} & (A-5I)\boldsymbol{p}_{11} & = \boldsymbol{p}_{10}
\end{array}
\tag{4.24}
$$

となります。「$(A - \lambda I)$ を掛ける」を仮に $\stackrel{\lambda}{\longleftarrow}$ と表して模式的に書けば、

$$
\left\{
\begin{array}{lllllllllll}
\boldsymbol{o} & \stackrel{3}{\longleftarrow} & \boldsymbol{p}_1 & \stackrel{3}{\longleftarrow} & \boldsymbol{p}_2 & \stackrel{3}{\longleftarrow} & \boldsymbol{p}_3 & \stackrel{3}{\longleftarrow} & \boldsymbol{p}_4 & \stackrel{3}{\longleftarrow} & \boldsymbol{p}_5 \\
\boldsymbol{o} & \stackrel{3}{\longleftarrow} & \boldsymbol{p}_6 & \stackrel{3}{\longleftarrow} & \boldsymbol{p}_7 \\
\boldsymbol{o} & \stackrel{4}{\longleftarrow} & \boldsymbol{p}_8 \\
\boldsymbol{o} & \stackrel{5}{\longleftarrow} & \boldsymbol{p}_9 & \stackrel{5}{\longleftarrow} & \boldsymbol{p}_{10} & \stackrel{5}{\longleftarrow} & \boldsymbol{p}_{11}
\end{array}
\right.
\tag{4.25}
$$

これをぐっと睨みましょう。

- $(A - \lambda I)$ を繰り返し掛けていくと $\boldsymbol{o}$ になる、というベクトルの系列。
- λ は Jordan 細胞の対角成分に対応。
- 系列 1 本が Jordan 細胞 1 個と対応。だから、系列の本数が Jordan 細胞の個数と一致。
- 系列の長さ（$\boldsymbol{o}$ は数えずに）が Jordan 細胞のサイズに対応。だから、系列の長さの合計が A のサイズと一致。

ということに気付くはずです。特に、

- 各系列の左端 $\boldsymbol{p}_1, \boldsymbol{p}_6, \boldsymbol{p}_8, \boldsymbol{p}_9$ が固有ベクトル[*130]。だから、Jordan 細胞 1 個が固有ベクトル 1 本と対応。

[*128] 復習：対角化可能な場合なら、$P^{-1}AP = \mathrm{diag}(\lambda_1, \ldots, \lambda_n)$ のとき、$P = (\boldsymbol{p}_1, \ldots, \boldsymbol{p}_n)$ の各列ベクトル $\boldsymbol{p}_k$ は A の固有ベクトル（固有値 λ_k）でした（4.4.2 項（206 ページ）「上手い変換の求め方」）。これがどう拡張されるのでしょうか。

[*129] 「えっ」て人はブロック行列（1.2.9 項（47 ページ））を復習。

[*130] $(A - \lambda I)\boldsymbol{p} = \boldsymbol{o}$ ということは、展開して移項すれば $A\boldsymbol{p} = \lambda\boldsymbol{p}$ です。「えっ」て人は固有ベクトルの定義を復習（4.4.2 項（206 ページ））。

- λ に対応する系列が l 本あれば、固有値 λ の（線形独立な）固有ベクトルが l 本ある[*131]。今の例なら、$\boldsymbol{p}_1, \boldsymbol{p}_6$ の 2 本が固有値 $\lambda = 3$ の線形独立な固有ベクトル。
- λ に対応する系列の長さ（$\boldsymbol{o}$ は数えずに）が合計 k なら、固有値 λ は k 重解[*132]。今の例なら、固有値 $\lambda = 3$ は $5 + 2 = 7$ 重解。

逆に、11 次正方行列 A に対して、(4.25) のような $\boldsymbol{p}_1, \ldots, \boldsymbol{p}_{11}$ を見つければ、$AP = PJ$ なのですから、「$P^{-1}AP = J$ が Jordan 標準形になるような上手い P」が求まることになります。ですから、

1. A の固有値 λ を求める
2. $(A - \lambda I)$ を繰り返し掛けると $\boldsymbol{o}$ になってしまうようなベクトル $\boldsymbol{p}$ を求める

という手順で、Jordan 標準形が求められます。

……と言い切ると、実はウソになってしまうのですが、気付いたでしょうか？ $\boldsymbol{p}_1 = \cdots = \boldsymbol{p}_{11} = \boldsymbol{o}$ などという身も蓋もないものだって、(4.25) なら満たしてしまいます。上の説明では、「P の正則性」の確認がすっぽり抜けていました。逆行列 P^{-1} が存在するためには、$\boldsymbol{p}_1, \ldots, \boldsymbol{p}_{11}$ が線形独立でないといけないのでした[*133]。ゼロベクトルなんて論外です。ちゃんと線形独立な $\boldsymbol{p}_1, \ldots, \boldsymbol{p}_{11}$ を見つけられる手順を、この後で述べます。

ところで、「$(A - \lambda I)$ を繰り返し掛けると $\boldsymbol{o}$ になってしまうようなベクトル $\boldsymbol{p}$」なんて毎回言うのは長いですから、名前を付けましょう。このような $\boldsymbol{p}$ のことを、A の固有値 λ に対する**一般化固有ベクトル**と呼びます。ただし、$\boldsymbol{o}$ 自身は例外で、一般化固有ベクトルとは呼びません。固有ベクトルのときもそうでしたね。

? 4.32 一般化固有ベクトルの「λ」は、一般化固有値と呼ぶの？

いえ、単に「固有値」で結構です。いま、λ に対して、$(A - \lambda I)$ を h 回掛けたらはじめて $\boldsymbol{o}$ になるような一般化固有ベクトル $\boldsymbol{p}$ があったとしましょう。この λ は必ず固有値になっているのです。実際、$\boldsymbol{o}$ になる直前の $\boldsymbol{q} \equiv (A - \lambda I)^{h-1}\boldsymbol{p}$ が固有値 λ の固有ベクトルになっています。$(A - \lambda I)\boldsymbol{q} = \boldsymbol{o}$ だから $A\boldsymbol{q} = \lambda\boldsymbol{q}$ ですし、前提から $\boldsymbol{q} \neq \boldsymbol{o}$ ですので。

---

*131 そもそも、P が正則行列という前提なんだから、$\boldsymbol{p}_1, \ldots, \boldsymbol{p}_{11}$ が線形独立なはずです。当然、そのなかから l 本取り出しても線形独立です。この数 l を、固有値 λ の**幾何的重複度**と呼ぶのでした。 つまり、λ に対応する Jordan 細胞の個数が幾何的重複度であり、実はそれは「固有値 λ の線形独立な固有ベクトルの最大本数」に一致します。

*132 Jordan 標準形は上三角行列（→ 1.3.2 項（72 ページ）「行列式の性質」）。なので、対角成分が固有値（4.5.2 項（218 ページ）「固有値・固有ベクトルの性質」）です。相似変換で固有値は変わらない（→同項）ことから、それは A 自身の固有値と一致します——この k を、固有値 λ の**代数的重複度**と呼ぶのでした（→脚注*69（228 ページ））。つまり、λ に対応する Jordan 細胞のサイズの合計が代数的重複度です。幾何的重複度と比べてください。

*133 「えっ」て人は 2.4.3 項（146 ページ）「正則性のまとめ」を復習。

? 4.33　自分が聞いた「一般化固有ベクトル」とは違うようですが？

同じ名前で呼ばれる別のものがありますから、注意してください。LAPACK や MATLAB の「一般化固有ベクトル」ルーチンは、「別のもの」のほうです。そちらは、パターン認識の基本手法の 1 つである線形判別分析（Linear Discriminant Analysis, LDA）などに用いられます。

■求め方

引き続き、11 次正方行列 A が与えられたときを例として、モデルケースを見ていきましょう。まずすべきことは、A の固有値を求めることです。そのためには、特性方程式 $\phi_A(\lambda) \equiv \det(\lambda I - A) = 0$ の解 λ を求めればよいのでした（→ 4.5.3 項（226 ページ））。今、$\phi_A(\lambda) = (\lambda-3)^7(\lambda-4)(\lambda-5)^3$ と因数分解されたとします。この場合、固有値は

- $\lambda = 3$（7 重解）
- $\lambda = 4$
- $\lambda = 5$（3 重解）

この結果から、

- $\lambda = 3$ に対応する一般化固有ベクトル 7 本（$\boldsymbol{p}_1, \ldots, \boldsymbol{p}_7$ とおく）
- $\lambda = 4$ に対応する固有ベクトル[*134] 1 本（$\boldsymbol{p}_8$ とおく）
- $\lambda = 5$ に対応する一般化固有ベクトル 3 本（$\boldsymbol{p}_9, \ldots, \boldsymbol{p}_{11}$ とおく）

から成る系列たちを見つけることが目標となります。

簡単なほうから、まず固有値 $\lambda = 4$ について。これは重解ではないので、対応する固有ベクトル $\boldsymbol{p}_8$ を単に求めればよいだけです。念のため丁寧に言えば、「$(A-4I)\boldsymbol{p}_8 = \boldsymbol{o}$ となる $\boldsymbol{p}_8 \neq \boldsymbol{o}$ を求めればよい」ということです。

次に、固有値 $\lambda = 5$ について。これは 3 重解なので、いくつかの可能性があります。もし、固有値 5 の固有ベクトル（で線形独立なもの）が 3 本取れれば、その 3 本を $\boldsymbol{p}_9, \boldsymbol{p}_{10}, \boldsymbol{p}_{11}$ とおけばよいだけです。ここでは、そうではなく、固有ベクトルが 1 本しか取れなかったとしましょう。前に述べたように、これは「対角成分が 5 の Jordan 細胞が 1 個しかない」ということを示しています。一方、この固有値は 3 重解だから、Jordan 細胞のサイズは 3 のはずです。以上から、

$$
\begin{aligned}
(A-5I)\boldsymbol{p}_9 &= \boldsymbol{o} \\
(A-5I)\boldsymbol{p}_{10} &= \boldsymbol{p}_9 \\
(A-5I)\boldsymbol{p}_{11} &= \boldsymbol{p}_{10}
\end{aligned}
$$

という $\boldsymbol{p}_9, \boldsymbol{p}_{10}, \boldsymbol{p}_{11} \neq \boldsymbol{o}$ を求めなくてはいけません。この 3 本の式を合わせると $(A-5I)^3\boldsymbol{p}_{11} = \boldsymbol{o}$ が得られますから、これを満たす $\boldsymbol{p}_{11} \neq \boldsymbol{o}$ をまず求めてください。それか

[*134] $\lambda = 4$ は重解ではないので、単なる固有ベクトルでかまいません。

ら、$\boldsymbol{p}_{10} = (A-5I)\boldsymbol{p}_{11}$ と $\boldsymbol{p}_9 = (A-5I)\boldsymbol{p}_{10}$ を求めればできあがりです[*135]。

> **? 4.34** 逆の順番で求めたほうが楽なのでは？ $(A-5I)\boldsymbol{p}_9 = \boldsymbol{o}$ から $\boldsymbol{p}_9$ を求めて、それを代入して $(A-5I)\boldsymbol{p}_{10} = \boldsymbol{p}_9$ から $\boldsymbol{p}_{10}$ を求めて、それを代入して $(A-5I)\boldsymbol{p}_{11} = \boldsymbol{p}_{10}$ から $\boldsymbol{p}_{11}$ を求める、ではだめなの？
>
> （その固有値に対応する）Jordan 細胞が 1 個しかない場合なら、それで結構です。固有ベクトルが 1 通りしかないからです（定数倍を除いて）。Jordan 細胞が 2 個以上ある場合には、そういう「近いほうから順に求める」だと上手くいきません。固有ベクトルの取り方がいろいろあり得るうちで、「遠いほうの事情に合ったもの」を選ばないといけないからです。この使いわけをうっかりすると火傷するので、いつでも使える安全な手順を本文では用いました。

最後に、固有値 $\lambda = 3$ について。これは 7 重解で、もっといろいろな可能性があります。ここでは、固有値 3 の固有ベクトル（で線形独立なもの）が 2 本までしか取れなかったとしましょう[*136]。固有ベクトルの本数から、Jordan 細胞の個数は 2 個。一方、7 重解なんだから、Jordan 細胞のサイズは合計 7 のはず。以上から、固有値 3 に対する Jordan 細胞の構造は、

$$
\left(\begin{array}{cccccc|c}
3 & 1 & & & & & \\
 & 3 & 1 & & & & \\
 & & 3 & 1 & & & \\
 & & & 3 & 1 & & \\
 & & & & 3 & 1 & \\
 & & & & & 3 & \\ \hline
 & & & & & & 3
\end{array}\right)
\left(\begin{array}{ccccc|cc}
3 & 1 & & & & & \\
 & 3 & 1 & & & & \\
 & & 3 & 1 & & & \\
 & & & 3 & 1 & & \\
 & & & & 3 & & \\ \hline
 & & & & & 3 & 1 \\
 & & & & & & 3
\end{array}\right)
\left(\begin{array}{cccc|ccc}
3 & 1 & & & & & \\
 & 3 & 1 & & & & \\
 & & 3 & 1 & & & \\
 & & & 3 & & & \\ \hline
 & & & & 3 & 1 & \\
 & & & & & 3 & 1 \\
 & & & & & & 3
\end{array}\right)
$$

のどれかだというところまで絞れました[*137]。それぞれ、模式的に書けば

$$
\begin{cases}
\boldsymbol{o} \overset{3}{\longleftarrow} \boldsymbol{p}_1 \overset{3}{\longleftarrow} \boldsymbol{p}_2 \overset{3}{\longleftarrow} \boldsymbol{p}_3 \overset{3}{\longleftarrow} \boldsymbol{p}_4 \overset{3}{\longleftarrow} \boldsymbol{p}_5 \overset{3}{\longleftarrow} \boldsymbol{p}_6 \\
\boldsymbol{o} \overset{3}{\longleftarrow} \boldsymbol{p}_7
\end{cases} \tag{4.26}
$$

$$
\begin{cases}
\boldsymbol{o} \overset{3}{\longleftarrow} \boldsymbol{p}_1 \overset{3}{\longleftarrow} \boldsymbol{p}_2 \overset{3}{\longleftarrow} \boldsymbol{p}_3 \overset{3}{\longleftarrow} \boldsymbol{p}_4 \overset{3}{\longleftarrow} \boldsymbol{p}_5 \\
\boldsymbol{o} \overset{3}{\longleftarrow} \boldsymbol{p}_6 \overset{3}{\longleftarrow} \boldsymbol{p}_7
\end{cases} \tag{4.27}
$$

[*135] $(A-5I)^3\boldsymbol{p}_{11} = \boldsymbol{o}$ の解はたくさんあります。絶妙に運の悪い例外を除けば、どれを選んでも構いません。正確に言うと、$\boldsymbol{p}_{10}$ も $\boldsymbol{p}_9$ も $\boldsymbol{o}$ にならなければ OK です。万一 $\boldsymbol{p}_{10}$ や $\boldsymbol{p}_9$ が $\boldsymbol{o}$ になってしまったときは、別の $\boldsymbol{p}_{11}$ を選び直してください（ちゃんと保証してほしければ、「それまで選んだものとは線形独立なように選び直す」としてください。適切な解がいずれ必ず見つかります）。

[*136] 何本まで取れるか（幾何的重複度）は、$\mathrm{rank}\,(A-3I)$ から知ることができます。例えば、$\mathrm{rank}\,(A-3I) = 9$ だったら、次元定理（2.3.3 項（119 ページ））より $\dim \mathrm{Ker}\,(A-3I) = 11 - 9 = 2$。ですから、$(A-3I)\boldsymbol{p} = \boldsymbol{o}$ となる $\boldsymbol{p}$ で線形独立なものは 2 本まで。「$(A-3I)\boldsymbol{p} = \boldsymbol{o}$」が「$A\boldsymbol{p} = 3\boldsymbol{p}$」という固有値の条件になっていることは見えますよね。

[*137] ブロックの順序は気にしません。対角化のときもそうでした（→ ? 4.7（204 ページ））。

$$\begin{cases} \boldsymbol{o} \overset{3}{\longleftarrow} \boldsymbol{p}_1 \overset{3}{\longleftarrow} \boldsymbol{p}_2 \overset{3}{\longleftarrow} \boldsymbol{p}_3 \overset{3}{\longleftarrow} \boldsymbol{p}_4 \\ \boldsymbol{o} \overset{3}{\longleftarrow} \boldsymbol{p}_5 \overset{3}{\longleftarrow} \boldsymbol{p}_6 \overset{3}{\longleftarrow} \boldsymbol{p}_7 \end{cases} \tag{4.28}$$

この系列の各 1 本が Jordan 細胞各 1 個に対応して、系列の長さが Jordan 細胞のサイズと対応しています。実はさらに、こんなことも成り立ちます。

> 例えば、(4.27) のようになっていたとしよう。$\boldsymbol{p}_1, \ldots, \boldsymbol{p}_7$ のうちで、$(A-3I)^2\boldsymbol{p}_i = \boldsymbol{o}$ となる（つまり、2 ステップ以内で $\boldsymbol{o}$ になる）のは、$\boldsymbol{p}_1, \boldsymbol{p}_2, \boldsymbol{p}_6, \boldsymbol{p}_7$ の 4 本。実は、この本数 4 が $\dim \mathrm{Ker}\,\{(A-3I)^2\}$ に一致する[*138]。

この事実を使えば、$K_i = \dim \mathrm{Ker}\,(A-3I)^i$ を $i = 1, 2, 3, \ldots$ と求めていくことで[*139]、上の 3 通りの候補のどれが本物かを判定できます。今の例であれば、k_i に応じて、

K_1	K_2	K_3	K_4	K_5	K_6	判定
2	3	4	5	6	7	(4.26)
2	4	5	6	7	7	(4.27)
2	4	6	7	7	7	(4.28)

と判定されます[*140]（?4.36 も参照してください）。例えば、(4.27) だということがわかったとしましょう。後は、$\boldsymbol{p}_1, \ldots, \boldsymbol{p}_7$ を「遠いほうから順に」求めていきます。一番「遠い」のは $\boldsymbol{p}_5$ ですから、方程式

$$(A-3I)^5\boldsymbol{p}_5 = \boldsymbol{o}$$

の解（で $\boldsymbol{o}$ じゃないもの）を 1 つ求めます[*141]。解はたくさんありますが、絶妙に運の悪い例外を除けば、どれを選んでも構いません。脚注*135（267 ページ）と同様です。こうして $\boldsymbol{p}_5$ が定められれば、芋づる式に

$$\begin{aligned} \boldsymbol{p}_4 &= (A-3I)\boldsymbol{p}_5 \\ \boldsymbol{p}_3 &= (A-3I)\boldsymbol{p}_4 \\ \boldsymbol{p}_2 &= (A-3I)\boldsymbol{p}_3 \\ \boldsymbol{p}_1 &= (A-3I)\boldsymbol{p}_2 \end{aligned}$$

も定まります。$\boldsymbol{p}_4, \boldsymbol{p}_3, \boldsymbol{p}_2, \boldsymbol{p}_1$ がどれも $\boldsymbol{o}$ でなければ成功です。ここで万一、$\boldsymbol{p}_4, \ldots, \boldsymbol{p}_1$ が途中で $\boldsymbol{o}$ になってしまったときは、残念ながらそれが「絶妙に運の悪い例外」です。脚注*135（267 ページ）と同様に、$\boldsymbol{p}_5$ を選び直してください。これで 1 本目の系列が完成。

---

*138 理由は後の 4.7.6 項（271 ページ）を参照。ざっと言っておくと——「$(A-3I)$ を何度も掛けるといつか $\boldsymbol{o}$ になってしまうようなベクトル $\boldsymbol{x}$」を集めると、線形部分空間 $W(3)$ ができる。そして、$(\boldsymbol{p}_1, \ldots, \boldsymbol{p}_7)$ が $W(3)$ の基底となっている。

*139 次元定理（2.3.3 項（119 ページ））より $K_i = 11 - \mathrm{rank}\,\{(A-3I)^i\}$ ですから、$(A-3I)^i$ のランクを求めれば K_i がわかります。11 は A のサイズです。なお、この K_i という記号は、dim や Ker のような「どこでも通じる記号」ではありません。人に見せる答案・資料などを書くときは、「○○を K_i とおく」と断わるようにしてください。

*140 $K_1, \ldots, K_6$ を全部求める必要はありません。どの場合なのかの判定が付いたら、そこまでで十分です。

*141 (4.27) を眺めれば、$\boldsymbol{p}_5$ は「$(A-3I)$ を 5 回掛けると $\boldsymbol{o}$ になるようなやつ」だと読み取れます。解の求め方は 2.5.2 項（150 ページ）を復習。

次に、残りで一番遠い $\boldsymbol{p}_7$ を、方程式

$$(A-3I)^2\boldsymbol{p}_7 = \boldsymbol{o}$$

の解（で $\boldsymbol{o}$ じゃないもの）として決定します。後はまた芋づるで、$\boldsymbol{p}_6 = (A-3I)\boldsymbol{p}_7$ と定まります。万一、$\boldsymbol{p}_6$ が $\boldsymbol{o}$ になってしまったり、$\boldsymbol{p}_1, \ldots, \boldsymbol{p}_7$ が線形従属になってしまったときは、「絶妙に運の悪い例外」なので、$\boldsymbol{p}_7$ を選び直してください。こうして、2 本目の系列も完成。

できあがった $\boldsymbol{p}_1, \ldots, \boldsymbol{p}_{11}$ を並べて正方行列 $P = (\boldsymbol{p}_1, \ldots, \boldsymbol{p}_{11})$ を作れば、$P^{-1}AP$ が Jordan 標準形（4.23）になります。

? 4.35 「絶妙に運の悪い例外」って、どんな状況ですか？

失敗例を見せましょう。混乱を避けるために、適切に選べたものを $\boldsymbol{p}_1, \ldots, \boldsymbol{p}_7$ と書き、不適切なものは $\boldsymbol{p}'_7$ 等と書くことにします。

［失敗例 1］：最初の $\boldsymbol{p}_5$ を選ぶところで、$\boldsymbol{p}'_5 = \boldsymbol{p}_2$ などを取ってしまったら、これは「絶妙に運の悪い例外」です。確かに $(A-3I)^5\boldsymbol{p}'_5 = \boldsymbol{o}$ は満たしているものの、$\boldsymbol{p}'_5$ から $\boldsymbol{p}'_4 = (A-3I)\boldsymbol{p}'_5$、$\boldsymbol{p}'_3 = (A-3I)\boldsymbol{p}'_4$ と芋づるで定めていくと、途中で $\boldsymbol{p}'_3 = \boldsymbol{o}$ になってしまいます。

［失敗例 2］：$\boldsymbol{p}_5$ は上手に選べて、$\boldsymbol{o}$ でないちゃんとした $\boldsymbol{p}_4, \ldots, \boldsymbol{p}_1$ が得られたとしましょう。次は $\boldsymbol{p}_7$ を選ぶわけですが、ここで $\boldsymbol{p}'_7 = \boldsymbol{p}_2 + \boldsymbol{p}_6$ などを取ってしまったら、これも「絶妙に運の悪い例外」です。確かに $(A-3I)^2\boldsymbol{p}'_7 = \boldsymbol{o}$ は満たしていますし、芋づるで定めた $\boldsymbol{p}'_6 = (A-3I)\boldsymbol{p}'_7$ もちゃんと $\boldsymbol{o}$ でないベクトルが得られます。しかしよく見ると $\boldsymbol{p}'_6 = \boldsymbol{p}_1$ ですから、$\boldsymbol{p}_1, \ldots, \boldsymbol{p}_5, \boldsymbol{p}'_6, \boldsymbol{p}'_7$ が線形独立でなくなってしまいました。

? 4.36 多重解のややこしいときがわかったか怪しいので、もう 1 回やってください。

例えば、7 重解の固有値 8 に対し、固有ベクトル（で線形独立なもの）が 3 本までしか取れなかった場合をやってみます。$K_i \equiv \dim \operatorname{Ker}\{(A-8I)^i\}$ を求めたら、

$$K_1 = 3, \qquad K_2 = 6, \qquad K_3 = 7$$

だったとしましょう。これに合うよう系列を組み立ててください。7 重解だから、7 人の一般化固有ベクトル $\boldsymbol{p}_1, \ldots, \boldsymbol{p}_7$ が登場します。固有ベクトルの本数（$= K_1$）から、系列は 3 本。K_1, K_2, K_3 と合うようにすれば、

$$
\left\{
\begin{array}{ccccccc}
\boldsymbol{o} & \xleftarrow{8} & \boldsymbol{p}_1 & \xleftarrow{8} & \boldsymbol{p}_2 & \xleftarrow{8} & \boldsymbol{p}_3 \\
\boldsymbol{o} & \xleftarrow{8} & \boldsymbol{p}_4 & \xleftarrow{8} & \boldsymbol{p}_5 & & \\
\boldsymbol{o} & \xleftarrow{8} & \boldsymbol{p}_6 & \xleftarrow{8} & \boldsymbol{p}_7 & & \\
\end{array}
\right.
$$

（$K_1 = 3$ 人，$K_2 = 6$ 人，$K_3 = 7$ 人）

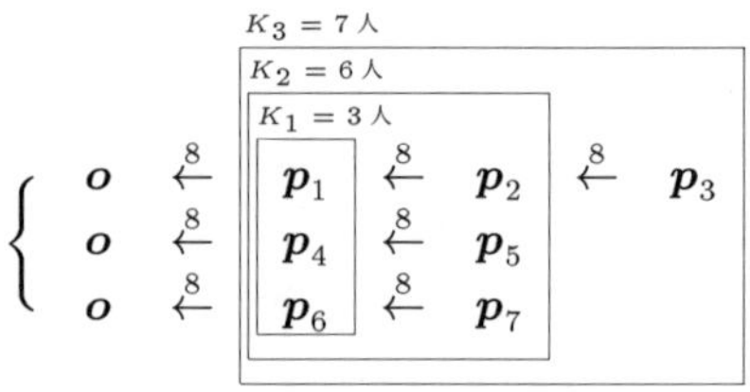

が得られます。

- 1 ステップ以内で $\boldsymbol{o}$ になるのが、$\boldsymbol{p}_1, \boldsymbol{p}_4, \boldsymbol{p}_6$ の 3 人（$= K_1$）
- 2 ステップ以内で $\boldsymbol{o}$ になるのが、$\boldsymbol{p}_1, \boldsymbol{p}_2, \boldsymbol{p}_4, \boldsymbol{p}_5, \boldsymbol{p}_6, \boldsymbol{p}_7$ の 6 人（$= K_2$）
- 3 ステップ以内で $\boldsymbol{o}$ になるのが、$\boldsymbol{p}_1, \boldsymbol{p}_2, \boldsymbol{p}_3, \boldsymbol{p}_4, \boldsymbol{p}_5, \boldsymbol{p}_6, \boldsymbol{p}_7$ の 7 人（$= K_3$）

で、確かに合っています。固有値 8 の Jordan 細胞たちは、

$$
\begin{pmatrix}
8 & 1 & & & & & \\
  & 8 & 1 & & & & \\
  &   & 8 & & & & \\
  &   &   & 8 & 1 & & \\
  &   &   &   & 8 & & \\
  &   &   &   &   & 8 & 1 \\
  &   &   &   &   &   & 8 \\
\end{pmatrix}
\qquad \text{空欄はゼロ}
$$

という格好なことがこれでわかりました。

後は遠いほうから順に。一番遠い $(A - 8I)^3 \boldsymbol{p}_3 = \boldsymbol{o}$ の解 $\boldsymbol{p}_3 \neq \boldsymbol{o}$ を 1 つ求めて、芋づる：

$$
\boldsymbol{p}_2 = (A - 8I)\boldsymbol{p}_3 \\
\boldsymbol{p}_1 = (A - 8I)\boldsymbol{p}_2
$$

$(A - 8I)^2 \boldsymbol{p}_5 = \boldsymbol{o}$ の解 $\boldsymbol{p}_5 \neq \boldsymbol{o}$ を 1 つ求めて、芋づる：

$$
\boldsymbol{p}_4 = (A - 8I)\boldsymbol{p}_5
$$

$(A - 8I)^2 \boldsymbol{p}_7 = \boldsymbol{o}$ の解（で $\boldsymbol{p}_5$ と違う方向のもの）$\boldsymbol{p}_7 \neq \boldsymbol{o}$ を 1 つ求めて、芋づる：

$$
\boldsymbol{p}_6 = (A - 8I)\boldsymbol{p}_7
$$

これで、$\boldsymbol{p}_1, \ldots, \boldsymbol{p}_7$ が定まりました。なお、「芋づる」のときに、ゼロベクトルが出てしまったり、全体が線形従属になってしまったりしたら、別の解を選び直してください。

? **4.37** これに従ってプログラムを書けば、**Jordan** 標準形を求めるルーチンができるわけですね？

いいえ。コンピュータ上の計算では、誤差のことを常に考えなくてはいけません。コンピュータ上では、実数値は有限桁の近似値として表現されるためです。そして、Jordan 標準形は、微小な誤差で結果ががくっと変わってしまうのです。 例えば、

$$A = \begin{pmatrix} 7 & 0 \\ 0 & 7 \end{pmatrix}, \qquad B = \begin{pmatrix} 7 & 0.000001 \\ 0 & 7 \end{pmatrix}, \qquad C = \begin{pmatrix} 7 & 0.000001 \\ 0 & 7.000001 \end{pmatrix}$$

は、ほんの少しの違いなのに、

- A：そのままで対角行列。あえて書けば

$$I^{-1}AI = \begin{pmatrix} 7 & 0 \\ 0 & 7 \end{pmatrix}, \qquad I = \begin{pmatrix} 1 & 0 \\ 0 & 1 \end{pmatrix}$$

- B：Jordan 標準形は

$$P^{-1}BP = \begin{pmatrix} 7 & 1 \\ 0 & 7 \end{pmatrix}, \qquad P = \begin{pmatrix} 1 & 0 \\ 0 & 1000000 \end{pmatrix}$$

- C：対角化可能[*142]

$$Q^{-1}CQ = \begin{pmatrix} 7 & 0 \\ 0 & 7.000001 \end{pmatrix}, \qquad Q = \begin{pmatrix} 1 & 1 \\ 0 & 1 \end{pmatrix}$$

と、Jordan 標準形はがたがた変わります。

そもそも、単なる対角化で済まなくて Jordan 標準形が出てくるのは、重複固有値（特性方程式の重解）のときでした。しかし、浮動小数点で表現された数どうしが「ぴったり等しいか」なんてほとんどナンセンス。誤差を含む近似値でしかない数どうしが厳密に一致することなんてまず期待できません。この辺りは、プログラミング初心者のころ、誰もが一度は痛い目をみる話じゃないでしょうか。Jordan 標準形は、そんな危ういところに立脚していたのです。

ですから、本当に Jordan 標準形が欲しいのかを、まずよく再考してください。そして、どうしても欲しいのなら、数値計算の専門家に相談してください。

4.7.6 Jordan 標準形に変換できることの証明

n 次正方行列 A に対して、「$P^{-1}AP$ が Jordan 標準形になるような上手い正則行列 P が必ずある」ということを示すのが、本項の目的です。そのためには、n 本の n 次元ベクトル $\boldsymbol{p}_1, \ldots, \boldsymbol{p}_n$ を上手く作って、

- $\boldsymbol{p}_1, \ldots, \boldsymbol{p}_n$ は、次の例のような系列をなす。つまり、「$(A - \lambda I)$ を繰り返し掛ける

[*142] 上三角行列だから、固有値は対角成分 $7, 7.000001$ （4.5.2 項（218 ページ）「固有値・固有ベクトルの性質」）。固有値がすべて異なるから、対角化可能（4.4.2 項（206 ページ）「上手い変換の求め方」や 4.7.3 項（250 ページ）「Jordan 標準形の性質」）。

とゼロベクトルになる」という何本かの系列を並べたものが $\boldsymbol{p}_1, \ldots, \boldsymbol{p}_n$ である[*143]。

$$\begin{cases} \boldsymbol{o} \overset{3}{\longleftarrow} \boldsymbol{p}_1 \overset{3}{\longleftarrow} \boldsymbol{p}_2 \overset{3}{\longleftarrow} \boldsymbol{p}_3 \overset{3}{\longleftarrow} \boldsymbol{p}_4 \overset{3}{\longleftarrow} \boldsymbol{p}_5 \\ \boldsymbol{o} \overset{3}{\longleftarrow} \boldsymbol{p}_6 \overset{3}{\longleftarrow} \boldsymbol{p}_7 \\ \boldsymbol{o} \overset{4}{\longleftarrow} \boldsymbol{p}_8 \\ \boldsymbol{o} \overset{5}{\longleftarrow} \boldsymbol{p}_9 \overset{5}{\longleftarrow} \boldsymbol{p}_{10} \overset{5}{\longleftarrow} \boldsymbol{p}_{11} \end{cases}$$

- $\boldsymbol{p}_1, \ldots, \boldsymbol{p}_n$ は線形独立である。つまり、$\boldsymbol{p}_1, \ldots, \boldsymbol{p}_n$ は基底をなす[*144]。

という条件を満たすようにすればよいのでした。前項で述べたように $P = (\boldsymbol{p}_1, \ldots, \boldsymbol{p}_n)$ と取ることで $P^{-1}AP$ が Jordan 標準形になるからです。

まずは、$\boldsymbol{p}_1, \ldots, \boldsymbol{p}_n$ の候補を絞りましょう。資格があるのは、「$(A - \lambda I)$ を何度か掛けると $\boldsymbol{o}$ になる」という特別な性質を持ったベクトルだけです。そこで、そんなベクトルたちを集めて「流派」$W(\lambda)$ を作ることにします。例えば、$W(3)$ とは、「$(A - 3I)$ を何度か掛けると $\boldsymbol{o}$ になるような n 次元ベクトルの集合」です。上の例なら $\boldsymbol{p}_1, \ldots, \boldsymbol{p}_7$ が $W(3)$ に属します（$W(3)$ のメンバーはほかにもいます)。$\boldsymbol{o}$ 自身も、「0 回掛けると $\boldsymbol{o}$ になる」と解釈して、流派に属すと見なします。どの流派にも属していないベクトルには、候補の資格がありません。

■流派の大きさについて

上で述べたとおり、どの流派 $W(\lambda)$ にも $\boldsymbol{o}$ は入っています。でも、「基底」を作るためには $\boldsymbol{o}$ じゃ役に立ちませんから、それ以外のメンバーが必要です[*145]。実は、$\boldsymbol{o}$ 以外のメンバーがいる流派は、特別な λ だけです。なぜでしょうか——$\boldsymbol{o}$ 以外の $\boldsymbol{p}$ に $(A - \lambda I)$ を繰り返し掛けていって、$\boldsymbol{o}$ になる直前のベクトル $\boldsymbol{p}'$ を考えてください。ベクトル $\boldsymbol{p}'$ はまだゼロベクトルではないけど、あと 1 回 $(A - \lambda I)$ を掛けると $\boldsymbol{o}$ になってしまうわけです。これは、$\boldsymbol{p}'$ が固有値 λ の固有ベクトルだということですよね。そういうわけで、$\boldsymbol{o}$ 以外のメンバーがいる流派 $W(\lambda)$ は、λ が A の固有値なものだけです。

? 4.38　「流派」なんていう用語が本当にあるの？

ありません。まじめな言葉では、固有値 λ に対する $W(\lambda)$ を一般化固有空間と呼びます。ちなみに、固有値 λ に対する（ただの）固有空間とは、「$A\boldsymbol{x} = \lambda\boldsymbol{x}$ となるベクトルの集合」、要するに $\mathrm{Ker}\,(A - \lambda I)$ のことです。固有空間が一般化固有空間に含まれることは、定義から当たり前。

固有値 λ ごとに流派 $W(\lambda)$ があって、そこから上手く $\boldsymbol{p}_1, \ldots, \boldsymbol{p}_n$ を選んで基底を作ら

*143 $\overset{\lambda}{\longleftarrow}$ は、「$(A - \lambda I)$ を左から掛ける」という仮の記号です。

*144 次元と同じ本数の線形独立なベクトルは基底をなします。基底に関する補足（付録 C）を参照。

*145 「基底」の意味（1.1.3 項（11 ページ））を思い出すと、どこかを指すのに「$\boldsymbol{o}$ を何歩」と言ってもしょうがない。難しげに言えば、基底は線形独立でないといけないのに、$\boldsymbol{o}$ は誰とも（自分 1 人でさえも）線形独立ではありません。「えっ」て人は、「ぺちゃんこ」を式で表す（2.3.4 項（123 ページ））を復習。

ないといけないことがわかりました。では、各流派から何人選べばいいでしょうか？

これを考えるために、まず、流派 $W(\lambda)$ にどれくらい人材がそろっているか調べておきます。具体的には、$W(\lambda)$ の中で、線形独立なベクトルが何本取れるかの調査です。実は、**固有値 λ が特性方程式 $\phi_A(\lambda) = 0$ の k 重解だったら**[*146]**、$W(\lambda)$ の中から k 本の線形独立なベクトルを取れることが保証されます。**

例えば、A が固有値 $\lambda = 7$ を持ち、それが特性方程式 $\phi_A(\lambda) = 0$ の 3 重解だったとします。$W(7)$ の中から 3 本の線形独立なベクトルを見つけてみせましょう（こういう計算を本当にやれというわけではありません。証明のために、「こうすれば原理的には可能ですね」ということを示していきます）。固有値 7 の固有ベクトル $\boldsymbol{p}'_1$ を選び出し、さらに残りの $\boldsymbol{p}'_2, \ldots, \boldsymbol{p}'_n$ を適当に選んで、$\boldsymbol{p}'_1, \boldsymbol{p}'_2, \ldots, \boldsymbol{p}'_n$ が線形独立なようにします[*147]。これらを並べた行列 $P_1 = (\boldsymbol{p}'_1, \boldsymbol{p}'_2, \ldots, \boldsymbol{p}'_n)$ を作れば、

$$AP_1 = P_1U_1, \qquad U_1 = \left(\begin{array}{c|ccc} 7 & ? & \cdots & ? \\ \hline 0 & & & \\ \vdots & & A_1 & \\ 0 & & & \end{array}\right)$$

という格好になるはずです[*148]。右辺に出てきた行列の 1 列目に 0 が並ぶ辺りを注目してください。「？」のところは興味がありません。ここまでが第 1 ステップ。第 2 ステップは、A_1 の部分に着目します。$P_1^{-1}AP_1 = U_1$ から $\phi_A(\lambda) = \phi_{U_1}(\lambda) = (\lambda - 7)\phi_{A_1}(\lambda)$ なことは見えるでしょうか[*149]。前提から $\phi_A(\lambda) = (\lambda - 7)^3(\cdots)$ と因数分解されるはずなので、$\phi_{A_1} = (\lambda - 7)^2(\cdots)$ のはず。つまり、A_1 もまだ固有値 7（2 重解）を持っているわけです。そこで、A_1 に対して固有値 7 の固有ベクトル $\boldsymbol{p}''_2$ を選び出し、さらに残りの $\boldsymbol{p}''_3, \ldots, \boldsymbol{p}''_n$ を適当に選んで、$\boldsymbol{p}''_2, \ldots, \boldsymbol{p}''_n$ が線形独立なようにします。これらを並べた行列 $P_2 = (\boldsymbol{p}''_2, \ldots, \boldsymbol{p}''_n)$ を作れば、前と同様に

$$A_1P_2 = P_2U_2, \qquad U_2 = \left(\begin{array}{c|ccc} 7 & ? & \cdots & ? \\ \hline 0 & & & \\ \vdots & & A_2 & \\ 0 & & & \end{array}\right)$$

という形になります。ここまでが第 2 ステップ。同様に、第 3 ステップまで続けられて、

$$A_2P_3 = P_3U_3, \qquad U_3 = \left(\begin{array}{c|ccc} 7 & ? & \cdots & ? \\ \hline 0 & & & \\ \vdots & & A_3 & \\ 0 & & & \end{array}\right)$$

---

*146 k を代数的重複度と呼ぶのでしたね（→ 4.5.3 項（226 ページ））。

*147 線形独立になるよう $\boldsymbol{p}'_2, \ldots, \boldsymbol{p}'_n$ を選べることは、付録 C（327 ページ）「基底に関する補足」で保証されています。

*148 $A\boldsymbol{p}'_1 = 7\boldsymbol{p}'_1$ ですから。「えっ」て人は、ブロック行列（1.2.9 項（47 ページ））を復習。$(A\boldsymbol{p}'_1, A\boldsymbol{p}'_2, \ldots, A\boldsymbol{p}'_n) = (\boldsymbol{p}'_1, \boldsymbol{p}'_2, \ldots, \boldsymbol{p}'_n)U_1$ とばらして考えてください。

*149「えっ」て人は、特性多項式の定義（4.5.3 項（226 ページ）「固有値の計算」）と、ブロック上三角行列の行列式（脚注*78（74 ページ））を復習。

が得られます。論理を追えばわかるように、固有値 7 は、A では 3 重解、A_1 では 2 重解、A_2 では 1 重解。A_3 はもう固有値 7 を持たないので、これ以上は続けられません。さて次は、得られた結果をまとめあげていきましょう。第 1 ステップについては、単に $Q_1 = P_1$ とおきます。もちろん $Q_1^{-1} A Q_1 = U_1$ です。第 2 ステップでは、この Q_1 と P_2 をあわせて

$$Q_2 = Q_1 \left(\begin{array}{c|ccc} 1 & 0 & \cdots & 0 \\ \hline 0 & & & \\ \vdots & & P_2 & \\ 0 & & & \end{array}\right)$$

を作ります。Q_1 と P_2 が正則なので Q_2 も正則なことに注意してください[*150]。この Q_2 を使うと、

$$\begin{aligned}
Q_2^{-1} A Q_2 &= \left(\begin{array}{c|ccc} 1 & 0 & \cdots & 0 \\ \hline 0 & & & \\ \vdots & & P_2^{-1} & \\ 0 & & & \end{array}\right) Q_1^{-1} A Q_1 \left(\begin{array}{c|ccc} 1 & 0 & \cdots & 0 \\ \hline 0 & & & \\ \vdots & & P_2 & \\ 0 & & & \end{array}\right) \\
&= \left(\begin{array}{c|ccc} 1 & 0 & \cdots & 0 \\ \hline 0 & & & \\ \vdots & & P_2^{-1} & \\ 0 & & & \end{array}\right) \left(\begin{array}{c|ccc} 7 & ? & \cdots & ? \\ \hline 0 & & & \\ \vdots & & A_1 & \\ 0 & & & \end{array}\right) \left(\begin{array}{c|ccc} 1 & 0 & \cdots & 0 \\ \hline 0 & & & \\ \vdots & & P_2 & \\ 0 & & & \end{array}\right) \\
&= \left(\begin{array}{c|ccc} 7 & ? & \cdots & ? \\ \hline 0 & & & \\ \vdots & & P_2^{-1} A_1 P_2 & \\ 0 & & & \end{array}\right) \\
&= \left(\begin{array}{c|ccc} 7 & ? & \cdots & ? \\ \hline 0 & & & \\ \vdots & & U_2 & \\ 0 & & & \end{array}\right)
\end{aligned}$$

[*150] 信じられない人は、

$$\left(\begin{array}{c|ccc} 1 & 0 & \cdots & 0 \\ \hline 0 & & & \\ \vdots & & P_2^{-1} & \\ 0 & & & \end{array}\right) Q_1^{-1}$$

を Q_2 に掛けて単位行列になることを確認してください。「$(AB)^{-1} = B^{-1}A^{-1}$」や「ブロック対角行列の逆行列は、各対角ブロックについて逆行列を取ればよい」などは、この項に手を出す人なら大丈夫ですよね。

$$
= \left(\begin{array}{c|cccc}
7 & ? & ? & \cdots & ? \\ \hline
0 & 7 & ? & \cdots & ? \\
0 & 0 & & & \\
\vdots & \vdots & & A_2 & \\
0 & 0 & & &
\end{array}\right)
$$

$$
= \left(\begin{array}{cc|ccc}
7 & ? & ? & \cdots & ? \\
0 & 7 & ? & \cdots & ? \\ \hline
0 & 0 & & & \\
\vdots & \vdots & & A_2 & \\
0 & 0 & & &
\end{array}\right)
$$

とまとめられます。第3ステップでは、この Q_2 と P_3 を合わせて

$$
Q_3 = Q_2 \left(\begin{array}{cc|ccc}
1 & 0 & 0 & \cdots & 0 \\
0 & 1 & 0 & \cdots & 0 \\ \hline
0 & 0 & & & \\
\vdots & \vdots & & P_3 & \\
0 & 0 & & &
\end{array}\right)
$$

を作ります。Q_3 を使うと、

$$
Q_3^{-1} A Q_3 = U, \qquad U = \left(\begin{array}{ccc|ccc}
7 & ? & ? & ? & \cdots & ? \\
0 & 7 & ? & ? & \cdots & ? \\
0 & 0 & 7 & ? & \cdots & ? \\ \hline
0 & 0 & 0 & & & \\
\vdots & \vdots & \vdots & & A_3 & \\
0 & 0 & 0 & & &
\end{array}\right)
$$

が得られます。さあ、あと一息です。$Q_3 = (\boldsymbol{q}_1, \ldots, \boldsymbol{q}_n)$ と縦ベクトルに分解しましょう。前と同様、Q_3 も正則ですから、$\boldsymbol{q}_1, \ldots, \boldsymbol{q}_n$ は線形独立です。しかも実は、$\boldsymbol{q}_1, \boldsymbol{q}_2, \boldsymbol{q}_3$ が流派 $W(7)$ のメンバーなのです。確かめましょう。上の $Q_3^{-1} A Q_3 = U$、つまり $AQ_3 = Q_3 U$ を、例によって $(A\boldsymbol{q}_1, \ldots, A\boldsymbol{q}_n) = (\boldsymbol{q}_1, \ldots, \boldsymbol{q}_n)U$ とブロック行列にばらして考えてください。$\boldsymbol{q}_1$ については、$A\boldsymbol{q}_1 = 7\boldsymbol{q}_1$ ですから一発で $(A - 7I)\boldsymbol{q}_1 = \boldsymbol{o}$ となり、確かに $W(7)$ のメンバーです。$\boldsymbol{q}_2$ については、$A\boldsymbol{q}_2 = ?\,\boldsymbol{q}_1 + 7\boldsymbol{q}_2$ から $(A - 7I)\boldsymbol{q}_2 = ?\,\boldsymbol{q}_1$ の形、ということは $(A - 7I)^2 \boldsymbol{q}_2 = ?\ (A - 7I)\boldsymbol{q}_1 = \boldsymbol{o}$ で、やはり $W(7)$ のメンバーです。$\boldsymbol{q}_3$ についても、$A\boldsymbol{q}_3 = ?\,\boldsymbol{q}_1 + ?\,\boldsymbol{q}_2 + 7\boldsymbol{q}_3$ から $(A - 7I)\boldsymbol{q}_3 = ?\,\boldsymbol{q}_1 + ?\,\boldsymbol{q}_2$ の形、ということは $(A - 7I)^3 \boldsymbol{q}_3 = \boldsymbol{o}$ で、やはり $W(7)$ のメンバーです。こうして、約束どおり、流派 $W(7)$ から3本の線形独立なベクトルを見つけられました。

■流派間の関係について

2つ以上の流派をかけもちしている人はいるでしょうか？ すでに見たように、ゼロベクトル $\boldsymbol{o}$ は、すべての流派に所属しています。実は、ゼロベクトル $\boldsymbol{o}$ だけが例外で、ほか

のベクトルには決して流派のかけもちは許されません。証明には背理法を使います。もしあるベクトル $\boldsymbol{p} \neq \boldsymbol{o}$ が、2つの流派 $W(\lambda), W(\lambda')$ に属していたとしましょう（$\lambda \neq \lambda'$）。流派 $W(\lambda)$ に属するということは、$(A-\lambda I)$ を $\boldsymbol{p}$ に繰り返し掛けていくと $\boldsymbol{o}$ になるわけです。今、h 回目ではじめて $\boldsymbol{o}$ になるとします。同様に、$(A-\lambda' I)$ を $\boldsymbol{p}$ に掛けていくと、h' 回目ではじめて $\boldsymbol{o}$ になるとします。このとき、$\boldsymbol{o}$ になる直前を考えると、$\boldsymbol{q} = (A-\lambda I)^{h-1}\boldsymbol{p}$ は A の固有値 λ に対する固有ベクトルなことに注意してください[*151]。同様に、$\boldsymbol{q}' = (A-\lambda' I)^{h'-1}\boldsymbol{p}$ は A の固有値 λ' に対する固有ベクトルです。では、$\boldsymbol{r} = (A-\lambda I)^{h-1}(A-\lambda' I)^{h'-1}\boldsymbol{p}$ を考えたらどうなるでしょう。$\boldsymbol{r} = (A-\lambda I)^{h-1}\boldsymbol{q}'$ なわけですから、$A\boldsymbol{q}' = \lambda'\boldsymbol{q}'$ を代入すれば $\boldsymbol{r} = (\lambda'-\lambda)^{h-1}\boldsymbol{q}'$ が得られます[*152]。よって、$\boldsymbol{r}$ は $\boldsymbol{q}'$ と同じ方向になっています。一方、

$$(A-\lambda I)^{h-1}(A-\lambda' I)^{h'-1} = (A-\lambda' I)^{h'-1}(A-\lambda I)^{h-1}$$

のように交換可能なので[*153]、$\boldsymbol{r} = (A-\lambda' I)^{h'-1}\boldsymbol{q}$ とも書き直せます。そこへ $A\boldsymbol{q} = \lambda\boldsymbol{q}$ を代入すれば、$\boldsymbol{r} = (\lambda-\lambda')^{h'-1}\boldsymbol{q}$。よって、$\boldsymbol{r}$ は $\boldsymbol{q}$ とも同じ方向になっています。どうも様子が変ですね。これでは、$\boldsymbol{q}$ も $\boldsymbol{q}'$ も同じ方向ということになってしまいました。「異なる固有値の固有ベクトルは方向が異なる」という事実（4.5.2 項（218 ページ）「固有値・固有ベクトルの性質」）に矛盾しています。というわけで、背理法により、「同じ人が2つの異なる流派に属することはない（$\boldsymbol{o}$ は除いて）」ということが示されました。

もっと強いことも言えます。異なる流派は、次の意味で互いに独立なのです。

> A の相異なる固有値 $\lambda_1, \ldots, \lambda_r$ について、各流派 $W(\lambda_1), \ldots, W(\lambda_r)$ から $\boldsymbol{o}$ 以外のベクトルを1つずつ選んだとしましょう。このベクトルたち $\boldsymbol{p}_1, \ldots, \boldsymbol{p}_r$ は、必ず線形独立になっています。

証明方針は先ほどと同様。各 $\boldsymbol{p}_i$ は $W(\lambda_i)$ に属しているのだから、$(A-\lambda_i I)$ を繰り返し掛けていくと、いつか $\boldsymbol{o}$ になります（$i = 1, \ldots, r$）。ここでは、h_i 回目ではじめて $\boldsymbol{o}$ になったとしましょう。これは、「$\boldsymbol{q}_i \equiv (A-\lambda_i I)^{h_i-1}\boldsymbol{p}_i$ は、A の固有値 λ_i に対応する固有ベクトルである」を意味することに注意してください。さて、もし、上手い数 $c_1, \ldots, c_r$ を選んで

$$c_1\boldsymbol{p}_1 + \cdots + c_r\boldsymbol{p}_r = \boldsymbol{o}$$

となったとしましょう。「このとき、必ず $c_1 = \cdots = c_r = 0$ しかない」と示せれば、線形独立が保証されたことになるのでしたね[*154]。この式の両辺に左から

[*151] $(A-\lambda I)\boldsymbol{q} = \boldsymbol{o}$、つまり $A\boldsymbol{q} = \lambda\boldsymbol{q}$ ですから。$\boldsymbol{q} \neq \boldsymbol{o}$ もお忘れなく。

[*152] $\boldsymbol{p}$ が正方行列 A の固有値 λ に対応する固有ベクトルのとき、多項式 $f(x)$ に対して、$f(A)\boldsymbol{p} = f(\lambda)\boldsymbol{p}$ ですから。例えば、$(A^2-2A-3I)\boldsymbol{p} = (\lambda^2-2\lambda-3)\boldsymbol{p}$ という調子。$A\boldsymbol{p} = \lambda\boldsymbol{p}$, $A^j\boldsymbol{p} = \lambda^j\boldsymbol{p}$ から当然です（$j = 1, 2, \ldots$）。

[*153] 2つの正方行列 A, B に対して、AB と BA はたいていは違う行列になります。しかし今の場合は特別。多項式 $f(x), g(x)$ に対して、$f(A)g(A) = g(A)f(A)$ なのです。どちらも結局は、「多項式 $f(x)g(x)$ の x を A に入れ替えたもの」ですから。ミソは、多項式なら $f(x)g(x) = g(x)f(x)$ なことと、正方行列について $A^iA^j = A^jA^i (= A^{i+j})$ なこと。

[*154]「えっ」て人は線形独立の定義（2.3.4 項（123 ページ））を参照。

$$(A-\lambda_1 I)^{h_1-1}\cdots(A-\lambda_r I)^{h_r-1}$$

を掛ければ、

$$\begin{aligned} & d_1\boldsymbol{q}_1+\cdots+d_r\boldsymbol{q}_r=\boldsymbol{o} \\ d_i &= (\lambda_i-\lambda_1)^{h_1-1}\cdots(\lambda_i-\lambda_r)^{h_r-1}c_i, \quad \text{「}\cdots\text{」は、}i\text{ 番目の }(\lambda_i-\lambda_i)\text{ を除く} \\ i &= 1,\ldots,r \end{aligned}$$

という形の式に化けます[*155]。$\boldsymbol{q}_1,\ldots,\boldsymbol{q}_r$ は「異なる固有値に対する固有ベクトル」たちですから、線形独立なはず（?4.16（224 ページ））。つまり、$d_1=\cdots=d_r=0$ でなくてはいけません。そうなるには、$c_1=\cdots=c_r=0$ しかありません。$\lambda_1,\ldots,\lambda_r$ がすべて異なることから、$(\lambda_i-\lambda_j)\neq 0$ だからです（$i\neq j$）。こうして、$\boldsymbol{p}_1,\ldots,\boldsymbol{p}_r$ は線形独立だと保証されました。

流派のさらなる性質として、

1. ベクトル $\boldsymbol{p},\boldsymbol{p}'$ が流派 $W(\lambda)$ に属するなら、$\boldsymbol{p}+\boldsymbol{p}'$ も $W(\lambda)$ に属する。また、任意の数 c に対して $c\boldsymbol{p}$ も $W(\lambda)$ に属する（つまり、?2.15（120 ページ）の言葉を使えば、「$W(\lambda)$ は線形部分空間となっている」）。
2. ベクトル $\boldsymbol{p}$ が流派 $W(\lambda)$ に属するなら、$A\boldsymbol{p}$ も $W(\lambda)$ に属する

を指摘しておきます。流派とは何だったのかを思い出せば、1. は当たり前でしょう。2 の理由は次のとおりです。流派の定義から、$\boldsymbol{q}\equiv(A-\lambda I)\boldsymbol{p}$ も $W(\lambda)$ に属することは当然。すると、$A\boldsymbol{p}=\boldsymbol{q}+\lambda\boldsymbol{p}$ であり、1. からこれも $W(\lambda)$ に属します。

ここまでの結果をまとめると、こんなことが言えます。n 次正方行列 A の固有値を $\lambda_1,\ldots,\lambda_r$ とし、λ_i が特性方程式 $\phi_A(\lambda)=0$ の k_i 重解（$i=1,\ldots,r$）だとしましょう。**このとき、上手い正則行列 Q を取れば、$Q^{-1}AQ$ を次のような特別なブロック対角行列にできる：**

$$Q^{-1}AQ=\left(\begin{array}{c|c|c|c} D_1 & & & \\ \hline & D_2 & & \\ \hline & & \ddots & \\ \hline & & & D_r \end{array}\right)\equiv D \qquad \textbf{空欄はゼロ} \tag{4.29}$$

D_i ： k_i 次正方行列

$(D_i-\lambda_i I)^h$ は、h を大きくしていくといつか O になる

---

*155 例えば、

$$\begin{aligned} &(A-\lambda_1 I)^{h_1-1}\cdots(A-\lambda_r I)^{h_r-1}c_1\boldsymbol{p}_1 \\ &=(A-\lambda_2 I)^{h_2-1}\cdots(A-\lambda_r I)^{h_r-1}(A-\lambda_1 I)^{h_1-1}c_1\boldsymbol{p}_1 \\ &=(A-\lambda_2 I)^{h_2-1}\cdots(A-\lambda_r I)^{h_r-1}c_1\boldsymbol{q}_1 \\ &=(\lambda_1-\lambda_2)^{h_2-1}\cdots(\lambda_1-\lambda_r)^{h_r-1}c_1\boldsymbol{q}_1 \end{aligned}$$

だから、$d_1=(\lambda_1-\lambda_2)^{h_2-1}\cdots(\lambda_1-\lambda_r)^{h_r-1}$ です。式変形には、「多項式 $f(x),g(x)$ に対して $f(A)g(A)=g(A)f(A)$」「多項式 $h(x)$ に対して $h(A)\boldsymbol{q}_1=h(\lambda_1)\boldsymbol{q}_1$」を使いました（→脚注*153, *152）。

$$(i = 1, \ldots, r)$$

以下、なぜそう言えるかの説明。一般的に書くと記号がいかめしくなるので、また例で説明します。11 次正方行列 A の固有値が、3（7 重解）、4（1 重解）、5（3 重解）だったとしましょう[*156]。前項で述べたように、流派 $W(3)$ からは、7 本の線形独立なベクトル $\boldsymbol{p}_1, \ldots, \boldsymbol{p}_7$ を選び出すことができます。同様にして、流派 $W(4)$ からは $\boldsymbol{p}_8 \neq \boldsymbol{o}$ を選び[*157]、流派 $W(5)$ からは 3 本の線形独立なベクトル $\boldsymbol{p}_9, \boldsymbol{p}_{10}, \boldsymbol{p}_{11}$ を選び出せます。すると、全部合わせた $\boldsymbol{p}_1, \ldots, \boldsymbol{p}_{11}$ も自動的に線形独立になるのです[*158]。11 本の 11 次元ベクトルが線形独立なのですから、$(\boldsymbol{p}_1, \ldots, \boldsymbol{p}_{11})$ は基底をなします（付録 C「基底に関する補足」）。実はさらに、各流派内でも

- $\boldsymbol{p}_1, \ldots, \boldsymbol{p}_7$ は $W(3)$ の基底
- $\boldsymbol{p}_8$ は $W(4)$ の基底
- $\boldsymbol{p}_9, \boldsymbol{p}_{10}, \boldsymbol{p}_{11}$ は $W(5)$ の基底

となっています[*159]。さて、線形独立な $\boldsymbol{p}_1, \ldots, \boldsymbol{p}_{11}$ を並べて作った正方行列 $Q = (\boldsymbol{p}_1, \ldots, \boldsymbol{p}_{11})$ は正則です。実はこの Q を使えば、$Q^{-1}AQ$ が (4.29) のようなブロック対角行列 D になります。以下、それを示しましょう。$A\boldsymbol{p}_1, \ldots, A\boldsymbol{p}_7$ は $W(3)$ に属するので、

$$A\boldsymbol{p}_1 = \square\boldsymbol{p}_1 + \cdots + \square\boldsymbol{p}_7$$
$$\vdots$$
$$A\boldsymbol{p}_7 = \square\boldsymbol{p}_1 + \cdots + \square\boldsymbol{p}_7$$

という形に書けます（□には何か数が入る）。残りも同様に、

$$A\boldsymbol{p}_8 = \square\boldsymbol{p}_8$$

[*156] 特性多項式 $\phi_A(\lambda)$ は 11 次式になるので、その固有値、すなわち特性方程式 $\phi_A(\lambda) = 0$ の解は、重解まで含めてちょうど 11 個の解を持つのでした（脚注*67（228 ページ）「代数学の基本定理」）。$7 + 1 + 3 = 11$ で確かに合います。

[*157] 線形独立の定義（2.3.4 項（123 ページ））を素直に読めば、「1 本の線形独立なベクトル $\boldsymbol{p}_8$」とは、「$\boldsymbol{p}_8 \neq \boldsymbol{o}$」という意味だとわかるはず。

[*158] 証明は次のとおり。何か数 $c_1, \ldots, c_{11}$ をもってきて $c_1\boldsymbol{p}_1 + \cdots + c_{11}\boldsymbol{p}_{11} = \boldsymbol{o}$ となったとしましょう。それを、$\boldsymbol{q} \equiv c_1\boldsymbol{p}_1 + \cdots + c_7\boldsymbol{p}_7$、$\boldsymbol{r} \equiv c_8\boldsymbol{p}_8$、$\boldsymbol{s} \equiv c_9\boldsymbol{p}_9 + c_{10}\boldsymbol{p}_{10} + c_{11}\boldsymbol{p}_{11}$ と流派別に集めてみます。この $\boldsymbol{q}, \boldsymbol{r}, \boldsymbol{s}$ はそれぞれ $W(3), W(4), W(5)$ に属していて、$\boldsymbol{q} + \boldsymbol{r} + \boldsymbol{s} = \boldsymbol{o}$ です。$W(3), W(4), W(5)$ の（$\boldsymbol{o}$ でない）メンバーは「独立」なのですから、足して $\boldsymbol{o}$ になるには $\boldsymbol{q} = \boldsymbol{r} = \boldsymbol{s} = \boldsymbol{o}$ しかありません。となると $\boldsymbol{q} = c_1\boldsymbol{p}_1 + \cdots + c_7\boldsymbol{p}_7 = \boldsymbol{o}$ なわけで、$\boldsymbol{p}_1, \ldots, \boldsymbol{p}_7$ が線形独立という前提から、$c_1 = \cdots = c_7 = 0$ ということになります。同様に、$c_8 = 0$ だし、$c_9 = c_{10} = c_{11} = 0$ だし。こうして結局、$c_1 = \cdots = c_{11} = 0$ ということになりました。ですから、$\boldsymbol{p}_1, \ldots, \boldsymbol{p}_{11}$ は線形独立です。

[*159] 理由を示します。例えば、$W(3)$ に属するベクトル $\boldsymbol{q}$ を考えましょう。$(\boldsymbol{p}_1, \ldots, \boldsymbol{p}_{11})$ が基底なので、数 $c_1, \ldots, c_{11}$ を調整して $\boldsymbol{q} = c_1\boldsymbol{p}_1 + \cdots + c_{11}\boldsymbol{p}_{11}$ と書けることは保証されています。これを移項してまとめれば $(-\boldsymbol{q} + c_1\boldsymbol{p}_1 + \cdots + c_7\boldsymbol{p}_7) + (c_8\boldsymbol{p}_8) + (c_9\boldsymbol{p}_9 + c_{10}\boldsymbol{p}_{10} + c_{11}\boldsymbol{p}_{11}) = \boldsymbol{o}$ となります。この $(\cdots)$ はそれぞれ $W(3), W(4), W(5)$ に属しており、$W(3), W(4), W(5)$ の（$\boldsymbol{o}$ でない）メンバーは前述のように「独立」です。それなのに足して $\boldsymbol{o}$ となるには、各 $(\cdots)$ が $\boldsymbol{o}$ になるしかありません。すると、$\boldsymbol{q} = c_1\boldsymbol{p}_1 + \cdots + c_7\boldsymbol{p}_7$ と書けることになります。$\boldsymbol{p}_1, \ldots, \boldsymbol{p}_{11}$ を全員動員しなくても、$W(3)$ のメンバー $\boldsymbol{q}$ については $\boldsymbol{p}_1, \ldots, \boldsymbol{p}_7$ だけで表せることが保証されました。基底の条件である「どの土地にも番地が付く」のほうはこれで満たされますし、「1 つの土地には番地は 1 つ」のほうも $\boldsymbol{p}_1, \ldots, \boldsymbol{p}_7$ が線形独立なことから満たされます。こうして、$\boldsymbol{p}_1, \ldots, \boldsymbol{p}_7$ が $W(3)$ の基底となることを確認できました。

$$\begin{aligned} A\boldsymbol{p}_9 &= \square\boldsymbol{p}_9 + \square\boldsymbol{p}_{10} + \square\boldsymbol{p}_{11} \\ A\boldsymbol{p}_{10} &= \square\boldsymbol{p}_9 + \square\boldsymbol{p}_{10} + \square\boldsymbol{p}_{11} \\ A\boldsymbol{p}_{11} &= \square\boldsymbol{p}_9 + \square\boldsymbol{p}_{10} + \square\boldsymbol{p}_{11} \end{aligned}$$

と書けます。それを行列の形で表せば、

$$A\left(\begin{array}{ccc|c|ccc} \boldsymbol{p}_1 & \cdots & \boldsymbol{p}_7 & \boldsymbol{p}_8 & \boldsymbol{p}_9 & \boldsymbol{p}_{10} & \boldsymbol{p}_{11} \end{array}\right)$$

$$= \left(\begin{array}{ccc|c|ccc} \boldsymbol{p}_1 & \cdots & \boldsymbol{p}_7 & \boldsymbol{p}_8 & \boldsymbol{p}_9 & \boldsymbol{p}_{10} & \boldsymbol{p}_{11} \end{array}\right)\left(\begin{array}{ccc|c|ccc} \square & \cdots & \square & 0 & 0 & 0 & 0 \\ \vdots & & \vdots & \vdots & \vdots & \vdots & \vdots \\ \square & \cdots & \square & 0 & 0 & 0 & 0 \\ \hline 0 & \cdots & 0 & \square & 0 & 0 & 0 \\ \hline 0 & \cdots & 0 & 0 & \square & \square & \square \\ 0 & \cdots & 0 & 0 & \square & \square & \square \\ 0 & \cdots & 0 & 0 & \square & \square & \square \end{array}\right)$$

$$\equiv Q\left(\begin{array}{c|c|c} D_1 & & \\ \hline & D_2 & \\ \hline & & D_3 \end{array}\right)$$

つまり $AQ = QD$ です。後は両辺に左から Q^{-1} を掛けて、$Q^{-1}AQ = D$ まで示せました。最後に、「$(D_i - \lambda_i I)^h$ は、h を大きくしていくといつか O になる」の証明がまだ残っています。それを検討するために、$(D - 3I)^h$ を考えてみましょう。

$$\begin{aligned} (D-3I)^h &= \left(\begin{array}{c|c|c} D_1 - 3I & & \\ \hline & D_2 - 3I & \\ \hline & & D_3 - 3I \end{array}\right)^h \\ &= \left(\begin{array}{c|c|c} (D_1 - 3I)^h & & \\ \hline & (D_2 - 3I)^h & \\ \hline & & (D_3 - 3I)^h \end{array}\right) \end{aligned}$$

ですから、$(D - 3I)^h$ を調べることで結果的に $(D_1 - 3I)^h$ を知ろうという魂胆です。

では、調査をはじめます。1.2.3 項（25 ページ）「行列は写像だ」で述べたように、$\boldsymbol{e}_1 = (1, 0, \ldots, 0)^T$ の行き先 $(D - 3I)^h \boldsymbol{e}_1$ を求めると、それが $(D - 3I)^h$ の 1 列目に一致するのでした。ここで、$Q^{-1}AQ = D$ から $D - 3I = Q^{-1}(A - 3I)Q$ なことを使えば、

$$\begin{aligned} (D-3I)^h \boldsymbol{e}_1 &= \left\{Q^{-1}(A-3I)Q\right\}^h \boldsymbol{e}_1 \\ &= Q^{-1}(A-3I)^h Q\boldsymbol{e}_1 \\ &= Q^{-1}(A-3I)^h \boldsymbol{p}_1 \end{aligned}$$

と変形できます。$\boldsymbol{p}_1$ は $W(3)$ に属するのでしたから、$(A - 3I)^h \boldsymbol{p}_1$ は h を大きくしてい

くと、いつか $\boldsymbol{o}$ になります。こうして、「$(D-3I)^h$ の1列目は、h を大きくしていくといつか $\boldsymbol{o}$ になる」が言えました。2列目から7列目も同様です。となると、$(D_1-3I)^h = O$ が言えたことになります。同じ調子で、$(D_2-4I)^h = O$ や $(D_3-5I)^h = O$ も示されます。

■流派内の構造について

前項では、A に対して上手い正則行列 Q を作って、ブロック対角行列 $Q^{-1}AQ = D = \mathrm{diag}(D_1, \ldots, D_r)$ にまで変換できました。だいぶ Jordan 標準形に近づいています。ここから Jordan 標準形までさらに変換するのが、本項の目標です。そのための方針は、「ブロックごとに考えよう」。ブロック D_i ごとに、$R_i^{-1}D_iR_i \equiv J_i$ が **Jordan** 標準形になるような上手い正則行列 R_i を、以下で見つけてみせます。そうすれば、$R = \mathrm{diag}(R_1, \ldots, R_r)$ とおくことで、

$$
R^{-1}DR = \left(\begin{array}{c|c|c} R_1^{-1} & & \\ \hline & \ddots & \\ \hline & & R_r^{-1} \end{array}\right)\left(\begin{array}{c|c|c} D_1 & & \\ \hline & \ddots & \\ \hline & & D_r \end{array}\right)\left(\begin{array}{c|c|c} R_1 & & \\ \hline & \ddots & \\ \hline & & R_r \end{array}\right)
$$

$$
= \left(\begin{array}{c|c|c} J_1 & & \\ \hline & \ddots & \\ \hline & & J_r \end{array}\right) \equiv J
$$

という Jordan 標準形に辿り着けます[*160]。

ではそんな上手い R_i をどう見つけるか？ D_i が持っていた特徴が鍵になります。前項の結論を思い出すと、各ブロックが流派 $W(\lambda_i)$ に対応していて、「h を十分大きくすると、$(D_i-\lambda_iI)^h$ は O になる」でした。こんなふうに「何乗かすると O になる」行列を、べき零行列と呼びます。べき零行列の構造を、本項で調べていきます。

> **? 4.39**　なるほど。固有値 λ_i ごとに流派 $W(\lambda_i)$ があって、流派がそれぞれ対角ブロック D_i に対応していて、それが **Jordan** 細胞 J_i に変換されるわけですね。
>
> 最後が違います。下のように、1つの J_i の中にいくつも Jordan 細胞ができてしまうときもありますから。
>
> $$J_i = \left(\begin{array}{cc|ccc} 7 & 1 & & & \\ & 7 & & & \\ \hline & & 7 & 1 & \\ & & & 7 & 1 \\ & & & & 7 \end{array}\right) \qquad \text{空欄は 0}$$

*160 「えっ」て人はブロック対角行列を復習（1.2.9項（47ページ））。

正方行列 Z を何乗かすると O になったとしましょう。具体的には、m 次正方行列 Z の 2 乗、3 乗……を計算していくと $(h-1)$ 乗までは O にならなくて、h 乗ではじめて $Z^h = O$ だったとします（h はある正整数）[*161]。この Z による変換を整理してみせるのがここからの目標。さて、m 次元ベクトル $\boldsymbol{x}$ に対して、ベクトル $Z\boldsymbol{x}$ を「$\boldsymbol{x}$ の師匠」と呼ぶことにします。もちろん、正式な用語ではなく、本書のこの節でだけ通用するたとえです。m 次元ベクトルなら誰でも、師匠が 1 人いるわけです。当然、$\boldsymbol{x}$ の師匠の師匠は $Z(Z\boldsymbol{x}) = Z^2\boldsymbol{x}$、師匠の師匠の師匠は $Z^3\boldsymbol{x}$、7 代上の師匠は $Z^7\boldsymbol{x}$、となります。そんなふうに偉い師匠がいろいろいる中でも、ゼロベクトル $\boldsymbol{o}$ は格別です。自分の師匠が自分自身（$Z\boldsymbol{o} = \boldsymbol{o}$）なのですから。畏敬の念をこめて、$\boldsymbol{o}$ を「大師匠」と呼びましょう[*162]。さらに、大師匠の弟子を「初代（一代目)」、初代の弟子を「二代目」、二代目の弟子を「三代目」のように呼びます（図 4.16)。

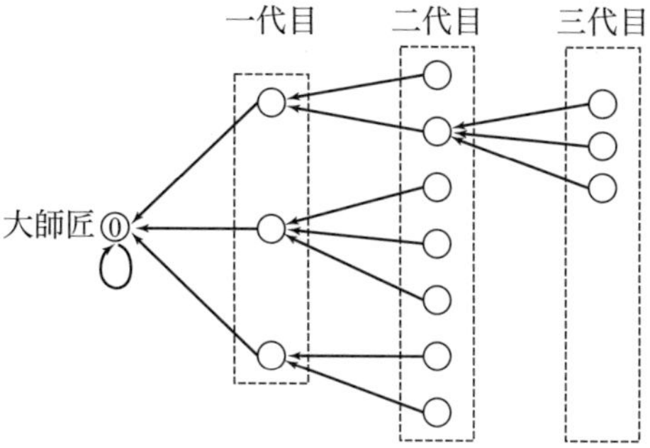

▲ 図 4.16 一代目、二代目、三代目（メンバー数が無限なので本当は図に描けませんが、こんなイメージを思い浮かべておくと頭が楽でしょう)

つまり、師匠の師匠の……と何代たどれば大師匠に行きつくか、という世代分けです。きちんと言うと、

$$
\begin{aligned}
Z^s\boldsymbol{x} &= \boldsymbol{o} \\
Z^{s-1}\boldsymbol{x} &\neq \boldsymbol{o} \qquad \text{(ただし } Z^0\boldsymbol{x} = \boldsymbol{x} \text{ と解釈)}
\end{aligned}
$$

なら $\boldsymbol{x}$ は s 代目ということになります[*163]。ですから、

- 大師匠と初代全員を合わせた「初代までの会 V_1」が、$\mathrm{Ker}\, Z$ に等しい
- 大師匠と初代と二代目を全員合わせた「二代目までの会 V_2」が、$\mathrm{Ker}\,(Z^2)$ に等しい

---

*161 ただし、Z 自身が O のときは $h=1$ とします。というか、$Z=O$ ならこんな考察なんて不要。

*162 師弟関係がループするのは大師匠だけです。「$\boldsymbol{x}$ の師匠の師匠の……が $\boldsymbol{x}$ 自身になる」なんてことは（$\boldsymbol{x} = \boldsymbol{o}$ を除いて）あり得ません。理由は以下のとおり：もし $\boldsymbol{x}$ の s 代上（$s > 0$）の師匠が $\boldsymbol{x}$ 自身だと、$Z^s\boldsymbol{x} = \boldsymbol{x}$。そうなれば、$Z^{2s}\boldsymbol{x} = Z^s(Z^s\boldsymbol{x}) = \boldsymbol{x}$ ですし、以下同様に $Z^{3s}\boldsymbol{x}$ でも $Z^{4s}\boldsymbol{x}$ でも、いつまでも $\boldsymbol{x}$ と等しくなる。もし $\boldsymbol{x} \neq \boldsymbol{o}$ だとすると、これは前提の $Z^h = O$ に反します。なぜなら、$Z^h = O$ だと、その先はみんな $Z^{h+1} = Z^{h+2} = \cdots = O$ のはず（$\because Z^{h+1} = ZZ^h = O$ という調子)。だから、$Z^{h+1}\boldsymbol{x} = Z^{h+2}\boldsymbol{x} = \cdots = \boldsymbol{o}$ のようにどこかから先はすべて $\boldsymbol{o}$ になっていないとおかしい（念のため補足すると、「$\boldsymbol{x}$ の s 代上の師匠が $\boldsymbol{y}$ で、$\boldsymbol{y}$ の t 代上の師匠が $\boldsymbol{x}$」なんてこともあり得ません。これをつなげば「$\boldsymbol{x}$ の $(s+t)$ 代上の師匠が $\boldsymbol{x}$ 自身」ということですから)。

*163 $Z^h = O$ ですから、どんな $\boldsymbol{x}$ でも $Z^h\boldsymbol{x} = \boldsymbol{o}$。つまり、誰でも h 代以内で大師匠に行き付くはずです。

- 大師匠から三代目までを全員合わせた「三代目までの会 V_3」が、Ker (Z^3) に等しい
- ……
- 「h 代目までの会 V_h」は、結局「全員」

のようになっています。当然、V_1 は V_2 の一部だし、V_2 は V_3 の一部だし……。しかも、各会 $V_1, V_2, \ldots$ は線形部分空間になります（Ker は線形部分空間になるのでしたから → ?2.15（120 ページ））。特に、それぞれの次元は

$$0 < \dim V_1 < \dim V_2 < \cdots < \dim V_h = m \tag{4.30}$$

となります[*164]。

さて、各会 $V_1, V_2, \ldots$ から代表（複数名）を選ぶことになりました。どんなふうに選ぶかというと、代表がその会の基底となるようにです（図 4.17）。

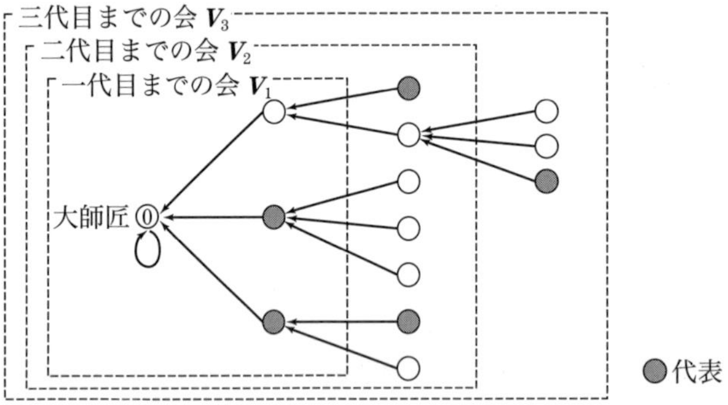

▲ 図 4.17　各会の代表選び

まず、一代目までの会 V_1 から、V_1 の基底（$\dim V_1$ 人）を「初代代表」として選出します。次に、二代目までの会 V_2 から基底（$\dim V_2$ 人）を選出するのですが、V_1 は V_2 の一部だったことを思い出してください。すでに選出された初代代表 $\dim V_1$ 人はそのまま自動的に V_2 の代表を兼任することにします。そうすると、残る「二代目代表[*165]」の席は（$\dim V_2 - \dim V_1$）人。これを上手く選んで、初代代表と二代目代表を合わせた $\dim V_2$ 人が V_2 の基底となるようにします[*166]。後は同様です。三代目までの会 V_3 については、

---

*164　$\leq$ でなく $<$ なのは、次の理由からです。例えば、もし $\dim V_2 = \dim V_3$ だったとしましょう。V_2 は V_3 の一部なことから、Lemma C.5（330 ページ）により、$V_2 = V_3$ が結論されます。二代目までの会 V_2 と三代目までの会 V_3 が同じということは、「三代目」は一人もいないことになります。そうなると、その先の四代目、五代目……もいるわけなし。このように、もし $\dim V_i = \dim V_{i+1}$ となったら、そこまででこの流派はおしまい。ですから、「途中で」$=$ になることはあり得ません。なお、(4.30) からの副産物として、$h \leq m$ なこともわかります。

*165　初代からこれ以上選んでもしょうがない。念のため理由：初代代表は V_1 の基底なんだから、V_1 のメンバーはみんな初代代表の線形結合で書けます。これは、初代代表に V_1 のどのメンバーを追加しても、線形従属となることを意味します。

*166　上手く基底となるよう二代目代表を選べることが、次のように保証されています：初代代表は（V_1 の基底だったんだから）線形独立。そこで、「線形独立なベクトルが与えられたら、それを拡張して基底にできる」（Lemma C.2（328 ページ））を V_2 において適用すればよい。

すでに選ばれた初代代表と二代目代表が V_3 代表を兼任。残る「三代目代表」($\dim V_3 - \dim V_2$) 人を上手く選んで、初代代表・二代目代表・三代目代表の合計 $\dim V_3$ 人が V_3 の基底となるようにします。

まとめると、

- 各代から代表（複数名）を選出
- 一代目代表から j 代目代表までを合わせると $\dim V_j$ 人。この $\dim V_j$ 人が「j 代目までの会」V_j の基底をなす（$j = 1, \ldots, h$）。

しかし、この代表選出に不満の声が挙がりました。「誰かが代表を務めるのなら、その人の師匠も代表になるべきだ」というのです。そこで、代表の選び直しをすることになりました。今度は、一番末の h 代目から順に考えていきます。まず、h 代目代表については、前に選んだ ($\dim V_h - \dim V_{h-1}$) 人がそのまま残留。次に、$(h-1)$ 代目代表の選び直しですが、先ほどの h 代目代表の師匠はみんな、弟子の七光で $(h-1)$ 代目代表に確定します（図 4.18）。

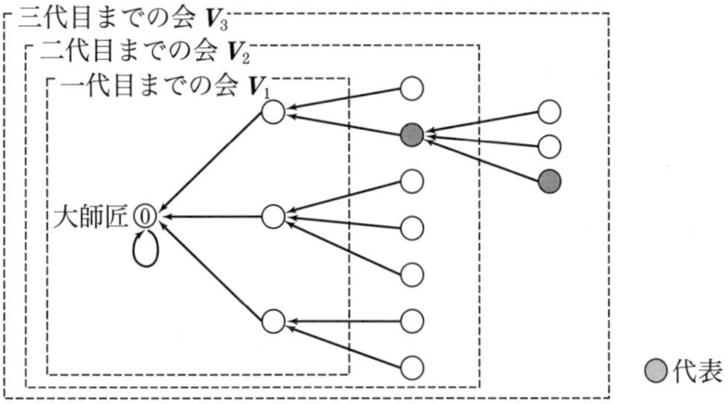

▲ 図 4.18 3 代目代表の師匠は、弟子の七光で 2 代目代表に確定

師匠は $(h-1)$ 代目ですから、ちゃんと資格がありますね[*167]。その上で、まだ定員 ($\dim V_{h-1} - \dim V_{h-2}$) 人が埋まっていなければ、残りの $(h-1)$ 代目代表を選び直します。もちろん、「一代目代表から $(h-1)$ 代目代表までを合わせれば、V_{h-1} の基底となる」という条件に合うようにです。その次に、$(h-2)$ 代目代表の選び直し。先ほど選び直された $(h-1)$ 代目代表について、その師匠がみんな、弟子の七光で $(h-2)$ 代目代表に確定。その上で、まだ定員が埋まっていなければ、残りの $(h-2)$ 代目代表を選び直します。これももちろん「初代代表から $(h-2)$ 代目代表までを合わせれば、V_{h-2} の基底となる」という条件に合うようにです。以下同様に、一代目代表までを選び直し。こうして、こんな代表選出ができました：

- 各代から代表（複数名）を選出
- 初代代表から j 代目代表までを合わせると $\dim V_j$ 人。この $\dim V_j$ 人が「j 代目ま

[*167] ごまかしています。正しい資格確認は❓4.41（284 ページ）で。

での会」V_j の基底をなす（$j = 1, \ldots, h$）—— （$*$）
- j 代目代表の師匠はみんな $(j-1)$ 代目代表（$j = 2, \ldots, h$）。

? 4.40　なぜわざわざ「選び直し」なんていう回りくどい説明をしたんですか。最初から正しい選び方を言ってくれればよかったのに。

4.7.5 項（263 ページ）「Jordan 標準形の求め方」で、「絶妙に運の悪い例外を除けば」というただし書きが何度も出てきました（? 4.35（269 ページ））。こんな例外を巧妙に避けるために、「選び直し」という手順を踏んだのです。いきなり正しい代表選出をすることも可能ではあるのですが、「商空間」なり「直和」なりという概念の準備が必要になってしまいます。準備をこれ以上積み重ねるのは本書にそぐわないと考えました。

「巧妙に」というところをもう少し補足しておきます。単に「$(s+1)$ 代目代表を線形独立に選んでおいて、その師匠を（弟子の七光で）s 代目代表とする」では破綻してしまうのが、うっかりしやすい罠です。例えば、$s = 1$ として、$\boldsymbol{q}$ が二代目だったとします。ここへ一代目のメンバー $\boldsymbol{z}$ を誰か連れてきて $\boldsymbol{q}' = 7\boldsymbol{q} + \boldsymbol{z}$ を作れば、$\boldsymbol{q}'$ も二代目であり、しかも $\boldsymbol{q}, \boldsymbol{q}'$ は線形独立です。だからといって、$\boldsymbol{q}, \boldsymbol{q}'$ を二代目代表に選んだりしては不適切。なぜなら、師匠たち $Z\boldsymbol{q}, Z\boldsymbol{q}'$ が線形独立になりませんから（$Z\boldsymbol{q}' = Z(7\boldsymbol{q} + \boldsymbol{z}) = 7Z\boldsymbol{q}$）、「弟子の七光で本代表就任」のところで基底となれず、筋書きが破綻します。「師匠の師匠の…」とたどっていっても独立性を保つためには、$(s+1)$ 代目代表を選ぶ際に、s 代目までとも「独立」なことが要請されるのです。その要請を満たすための手順が、本文の「選び直し」です。

? 4.41　選び直した代表が（$*$）を満たす保証は？

本文ではごまかしました。ちゃんとした話は以下のとおりです。混乱を避けるために、最初に決めた方を仮代表、不満が出て決め直した方を本代表と呼ぶことにします。記号では、j 代目の仮代表を T_j、本代表を R_j と書くことにします。

仮代表について（$*$）が満たされていることは、すでに見たとおりです。この仮代表を元にして、h 代目から順に本代表に入れ替えていくわけですが、入れ替えても（$*$）が満たされていることを確かめたい。

では、s 代目の入れ替えに注目してみましょう（$s = h-1, h-2, \ldots, 1$）。ここまで（h 代目、$(h-1)$ 代目、…、$(s+1)$ 代目）の入れ替えでは（$*$）が保たれていたとして、s 代目の入れ替えをしても（$*$）が保たれるでしょうか。（$*$）は「$j = 1, \ldots, h$ でこれこれが成立」という主張ですから、初代から h 代目までのすべてについてチェックをしなくてはいけません。これを、

- 師匠側：初代から $(s-1)$ 代目まで
- 当事者：s 代目
- 弟子側：$(s+1)$ 代目から h 代目まで

の 3 つに分けて、それぞれチェックしていきます。

まず「師匠側」のチェック。と言っても、調べるまでもありません。初代代表から $(s-1)$ 代目代表までは、今の段階ではまだ仮代表ですから。「仮代表について（$*$）は満たされている」というのがそもそもの前提でした。

次に「当事者」のチェック。まず、弟子の七光が本代表になって、残りの本代表は「基底になるように」選んだ。つまり「$j = s$ について（$*$）が成り立つように」選んだんだから、成り立って当然。おしまい……とはいきません。無審査で s 代目本代表になった「弟子の七光」たち（S とおきます）がおかしなことになっていないか、という心配があるからです。もし七光たちが「縮退」していたら、その時点で基底の資格を失い、残りの本代表を「基底になるように」選ぶどころではなくなってしまいます。——「実は安心してよい」ということをこれから示しましょう。師匠側の仮代表と今の七光を合わせても線形独立になっていることが、以下のように保証されるのです。そうなれば、あと何人か追加して V_s の基底を作ることが必ずできます[*168]。

Lemma 4.1 $T_1, \ldots, T_{s-1}, S$ を合わせても線形独立

Proof: 七光な人たち S は、弟子が $(s+1)$ 代目の本代表だったおかげで労せずして本代表に就任したのでした。この弟子の方、つまり R_{s+1} のメンバー $\boldsymbol{r}_1, \ldots, \boldsymbol{r}_q$ の持つ次の性質が鍵となります: 弟子たち自身はもちろん $(s+1)$ 代目なのですが、弟子たちの線形結合も必ず $(s+1)$ 代目です（$\boldsymbol{o}$ は除く）。つまり、数 $c_1, \ldots, c_q$ をどう選んでも、($c_1 = \cdots = c_q = 0$ でない限りは）$\boldsymbol{w} \equiv c_1\boldsymbol{r}_1 + \cdots + c_q\boldsymbol{r}_q$ は $(s+1)$ 代目になるのです。$\boldsymbol{w}$ が「$(s+1)$ 代目まで」になる (V_{s+1} に属する) のは当たり前ですが（V_{s+1} は線形部分空間)、ここで主張しているのは「ぴったり $(s+1)$ 代目」。つまり、「V_s には属さない」というところが重要です[*169]。この性質から、$\boldsymbol{w}$ の師匠 $Z\boldsymbol{w} = c_1Z\boldsymbol{r}_1 + \cdots + c_qZ\boldsymbol{r}_q$ のほうは s 代目ということになります（$c_1 = \cdots = c_q = 0$ でない限り)。言い換えれば、「S のメンバーの線形結合は、(係数がすべて 0 でない限り）s 代目」ということです[*170]。ここまで抑えれば、$T_1, \ldots, T_{s-1}, S$ を合わせても線形独立なことをすぐ示せます。今、$T_1, \ldots, T_{s-1}, S$ のメンバーの線形結合が $\boldsymbol{o}$ になったとしましょう。師匠側と当事者とに分ければ、

$$(T_1, \ldots, T_{s-1} \text{ のメンバーの線形結合}) + (S \text{ のメンバーの線形結合}) = \boldsymbol{o}$$

という格好です。移項すれば

$$(S \text{ のメンバーの線形結合}) = -(T_1, \ldots, T_{s-1} \text{ のメンバーの線形結合})$$

ですが、右辺はどう見ても「$(s-1)$ 代目まで」(V_{s-1} に属する）にしかなっていません。となれば、今おさえた性質から左辺の係数はすべて 0 でなくてはならず、そうすると右辺の係数もすべて 0。こうして、$T_1, \ldots, T_{s-1}, S$ を合わせても線形独立なことが示されました。■

[*168] Lemma C.2（328 ページ）参照。ただし、ちゃんと言うと、その追加する何人かが s 代目であること（初代から $(s-1)$ 代目まででではなく）も確かめておかないといけません。でもこれは当たり前。師匠側の仮代表は $(s-1)$ 代目までの会 V_{s-1} の基底だったのですから、V_{s-1} から誰をつれてきても、その人を線形結合で書けてしまう。つまり、その人を追加しても線形従属になってしまう。というわけで、基底を作るために追加される人は、V_{s-1} 以外から選ばれるはずです。

[*169] 次のように証明されます。もし $\boldsymbol{w}$ が V_s に属すとしよう。$T_1, \ldots, T_s$ を合わせたら V_s の基底だという前提から、

$$\boldsymbol{w} = (T_1, \ldots, T_s \text{ のメンバーの線形結合})$$

と書けることになる。ところが、$\boldsymbol{w}$ はもともと R_{s+1} のメンバーの線形結合で書かれていた。つまり、

$$(T_1, \ldots, T_s \text{ のメンバーの線形結合}) - (R_{s+1} \text{ のメンバーの線形結合}) = \boldsymbol{o}$$

という状況。$T_1, \ldots, T_s, R_{s+1}$ は線形独立（$\because$ V_{s+1} の基底をなすという前提）なのだから、こうなるにはどちらの $(\cdots)$ も $\boldsymbol{o}$ しかない。よって、$\boldsymbol{w}$ が V_s に属すのは $c_1 = \cdots = c_q = 0$ のときのみ。

最後に「弟子側」のチェック。$j = s+1,\ldots,h$ について。選び直し前は $T_1,\ldots,T_{s-1},T_s,R_{s+1},\ldots,R_j$ という状況で、これらを合わせたら V_j の基底になっていました。選び直し後は、T_s が R_s に入れ替わって $T_1,\ldots,T_{s-1},R_s,R_{s+1},\ldots,R_j$ という状況ですが、これらを合わせたらやはり V_j の基底になるのか。答は yes なことが、次の Lemma からわかります。

Lemma 4.2 V を線形空間とし、U を V の線形部分空間とする。さらに、$(\boldsymbol{v}_1,\ldots,\boldsymbol{v}_n)$ を V の基底とし、その先頭 m 個を取り出した $(\boldsymbol{v}_1,\ldots,\boldsymbol{v}_m)$ が U の基底となっていたとする。このとき、U の別の基底 $(\boldsymbol{v}'_1,\ldots,\boldsymbol{v}'_m)$ を持ってきても、$(\boldsymbol{v}'_1,\ldots,\boldsymbol{v}'_m,\boldsymbol{v}_{m+1},\ldots,\boldsymbol{v}_n)$ はやはり V の基底となる[*171]。

Proof: 基底の条件を確かめます。まず、「V 内のどんなベクトル $\boldsymbol{x}$ も表せる」のほう。$(\boldsymbol{v}_1,\ldots,\boldsymbol{v}_n)$ は V の基底という前提だから、上手い数 $c_1,\ldots,c_n$ を持ってきて

$$\boldsymbol{x} = c_1\boldsymbol{v}_1 + \ldots + c_m\boldsymbol{v}_m + c_{m+1}\boldsymbol{v}_{m+1} + \cdots + c_n\boldsymbol{v}_n$$

と表すことはできます。右辺のうちで、先頭部分 $\boldsymbol{u} \equiv c_1\boldsymbol{v}_1 + \ldots + c_m\boldsymbol{v}_m$ は U に属していることに注意してください。$(\boldsymbol{v}'_1,\ldots,\boldsymbol{v}'_m)$ は U の基底という前提だから、上手い数 $c'_1,\ldots,c'_m$ を持ってきて

$$\boldsymbol{u} = c'_1\boldsymbol{v}'_1 + \cdots + c'_m\boldsymbol{v}'_m$$

と表されるはず。そうすれば

$$\boldsymbol{x} = c'_1\boldsymbol{v}'_1 + \cdots + c'_m\boldsymbol{v}'_m + c_{m+1}\boldsymbol{v}_{m+1} + \cdots + c_n\boldsymbol{v}_n$$

なのだから、任意の $\boldsymbol{x}$ が $\boldsymbol{v}'_1,\ldots,\boldsymbol{v}'_m,\boldsymbol{v}_{m+1},\ldots,\boldsymbol{v}_n$ の線形結合で表されました。一方、「その表し方は唯一」のほうは、次のように証明できます。今、

$$c'_1\boldsymbol{v}'_1 + \cdots + c'_m\boldsymbol{v}'_m + c_{m+1}\boldsymbol{v}_{m+1} + \cdots + c_n\boldsymbol{v}_n = \boldsymbol{o} \qquad (4.31)$$

だったとしましょう。先頭部分 $\boldsymbol{u}' \equiv c'_1\boldsymbol{v}'_1+\ldots+c'_m\boldsymbol{v}'_m$ は U に属していることに注意してください。$(\boldsymbol{v}_1,\ldots,\boldsymbol{v}_m)$ は U の基底という前提だから、上手い数 $c_1,\ldots,c_m$ を持ってきて

$$\boldsymbol{u}' = c_1\boldsymbol{v}_1 + \cdots + c_m\boldsymbol{v}_m$$

と表されるはず。そうすれば

$$c_1\boldsymbol{v}_1 + \ldots + c_m\boldsymbol{v}_m + c_{m+1}\boldsymbol{v}_{m+1} + \cdots + c_n\boldsymbol{v}_n = \boldsymbol{o}$$

なのだから、$(\boldsymbol{v}_1,\ldots,\boldsymbol{v}_n)$ が V の基底という前提より、

$$c_1 = \cdots = c_m = c_{m+1} = \cdots = c_n = 0$$

しかありません。そうなれば $\boldsymbol{u}' = \boldsymbol{o}$ ということになり、$(\boldsymbol{v}'_1,\ldots,\boldsymbol{v}'_m)$ が U の基底という前提だから、$c'_1 = \cdots = c'_m = 0$ しかありません。結局、式 (4.31) の係数はすべて 0 だと判明しました。これで、基底となるための条件が両方示せたので、証明完了です。「えっ」て人は、基底となるための条件 (1.1.4 項 (17 ページ)) を復習してください。 ■

こんなたとえ話をして何が嬉しいのでしょうか？ 実は、この話を行列に翻訳すれば、「対角成分の1つ右上に、斜めに1が並ぶ」というJordan細胞の「あの形」が出てくるのです。一般の場合をやると記号が面倒なので、例を見ましょう。

次のように代表が決まったとします。

$$\begin{array}{ccccccc} & & \text{一代目代表} & & \text{二代目代表} & & \text{三代目代表} \\ \boldsymbol{o} & \leftarrow & \boldsymbol{p} & \leftarrow & \boldsymbol{q} & \leftarrow & \boldsymbol{r} \\ \boldsymbol{o} & \leftarrow & \boldsymbol{p}' & \leftarrow & \boldsymbol{q}' & & \\ \boldsymbol{o} & \leftarrow & \boldsymbol{p}'' & & & & \end{array}$$

「$\leftarrow$」は「Zを掛ける」の意味です。言い直せば、

$$\boldsymbol{o} = Z\boldsymbol{p}, \quad \boldsymbol{p} = Z\boldsymbol{q}, \quad \boldsymbol{q} = Z\boldsymbol{r} \tag{4.32}$$

$$\boldsymbol{o} = Z\boldsymbol{p}', \quad \boldsymbol{p}' = Z\boldsymbol{q}' \tag{4.33}$$

$$\boldsymbol{o} = Z\boldsymbol{p}'' \tag{4.34}$$

ということ。これをまとめて、

$$Z(\boldsymbol{p}, \boldsymbol{q}, \boldsymbol{r}) = (\boldsymbol{o}, \boldsymbol{p}, \boldsymbol{q}) = (\boldsymbol{p}, \boldsymbol{q}, \boldsymbol{r}) \begin{pmatrix} 0 & 1 & 0 \\ 0 & 0 & 1 \\ 0 & 0 & 0 \end{pmatrix}$$

$$Z(\boldsymbol{p}', \boldsymbol{q}') = (\boldsymbol{o}, \boldsymbol{p}') = (\boldsymbol{p}', \boldsymbol{q}') \begin{pmatrix} 0 & 1 \\ 0 & 0 \end{pmatrix}$$

$$Z\boldsymbol{p}'' = \boldsymbol{o} = \boldsymbol{p}''0$$

とも書けることに注目してください。さらに、全代表を並べた行列 $P = (\boldsymbol{p}, \boldsymbol{q}, \boldsymbol{r}, \boldsymbol{p}', \boldsymbol{q}', \boldsymbol{p}'')$ を作れば、ブロック行列でまとめて

$$ZP = Z \left(\begin{array}{c|c|c|c|c|c} \boldsymbol{p} & \boldsymbol{q} & \boldsymbol{r} & \boldsymbol{p}' & \boldsymbol{q}' & \boldsymbol{p}'' \end{array} \right)$$

$$= \left(\begin{array}{c|c|c|c|c|c} \boldsymbol{o} & \boldsymbol{p} & \boldsymbol{q} & \boldsymbol{o} & \boldsymbol{p}' & \boldsymbol{o} \end{array} \right)$$

---

*170 $Z\boldsymbol{r}_1, \ldots, Z\boldsymbol{r}_q$ というのが、まさに「Sのメンバー（弟子 $\boldsymbol{r}_1, \ldots, \boldsymbol{r}_q$ の七光な師匠たち）」そのものですから。

*171 次のようにあてはめれば、「弟子側」のチェックになります。

- $V \to V_j$
- $U \to V_s$
- $\boldsymbol{v}_1, \ldots, \boldsymbol{v}_m \to$「$T_1, \ldots, T_{s-1}, T_s$ を合わせたメンバー」
- $\boldsymbol{v}'_1, \ldots, \boldsymbol{v}'_m \to$「$T_1, \ldots, T_{s-1}, R_s$ を合わせたメンバー」
- $\boldsymbol{v}_{m+1}, \ldots, \boldsymbol{v}_n \to$「$R_{s+1}, \ldots, R_j$ を合わせたメンバー」

$$
= \left(\begin{array}{c|c|c|c|c|c} \boldsymbol{p} & \boldsymbol{q} & \boldsymbol{r} & \boldsymbol{p}' & \boldsymbol{q}' & \boldsymbol{p}'' \end{array} \right) \begin{pmatrix} 0 & 1 & 0 & 0 & 0 & 0 \\ 0 & 0 & 1 & 0 & 0 & 0 \\ 0 & 0 & 0 & 0 & 0 & 0 \\ 0 & 0 & 0 & 0 & 1 & 0 \\ 0 & 0 & 0 & 0 & 0 & 0 \\ 0 & 0 & 0 & 0 & 0 & 0 \end{pmatrix}
$$

$$
= PF
$$

と書けてしまいます（最後の行列を F とおきました）。すると、P^{-1} を左から掛ければ[*172]、

$$
P^{-1}ZP = F
$$

が得られます。つまり、上手い行列 P で Z を変換すれば、F という特徴的な行列にできるということです。わかりやすいように区切りを入れると、

$$
F = \left(\begin{array}{ccc|cc|c} 0 & 1 & 0 & 0 & 0 & 0 \\ 0 & 0 & 1 & 0 & 0 & 0 \\ 0 & 0 & 0 & 0 & 0 & 0 \\ \hline 0 & 0 & 0 & 0 & 1 & 0 \\ 0 & 0 & 0 & 0 & 0 & 0 \\ \hline 0 & 0 & 0 & 0 & 0 & 0 \end{array} \right)
$$

です。特徴は、

- ブロック対角行列
- 対角ブロック内は、対角成分の 1 つ右上に 1 が斜めに並ぶ
- 1 本の系列（$\boldsymbol{p} \leftarrow \boldsymbol{q} \leftarrow \boldsymbol{r}$ など）が、1 つの対角ブロックに対応
- 系列の長さが、対角ブロックのサイズに対応

要するに、「固有値 0 の Jordan 標準形」の格好です。

以上で、「べき零行列の構造」が分析できました。これをあてはめれば、本項の冒頭で宣言した

> ブロック D_i ごとに、$R_i^{-1} D_i R_i \equiv J_i$ が Jordan 標準形になるような上手い正則行列 R_i を、以下で見つけてみせます。

を果たすことができます。$D_i - \lambda_i I$ がべき零行列だったことを思い出してください。上の分析から、上手い正則行列 R_i が取れて、

$$
R_i^{-1}(D_i - \lambda_i I)R_i \equiv F_i
$$

---

*172 P が正則なことを確かめておかないといけません。これは、代表 $\boldsymbol{p}, \boldsymbol{q}, \boldsymbol{r}, \boldsymbol{p}', \boldsymbol{q}', \boldsymbol{p}''$ が V_3（＝全空間）の基底であることから保証されます。基底なんだから、その本数は次元と等しい。よって、まず、P が正方行列と保証できます。さらに、基底なんだから線形独立なわけで、P が正則行列と保証できます。

という格好で、先ほどのように変換されます。左辺は

$$R_i^{-1}(D_i - \lambda_i I)R_i = R_i^{-1}D_iR_i - R_i^{-1}(\lambda_i I)R_i = R_i^{-1}D_iR_i - \lambda_i I$$

ですから、

$$R_i^{-1}D_iR_i = F_i + \lambda_i I$$

この右辺は、固有値 λ_i に対する Jordan 標準形です。実際、例えば

$$F_i = \left(\begin{array}{ccc|cc|c} 0 & 1 & 0 & 0 & 0 & 0 \\ 0 & 0 & 1 & 0 & 0 & 0 \\ 0 & 0 & 0 & 0 & 0 & 0 \\ \hline 0 & 0 & 0 & 0 & 1 & 0 \\ 0 & 0 & 0 & 0 & 0 & 0 \\ \hline 0 & 0 & 0 & 0 & 0 & 0 \end{array}\right) \quad \rightarrow \quad F_i + \lambda_i I = \left(\begin{array}{ccc|cc|c} \lambda_i & 1 & 0 & 0 & 0 & 0 \\ 0 & \lambda_i & 1 & 0 & 0 & 0 \\ 0 & 0 & \lambda_i & 0 & 0 & 0 \\ \hline 0 & 0 & 0 & \lambda_i & 1 & 0 \\ 0 & 0 & 0 & 0 & \lambda_i & 0 \\ \hline 0 & 0 & 0 & 0 & 0 & \lambda_i \end{array}\right)$$

という調子。めでたく Jordan 標準形ができ、宣言は果たされました。

■証明のまとめ

一般化固有ベクトルだの流派だのと考察し、「上手い正則行列 Q を選んで、$Q^{-1}AQ = \mathrm{diag}(D_1, \ldots, D_r) \equiv D$ とブロック対角行列に変換できる」ということを示しました。そして、各流派内について、べき零行列だの師匠だのと考察し、「上手い正則行列 R を選んで、$R^{-1}DR \equiv J$ を Jordan 標準形にできる」ということを示しました。これを合わせて、$P \equiv QR$ とおけば、$P^{-1}AP = R^{-1}Q^{-1}AQR = R^{-1}DR = J$ という Jordan 標準形への変換が完成します。めでたしめでたし。

第 5 章

コンピュータでの計算（2）▽▽ ——固有値算法

5.1 概観

5.1.1 手計算との違い

本章では、100×100 とか $1,000 \times 1,000$ といったサイズの行列の固有値を、コンピュータで数値的に計算する方法について考えてみましょう。「固有値の計算法ならもう第 4 章で勉強した。サイズが大きくなったって原理的には同じことをプログラミングするだけだろう」と考える人もいるかもしれません。しかし、固有値をコンピュータで数値的に計算するときに用いられる方法は、第 4 章で勉強した固有値の計算法とはかなり違います。

各成分が整数や分数の 4×4 ぐらいのサイズの行列の固有値を紙と鉛筆で計算する場合ならば、第 4 章で勉強したように、

1. まず、行列 A から特性多項式 $\det(\lambda I - A)$ を計算する
2. 次に、特性方程式 $\det(\lambda I - A) = 0$ を解いて固有値 λ を求める

という手順を取るでしょう。しかし、大きなサイズの行列の固有値をコンピュータで数値的に計算するときには、「特性方程式を作って解く」という手順はほとんど用いられません。主な理由は、次数の高い代数方程式[*1]の解をコンピュータで求めるときに、代数方程式の係数に少しでも誤差が入っていると、求まる解（ここでは固有値）の精度が非常に悪くなってしまうことです。与えられた行列から特性方程式の係数を精度よく求めることは、そんなに難しいのでしょうか。

そこでちょっと落ち着いて考えてみると、そもそも、行列から特性方程式を求めるプログラム（行列の n^2 個の成分から特性方程式の $(n+1)$ 個の係数を求めるプログラム）を書くこと自体、ちょっと難しそうです。3×3 行列だけに対応すればいいならば、$\det(\lambda I - A)$ を図 1.37（82 ページ）のサラスの方法で展開して整理した結果をプログラムにするとして、任意のサイズの行列に対応するとなると、ちょっと複雑なプログラムになりそうで

[*1] $a_n x^n + a_{n-1} x^{n-1} + \cdots + a_1 x + a_0 = 0$ のような n 次方程式をまとめた呼び方です。

す。そして、特性方程式の、特に次数の低いほうの係数は、かなりの計算をした結果求まることがわかるでしょう。

実を言うと、一般に $n \times n$ 行列 A の特性方程式を数値的に求める比較的賢い方法は、行列 A を相似変換（→脚注*17（203 ページ））で

$$\begin{pmatrix} 0 & 0 & \cdots & 0 & -a_0 \\ 1 & 0 & \cdots & 0 & -a_1 \\ 0 & 1 & \ddots & \vdots & \vdots \\ \vdots & \ddots & \ddots & 0 & -a_{n-2} \\ 0 & \cdots & 0 & 1 & -a_{n-1} \end{pmatrix}$$

のような形に変形することです[*2]。後程述べるように、この行列の特性方程式は

$$\lambda^n + a_{n-1}\lambda^{n-1} + a_{n-2}\lambda^{n-2} + \cdots + a_1\lambda + a_0 = 0$$

です。行列をこのように相似変換しても、特性方程式は変わりません（? 4.17（229 ページ））。したがって、これが行列 A の特性方程式でもあることがわかります。

しかし、このようにして特性方程式を求めても、先に述べたとおり高い精度で解くことが難しいので、結局のところあまり現実的ではありません。

「特性方程式を作って解く」という方法が上手くいかないとしたら、どんな方法で固有値を求めればいいでしょう。固有値と固有ベクトルの定義に戻って考えると、もし行列 A が適当な正則行列 P を使って

$$P^{-1}AP = (\text{対角行列または上三角行列})$$

のように変形できたら右辺の行列の対角成分が固有値です（4.5.2 項（218 ページ）「固有値・固有ベクトルの性質」）。コンピュータで行列の固有値を数値的に求めるときは、与えられた行列 A を対角化または上三角化する方法を使います。そうすることによって、高次代数方程式を解くというステップが必要なくなるからです。

5.1.2　ガロア理論

次に、行列の固有値計算に必要な計算の回数を議論するときにポイントになる、ガロア理論について簡単に触れておきます。ガロア理論は代数方程式の可解性に関する理論ですが、その重要な結論として、「5 次以上の代数方程式には解の公式が存在しない」という事実が証明されています。代数方程式とは、次のような n 次方程式の総称であり、解の公式とは、係数 $a, b, \ldots$ の値からこれらの方程式を満たす x を加減乗除とべき根（平方根、立方根など）で求める公式のことです。

[*2] 実際、大昔にはこの形に変形して特性方程式を求めてそこから固有値を求めるアルゴリズムが使われていた時代もありました。なお、この形と本質的に同じものは、1.2.2 項（24 ページ）や 4.1 節（191 ページ）でも顔を出しています。

$$
\begin{aligned}
ax + b &= 0 \\
ax^2 + bx + c &= 0 \\
ax^3 + bx^2 + cx + d &= 0 \\
ax^4 + bx^3 + cx^2 + dx + e &= 0 \\
&\vdots
\end{aligned}
$$

1 次方程式の解の公式は

$$x = -\frac{b}{a}$$

となり、2 次方程式の解の公式は

$$x = \frac{-b \pm \sqrt{b^2 - 4ac}}{2a}$$

となります。3 次方程式の解は Cardano の方法（Tartaglia の方法）と呼ばれる手順で、4 次方程式の解は Ferrari の方法と呼ばれる手順で求めることができます（これらは面白い話題ではありますが、本題から外れすぎるので省略します）。

さてここで、「解を求める手順が存在する」ということと「解の公式が存在する」ということとは同等である、という事実を確認しておきましょう。「公式」があるなら、それに係数の値を代入することが 1 つの「手順」ですから、以下では逆に「手順」があるならば「公式」を作れることを確認しておきます。例えば、1 次方程式は「定数項 b を右辺に移項し、両辺を a で割る」という手順で解くことができますが、1 次方程式をこの手順にしたがって変形していくと解の公式になります。

$$ax + b = 0 \implies ax = -b \implies x = -\frac{b}{a}$$

2 次方程式の解の公式は、「両辺を a で割り、左辺を平方完成し、左辺の定数項を右辺に移項し、両辺の平方根を取り、左辺の定数を右辺に移項する」という手順を公式の形に表したものです。

$$ax^2 + bx + c = 0 \implies x^2 + \frac{b}{a}x + \frac{c}{a} = 0 \implies \left(x + \frac{b}{2a}\right)^2 - \frac{b^2}{4a^2} + \frac{c}{a} = 0$$

$$\implies \left(x + \frac{b}{2a}\right)^2 = \frac{b^2 - 4ac}{4a^2} \implies x + \frac{b}{2a} = \frac{\pm\sqrt{b^2 - 4ac}}{2a} \implies x = \frac{-b \pm \sqrt{b^2 - 4ac}}{2a}$$

Cardano の方法や Ferrari の方法は、通常は「手順」の形で表し、「公式」の形にはしませんが、これは公式の形にできないというわけではなく、公式の形にするとあまりに煩雑になりすぎるためです。

「手順」があるならば「公式」が作れるわけですから、「5 次以上の代数方程式には解の公式が存在しない」ならば、対偶を考えると「5 次以上の代数方程式を解く手順は存在しない」ということになります[*3]。

[*3] 正確には、「加減乗除とべき根で解く手順は存在しない」。以降も同様です。

> **? 5.1**　5 次方程式の解の公式を発見した。例えば k が定数のとき、5 次方程式 $x^5 - k = 0$ の解は $x = \sqrt[5]{k}$ で与えられる。俺はガロアを破ったぞ。
>
> 今ここで議論している解の公式とは、一般的な代数方程式、つまり、その係数に対して何も条件が付いていない代数方程式の解の公式です。上の公式は、4 次から 1 次までの項の係数が 0 であるという特別な条件を満たす 5 次方程式の解の公式で、理論がその存在を否定しているものでありません。何らかの条件を満たす代数方程式であれば、5 次以上であっても解の公式が存在する可能性はあります。例えば、6 次方程式 $ax^6 + bx^4 + cx^2 + d = 0$ を解く手順、あるいは解の公式が存在することはすぐにわかるでしょう（$y = x^2$ とおけば、y の 3 次方程式に帰着されます）。

5.1.3　5 × 5 以上の行列の固有値を求める手順は存在しない！

さて、このガロア理論の結論は、行列の固有値計算にも関連してきます。5 次以上の代数方程式を解く手順が存在しないことから、「5 × 5 以上の行列の固有値を求める手順は存在しない」ということが証明できるのです。

まず、次のような形の行列 A を考えます。

$$A = \begin{pmatrix} 0 & 0 & \cdots & 0 & -a_0 \\ 1 & 0 & \cdots & 0 & -a_1 \\ 0 & 1 & \ddots & \vdots & \vdots \\ \vdots & \ddots & \ddots & 0 & -a_{n-2} \\ 0 & \cdots & 0 & 1 & -a_{n-1} \end{pmatrix}$$

この行列の特性方程式は

$$\lambda I - A = \begin{pmatrix} \lambda & 0 & \cdots & 0 & a_0 \\ -1 & \lambda & \cdots & 0 & a_1 \\ 0 & -1 & \ddots & \vdots & \vdots \\ \vdots & \ddots & \ddots & \lambda & a_{n-2} \\ 0 & \cdots & 0 & -1 & \lambda + a_{n-1} \end{pmatrix}$$

の行列式から

$$\lambda^n + a_{n-1}\lambda^{n-1} + a_{n-2}\lambda^{n-2} + \cdots + a_1\lambda + a_0 = 0$$

となります。行列 A は、この代数方程式のコンパニオン行列と呼ばれています。

ここで「5 × 5 以上の行列の固有値を求める手順」が存在すると仮定してみましょう。すると次のように「5 次以上の代数方程式を解く手順」を作ることができてしまいます。

まず、与えられた任意の代数方程式の両辺を最高次の項の係数*4で割って、上の代数方

*4 もしこれが 0 だったら「最高次」にならないから、これは 0 ではない。

程式の形にします。次に、その代数方程式のコンパニオン行列を作ります。最後に、そのコンパニオン行列の固有値を、はじめに存在を仮定した「5×5 以上の行列の固有値を求める手順」で求めると、これが与えられた代数方程式の解です。

このように、「5×5 以上の行列の固有値を求める手順」が存在すると仮定すると「5次以上の代数方程式を解く手順」を作ることができるので、ガロア理論の結論と矛盾してしまいます。これより「5×5 以上の行列の固有値を求める手順」が存在しないことがわかります。

5.1.4 代表的な固有値計算アルゴリズム

ここまでの話から、有限回の計算で固有値をぴったり求める一般的手順は存在しないことが判明してしまいました。仕方がないので、固有値を求めるには、「相似変換を繰り返して、行列を徐々に対角行列（または上三角行列）へ近付けていく」という反復計算が用いられます。もちろん、無限に続けるわけにはいきませんから、十分近付いたと判断した時点で計算を打ち切り、その時点での近似値を答えることになります。

このような固有値計算アルゴリズムの代表として、本書では Jacobi 法と QR 法を解説します。

5.2　Jacobi 法

それでは早速、**Jacobi** 法から見ていくことにしましょう。Jacobi 法は、1846 年に Jacobi が発表した、「実対称行列」の「すべての固有値を求める」アルゴリズムです（つまり、コンピュータを使って固有値を計算する方法の原理が、最初のコンピュータが作られるよりもはるか昔に考えられていたということです（実対称行列については、E.2 節（345 ページ）「対称行列と直交行列—— 実行列の場合」))。Jacobi 法は、現在でも、10×10 程度までの大きさの行列ならばほかの方法と比べて遜色のない速さで計算できる方法です。Jacobi 法であれば、アルゴリズム全体が後述する QR 法ほど複雑長大でないので、原理を理解して自力でプログラムを作ることも現実的にできます。

さらに最近の研究では、大きな行列の固有値計算に使った場合、計算速度では QR 法に劣るけれど、求まる固有値の精度は Jacobi 法のほうが高いという報告もあります。また、Jacobi 法のアルゴリズムは QR 法と比べて柔軟で、目的に応じて修正しやすく、同時対角化の問題（複数の対称行列を 1 つの直交行列で近似的に対角化する問題）など、固有値計算以外の問題に応用されている点も特徴です。

5.2.1　平面回転

まず、次のような $n \times n$ 行列を定義します。

$$
R(\theta,p,q)=
\begin{array}{r}
\\ \\ \\ p\text{行} \\ \\ \\ \\ q\text{行} \\ \\ \\ \\
\end{array}
\overset{\begin{array}{ccccccccccc} \quad & \quad & \quad & p\text{列} & \quad & \quad & \quad & q\text{列} & \quad & \quad & \quad \end{array}}{
\begin{pmatrix}
1 &&&&&&&&&&\\
& \ddots &&&&&&&&&\\
&& 1 &&&&&&&&\\
&&& \cos\theta &&&& -\sin\theta &&&\\
&&&& 1 &&&&&&\\
&&&&& \ddots &&&&&\\
&&&&&& 1 &&&&\\
&&& \sin\theta &&&& \cos\theta &&&\\
&&&&&&&& 1 &&\\
&&&&&&&&& \ddots &\\
&&&&&&&&&& 1
\end{pmatrix}}
$$

ただし、指定されている成分以外はすべて 0 です。つまり $R(\theta,p,q)$ は、ほとんど $n \times n$ 単位行列だけど、(p,p) 成分、(p,q) 成分、(q,p) 成分、(q,q) 成分の 4 つの成分だけが 2×2 回転行列

$$
R(\theta)=\begin{pmatrix} \cos\theta & -\sin\theta \\ \sin\theta & \cos\theta \end{pmatrix}
$$

の $(1,1)$ 成分、$(1,2)$ 成分、$(2,1)$ 成分、$(2,2)$ 成分で置き換えられたものです。この行列は、n 次元空間の中の第 p 軸と第 q 軸が張る平面内の回転（pq 平面回転）を表しています。

3 次元空間の場合、以下の 3 通りの平面回転が考えられます。

$$R(\theta,1,2)=\begin{pmatrix}\cos\theta & -\sin\theta & 0\\ \sin\theta & \cos\theta & 0\\ 0 & 0 & 1\end{pmatrix}$$

$$R(\theta,2,3)=\begin{pmatrix}1 & 0 & 0\\ 0 & \cos\theta & -\sin\theta\\ 0 & \sin\theta & \cos\theta\end{pmatrix}$$

$$R(\theta,1,3)=\begin{pmatrix}\cos\theta & 0 & -\sin\theta\\ 0 & 1 & 0\\ \sin\theta & 0 & \cos\theta\end{pmatrix}$$

それぞれについて 3 本の単位ベクトル $\boldsymbol{x}=(1,0,0)^T,\boldsymbol{y}=(0,1,0)^T,\boldsymbol{z}=(0,0,1)^T$ がどのように写されるか、図に描くと次のようになります。

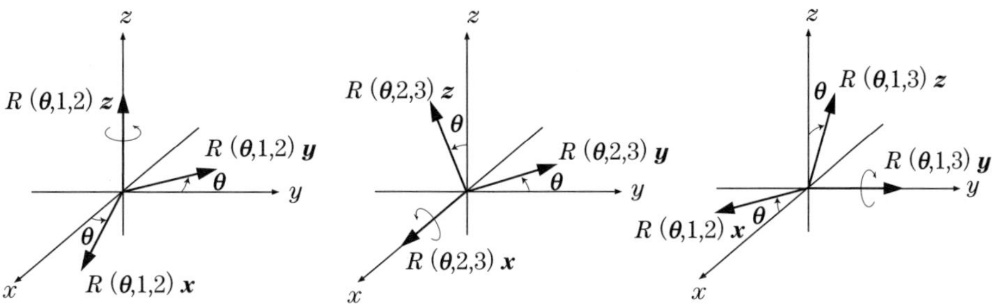

▲ 図 5.1 平面回転（3 次元の例）

例えば $R(\theta,1,2)$ の場合は、xy 平面上の点は 2×2 回転行列 $R(\theta)$ による変換を受けます。それ以外の点も、$z=c$（c は定数）という平面を考えると、各平面上の点が 2×2 回転行列 $R(\theta)$ による変換を受けています。$R(\theta,2,3)$ の場合は平面 $x=c$ 上の点が、$R(\theta,1,3)$ の場合は平面 $y=c$ 上の点が、2×2 回転行列 $R(\theta)$ による変換を受けています。

一般の n 次元ベクトルの場合は、$R(\theta,p,q)$ を掛けると、次のように第 p 成分と第 q 成分だけが変化します。

$$R(\theta,p,q)\begin{pmatrix}x_1\\ \vdots\\ x_p\\ \vdots\\ x_q\\ \vdots\\ x_n\end{pmatrix}=\begin{pmatrix}x_1\\ \vdots\\ x_p\cos\theta-x_q\sin\theta\\ \vdots\\ x_p\sin\theta+x_q\cos\theta\\ \vdots\\ x_n\end{pmatrix}\tag{5.1}$$

n 次元空間で

$$
\begin{aligned}
x_1 = c_1, \ldots, x_{p-1} = c_{p-1}, \\
x_{p+1} = c_{p+1}, \ldots, x_{q-1} = c_{q-1}, \\
x_{q+1} = c_{q+1}, \ldots, x_n = c_n
\end{aligned}
$$

という条件（x_p と x_q を除くすべての点が指定された定数に等しい）を満たす点の集合は平面をなしますが、この平面上の点が 2×2 回転行列 $R(\theta)$ による変換を受けるわけです。

さて、2×2 回転行列 $R(\theta)$ とその転置 $R(\theta)^T$ を掛けると、

$$
\begin{aligned}
R(\theta)R(\theta)^T &= \begin{pmatrix} \cos\theta & -\sin\theta \\ \sin\theta & \cos\theta \end{pmatrix} \begin{pmatrix} \cos\theta & \sin\theta \\ -\sin\theta & \cos\theta \end{pmatrix} \\
&= \begin{pmatrix} \cos^2\theta + \sin^2\theta & \cos\theta\sin\theta - \sin\theta\cos\theta \\ \sin\theta\cos\theta - \cos\theta\sin\theta & \sin^2\theta + \cos^2\theta \end{pmatrix} = \begin{pmatrix} 1 & 0 \\ 0 & 1 \end{pmatrix}
\end{aligned}
$$

のように単位行列になるので、$R(\theta)$ は直交行列です[*5]。つまり、転置を取ると逆行列になります。n 次元の平面回転 $R(\theta, p, q)$ も同様に、その転置 $R(\theta, p, q)^T$ を掛けると

$$
R(\theta, p, q)\ R(\theta, p, q)^T = I_n
$$

のように $n \times n$ 単位行列 I_n になるので（実際に確認してみてください）、直交行列です。つまり、転置が逆行列になっています。

5.2.2　平面回転による相似変換

Jacobi 法は、与えられた実対称行列 A に対して、平面回転による相似変換

$$
A' \ = \ R(\theta, p, q)^T\ A\ \ R(\theta, p, q)
$$

を p, q, θ を選びながら繰り返し行い、対角行列に近付けていくアルゴリズムです。そこで、平面回転による相似変換で行列 A がどのように変化するか調べてみましょう。

まず、$R(\theta, p, q)^T$ を A に左から掛けると A はどう変化するでしょうか。$R(\theta, p, q)$ を A に左から掛けると、A の各列が (5.1) と同じ変換を受けて、第 p, q 行だけが変化します。$R(\theta, p, q)^T$ は $R(\theta, p, q)$ の 2 つの $\sin\theta$ の符号を逆にしたものなので、$R(\theta, p, q)^T$ を A に左から掛けた場合も、次のように第 p, q 行だけが変化します。

$$
\begin{pmatrix} & & \\ a'_{p1} & \cdots & a'_{pn} \\ a'_{q1} & \cdots & a'_{qn} \\ & & \end{pmatrix} = R(\theta, p, q)^T \begin{pmatrix} & & \\ a_{p1} & \cdots & a_{pn} \\ a_{q1} & \cdots & a_{qn} \\ & & \end{pmatrix}
$$

各成分の具体的な値は次のようになります。

---

*5　直交行列については、E.2 節（345 ページ）「対称行列と直交行列—— 実行列の場合」を参照。

$$\begin{aligned} a'_{pj} &= a_{pj}\cos\theta + a_{qj}\sin\theta \\ a'_{qj} &= -a_{pj}\sin\theta + a_{qj}\cos\theta \end{aligned} \qquad (j = 1, \ldots, n) \tag{5.2}$$

上の式の両辺の転置を取ったものを考えると（2 つの行列の積の転置は $(XY)^T = Y^T X^T$ となることを思い出しましょう）、$R(\theta, p, q)$ を A に右から掛けると、第 p, q 列だけが変化することがわかります。

$$\begin{pmatrix} & a'_{1p} & a'_{1q} & \\ & & & \\ & \vdots & \vdots & \\ & & & \\ & a'_{np} & a'_{nq} & \end{pmatrix} = \begin{pmatrix} & a_{1p} & a_{1q} & \\ & & & \\ & \vdots & \vdots & \\ & & & \\ & a_{np} & a_{nq} & \end{pmatrix} R(\theta, p, q)$$

各成分の値は次のようになります。

$$\begin{aligned} a'_{ip} &= a_{ip}\cos\theta + a_{iq}\sin\theta \\ a'_{iq} &= -a_{ip}\sin\theta + a_{iq}\cos\theta \end{aligned} \qquad (i = 1, \ldots, n) \tag{5.3}$$

以上より、A に $R(\theta, p, q)^T$ を左から掛け $R(\theta, p, q)$ を右から掛けると、次のように第 p, q 行と第 p, q 列からなる井桁状の部分だけが変化することがわかります。

$$\begin{pmatrix} & & a'_{1p} & & a'_{1q} & & \\ & & \vdots & & \vdots & & \\ a'_{p1} & \cdots & a'_{pp} & \cdots & a'_{pq} & \cdots & a'_{pn} \\ & & \vdots & & \vdots & & \\ a'_{q1} & \cdots & a'_{qp} & \cdots & a'_{qq} & \cdots & a'_{qn} \\ & & \vdots & & \vdots & & \\ & & a'_{np} & & a'_{nq} & & \end{pmatrix}$$

$$= R(\theta, p, q)^T \begin{pmatrix} & & a_{1p} & & a_{1q} & & \\ & & \vdots & & \vdots & & \\ a_{p1} & \cdots & a_{pp} & \cdots & a_{pq} & \cdots & a_{pn} \\ & & \vdots & & \vdots & & \\ a_{q1} & \cdots & a_{qp} & \cdots & a_{qq} & \cdots & a_{qn} \\ & & \vdots & & \vdots & & \\ & & a_{np} & & a_{nq} & & \end{pmatrix} R(\theta, p, q)$$

井桁の、交点以外の成分について、変換後の値は式（5.2）（5.3）の通りです。交点の 4 つの成分は式（5.2）（5.3）の両方の変換を受けるので、変換後の値は次のようになります。

$$
\begin{aligned}
a'_{pp} &= (a_{pp}\cos\theta + a_{qp}\sin\theta)\cos\theta + (a_{pq}\cos\theta + a_{qq}\sin\theta)\sin\theta \\
&= a_{pp}\cos^2\theta + a_{qq}\sin^2\theta + (a_{pq} + a_{qp})\sin\theta\cos\theta \\
a'_{pq} &= -(a_{pp}\cos\theta + a_{qp}\sin\theta)\sin\theta + (a_{pq}\cos\theta + a_{qq}\sin\theta)\cos\theta \\
&= a_{pq}\cos^2\theta - a_{qp}\sin^2\theta + (a_{qq} - a_{pp})\sin\theta\cos\theta \\
a'_{qp} &= (-a_{pp}\sin\theta + a_{qp}\cos\theta)\cos\theta + (-a_{pq}\sin\theta + a_{qq}\cos\theta)\sin\theta \\
&= a_{qp}\cos^2\theta - a_{pq}\sin^2\theta + (a_{qq} - a_{pp})\sin\theta\cos\theta \\
a'_{qq} &= -(-a_{pp}\sin\theta + a_{qp}\cos\theta)\sin\theta + (-a_{pq}\sin\theta + a_{qq}\cos\theta)\cos\theta \\
&= a_{pp}\sin^2\theta + a_{qq}\cos^2\theta - (a_{pq} + a_{qp})\sin\theta\cos\theta
\end{aligned}
$$

ここで A が対称行列なので $a_{pq} = a_{qp}$ が成り立つことを使うと、これらの更新式はもう少し簡単になります。交点以外の部分もまとめて書くと、平面回転による相似変換の更新式は次のようになります。

$$
\begin{aligned}
&\left.\begin{aligned}
a'_{pj} &= \quad a_{pj}\cos\theta + a_{qj}\sin\theta \\
a'_{qj} &= -a_{pj}\sin\theta + a_{qj}\cos\theta
\end{aligned}\right. \qquad (j \neq p, q) \\
&\left.\begin{aligned}
a'_{ip} &= \quad a_{ip}\cos\theta + a_{iq}\sin\theta \\
a'_{iq} &= -a_{ip}\sin\theta + a_{iq}\cos\theta
\end{aligned}\right. \qquad (i \neq p, q) \\
&a'_{pp} = a_{pp}\cos^2\theta + a_{qq}\sin^2\theta + 2a_{pq}\sin\theta\cos\theta \\
&a'_{qq} = a_{pp}\sin^2\theta + a_{qq}\cos^2\theta - 2a_{pq}\sin\theta\cos\theta \\
&a'_{pq} = a_{pq}(\cos^2\theta - \sin^2\theta) + (a_{qq} - a_{pp})\sin\theta\cos\theta
\end{aligned}
\tag{5.4}
$$

さて、平面回転の回転角 θ ですが、Jacobi 法では相似変換した結果 $a'_{pq} = 0$ となるような回転角 θ を選んで相似変換を行います。そこでそのような回転角 θ を求めてみましょう。式 (5.4) で $a'_{pq} = 0$ とすると、

$$
\begin{aligned}
&a_{pq}(\cos^2\theta - \sin^2\theta) + (a_{qq} - a_{pp})\sin\theta\cos\theta = 0 \\
&\qquad\Longrightarrow \quad \frac{a_{pq}}{a_{pp} - a_{qq}} = \frac{\sin\theta\cos\theta}{\cos^2\theta - \sin^2\theta}
\end{aligned}
$$

となり、右辺に 2 倍角の公式 $\sin 2\theta = 2\sin\theta\cos\theta, \cos 2\theta = \cos^2\theta - \sin^2\theta$ を代入すると

$$
\frac{a_{pq}}{a_{pp} - a_{qq}} = \frac{1}{2}\frac{\sin 2\theta}{\cos 2\theta} = \frac{1}{2}\tan 2\theta
$$

となるので、$a'_{pq} = 0$ となるような θ は

$$
\theta = \frac{1}{2}\tan^{-1}\frac{2a_{pq}}{a_{pp} - a_{qq}}
$$

と求まります。

ここで、平面回転による相似変換 1 回でどのくらい A が対角行列に近付いたか調べるために、行列 A に対して次のような 2 つの関数を定義します。

$$
f(A) = \sum_{i \neq j} {a_{ij}}^2, \quad g(A) = \sum_i {a_{ii}}^2
$$

つまり、$f(A)$ は行列 A の非対角成分[*6]の自乗和、$g(A)$ は対角成分の自乗和です。相似変換ごとに $f(A)$ を小さくしていき、$f(A) = 0$ となれば対角化が完成したことになります。平面回転による相似変換 1 回で $f(A)$ がどれくらい小さくなるか調べましょう。

$R(\theta, p, q)^T$ を A に左から掛けたときの更新式

$$\begin{aligned} a'_{pj} &= \quad a_{pj}\cos\theta + a_{qj}\sin\theta \\ a'_{qj} &= -a_{pj}\sin\theta + a_{qj}\cos\theta \end{aligned}$$

から、更新後の 2 つの成分の自乗和を計算すると

$$\begin{aligned} {a'_{pj}}^2 + {a'_{qj}}^2 &= (a_{pj}\cos\theta + a_{qj}\sin\theta)^2 + (-a_{pj}\sin\theta + a_{qj}\cos\theta)^2 \\ &= {a_{pj}}^2 + {a_{qj}}^2 \end{aligned}$$

となり、対応する成分の自乗和は変化しないことがわかります。同様に、右から掛けた場合の更新式からも、対応する成分の自乗和は変化しないことがわかるので、全体としては、対角成分と非対角成分とが対応している箇所、つまり pq 平面回転による相似変換の場合 a_{pq} の自乗和だけが $f(A)$ から $g(A)$ に移ることがわかります。このような箇所が a_{pq} と a_{qp} の 2 箇所あるので、$f(A)$ の値は相似変換 1 回で

$$f(A') = f(A) - 2a_{pq}^2$$

のように減少します。

以上の考察から、「$|a_{pq}|$ が最大の p, q ($p \neq q$) を選んで pq 平面回転」を繰り返すことで、$f(A)$ を 0 に近付けられることがわかります。$|a_{pq}|^2 \geq \frac{f(A)}{n^2-n}$ から $f(A') \leq Cf(A)$ が保証されるためです（C は $0 < C < 1$ を満たす定数)。$f(A)$ が 0 に向かうということは、A が対角行列に向かうということですから、十分近付いたところでその対角成分を答えれば良いわけです。

5.2.3 計算の工夫

実際に井桁状の部分の更新（平面回転による相似変換）の計算に必要なのは $\sin\theta$ と $\cos\theta$ の値だけで、θ の値は必要ありません。次のようにすると、θ の値を経由することなく $\sin\theta$ と $\cos\theta$ の値を求めることができます。

まず、

$$1 + \tan^2 2\theta = \frac{\cos^2 2\theta + \sin^2 2\theta}{\cos^2 2\theta} = \frac{1}{\cos^2 2\theta}$$

であり、$0 \leq \theta \leq 1/4$ のとき $\cos 2\theta \geq 0$ だから、両辺の平方根を取って

$$\frac{1}{\sqrt{1 + \tan^2 2\theta}} = \cos 2\theta$$

であることがわかります。さらに、2 倍角の公式 $\cos 2\theta = \cos^2\theta - \sin^2\theta = 2\cos^2\theta - 1$

[*6] 対角成分以外のすべての成分。

と、$0 \le \theta \le 1/4$ のとき $\cos\theta > 0$ であることを使うと

$$\cos\theta = \sqrt{\frac{1}{2}\left(1 + \frac{1}{\sqrt{1+\tan^2 2\theta}}\right)}$$

のように、加減乗除と 2 回の平方根だけで $\cos\theta$ が求まります。これをもとに $\sin\theta$ も加減乗除と 1 回の平方根だけで求めることができます。

また、p, q の選択も、いちいち最大を探すより「片っ端から順々にやっていく（何なら閾値以下は飛ばす)」のほうが、実際には計算量を節約できます。

5.3　べき乗法の原理

本節では、べき乗法というアルゴリズムについて説明します。べき乗法は、基本的には「絶対値最大の固有値を求める」アルゴリズムですが、応用して「絶対値最小の固有値を求める」場合や「すべての固有値を求める」場合にも使うことができます。べき乗法の原理を理解しておくと、この後出てくる QR 法と逆反復法の原理もスムーズに理解できます。ここでべき乗法を説明するのは主にこのためなので、説明は原理的な部分だけに留め、アルゴリズムとしての詳細は省きます。5.3.4 項（307 ページ）「すべての固有値を求める場合」が QR 法の基礎に、5.3.2 項（303 ページ）「絶対値最小の固有値を求める場合」が逆反復法の基礎になります。

5.3.1　絶対値最大の固有値を求める場合

べき乗法の基本となるのは「絶対値最大の固有値を求める場合」であり、適当に選んだ初期値ベクトル $\boldsymbol{v}$ に対して A を繰り返し掛けていくと、A の絶対値最大の固有値に対応する固有ベクトル $\boldsymbol{x}_1$ の方向に近付いていくことを利用します。

$$\boldsymbol{v},\ A\boldsymbol{v},\ A^2\boldsymbol{v},\ A^3\boldsymbol{v},\ \cdots \longrightarrow (\boldsymbol{x}_1 \text{ の方向})$$

なぜこのようになるのか考えてみましょう。行列 A（$\neq O$）が対角化可能な場合を考え、その固有値 $\lambda_1, \lambda_2, \ldots, \lambda_n$ に対応する固有ベクトルが $\boldsymbol{x}_1, \boldsymbol{x}_2, \ldots, \boldsymbol{x}_n$ であるとします。ただし、固有値は絶対値の大小順に並んでいるとします。

$$\left\{\begin{array}{rcl} A\boldsymbol{x}_1 &=& \lambda_1\boldsymbol{x}_1 \\ A\boldsymbol{x}_2 &=& \lambda_2\boldsymbol{x}_2 \\ &\vdots& \\ A\boldsymbol{x}_n &=& \lambda_n\boldsymbol{x}_n \end{array}\right. \qquad |\lambda_1| \ge |\lambda_2| \ge \cdots \ge |\lambda_n|$$

適当に選んだ初期値ベクトル $\boldsymbol{v}$ が、A の固有ベクトルの線形結合として

$$\boldsymbol{v} = v_1\boldsymbol{x}_1 + v_2\boldsymbol{x}_2 + \cdots + v_n\boldsymbol{x}_n$$

と表されるとすると、$\boldsymbol{v}$ に A を k 回掛けたとき、

$$
\begin{aligned}
A^k \boldsymbol{v} &= v_1 A^k \boldsymbol{x}_1 + v_2 A^k \boldsymbol{x}_2 + \cdots + v_n A^k \boldsymbol{x}_n \\
&= v_1 \lambda_1^k \boldsymbol{x}_1 + v_2 \lambda_2^k \boldsymbol{x}_2 + \cdots + v_n \lambda_n^k \boldsymbol{x}_n
\end{aligned}
$$

となります。右辺を λ_1^k で割ると

$$
A^k \boldsymbol{v} \parallel v_1 \boldsymbol{x}_1 + v_2 \left(\frac{\lambda_2}{\lambda_1}\right)^k \boldsymbol{x}_2 + \cdots + v_n \left(\frac{\lambda_n}{\lambda_1}\right)^k \boldsymbol{x}_n
$$

となります。ただし $\parallel$ は、2 つのベクトルが平行（同じ方向）であるという意味です。この右辺の形を見ると、$|\lambda_1| > |\lambda_2|$ ならば、$(\frac{\lambda_2}{\lambda_1})^k, \ldots, (\frac{\lambda_n}{\lambda_1})^k$ の各項は k が大きくなるにつれて急速に 0 に近付きます。ですから、よほど運が悪く $v_1 = 0$ となるような $\boldsymbol{v}$ を選んでしまった場合を除いて、$A^k \boldsymbol{v}$ は $\boldsymbol{x}_1$ の方向に近付いていくことがわかります。

$A^k \boldsymbol{v}$ が十分に $\boldsymbol{x}_1$ に近付いた後、これに A を 1 回掛けると何倍に伸びるかを調べれば、対応する絶対値最大の固有値 λ_1 の値がわかります。これが、べき乗法の原理です。

実際に計算する際には、$|\lambda_1| > 1$ のときは計算中に $A^k \boldsymbol{v}$ の各成分が大きくなり過ぎ、逆に $|\lambda_1| < 1$ のときは小さくなり過ぎ、数値の精度の点で不都合が生じるので、次のように各ステップで長さが 1 になるように調整しながら計算を進めます。$||\boldsymbol{v}||$ は $\boldsymbol{v}$ の長さです（付録 E)。

$$
\begin{aligned}
\boldsymbol{q}_1 = \frac{\boldsymbol{v}}{||\boldsymbol{v}||} \quad &\Rightarrow \quad \boldsymbol{v}_2 = A\boldsymbol{q}_1 \quad \Rightarrow \quad \boldsymbol{q}_2 = \frac{\boldsymbol{v}_2}{||\boldsymbol{v}_2||} \\
&\Rightarrow \quad \cdots \\
&\Rightarrow \quad \boldsymbol{v}_{k+1} = A\boldsymbol{q}_k \quad \Rightarrow \quad \boldsymbol{q}_{k+1} = \frac{\boldsymbol{v}_{k+1}}{||\boldsymbol{v}_{k+1}||} \\
&\Rightarrow \quad \cdots
\end{aligned}
$$

5.3.2 絶対値最小の固有値を求める場合

前項の基本形のべき乗法を応用して、行列の絶対値最小の固有値を求めることもできます。この場合は、適当に選んだ初期値ベクトル $\boldsymbol{v}$ に対して行列 A の逆行列 A^{-1} を繰り返し掛けていくと、A の絶対値最小の固有値に対応する固有ベクトル $\boldsymbol{x}_n$ の方向に近付いていくことを利用します。

$$
\boldsymbol{v},\ A^{-1}\boldsymbol{v},\ (A^{-1})^2\boldsymbol{v},\ (A^{-1})^3\boldsymbol{v},\ \cdots \longrightarrow (\boldsymbol{x}_n \text{ の方向})
$$

なぜこのようになるのか考えてみましょう。行列 A が対角化可能な場合を考え、変換行列 P により

$$
A = P \begin{pmatrix} \lambda_1 & & & \\ & \lambda_2 & & \\ & & \ddots & \\ & & & \lambda_n \end{pmatrix} P^{-1}
$$

のように対角化されるとします。すると、A の逆行列 A^{-1} は

$$A^{-1} = P \begin{pmatrix} \frac{1}{\lambda_1} & & & \\ & \frac{1}{\lambda_2} & & \\ & & \ddots & \\ & & & \frac{1}{\lambda_n} \end{pmatrix} P^{-1}$$

となります[*7]。これより、A の絶対値最小の固有値 λ_n は A^{-1} の絶対値最大の固有値 $\frac{1}{\lambda_n}$ と対応しており、固有ベクトルは共に変換行列 P の第 n 列であり共通であることがわかります[*8]。したがって $|\lambda_{n-1}| > |\lambda_n|$ ならば前項と同じ議論で、よほど運の悪い $\boldsymbol{v}$ を選んでしまった場合を除いて $(A^{-1})^k\boldsymbol{v}$ が $\boldsymbol{x}_n$ の方向に近付いていくことがわかります。$(A^{-1})^k\boldsymbol{v}$ が十分に $\boldsymbol{x}_n$ に近付いたら、これをもとに絶対値最小の固有値 λ_n を求めることができます。

実際に計算するときは、逆行列 A^{-1} を求めるのには大きな計算量が必要になるので、まず逆行列 A^{-1} の代わりに LU 分解 $A = LU$ を求めます。例えば、ベクトル $\boldsymbol{y}$ に A^{-1} を掛ける計算 $\boldsymbol{x} = A^{-1}\boldsymbol{y}$ は「$L\boldsymbol{z} = \boldsymbol{y}$を解く $\Rightarrow U\boldsymbol{x} = \boldsymbol{z}$を解く」という 2 段階[*9]で計算します。さらに、絶対値最大の固有値を求める場合と同様に、各ステップでベクトルの長さが 1 になるように調整しながら計算を進めます。

$$\begin{aligned} \boldsymbol{q}_1 = \frac{\boldsymbol{v}}{||\boldsymbol{v}||} &\Rightarrow L\boldsymbol{z} = \boldsymbol{q}_1\text{を解く} \Rightarrow U\boldsymbol{v}_2 = \boldsymbol{z}\text{を解く} \Rightarrow \boldsymbol{q}_2 = \frac{\boldsymbol{v}_2}{||\boldsymbol{v}_2||} \\ &\Rightarrow \cdots \\ &\Rightarrow L\boldsymbol{z} = \boldsymbol{q}_k\text{を解く} \Rightarrow U\boldsymbol{v}_{k+1} = \boldsymbol{z}\text{を解く} \Rightarrow \boldsymbol{q}_{k+1} = \frac{\boldsymbol{v}_{k+1}}{||\boldsymbol{v}_{k+1}||} \\ &\Rightarrow \cdots \end{aligned}$$

5.3.3　QR 分解

次項の「すべての固有値を求める場合」で必要になる **QR 分解**について説明します。また、その後で出てくる QR 法は、名前のとおり QR 分解をもとにしたアルゴリズムです。QR 分解 $A = QR$ を一言で表現するならば「Q は A の列ベクトルの **Gram-Schmidt** の**正規直交化**、R は A の列ベクトルの正規直交基底に関する成分表示」です。

n 本の線形独立な n 次元縦ベクトル $\boldsymbol{a}_1, \boldsymbol{a}_2, \ldots, \boldsymbol{a}_n$ を Gram-Schmidt の方法で正規直交化し、正規直交基底 $\boldsymbol{q}_1, \boldsymbol{q}_2, \ldots, \boldsymbol{q}_n$ を得る手順は、次のとおりです。なお、$\boldsymbol{x} \cdot \boldsymbol{y}$ は、$\boldsymbol{x}$ と $\boldsymbol{y}$ の内積です（付録 E）。

$$\begin{aligned} \boldsymbol{q}_1 &= \boldsymbol{p}_1/||\boldsymbol{p}_1||, & \boldsymbol{p}_1 &= \boldsymbol{a}_1 \\ \boldsymbol{q}_2 &= \boldsymbol{p}_2/||\boldsymbol{p}_2||, & \boldsymbol{p}_2 &= \boldsymbol{a}_2 - (\boldsymbol{a}_2 \cdot \boldsymbol{q}_1)\boldsymbol{q}_1 \\ \boldsymbol{q}_3 &= \boldsymbol{p}_3/||\boldsymbol{p}_3||, & \boldsymbol{p}_3 &= \boldsymbol{a}_3 - (\boldsymbol{a}_3 \cdot \boldsymbol{q}_1)\boldsymbol{q}_1 - (\boldsymbol{a}_3 \cdot \boldsymbol{q}_2)\boldsymbol{q}_2 \\ &\vdots & &\vdots \\ \boldsymbol{q}_n &= \boldsymbol{p}_n/||\boldsymbol{p}_n||, & \boldsymbol{p}_n &= \boldsymbol{a}_n - (\boldsymbol{a}_n \cdot \boldsymbol{q}_1)\boldsymbol{q}_1 - \cdots - (\boldsymbol{a}_n \cdot \boldsymbol{q}_{n-1})\boldsymbol{q}_{n-1} \end{aligned}$$

[*7] 上の A と A^{-1} について、AA^{-1} と $A^{-1}A$ を暗算で計算してみてください。

[*8] P の第 n 列に、A と A^{-1} を掛ける計算をしてみてください。

[*9] これで、A^{-1} が得られている場合に A^{-1} を $\boldsymbol{y}$ に掛けるのと同じ計算量になります。詳しくは、第 3 章「LU 分解で行こう —— コンピュータでの計算 (1)」を参照してください。

各ステップで、$\boldsymbol{a}_k$ を $\boldsymbol{q}_1, \boldsymbol{q}_2, \ldots, \boldsymbol{q}_{k-1}$ と直交するように修正したものを $\boldsymbol{p}_k$ とし、これを正規化（長さを 1 にする）して $\boldsymbol{q}_k$ としています。縦ベクトル $\boldsymbol{a}_1, \boldsymbol{a}_2, \ldots, \boldsymbol{a}_n$ を並べてできる行列を A、$\boldsymbol{q}_1, \boldsymbol{q}_2, \ldots, \boldsymbol{q}_n$ を並べてできる行列を Q と書くことにします。

$$A = \begin{pmatrix} a_{11} & a_{12} & \cdots & a_{1n} \\ a_{21} & a_{22} & \cdots & a_{2n} \\ \vdots & \vdots & \ddots & \vdots \\ a_{n1} & a_{n2} & \cdots & a_{nn} \end{pmatrix}, \quad \boldsymbol{a}_1 = \begin{pmatrix} a_{11} \\ a_{21} \\ \vdots \\ a_{n1} \end{pmatrix}, \quad \boldsymbol{a}_2 = \begin{pmatrix} a_{12} \\ a_{22} \\ \vdots \\ a_{n2} \end{pmatrix}, \ldots, \boldsymbol{a}_n = \begin{pmatrix} a_{1n} \\ a_{2n} \\ \vdots \\ a_{nn} \end{pmatrix}$$

$$Q = \begin{pmatrix} q_{11} & q_{12} & \cdots & q_{1n} \\ q_{21} & q_{22} & \cdots & q_{2n} \\ \vdots & \vdots & \ddots & \vdots \\ q_{n1} & q_{n2} & \cdots & q_{nn} \end{pmatrix}, \quad \boldsymbol{q}_1 = \begin{pmatrix} q_{11} \\ q_{21} \\ \vdots \\ q_{n1} \end{pmatrix}, \quad \boldsymbol{q}_2 = \begin{pmatrix} q_{12} \\ q_{22} \\ \vdots \\ q_{n2} \end{pmatrix}, \ldots, \boldsymbol{q}_n = \begin{pmatrix} q_{1n} \\ q_{2n} \\ \vdots \\ q_{nn} \end{pmatrix}$$

このとき、2 つの行列 A と Q の関係はどうなるでしょうか。

Gram-Schmidt の方法で $\boldsymbol{a}_1, \boldsymbol{a}_2, \ldots, \boldsymbol{a}_n$ から $\boldsymbol{q}_1, \boldsymbol{q}_2, \ldots, \boldsymbol{q}_n$ を得る正規直交化の手順を眺めると、$\boldsymbol{a}_1$ は $\boldsymbol{q}_1$ の定数倍であり、$\boldsymbol{a}_2$ は $\boldsymbol{q}_1$ と $\boldsymbol{q}_2$ の線形結合、$\boldsymbol{a}_3$ は $\boldsymbol{q}_1$ と $\boldsymbol{q}_2$ と $\boldsymbol{q}_3$ の線形結合、$\boldsymbol{a}_4$ は $\boldsymbol{q}_1$ と $\boldsymbol{q}_2$ と $\boldsymbol{q}_3$ と $\boldsymbol{q}_4$ の線形結合……という関係があることがわかります。具体的には、

$$\begin{aligned} r_{ii} &= \|\boldsymbol{p}_i\| \qquad (1 \le i \le n) \\ r_{ij} &= \boldsymbol{a}_j \cdot \boldsymbol{q}_i \quad (1 \le i < j \le n) \end{aligned}$$

とおくと、上の正規直交化の手順は

$$\begin{aligned} \boldsymbol{q}_1 &= \frac{1}{r_{11}}\boldsymbol{a}_1 \\ \boldsymbol{q}_2 &= \frac{1}{r_{22}}(\boldsymbol{a}_2 - r_{12}\boldsymbol{q}_1) \\ \boldsymbol{q}_3 &= \frac{1}{r_{33}}(\boldsymbol{a}_3 - r_{13}\boldsymbol{q}_1 - r_{23}\boldsymbol{q}_2) \\ &\vdots \\ \boldsymbol{q}_n &= \frac{1}{r_{nn}}(\boldsymbol{a}_n - r_{1n}\boldsymbol{q}_1 - \cdots - r_{n-1,n}\boldsymbol{q}_{n-1}) \end{aligned}$$

となり、$\boldsymbol{a}_1, \boldsymbol{a}_2, \ldots, \boldsymbol{a}_n$ と $\boldsymbol{q}_1, \boldsymbol{q}_2, \ldots, \boldsymbol{q}_n$ の関係を表す形に整理すると

$$\begin{aligned} \boldsymbol{a}_1 &= r_{11}\boldsymbol{q}_1 \\ \boldsymbol{a}_2 &= r_{12}\boldsymbol{q}_1 + r_{22}\boldsymbol{q}_2 \\ &\vdots \\ \boldsymbol{a}_n &= r_{1n}\boldsymbol{q}_1 + r_{2n}\boldsymbol{q}_2 + \cdots + r_{nn}\boldsymbol{q}_n \end{aligned}$$

となります。これを行列 A と Q の関係として表すと

$$\begin{pmatrix} a_{11} & a_{12} & \cdots & a_{1n} \\ a_{21} & a_{22} & \cdots & a_{2n} \\ \vdots & \vdots & & \vdots \\ a_{n1} & a_{n2} & \cdots & a_{nn} \end{pmatrix} = \begin{pmatrix} q_{11} & q_{12} & \cdots & q_{1n} \\ q_{21} & q_{22} & \cdots & q_{2n} \\ \vdots & \vdots & & \vdots \\ q_{n1} & q_{n2} & \cdots & q_{nn} \end{pmatrix} \begin{pmatrix} r_{11} & r_{12} & \cdots & r_{1n} \\ 0 & r_{22} & \cdots & r_{2n} \\ \vdots & \ddots & \ddots & \vdots \\ 0 & \cdots & 0 & r_{nn} \end{pmatrix}$$

となります。これが行列 A の QR 分解であり、通常一番右の右上三角行列を R とおき、

$$A = QR$$

と表します。行列 Q の各列ベクトルは正規直交化されているので、

$$Q^T Q = I$$

が成り立ち、直交行列です。したがって、列ベクトルが線形独立な任意の行列 A は、直交行列 Q と右上三角行列 R の積に分解できることがわかります。

実際に数値的に QR 分解を計算するときは、上で説明に使った Gram-Schmidt の正規直交化に基づく方法ではなく、平面回転（5.2.1 項（296 ページ））や鏡映変換（5.4.3 項（314 ページ））を応用したアルゴリズムを使います。Gram-Schmidt の方法には、誤差が蓄積する欠点があるためです。

? 5.2　「直交行列の集合は Lie 群」などという話を聞いたことがあるんだけど？

2 つの直交行列の積は必ず直交行列になります[*10]。また、直交行列の逆行列も直交行列です。したがって、「$n \times n$ 直交行列の集合」という「$n \times n$ 行列全体の集合」の部分集合は、これらの操作ではこの部分集合の外に出て行けない「閉じた世界」になっています。このような「閉じた」部分集合は「群をなす[*11]」といいます。「行列の群」のほかにも「置換の群」など群の例はいくらでもありますが、「行列の群」に限って定義を述べると次のようになります。

> 「$n \times n$ 行列全体の集合」のある部分集合が次の 3 つの条件を満たすとき、この部分集合は「群をなす」という。
> 1. この部分集合に単位行列が含まれる
> 2. この部分集合に含まれる行列の逆行列は必ずこの部分集合に含まれる
> 3. この部分集合に含まれる 2 つの行列の積は必ずこの部分集合に含まれる

「$n \times n$ 直交行列の集合」が群の定義を満たしていることを確認しましょう。この集合に単位行列が含まれることは明らかなので、

$$(\text{直交行列})^{-1} = (\text{直交行列})$$
$$(\text{直交行列}) \times (\text{直交行列}) = (\text{直交行列})$$

を満たすことが確認できれば十分ですが、実際に計算してみると確認できます。

---

*10 確認するためには、A, B が直交行列である（$A^T A = AA^T = I, B^T B = BB^T = I$）とき AB も直交行列である、つまり $(AB)^T (AB)$ と $(AB)(AB)^T$ が単位行列 I になることを示せばよい。

*11 「ムレをなす」と読む人がよくいますが間違いです。「グンをなす」と読みます。

ほかの例としては、例えば「正則な $n \times n$ 右上三角行列の集合」も群の定義を満たしています。この場合も、この集合に単位行列が含まれることは明らかなので、

$$
\begin{aligned}
&(\text{右上三角行列})^{-1} = (\text{右上三角行列}) \\
&(\text{右上三角行列}) \times (\text{右上三角行列}) = (\text{右上三角行列})
\end{aligned}
$$

を満たすことが確認できれば十分ですが、実際に計算してみると確認できます。

例えば次のような 3 つの 2×2 行列からなる集合も群の定義を満たしています。

$$
\left\{ \begin{pmatrix} 1 & 0 \\ 0 & 1 \end{pmatrix}, \begin{pmatrix} \cos 120^\circ & -\sin 120^\circ \\ \sin 120^\circ & \cos 120^\circ \end{pmatrix}, \begin{pmatrix} \cos 240^\circ & -\sin 240^\circ \\ \sin 240^\circ & \cos 240^\circ \end{pmatrix} \right\}
$$

これは、離散的な（飛び飛びの）行列の群です。一方、上の 2 つの例は、連続的です。そのような連続的な行列の群は Lie 群と呼ばれるものの一例となっています。

さて、ここまでに出てきた行列の部分集合はすべて群をなしていましたが、どんな行列の部分集合でも必ず群になるわけではなく、例えば「$n \times n$ 対称行列の集合」など、むしろ群をなさない行列の部分集合の例のほうが簡単に作れます。

上で見たように、「直交行列の集合」と「右上三角行列の集合」が、その集合の行列をいくら掛け合わせてもその集合の外に出ることができない「閉じた世界」になっていることは、後で QR 法を考える上で 1 つのポイントになります。

5.3.4 すべての固有値を求める場合

べき乗法ですべての固有値を求める場合は、「適当に選んだ n 本の線形独立な初期値ベクトル $\boldsymbol{v}_1, \boldsymbol{v}_2, \ldots, \boldsymbol{v}_n$ に対して A を繰り返し掛けていくと、これらを Gram-Schmidt の方法で正規直交化したものが、A の固有ベクトルの張る階層的な部分空間の正規直交基底に近付いていく」ことを利用します。具体的には、A の固有値を絶対値の大小順に[*12] $\lambda_1, \lambda_2, \ldots, \lambda_n$、対応する固有ベクトルを $\boldsymbol{x}_1, \boldsymbol{x}_2, \ldots, \boldsymbol{x}_n$ とし、$A^k\boldsymbol{v}_1, A^k\boldsymbol{v}_2, \ldots, A^k\boldsymbol{v}_n$ を正規直交化したものを $\boldsymbol{q}_1(k), \boldsymbol{q}_2(k), \ldots, \boldsymbol{q}_n(k)$ としましょう。k の増加につれて

$$
\begin{aligned}
&\operatorname{span}\{\boldsymbol{q}_1(k)\} \to \operatorname{span}\{\boldsymbol{x}_1\} \\
&\operatorname{span}\{\boldsymbol{q}_1(k), \boldsymbol{q}_2(k)\} \to \operatorname{span}\{\boldsymbol{x}_1, \boldsymbol{x}_2\} \\
&\operatorname{span}\{\boldsymbol{q}_1(k), \boldsymbol{q}_2(k), \boldsymbol{q}_3(k)\} \to \operatorname{span}\{\boldsymbol{x}_1, \boldsymbol{x}_2, \boldsymbol{x}_3\} \\
&\qquad\vdots \\
&\operatorname{span}\{\boldsymbol{q}_1(k), \boldsymbol{q}_2(k), \ldots, \boldsymbol{q}_n(k)\} \to \operatorname{span}\{\boldsymbol{x}_1, \boldsymbol{x}_2, \ldots, \boldsymbol{x}_n\}
\end{aligned}
\tag{5.5}
$$

となります。

[*12] ここでは $|\lambda_1| > |\lambda_2| > \cdots > |\lambda_n|$、つまり絶対値が等しい固有値がない場合について考えます。

なぜこのようになるのか考えてみましょう。適当に選んだ n 本の初期値ベクトルが、A の固有ベクトルの線形結合として

$$\begin{aligned}
\boldsymbol{v}_1 &= v_{11}\boldsymbol{x}_1 + v_{12}\boldsymbol{x}_2 + \cdots + v_{1n}\boldsymbol{x}_n \\
\boldsymbol{v}_2 &= v_{21}\boldsymbol{x}_1 + v_{22}\boldsymbol{x}_2 + \cdots + v_{2n}\boldsymbol{x}_n \\
&\vdots \\
\boldsymbol{v}_n &= v_{n1}\boldsymbol{x}_1 + v_{n2}\boldsymbol{x}_2 + \cdots + v_{nn}\boldsymbol{x}_n
\end{aligned}$$

と表されるとすると、これらに A を k 回掛けたとき、

$$\begin{aligned}
A^k\boldsymbol{v}_1 &= v_{11}\lambda_1^k\boldsymbol{x}_1 + v_{12}\lambda_2^k\boldsymbol{x}_2 + \cdots + v_{1n}\lambda_n^k\boldsymbol{x}_n \\
A^k\boldsymbol{v}_2 &= v_{21}\lambda_1^k\boldsymbol{x}_1 + v_{22}\lambda_2^k\boldsymbol{x}_2 + \cdots + v_{2n}\lambda_n^k\boldsymbol{x}_n \\
&\vdots \\
A^k\boldsymbol{v}_n &= v_{n1}\lambda_1^k\boldsymbol{x}_1 + v_{n2}\lambda_2^k\boldsymbol{x}_2 + \cdots + v_{nn}\lambda_n^k\boldsymbol{x}_n
\end{aligned}$$

となります。これらを Gram-Schmidt の方法で正規直交化して $\boldsymbol{q}_1, \boldsymbol{q}_2, \ldots, \boldsymbol{q}_n$ を得る手順は次の通りです。

$$\begin{aligned}
\boldsymbol{q}_1(k) &= \boldsymbol{p}_1(k)/\|\boldsymbol{p}_1(k)\|, & \boldsymbol{p}_1(k) &= A^k\boldsymbol{v}_1 \\
\boldsymbol{q}_2(k) &= \boldsymbol{p}_2(k)/\|\boldsymbol{p}_2(k)\|, & \boldsymbol{p}_2(k) &= A^k\boldsymbol{v}_2 - (A^k\boldsymbol{v}_2\cdot\boldsymbol{q}_1)\boldsymbol{q}_1 \\
\boldsymbol{q}_3(k) &= \boldsymbol{p}_3(k)/\|\boldsymbol{p}_3(k)\|, & \boldsymbol{p}_3(k) &= A^k\boldsymbol{v}_3 - (A^k\boldsymbol{v}_3\cdot\boldsymbol{q}_1)\boldsymbol{q}_1 - (A^k\boldsymbol{v}_3\cdot\boldsymbol{q}_2)\boldsymbol{q}_2 \\
&\vdots & &\vdots \\
\boldsymbol{q}_n(k) &= \boldsymbol{p}_n(k)/\|\boldsymbol{p}_n(k)\|, & \boldsymbol{p}_n(k) &= A^k\boldsymbol{v}_n - (A^k\boldsymbol{v}_n\cdot\boldsymbol{q}_1)\boldsymbol{q}_1 - \cdots - (A^k\boldsymbol{v}_n\cdot\boldsymbol{q}_{n-1})\boldsymbol{q}_{n-1}
\end{aligned}$$

「絶対値最大の固有値を求める場合」の手順を思い出せば、$A^k\boldsymbol{v}_1, A^k\boldsymbol{v}_2, \ldots, A^k\boldsymbol{v}_n$ はすべて $\boldsymbol{x}_1$ の方向に近付いていくことがわかります。したがって $\boldsymbol{q}_1(k)$ も $\boldsymbol{x}_1$ の方向に近付くので

$$\mathrm{span}\,\{\boldsymbol{q}_1(k)\} \to \mathrm{span}\,\{\boldsymbol{x}_1\}$$

となります。

次に $A^k\boldsymbol{v}_1$ と $A^k\boldsymbol{v}_2$ から正規直交化の手順で $\boldsymbol{q}_2(k)$ を求める部分を考えてみます。$A^k\boldsymbol{v}_1$ と $A^k\boldsymbol{v}_2$ はともに $\boldsymbol{x}_1$ の方向に近付きますが、初期値ベクトル $\boldsymbol{v}_1, \boldsymbol{v}_2, \ldots, \boldsymbol{v}_n$ を線形独立になるように選んでいるため完全に同じ方向にはならないので、$\boldsymbol{p}_2(k) = \boldsymbol{o}$ となることはありません。すると $\boldsymbol{q}_1(k)$ と $\boldsymbol{q}_2(k)$ は $A^k\boldsymbol{v}_1$ と $A^k\boldsymbol{v}_2$ が張る 2 次元部分空間の正規直交基底になりますが、この 2 次元部分空間は k が大きくなるにつれてどのような 2 次元部分空間に近付いていくでしょうか。

$A^k\boldsymbol{v}_1$ が張る 1 次元部分空間を考えるときは、$A^k\boldsymbol{v}_1$ を次のように近似しました。

$$A^k\boldsymbol{v}_1 \approx v_{11}\lambda_1^k\boldsymbol{x}_1$$

これは $|\lambda_1| > |\lambda_2| > \cdots > |\lambda_n|$ と仮定したとき、k が大きくなっていくと、それぞれの k 乗の比が非常に大きくなり、大きいものに対して小さなものは無視できるようになるからです。同様に考えて、$A^k\boldsymbol{v}_1$ と $A^k\boldsymbol{v}_2$ が張る 2 次元部分空間を考えるときは、$A^k\boldsymbol{v}_1$ と

$A^k\boldsymbol{v}_2$ を次のように近似できます[*13]。

$$A^k\boldsymbol{v}_1 \approx v_{11}\lambda_1^k\boldsymbol{x}_1 + v_{12}\lambda_2^k\boldsymbol{x}_2$$
$$A^k\boldsymbol{v}_2 \approx v_{21}\lambda_1^k\boldsymbol{x}_1 + v_{22}\lambda_2^k\boldsymbol{x}_2$$

したがって、$\boldsymbol{q}_1(k)$ と $\boldsymbol{q}_2(k)$ が張る 2 次元部分空間は $\boldsymbol{x}_1$ と $\boldsymbol{x}_2$ が張る 2 次元部分空間に近付きます。

$$\text{span}\{\boldsymbol{q}_1(k), \boldsymbol{q}_2(k)\} \to \text{span}\{\boldsymbol{x}_1, \boldsymbol{x}_2\}$$

同様に $A^k\boldsymbol{v}_1$ と $A^k\boldsymbol{v}_2$ と $A^k\boldsymbol{v}_3$ が張る 3 次元部分空間を考えるときは $A^k\boldsymbol{v}_1$ と $A^k\boldsymbol{v}_2$ と $A^k\boldsymbol{v}_3$ を次のように近似します。

$$A^k\boldsymbol{v}_1 \approx v_{11}\lambda_1^k\boldsymbol{x}_1 + v_{12}\lambda_2^k\boldsymbol{x}_2 + v_{13}\lambda_3^k\boldsymbol{x}_3$$
$$A^k\boldsymbol{v}_2 \approx v_{21}\lambda_1^k\boldsymbol{x}_1 + v_{22}\lambda_2^k\boldsymbol{x}_2 + v_{23}\lambda_3^k\boldsymbol{x}_3$$
$$A^k\boldsymbol{v}_3 \approx v_{31}\lambda_1^k\boldsymbol{x}_1 + v_{32}\lambda_2^k\boldsymbol{x}_2 + v_{33}\lambda_3^k\boldsymbol{x}_3$$

したがって、

$$\text{span}\{\boldsymbol{q}_1(k), \boldsymbol{q}_2(k), \boldsymbol{q}_3(k)\} \to \text{span}\{\boldsymbol{x}_1, \boldsymbol{x}_2, \boldsymbol{x}_3\}$$

となります。以降も同様に繰り返して (5.5) が成り立つことがわかります。

さて、初期値ベクトル $\boldsymbol{v}_1, \boldsymbol{v}_2, \ldots, \boldsymbol{v}_n$ を並べてできる行列を V とすると、A^kV の QR 分解 $A^kV = Q(k)R(k)$ の $Q(k)$ の各列が $\boldsymbol{q}_1(k), \boldsymbol{q}_2(k), \ldots, \boldsymbol{q}_n(k)$ となります。ここで仮に、k を限りなく大きくして、

$$\begin{aligned}
&\text{span}\{\boldsymbol{q}_1(k)\} = \text{span}\{\boldsymbol{x}_1\} \\
&\text{span}\{\boldsymbol{q}_1(k), \boldsymbol{q}_2(k)\} = \text{span}\{\boldsymbol{x}_1, \boldsymbol{x}_2\} \\
&\text{span}\{\boldsymbol{q}_1(k), \boldsymbol{q}_2(k), \boldsymbol{q}_3(k)\} = \text{span}\{\boldsymbol{x}_1, \boldsymbol{x}_2, \boldsymbol{x}_3\} \\
&\qquad\vdots \\
&\text{span}\{\boldsymbol{q}_1(k), \boldsymbol{q}_2(k), \ldots, \boldsymbol{q}_n(k)\} = \text{span}\{\boldsymbol{x}_1, \boldsymbol{x}_2, \ldots, \boldsymbol{x}_n\}
\end{aligned} \tag{5.6}$$

となったと仮定してみましょう。このとき、$Q(k)$ で A を相似変換した $Q(k)^TAQ(k)$ が右上三角行列になることが次のようにしてわかります。まず $Q(k)^TAQ(k)$ の (i,j) 成分は $\boldsymbol{q}_i(k)^TA\boldsymbol{q}_j(k)$ ですが、明らかに $\boldsymbol{q}_j(k) \in \text{span}\{\boldsymbol{q}_1(k), \boldsymbol{q}_2(k), \ldots, \boldsymbol{q}_j(k)\}$ です[*14]。今 $\text{span}\{\boldsymbol{q}_1(k), \boldsymbol{q}_2(k), \ldots, \boldsymbol{q}_j(k)\} = \text{span}\{\boldsymbol{x}_1, \boldsymbol{x}_2, \ldots, \boldsymbol{x}_j\}$ と仮定しているので、この部分空間は A を掛けても変化しません。このことから、$A\boldsymbol{q}_j(k) \in \text{span}\{\boldsymbol{q}_1(k), \boldsymbol{q}_2(k), \ldots, \boldsymbol{q}_j(k)\}$ が成り立ちます。すると、$\boldsymbol{q}_i(k)^TA\boldsymbol{q}_j(k)$ は、$\boldsymbol{q}_i(k)$ と $A\boldsymbol{q}_j(k) \in \text{span}\{\boldsymbol{q}_1(k), \boldsymbol{q}_2(k), \ldots, \boldsymbol{q}_j(k)\}$ の内積ということになります。これは、i が $1 \le i \le j$ の範囲にあるときは 0 以外の値になり得ますが、$i > j$ となると必ず 0 になり

[*13] $A^k\boldsymbol{v}_1$ も $A^k\boldsymbol{v}_2$ も $\boldsymbol{x}_1$ 方向に近付くことは、第 1 項だけでわかります。しかし、それだけでは、$A^k\boldsymbol{v}_1$ と $A^k\boldsymbol{v}_2$ の張る部分空間がどちらを向くかはわかりません。ですから、その次の第 2 項までは、まじめに調べる必要があります。残りは、これらに比べれば些細なゴミですから、$k \to \infty$ の考察では無視です。

[*14] 記号 $\in$ は、「属す」という意味です

ます（$\because \boldsymbol{q}_1, \boldsymbol{q}_2, \ldots, \boldsymbol{q}_n$ は互いに直交）。したがって $Q(k)^T AQ(k)$ が右上三角行列であることがわかります。

実際には、(5.6) が厳密に成立するわけではなく、k を大きくしていくと近付くのでした。以上の議論をまとめると

$$A^k V = Q(k)R(k) \;\Rightarrow\; A_k = Q(k)^T AQ(k) \to (\text{右上三角行列})$$

となります。行き先は「行列 A が相似変換で右上三角行列に変換されたもの」ですから、固有値は変化しません。右上三角行列はその対角成分が固有値なので、これで行列 A のすべての固有値が求まります。

5.4　QR 法

QR 法は、1961 年に Francis が発表した、対称行列にも非対称行列にも使える「すべての固有値を求める」アルゴリズムで、Jacobi 法と比べれば比較的新しい方法です。QR 法は、原理的には対称行列でも非対称行列でもそのまま適用すれば固有値を求めることができます。しかし、実際に用いるときには、非対称行列の場合は後述する Hessenberg 行列に、対称行列の場合は後述する 3 重対角行列にまず相似変換してから、QR 法を適用します。また、後述する原点移動や減次といった処理も併用するので、全体としてはかなり複雑なアルゴリズムになります。その代わり、Jacobi 法では現実的に対応できないような大きな行列の固有値を求めることができます。本節では、QR 法のほかに、Householder 法や原点移動・減次といった、QR 法と併用する方法についても説明します。

5.4.1　QR 法の原理

■QR 法の反復

QR 法で行列の固有値を求める手順は、

- 固有値を求めたい行列を QR 分解する
- 分解した結果を逆順に掛け合わせる
- 掛け合わせた結果をまた QR 分解する
- 分解した結果を逆順に掛け合わせる

$\cdots$

の繰り返しです。固有値を求めたい行列を A_0 として、式で表すと次のようになります。

$$\begin{array}{lcl}
A_0 = Q_0 R_0 & \to & A_1 = R_0 Q_0 \\
A_1 = Q_1 R_1 & \to & A_2 = R_1 Q_1 \\
 & \vdots & \\
A_k = Q_k R_k & \to & A_{k+1} = R_k Q_k \\
 & \vdots &
\end{array}$$

この繰り返しを続けると、A_k は A_0 の固有値を対角成分に持つ右上三角行列に近付いていきます。以下で、その理由を説明します。なお、絶対値の等しい固有値があるとべき乗法の前提を満たさず、そのままでは使えません。例えば、実行列で複素固有値のときはだめです（→❓4.11（215 ページ））。こんな場合は以降では除くことにします。

■QR 法の反復は相似変換

まず、第 k ステップの A_k が $A_k = Q_k R_k$ と QR 分解されると、第 $k+1$ ステップは

$$A_{k+1} = R_k Q_k = {Q_k}^{-1}(Q_k R_k)Q_k = {Q_k}^{-1} A_k Q_k$$

となるので、A_{k+1} は A_k を直交行列 Q_k で相似変換したものです。つまり、行列を QR 分解して逆順に掛けるという操作は、行列を QR 分解して得られた直交行列で相似変換していることになります。したがって、QR 法の各ステップの変換で固有値は変化しません。こうして、右上三角行列（に十分近い行列）になれば、その対角成分は A_0 の固有値（に十分近い値）となります。

■なぜ右上三角行列に向かうのか

このような相似変換を、A_0 からはじめて k 回繰り返すと

$$A_k = {Q_{k-1}}^{-1} \cdots {Q_1}^{-1}{Q_0}^{-1}\ A_0\ Q_0 Q_1 \cdots Q_{k-1}$$

となります。ただし、各 Q_i は各ステップの A_i を QR 分解して得られる直交行列です。ここで、$(AB)^{-1} = B^{-1}A^{-1}, (ABC)^{-1} = C^{-1}B^{-1}A^{-1}, \ldots$ となることを使うと、

$$A_k = (Q_0 Q_1 \cdots Q_{k-1})^{-1}\ A_0\ (Q_0 Q_1 \cdots Q_{k-1})$$

と書き直せます。したがって第 k ステップの A_k は、A_0 を $Q_0 Q_1 \cdots Q_{k-1}$ という変換行列で相似変換したものであることがわかります。

ところで、実はこの変換行列 $Q_0 Q_1 \cdots Q_{k-1}$ は、${A_0}^k$（A_0 の k 乗）を QR 分解して得られる直交行列になっています。

$${A_0}^k = QR \quad \Rightarrow \quad Q = Q_0 Q_1 \cdots Q_{k-1}$$

例として ${A_0}^3$ の場合でこれを確認しましょう。まず、$A_0 = Q_0 R_0$ なので、これを両辺 3 乗します。右辺の内側に $R_0 Q_0$ が 2 個現れるので、これらを $R_0 Q_0 = A_1 = Q_1 R_1$ を使って書き換えると次のようになります。

$$\begin{aligned} {A_0}^3 &= (Q_0 R_0)(Q_0 R_0)(Q_0 R_0) \\ &= Q_0(R_0 Q_0)(R_0 Q_0)R_0 \\ &= Q_0(Q_1 R_1)(Q_1 R_1)R_0 \end{aligned}$$

さらに、内側に現れる R_1Q_1 を $R_1Q_1 = A_2 = Q_2R_2$ を使って書き換えると次のようになります。

$$
\begin{aligned}
&= Q_0Q_1(R_1Q_1)R_1R_0 \\
&= Q_0Q_1(Q_2R_2)R_1R_0 \\
&= (Q_0Q_1Q_2)(R_2R_1R_0)
\end{aligned}
$$

直交行列はいくつ掛け合わせても直交行列、右上三角行列はいくつ掛け合わせても右上三角行列なので（→?5.2（306 ページ））、$Q_0Q_1Q_2$ は直交行列、$R_2R_1R_0$ は右上三角行列であり、これが ${A_0}^3$ の QR 分解であることがわかります。一般の ${A_0}^k$ の場合も、上と同じ手順を繰り返して

$$
{A_0}^k = (Q_0Q_1 \cdots Q_{k-1})(R_{k-1} \cdots R_1R_0)
$$

と変形することができます。したがって、A_0 を A_k にする変換行列 $Q_0Q_1 \cdots Q_{k-1}$ は、${A_0}^k$ を QR 分解して得られる直交行列であることがわかります。

ここで、前節のべき乗法の「すべての固有値を求める場合」の手順を思い出すと、${A_0}^k$ の QR 分解は、単位行列を初期値とするべき乗法の変換行列を求めるステップと見ることができます。

$$
{A_0}^k I = Q(k)R(k) \;\Rightarrow\; Q(k) = Q_0Q_1 \cdots Q_{k-1}
$$

すると、QR 法の第 k ステップ A_k は、単位行列を初期値とするべき乗法の第 k ステップと同じであり、べき乗法の節で見たとおり右上三角行列に向かいます。

$$
A_k = Q(k)^{-1} A_0 Q(k) \to (\text{右上三角行列})
$$

つまり、QR 法と、べき乗法の「すべての固有値を求める場合」で単位行列を初期値とした場合は、（アルゴリズムとしての手順は異なるけれど）第 k ステップの値 A_k は同じになります。

5.4.2　Hessenberg 行列

実際の QR 法では、与えられた行列に対して直接 QR 反復を行うのではなく、まず相似変換で Hessenberg 行列と呼ばれる形に変換してから QR 反復を行います。Hessenberg 行列は QR 反復を行っても Hessenberg 行列のままなので、こうすることによって計算量を減らすことができます。まず Hessenberg 行列の定義から見ていきましょう。

次のような、右上三角行列の対角成分より 1 つ下の位置まで 0 でない成分がある正方行列を、**Hessenberg 行列**（ヘッセンベルグ行列）と呼びます[*15]。対角成分より 1 つ下の位置の成分を副対角成分と呼びます。

[*15] なんでこの形の行列だけこんな仰々しい名前が付いているのかというと、おそらく「右上三角行列」みたいな簡単な名前の付けようがなかったからだと思われます。「Hessenberg」は人名です。

$$
\begin{pmatrix}
* & * & * & * & * \\
* & * & * & * & * \\
0 & * & * & * & * \\
0 & 0 & * & * & * \\
0 & 0 & 0 & * & *
\end{pmatrix}
$$

一般の $n \times n$ 行列の場合について書くと、その成分が

$$
i \geq j+2 \ \Rightarrow \ a_{ij} = 0
$$

を満たす正方行列が Hessenberg 行列です[*16]。

Hessenberg 行列に対して QR 反復を行っても Hessenberg 行列のままであることは、以下のようにしてわかります。まず、次のように Hessenberg 行列を QR 分解したところを考えます。Gram-Schmidt の正規直交化で QR 分解を行う手順を思い出せば、直交行列 Q のほうが再び Hessenberg 行列になることは簡単にわかります。

$$
\begin{pmatrix}
* & * & * & * & * \\
* & * & * & * & * \\
0 & * & * & * & * \\
0 & 0 & * & * & * \\
0 & 0 & 0 & * & *
\end{pmatrix}
=
\begin{pmatrix}
* & * & * & * & * \\
* & * & * & * & * \\
0 & * & * & * & * \\
0 & 0 & * & * & * \\
0 & 0 & 0 & * & *
\end{pmatrix}
\begin{pmatrix}
* & * & * & * & * \\
0 & * & * & * & * \\
0 & 0 & * & * & * \\
0 & 0 & 0 & * & * \\
0 & 0 & 0 & 0 & *
\end{pmatrix}
$$

次に、これを逆順に掛けると Hessenberg 行列になることも簡単に確認できます（右辺の Hessenberg 行列で 0 になる位置の成分の計算手順を考えると、0 でない成分の積の相手は必ず 0 になっています）。

$$
\begin{pmatrix}
* & * & * & * & * \\
0 & * & * & * & * \\
0 & 0 & * & * & * \\
0 & 0 & 0 & * & * \\
0 & 0 & 0 & 0 & *
\end{pmatrix}
\begin{pmatrix}
* & * & * & * & * \\
* & * & * & * & * \\
0 & * & * & * & * \\
0 & 0 & * & * & * \\
0 & 0 & 0 & * & *
\end{pmatrix}
=
\begin{pmatrix}
* & * & * & * & * \\
* & * & * & * & * \\
0 & * & * & * & * \\
0 & 0 & * & * & * \\
0 & 0 & 0 & * & *
\end{pmatrix}
$$

したがって、Hessenberg 行列に対して QR 法の反復を続けると、Hessenberg 行列のまま下側の副対角成分が 0 に近付いていき、右上三角行列に近付くことになります。

Hessenberg 行列はほぼ半分の成分が 0 なので、QR 法の反復に必要な計算量も少なくなります。したがって、一般の非対称行列の固有値を QR 法で計算する場合、与えられた行列を適当な相似変換で Hessenberg 行列に変換してから QR 法の反復を行うことにより計算量を減らすことができます。行列を Hessenberg 行列に変換する方法としては、次項で説明する Householder 法などがあります。

[*16] 同じ書き方をすれば、その成分が $i \geq j+1 \ \Rightarrow \ a_{ij} = 0$ を満たす正方行列が右上三角行列です。

5.4.3 Householder 法

Householder 法は、鏡映変換と呼ばれる変換を巧みに利用して、一般の非対称行列を Hessenberg 行列に相似変換する方法です。まず、鏡映変換について説明しましょう。

■鏡映変換

空間の任意の点 $\boldsymbol{x}$ を、原点を通る超平面[*17]に関して対称な点 $\boldsymbol{x}'$ に移す変換を、鏡映変換といいます。原点を通る超平面の単位法線ベクトル[*18]を $\boldsymbol{u}$ とすると、図 5.2 のようになります。ここで、$\boldsymbol{u}^T\boldsymbol{x}$ は数、$\boldsymbol{u}$ は縦ベクトルなので、順番を入れ替えて $\boldsymbol{u}\boldsymbol{u}^T\boldsymbol{x}$ と表すこともできます。このとき、$\boldsymbol{u}\boldsymbol{u}^T$ は、次のような対称な $n \times n$ 行列であり、任意のベクトル $\boldsymbol{x}$ を単位ベクトル $\boldsymbol{u}$ 方向の直線に正射影する[*19]線形変換を表しています。

$$\boldsymbol{u}\boldsymbol{u}^T = \begin{pmatrix} u_1 \\ u_2 \\ \vdots \\ u_n \end{pmatrix} (u_1, u_2, \ldots, u_n) = \begin{pmatrix} u_1u_1 & u_1u_2 & \cdots & u_1u_n \\ u_2u_1 & u_2u_2 & \cdots & u_2u_n \\ \vdots & \vdots & \ddots & \vdots \\ u_nu_1 & u_nu_2 & \cdots & u_nu_n \end{pmatrix}$$

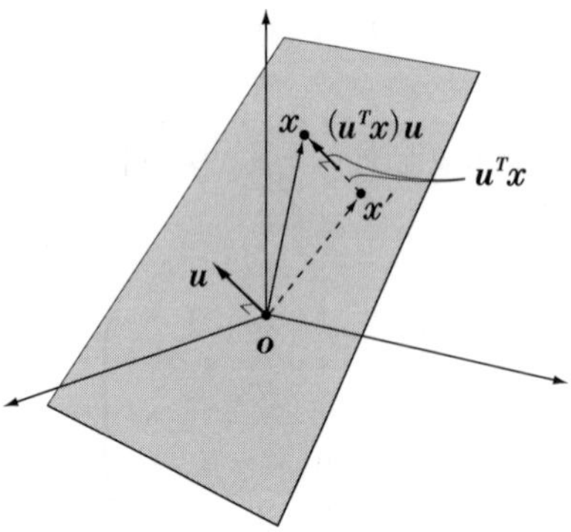

▲ 図 5.2　鏡映変換（3 次元の例）

図 5.2 からわかるとおり、任意の点 $\boldsymbol{x}$ を「$\boldsymbol{u}$ を法線ベクトルとする超平面」に関して対称な点 $\boldsymbol{x}'$ に移す変換は

$$\begin{aligned} \boldsymbol{x}' &= \boldsymbol{x} - \boldsymbol{u}\boldsymbol{u}^T\boldsymbol{x} - \boldsymbol{u}\boldsymbol{u}^T\boldsymbol{x} \\ &= (I - 2\boldsymbol{u}\boldsymbol{u}^T)\boldsymbol{x} \end{aligned}$$

となり、この線形変換を表す行列が

[*17] n 次元空間で $a_1x_1 + a_2x_2 + \cdots + a_nx_n = 0$ の形の条件を満たす $n-1$ 次元の集合を「原点を通る超平面」といいます。要するに、$(n-1)$ 次元の線形部分空間のことです。

[*18] 超平面内のすべてのベクトルと直交するようなベクトルを**法線ベクトル**と呼び、長さが 1 のベクトルを**単位ベクトル**と呼びます。

[*19] $\boldsymbol{x} - \boldsymbol{v}$ が $\boldsymbol{v}$ と直交するような $\boldsymbol{v} = c\boldsymbol{u}$ を求めるということです（c は数）。

$$H = I - 2\boldsymbol{u}\boldsymbol{u}^T$$

であることがわかります。

この鏡映変換を表す行列 H は、いくつか面白い性質を持っています。まず、I と $\boldsymbol{u}\boldsymbol{u}^T$ が対称行列なので、H も対称行列であることがわかります。次に、この変換を 2 回続けて行うと任意のベクトルが元のベクトルに戻ることから、$H^2 = I$ であることがわかります（もちろん、直接計算で確かめることもできます。やってみてください）。これは、H が自分自身の逆行列であること、つまり $H^{-1} = H$ であることと同等です。さらに H が対称行列であること、つまり $H^T = H$ であることとあわせると、$H^T = H^{-1}$ となり、H が直交行列であることがわかります（H が直交行列であることは、図形的に考えて、任意のベクトル $\boldsymbol{x}$ について $||H\boldsymbol{x}|| = ||\boldsymbol{x}||$ となることからもわかります）。

以上の H の性質のうち、以下では主に $H^{-1} = H$ であることを利用します。なお、$H\boldsymbol{x}$ を実際に計算するときは、「$H = I - 2\boldsymbol{u}\boldsymbol{u}^T$ を求めて $\boldsymbol{x}$ に掛ける」ではなく、「$c = \boldsymbol{u}^T\boldsymbol{x}$ を求めて $\boldsymbol{x} - 2c\boldsymbol{u}$ を答える」という手順にします（1.2.13 項（63 ページ）「サイズにこだわれ」）。

■4×4 行列の場合で考える

それでは、与えられた行列を相似変換で Hessenberg 行列に変換する方法を 4×4 行列の場合について考えて見ましょう。4×4 行列の場合についてわかれば、一般の $n \times n$ 行列の場合も容易にわかります。

さて、2 本のベクトル $\boldsymbol{x}, \boldsymbol{y}$ があって、これらの長さが同じとき（つまり $||\boldsymbol{x}|| = ||\boldsymbol{y}||$ であるとき）、これらを互いに移し合うような鏡映変換が存在します。具体的には、$\boldsymbol{x} - \boldsymbol{y}$ を法線ベクトルとする超平面に関する鏡映変換で、

$$H = I - 2\boldsymbol{u}\boldsymbol{u}^T, \quad \boldsymbol{u} = \frac{\boldsymbol{x} - \boldsymbol{y}}{||\boldsymbol{x} - \boldsymbol{y}||}$$

とすると、

$$H\boldsymbol{x} = \boldsymbol{y}, \quad H\boldsymbol{y} = \boldsymbol{x}$$

となることは、図形的に考えてもわかるし、直接計算で確認することもできます。

行列を Hessenberg 化するときに利用するのは、このような鏡映変換のうち、移った先のベクトルの第 1 成分以外がすべて 0 であるようなもの、つまり

$$\boldsymbol{y} = (\pm||\boldsymbol{x}||, 0, \ldots, 0)^T$$

となるような鏡映変換です。$||\boldsymbol{x}|| = ||\boldsymbol{y}||$ という条件が付いているので、第 1 成分以外がすべて 0 となるような $\boldsymbol{y}$ の可能性は、上の 2 通りしかありません。$\boldsymbol{x} - \boldsymbol{y}$ の形で用いるので、通常数値誤差を小さくするため、$\boldsymbol{x}$ の第 1 成分の符号と逆の符号のほうを選びます。

3 次元のベクトル $\boldsymbol{x} = (x, y, z)^T$ を $\boldsymbol{y} = (||\boldsymbol{x}||, 0, 0)^T$ に移す鏡映変換を表す行列 H は、

$$H = I - 2\boldsymbol{u}\boldsymbol{u}^T, \quad \boldsymbol{u} = \frac{(x - \sqrt{x^2 + y^2 + z^2}, y, z)^T}{||(x - \sqrt{x^2 + y^2 + z^2}, y, z)^T||} \tag{5.7}$$

となります。それでは、この鏡映変換 H が 4×4 行列を Hessenberg 化するときにどのように利用されるか見てみましょう。

第1ステップ

まず、次のように、Hessenberg 化する 4×4 行列の第1列の下側3つの成分を x, y, z とし、これから上の式を使って作った鏡映変換の行列 H を右下のブロックに持つ行列を左から掛けます。

$$\left(\begin{array}{c|ccc} 1 & 0 & 0 & 0 \\ \hline 0 & & & \\ 0 & & H & \\ 0 & & & \end{array}\right)\begin{pmatrix} * & * & * & * \\ x & * & * & * \\ y & * & * & * \\ z & * & * & * \end{pmatrix} = \begin{pmatrix} * & * & * & * \\ \|\boldsymbol{x}\| & * & * & * \\ 0 & * & * & * \\ 0 & * & * & * \end{pmatrix}$$

この行列を左から掛けることは、Hessenberg 化する行列の各列に対して第1成分はそのままに第2〜4成分に対して (5.7) の変換を施すことになるので、結果は右辺のような形になり、とりあえず第1列だけは Hessenberg 行列の条件を満たしている状態になります。ところで、今の目的が何だったかというと、与えられた行列を相似変換で Hessenberg 行列にすることでした。ところが、左から行列を掛けただけでは相似変換ではありません。そこで、相似変換にするために、右から同じ行列の逆行列を掛けます。$H^{-1} = H$ であることから、$\mathrm{diag}\,(1, H)$ の逆行列も $\mathrm{diag}\,(1, H)$ であることがわかります。

$$\begin{pmatrix} * & * & * & * \\ \|\boldsymbol{x}\| & * & * & * \\ 0 & * & * & * \\ 0 & * & * & * \end{pmatrix}\left(\begin{array}{c|ccc} 1 & 0 & 0 & 0 \\ \hline 0 & & & \\ 0 & & H & \\ 0 & & & \end{array}\right) = \begin{pmatrix} * & * & * & * \\ \|\boldsymbol{x}\| & * & * & * \\ 0 & * & * & * \\ 0 & * & * & * \end{pmatrix}$$

右からも $\mathrm{diag}\,(1, H)$ を掛けた結果、第1列の Hessenberg 状態が崩れてしまうと意味がないのですが、幸い、$\mathrm{diag}\,(1, H)$ の形の行列を右から掛けても第1列だけはそのまま保たれて、第2〜4列が変化します。したがって、行列の形は保たれ、相似変換による第1列の Hessenberg 化が終了したことになります。

第2ステップ

第1ステップが終了した行列の第2列の下側の2つの成分を、次のようにあらためて x, y とおきます。

$$\begin{pmatrix} * & * & * & * \\ * & * & * & * \\ 0 & x & * & * \\ 0 & y & * & * \end{pmatrix}$$

そして、次のような2次元の鏡映変換を表す行列を求めます。

$$H = I - 2\boldsymbol{u}\boldsymbol{u}^T, \quad \boldsymbol{u} = \frac{(x - \sqrt{x^2 + y^2}, y)^T}{||(x - \sqrt{x^2 + y^2}, y)^T||}$$

第 1 ステップが終了した行列に、両側から $\mathrm{diag}\,(I_2, H)$ を掛けると、第 2 列も Hessenberg 状態になります。

$$\left(\begin{array}{cc|cc} 1 & 0 & 0 & 0 \\ 0 & 1 & 0 & 0 \\ \hline 0 & 0 & & \\ 0 & 0 & \multicolumn{2}{c}{H} \end{array}\right)\begin{pmatrix} * & * & * & * \\ * & * & * & * \\ 0 & x & * & * \\ 0 & y & * & * \end{pmatrix}\left(\begin{array}{cc|cc} 1 & 0 & 0 & 0 \\ 0 & 1 & 0 & 0 \\ \hline 0 & 0 & & \\ 0 & 0 & \multicolumn{2}{c}{H} \end{array}\right) = \begin{pmatrix} * & * & * & * \\ * & * & * & * \\ 0 & \|\boldsymbol{x}\| & * & * \\ 0 & 0 & * & * \end{pmatrix}$$

4×4 行列の場合、第 2 列まで Hessenberg 状態になれば Hessenberg 行列なので、この 2 ステップで Hessenberg 化が終了します。

5.4.4 Hessenberg 行列の QR 反復

QR 分解の節の最後で触れたように、実際の QR 法の反復の計算では Gram-Schmidt の方法に基づく QR 分解の計算はしません。本項では、実際にどのような方法で Hessenberg 行列の QR 法の反復の計算をしているかを、4×4 行列の場合を例に説明します。なお、ここでは簡単のため、実固有値しかない場合を念頭においています。

まず、次のように左から $(1, 2)$ 平面回転行列（の転置）を掛けて $(2, 1)$ 成分を 0 にします[*20]。

$$A_k = \begin{pmatrix} * & * & * & * \\ * & * & * & * \\ 0 & * & * & * \\ 0 & 0 & * & * \end{pmatrix} \quad \Rightarrow \quad Q(1, 2, \theta_1)^T A_k = \begin{pmatrix} * & * & * & * \\ 0 & * & * & * \\ 0 & * & * & * \\ 0 & 0 & * & * \end{pmatrix}$$

具体的に計算してみると

$$\begin{pmatrix} \cos\theta_1 & \sin\theta_1 & 0 & 0 \\ -\sin\theta_1 & \cos\theta_1 & 0 & 0 \\ 0 & 0 & 1 & 0 \\ 0 & 0 & 0 & 1 \end{pmatrix}\begin{pmatrix} x & * & * & * \\ y & * & * & * \\ 0 & * & * & * \\ 0 & 0 & * & * \end{pmatrix} = \begin{pmatrix} x\cos\theta_1 + y\sin\theta_1 & * & * & * \\ -x\sin\theta_1 + y\cos\theta_1 & * & * & * \\ 0 & * & * & * \\ 0 & 0 & * & * \end{pmatrix}$$

となり、$-x\sin\theta_1 + y\cos\theta_1 = 0$、すなわち $x\sin\theta_1 = y\cos\theta_1$ となるような回転角 θ_1 を選べば、実際に $(2, 1)$ 成分を 0 にできることがわかります。続けて $(2, 3)$ 平面回転行列を掛けて $(3, 2)$ 成分を 0 にし、

$$Q(2, 3, \theta_2)^T Q(1, 2, \theta_1)^T A_k = \begin{pmatrix} * & * & * & * \\ 0 & * & * & * \\ 0 & 0 & * & * \\ 0 & 0 & * & * \end{pmatrix}$$

さらに $(3, 4)$ 平面回転行列を掛けて $(4, 3)$ 成分を 0 にし、できあがった右上三角行列を R とおきます。

[*20] 今まで $R(1, 2, \theta_1)$ と書いてきた行列ですが、QR 法で言うと Q のほうに相当するので、ここでは $Q(1, 2, \theta_1)$ と書くことにします。

$$Q(3,4,\theta_3)^T Q(2,3,\theta_2)^T Q(1,2,\theta_1)^T A_k = \begin{pmatrix} * & * & * & * \\ 0 & * & * & * \\ 0 & 0 & * & * \\ 0 & 0 & 0 & * \end{pmatrix} = R$$

ここで、両辺に左から $Q(3,4,\theta_3)$、$Q(2,3,\theta_2)$、$Q(1,2,\theta_1)$ を順に掛けると次のようになり*21、$Q = Q(1,2,\theta_1)Q(2,3,\theta_2)Q(3,4,\theta_3)$ とおくとこれも直交行列なので*22、これが A_k の QR 分解であることがわかります。

$$A_k = Q(1,2,\theta_1)Q(2,3,\theta_2)Q(3,4,\theta_3)R = QR$$

したがって A_{k+1} は、この Q と R を逆順に掛け合わせたものであり、

$$R = Q(3,4,\theta_3)^T Q(2,3,\theta_2)^T Q(1,2,\theta_1)^T A_k$$
$$Q = Q(1,2,\theta_1)Q(2,3,\theta_2)Q(3,4,\theta_3)$$

なので

$$A_{k+1} = Q(3,4,\theta_3)^T Q(2,3,\theta_2)^T Q(1,2,\theta_1)^T A_k Q(1,2,\theta_1)Q(2,3,\theta_2)Q(3,4,\theta_3)$$

となります。

以上の手順で計算すると、4×4 行列の場合で 3 回、一般の $n \times n$ 行列の場合で $(n-1)$ 回の平面回転による相似変換で QR 法の 1 ステップが計算できます。

5.4.5　原点移動・減次

実際に QR 法の反復を行うときには、適当な方法で固有値の推定値 $\hat{\lambda}$ を 1 つ用意し、A そのものではなく $A - \hat{\lambda}I$ に対して QR 法の反復を行います。これを**原点移動**といいます。固有値の推定値 $\hat{\lambda}$ が A の実際の固有値のいずれかをよく近似している場合、$A - \hat{\lambda}I$ は非常に 0 に近い固有値を持ちます。QR 法の反復は実質的にべき乗法の「すべての固有値を求める場合」の反復と同じで、A に非常に 0 に近い固有値がある場合、$(n-1)$ 次元部分空間が $\boldsymbol{x}_1, \boldsymbol{x}_2, \ldots, \boldsymbol{x}_{n-1}$ の張る部分空間に近付く

$$\mathrm{span}\,\{\boldsymbol{q}_1(k), \boldsymbol{q}_2(k), \ldots, \boldsymbol{q}_{n-1}(k)\} \to \mathrm{span}\,\{\boldsymbol{x}_1, \boldsymbol{x}_2, \ldots, \boldsymbol{x}_{n-1}\}$$

の速さが増すのに対応して*23、行列のほうでは、第 n 行の非対角成分が 0 へ近付く速さが増します。特に Hessenberg 行列の場合は、$(n, n-1)$ 成分が 0 へ近付く速さが増します。例えば次の 4×4 行列の場合だと、$(4,3)$ 成分（□）が急速に 0 に近付きます。

$$\begin{pmatrix} * & * & * & * \\ * & * & * & * \\ 0 & * & * & * \\ 0 & 0 & \square & * \end{pmatrix} \to \begin{pmatrix} * & * & * & * \\ * & * & * & * \\ 0 & * & * & * \\ 0 & 0 & 0 & \blacksquare \end{pmatrix}$$

*21　平面回転行列は直交行列であり、転置を取ると逆行列になることを使っています。
*22　直交行列はいくつ掛け合わせても直交行列です（→❓5.2（306 ページ））。
*23「えっ」て人は、べき乗法の「すべての固有値を求める場合」を復習。

近付いた先の (n, n) 成分（■）は推定していた固有値であり、残る 3 つの固有値は最後の行と列を除いた 3×3 行列の固有値です。そこで最後の行と最後の列を除いた 3×3 行列に対して計算を続行します。これを**減次**といいます。減次することにより計算量を減らすことができます。減次をしたらまた、残った 3×3 行列の固有値の推定値 $\hat{\lambda}$ を適当な方法で作り、同じ手順を繰り返します。

$$\begin{pmatrix} * & * & * & - \\ * & * & * & - \\ 0 & \square & * & - \\ - & - & - & - \end{pmatrix} \to \begin{pmatrix} * & * & * & - \\ * & * & * & - \\ 0 & 0 & \blacksquare & - \\ - & - & - & - \end{pmatrix}$$

この手順を繰り返すことにより、最終的にすべての固有値を求めることができます。

5.4.6 対称行列の場合

ここまでは、一般の非対称行列の固有値を QR 法で計算する手順を説明してきました。ここでは、これらの手順を対称行列に適用するとどうなるか考えてみます。

対称行列を直交行列で相似変換すると対称行列になります[*24]。Householder 法も QR 法の反復も直交行列による相似変換なので、これらを対称行列に対して行うと、終始対称行列のままです。まず、一般の対称行列に対して Householder 法を適用すると、対称な Hessenberg 行列、つまり 3 重対角行列になります。**3 重対角行列**とは、次のような、対角成分とその上下の位置にしか 0 でない成分がない行列のことです。

$$\begin{pmatrix} * & * & 0 & \cdots & 0 \\ * & * & * & \ddots & \vdots \\ 0 & * & * & \ddots & 0 \\ \vdots & \ddots & \ddots & \ddots & * \\ 0 & \cdots & 0 & * & * \end{pmatrix}$$

3 重対角行列に対して QR 法の反復を行うと、対称な右上三角行列、つまり対角行列に近付きます。近付いた先の対角行列の対角成分が固有値です。

例えば、サイズが $1,000 \times 1,000$ の対称行列の場合を考えると、元の行列で 100 万個あった成分[*25]が、Householder 変換後の 3 重対角行列では実質的に $1,999$ 個に減ることになり、その後の QR 反復の計算量が減ることがわかります。

非対称行列、対称行列それぞれについて、QR 法の流れをまとめると次のようになります。

[*24] A が対称行列（$A^T = A$）、U が直交行列（$U^T = U^{-1}$）のとき、A を U で相似変換した $U^{-1}AU = U^TAU$ の転置を計算してみると $(U^TAU)^T = U^TA^TU = U^TAU$ となり変化しないので、対称行列であることがわかります。

[*25] 対称だから実質的には 50 万 500 個です。

$$\text{非対称行列} \xrightarrow{\text{Householder 変換}} \text{Hessenberg 行列} \xrightarrow{\text{QR 法}} \text{右上三角行列}$$

$$\text{対称行列} \xrightarrow{\text{Householder 変換}} 3\ \text{重対角行列} \xrightarrow{\text{QR 法}} \text{対角行列}$$

5.5　逆反復法

逆反復法は、本章でここまで紹介してきたほかのアルゴリズムとは少し異なり、主に、ほかのアルゴリズムで求めた固有値や固有ベクトルの精度を改善するために用いられる方法です。逆反復法は、対称行列にも非対称行列にも使うことができます。

行列 A について、ある固有値 λ_k の少し精度の悪い近似値 $\hat{\lambda}_k$ が得られているという状況を考えましょう[*26]。このとき

$$A - \hat{\lambda}_k I$$

という行列を考えると、この行列は $\lambda_k - \hat{\lambda}_k$ という非常に 0 に近い固有値を持ちます。べき乗法の「絶対値最小の固有値を求める場合」を思い出すと、上の行列の逆行列

$$(A - \hat{\lambda}_k I)^{-1}$$

は $\frac{1}{\lambda_k - \hat{\lambda}_k}$ という絶対値が非常に大きな固有値を持ちます。また、この固有値に対応する固有ベクトルは、行列 $A - \hat{\lambda}_k I$ の固有値 $\lambda_k - \hat{\lambda}_k$ に対応する固有ベクトルと同じであり、さらに行列 A の固有値 λ_k に対応する固有ベクトルと同じであることがわかります。

したがって、$A - \hat{\lambda}_k I$ に対してべき乗法の「絶対値最小の固有値を求める場合」の方法を適用することによって A の λ_k に対応する固有ベクトルを求め、これをもとに、$\hat{\lambda}_k$ より精度の高い λ_k の値を求めることができます。これを逆反復法といいます。

[*26] 例えば、Jacobi 法で反復を不十分な回数で打ち切るとこのような状況になります。

付録 A ギリシャ文字

小文字	大文字	読み	小文字	大文字	読み
α	A	アルファ	ν	N	ニュー
β	B	ベータ	ξ	Ξ	グザイ（クシー）
γ	Γ	ガンマ	o	O	オミクロン
δ	Δ	デルタ	π	Π	パイ
ϵ (ε)	E	イプシロン	ρ	P	ロー
ζ	Z	ツェータ（ゼータ）	σ	Σ	シグマ
η	H	イータ	τ	T	タウ
θ (ϑ)	Θ	シータ	υ	Υ	ウプシロン
ι	I	イオタ	ϕ (φ)	Φ	ファイ
κ	K	カッパ	χ	X	カイ
λ	Λ	ラムダ	ψ	Ψ	プサイ
μ	M	ミュー	ω	Ω	オメガ

付録 B

複素数

$i^2 = -1$ という虚数単位 i を導入して実数（→?1.2（7 ページ））を拡張したものが複素数です。具体的には、実数 x, y を使って

$$z = x + yi$$

と表される数 z のことです。こう表したときの x を z の実部（real part）、y を虚部（imaginary part）と呼び、それぞれ記号

$$\mathrm{Re}\, z = x$$
$$\mathrm{Im}\, z = y$$

で表記します。

複素数 $z = x + yi, z' = x' + y'i$ （x, y, x', y' は実数）の和と差は、それぞれ

$$z + z' = (x + x') + (y + y')i$$
$$z - z' = (x - x') + (y - y')i$$

です。積は

$$zz' = (xx' - yy') + (xy' + yx')i$$

です。

$$\begin{aligned} zz' &= (x + yi)(x' + y'i) \\ &= xx' + x(y'i) + (yi)x' + (yi)(y'i) \\ &= xx' + xy'i + yx'i + yy'i^2 \\ &= xx' + xy'i + yx'i - yy' \\ &= (xx' - yy') + (xy' + yx')i \end{aligned}$$

と考えれば、話は合っていますね。

実数が数直線上の点として表されたのと同様に、複素数は、図 B.1 のような複素平面上の点として表されます。この図の横軸を実軸、縦軸を虚軸と呼びます。

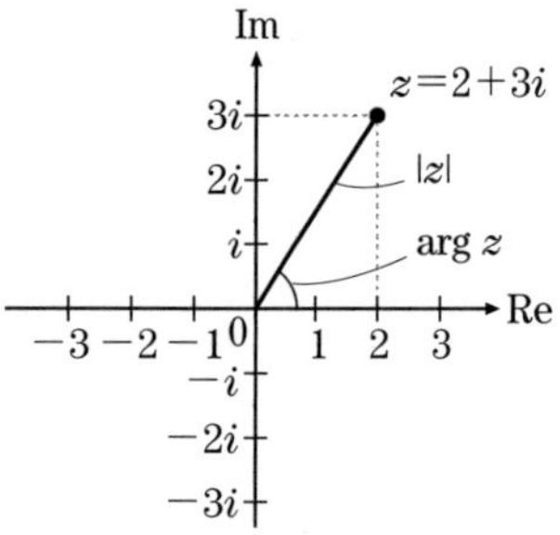

▲ 図 B.1　複素平面

こう表したときの原点 0 との距離を、複素数 z の**絶対値**と定義し、記号 $|z|$ で表記します:

$$|x+yi| = \sqrt{x^2+y^2} \qquad x, y \text{ は実数}$$

また、実軸との角度を z の**偏角**（argument）と定義し、記号 $\arg z$ で表記します[*1]。

複素平面上で見ると、複素数の積は、次のようになっています（図 B.2）。

$$|zz'| = |z||z'|$$
$$\arg(zz') = \arg z + \arg z'$$

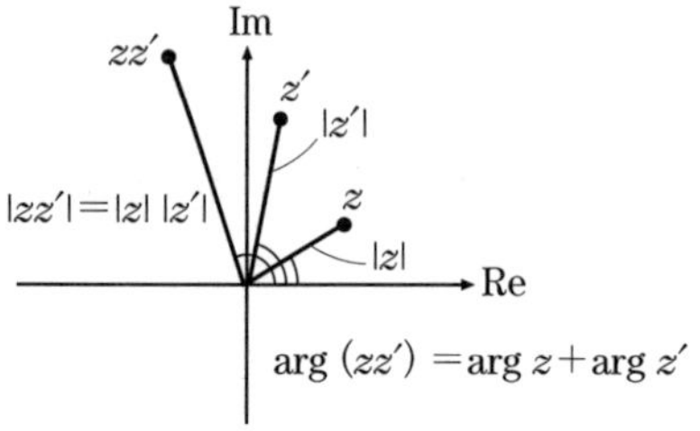

▲ 図 B.2　積の絶対値と偏角

べき乗は、

$$|z^n| = |z|^n$$
$$\arg(z^n) = n \arg z$$

です（$n = 1, 2, \ldots$）。特に、$n \to \infty$ のとき、

$$|z^n| \to \begin{cases} 0 & (|z| < 1) \\ 1 & (|z| = 1) \\ \infty & (|z| > 1) \end{cases}$$

[*1] 実軸の正の方向から、反時計まわりで測ります。単位はラジアンです（2π ラジアン $=360$ 度）。「270 度と -90 度は同じ」のような不定性の問題は、深追いしないことにします。

となります。

さらに、指数関数は次のとおり：x, y を実数として、

$$e^{x+iy} = e^x(\cos y + i \sin y)$$

つまり、

$$|e^{x+iy}| = e^x$$
$$\arg(e^{x+iy}) = y$$

なわけです。特に、実数 $t \to \infty$ のとき、

$$|e^{zt}| = |e^z|^t \to \begin{cases} 0 & (\operatorname{Re} z < 0) \\ 1 & (\operatorname{Re} z = 0) \\ \infty & (\operatorname{Re} z > 0) \end{cases}$$

となります。

? B.1 なぜ $e^{x+iy} = e^x(\cos y + i \sin y)$?

実軸上で定義された関数 $f(x) = e^x$ を複素平面全体へ「自然に」拡張するとこうなるのです。解析学の教科書で、テイラー展開や解析接続を学んでください。以下では、証明ではなく、「いかに自然か」を観察してみましょう。

t を実数として、微分方程式

$$\frac{d}{dt}w(t) = iw(t), \qquad w(0) = 1 \tag{B.1}$$

を考えます。指数関数のおなじみの性質 $de^{at}/dt = ae^{at}$ が $a = i$ に対しても成り立つと信じれば、$w(t) = e^{it}$ が（B.1）の解なことをすぐ確認できます。

一方、$w(t) = \cos t + i \sin t$ を考えると、これも解です。実際、

$$w(0) = \cos 0 + i \sin 0 = 1 + i \cdot 0 = 1$$
$$\frac{d}{dt}w(t) = -\sin t + i \cos t = iw(t)$$

ということは、この微分方程式の解が唯一だと信じれば、$e^{it} = \cos t + i \sin t$ が得られます。さらに、x, y を実数として、おなじみの性質 $e^{a+b} = e^a e^b$ が $a = x, b = iy$ に対しても成り立つと信じれば、$e^{x+iy} = e^x e^{iy} = e^x(\cos y + i \sin y)$ も簡単に得られます。穴だらけで証明にはなっていませんが、自然だということには同意いただけるでしょう。

また、$z = x + yi$ の複素共役を $\overline{z} = x - yi$ と定義すれば、複素数 z, w に対して

$$
\begin{aligned}
\overline{z + w} &= \overline{z} + \overline{w} \\
\overline{zw} &= \overline{z}\,\overline{w} \\
z\overline{z} &= |z|^2
\end{aligned}
$$

となることが、計算してみれば確かめられます。

付録 C
基底に関する補足

基底に関する話を本気でするときに必要となる補題[*1]をここで挙げておきます。なお、本書では、空間は有限次元であるものとします（→❓1.13（19 ページ））。

Lemma C.1 基底の取り方はいろいろあるけど、どの基底でも基底ベクトルの本数は同じ。

直観的には当たり前なのですが、「直観に頼らずに次元を定義」しようという趣旨だったんだから、ちゃんと証明しないと何やってるんだか……ですね。とはいえ、第 1 章の言葉だけで証明しようとすると、なかなか煩雑です。

Proof: 背理法[*2]を使って証明します。今、$(\vec{e}_1, \ldots, \vec{e}_n)$ が基底だったとしましょう。そして、それとは別に、$(\vec{e}\,'_1, \ldots, \vec{e}\,'_{n'})$ も基底だったとしましょう。ここでもし $n < n'$ としたら、以下のように矛盾が発生します。小さな「ダッシュなしチーム」を大きな「ダッシュありチーム」が徐々に乗っ取っていく物語です。

まず、「ダッシュなしチーム」$(\vec{e}_1, \ldots, \vec{e}_n)$ が基底なんだから、その線形結合で、ベクトル $\vec{e}\,'_1$ を

$$\vec{e}\,'_1 = a_1\vec{e}_1 + a_2\vec{e}_2 + \cdots + a_n\vec{e}_n \tag{C.1}$$

と書けるはずです（$a_1, \ldots, a_n$ は数）。すると、

$$\vec{e}_1 = b_1\vec{e}\,'_1 + b_2\vec{e}_2 + \cdots + b_n\vec{e}_n \tag{C.2}$$

とも書けることになります（$b_1 = 1/a_1, b_2 = -a_2/a_1, \ldots, b_n = -a_n/a_1$ と取ればよい）[*3]。そこで、$\vec{e}_1$ を放出して代わりに $\vec{e}\,'_1$ を迎え入れるというトレードを決行しましょう。このように一人ト

[*1] 補題（**Lemma**）とは、何かを証明するために使う補助的な命題のことです。プログラミングで言えば、「長くてごちゃごちゃした 1 つの関数」じゃ読みづらいから、まとまった処理を下請け関数に切り出して構造をすっきりさせることに相当します。ちなみに、Lemma に対する証明（Proof）の末尾に付いている■は、「証明終わり」の意味です。

[*2] 「○○である」を証明したいときに使う常套手段の 1 つ。「仮に○○でないとしてみよう。そうすると、……のように考えていけば、矛盾が生じる。ということは、今の仮定は誤りであり、やはり○○でなくてはならない」のような論法。

[*3] ウソです。$a_1 = 0$ のときはどうしてくれる？――そんなときは、$\vec{e}_1$ の代わりに $\vec{e}_2$ をつまみ出して、$\vec{e}_2 = \square\vec{e}\,'_1 + \square\vec{e}_1 + \square\vec{e}_3 + \cdots + \square\vec{e}_n$ の形にすればよい。番号を表記するのが面倒になるだけで、後の議論に支障はありません。ではもし a_2 も 0 だったら？ そのときはもちろん $\vec{e}_3$ をつまみ出す。もし a_3 も 0 だったら？……以下同様です。もし a_1 から a_n まで全部 0 だったら？ そのときは $\vec{e}\,'_1 = \vec{o}$ ということになってしまいますから、「ダッシュありチーム」$(\vec{e}\,'_1, \ldots, \vec{e}\,'_{n'})$ が基底をなしておらず、そもそも約束違反。なので相手にする必要なしです。

レードした新装チーム $(\vec{e}'_1, \vec{e}_2, \ldots, \vec{e}_n)$ も、また基底となります[*4]。

新装チーム $(\vec{e}'_1, \vec{e}_2, \ldots, \vec{e}_n)$ が基底なら、次はベクトル $\vec{e}'_2$ を

$$\vec{e}'_2 = d_1\vec{e}'_1 + d_2\vec{e}_2 + d_3\vec{e}_3 + \cdots + d_n\vec{e}_n$$

という形で書けるはずです。それなら逆に、

$$\vec{e}_2 = f_1\vec{e}'_1 + f_2\vec{e}'_2 + f_3\vec{e}_3 + \cdots + f_n\vec{e}_n$$

とも書けます[*5]。そこで、$\vec{e}_2$ も放出し、代わりに $\vec{e}'_2$ を迎え入れるというトレードを決行しましょう。このようにもう一人トレードした新新装チーム $(\vec{e}'_1, \vec{e}'_2, \vec{e}_3, \ldots, \vec{e}_n)$ も、前回同様、また基底となります。

こうしてトレードを続けていくと、基底であることは保ちつつ、ついにはオリジナルメンバーがみんな放出されて $(\vec{e}'_1, \ldots, \vec{e}'_n)$ という乗っ取られチームになってしまいます。でもまだ控えているトレード候補がいますね。$\vec{e}'_{n+1}, \ldots, \vec{e}'_{n'}$ のことです。この人たちの処遇はどうなってしまうのでしょう。乗っ取られチームも基底なんだから、ベクトル $\vec{e}'_{n+1}$ を

$$\vec{e}'_{n+1} = \Box\vec{e}'_1 + \cdots + \Box\vec{e}'_n \tag{C.3}$$

という形で書けます。これでは、$\vec{e}'_{n+1}$ なんていなくても、$\vec{e}'_1, \ldots, \vec{e}'_n$ が協力すれば代役が務まってしまう。残りの控え $\vec{e}'_{n+2}, \ldots, \vec{e}'_{n'}$ も同様です。つまり、「ダッシュありチーム」のほうも、はじめから n 人だけで十分なのでした。チームの中に無駄なメンバーがいたということは、$(\vec{e}'_1, \ldots, \vec{e}'_{n'})$ が基底であるという前提に違反しています。このように、$n < n'$ という仮定は矛盾を生ずる。$n > n'$ のときも、2つのチームの役割を入れかえれば同じこと。よって、$n = n'$ でなくてはいけません。 ■

Lemma C.2 線形独立なベクトル $\vec{u}_1, \ldots, \vec{u}_m$ が与えられたら、それを拡張して基底にできる。すなわち、必要な本数の上手いベクトル $\vec{v}_1, \ldots, \vec{v}_k$ を追加して、$(\vec{u}_1, \ldots, \vec{u}_m, \vec{v}_1, \ldots, \vec{v}_k)$ が基底となるようにできる[*6]。

Proof: 「チームの補強」という筋書きでお話しします。チームの初期メンバーは、$\vec{u}_1, \ldots, \vec{u}_m$ です。しかし初期メンバーだけでは世界のすべてをカバーするには足りません。そこで、メンバーの追加募集をして、チームを補強します。候補者として、何か基底 $(\vec{e}_1, \ldots, \vec{e}_n)$ を一組用意しておきます。では、候補者を一人ずつ選考試験にかけていきましょう。第1ステップとして、チームに $\vec{e}_1$ を追加してみます。追加してできた $\vec{u}_1, \ldots, \vec{u}_m, \vec{e}_1$ が線形独立なら $\vec{e}_1$ は合格で、そのままチームに入ります。線形従属になってしまったら、$\vec{e}_1$ は不合格で、放り出されてしまいます。「お前が来

---

*4 基底となるための2つの条件を確認すればよい。どんなベクトル $\vec{x}$ でも $\vec{x} = \Box\vec{e}_1 + \Box\vec{e}_2 + \cdots + \Box\vec{e}_n$ の形に書けることは保証済みです。これに (C.2) を代入すれば $\vec{x} = \Box\vec{e}'_1 + \Box\vec{e}_2 + \cdots + \Box\vec{e}_n$ の形になります。だから、「どの土地にも番地が付く」のほうは OK。「番地が違うなら違う土地」については、次のように背理法で示されます。今、$c_1\vec{e}'_1 + c_2\vec{e}_2 + \cdots + c_n\vec{e}_n = \vec{o}$ だったとしましょう。しかも、「$c_1 = c_2 = \cdots = c_n = 0$」ではなかったとします。ここで $c_1 = 0$ はあり得ません。それでは、$(\vec{e}_1, \ldots, \vec{e}_n)$ が基底という前提に反してしまいますから。となれば、$\vec{e}'_1 = \Box\vec{e}_2 + \cdots + \Box\vec{e}_n$ と書けることになる。おや、「同じ土地」$\vec{e}'_1$ に、これと (C.1) と、2通りの番地が付いてしまいました ($\vec{e}_1$ に付いている数が、かたや0、かたや $a_1 \neq 0$)。こちらも結局、$(\vec{e}_1, \ldots, \vec{e}_n)$ が基底という前提に反します。ということは、$c_1 = c_2 = \cdots = c_n = 0$ と結論されます。これが「番地が違うなら違う土地」を意味することは、本文で述べたとおりです。

*5 前と同様、ウソです。$d_2 = 0$ のときは、$\vec{e}_2$ の代わりに $\vec{e}_3$ をつまみ出す。d_3 も0なら、$\vec{e}_4$ をつまみ出す。もし d_2 から d_n まで全部0だったら、$\vec{e}'_2 = d_1\vec{e}'_1$ ということになって、これは「ダッシュありチーム」$(\vec{e}'_1, \ldots, \vec{e}'_{n'})$ が基底であるという前提に違反。

*6 $(\vec{u}_1, \ldots, \vec{u}_m)$ 自体がそれだけで基底になっていたときは、「必要な本数は0本」と解釈します。

てもチームの総合能力は上がらないから、来なくていい」というわけです。第2ステップは、そのチームへさらに $\vec{e}_2$ を追加してみます。追加した結果が線形独立なら $\vec{e}_2$ もチームに入れ、線形従属なら $\vec{e}_2$ はチームに入れず放り出します。以下同様に、最後の候補者 $\vec{e}_n$ までこの手続きを繰り返して、補強完了です。こうすると実は、補強後のチームが基底になっているのです。だから、候補者のうちで合格したものを $\vec{v}_1, \ldots, \vec{v}_k$ として答えればよい。

なぜ補強後のチームが基底になるのでしょうか。基底の条件[*7]のうち、線形独立なことは選考試験から保証されています。残るは、「どんなベクトル $\vec{x}$ でも線形結合で表せる」のほうです。

これを示す準備として、候補者 $\vec{e}_1, \ldots, \vec{e}_n$ が補強後のチームの線形結合で表されることを示しましょう。第 i ステップを振り返ってください。もし $\vec{e}_i$ が合格なら、$\vec{e}_i$ 自身がチームに入るので問題なし。一方、$\vec{e}_i$ が不合格なら、その時点までのチーム（$\vec{w}_1, \ldots, \vec{w}_p$ とおきましょう）で $\vec{e}_i$ が表せるはずです。なぜなら、不合格ということは、$\vec{w}_1, \ldots, \vec{w}_p, \vec{e}_i$ が線形従属。つまり、上手い数 $c_1, \ldots, c_p, d$（少なくとも1つは0でないものがある）を選べば

$$c_1\vec{w}_1 + \cdots + c_p\vec{w}_p + d\vec{e}_i = \vec{o}$$

となるわけです。これを変形すれば、

$$\vec{e}_i = (-c_1/d)\vec{w}_1 + \cdots + (-c_p/d)\vec{w}_p$$

と、$\vec{w}_1, \ldots, \vec{w}_p$ の線形結合で $\vec{e}_i$ が書けます[*8]。「我々が協力すれば、あなたと同等なことができる」というわけです。だから「あなたは必要ありません」と不合格にしたのでした。こんなふうに選考試験を実施したのですから、補強後のチームの線形結合で候補者 $\vec{e}_1, \ldots, \vec{e}_n$ が表せると保証されます。

さて、候補者はもともと基底だったのですから、任意のベクトル $\vec{x}$ は $\vec{e}_1, \ldots, \vec{e}_n$ の線形結合で書けます。そして、その候補者は、補強後のチーム $\vec{u}_1, \ldots, \vec{u}_m, \vec{v}_1, \ldots, \vec{v}_k$ の線形結合で書ける。これを合わせれば、任意のベクトル $\vec{x}$ は補強後のチームの線形結合で書けることになります。念のためやっておきましょうか。

$$\vec{x} = a_1\vec{e}_1 + \cdots + a_n\vec{e}_n$$

とし、

$$\begin{aligned}
\vec{e}_1 &= b_{11}\vec{u}_1 + \cdots + b_{1m}\vec{u}_m + b'_{11}\vec{v}_1 + \cdots + b'_{1k}\vec{v}_k \\
&\vdots \\
\vec{e}_n &= b_{n1}\vec{u}_1 + \cdots + b_{nm}\vec{u}_m + b'_{n1}\vec{v}_1 + \cdots + b'_{nk}\vec{v}_k
\end{aligned}$$

とします。後者を前者に代入して整理すれば、

$$\begin{aligned}
\vec{x} &= c_1\vec{u}_1 + \cdots + c_m\vec{u}_m + c'_1\vec{v}_1 + \cdots + c'_k\vec{v}_k \\
c_i &= a_1 b_{1i} + \cdots + a_n b_{ni} \qquad (i = 1, \ldots, m) \\
c'_j &= a_1 b'_{1j} + \cdots + a_n b'_{nj} \qquad (j = 1, \ldots, k)
\end{aligned}$$

ですから、確かに $\vec{x}$ が補強後のチーム $\vec{u}_1, \ldots, \vec{u}_m, \vec{v}_1, \ldots, \vec{v}_k$ の線形結合で表せました。 ■

[*7] 1.1.4 項（17 ページ）「基底となるための条件」や 2.3.4 項（123 ページ）「「ぺちゃんこ」を式で表す」を参照。

[*8] $d = 0$ はあり得ません。もし $d = 0$ なら $c_1\vec{w}_1 + \cdots + c_p\vec{w}_p = \vec{o}$ ですから、$\vec{w}_1, \ldots, \vec{w}_p$ 自体が線形従属となってしまいます。選考試験によってチームは常に線形独立を保っていたはずですから、それはあり得ない。

Lemma C.3 次元 n と同じ本数の線形独立なベクトルは基底をなす。

Proof: 前の Lemma を使えばこれは簡単。線形独立なんだから、何本かベクトルを追加して基底にできます。でも、基底ベクトルの本数は、どの基底でも必ず n のはず。ということは、追加したベクトルの本数は 0。すなわち、何も追加しなくてもそのままで基底だったことになります。■

Lemma C.4 線形独立なベクトルが最大 n 本まで取れるなら、その空間は n 次元である。

Proof: 線形独立なベクトルが n 本取れたなら、その n 本にさらに何本かベクトルを追加して基底にできます。ところが、基底は線形独立なので、前提から合計本数は高々[*9] n。ということは、追加した本数は 0 ということになる。すなわち、元の n 本がそのままで基底だったわけで、次元（＝基底ベクトルの本数）は n と結論されます。■

Lemma C.5 V を線形空間、W を V の線形部分空間（→?2.15（120 ページ））とするとき、V と W の次元が同じなら、$V = W$。

Proof: V も W も n 次元だったとしましょう。次元の定義から、W の基底 $(\vec{e}_1, \ldots, \vec{e}_n)$ が取れるはず。基底なんだから、$\vec{e}_1, \ldots, \vec{e}_n$ は線形独立。すると、Lemma C.3 から、$(\vec{e}_1, \ldots, \vec{e}_n)$ は V の基底でもあります。つまり、V のメンバー $\vec{x}$ は誰でも、$\vec{e}_1, \ldots, \vec{e}_n$ の線形結合で表されることになります。ここで、$\vec{e}_1, \ldots, \vec{e}_n$ は W に属していたので、その線形結合である $\vec{x}$ も W に属します（線形部分空間の定義を参照）。こうして、V のメンバーは全員が W のメンバーであることが保証されました。■

なお、本文では「矢印 $\vec{u}_i$」よりも「座標 $\boldsymbol{u}_i$」を主に用いて記述しています。内容は同じですからご心配なく[*10]。「$(\boldsymbol{u}_1, \ldots, \boldsymbol{u}_n)$ が基底である」は、「座標 $\boldsymbol{u}_i$ で表される矢印を $\vec{u}_i$ として、$(\vec{u}_1, \ldots, \vec{u}_n)$ が基底である」の略記です（図 C.1）。

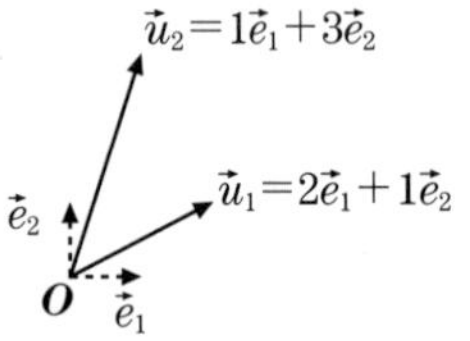

▲ 図 C.1　座標が基底とは？ ——$\boldsymbol{u}_1 = (2,1)^T$, $\boldsymbol{u}_2 = (1,3)^T$ のように座標を書いたときは、暗黙の基底（$(\vec{e}_1, \vec{e}_2)$ とします）が略されていて、実体としての矢印は $\vec{u}_1 \equiv 2\vec{e}_1 + 1\vec{e}_2$, $\vec{u}_2 \equiv 1\vec{e}_1 + 3\vec{e}_2$ でした。「$(\boldsymbol{u}_1, \boldsymbol{u}_2)$ が基底である」とは、この $(\vec{u}_1, \vec{u}_2)$ が基底であるということ

*9 「高々」＝「せいぜい」。式で書くと $\leq n$ ということ。「…は n 以下」と言っても意味はもちろん同じなのですが、「高々」と言えば「どんなにがんばってもここまでしか届かない」というニュアンスを強調できます。数学では好んで使われる言い回しです。

*10 「座標と矢印は一対一に対応するんだから、どちらで話してもいいじゃないか」という立場です。1.1.6 項（19 ページ）「座標での表現」や、?1.11（16 ページ）「ベクトルは数字を並べたものと思っていいのか」を参照してください。

……が、いちいちそれを意識しなくても、次のように解釈してもらえば結構です。

- どんなベクトル $\boldsymbol{x}$ でも、$\boldsymbol{u}_1, \ldots, \boldsymbol{u}_n$ の線形結合[*11]で表せる。すなわち、数 $c_1, \ldots, c_n$ を上手く調節すれば $\boldsymbol{x} = c_1\boldsymbol{u}_1 + \cdots + c_n\boldsymbol{u}_n$ と必ず表せる。
- しかもその表し方はユニーク[*12]である。

---

*11 定義は 1.1.4 項（17 ページ）「基底となるための条件」に。

*12 意味は脚注*25（116 ページ）に。慣れてほしい言い回しなので、もう一度使ってみました。

付録 D 微分方程式の解法

本書で必要となる範囲の、ごく基礎的な微分方程式について、解法を説明します。

D.1 $dx/dt = f(x)$ 型

微分方程式

$$\frac{d}{dt}x(t) = -7x(t)$$

は、次の筋道で解くことができます[*1]。公式 $\frac{dx}{dt} = 1/\frac{dt}{dx}$ から、

$$\frac{dt}{dx} = -\frac{1}{7x}$$

両辺を積分すると、

$$t = -\int \frac{1}{7x}dx$$

が得られます[*2]。右辺の積分を実行すれば、

$$t = -\frac{1}{7}\log|7x| + C \qquad (C \text{ は積分定数})$$

変形して

$$\log|7x| = -7(t - C)$$

両辺を指数関数にのせると

[*1] $x = 0$ の心配はとりあえずおいておきます。

[*2] 微分と積分は互いに逆演算でしたね。t を x で微分して積分すると、t に戻る。正確には、左辺は $t + C'$（C' は積分定数）なはずですが、どうせ右辺にも積分定数 C'' が出るのでここでは省略しています。「$t + C' = \cdots + C''$（C', C'' は積分定数）」と言うのも「$t = \cdots + C$（C は積分定数）」と言うのも同じことですから（$C = C'' - C'$ と取れば）。

$$|7x| = e^{-7(t-C)}$$

つまり

$$|x| = \frac{1}{7}e^{7C}e^{-7t}$$

係数を $D \equiv \frac{1}{7}e^{7C}$ とおけば、

$$|x| = De^{-7t} \qquad D \text{ は任意の正定数}$$

とまとめられます。C が任意の定数だったのだから、D は任意の正定数になります。これで $|x(t)|$ が求まりました。

特に、$t = 0$ のときを考えると $|x(0)| = D$ ですから、代入すれば

$$|x(t)| = |x(0)|e^{-7t}$$

が得られます。実はこれは

$$x(t) = x(0)e^{-7t}$$

を意味します。$x(t)$ は t に関して連続なはずなので、

- $x(0) > 0$ なら $x(t) > 0$
- $x(0) < 0$ なら $x(t) < 0$

だからです[*3]。こうして、解 $x(t) = x(0)e^{-7t}$ が求まりました。

D.2　$dx/dt = ax + g(t)$ 型

微分方程式

$$\frac{d}{dt}x(t) = -7x(t) + e^{-7t} \tag{D.1}$$

は、次の 3 段階で解くことができます。

第 1 段階では、$x(t)$ を含まない項 e^{-7t} を除いた微分方程式（斉次微分方程式）

$$\frac{d}{dt}\tilde{x}(t) = -7\tilde{x}(t)$$

の解すべて（一般解）を求めます。前節でやったように、一般解は

$$\tilde{x}(t) = \tilde{D}e^{-7t} \qquad \tilde{D} = \tilde{x}(0) \text{ は任意の定数}$$

です。

第 2 段階では、元の微分方程式の解を 1 つ、なんとかして求めます（特解）。やり方は「どうにかがんばってくれ」としか一般には言えませんが、本問の場合は、**定数変化法**と呼ばれるテクニックが使えます。これは、

[*3] $x(0) = 0$ のときは $x(t) = 0$ で、これも問題なし。

- 斉次微分方程式の一般解から、定数を t の関数に変更した $x(t) = D(t)e^{-7t}$ という形の式を考える
- これを解の候補とし、微分方程式が成り立つように、関数 $D(\cdot)$ を上手く設定する

という方法です。$x(t) = D(t)e^{-7t}$ を元の微分方程式（D.1）に代入すると、

$$\left(\frac{d}{dt}D(t)\right)e^{-7t} - 7D(t)e^{-7t} = -7D(t)e^{-7t} + e^{-7t}$$

整理して

$$\frac{d}{dt}D(t) = 1$$

ですから、$D(t) = t$ と設定すればよい。こうして特解 $x(t) = te^{-7t}$ が得られました。

第 3 段階では、「(特解) ＋ (斉次微分方程式の一般解)」により、元の微分方程式（D.1）の一般解を求めます。これで一般解

$$x(t) = te^{-7t} + \tilde{D}e^{-7t} \qquad \tilde{D} \text{ は任意の定数}$$

が得られます。特に、$t = 0$ を代入すれば $x(0) = \tilde{D}$ となりますから、

$$x(t) = te^{-7t} + x(0)e^{-7t}$$

と解けました。

? D.1　「(特解) ＋ (斉次の一般解)」って連立一次方程式でもやったけど、関係あるんですか？

ありますす。今の微分方程式は、連立一次方程式の無限次元版と解釈できるのです。2.5.1 項（148 ページ）の「解をすべて見つけよ」と対比してください。? 1.4（9 ページ）で述べた

> 一見「ベクトル」には見えない対象でも、上の性質さえ確認すれば、ベクトルに関する既存の定理がすべて適用できる。

の好例でもあります[*4]。

関数 $x(t)$ から作られる新しい関数

$$w(t) \equiv \frac{d}{dt}x(t) + 7x(t)$$

のことを、$w = \mathcal{A}[x]$ と書くことにしましょう。$\mathcal{A}$ は、関数を食って関数を吐く作用素[*5]です。$\mathcal{A}$ を使えば、微分方程式（D.1）は

[*4] これは、厳密には、ウソじゃないけどちょっと誤解を招く言い方。というのは、本書の大部分では有限次元を仮定していたからです。後述の「忠告」を参照してください。

[*5] 関数を食って数を吐くものを汎関数、関数を食って関数を吐くものを作用素と呼びます（正確には、もう少し限定した定義をすることもあります）。

$$\mathcal{A}[x] = y \qquad (y(t) = e^{-7t} \text{ とおく})$$

と書けます。連立一次方程式 $A\boldsymbol{x} = \boldsymbol{y}$ を彷彿とさせる姿になりました。実は、その直観は次のように根拠付けられるのです。

まず、関数 $x(t)$ とベクトル $\boldsymbol{x}$ との対応について。関数 $x(t), \tilde{x}(t)$ と数 c に対して和 $x(t) + \tilde{x}(t)$ や定数倍 $cx(t)$ を考えると、？1.4（9 ページ）の直前で挙げた性質はすべて成り立ちます。これにより、「関数」$x(t)$ を「ベクトル」と解釈することができます。

次に、作用素 $\mathcal{A}$ と行列 A との対応について。

$$\mathcal{A}[x + \tilde{x}] = \mathcal{A}[x] + \mathcal{A}[\tilde{x}] \tag{D.2}$$
$$\mathcal{A}[cx] = c\mathcal{A}[x] \tag{D.3}$$

がポイントです。それぞれ、

$$\begin{aligned}
&\frac{d}{dt}\{x(t) + \tilde{x}(t)\} + 7\{x(t) + \tilde{x}(t)\} \\
&= \left\{\frac{d}{dt}x(t) + 7x(t)\right\} + \left\{\frac{d}{dt}\tilde{x}(t) + 7\tilde{x}(t)\right\} \\
&\frac{d}{dt}\{cx(t)\} + 7\{cx(t)\} \\
&= c\left\{\frac{d}{dt}x(t) + 7x(t)\right\}
\end{aligned}$$

という意味ですから、当然成り立ちますね。これは、$\mathcal{A}$ が線形写像と見なされ得ること、すなわち、「ベクトルに行列を掛ける」操作と同じような性質[*6] を持つことを意味しています（→？1.15（23 ページ））。

こうして、微分方程式 $\mathcal{A}[x] = y$ は、連立一次方程式 $A\boldsymbol{x} = \boldsymbol{y}$ の無限次元版と解釈されました[*7]。そうなれば、同じ「（特解）＋（斉次の一般解）」が出てくるのも納得でしょう。

それでも「なぜ関数がベクトルと見なせるのかピンとこない」という人には、次の説明でどうでしょうか。関数は、下図左のようにグラフで表せます。一方、ベクトルも、同図右のように成分のプロットで表すことができます。横軸が連続か離散かの違いを除けば、両者は同じだと感じませんか。乱暴に言って、「関数」は「ベクトル」の成分数が無限になったものとみなされるのです。そんなふうに、関数を無限次元ベクトルとみて微分・積分を抽象的に扱うのが、**関数解析**と呼ばれる分野です。微分方程式の他にも、フーリエ変換・ウェーブレット変換・量子力学などの応用が、関数解析に支えられています。また乱暴に言うと、フーリエ変換やウェーブレット変換は座標変換の無限次元版、量子力学は固有値問題の無限次元版なのです。

[*6] 「同じような」という微妙な言いまわしで逃げているのは、微妙な事情があるからです。詳しくは後述の「忠告」で。

[*7] 「無限次元」と言った理由は、いま対象として考えたい x たちの範囲（関数空間）が有限次元で済まないからです。例えば、$k = 0, 1, 2, \ldots$ に対して関数 $x_k(t) = \cos kt$ を考えると、$x_0, x_1, x_2, \ldots$ から何個取ってきても「線形独立」になることが知られています。これでは有限次元とは言えません。

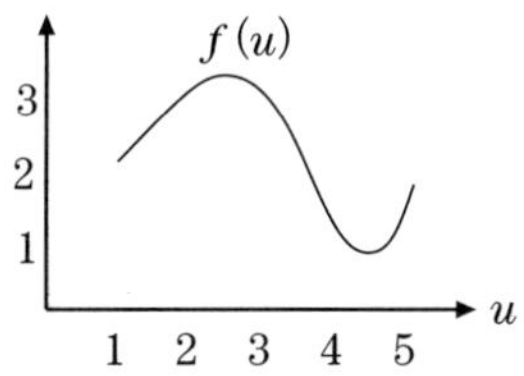

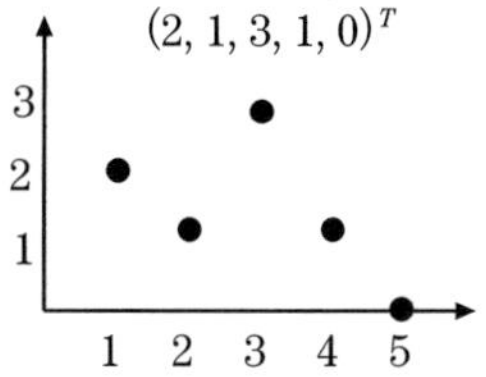

最後に、忠告を聞いてください。?1.13（19 ページ）でも述べていますが、無限次元はおっかないものです。直観は大切だし上のような素朴な考察もとても有益なのですが、「危ないことをしているんだ」という自覚を忘れないようにしてください。なお、本書では、断わらない限りベクトルはすべて有限次元としています。

付録 E 内積と対称行列・直交行列

E.1 内積空間

素の線形空間には、長さや角度という概念がありません。これらを与えるためには仕様の追加が必要です。

E.1.1 長さ

イメージしやすいよう、しばらくは実数（実ベクトル、実行列）に話を限ります。まず、「目盛のない、矢印の世界」（→ 1.1.3 項（11 ページ）「基底」）を思い出してください。このままでは長さや角度の概念はなく、異なる方向のベクトルどうしを比較する方法は提供されていませんでした。本節では、ここに、「長さ」という仕様を追加します。「長さ」は、ベクトルを入力すると実数を出力する関数です。ベクトル $\vec{x}$ の長さを $\|\vec{x}\|$ と表すことにします。

さて、そんな関数を何でも持ってきて「長さだ」と呼んだところで、あまり役には立ちません。現実の空間のある側面を抽象化することがやりたかったのですから、現実と全くはずれたものを持ってきてもしょうがない。現実の「長さ」の持つ性質からいくつかをピックアップして、「これを満たさなければならない」と要請していきましょう。ここではまず、以下を要請することにします。

- $\|\vec{x}\| \geq 0$
- $\|\vec{x}\| = 0$ **iff**[*1] $\vec{x} = \vec{o}$
- 数 c に対し、$\|c\vec{x}\| = |c|\,\|\vec{x}\|$

またすぐ後に、追加の要請があります。

[*1] 「if and only if」の略として、数学書では説明なしに使われることがあります。意味は、「$\vec{x} = \vec{o}$ なら $\|\vec{x}\| = 0$。しかも逆に、$\|\vec{x}\| = 0$ になるのは $\vec{x} = \vec{o}$ のときのみ」。つまり両者が同値ということです。

E.1.2　直交

長さの次は角度、それも最も基本的な「直角」を考えましょう。現実の空間では、直角三角形に関する**ピタゴラスの定理**が成り立ちます。これを通じて、「長さ」と「直角」とが関連しているわけです。

一方、我々が今構築している世界には、まだ直角（直交）という概念がありません。そこで逆手をとって、ピタゴラスの定理が成り立つときを直交ということにしましょう。ベクトル $\vec{x}, \vec{y}$ が

$$\|\vec{x}+\vec{y}\|^2 = \|\vec{x}\|^2 + \|\vec{y}\|^2$$

を満たすとき、$\vec{x}$ と $\vec{y}$ は**直交**するといいます。さらに、現実の空間で成り立っている性質から、以下の要請を追加します。

- 直交は延長・打ち切りしても直交――$\vec{x}$ と $\vec{y}$ が直交するなら、任意の数 c に対して $\vec{x}$ と $c\vec{y}$ も直交する
- $\vec{x}$ と直交するベクトルどうしの和も $\vec{x}$ と直交――$\vec{x}$ と $\vec{y}$ が直交し、$\vec{x}$ と $\vec{y}'$ も直交するなら、$\vec{x}$ と $(\vec{y}+\vec{y}')$ も直交する
- 図 E.1 のように**垂線**を下せる――任意の $\vec{x}$ と $\vec{y}$ に対し、$\vec{y} = \vec{u} + \vec{v}$ と上手く分解して、「$\vec{u} = a\vec{x}$」かつ「$\vec{v}$ と $\vec{x}$ は直交」となるようにできる（a は数）。

以上で要請は終わりです。

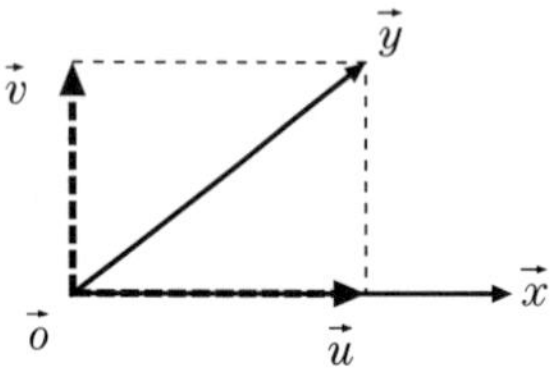

▲ 図 E.1　垂線

E.1.3　内積

$\vec{x}$ と $\vec{y}$ が直交するなら $\|\vec{x}+\vec{y}\|^2 = \|\vec{x}\|^2 + \|\vec{y}\|^2$ でしたが、直交しないときには両辺が等しくなりません。ここで、両辺がどれくらい違っているかに着目し、

$$F(\vec{x}, \vec{y}) = \|\vec{x}+\vec{y}\|^2 - \|\vec{x}\|^2 - \|\vec{y}\|^2$$

という量を考えてみましょう。直交するときは $F(\vec{x}, \vec{y}) = 0$ となるわけです。しかも、$F(\vec{x}, \vec{x}) = \|2\vec{x}\|^2 - \|\vec{x}\|^2 - \|\vec{x}\|^2 = 2\|\vec{x}\|^2$ ですから、$\|\vec{x}\|^2 = F(\vec{x}, \vec{x})/2$ のように長さを F で表すこともできます。

このままでもいいのですが、分母の 2 が目障りです。すっきりさせるために、はじめから 2 で割った $\frac{1}{2}(\|\vec{x}+\vec{y}\|^2 - \|\vec{x}\|^2 - \|\vec{y}\|^2)$ を使うことにします。さらに、この量は重要な

ので、専用の記号 $\vec{x}\cdot\vec{y}$ を用意することにします。

$$\vec{x}\cdot\vec{y} \equiv \frac{1}{2}(\|\vec{x}+\vec{y}\|^2 - \|\vec{x}\|^2 - \|\vec{y}\|^2) \tag{E.1}$$

こうすれば、$\|\vec{x}\|^2 = \vec{x}\cdot\vec{x}$ とすっきりします。この $\vec{x}\cdot\vec{y}$ を、$\vec{x}$ と $\vec{y}$ の**内積**と呼びます。定義から

- $\vec{x}\cdot\vec{y}=0$ なら $\vec{x}$ と $\vec{y}$ は直交
- $\vec{x}\cdot\vec{y}\neq 0$ なら $\vec{x}$ と $\vec{y}$ は直交しない

と言えます。

内積には、次の性質があります（$\vec{x},\vec{y},\vec{x}',\vec{y}'$ はベクトル、c は数）。

- $\vec{x}\cdot\vec{x} = \|\vec{x}\|^2 \geq 0$ （$\vec{x}\cdot\vec{x}=0$ iff $\vec{x}=\vec{o}$）
- $\vec{x}\cdot\vec{y} = \vec{y}\cdot\vec{x}$ ——対称性
- $\vec{x}\cdot(c\vec{y}) = c(\vec{x}\cdot\vec{y}),\quad \vec{x}\cdot(\vec{y}+\vec{y}') = \vec{x}\cdot\vec{y}+\vec{x}\cdot\vec{y}'$ ——（ア）

最後の項目については、対称性から

- $(c\vec{x})\cdot\vec{y} = c(\vec{x}\cdot\vec{y}),\quad (\vec{x}+\vec{x}')\cdot\vec{y} = \vec{x}\cdot\vec{y}+\vec{x}'\cdot\vec{y}$ ——（イ）

も成り立つことが導かれます。（ア）と（イ）を合わせて**双線形性**と呼びます。「$\vec{x}$ についても $\vec{y}$ についても線形」という意味です。

? E.1 双線形性はなぜ成り立つんですか？ ほかは定義から自明ですけど……

次のように確認できます。垂線をおろして、「$\vec{y}=\vec{u}+\vec{v}$、$\vec{u}=a\vec{x}$ （a は数）、$\vec{v}$ と $\vec{x}$ は直交」となるように分解してみましょう（図 E.1）。すると、

$$\begin{aligned}
\vec{x}\cdot\vec{y} &= \vec{x}\cdot(\vec{u}+\vec{v}) = \vec{x}\cdot(a\vec{x}+\vec{v})\\
&= \frac{1}{2}\left\{\|\vec{x}+a\vec{x}+\vec{v}\|^2 - \|\vec{x}\|^2 - \|a\vec{x}+\vec{v}\|^2\right\}\\
&= \frac{1}{2}\left\{\|(1+a)\vec{x}+\vec{v}\|^2 - \|\vec{x}\|^2 - \|a\vec{x}+\vec{v}\|^2\right\}\\
&= \frac{1}{2}\left\{\left((1+a)^2\|\vec{x}\|^2+\|\vec{v}\|^2\right) - \|\vec{x}\|^2 - \left(a^2\|\vec{x}\|^2+\|\vec{v}\|^2\right)\right\}\\
&= \frac{1}{2}\left\{\left((1+2a+a^2)\|\vec{x}\|^2 - \|\vec{x}\|^2 - a^2\|\vec{x}\|^2\right) + \left(\|\vec{v}\|^2 - \|\vec{v}\|^2\right)\right\} = a\|\vec{x}\|^2
\end{aligned}$$

が得られます。一方、$\vec{x}\cdot(c\vec{y})$ を同様に計算すれば、$\vec{x}\cdot(c\vec{y}) = ca\|\vec{x}\|^2$ となります。ですから、$\vec{x}\cdot(c\vec{y}) = c(\vec{x}\cdot\vec{y})$ です。また、$\vec{y}'$ についても同様に垂線をおろして、「$\vec{y}'=\vec{u}'+\vec{v}'$、$\vec{u}'=a'\vec{x}$ （a' は数）、$\vec{v}'$ と $\vec{x}$ は直交」となるように分解しておけば、$\vec{x}\cdot\vec{y}' = a'\|\vec{x}\|^2$ や $\vec{x}\cdot(\vec{y}+\vec{y}') = (a+a')\|\vec{x}\|^2$ が得られます。すると、$\vec{x}\cdot(\vec{y}+\vec{y}') = \vec{x}\cdot\vec{y}+\vec{x}\cdot\vec{y}'$ もわかります。

ここまでを整理すると、ベクトル空間に「長さ」を導入→「長さ」から「内積」を定義、

という流れでした。しかし、内積を使うと長さも表せるのですから、長さと内積とは鶏と卵の関係。どちらを使っても話はできます。実際には内積の方が使い勝手がよく、長さよりも内積が前面に出てきます。内積が与えられた[*2]線形空間を**内積空間**と呼びます。**計量線形空間**や**計量ベクトル空間**という呼び方もします。

E.1.4 正規直交基底

あまり長く矢印で話をしていると、落ちつかないかもしれません。扱い慣れた座標の話に、そろそろ戻りましょう。基底を一組指定すれば、矢印 $\vec{x}$ と座標 $\boldsymbol{x}$ とを同一視できたのでした。

素の線形空間の話をしている限りはどの基底も対等でしたが、内積を導入すると、「その内積に合った、都合のいい基底」という区別が生じます。もし基底 $(\vec{e}_1, \ldots, \vec{e}_n)$ が

- すべて長さは 1
- すべて互いに直交

となっていたら、つまり

$$\vec{e}_i \cdot \vec{e}_j = \begin{cases} 1 & (i = j) \\ 0 & (i \neq j) \end{cases} \qquad (i, j = 1, \ldots, n)$$

だったら、$\boldsymbol{x} = (x_1, \ldots, x_n)^T$ と $\boldsymbol{y} = (y_1, \ldots, y_n)^T$ の内積は、

$$\boldsymbol{x} \cdot \boldsymbol{y} = x_1 y_1 + \cdots + x_n y_n = \boldsymbol{x}^T \boldsymbol{y} \tag{E.2}$$

となります。成分どうしを掛け合わせて合計する、という単純な格好です。$n = 2$ で確認しておくと、

$$\begin{aligned} &(x_1\vec{e}_1 + x_2\vec{e}_2) \cdot (y_1\vec{e}_1 + y_2\vec{e}_2) \\ &= (x_1\vec{e}_1) \cdot (y_1\vec{e}_1) + (x_1\vec{e}_1) \cdot (y_2\vec{e}_2) + (x_2\vec{e}_2) \cdot (y_1\vec{e}_1) + (x_2\vec{e}_2) \cdot (y_2\vec{e}_2) \\ &= x_1 y_1(\vec{e}_1 \cdot \vec{e}_1) + x_1 y_2(\vec{e}_1 \cdot \vec{e}_2) + x_2 y_1(\vec{e}_2 \cdot \vec{e}_1) + x_2 y_2(\vec{e}_2 \cdot \vec{e}_2) = x_1 y_1 + x_2 y_2 \end{aligned}$$

という仕掛けで、対応する成分どうしだけが残ります。長さも当然、

$$\|\boldsymbol{x}\| = \sqrt{\boldsymbol{x} \cdot \boldsymbol{x}} = \sqrt{x_1^2 + \cdots + x_n^2} \tag{E.3}$$

です。こういう都合のよい基底を、**正規直交基底**と呼びます。

[*2] 丁寧に言うと、「ベクトルを 2 本食って数を吐く関数で、今述べた『内積の性質』を満たすようなものが 1 つ指定された」ということです。

? E.2 正規直交基底が取れれば確かに便利だけど、取れなかったらどうするの？

正規直交基底は必ず取れます。実際、何でもいいから基底が一組あれば、そこから **Gram-Schmidt** の直交化という手順で正規直交基底を作ることができます。第 5 章の「QR 分解」を参照してください。

? E.3 正規直交基底でない一般の基底では、内積や長さはどんな式になるの？

$n=3$ でやってみましょう。基底 $(\vec{e}_1, \vec{e}_2, \vec{e}_3)$ を使って、$\vec{x} = x_1\vec{e}_1 + x_2\vec{e}_2 + x_3\vec{e}_3$、$\vec{y} = y_1\vec{e}_1 + y_2\vec{e}_2 + y_3\vec{e}_3$ と座標表示すれば、双線形性から

$$
\begin{aligned}
\vec{x}\cdot\vec{y} &= (x_1\vec{e}_1 + x_2\vec{e}_2 + x_3\vec{e}_3)\cdot(y_1\vec{e}_1 + y_2\vec{e}_2 + y_3\vec{e}_3) \\
&= x_1y_1(\vec{e}_1\cdot\vec{e}_1) + x_1y_2(\vec{e}_1\cdot\vec{e}_2) + x_1y_3(\vec{e}_1\cdot\vec{e}_3) \\
&\quad + x_2y_1(\vec{e}_2\cdot\vec{e}_1) + x_2y_2(\vec{e}_2\cdot\vec{e}_2) + x_2y_3(\vec{e}_2\cdot\vec{e}_3) \\
&\quad + x_3y_1(\vec{e}_3\cdot\vec{e}_1) + x_3y_2(\vec{e}_3\cdot\vec{e}_2) + x_3y_3(\vec{e}_3\cdot\vec{e}_3) \\
&= (x_1, x_2, x_3)\begin{pmatrix} \vec{e}_1\cdot\vec{e}_1 & \vec{e}_1\cdot\vec{e}_2 & \vec{e}_1\cdot\vec{e}_3 \\ \vec{e}_2\cdot\vec{e}_1 & \vec{e}_2\cdot\vec{e}_2 & \vec{e}_2\cdot\vec{e}_3 \\ \vec{e}_3\cdot\vec{e}_1 & \vec{e}_3\cdot\vec{e}_2 & \vec{e}_3\cdot\vec{e}_3 \end{pmatrix}\begin{pmatrix} y_1 \\ y_2 \\ y_3 \end{pmatrix} \\
&= \boldsymbol{x}^T G \boldsymbol{y}
\end{aligned}
$$

と書けます。

$$
\boldsymbol{x} = \begin{pmatrix} x_1 \\ x_2 \\ x_3 \end{pmatrix}, \quad \boldsymbol{y} = \begin{pmatrix} y_1 \\ y_2 \\ y_3 \end{pmatrix}, \quad G = \begin{pmatrix} \vec{e}_1\cdot\vec{e}_1 & \vec{e}_1\cdot\vec{e}_2 & \vec{e}_1\cdot\vec{e}_3 \\ \vec{e}_2\cdot\vec{e}_1 & \vec{e}_2\cdot\vec{e}_2 & \vec{e}_2\cdot\vec{e}_3 \\ \vec{e}_3\cdot\vec{e}_1 & \vec{e}_3\cdot\vec{e}_2 & \vec{e}_3\cdot\vec{e}_3 \end{pmatrix}
$$

とおきました。長さも当然、$\|\boldsymbol{x}\| = \sqrt{\boldsymbol{x}^T G \boldsymbol{x}}$ です。

なお、「この G が場所によって違う」というのが一般相対性理論の世界です。そんな世界は曲がっていて、もはや線形空間ではありません。

内積や長さを最初に習うときには（E.2）や（E.3）をいきなり見せられますが、これは正規直交基底を暗黙に仮定した話だったのでした。これに限らず、正規直交基底を暗黙に仮定した話は多いので、気を付けてください。本章でも、ここから先は、正規直交基底で座標表現されているとします。第 5 章も同様です。

E.1.5 転置行列

転置行列の意味が 1.2.12 項（61 ページ）ではわからなくて、はがゆい思いをしました。実は本来の意味は、線形写像 $\mathcal{A}$ に対し、

$$
\vec{x}\cdot\mathcal{A}(\vec{y}) = \mathcal{A}^\dagger(\vec{x})\cdot\vec{y} \qquad (\vec{x}, \vec{y} \text{ は任意のベクトル})
$$

が成り立つような写像 $\mathcal{A}^\dagger$ のことなのです。

正規直交基底を取って、写像 $\mathcal{A}$ を行列 A で表現したなら、$\mathcal{A}^\dagger$ の行列表現はちょうど A^T になります（正規直交基底でないときには、?E.3 で出てきた行列 G を含む式になります）。

$(AB)^T = B^T A^T$ は、次のように解釈されます：「本来の意味」を繰り返し適用すれば、

$$\boldsymbol{x} \cdot (AB\boldsymbol{y}) = \boldsymbol{x} \cdot (A(B\boldsymbol{y})) = (A^T\boldsymbol{x}) \cdot (B\boldsymbol{y}) = (B^T(A^T\boldsymbol{x})) \cdot \boldsymbol{y} = (B^T A^T \boldsymbol{x}) \cdot \boldsymbol{y}$$

が任意の $\boldsymbol{x}, \boldsymbol{y}$ で成り立ちます。「本来の意味」から、これは $(AB)^T = B^T A^T$ を意味します。

E.1.6 複素内積空間

複素版も、ここまでの話と同様ですが、複素共役のところだけ注意が必要です。

まず、内積のほうを先に定義します。定義は、「（複素）ベクトルを 2 本食って複素数を吐く関数で、次の条件を満たすもの」です（$\vec{x}, \vec{y}, \vec{x}', \vec{y}'$ はベクトル、c は数）。

- $\vec{x} \cdot \vec{x}$ は実数で、$\vec{x} \cdot \vec{x} \geq 0$ （$\vec{x} \cdot \vec{x} = 0$ iff $\vec{x} = \vec{o}$）
- $\vec{x} \cdot \vec{y} = \overline{\vec{y} \cdot \vec{x}}$
- $\vec{x} \cdot (c\vec{y}) = c(\vec{x} \cdot \vec{y})$、$\vec{x} \cdot (\vec{y} + \vec{y}') = \vec{x} \cdot \vec{y} + \vec{x} \cdot \vec{y}'$

最後の項目については、2 番目の項目と合わせると

- $(c\vec{x}) \cdot \vec{y} = \bar{c}(\vec{x} \cdot \vec{y})$、$(\vec{x} + \vec{x}') \cdot \vec{y} = \vec{x} \cdot \vec{y} + \vec{x}' \cdot \vec{y}$

なことに注意してください。$\bar{c}$ は数 c の複素共役です。この内積から、ベクトル $\vec{x}$ の長さ $\|\vec{x}\| = \sqrt{\vec{x} \cdot \vec{x}}$ が定義されます。このような内積が与えられた複素線形空間を、**複素内積空間**と呼びます。

正規直交基底も前と同様に定義されます。正規直交基底での座標表現で、$\boldsymbol{x} = (x_1, \ldots, x_n)^T$ と $\boldsymbol{y} = (y_1, \ldots, y_n)^T$ の内積は

$$\boldsymbol{x} \cdot \boldsymbol{y} = \overline{x_1} y_1 + \cdots + \overline{x_n} y_n = \boldsymbol{x}^* \boldsymbol{y}$$

になります。片方が複素共役（**共役転置**[*3]）となることに注意してください。

線形写像 $\mathcal{A}$ に対し

$$\vec{x} \cdot \mathcal{A}(\vec{y}) = \mathcal{A}^\dagger(\vec{x}) \cdot \vec{y} \qquad (\vec{x}, \vec{y} \text{ は任意のベクトル})$$

となる写像 $\mathcal{A}^\dagger$ の表現も、同様の注意が必要です。正規直交基底を取って、写像 $\mathcal{A}$ を行列 A で表現したなら、$\mathcal{A}^\dagger$ の行列表現は共役転置 A^* になります。

---

*3 定義は 1.2.12 項（61 ページ）「転置行列＝？？？」を参照。

? E.4 内積の定義になぜ複素共役が出てくるの？

公式な回答は、「定義なんだから聞かれても困る。こういうものをこう呼ぶと約束しているのだ。なぜなんて聞くのは数学のロジックをわかっていない」。

本音の回答は……とりあえず、もし複素共役を取らないと、長さ $\|\vec{x}\|$ が「正の実数」にならなくて具合が悪い。実数 u では $u^2 = |u|^2 \geq 0$ でしたが、複素数 z では一般に z^2 と $|z|^2$ とは違いますから。代わりに $z\bar{z} = |z|^2$ となるのでしたね（→付録 B（323 ページ））。

? E.5 内積の定義が、私の教科書のものと違っています

内積の定義において、$\boldsymbol{x}, \boldsymbol{y}$ のどちらを複素共役とするかが、人によって違います。首尾一貫さえしていれば、どちらの定義でも問題はありません。

E.2 対称行列と直交行列—— 実行列の場合

転置の意味をおさえたところで、転置にまつわる行列の話を紹介します。本節では実行列（→ ?1.2（7 ページ））を考えます。

$V^T = V$ を満たす正方行列 V を**対称行列**と呼びます。$V = (v_{ij})$ が対称行列であることは、$v_{ij} = v_{ji}$ がすべての i, j で成り立つことと同値です。対称行列に関して、次の事実が知られています。

- 対称行列の固有値は実数
- 対称行列の異なる固有値 λ, λ' に対応する固有ベクトル $\boldsymbol{p}, \boldsymbol{p}'$ は、$\boldsymbol{p}^T\boldsymbol{p}' = 0$ となる
- λ が対称行列の特性方程式の k 重解なら、固有値 λ に対して線形独立な固有ベクトルが k 本取れる[*4]

一方、$Q^T = Q^{-1}$ を満たす正方行列、つまり、$Q^TQ = QQ^T = I$ となる Q を**直交行列**と呼びます。$Q = (\boldsymbol{q}_1, \ldots, \boldsymbol{q}_n)$ と列ベクトルに切り分けて考えれば、

$$Q^TQ = \begin{pmatrix} \boldsymbol{q}_1^T\boldsymbol{q}_1 & \boldsymbol{q}_1^T\boldsymbol{q}_2 & \cdots & \boldsymbol{q}_1^T\boldsymbol{q}_n \\ \boldsymbol{q}_2^T\boldsymbol{q}_1 & \boldsymbol{q}_2^T\boldsymbol{q}_2 & \cdots & \boldsymbol{q}_2^T\boldsymbol{q}_n \\ \vdots & \vdots & \ddots & \vdots \\ \boldsymbol{q}_n^T\boldsymbol{q}_1 & \boldsymbol{q}_n^T\boldsymbol{q}_2 & \cdots & \boldsymbol{q}_n^T\boldsymbol{q}_n \end{pmatrix} = I$$

ということは、

[*4] かっこつけて言えば、「代数的重複度（4.5.3 項（226 ページ））と幾何的重複度（4.7.5 項（263 ページ））は一致する」。

$$\boldsymbol{q}_i^T \boldsymbol{q}_j = \begin{cases} 1 & i = j \\ 0 & i \neq j \end{cases} \qquad (i, j = 1, \ldots, n)$$

ということです。つまり、$Q = (\boldsymbol{q}_1, \ldots, \boldsymbol{q}_n)$ が直交行列なら、$\boldsymbol{q}_1, \ldots, \boldsymbol{q}_n$ は

- すべて長さが 1
- すべて互いに直交

を満たします。逆に、こうなっていれば Q は直交行列です[*5]。

以上の事実を合わせると、次の重要な定理が得られます。

> 対称行列 V が与えられたら、上手い直交行列 Q を取ることにより、$Q^T V Q$ が実対角行列になるようにできる。

E.3　エルミート行列とユニタリ行列——複素行列の場合

本節では複素行列（→?1.2（7 ページ））を考えます。話は前節と同様です。

$H^* = H$ を満たす正方行列 H をエルミート行列と呼び、次の事実が知られています。

- エルミート行列の固有値は実数
- エルミート行列の異なる固有値 λ, λ' に対応する固有ベクトル $\boldsymbol{p}, \boldsymbol{p}'$ は、$\boldsymbol{p}^* \boldsymbol{p}' = 0$ となる
- λ がエルミート行列の特性方程式の k 重解なら、固有値 λ に対して線形独立な固有ベクトルが k 本取れる

一方、$U^* = U^{-1}$ を満たす正方行列 U を**ユニタリ行列**と呼びます。上の事実から、次の重要な定理が得られます。

> エルミート行列 H が与えられたら、上手いユニタリ行列 U を取ることにより、$U^* H U$ が実対角行列になるようにできる。

---

*5 直交行列の典型例は、次の回転行列（→図 4.7（217 ページ））です。

$$R(\theta) = \begin{pmatrix} \cos\theta & -\sin\theta \\ \sin\theta & \cos\theta \end{pmatrix}$$

一般に、直交行列 Q は、「内積（や長さ）を保存する」という性質を持ちます。「$\boldsymbol{x}' = Q\boldsymbol{x}$、$\boldsymbol{y}' = Q\boldsymbol{y}$ のとき、$\boldsymbol{x}' \cdot \boldsymbol{y}' = \boldsymbol{x} \cdot \boldsymbol{y}$」という意味です。これは簡単に示せます。$\boldsymbol{x}' \cdot \boldsymbol{y}' = \boldsymbol{x}'^T \boldsymbol{y}' = (Q\boldsymbol{x})^T (Q\boldsymbol{y}) = \boldsymbol{x}^T Q^T Q \boldsymbol{y}$ と変形すれば、$Q^T Q = I$ ですから、$\boldsymbol{x}' \cdot \boldsymbol{y}' = \boldsymbol{x}^T \boldsymbol{y} = \boldsymbol{x} \cdot \boldsymbol{y}$ が得られます。逆に、長さを保存する（すべての $\boldsymbol{x}$ で $\|Q\boldsymbol{x}\| = \|\boldsymbol{x}\|$ となる）行列 Q は、直交行列しかありません。

付録 F アニメーションプログラムの使い方

F.1 結果の見方

結果の見方を先に説明しておきます。

コマンドを実行すると、「写像 $\boldsymbol{y} = A\boldsymbol{x}$ によって各点 $\boldsymbol{x}$ がどんな $\boldsymbol{y}$ に移されるか」がアニメーションで表示されます。例えば、図中の矢印「↑」の先端に注目してください。最初は座標 $\binom{0}{1}$ にあったのが、移動して、最後は座標 $\binom{-0.3}{0.6}$ に移りました。これは

$$A\begin{pmatrix}0\\1\end{pmatrix} = \begin{pmatrix}-0.3\\0.6\end{pmatrix}$$

を意味しています。そんなふうに、

- 元の絵の点 $\boldsymbol{x}$ に対して、$\boldsymbol{y} = A\boldsymbol{x}$ がどこになるかを求める
- $\boldsymbol{x}$ がその $\boldsymbol{y}$ に移るよう、途中を滑かにモーフィング

ということをいろいろな点 $\boldsymbol{x}$ について行った結果が、このアニメーションです。

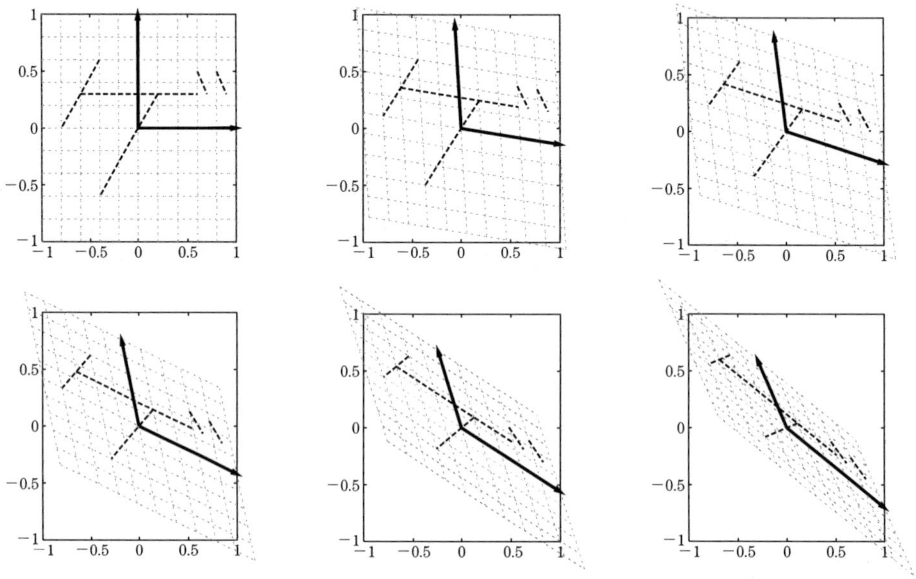

ruby mat_anim.rb -s=3 | gnuplot

▲ 図 F.1　行列 $A = \begin{pmatrix} 1 & -0.3 \\ -0.7 & 0.6 \end{pmatrix}$ による線形写像のアニメーション

F.2　準備

以下の手順で準備をしてください。

1. Ruby[*1] と Gnuplot[*2] が使える環境を準備する。
2. オーム社の Web サイト[*3] から mat_anim.rb をダウンロードし、カレントディレクトリに置く。

F.3　使い方

指示されたコマンドを入力すれば、アニメーションが表示されます。例えば、

```
ruby mat_anim.rb | gnuplot
```

を試してみてください。Enter キーでもう一度繰り返し、q を入力すれば終了です。

表示が速すぎたり遅すぎたりしたら、

[*1] http://www.ruby-lang.org/ja/

[*2] http://www.gnuplot.info/

[*3] http://www.ohmsha.co.jp/

```
ruby mat_anim.rb -frame=20 | gnuplot
```

などのように調整してください。数字が大きいほど滑かで遅くなります。
他のオプションなどの説明は、

```
ruby mat_anim.rb -h
```

で表示されます。

参考文献

［1］ 斎藤正彦：線型代数入門, 東京大学出版会, 1966.

［2］ 伊理正夫：線形代数 I, 岩波講座応用数学［基礎 1］, 岩波書店, 1993.

［3］ 伊理正夫：線形代数 II, 岩波講座応用数学［基礎 1］, 岩波書店, 1994.

［4］ 森正武, 杉原正顕, 室田一雄：線形計算, 岩波講座応用数学［方法 2］, 岩波書店, 1994.

［5］ 伊理正夫, 韓太舜：ベクトルとテンソル第 I 部ベクトル解析, シリーズ新しい応用の数学 1-I, 教育出版, 1973.

［6］ 伊理正夫, 韓太舜：ベクトルとテンソル第 II 部テンソル解析入門, シリーズ新しい応用の数学 1-II, 教育出版, 1973.

［7］ 甘利俊一, 金谷健一：理工学者が書いた数学の本 線形代数, 講談社, 1987.

［8］ 伊理正夫, 藤野和建：数値計算の常識, 共立出版, 1985.

［9］ 佐藤文広：数学ビギナーズマニュアル, 日本評論社, 1994.

索引

〈著者略歴〉
平岡和幸（ひらおか　かずゆき）
1992年　東京大学工学部計数工学科 卒業
1998年　東京大学大学院工学系研究科 博士課程 修了
1999年埼玉大学工学部情報システム工学科を経て
2010年より和歌山工業高等専門学校に所属。
現在に至る。

堀　玄（ほり　げん）
1991年　東京大学工学部計数工学科 卒業
1996年　東京大学大学院工学系研究科 博士課程 修了
1998年理化学研究所脳科学総合研究センターを経て
2009年より亜細亜大学経営学部に所属。
現在に至る。

プログラミングのための線形代数

平成 16 年 10 月 25 日　第 1 版第 1 刷発行
平成 23 年 12 月 5 日　第 1 版第 11 刷発行

著　者　平岡和幸
　　　　堀　玄
企画編集　オーム社 開発局
発 行 者　竹生修己
発 行 所　株式会社 オーム社
郵便番号　101-8460
東京都千代田区神田錦町 3-1
電 話　03(3233)0641(代表)
URL　http://www.ohmsha.co.jp/

組版　エヌ・ピー・エス　　印刷・製本　エヌ・ピー・エス
ISBN4-274-06578-2　Printed in Japan

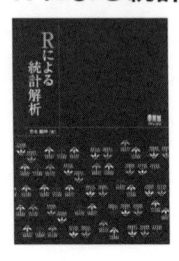

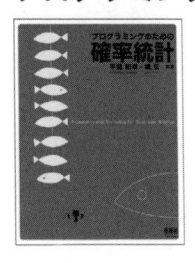